彩图目录

鸭流行性感冒（彩图 1 ~ 彩图 39） ……………………………………………… 1

鸭瘟（彩图 40 ~ 彩图 76） …………………………………………………………… 6

雏鸭新型鸭瘟（彩图 77 ~ 彩图 79） ……………………………………………… 11

鸭病毒性肝炎（彩图 80 ~ 彩图 102） ……………………………………………… 11

雏番鸭细小病毒病（彩图 103、彩图 104） ……………………………………… 15

雏番鸭呼肠孤病毒病（彩图 105 ~ 彩图 108） …………………………………… 16

鸭新型呼肠孤病毒病（彩图 109 ~ 彩图 117） …………………………………… 16

鸭疱疹病毒性坏死性肝炎（彩图 118） …………………………………………… 18

鸭疱疹病毒性出血症（彩图 119 ~ 彩图 128） …………………………………… 18

鸭病毒性肿头出血症（彩图 129） ………………………………………………… 19

鸭副黏病毒病（彩图 130 ~ 彩图 142） …………………………………………… 20

鸭腺病毒病（彩图 143 ~ 彩图 160） ……………………………………………… 22

鸭网状内皮组织增殖病（彩图 161） ……………………………………………… 24

鸭短喙与侏儒综合征（彩图 162 ~ 彩图 193） …………………………………… 24

鸭圆环病毒病（彩图 194 ~ 彩图 197） …………………………………………… 28

鸭坦布苏病毒病（彩图 198 ~ 彩图 218） ………………………………………… 29

鸭大肠杆菌病（彩图 219 ~ 彩图 226） …………………………………………… 32

鸭疫里默氏杆菌病（彩图 227 ~ 彩图 238） ……………………………………… 33

鸭巴氏杆菌病（彩图 239 ~ 彩图 252） …………………………………………… 35

鸭沙门菌病（彩图 253 ~ 彩图 258） ……………………………………………… 38

鸭支原体病（彩图 259） …………………………………………………………… 39

鸭葡萄球菌病（彩图 260 ~ 彩图 265） …………………………………………… 39

鸭链球菌病（彩图 266） …………………………………………………………… 40

鸭结核病（彩图267）……………………………………………… 40

鸭伪结核病（彩图268）……………………………………………… 40

鸭变形杆菌病（彩图269、彩图270）……………………………… 41

种鸭魏氏梭菌性坏死性肠炎（彩图271）…………………………… 41

鸭曲霉菌病（彩图272～彩图280）………………………………… 41

鸭白色念珠菌病（彩图281）………………………………………… 43

鸭球虫病（彩图282～彩图284）…………………………………… 43

鸭鸟蛇线虫病（彩图285）…………………………………………… 44

蜱病（彩图286）……………………………………………………… 44

维生素A缺乏症（彩图287、彩图288）…………………………… 44

维生素D缺乏症（彩图289～彩图291）…………………………… 45

维生素E和硒缺乏症（彩图292、彩图293）……………………… 45

维生素B_1缺乏症（彩图294～彩图296）………………………… 46

维生素B_2缺乏症（彩图297、彩图298）………………………… 46

痛风（彩图299～彩图301）………………………………………… 47

异食癖（彩图302、彩图303）……………………………………… 47

黄曲霉毒素中毒（彩图304、彩图305）…………………………… 48

肉毒梭菌毒素中毒（彩图306～彩图308）………………………… 48

食盐中毒（彩图309～彩图312）…………………………………… 49

磺胺类药物中毒（彩图313～彩图316）…………………………… 49

氟中毒（彩图317、彩图318）……………………………………… 50

有机磷农药中毒（彩图319～彩图322）…………………………… 50

鸭常见的肿瘤（彩图323～彩图329）……………………………… 51

光过敏症（彩图330～彩图332）…………………………………… 52

肉鸭腹水综合征（彩图333～彩图338）…………………………… 53

鸭淀粉样变病（彩图339～彩图342）……………………………… 54

彩图

鸭流行性感冒

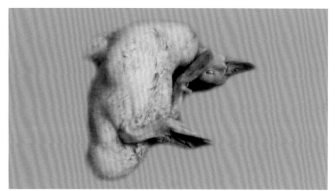
彩图 1　患鸭侧翻（黄瑜供图）

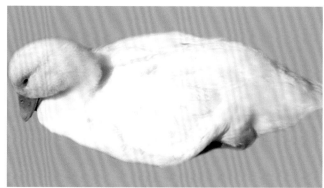
彩图 2　病鸭精神沉郁，昏睡（黄得纯供图）

彩图 3　蛋鸭流行性感冒，病鸭精神沉郁，流泪（张济培供图）

彩图 4　病鸭头部肿胀、流泪、眼结膜潮红（黄瑜供图）

彩图 5　患鸭眼睛发红（黄瑜供图）

彩图 6　病鸭头部肿胀、流泪、眼结膜潮红（黄得纯供图）

彩图 7　白鸭流行性感冒，病鸭流泪（张济培供图）

彩图 8　头颈向后仰，出现神经症状（黄得纯供图）

彩图 9　白鸭流行性感冒，濒死前出现神经症状（张济培供图）

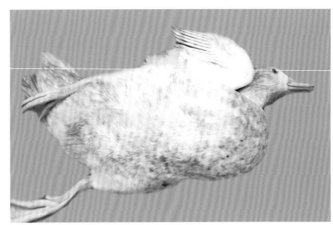

彩图 10　倒地后，脚不断划动（黄得纯供图）

彩图 11　病番鸭全身皮肤充血、出血（王永坤供图）

彩图 12　患鸭上喙充血、出血（黄瑜供图）

彩图 13　患鸭脚蹼充血、出血（黄瑜供图）

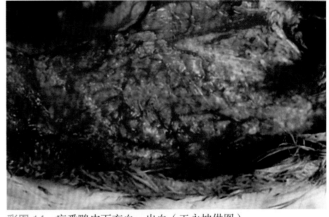

彩图 14　病番鸭皮下充血、出血（王永坤供图）

彩图 15　蛋鸭流行性感冒，病鸭头部皮下水肿，胶冻样积液（张济培供图）

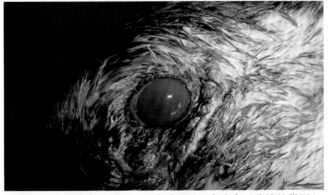

彩图 16　水鸭流行性感冒，眼角膜混浊呈灰白色（张济培供图）

彩图 17 患鸭心肌有条索状坏死（虎斑心）（黄瑜供图）

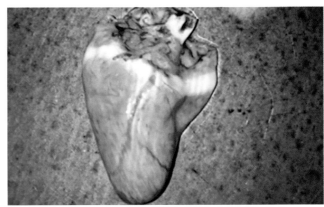

彩图 18 白鸭流行性感冒，病死鸭心外膜出血，心肌变性，呈条纹样（张济培供图）

彩图 19 患鸭心包炎，肝淤血（黄瑜供图）

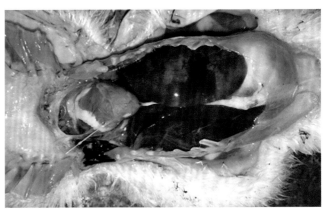

彩图 20 白鸭流行性感冒，病死鸭心包积液，呈胶冻样，肝脏出血（张济培供图）

彩图 21 患病番鸭腺胃与肌胃交界处黏膜出血（王永坤供图）

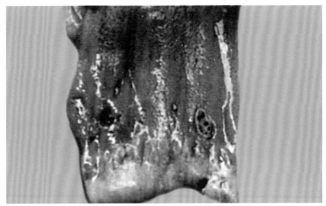

彩图 22 患鸭腺胃黏膜溃疡、坏死（黄瑜供图）

彩图 23 患鸭十二指肠环状出血（黄瑜供图）

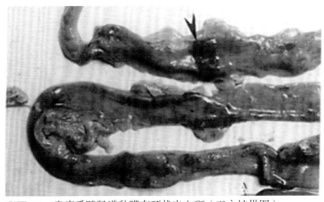

彩图 24 患病番鸭肠道黏膜有环状出血斑（王永坤供图）

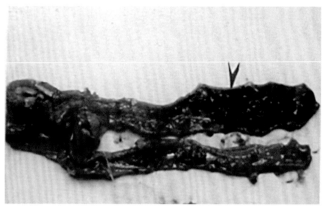

彩图 25　患病番鸭肠道黏膜有紫黑色溃疡带（王永坤供图）

彩图 26　患鸭胰腺表面大量针尖大小的白色坏死点，胰腺出血（黄瑜供图）

彩图 27　患鸭胰腺有多个坏死灶（黄瑜供图）

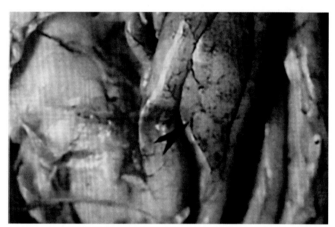

彩图 28　患病番鸭胰腺肿大、充血（王永坤供图）

彩图 29　白鸭流行性感冒，病死鸭胰腺变性呈半透明样（张济培供图）

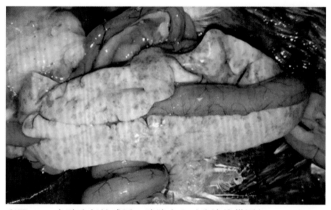

彩图 30　白鸭流行性感冒，胰腺出血（张济培供图）

彩图 31　患病番鸭肝脏肿大，质地脆，有出血斑（黄瑜供图）

彩图 32　病死鸭肝脏出血，坏死（张济培供图）

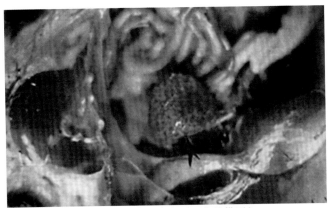

彩图 33　患病番鸭脾脏肿大、出血（王永坤供图）

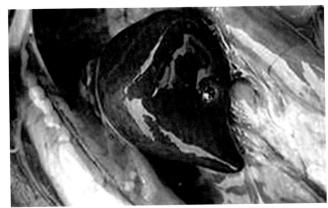

彩图 34　肉鸭脾脏肿大、淤血（黄淑坚、车艺俊供图）

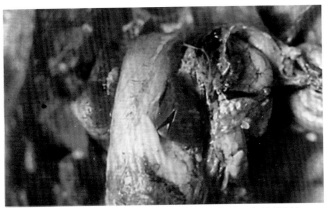

彩图 35　患病番鸭脾脏肿大，有灰白色坏死灶（王永坤供图）

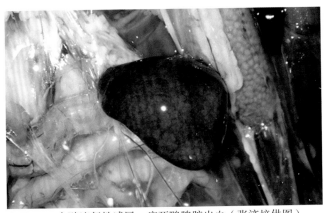

彩图 36　白鸭流行性感冒，病死鸭脾脏出血（张济培供图）

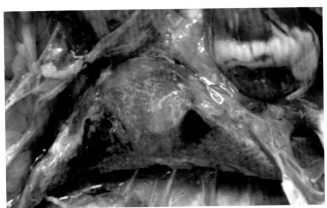

彩图 37　肺出血、水肿（黄淑坚、车艺俊供图）

彩图 38　患鸭脑膜出血（黄瑜供图）

彩图 39　白鸭流行性感冒，病死鸭脑出血（张济培供图）

鸭　瘟

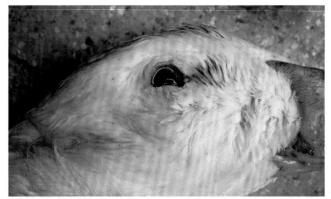

彩图40　病鸭流泪（张济培供图）

彩图41　患鸭头部肿大（黄瑜供图）

彩图42　患鸭流泪，头部肿大、下颌水肿（黄瑜供图）

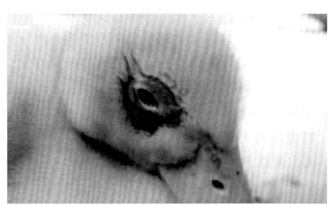

彩图43　患鸭眼睑周围的羽毛沾湿（黄瑜供图）

彩图44　患鸭头部肿大、下颌水肿（黄淑坚、车艺俊供图）

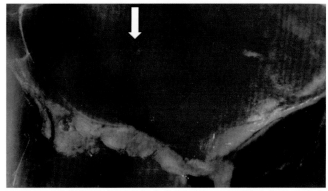

彩图45　患鸭肝脏表面有灰白色坏死灶、坏死灶中央有出血点（陈建红供图）

彩图46　病鸭肝脏呈环点状的出血灶（黄瑜供图）

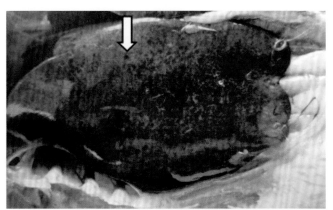

彩图47　肝脏肿大、出血和坏死（黄瑜供图）

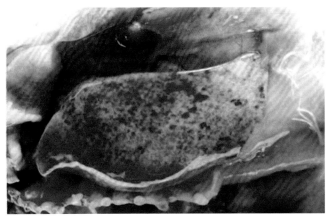

彩图 48　肝脏肿大、出血和坏死（黄瑜供图）

彩图 49　病死鸭肝脏肿胀，表面出血、坏死（张济培供图）

彩图 50　病死鸭食道黏膜出血、坏死，形成黄褐色条索状假膜（张济培供图）

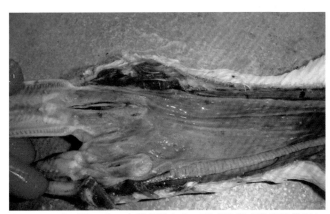

彩图 51　病死鸭口腔、食道黏膜出血，形成溃疡（张济培供图）

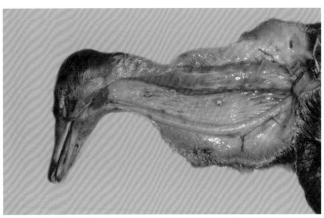

彩图 52　病死鸭食道黏膜出血、溃疡（张济培供图）

彩图 53　病鸭食道纵向条状溃疡及颈部皮下水肿（刘晨、许日龙供图）

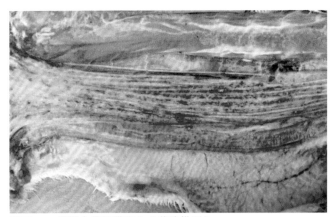

彩图 54　病鸭食管黏膜出血（黄瑜供图）

彩图 55　病鸭食管黏膜条索状结痂、坏死（黄瑜供图）

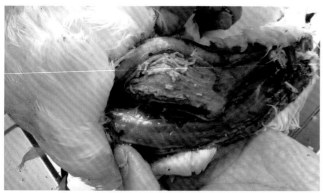

彩图 56 患鸭食道黏膜表面有黄色条索状假膜（黄淑坚、车艺俊供图）

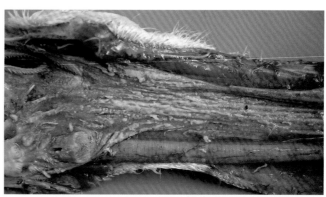

彩图 57 病鸭喉头、食道黏膜表面形成黄色假膜（黄瑜供图）

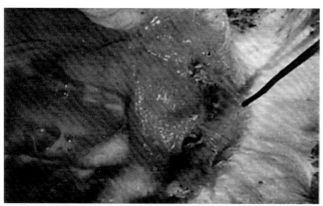

彩图 58 病鸭泄殖腔（肛道）的出血与溃疡（刘晨、许日龙供图）

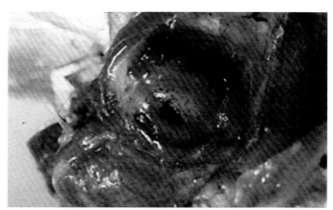

彩图 59 病鸭泄殖腔周边黏膜出血（黄瑜供图）

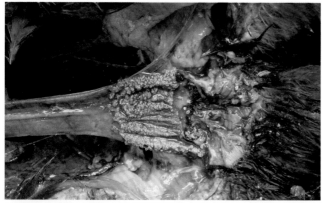

彩图 60 病鸭泄殖腔黏膜覆盖绿褐色或黄色的坏死结痂，并有出血性溃疡灶（黄瑜供图）

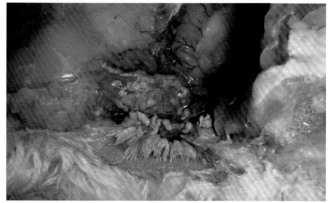

彩图 61 病死鸭直肠和泄殖腔黏膜形成黄褐色假膜（张济培供图）

彩图 62 病鸭肠道黏膜多处淋巴集合组织部位坏死，呈现纽扣状溃疡（陈建红供图）

彩图 63 肠道黏膜出血、坏死，形成纽扣状溃疡灶（张济培供图）

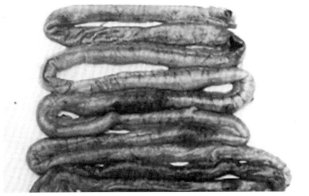

彩图 64　病鸭肠壁浆膜面可见多处呈椭圆形或类圆形的暗红色出血性坏死病灶（陈建红供图）

彩图 65　病鸭肠道环状出血带（黄瑜供图）

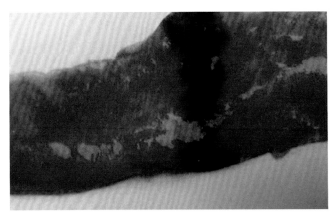

彩图 66　病鸭肠道黏膜出血（黄瑜供图）

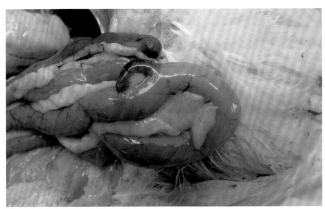

彩图 67　病鸭卵黄蒂出血（黄瑜供图）

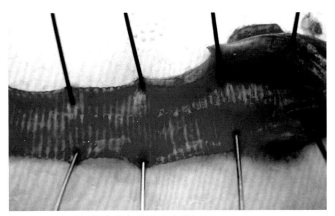

彩图 68　病鸭气管黏膜出血（黄瑜供图）

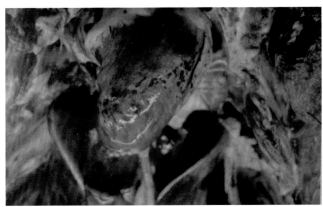

彩图 69　患鸭心冠沟脂肪、心外膜、心肌出血（黄瑜供图）

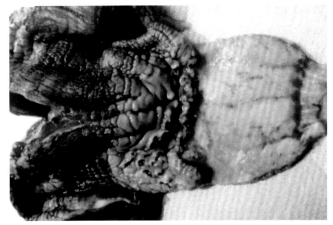

彩图 70　肌胃角质下层出血、溃疡（黄瑜供图）

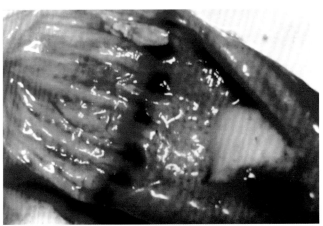

彩图 71　食管与腺胃交界处出血（黄瑜供图）

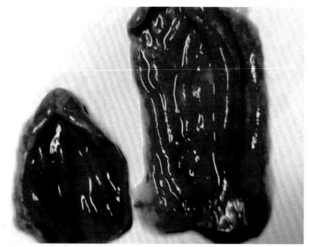

彩图 72　病鸭法氏囊黏膜出血（黄瑜供图）

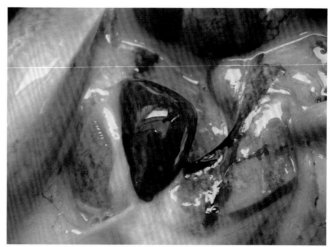

彩图 73　脾肿大、出血、坏死（张济培供图）

彩图 74　病鸭卵巢萎缩，卵泡出血、变形或变性（陈建红供图）

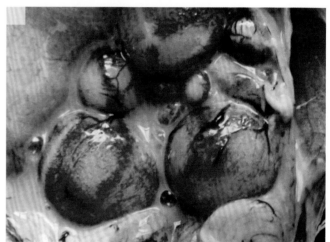

彩图 75　卵泡出血、变形、破裂（黄瑜供图）

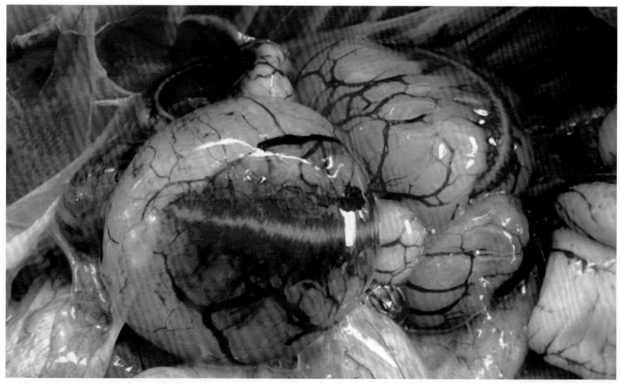

彩图 76　卵泡变性、变形，卵泡膜充血、出血（张济培供图）

雏鸭新型鸭瘟

彩图 77　头颈部肿胀（刁有祥供图）

彩图 78　眼肿胀，流泪，眼周围的羽毛沾湿（刁有祥供图）

彩图 79　肠黏膜出血（刁有祥供图）

鸭病毒性肝炎

彩图 80　患鸭呈"角弓反张"姿势（黄瑜供图）

彩图 81　感染基因 1 型 DHAV 的北京鸭死亡病例，"角弓反张"（程安春供图）

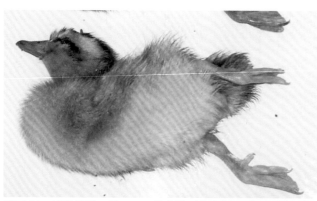

彩图 82　感染基因 3 型 DHAV 的麻鸭死亡病例，"角弓反张"（程安春供图）

彩图 83　感染 DAstV-1 的北京鸭死亡病例，"角弓反张"（程安春供图）

彩图 84　感染 DAstV-1 的麻鸭死亡病例，"角弓反张"（程安春供图）

彩图 85　感染 DAstV-1 的 130 日龄麻鸭死亡病例，"角弓反张"（程安春供图）

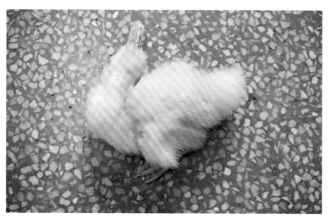

彩图 86　患鸭濒死前出现抽搐，呈"角弓反张"（张济培供图）

彩图 87　患病雏鸭肝脏表面有大量的出血斑，肝脏颜色变黄（黄瑜供图）

彩图 88　患鸭肝脏肿大，边缘较钝，表面有大量的出血斑（黄淑坚、袁远华供图）

彩图 89　肝脏严重出血（张济培供图）

彩图 90　肝脏出血（张济培供图）

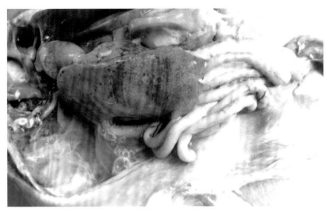

彩图 91　肝脏呈刷状出血（黄淑坚、袁远华供图）

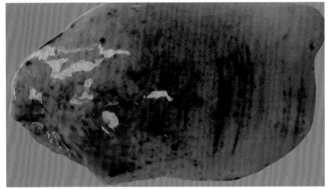

彩图 92　感染基因 1 型 DHAV 的北京鸭，肝脏表面有点状、瘀斑状和刷状出血（程安春供图）

彩图 93　胆囊颜色变浅，呈红黄色（张济培供图）

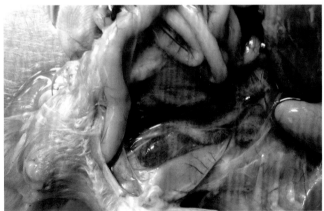

彩图 94　患病雏鸭肾出血并有轻度肿大（黄瑜供图）

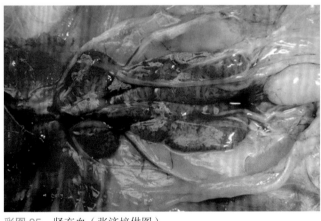

彩图 95　肾充血（张济培供图）

彩图 96　感染 DAstV-1 的北京鸭，肝脏有点状和刷状出血（程安春供图）

彩图 97　感染 DAstV-1 的麻鸭，肝脏有点状和刷状出血（程安春供图）

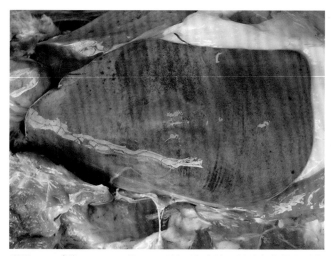

彩图 98　感染 DAstV-1 的 130 日龄死亡麻鸭，肝脏有点状和刷状出血（程安春供图）

彩图 99　感染 DAstV-1 的 361 日龄死亡麻鸭，肝脏有点状和刷状出血（程安春供图）

彩图 100　感染 DAstV-1 的 361 日龄死亡麻鸭，肝脏有点状和刷状出血，卵泡充血、出血（程安春供图）

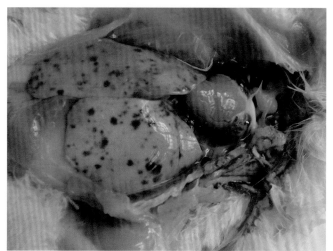

彩图 101　感染基因 3 型 DHAV 的樱桃谷鸭，肝脏表面有出血斑（程安春供图）

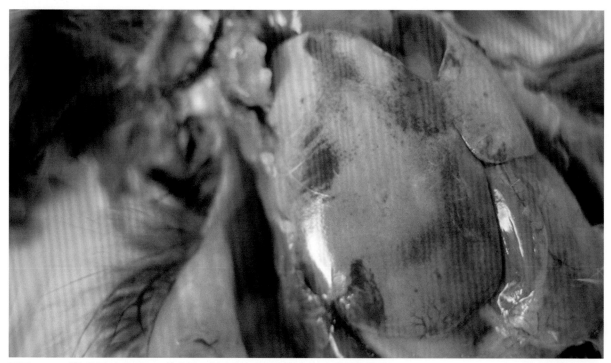

彩图 102　感染基因 3 型 DHAV 的麻鸭，肝脏有点状和刷状出血（程安春供图）

雏番鸭细小病毒病

彩图 103　雏番鸭张口呼吸，蹲伏软脚（黄淑坚、车艺俊供图）

彩图 104　番鸭发生本病的主要日龄是在 3 周龄内。雏鸭发病后迅速脱水、消瘦、死亡（陈建红供图）

雏番鸭呼肠孤病毒病

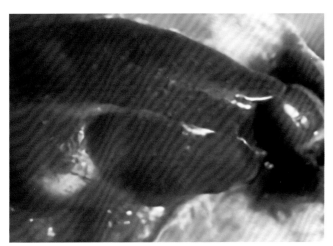

彩图 105　肝脏表面大量的白色坏死点（黄瑜供图）

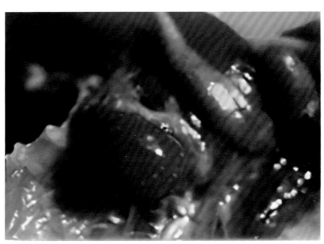

彩图 106　脾表面大量的白色坏死点（黄瑜供图）

彩图 107　心包炎（黄瑜供图）

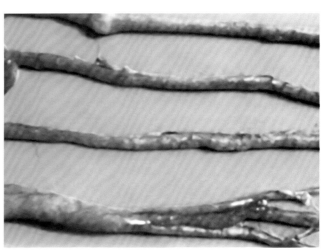

彩图 108　肠道壁大量的白色坏死点（黄瑜供图）

鸭新型呼肠孤病毒病

彩图 109　发病鸭精神沉郁（刁有祥供图）

彩图 110　死亡鸭喙呈紫黑色（刁有祥供图）

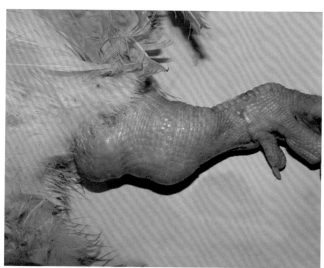

彩图 111　跗关节肿胀（刁有祥供图）

彩图 112　病鸭跛行（刁有祥供图）

彩图 113　肝脏出血斑点（黄淑坚供图）

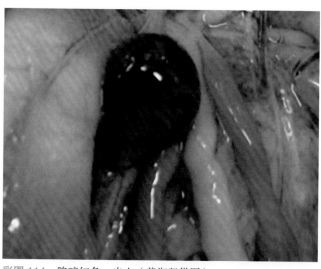

彩图 114　脾暗红色、出血（黄淑坚供图）

彩图 115　心外膜出血（黄淑坚供图）

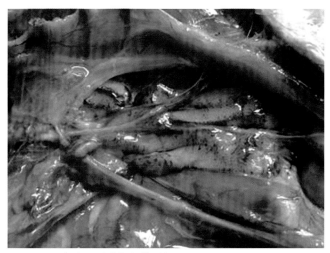

彩图 116　肾出血（黄淑坚供图）

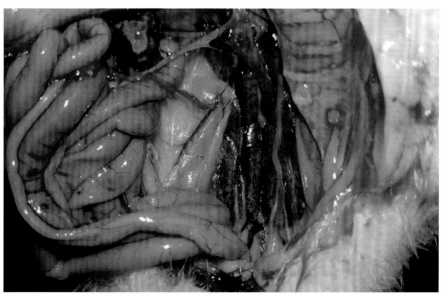

彩图 117　肾充血（黄淑坚供图）

鸭疱疹病毒性坏死性肝炎

彩图 118　脾表面大量的白色或红白色坏死点（黄瑜供图）

鸭疱疹病毒性出血症

彩图 119　翅羽毛管出血，呈紫黑色（黄瑜供图）

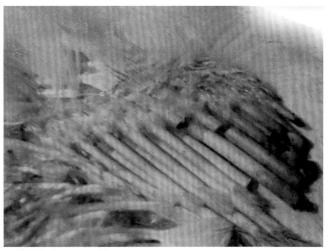

彩图 120　翅羽毛管断裂（黄瑜供图）

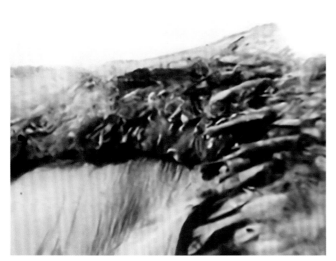

彩图 121　翅羽毛管脱落（黄瑜供图）

彩图 122　紫黑色羽毛管剪断后有血液流出（黄瑜供图）

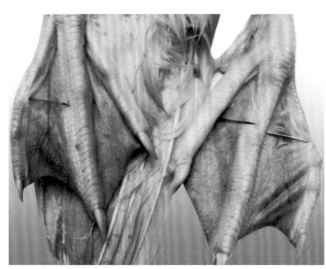

彩图 123　足蹼发绀，呈紫黑色（黄瑜供图）

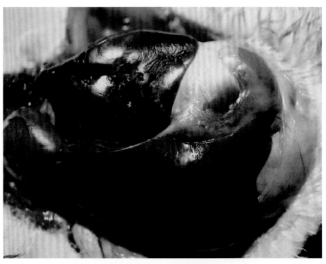

彩图 124　肝脏表面树枝状出血（黄瑜供图）

彩图 125 十二指肠黏膜出血（黄瑜供图）

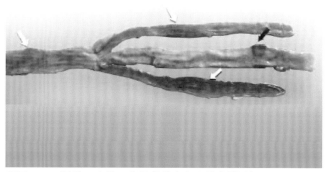

彩图 126 回肠、直肠、盲肠黏膜出血（黄瑜供图）

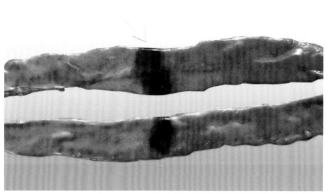

彩图 127 小肠黏膜环状出血带（黄瑜供图）

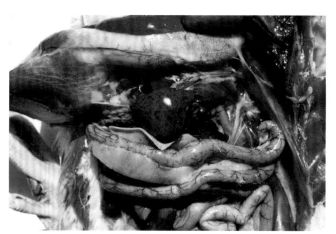

彩图 128 脾表面出血斑点和呈树枝样出血（黄瑜供图）

鸭病毒性肿头出血症

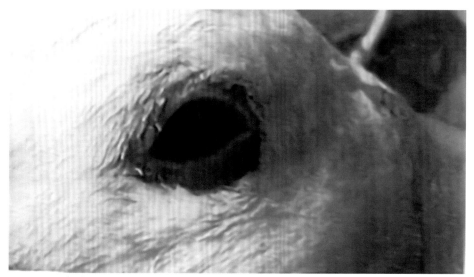

彩图 129 病鸭眼睑肿胀、充血、出血，浆液性血性分泌物沾污眼眶下羽毛（程安春供图）

鸭副黏病毒病

彩图 130 精神沉郁，跛行或瘫痪，腿强直前伸或后蹬（张济培供图）

彩图 131 病鸭软脚、蹲伏、摇头、侧颈（张济培供图）

彩图 132 病鸭出现翻转、抽搐等神经症状（张济培供图）

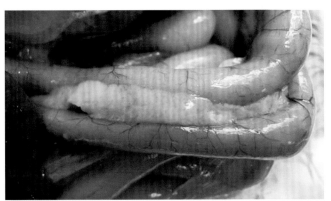

彩图 133 胰腺呈灰白色点状变性（张济培供图）

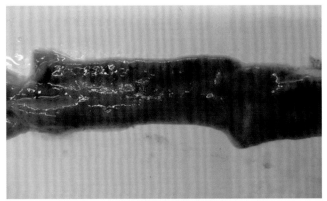

彩图 134 肠黏膜弥漫性出血（张济培供图）

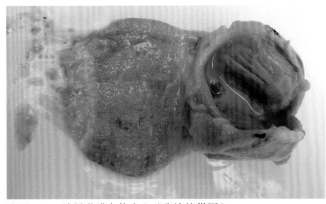

彩图 135 腺胃黏膜点状出血（张济培供图）

彩图 136 胰腺出血（黄淑坚供图）

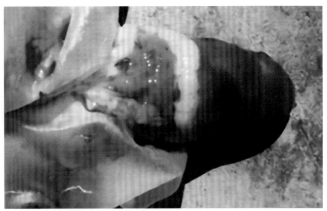

彩图 137 心肌出血（黄淑坚供图）

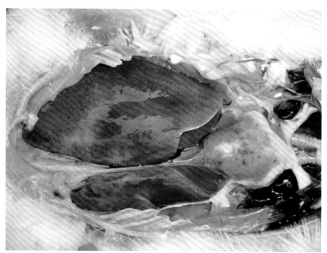

彩图 138　死鸭心外膜出血，肝脏出血（张济培供图）

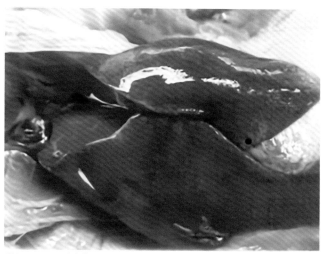

彩图 139　肝肿大、出血（黄淑坚供图）

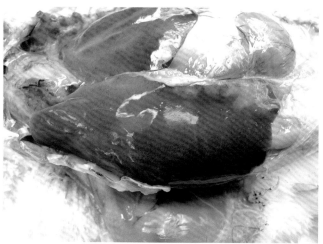

彩图 140　肝充血、出血（张济培供图）

彩图 141　肾轻度肿胀、充血（张济培供图）

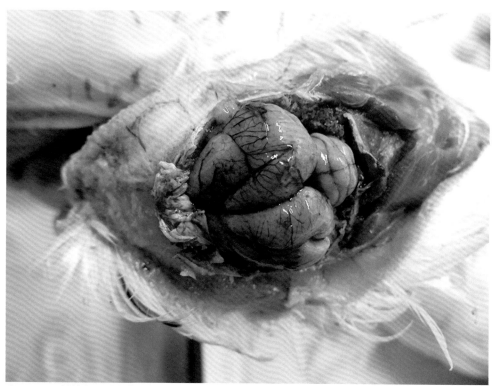

彩图 142　颅骨出血（张济培供图）

鸭腺病毒病

彩图 143　鸭精神沉郁（刁有祥供图）

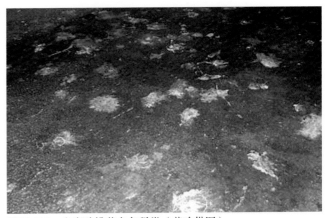

彩图 144　患病鸭排黄白色稀粪（黄瑜供图）

彩图 145　病鸭软脚、弓背、匍匐（黄瑜供图）

彩图 146　心包积液（黄瑜供图）

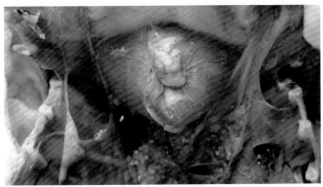

彩图 147　剪开心包膜，有心包积液流出（刁有祥供图）

彩图 148　存在少量心包积液（刁有祥供图）

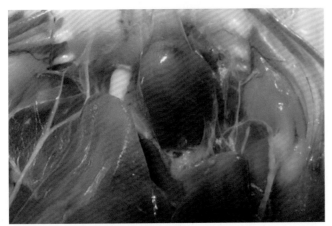

彩图 149　存在大量心包积液（刁有祥供图）

彩图 150　心肌松软（刁有祥供图）

彩图 151 肺出血、水肿（刁有祥供图）

彩图 152 肝脏肿大、表面出血（黄瑜供图）

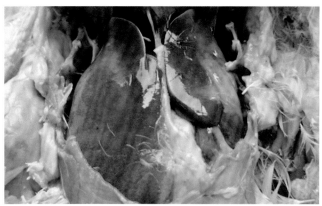

彩图 153 肝脏肿大、出血（刁有祥供图）

彩图 154 肝白化或黄化（黄瑜供图）

彩图 155 肾肿大、出血（黄瑜供图）

彩图 156 胆囊肿大、胆汁充盈（黄瑜供图）

彩图 157 脾肿大、出血（黄瑜供图）

彩图 158 萎缩、出血（刁有祥供图）

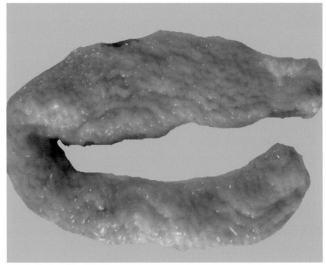

彩图 159 输卵管黏膜水肿（刁有祥供图）

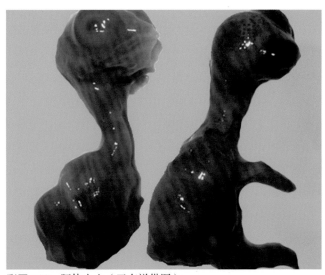

彩图 160 胚体出血（刁有祥供图）

鸭网状内皮组织增殖病

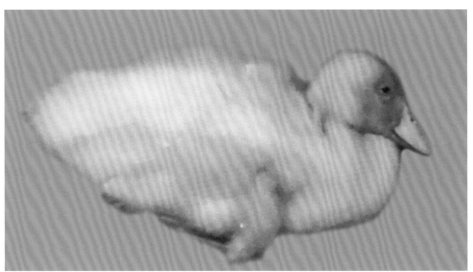

彩图 161 人工接种小鸭的症状：体况衰弱，食欲减退，贫血（吕荣修供图）

鸭短喙与侏儒综合征

彩图 162 精神沉郁、不愿走动（张大丙供图）

彩图 163 行走打晃（张大丙供图）

彩图 164　17 日龄樱桃谷鸭，喙短、舌头伸出（张大丙供图）

彩图 165　35 日龄樱桃谷鸭，生长发育受阻，群体整齐度差，有侏儒（张大丙供图）

彩图 166　17 日龄樱桃谷鸭，腿骨断裂，不能行走（张大丙供图）

彩图 167　35 日龄樱桃谷鸭，喙短、舌头伸出（张大丙供图）

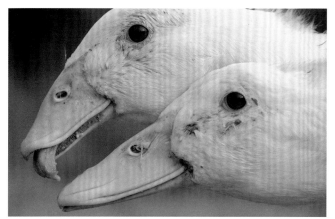

彩图 168　65 日龄樱桃谷鸭，喙短、舌头伸出（张大丙供图）

彩图 169　37 日龄樱桃谷鸭，生长发育严重受阻，形同侏儒（张大丙供图）

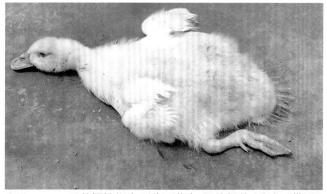

彩图 170　31 日龄樱桃谷鸭，呈濒死状态，腿骨断裂（张大丙供图）

彩图 171　37 日龄樱桃谷鸭，鸭头大小不一（张大丙供图）

彩图 172　37 日龄樱桃谷鸭，舌头长度不齐（张大丙供图）

彩图 173　半番侏儒鸭（中）（黄瑜、刘荣昌供图）

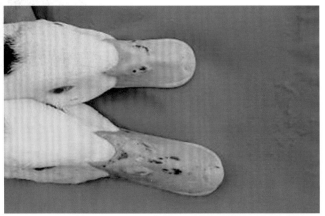

彩图 174　半番鸭短喙（上）（黄瑜、刘荣昌供图）

彩图 175　半番鸭喙变短（中间为正常）（黄瑜、刘荣昌供图）

彩图 176　大量白改侏儒鸭（黄瑜、刘荣昌供图）

彩图 177　樱桃谷鸭喙短（黄瑜、刘荣昌供图）

彩图 178　樱桃谷鸭舌头外伸（黄瑜、刘荣昌供图）

彩图 179　樱桃谷鸭舌头伸出（黄瑜、刘荣昌供图）

彩图 180　番鸭张口呼吸（黄瑜、刘荣昌供图）

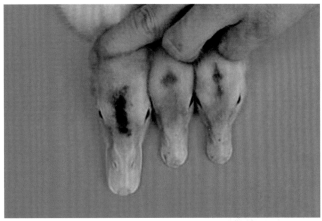

彩图 181　雏番鸭喙变短（右）（黄瑜、刘荣昌供图）

彩图 182　大番鸭喙短（黄瑜、刘荣昌供图）

彩图 183　番鸭腿骨、翅折断（黄瑜、刘荣昌供图）

彩图 184　侏儒番鸭（黄瑜、刘荣昌供图）

彩图 185　雏番鸭胰腺出血（黄瑜、刘荣昌供图）

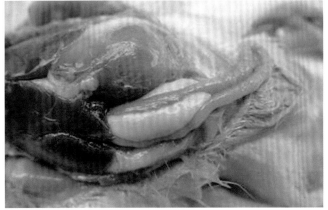

彩图 186　雏番鸭胰腺白色坏死点（黄瑜、刘荣昌供图）

彩图 187　雏番鸭十二指肠黏膜出血（黄瑜、刘荣昌供图）

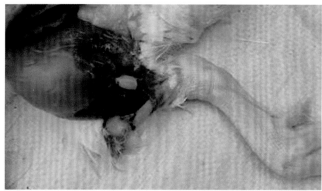

彩图 188　骨折断（黄瑜、刘荣昌供图）

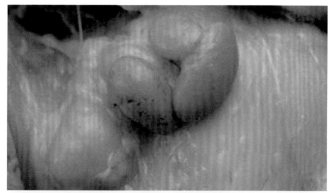

彩图 189　番鸭胸腺出血（黄瑜、刘荣昌供图）

彩图 190　白改种鸭卵巢萎缩（黄瑜、刘荣昌供图）

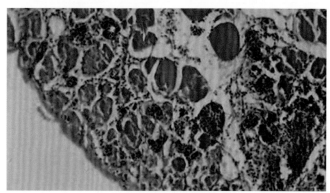

彩图 191　腿肌出血、坏死（黄瑜、刘荣昌供图）

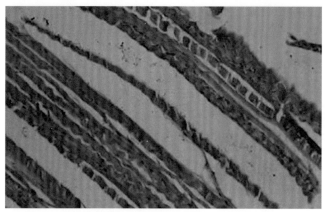

彩图 192　肌纤维断裂、呈竹节状（黄瑜、刘荣昌供图）

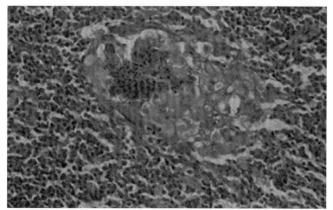

彩图 193　胸腺出血、坏死（黄瑜、刘荣昌供图）

鸭圆环病毒病

彩图 194　同群中生长不良消瘦鸭（黄瑜、傅光华供图）

彩图 195　背部羽毛脱落严重（黄瑜、傅光华供图）

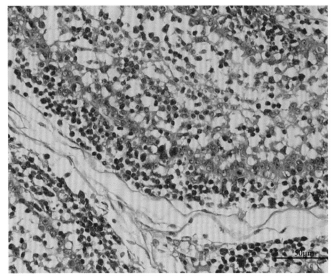

彩图 196　DuCV 感染鸭法氏囊滤泡结构（黄瑜、傅光华供图）

彩图 197　DuCV 感染鸭法氏囊凋亡情况（TUNEL）（黄瑜、傅光华供图）

鸭坦布苏病毒病

彩图 198　蛋鸭两脚麻痹（黄瑜、傅光华供图）

彩图 199　北京鸭父母代种鸭双腿瘫痪（张大丙供图）

彩图 200　北京鸭父母代种鸭双腿瘫痪，侧翻（张大丙供图）

彩图 201　74 日龄金定麻鸭双腿瘫痪（张大丙供图）

彩图 202　肉鸭站立不稳或仰翻（黄瑜、傅光华供图）

彩图 203　对照鸭卵泡（黄瑜、傅光华供图）

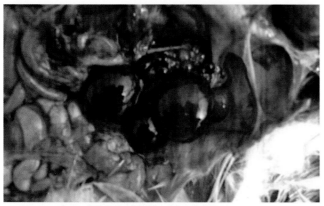

彩图 204　卵泡严重出血（黄瑜、傅光华供图）

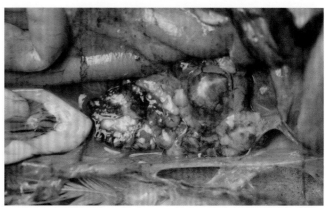

彩图 205　卵泡膜出血，卵泡变性、液化（黄瑜、傅光华供图）

彩图 206　卵泡膜充血、出血（张大丙供图）

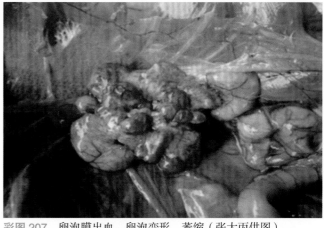

彩图 207　卵泡膜出血，卵泡变形、萎缩（张大丙供图）

彩图 208　卵泡膜出血，卵泡液化（张大丙供图）

彩图 209　卵泡膜出血，卵泡破裂，形成卵黄性腹膜炎（张大丙供图）

彩图 211　卵泡变性，卵泡膜瘢痕化（黄瑜、傅光华供图）

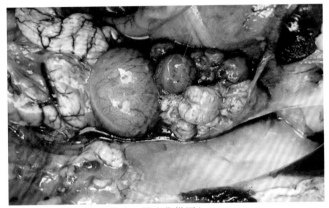

彩图 212　腹膜炎（黄瑜、傅光华供图）

彩图 210　卵泡液化（黄瑜、傅光华供图）

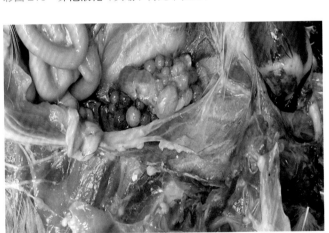

彩图 213　卵泡发育异常、出血（黄瑜、傅光华供图）

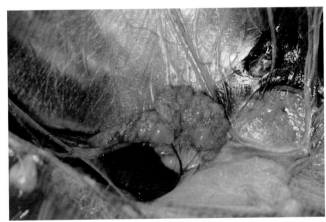

彩图 214　桑葚卵巢（黄瑜、傅光华供图）

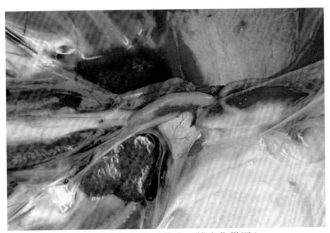

彩图 215　后备公鸭睾丸出血（黄瑜、傅光华供图）

彩图 216　肉鸭肝脏表面局灶性出血（黄瑜、傅光华供图）

彩图 217　肝脏结节（张大丙供图）

彩图 218　肉鸭脑组织轻度出血（黄瑜、傅光华供图）

鸭大肠杆菌病

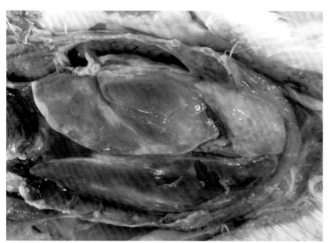

彩图 219　肝周炎，肝脏肿大，表面有一层黄色或乳黄色纤维素膜（黄瑜供图）

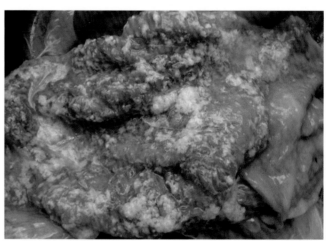

彩图 220　母鸭输卵管壁出血，大量胶冻样渗出物（黄得纯供图）

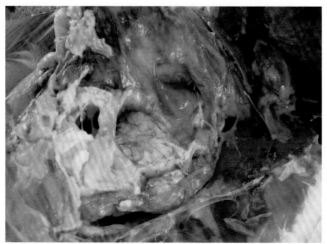

彩图 221　腹腔内有蛋黄样凝块（黄瑜供图）

彩图 222　大肠杆菌性卵黄性腹膜炎（张济培供图）

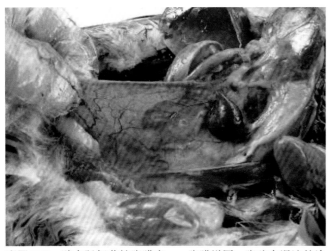

彩图 223　鸭大肠杆菌性腹膜炎——腹膜增厚，腹腔有混浊的渗出液及干酪样渗出物（黄瑜供图）

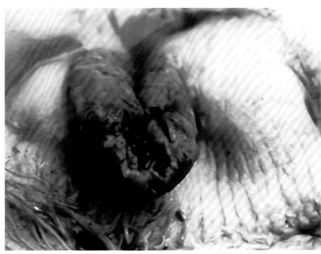

彩图 224　禽大肠杆菌性生殖器官病。病鸭外生殖器脱出，黏膜坏死形成假膜（陈建红供图）

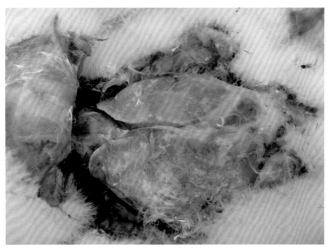

彩图 225　肝表面纤维素性渗出（黄得纯供图）

彩图 226　患病雏鸭颅骨表面严重出血（王永坤供图）

鸭疫里默氏杆菌病

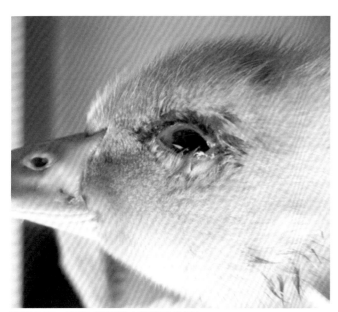

彩图 227　流泪"湿眼"（张济培供图）

彩图 228　病鸭嗜眠，精神沉郁，羽毛松乱（黄得纯供图）

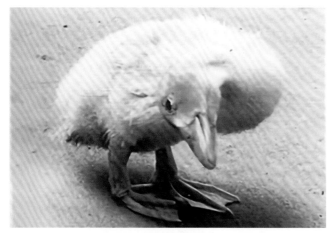

彩图229　病鸭头颈歪斜（郭玉璞供图）

彩图230　病鸭阵发性痉挛（吕荣修供图）

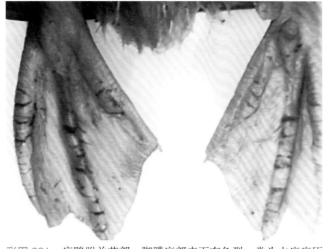

彩图231　病鸭跗关节部、脚蹼底部表面有龟裂，常为本病病原入侵感染的重要途径（陈建红供图）

彩图232　心包炎、肝周炎，肝脏表面有一层灰白色半透明的纤维素膜（黄瑜供图）

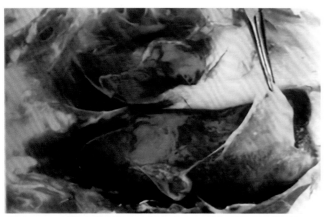

彩图233　纤维素性肝周炎、心包炎、气囊炎（陈建红供图）

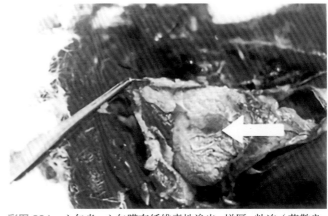

彩图234　心包炎，心包膜有纤维素性渗出、增厚、粘连（苏敬良、黄瑜供图）

彩图 235　气囊炎，气囊壁增厚、不透明（黄瑜供图）

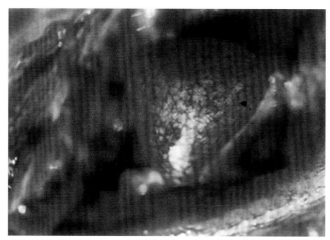

彩图 236　脾脏肿大，表面斑驳，呈大理石样外观（黄瑜供图）

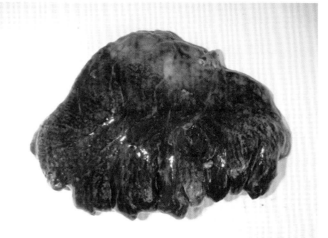

彩图 237　肺淤血、渗出（张济培供图）

彩图 238　脑膜充血、出血（黄瑜供图）

鸭巴氏杆菌病

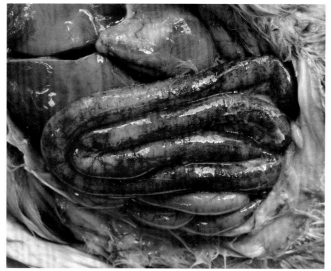

彩图 239　肠管浆膜出血（黄瑜供图）

彩图 240　十二指肠黏膜严重出血（黄得纯供图）

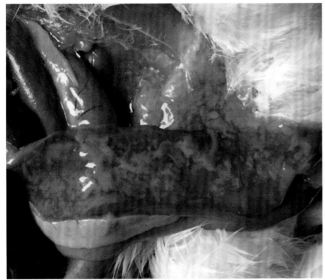

彩图 241　病死鸭肠道内充满黏液样内容物（张济培供图）

彩图 242　病鸭心冠沟脂肪有针尖状出血点（黄淑坚、车艺俊供图）

彩图 243　心脏冠状脂肪和心肌出血（黄瑜供图）

彩图 244　病死鸭心内膜出血（张济培供图）

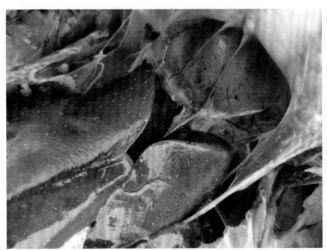

彩图 245　病鸭肝脏肿大，表面有大量针尖大小及边缘整齐的白色坏死点（黄淑坚、车艺俊供图）

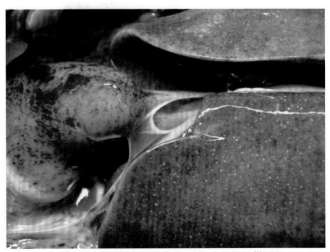

彩图 246　病鸭肝脏表面大量白色坏死点（黄得纯供图）

彩图 247　病死鸭心外膜出血及肝脏坏死（张济培供图）

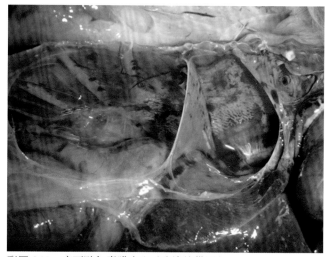

彩图 248　病死鸭气囊膜出血（张济培供图）

彩图 249　病死鸭肺出血（张济培供图）

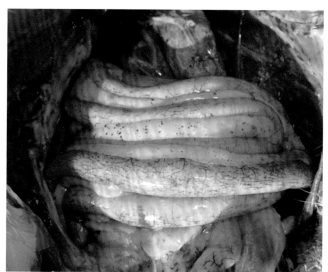

彩图 250　病死鸭腹腔脂肪出血（张济培供图）

彩图 251　病死鸭睾丸充血、出血（张济培供图）

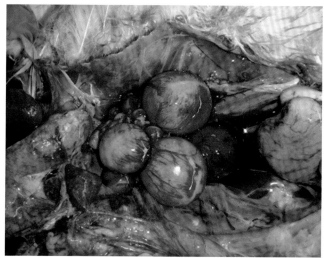

彩图 252　病死鸭卵泡出血（张济培供图）

鸭沙门菌病

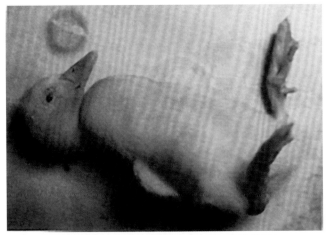

彩图 253　患病雏鸭倒地做"划船"动作（王永坤供图）

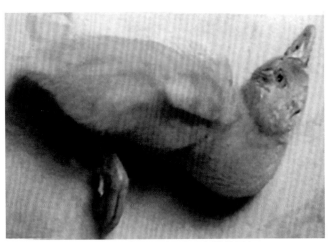

彩图 254　患病雏鸭呈"角弓反张"（王永坤供图）

彩图 255　肝脏颜色变绿，表面有不规则坏死斑，质脆易破裂而引起大出血（张济培供图）

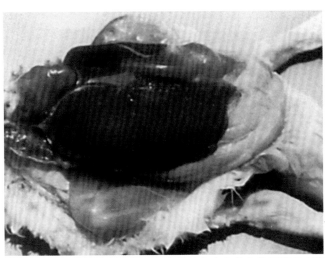

彩图 256　患病雏鸭肝脏表面有大量针尖大小的白色坏死点（黄瑜、苏敬良供图）

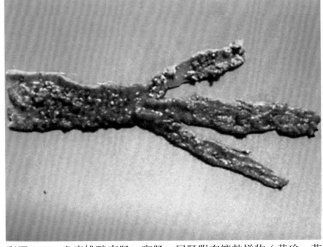

彩图 257　患病雏鸭直肠、盲肠、回肠附有糠麸样物（黄瑜、苏敬良供图）

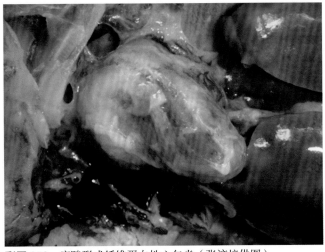

彩图 258　病鸭形成纤维蛋白性心包炎（张济培供图）

鸭支原体病

彩图 259　鸭传染性窦炎（2 周龄）两侧眶下窦肿胀（郭玉璞供图）

鸭葡萄球菌病

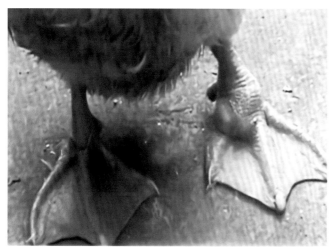

彩图 260　慢性关节炎型：患病肉鸭左侧跖趾关节炎性肿胀（焦库华供图）

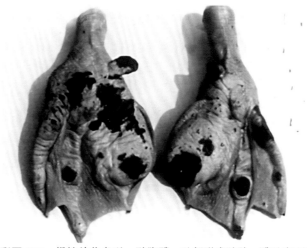

彩图 261　慢性关节炎型：鸭脚蹼、趾部形成脓肿，蹼趾底面有龟裂和化脓（陈建红供图）

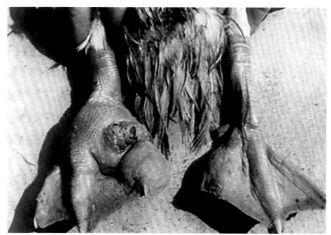

彩图 262　慢性关节炎型：病鸭的跖、趾部肿大，肿胀部可见陈旧的原始创口（陈建红供图）

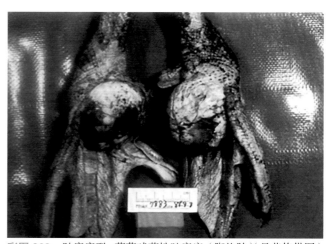

彩图 263　趾瘤病型：葡萄球菌性趾瘤病（脚垫肿）（吕荣修供图）

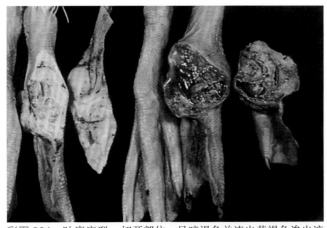

彩图 264 趾瘤病型：切开部位，呈暗褐色并流出黄褐色渗出液（化脓液），在趾节间关节腔有干酪样凝块。本图左脚为患病脚，右脚为正常脚（吕荣修供图）

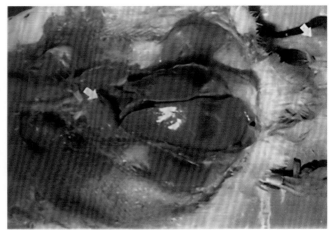

彩图 265 急性败血型：肝脏肿大、黄绿色，质脆；右侧跗、趾关节肿胀，心外膜有出血点（郭玉璞供图）

鸭链球菌病

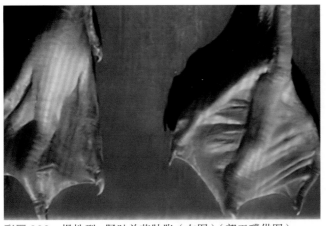

彩图 266 慢性型：胫趾关节肿胀（左图）（郭玉璞供图）

鸭结核病

彩图 267 用鸟型结核分枝杆菌接种鸭 3 个月后所见，肝脏有点状或粟粒大黄白色结核结节（吕荣修供图）

鸭伪结核病

彩图 268 肝脏上有大量黄白色的结节（黄瑜、苏敬良供图）

鸭变形杆菌病

彩图 269　气管黏膜出血，有血凝块（黄瑜、苏敬良供图）

彩图 270　气管内有干酪样渗出物（黄瑜、苏敬良供图）

种鸭魏氏梭菌性坏死性肠炎

彩图 271　回肠黏膜表面覆盖一层纤维素性、坏死性分泌物（郭玉璞供图）

鸭曲霉菌病

彩图 272　患鸭张口呼吸、喘气（黄瑜供图）

彩图 273　患病雏鸭肺脏白色结节（黄瑜、苏敬良供图）

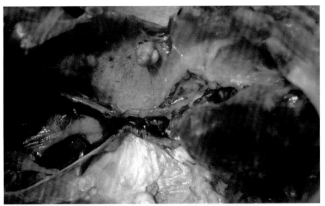

彩图 274　病鸭肺脏表面有白色结节（黄得纯供图）

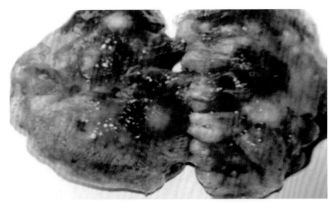

彩图 275　肺脏淤血、水肿，并有大量大小不等的黄白色结节（黄瑜供图）

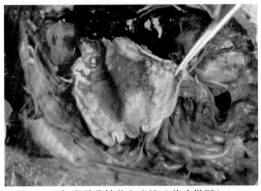

彩图 276　气囊霉菌结节和病灶（黄瑜供图）

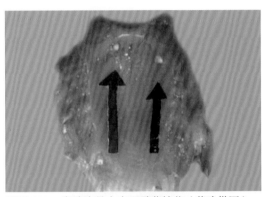

彩图 277　病鸭胸骨内表面霉菌结节（黄瑜供图）

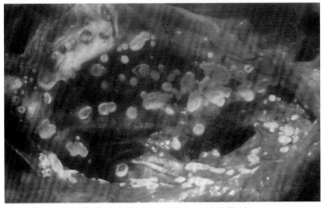

彩图 278　鸭腹气囊内布满烟曲霉菌落（刘晨供图）

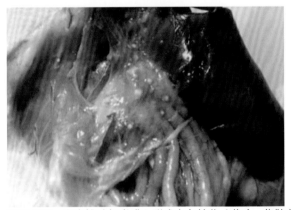

彩图 279　患病雏鸭气囊膜上形成白色结节（黄瑜、苏敬良供图）

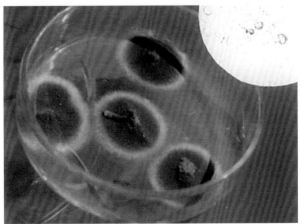

彩图 280　取彩图 285 鸭气囊内结节在蔡氏培养基上培养，所得的烟曲霉菌落，墨绿色、绒毯状、边缘白色。右上为镜检图像，可见其孢子头呈"曲颈瓶"状（刘晨供图）

鸭白色念珠菌病

彩图 281　鸭食道膨大（郭玉璞供图）

鸭球虫病

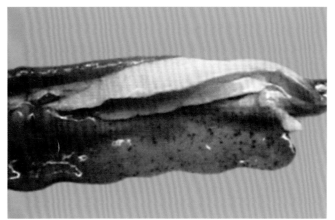

彩图 282　十二指肠黏膜大量针尖大出血点（黄瑜、苏敬良供图）

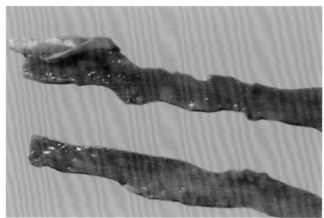

彩图 283　十二指肠黏膜大量出血点（黄瑜供图）

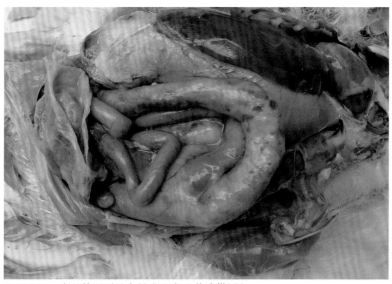

彩图 284　小肠外观可见大量出血点（黄瑜供图）

鸭鸟蛇线虫病

彩图285　鸭鸟蛇线虫病的颌下瘤样肿胀

蜱病

彩图286　波斯锐缘蜱成虫和虫卵

维生素A缺乏症

彩图287　母鸭缺乏维生素A导致雏鸭发生维生素A缺乏症。病雏上喙背面角质层粗糙化，并有部分脱落（陈建红供图）

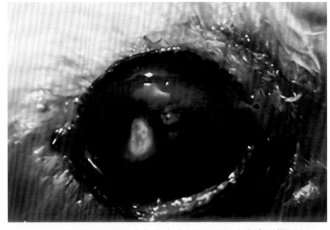

彩图288　病鸭眼角膜形成灰白色变性坏死灶（陈建红供图）

维生素 D 缺乏症

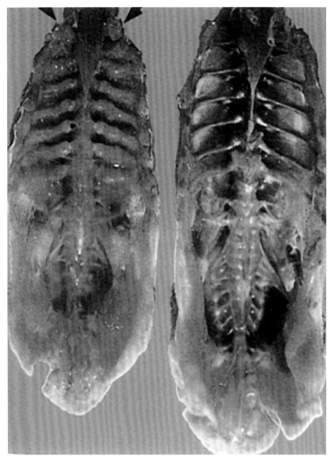

彩图 289　左边肋骨与肋软骨之间出现珠状结节，形成"串珠状"（右为正常对照）（吕荣修供图）

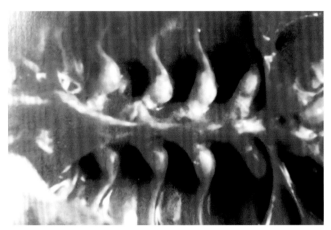

彩图 290　病雏肋骨弯曲，肋骨头呈球状膨大（刘晨供图）

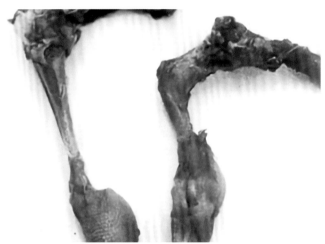

彩图 291　患鸭股骨弯曲变形（左为正常对照）（陈建红供图）

维生素 E 和硒缺乏症

彩图 292　脑软化症：腿麻痹不能站立，头颈收缩、摇摆（郭玉璞供图）

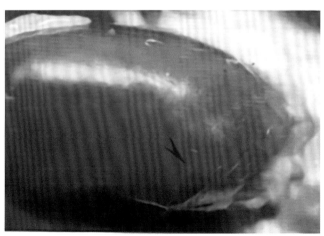

彩图 293　肌营养不良：患病肉鸭胸肌有黄白条纹状坏死灶（王永坤供图）

维生素 B₁ 缺乏症

彩图 294 病鸭头部偏向一侧，软脚，身体侧卧于地面（陈建红供图）

彩图 295 中枢神经紊乱，病鸭转圈、抽搐（陈建红供图）

彩图 296 雏鸭神经症状（黄得纯供图）

维生素 B₂ 缺乏症

彩图 297 雏鸭足趾向内卷曲（黄得纯供图）

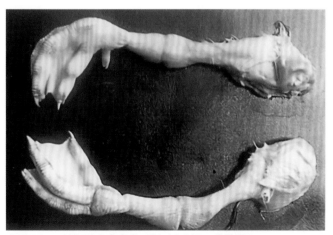

彩图 298 两脚趾向内弯曲（屈趾）（郭玉璞供图）

痛　风

彩图 299　肾肿大，表面有尿酸盐沉积而形成的白色斑点（黄得纯供图）

彩图 300　成年鸭心脏表面有大量石灰粉样物沉积（黄瑜供图）

彩图 301　成年鸭肝脏表面有大量石灰粉样物沉积（黄瑜供图）

异食癖

彩图 302　患鸭羽毛凋零，多处皮肤被啄损出血（右一为正常对照）（陈建红供图）

彩图 303　患病番鸭翼部的飞羽和覆羽已经部分或完全脱落（陈建红供图）

黄曲霉毒素中毒

彩图 304　患鸭出现拱背和尾下垂症状（刘晨供图）

彩图 305　病鸭肝呈土黄色,有肿块生成,肝质地硬化（刘晨供图）

肉毒梭菌毒素中毒

彩图 306　中毒蛋鸭翅膀麻痹下垂,呈"企鹅状"（吕荣修供图）

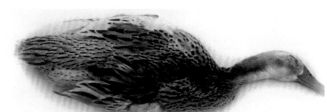

彩图 307　病鸭腿部麻痹致使不能站立,颈部麻痹致使头颈无力抬起,紧贴地面（陈建红供图）

彩图 308　患鸭全身瘫痪,闭目深睡（黄得纯供图）

食盐中毒

彩图 309　患鸭肠系膜水肿（陈建红供图）

彩图 310　患鸭腹腔积液（陈建红供图）

彩图 311　肺水肿、出血（陈建红供图）

彩图 312　患鸭脑软膜充血、出血及轻度水肿（陈建红供图）

磺胺类药物中毒

彩图 313　中毒的樱桃谷雏鸭精神委顿，缩头闭眼，不能站立（焦库华供图）

彩图 314　发生中毒的樱桃谷鸭倒地抽搐，出现神经症状，两肢不停划动（焦库华供图）

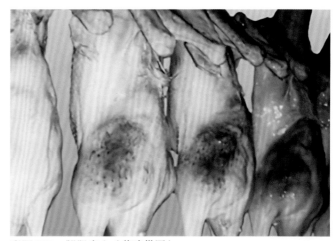

彩图 315 病鸭中毒后流泪，脚软，惊厥，扭头震颤（陈建红供图）

彩图 316 腿肌出血（黄瑜供图）

氟中毒

彩图 317 雏鸭氟中毒：濒死时侧卧，两脚划动，呈游泳姿势（郭玉璞供图）

彩图 318 雏鸭氟中毒：喙柔软似橡皮状（郭玉璞供图）

有机磷农药中毒

彩图 319 急性中毒鸭死前瞳孔散大，口腔流出大量的涎水（焦库华供图）

彩图 320 中毒鸭流涎，精神沉郁（焦库华供图）

彩图 321　中毒鸭精神不安，肢体麻痹，不能站立，排出水样粪便（焦库华供图）

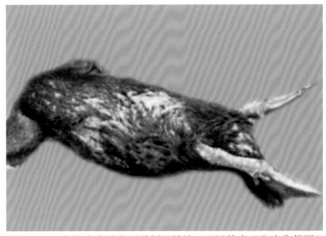

彩图 322　急性中毒鸭濒死前倒地抽搐，两腿伸直（焦库华供图）

鸭常见的肿瘤

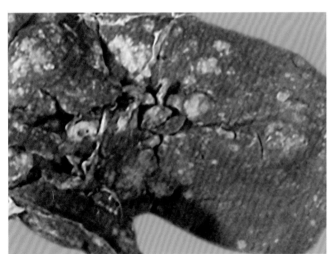

彩图 323　结节型原发性肝癌：癌结节灰白色，大小不一，与肝组织分界不明显（陈玉汉供图）

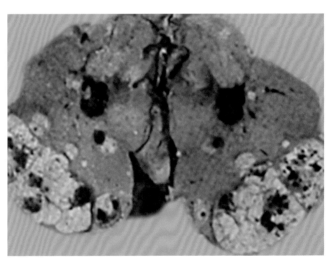

彩图 324　巨块型原发性肝癌：肝癌组织呈灰白色，中有出血。本例伴有肝淀粉样变（陈玉汉供图）

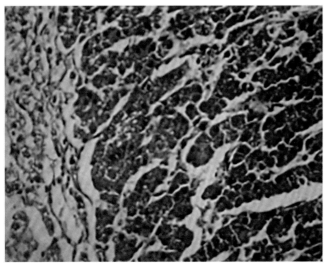

彩图 325　肝细胞性肝癌：肝癌结节由癌细胞索组成，周围的正常肝细胞索受压迫而发生萎缩（王永坤供图）

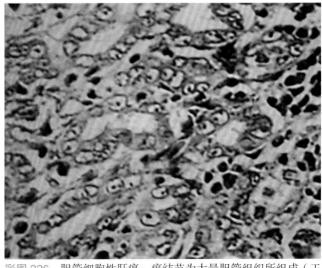

彩图 326　胆管细胞性肝癌：癌结节为大量胆管组织所组成（王永坤供图）

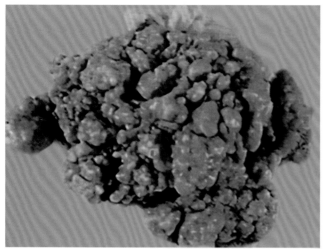

彩图 327　卵巢腺癌：患鸭卵巢充满肿瘤结节（王永坤供图）

彩图 328　卵巢腺癌：患鸭卵巢布满大小不一的囊肿，囊内充满透明液体，外观呈葡萄串状（王永坤供图）

彩图 329　淋巴肉瘤：患鸭肝脏肿大，有大小不一的肿瘤结节（王永坤供图）

光过敏症

彩图 330　上喙两侧向上扭转，短缩，舌尖外露（郭玉璞供图）

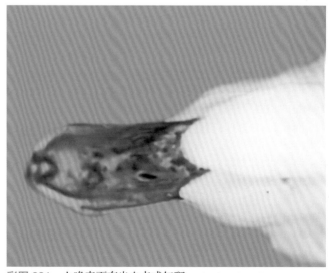

彩图 331　上喙表面有出血点或红斑

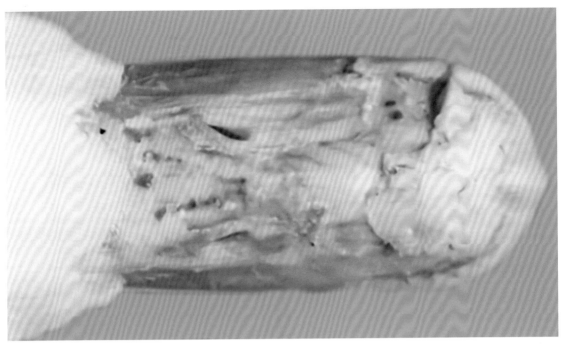

彩图 332　患鸭上喙角质层脱落，角质下层出血，结痂

肉鸭腹水综合征

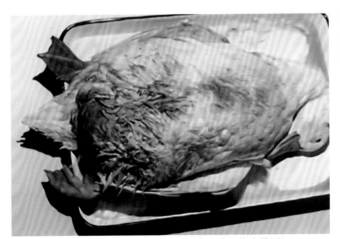

彩图 333　患病种鸭腹部膨大，触压有波动感（黄瑜供图）

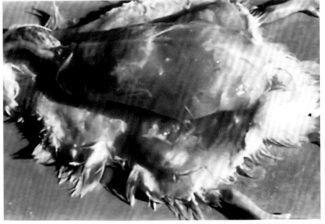

彩图 334　腹部膨大，腹膜变薄，呈透明状（郭玉璞供图）

彩图 335　患病种鸭腹腔大量胶冻样积液（黄瑜供图）

彩图 336　剖开腹膜，腹腔内有大量透明茶色积液（郭玉璞供图）

彩图 337　去除腹水后可见肝脏变硬，表面有一层纤维素膜，并有数量不等的水疱（黄瑜、苏敬良供图）

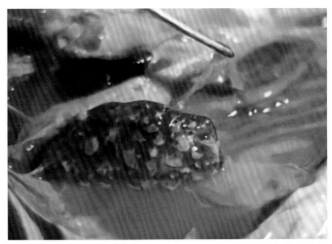

彩图 338　患病种鸭肝脏变硬、变小，表面有大量淡黄色水疱（黄瑜、苏敬良供图）

鸭淀粉样变病

彩图 339　患鸭腹部因有腹水而增大、下垂（郭玉璞供图）

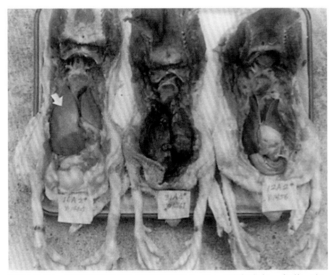

彩图 340　鸭淀粉样变病（同日龄鸭）　左：肝脏肿大，色黄；中：肝癌；右：正常肝脏对照（凌育燊供图）

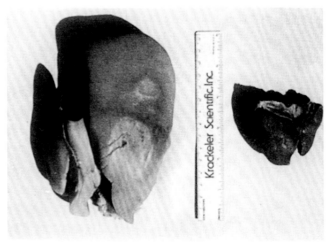

彩图 341　鸭淀粉样变病（成年同日龄鸭）　左：肿胀的肝脏（右叶约 15 cm）；右：正常鸭肝脏对照（右叶约 8 cm）（郭玉璞供图）

彩图 342　肝脏质地如橡皮样，肿大（吕荣修供图）

中 国 鸭 病

主编　陈伯伦

中国农业科学技术出版社

图书在版编目（CIP）数据

中国鸭病 / 陈伯伦主编 . -- 北京：中国农业科学技术
出版社，2022.8

ISBN 978-7-5116-5793-0

Ⅰ. ①中⋯　Ⅱ. ①陈⋯　Ⅲ. ①鸭病 - 防治　Ⅳ. ① S858.32

中国版本图书馆 CIP 数据核字（2022）第 108849 号

责任编辑　张志花
责任校对　马广洋
责任印制　姜义伟　　王思文

出 版 者　中国农业科学技术出版社
　　　　　北京市中关村南大街 12 号　　邮编：100081
电　　话　（010）82106636（编辑室）（010）82109702（发行部）
　　　　　（010）82109709（读者服务部）
网　　址　http://castp.caas.cn
经 销 者　各地新华书店
印 刷 者　北京科信印刷有限公司
开　　本　210 mm×285 mm　1/16
印　　张　20　彩插 56 面
字　　数　630 千字
版　　次　2022 年 10 月第 1 版　2022 年 10 月第 1 次印刷
定　　价　298.00 元

《中国鸭病》

编委会

主　编　陈伯伦

参编单位和人员（按姓氏笔画排序）

佛山科学枝术学院生命科学与工程学院

邓　桦（教授）　　　杨　鸿（教授）　　　张济培（正高级实验师）

张浩吉（教授）　　　陈伯伦（教授）　　　陈育濠（副教授）

黄良宗（副教授）　　黄得纯（高级兽医师兼参编组秘书）

黄淑坚（教授）

福建省农业科学院畜牧兽医研究所

刘荣昌（助理研究员）　　黄　瑜（研究员）　　　傅光华（研究员）

山东农业大学

刁有祥（教授）

四川农业大学

程安春（教授）

中国农业大学

张大丙（教授）

北京市农林科学院畜牧兽医研究所

刘月焕（研究员）

序

　　我国是养鸭大国，鸭的存栏量和蛋、肉的产量均居全球第一，养鸭业是农民增收和脱贫致富的支柱产业。鸭病的发生和局部地区鸭传染病的流行，不仅给养鸭业造成了经济损失，还威胁到我国养鸭业的健康发展和鸭及其制品的食品安全。

　　本书编者为保障和促进养鸭业的健康发展，确保养鸭户安全生产，保证肉、蛋产品质量安全，在《鸭病》一书的基础上撰写了《中国鸭病》。

　　编者都是国内著名禽病专家，专业知识精深，他们不但在多年的教学、科研领域有很高的造诣，而且经常深入养鸭一线推广科技成果，指导养鸭户防治鸭病，不忘初心，牢记使命，勇于探索，敢于担当，不怕困难，顽强拼搏，为鸭病研究和疫病防控做出了突出贡献。

　　近 20 年来，国内兽医专家在兽医免疫学、微生物学、分子生物学方面的研究都有重大突破，而且对经典的鸭病和新发鸭病的防治、诊断也都取得了显著进展，因此，更新相关内容极有必要。编者多年来笔耕不止，多闻阙疑，将鸭病的新进展、防治新方法都展现在本书中。

　　本书的编写跳出一般动物疫病防控书籍的常规描述，先从多角度提出鸭病发生后出现的各种症状和病变，经过精准的诊断，再提出系统的治疗和多种防治方案。

　　主编不但将多年积累下来的宝贵防治经验汇总于本书中，还邀请国内多位知名的鸭病专家参编一些章节，并增加了一些新病，使得本书更具特色和权威性。相信本书的出版，能为我国鸭病防控事业的健康发展添砖加瓦。

北京市农林科学院畜牧兽医研究所研究员

中国畜牧兽医学会禽病学分会原理事长、现任名誉理事长

2022 年 5 月 8 日

前　言

养鸭业是我国畜牧业的重要组成部分，各项产量指标都荣居全球首位，但养鸭业的发展道路并不平坦，由于鸭病种类不断增加，症状表现形式不断复杂，给诊断及防治工作带来较大的阻力和难度。特别是一些养鸭企业存在多方面的问题，包括防治制度缺乏科学性、免疫程序缺乏合理性、生物安全措施不到位。另外，农村集市的三鸟批发市场防疫和检疫制度存在漏洞，这都给鸭病防控工作带来困难。广大鸭病工作者为保障养鸭业的持续、稳定、健康发展，坚定贯彻鸭病防控策略的总方针：养重于防，防重于治，预防为主，养防并举，防治结合。养殖者应该在鸭病发生之前投入足够的防疫经费、技术力量，做好物资准备、科学管理、防疫工作，并制订好疫情发生时的应急预案，做到未雨绸缪，防患于未然。总之，我们要做到鸭群不发病、少发病，即使发生疫情，也能在最短时间内把疫病控制住，使死亡率控制在最小范围。

如果平时忽视防疫工作，舍不得防疫投资，等到鸭群发生疫病之后才临渴掘井，着急花钱买药治病，结果通常是"钱去场空"的悲哀局面。有时鸭群发病后，即使治好了部分鸭只，也会出现鸭只生长发育受阻或生产性能下降，并因此造成经济损失，倘若这种情况反复出现，就会造成被动局面。

我从事禽病教学、科研50年，经常深入养鸭场。我用多年的知识沉淀，结合多年的实践经验，于2008年出版了《鸭病》一书，该书受到了养鸭户的青睐。迄今已经历13个春秋，国内鸭病的专家、教授及工作者对一些经典鸭病提出了新的防治方法，对新型鸭病制订了系统的防控办法。在同行的支持和鼓励之下，我带着禽病工作的使命感，在《鸭病》一书的基础上，经过深度的修改和补充，主编了《中国鸭病》一书。本书更符合我国国情，更接地气，兼顾普及和提高，并记录了编者对某些问题的新观点。

感激我校各位教授专家，以及国内几位著名的禽病专家——黄瑜、刁有祥、程安春、张大丙、傅光华、刘荣昌、刘月焕等参编一些内容。特别是黄瑜教授对本书提供了不少新图片，并做重新校对和编排，他这种热情、认真、负责的工作态度，值得学习。

由于编者能力有限，初稿完成之后，虽然经过多次修改，错漏之处仍在所难免。我的恩师邝荣禄教授在60年前曾教导我："一篇好文章、一本好书不是写出来的，而是改出来的。"

科学在不断发展进步，一个人未能做到的事或工作，可由后来者继续完成；在当代未搞清楚的问题，在未来年轻一代可以澄清和补充。尽管本书撰写还不够完善、不够理想，却可以为以后的鸭病防治工作者们提供某些防治思路。

陈伯伦

2022.5

本书有关用药的声明

兽医科学是一门不断发展的学科。用药安全注意事项必须遵守，随着最新研究及临诊经验的发展，知识也不断更新，因此，治疗方法及用药也必须或有必要做相应的调整。建议读者在使用每一种药物之前，要参阅厂家提供的产品说明以确认推荐的药物用量、用药方法、所需用药的时间及禁忌等。医生有责任根据经验和对患病动物的了解决定用药量及选择最佳的治疗方案。出版社和编者对任何在治疗中所造成的患病动物的损害不承担任何责任。

目 录

第一章 鸭的生理特点及行为习性 ……………………………………………… 1

   第一节 鸭的解剖结构 …………………………………………………… 1

   第二节 生理常数 ……………………………………………………… 7

   第三节 鸭的行为习性与特点 …………………………………………… 8

第二章 实验室检验基本方法 ……………………………………………… 9

   第一节 鸭尸体的病理检验基本方法 …………………………………… 9

   第二节 鸭病原实验诊断基本方法 ……………………………………… 12

第三章 鸭病的综合防治策略 ……………………………………………… 16

   第一节 鸭病综合防治工作的基本理念 ………………………………… 16

   第二节 鸭场的选址与建造 ……………………………………………… 17

   第三节 传染病发生、发展的三个基本环节 …………………………… 18

   第四节 疫病防控策略 …………………………………………………… 18

第四章 病毒病 ……………………………………………………………… 25

   第一节 鸭流行性感冒 …………………………………………………… 25

   第二节 鸭瘟 ……………………………………………………………… 34

   第三节 鸭病毒性肝炎 …………………………………………………… 41

   第四节 雏番鸭细小病毒病 ……………………………………………… 47

   第五节 雏番鸭小鹅瘟 …………………………………………………… 52

   第六节 雏番鸭呼肠孤病毒病 …………………………………………… 55

   第七节 鸭新型呼肠孤病毒病 …………………………………………… 58

   第八节 鸭疱疹病毒性坏死性肝炎 ……………………………………… 61

   第九节 鸭疱疹病毒性出血症 …………………………………………… 63

   第十节 鸭病毒性肿头出血症 …………………………………………… 66

   第十一节 鸭副黏病毒病 ………………………………………………… 68

   第十二节 鸭腺病毒病 …………………………………………………… 70

   第十三节 鸭冠状病毒性肠炎 …………………………………………… 72

   第十四节 鸭传染性法氏囊病 …………………………………………… 73

   第十五节 鸭网状内皮组织增殖病 ……………………………………… 74

第十六节　鸭短喙与侏儒综合征 ·· 75

第十七节　鸭圆环病毒病 ·· 79

第十八节　鸭坦布苏病毒病 ·· 81

第五章　细菌性疾病 ······························ 86

第一节　鸭大肠杆菌病 ·· 86

第二节　鸭疫里默氏杆菌病 ·· 92

第三节　鸭巴氏杆菌病 ·· 98

第四节　鸭沙门菌病 ·· 103

第五节　鸭亚利桑那菌病 ·· 107

第六节　鸭支原体病 ·· 108

第七节　鸭葡萄球菌病 ·· 110

第八节　鸭链球菌病 ·· 113

第九节　鸭结核病 ··· 115

第十节　鸭伪结核病 ·· 117

第十一节　雏鸭禽波氏杆菌病 ·· 119

第十二节　鸭丹毒 ··· 120

第十三节　鸭李斯特菌病 ·· 121

第十四节　鸭嗜水气单胞菌病 ·· 121

第十五节　鸭变形杆菌病 ·· 123

第十六节　种鸭魏氏梭菌性坏死性肠炎 ······································· 124

第十七节　鸭细菌性关节炎综合征 ··· 126

第十八节　鸭衣原体病 ·· 127

第十九节　鸭曲霉菌病 ·· 129

第二十节　鸭白色念珠菌病 ·· 131

第二十一节　疏螺旋体病 ·· 132

第二十二节　巴尔通氏体病 ·· 135

第六章　寄生虫病 ······························ 137

第一节　原虫病 ·· 137

第二节　绦虫病 ·· 148

第三节　棘头虫病 ··· 152

第四节　吸虫病 ·· 154

第五节　线虫病 ·· 165

第六节　外寄生虫病 ·· 181

第七章　营养代谢病 ………………………………………………… 186

第一节　维生素 A 缺乏症 ……………………………………………… 186

第二节　维生素 D 缺乏症 ……………………………………………… 188

第三节　维生素 E 和硒缺乏症 ………………………………………… 190

第四节　维生素 K 缺乏症 ……………………………………………… 193

第五节　维生素 B_1 缺乏症 …………………………………………… 194

第六节　维生素 B_2 缺乏症 …………………………………………… 196

第七节　烟酸缺乏症 …………………………………………………… 197

第八节　胆碱缺乏症 …………………………………………………… 199

第九节　泛酸缺乏症 …………………………………………………… 200

第十节　锰缺乏症 ……………………………………………………… 201

第十一节　铁缺乏症 …………………………………………………… 202

第十二节　硒缺乏症 …………………………………………………… 203

第十三节　蛋白质与氨基酸缺乏症 …………………………………… 205

第十四节　雏鸭缺水症 ………………………………………………… 206

第十五节　饥饿综合征 ………………………………………………… 208

第十六节　痛风 ………………………………………………………… 210

第十七节　异食癖 ……………………………………………………… 211

第十八节　脂肪肝出血综合征 ………………………………………… 213

第八章　中毒性疾病 ………………………………………………… 215

第一节　黄曲霉毒素中毒 ……………………………………………… 215

第二节　肉毒梭菌毒素中毒 …………………………………………… 217

第三节　食盐中毒 ……………………………………………………… 218

第四节　高锰酸钾中毒 ………………………………………………… 220

第五节　链霉素毒性反应 ……………………………………………… 221

第六节　磺胺类药物中毒 ……………………………………………… 221

第七节　亚硝酸盐中毒 ………………………………………………… 223

第八节　氨气中毒 ……………………………………………………… 224

第九节　一氧化碳中毒 ………………………………………………… 225

第十节　氟中毒 ………………………………………………………… 226

第十一节　有机磷农药中毒 …………………………………………… 227

第九章　肿瘤 ………………………………………………………… 229

第一节　肿瘤的概念 …………………………………………………… 229

第二节　鸭常见的肿瘤 …………………………………………………… 229

第三节　肿瘤的防治原则 ………………………………………………… 233

第十章　普通内科疾病 ………………………………………………… **234**

第一节　消化系统疾病 …………………………………………………… 234

第二节　呼吸系统疾病 …………………………………………………… 237

第三节　泌尿生殖系统疾病 ……………………………………………… 239

第四节　其他疾病 ………………………………………………………… 244

第十一章　常见胚胎病 ………………………………………………… **252**

第一节　营养性胚胎病 …………………………………………………… 252

第二节　传染性胚胎病 …………………………………………………… 254

第三节　鸭种蛋保存不当与孵化技术不善引起的胚胎病 ……………… 256

第四节　鸭胚胎病的预防原则 …………………………………………… 258

第十二章　多种病原并发或继发感染与治疗 ………………………… **259**

第一节　概述 ……………………………………………………………… 259

第二节　细菌性疾病与细菌性疾病并发或继发感染症 ………………… 263

第三节　细菌性疾病与病毒病继发或并发感染症 ……………………… 270

第四节　细菌性疾病与寄生虫病并发感染症 …………………………… 277

第五节　普通病与细菌性疾病并发感染症 ……………………………… 278

第十三章　常用药物及疫苗 …………………………………………… **279**

第一节　常用兽药联合用药与配伍禁忌 ………………………………… 279

第二节　常用消毒剂 ……………………………………………………… 279

第三节　鸭常用疫苗及高免血清 ………………………………………… 285

第四节　正确用药的几点建议 …………………………………………… 290

参考文献 ………………………………………………………………… **295**

附　录 …………………………………………………………………… **307**

第一章　鸭的生理特点及行为习性

第一节　鸭的解剖结构

一、骨骼和肌肉

禽类骨骼的特点是坚固而轻便。坚固是由于骨质致密，并且有些骨骼在生长过程中互相愈合成一个整体。轻便则是由于成年鸭的骨髓腔和松质骨内充满着与肺及气囊相通的空气（含气骨）。

鸭的全身骨骼可分为头骨、躯干骨、前肢骨和后肢骨（图1-1）。

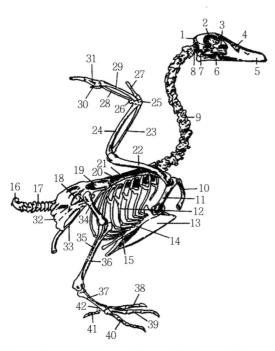

1. 枕骨；2. 眼窝；3. 泪骨；4. 鼻骨；5. 颌前骨；6. 下颌骨；7. 方骨；8. 寰椎；9. 第9颈椎；10. 锁骨；11. 乌喙骨；12. 椎肋；13. 龙骨；14. 胸肋；15. 钩突；16. 尾综骨；17. 尾椎；18. 坐骨孔；19. 髂骨；20. 胸椎；21. 肩胛骨；22. 肱骨；23. 桡骨；24. 尺骨；25. 腕骨；26. 腕骨；27. 第2指；28. 第4掌骨；29. 第3掌骨；30. 第4指；31. 第3指的第一指节骨；32. 坐骨；33. 耻骨；34. 股骨；35. 腓骨；36. 胫骨；37. 大跖骨；38. 第2趾；39. 第3趾；40. 第4趾；41. 第1趾；42. 第1跖骨。

图1-1　鸭的全身骨骼

1. 头骨

头骨以大而明显的眼眶为界，分为颅骨和面骨两部分。鸭的颅骨呈圆形，内有脑和听觉器官；面骨呈前方钝圆的长方形，其中的方骨是禽类特有的复杂骨块，使其与周围的面骨形成多个关节，所以鸭张口时，开得大而自如。

2. 躯干骨

躯干骨包括脊柱、肋和胸骨。脊柱构成身体的中轴，由许多椎骨连接而成，可分为颈、胸、腰荐和尾4段。鸭的颈椎有15个，胸椎9个，腰荐椎11～14个，在发育早期就愈合为一块腰荐骨，尾椎7个，最后一个尾椎很发达，是由几个尾椎愈合而成的，呈两侧压扁的三棱形，称为尾综骨。尾综骨是尾脂腺和尾羽的支架，在禽类飞行中亦起重要作用。肋与胸椎的数目一致，鸭有9对肋，除第一、第二对肋外，其余各肋都由椎肋和胸肋构成（即每肋的两端分别与胸椎和胸骨相接）。第一、第二对肋只有椎肋，不与胸骨相接，又称为假肋（浮肋）。禽类的胸骨非常发达，鸭的胸骨比鸡的大。

3. 前肢骨

前肢骨由肩带部和游离部组成。肩带部包括肩胛骨、乌喙骨和锁骨。鸭的锁骨比鸡的强大，两侧的锁骨愈合成"U"字形。游离部形成翼，分3段，平时折曲成"Z"字形贴于胸廓上，它们由臂骨（肱骨）、前臂骨（尺骨和桡骨）、前脚骨组成。

4. 后肢骨

后肢骨由骨盆部和游离部组成。骨盆部即髋骨，包括髂骨、坐骨和耻骨。为了适应产蛋，禽类两侧耻骨互不连接，所以骨盆呈现特有的开放性骨盆。游离部包括股骨、小腿骨（胫骨和腓骨）

和后脚骨。

鸭的全身肌肉包括皮肌、头部肌、体中轴肌、胸壁肌、腹壁肌、前肢肌和后肢肌。肌纤维以红肌纤维为主，肌肉大多呈暗红色，收缩缓慢但持久，不易疲劳，肌肉间结缔组织不发达。

二、消化系统

消化系统（图1-2）包括由喙、口腔、咽、食管、食管膨大部、腺胃、肌胃、小肠、盲肠、直肠、泄殖腔组成的消化道和由肝、胰组成的消化腺两部分。

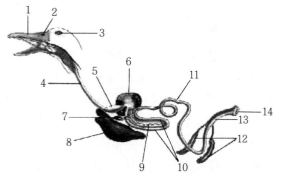

1. 上喙；2. 鼻孔；3. 眼；4. 食道；5. 腺胃；6. 肌胃；7. 胆囊；8. 肝；9. 胰腺；10. 十二指肠；11. 小肠；12. 盲肠；13. 直肠（大肠）；14. 泄殖腔。

图1-2 鸭的消化系统

（1）鸭的口腔没有唇、齿和软腭，上、下颌形成长而宽的喙，末端钝圆。鸭上喙的前端中央向下长有一坚硬的喙豆，为硬化角蛋白，颜色比喙暗，下喙前端中央亦有硬化角蛋白，有利于采食（图1-3）。鸭的味觉不发达（味蕾数量少），对异物和食料缺乏辨别能力，常把异物当成饲料吞食。鸭舌边缘分布有许多细小乳头，这些乳头与喙边缘的角质板交错，合嘴时具有过滤作用，使鸭在水中即使捕捉到小鱼虾也不会随之喝入大量的水。

（2）禽类的食管较宽，易扩张，分为颈段和胸段。鸭食管的颈段形成纺锤形的膨大部，以贮存食料，起嗉囊作用。腺胃胃壁有腺体分布，分泌黏液、盐酸和胃蛋白酶，可对食物进行化学消化。肌胃由发达的平滑肌组成，有强大的收缩力，加上其内层粗糙而坚韧的角质膜和吞食的砂砾，

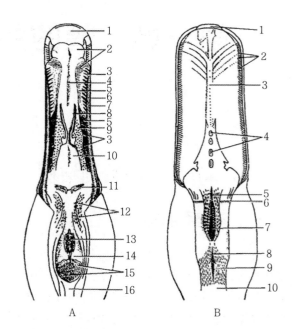

A 口咽底壁：1. 硬化角蛋白；2. 舌；3. 大乳头；4. 正中纵沟；5. 小乳头；6. 背角质板；7. 外角质板；8. 小乳头排；9. 宽底乳头；10. 黏膜宽嵴；11. 乳头；12. 咽乳头；13. 喉入口；14. 喉突；15. 喉乳头；16. 食管。
B 口咽顶壁：1. 硬化角蛋白；2. 角质板；3. 纵行正中嵴；4. 宽底乳头；5. 鼻后孔裂狭部；6. 横排乳头；7. 鼻后孔裂宽部；8. 耳咽管裂；9. 咽乳头；10. 食管。

图1-3 鸭的口咽

对食料起机械研磨作用，进行机械消化。

（3）鸭的小肠包括十二指肠、空肠和回肠。十二指肠形成"U"字形的长袢，空肠和回肠没有明显的分界，统称为空回肠。在空回肠中部有一个小突起，叫卵黄囊憩室（亦称梅克尔氏憩室），是胚胎期卵黄囊柄的遗迹。刚出壳的雏鸭可见此处为5～7g重的卵黄囊，其中剩余的卵黄越小，雏鸭体质越强，当卵黄迅速吸收完后便留下遗迹。

（4）大肠包括一对盲肠和一段短的直肠。鸭的盲肠长约15 cm，北京鸭成鸭的盲肠较长，可达40 cm左右。盲肠基部的肠壁内分布有丰富的淋巴组织，称盲肠扁桃体，是诊断疾病的主要部位之一。禽类无明显的结肠，直肠粗短，也称结直肠，开口于泄殖腔。泄殖腔（图1-4）是消化、泌尿、生殖三系统的共同通道。从前到后被两个环形的黏膜褶分为粪道、泄殖道和肛道三部分。粪道直接与直肠相连，为直肠末端管径突然膨大处。泄殖道是输尿管和公鸭输精管或母鸭输卵管

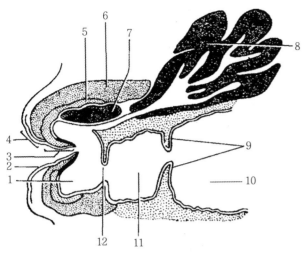

1.肛道；2.泄殖孔腹唇；3.泄殖孔背唇黏膜区；4.泄殖孔背唇皮肤区；5.泄殖孔括约肌（纵肌）；6.泄殖孔括约肌（环肌）；7.背侧肛腺；8.法氏囊；9.粪泄殖襞；10.粪道；11.泄殖道；12.泄殖肛襞。

图1-4　家禽（性未成熟）泄殖腔正中央矢切面

的开口处。肛道背侧有腔上囊（法氏囊）的开口，最后以肛门开口于体外。

（5）鸭的胰腺呈淡黄色，位于十二指肠袢中间，以2条导管开口于十二指肠的末端。肝呈灰红色，分为左右两叶，成年北京鸭左叶重13 g，右叶重44 g，胆囊附于右叶，胆囊管也开口于十二指肠末端。

三、呼吸系统

鸭的呼吸系统包括鼻腔、喉、气管、肺和气囊。

1.鼻腔

鸭的鼻腔较狭长，鼻腺发达，呈半月形，位于眼眶顶壁及鼻腔侧壁。水禽鼻腺有调节机体渗透压的重要作用，当体内盐分过多时，鼻腺可以分泌出浓度为5%的氯化钠液，排出体内过多的盐分，这样，就不必因经尿液排泄而造成水分的大量流失。所以水禽的鼻腺很重要，常称盐腺。

2.喉、气管

鸭的喉腔内无声带，在气管分叉成支气管处形成鸣管，鸣管是禽类的发音器官，鸣管内有鸣骨、鸣膜，因鸣膜受震动而发声。鸭的鸣管主要由支气管构成，雌雄有别，公鸭的鸣管上有一特殊的向左侧突出的、膨大的骨性鸣泡腔，具有共

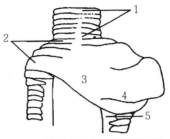

15日胚龄雄性鸭胚鸣管腹面观

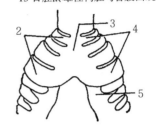

14.5日胚龄雌性鸭胚鸣管腹面观

1.前软骨；2.右鸣管膨大部软骨环；3.正中软骨腹板；4.左鸣管膨大部软骨环；5.左肺外支气管。

图1-5　鸭胚胎期鸣管结构腹面观

鸣作用。母鸭没有鸣泡腔，这在胚胎发育早期即已有所区别（图1-5）。故公鸭发声嘶哑。

3.肺

肺不大，呈鲜红色，位于胸腔背侧（图1-6、图1-7），约有1/3伸入肋间隙内，因此，肺的扩张性不大，而且各级支气管间相互通连，形成迷

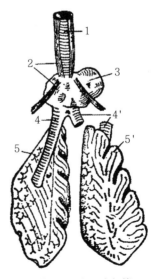

1.气管；2.气管肌；3.鸣管泡；4及4'.支气管；5.右肺；5'.左肺（背侧面）。

图1-6　公鸭的鸣管和肺腹侧观

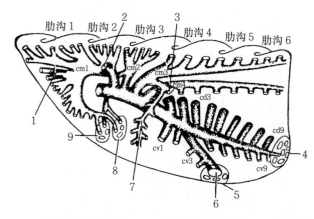

cm—腹内侧次级支气管；cd—背内侧次级支气管；cv—腹外侧次级支气管；1.颈气囊直接导管；2.锁骨气囊直接导管；3.前胸气囊直接导管；4.腹气囊口；5.后胸气囊口；6.后胸气囊直接导管；7.前胸气囊间接导管；8.前胸气囊外侧口支气管导管；9.锁骨气囊外侧口。

图1-7　鸭右肺腹内侧面观

路结构，各部均与气囊相通，假如肺部某处一旦发生炎症，容易通过这些迷路和气囊感染、蔓延。

4.气囊

气囊是禽类特有的器官，是支气管的分支伸出肺后形成的囊，外面仅被覆浆膜，壁很薄，透亮。鸭的气囊有9个，分别是1对颈气囊、1对胸前气囊、1对胸后气囊、1对腹气囊和1个锁骨间气囊（图1-8）。气囊可减轻体重、平衡体位、散热及调节体温，同时呼吸时可以使空气通过肺2次，增加了空气在禽体内的利用率，以满足禽类旺盛的新陈代谢需要，也可以视为空气的贮存器。鸭的呼吸频率为32～60次/min。

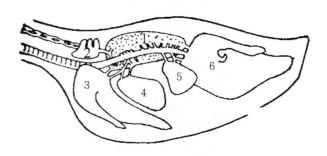

1.肺；2.颈气囊；3.锁骨间气囊；4.胸前气囊；5.胸后气囊；6.腹气囊。

图1-8　禽气囊分布

四、泌尿系统

泌尿系统由肾和输尿管组成。

1.肾

鸭有1对肾，位于脊柱两旁腰荐骨和髂骨所形成的凹陷内，前端达最后椎肋。肾发达，呈暗紫色，质软，明显分为前、中、后三部分。缺肾盏、肾盂，也无明显的肾门（图1-9）。

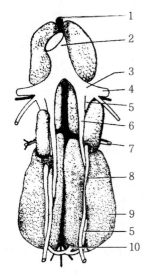

1.主动脉；2.后腔静脉；3.肾门静脉瓣位置；4.髂外静脉；5.后肾门静脉；6.肾后静脉；7.坐骨静脉；8.输尿管；9.肾小叶；10.肠系膜后静脉。

图1-9　鸭肾腹面观

2.输尿管

输尿管两侧对称，呈白色，包括输尿管肾部和输尿管骨盆部，最后开口于泄殖腔的泄殖道背侧。鸭没有膀胱。

五、生殖系统

（一）公鸭

公鸭的生殖系统由睾丸、附睾、输精管和阴茎组成。

1.睾丸

睾丸位于肾脏的前下方，实质是由许多弯曲的曲细精管构成，是产生精子的地方。鸭的睾丸在性活动期体积大为增加，最大者可长达5cm，宽约3cm。

2. 附睾

鸭的附睾位于睾丸的背侧，由睾丸输出管组成，是精子成熟的地方。

3. 输精管

输出管后延为输精管，并向后与输尿管平行，呈极端旋卷状延伸，特别是在生殖季节，更是加长增粗，弯曲密度也变大。输精管末端形成输精管乳头，凸出于泄殖道内输尿管开口的腹内侧。

4. 阴茎

公鸭有发达的阴茎，位于肛道腹侧偏左，为螺旋形，内有螺旋形的阴茎沟，阴茎勃起时，充满淋巴液而不是血液，此时阴茎沟闭合成管，精液便可射出。北京鸭的阴茎勃起时，长达 7 cm（图1-10、图1-11）。

（二）母鸭

母鸭的生殖系统由卵巢和输卵管组成，成鸭仅左侧的输卵管和卵巢发育正常，右侧的在早期个体发生过程中便停止发育并逐渐退化。左侧的卵巢以短的卵巢系膜悬吊于腹腔腰椎椎体腹侧，附着于左肾前部内缘。在产蛋期，卵巢上有成串葡萄状的小卵泡，常见有几个体积依次递增的大卵泡，卵泡成熟后破裂，其中的卵子（即蛋黄）便落入输卵管。输卵管是一条长而弯曲的管道，在腹腔顶部偏左向后延伸至泄殖腔。输卵管根据其形态、结构及功能特点，可分为 5 段，由前向后为漏斗部、蛋白分泌部、峡部、子宫部和阴道部。漏斗部位于卵巢正后方，其前方扩大呈漏斗状，游离缘为薄而软的皱襞，称输卵管伞，向后过渡为狭窄的颈，内有输卵管腹腔口。从成熟的卵泡排出的卵子被输卵管伞接纳，通过腹腔口进入蛋白分泌部，此段是输卵管最长且最弯曲的一段，管径大，管壁厚，内有大量腺体，可分泌蛋白。峡部较细且短，峡部的腺体分泌角蛋白，形成卵内、外壳膜。子宫部是输卵管最粗的部分，此处腺体的分泌物形成蛋壳，卵在该部反复转动，使分泌物分布均匀，停留的时间最长，可达18 ～ 20 h。阴道部壁厚，呈"S"状弯曲，子宫阴道连接部形成阴道穹窿，黏膜形成纵行皱襞，开口于泄殖腔的左侧，卵经过此段的时间极短，仅几秒至 1 min。阴道壁的腺体可分泌黏液，有

1. 左输精管；2. 左输尿管；3. 阴茎前缩肌；4. 粪道；5. 泄殖腔括约肌；6. 左淋巴腔；7. 左脉管体；8. 腺管；9. 左基部纤维淋巴体；10. 小螺旋纤维淋巴体；11. 大螺旋纤维淋巴体；12. 小渠间隙；13. 射精沟；14. 直肠；15. 右基部纤维淋巴体；16. 至肛道的裂隙；17. 右输精管乳头；18. 右输尿管开口；19. 泄殖腔。

图1-10　公鸭泄殖腔及勃起阴茎的后腹侧面观

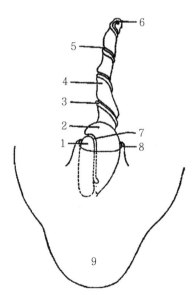

1. 右基部纤维淋巴体；2. 左基部纤维淋巴体；3. 小螺旋纤维淋巴体；4. 大螺旋纤维淋巴体；5. 射精沟；6. 腺管开口；7. 至泄殖道的裂隙；8. 泄殖孔唇；9. 尾。

图1-11　公鸭尾区后腹面观（完全勃起的阴茎自泄殖孔凸出）

利于蛋的产出，且干燥后在蛋壳外形成一层薄膜，以防止蛋内水分蒸发和细菌的侵入（图1-12）。阴道壁的腺体还可以暂时贮存精子，精子在此可贮留10～14天或更长时间。

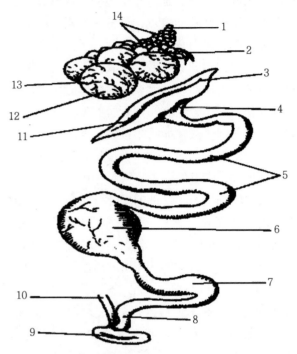

1.卵巢柄；2.空卵泡；3.输卵管伞；4.漏斗颈部；5.蛋白分泌部；6.峡部含未成熟的卵；7.子宫；8.阴道；9.泄殖腔；10.退化的右生殖道；11.漏斗部；12.裂线；13.成熟卵泡；14.小卵泡。

图1-12 雌禽生殖器官

六、心脏

　　鸭的心脏呈圆锥形，位于胸腔内，由心包所包被，心包内间隙较大。心尖部介于肝两叶的前端之间，心脏的前缘达第1肋，后端在第5肋的水平位，心脏的纵轴偏向右腹侧。

　　心基部由左右心房及大血管组成。右心房较凸，偏于右腹侧，较大，左心房则较小，偏于左背侧。在冠状沟部，右侧的心房与心室间形成一浅沟，而左侧的心房与心室间形成一深凹陷，内填脂肪（图1-13、图1-14）。

　　鸭心脏约为体重的1/29。鸭的心率随品种、年龄、性别而有差异，为140～200次/min。鸭的全血比重为1.05，红细胞呈椭圆形，有核。

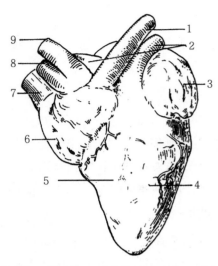

1.左臂头动脉；2.肺动脉；3.左心房；4.左心室；5.右心室；6.右心房；7.右前腔静脉；8.主动脉；9.右臂头动脉。

图1-13 心脏的腹侧面

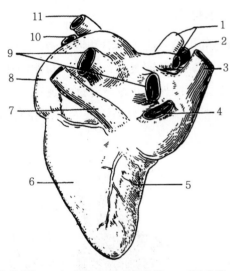

1.右臂头动脉；2.主动脉；3.右前腔静脉；4.后腔静脉；5.右心室；6.左心室；7.左前腔静脉；8.右心房；9.肺静脉；10.肺动脉；11.左臂头动脉。

图1-14 心脏的背侧面

七、淋巴器官

1. 淋巴器官的分类

　　根据淋巴器官在免疫活动中的作用，从形态学角度，可把淋巴器官分为两大类：一类是法氏囊和胸腺，它们属于初级淋巴器官或称中枢淋巴器官；另一类是脾脏、淋巴结、盲肠扁桃体及分布于管状器官壁内的淋巴小结，属于次级淋巴器官或称周围淋巴器官。中枢淋巴器官发生较早，是造血干细胞繁殖、分化成 T 淋巴细胞（胸腺）或 B 淋巴细胞（法氏囊）的场所，淋巴细胞在此繁殖不需要抗原刺激，便可以源源不断向周围淋巴器官输送 T 细胞或 B 细胞，并在那里"定居"下来，可以理解为中枢淋巴器官向周围淋巴器官输送 T 细胞、B 细胞的"种子"。所以，鸭成年后法氏囊及胸腺便逐渐退化萎缩，因为它们的"任务"已完成。而周围淋巴器官发育较晚，其淋巴细胞最初是由中枢淋巴器官迁移来的，当受到抗原刺激时，这些"定居"下来的淋巴细胞便分裂繁殖，继而具备免疫功能，此类器官是进行免疫反应的重要场所。

2. 鸭的淋巴器官

禽体的淋巴组织很丰富，在体内分布很广，几乎遍及所有的内脏器官，外包有浆膜而构成淋巴器官的有胸腺、法氏囊和脾脏，鸭还有数量不多的淋巴结。

（1）胸腺位于颈部气管两侧的皮下，沿颈静脉直到胸腔入口处，似一长链。幼龄时体积较大，接近性成熟时达到最高峰，随后，由前向后逐渐退化，到成鸭时仅留下遗迹。

（2）法氏囊是禽类特有的淋巴器官。鸭的法氏囊呈筒形，位于泄殖腔背侧，开口于泄殖腔。在刚出壳时，该囊已存在，3 ～ 4 月龄时发育到最大，性成熟后逐渐萎缩为小的遗迹（鸭的法氏囊存在时间较长，约 1 年）直到完全消失。

（3）脾位于腺胃右侧，不大，鸭的脾呈三角形，背面平，腹面凹，棕红色。家禽脾主要功能是造血、滤血和参与免疫反应。

（4）淋巴结只见于水禽，鸭有 2 对淋巴结，一对是颈胸淋巴结，位于颈基部，贴于颈静脉上；另一对是腰淋巴结，位于腰部主动脉两侧。另有报道，鸭还有 4 对较小的淋巴结，即颈面淋巴结、肠系膜淋巴结、腹下淋巴结和腹股沟淋巴结。淋巴结的主要功能是产生淋巴细胞，清除入侵体内的细菌和异物及产生抗体。

除以上所述各系统外（图 1-15），还有神经系统、内分泌系统、感觉器官及被皮等部分，此处省略。

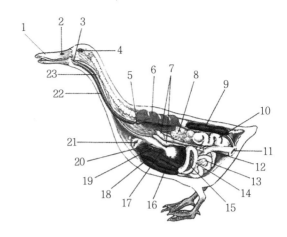

1. 上喙；2. 鼻孔；3. 喉；4. 眼；5. 支气管；6. 肺；7. 盲肠；8. 卵巢；9. 肾；10. 输卵管；11. 泄殖腔；12. 直肠（大肠）；13. 肠系膜；14. 十二指肠；15. 胰腺；16. 肌胃；17. 脾；18. 肝；19. 胆囊；20. 腺胃；21. 心脏；22. 气管；23. 食管。

图 1-15　鸭的全身器官

第二节　生理常数

鸭的基本生理常数见表 1-1。

表 1-1　鸭的基本生理常数

生理指标	数值
体温（肛表）/℃	41.0 ～ 42.5
呼吸 /（次 /min）	16 ～ 28
脉搏 /（次 /min）	149 ～ 200
红细胞 /（万个 /mm³）	北京鸭 ♂ 271 北京鸭 ♀ 246
血红蛋白 /（g/mL）	北京鸭 ♂ 14.2 北京鸭 ♀ 12.7
白细胞 /（个 /mm³）	北京鸭 ♂ 24 000 北京鸭 ♀ 26 000
淋巴细胞 /（个 /mm³）	北京鸭 ♂ 7440 北京鸭 ♀ 12 220
异嗜性粒细胞 /（个 /mm³）	北京鸭 ♂ 12 480 北京鸭 ♀ 8320
嗜酸性粒细胞 /（个 /mm³）	北京鸭 ♂ 2376 北京鸭 ♀ 2652
嗜碱性粒细胞 /（个 /mm³）	北京鸭 ♂ 744 北京鸭 ♀ 858
单核细胞 /（个 /mm³）	北京鸭 ♂ 888 北京鸭 ♀ 1794

第三节 鸭的行为习性与特点

1. 喜水性

鸭属水禽，喜欢在水中觅食、嬉戏和求偶交配。鸭的跖、趾、蹼组织致密、坚厚，在陆地上每分钟行走 45 ～ 50 m，在水中每分钟可游 50 ～ 60 m。只有在休息和产蛋的时候，才回到陆地上。因此，宽阔的水域、良好的水源是饲养鸭的重要环境条件之一。鸭的尾脂腺发达，能分泌含有脂肪、卵磷脂、高级醇的油脂，鸭在梳理羽毛时常用喙压迫尾脂腺，挤出油脂，再用喙将其均匀地涂抹在全身的羽毛上，来润泽羽毛，使羽毛不被水浸湿，有效地起到隔水防潮、御寒的作用。但鸭喜水不等于鸭喜欢潮湿的环境，因为潮湿的栖息环境不利于鸭冬季保温和夏季散热，并且容易使鸭只腹部的羽毛受潮，加上粪尿污染，导致鸭的羽毛腐烂、脱落，对鸭生产性能的发挥和健康不利。

2. 合群性

鸭在野生情况下，天性喜群居和成群飞行，此种本性驯养之后仍不改变。家鸭表现出很强的合群性。经过训练的鸭在放牧条件下可以成群远行数里而不紊乱。如有鸭离群，则会高声鸣叫，一旦得到同伴的应和，孤鸭会寻声归群。这种合群性使鸭适于大群放牧饲养和圈养，管理也较容易。

3. 杂食性

鸭是杂食动物，食谱比较广。鸭的味觉不发达，对饲料的适口性要求不高，鸭可利用的饲料品种比其他家禽广，觅食力强，能采食各种精、粗饲料和青绿饲料，昆虫、蚯蚓、鱼、虾、螺等也可以作为饲料，还善于觅食水生植物及浮游生物。

4. 反应灵敏

鸭对外界变化反应速度快，容易接受训练和调教。但鸭性急、胆小，易受惊而高声鸣叫，导致互相挤压。

5. 就巢性较弱

鸭经过长期人工选育，已经丧失了抱孵的本能（番鸭除外），这样就增加了产蛋的时间，而孵化和育雏则需要人工进行。

6. 具夜间产蛋性

禽类大多数都是白天产蛋，而母鸭是夜间产蛋，这一特性为蛋鸭的白天放牧提供了方便。夜间，鸭一般不在产蛋窝内候产，仅在产蛋前半小时左右才进入产蛋窝，产后稍歇即离去，恋蛋性很弱。鸭产蛋一般集中在夜间 12 点至凌晨 3 点，鸭产蛋具有定巢性，即鸭的第一个蛋产在什么地方，以后就一直到什么地方产蛋，如果这个地方被别的鸭占用，该鸭宁可在巢门口静立等待也不进旁边的空窝产蛋。因此，在开产前应设置足够的产蛋窝，垫草要勤换。

7. 生活的节律性

鸭有较好的条件反射能力，可以按照人们的需要和自然条件进行训练，并形成一定的生活规律，如觅食、戏水、休息、交配和产蛋都具有相对固定的时间。放牧饲养的鸭群一天当中一般是上午以觅食为主，间以戏水或休息；中午以戏水、休息为主，间以觅食；下午则以休息居多，间以觅食。一般来说，产蛋鸭傍晚采食多，不产蛋鸭清晨采食多，这与晚间停食时间长和形成蛋壳需要钙、磷等矿物质有关，因此，每天早晚应多投料。舍饲鸭群的采食和休息根据具体的饲养条件有异。鸭只配种一般在早晨和傍晚进行，其中熄灯前 2 ～ 3 h 交配频率最高，垫草地面是鸭只安全的交配场所。因此，晚关灯，实行垫料地面平养，有利于提高种鸭的受精率。

第二章　实验室检验基本方法

到发病鸭场剖检时，为避免受到干扰和误导，首先必须了解和观察整个鸭群的情况，应对患病鸭场有一个较为全面的了解，包括鸭场的范围大小、多少鸭舍、全场鸭群数量、鸭群患病情况、何时开始发病、死亡情况和死亡数量、整群病鸭的精神状态及食欲等，然后在死亡最多的鸭舍随机取出20～30只死鸭进行剖检，详细记录每只死鸭各种器官病理变化的特点，然后统计各种器官同种病变的百分比并加以综合分析。之后采取病料，以便进行组织切片并用显微镜进行组织病理变化观察。最后根据各方面的资料进行综合分析，做出可靠的诊断。

第一节　鸭尸体的病理检验基本方法

一、剖检方法

运用病理解剖学知识对病死鸭尸体进行解剖，数量尽可能多些（起码20只以上），用消毒液将羽毛浸湿，拔掉胸腹和颈部羽毛，切开大腿与腹侧连接的皮肤，用力将两大腿向外翻压直至两髋关节脱臼，使鸭体呈背卧位。由喙角沿体中线至胸骨前方剪开皮肤，并向两侧分离；再在泄殖孔前的皮肤上作一横切线，由此切线两端沿腹壁两侧作至胸壁的二垂直切线，这样从横切线切口处的皮下组织开始分离，即可将腹部和胸部皮肤整片分离，此时可检查皮下组织的状态。再按上述皮肤切线的相应处剪开腹壁肌肉，两侧胸壁可用骨剪自后向前将肋骨、乌喙骨和锁骨剪断。然后握住龙骨突的后缘用力向上前方翻拉，并切断周围的软组织，即可去掉胸骨，露出体腔。

二、检查内容

（一）外部检查

外部检查是检查尸体的外表状态，外部检查结合临诊诊断的资料，对于疾病的诊断及剖检的重点可给予重要启示，有的还可以作为判断病因的直接依据（如鸭细菌性关节炎综合征、鸭出血症、鸭光过敏症等）。外部检查主要包括以下几方面。

1. 自然状况与营养状态的检查

从病鸭的品种、性别、年龄、毛色、特征、体态等观察其自然状况。根据肌肉丰满度、皮肤和羽毛状况来判断营养状态。鸭的品种不同对病原的易感性有差异，日龄、性别及营养状况等因素对疾病的发生发展均有影响，注意检查和判断。

2. 羽毛、皮肤与关节的检查

（1）注意羽毛的光泽度，有无脱毛、羽毛松乱、羽毛管出血等。如鸭疱疹病毒性出血症（鸭出血症），患鸭双翅羽毛管、上喙端及爪尖足蹼出血呈紫黑色；异食癖可表现为自食或相互啄头、啄毛、啄翅、啄趾等现象。

（2）检查皮肤的厚度、硬度及弹性，有无溃疡、脓肿、创伤和外寄生虫等，有无粪泥和其他病产物污染。检查头冠、肉髯，注意头部及其他各处的皮肤有无痘疮、皮疹、结节。观察腹壁及嗉囊表面皮肤的色泽，有无尸体腐败的现象。此外，还要注意检查有无皮下水肿和气肿。有皮下水肿时患部隆起，触之有波动感。贫血、营养不良、慢性传染病、严重寄生虫病、慢性心脏病和肾脏疾病、肝脏疾病等，都可能引起全身性水肿；出血性败血病、恶性水肿、局部炎症，可发生局部性水肿。皮下气肿可能与严重肺气肿或梭菌病等疾病有联系。

（3）检查各关节有无肿胀，龙骨突有无变形、弯曲等现象，如呈慢性经过的大肠杆菌性关节炎病例，可见跗关节和趾关节肿大，关节腔中有纤维素渗出，滑膜肿胀、增厚；鸭细菌性关节炎综合征，在肿胀关节的关节囊内，积有混浊的炎症渗出液或混有纤维素，病程较长的病例，渗出物呈灰黄色干酪样。

3. 天然孔与可视黏膜的检查

（1）检查各天然孔（眼、鼻、口、肛门、外生殖器等）的开闭状态，有无分泌物、排泄物及其性状、量、色、味和浓度等。检查鼻窦时可用剪刀在鼻孔前将口喙的上颌横向剪断，用手压鼻部，注意有无分泌物流出。视检泄殖孔的状态，注意其内腔黏膜的变化、内容物的性状及其周围的羽色有无粪便污染等。败血病的尸体，则常由口、鼻、肛门等处流出血样液体。

（2）可视黏膜的检查，着重注意黏膜色泽的变化。眼结膜、鼻腔、口腔、肛门、生殖器的黏膜色泽，往往能反映机体内部的状况：黏膜苍白，是内出血或贫血的征象；黏膜紫红色（发绀），是淤血的标志。剖检时应注意循环系统的疾病。黏膜发黄，可能是黄疸，应注意肝脏、胆囊、胆管及血液中病原体的检查；黏膜出血，可能是传染病或中毒性疾病的症状之一。例如，鸭瘟时，部分患鸭出现眼结膜充血、水肿外翻，瞬膜常见出血点，眼睑水肿，眼睑周围的羽毛沾湿，眼有分泌物，初为浆液性，继而呈黏稠或脓样，致使上、下眼睑粘连，眼睑周围常见分泌物干燥后凝结成污秽的结痂。雏鸭曲霉菌性眼炎，可见瞬膜下或眼眶上方形成黄色干酪样小球状物，角膜混浊或中央形成溃疡，以至失明。

4. 尸体变化的检查

动物死亡后，受体内酶和细菌的作用，以及外界环境的影响，逐渐发生一系列的死后变化。尸体变化主要包括尸冷、尸僵、尸斑、死后血液凝固、尸体自溶和腐败。正确地辨认尸体变化，可以避免把死后变化误认为生前病变而误诊。死后尸体变化的检查，有助于判定死亡发生的时间、位置。如果尸体腐败严重，一般就丧失了病理剖检意义。

（二）内部检查

1. 体腔检查

剖开体腔后，注意检查各部位的气囊。气囊由浆膜所构成，正常时透明菲薄，有光泽，检查时注意有无增厚、混浊、渗出物或增生物。检查体腔内容物，正常体腔内各器官表面均湿润而有光泽，异常时可见体腔内液体增多或有病理性渗出物及其他病变。

2. 脏器的采出和检查

体腔内器官的采出，可先将心脏连心包一起剪离，再采出肝，然后将肌胃、腺胃、肠、胰腺、脾及生殖器一同采出。隐藏于肋间隙内及腰荐骨的凹陷部的肺和肾脏，可用外科刀柄剥离取出。颈部器官的采出，先用剪刀将下颌骨、食道、嗉囊剪开，注意食道黏膜的变化及嗉囊内容物的分量、性状及嗉囊内膜的变化；再剪开喉头、气管，检查其黏膜及腔内分泌物。幼龄鸭还应注意胸腺，检查其大小、色泽、质度及有无出血点。

（1）心脏。将心包囊剪开，注意心包腔积水，心包囊与心壁有无粘连。心脏的检查要注意其形态、大小、心外膜状态、有无出血点。然后将两侧心房及心室剪开，检查心内膜及观察心肌的色泽及性状。如鸭巴氏杆菌病，可见心冠沟脂肪及心外膜有出血点或出血斑；雏番鸭细小病毒病，可见心脏呈灰白色、质软，如煮熟样；慢性鸭链球菌病，心脏瓣膜可见表面粗糙不平的疣状物增生。

（2）肺。观察其形态、色泽和质度，有无结节，切开检查有无炎症、坏死灶等变化，注意气囊、气管和胸膜的相关病变。如鸭流行性感冒，可见肺充血、出血、水肿，呈暗红色，切面流出多量血样泡沫状液体，气管黏膜出血，胸膜严重充血；鸭曲霉菌病，在肺和气囊中可见肉芽肿结节。

（3）腺胃和肌胃。先将腺胃、肌胃一同切开，检查腺胃胃壁的厚度、内容物的性状、黏膜及状态，有无寄生虫。对肌胃的检查要注意角质内膜的色泽、厚度、有无糜烂或溃疡，剥离角质膜，检查下部有无病变及胃壁的性状。如鸭流行性感冒，病鸭食管与腺胃、腺胃与肌胃交界处及腺胃乳头和黏膜可见出血点、出血斑、出血带及腺胃黏膜的坏死和溃疡。

（4）肠。先注意肠系膜及肠浆膜的状态。空肠、回肠及盲肠入口处均有淋巴集结。肠管的中段处有一卵黄盲管，初生鸭可有一些未被吸收的卵黄存在。肠的检查应注意黏膜和其内容物的性状，以及有无充血、出血、坏死、溃疡和寄生虫等，例如，鸭冠状病毒性肠炎的突出病变即在消化道，尤其以十二指肠段病变为甚，外观呈红色或紫红色，肠浆膜和肠系膜充血、出血、水肿，肠腔变窄，内充满黏性或血性分泌物，肠黏膜呈深红色，部分肠黏膜脱落后可见溃疡面。两侧盲肠也应剪开检查，雏鸭盲肠球虫病可见明显的病变。

（5）肝。注意观察其形态、色泽、质度、大小、表面有无坏死灶、出血点、结节等。切开检查切面组织的性状。注意胆囊的大小及内容物。如雏番鸭呼肠孤病毒性坏死性肝炎，病变特征是肝表面和实质有弥漫性、大小不一的灰白色坏死灶。

（6）脾。注意观察其形态、大小、色泽、质度，表面及切面的性状等。例如，鸭瘟、鸭流行性感冒、鸭链球菌病、鸭丹毒、鸭葡萄球菌病等急性败血性疾病，常见脾肿大呈球形，黑红色，质地松软易碎，切面见脾髓结构不清，有出血点和坏死点，称"败血脾"。雏番鸭呼肠孤病毒性坏死性肝炎，脾表面或实质中可出现多量大小不一或连成一片的灰白色坏死灶，使脾呈"花斑状"。

（7）肾。分为三叶，分界不明显，无皮质、髓质区别，检查时注意其大小、色泽、质度、表面及切面的性状等。肾有尿酸盐沉着时，可见肾肿大，有灰白色病灶。如内脏型痛风、磺胺类药物中毒时，肾肿大，呈土黄色花斑状，输尿管变粗，充满白色尿酸盐沉积物。

（8）胰腺。分为三叶，有2～3条导管，分别开口于十二指肠与胆管开口部。注意检查有无出血、坏死等病变。例如，鸭副黏病毒病，胰腺可见出血、白色或灰白色坏死点；雏番鸭细小病毒病可见胰腺炎，胰腺呈灰白色，在其背、腹及中间三叶的表面均有散在性、数量不等、针尖大小、白色坏死点。

（9）法氏囊。未成年鸭的法氏囊明显，检查时注意其大小、色泽、质度等，切开后观察黏膜的色泽、湿度、有无出血点或出血斑、有无分泌物及黏膜皱褶的状态等。例如，鸭传染性法氏囊病，患鸭法氏囊均有不同程度的病变，肿大2～3倍，外观呈暗紫色，并有胶样浸润，囊腔内有果酱样渗出物或见有干酪样的核状物，法氏囊壁黏膜有点状或条纹状出血。

3. 脑的采出和检查

脑组织的病变主要依靠组织学检查。进行剖检时，可先用刀剥离头部皮肤，再环形剪除颅顶骨，露出大脑和小脑。然后轻轻剥离，将前端的嗅脑、脑下垂体及视神经交叉等逐一剪断，即可将整个大脑和小脑采出。注意观察脑膜血管有无充血、出血及切面脑实质的变化。例如，硒缺乏症，可出现脑软化；慢性食盐中毒时，胃肠病变不明显，主要病变在脑，可见大脑皮层坏死软化。

三、病理组织学材料的选取和运送

为了查明病因，有必要通过做病理切片检查，做出正确的诊断时，就需要在剖检的同时采取病理组织学材料，并及时固定，送至病理切片室制作切片，进行病理组织学检查。而病理组织切片能否完整如实地显示原有的病理变化，在很大程度上取决于材料的采取、固定和寄送是否及时、有效。

1. 切取组织块所用的刀剪要锋利

切割时必须迅速而准确，勿使组织块受挤压或损伤，以保持组织完整，避免人为的变化。对柔软菲薄或易变形的组织如胃、肠、胆囊、肺和水肿组织等的切取，更应注意。水分的接触可改变其微细结构，所以组织在固定前，勿使其沾水。

2. 取样要全面且具有代表性

有病变的器官或组织，要选择病变显著部分或可疑病灶，要能显示病变的发展过程。在一块组织中，要包括病灶及其周围正常组织，且应包括器官的重要结构部分。

3. 组织块的大小

通常长宽1～1.5 cm，厚度为0.4 cm左右。必要时组织块大小可增大到1.5～3 cm，但厚度不宜超过0.5 cm，以便固定液的渗透。

4. 及时固定

为了使组织切片的结构清楚，切取的组织块要立即投入固定液中，固定的组织越新鲜越好。固定液一般是 10% 福尔马林、95% 乙醇，电镜材料可用 4% 戊二醛固定。

固定液要相当于总体积的 5 ~ 10 倍。固定液容器不宜过小，容器底部可垫脱脂棉，以防止组织与容器粘连，导致组织固定不良或变形。肺组织比重较轻，易漂浮于固定液面，可盖上薄片脱脂棉。

5. 寄送

将固定完全和修整后的组织块，用浸渍固定液的脱脂棉包裹，放置于广口瓶或塑料袋内，并将其口封固。瓶外再套上塑料袋，然后用大小适当的木盒包装，即可寄送。

同时应将整理过的尸体剖检记录及有关材料一同寄出。并在送检单上说明送检的目的要求、组织块的名称、数量及其他需说明的问题。除寄送的病理组织块外，本单位还应保留一套病理组织块，以备必要时复查之用。

第二节　鸭病原实验诊断基本方法

一、样品采集与保存

样品采集与保存是准确实验诊断的第一个关键步骤，应遵循以下原则。

（1）病鸭有代表性。发病鸭群中具有相同或相似症状。

（2）采样时机适宜。用于病原分离和检测的样品应采集于发病早期和症状明显期；双份血清检测的血清样品在发病早期和康复期均应采集。

（3）用于细菌分离的样品必须采集于急性期且未使用过抗生素或其他抗菌药物的病鸭或死亡的鸭。

1. 样品采集

无菌采集发病或死亡鸭的心脏、肝、脾、肺、肾、肠道和脑等组织及血液，口咽拭子、泄殖腔拭子等样品，做好标号；同时，记录和统计分析各组织器官病变情况。

2. 样品保存

根据不同检测项目要求，在合适条件下保存和运输样品。

（1）用于微生物分离鉴定的样品应低温运输、保存，确保维持微生物的活力。

（2）用于病毒分离鉴定的口咽拭子、泄殖腔拭子等样品，还应注意防止细菌繁殖对样品 pH 的影响，拭子样品可保存于含抗菌药物的细胞培养液中。

（3）血清样品 4℃ 条件下可以保存 2 周，长期保存则放置于 -20℃ 冰箱，不要反复冻融。

（4）用于病理观察的组织样品则取小块（不超过 5 cm³ 为宜）保存于 10% 中性福尔马林固定液中。

二、细菌分离鉴定与药敏试验

细菌分离培养时应选择合适的培养基和培养条件。选择满足多数细菌生长的营养丰富的培养基，有利于分离各种细菌，比如，胰蛋白酶大豆琼脂、巧克力平板或鲜血平板培养基，使用选择培养基或鉴别培养基有利于分离目标细菌。分离细菌前，病料涂片染色镜检初步确定目标菌，有利于选择合适的培养基。增菌培养基础上做细菌分离纯化有利于提高细菌分离成功率。用抗菌药物治疗的鸭，常导致细菌分离失败。对鸭疫里默氏杆菌（*Riemerella anatipestifer*，RA）等能突破血脑屏障的细菌的分离培养，脑组织分离成功率比其他脏器组织更高。为了确定分离细菌的致病性还应做动物试验或回归试验。

1. 细菌分离鉴定

无菌操作，从病料中取样接种至固体培养基表面，37℃ 培养 24 h 后观察细菌的生长情况，挑选单个菌落进行纯培养。置于 4℃ 冰箱中短期保存、备用，长期保存可选择磁珠法保存或冻干保存，同时进行细菌涂片、染色，镜检，然后用生化鉴定、16S rRNA 测序鉴定、PCR/RT-PCR 检测及血清学检测等方法进行细菌鉴定。

2. 药敏试验

用纸片法操作简便、使用最广泛：用灭菌接种环将纯培养的细菌致密划线接种于固体培养基表面，各种不同药敏片均匀贴至培养基表面，倒扣平板，置37℃恒温培养24 h，量取抑菌圈直径，按临诊和实验室标准协会（Clinical and Laboratory Standards Institute，CLSI）标准判定药敏结果。根据药敏结果，结合药物动力学和药效学知识合理使用药物。

三、病毒分离鉴定

（一）鸭胚分离培养

无菌操作，剪碎病料后充分研磨成匀浆，用灭菌磷酸盐缓冲液（Phosphate Buffered Saline，PBS）或Hank′s液进行1∶10稀释，4℃ 3000 r/min，离心30 min，取上清液加青霉素和链霉素，使每毫升上清液各含1000 U，经细菌检验为阴性者作为病毒分离材料冷冻保存。将上述分离材料经尿囊腔或绒毛尿囊膜接种9~12日龄鸭胚，每胚0.2 mL，并设对照。37℃孵箱中孵育，弃去18 h内死亡的胚体，每天照胚数次，死亡的鸭胚及72 h后仍存活的鸭胚4℃放置8 h，然后收集鸭胚尿囊液，进行无菌检验，-80℃保存备用。不致死鸭胚的样品要盲传3代。

（二）细胞分离培养

将长有80%细胞的T25细胞培养瓶用无菌PBS漂洗2次，加入900 μL基础培养基和100 μL病毒样品混合液，置于5% CO_2、37℃细胞培养箱感作1 h，弃去混合液，最后加入5 mL含2%小牛血清的培养液。若出现病变，收集上清液分装保存于-80℃。病毒分离所用细胞见表2-1。

表2-1 常见病毒适用细胞

病毒	细胞
鸭瘟病毒	鸭胚成纤维细胞（Duck Embryo Fibroblast，DEF）
呼肠孤病毒	DEF
细小病毒	DEF
鸭流感病毒	犬肾细胞（Madin-Darby Canine Kidney cell，MDCK）
鸭坦布苏病毒	幼仓鼠肾细胞（Baby Hamster Syrian Kidney，BHK-21）
鸭肝炎病毒	BHK-21

（三）病毒鉴定

将分离的病毒用电镜观察其形态，并用血清中和试验、分子生物学检测、荧光抗体检测等方法进行鉴定，具有血凝特性的病毒还可以用血凝抑制试验进行鉴定。

1. 血清中和试验

血清中和试验是病毒鉴定的常用方法，既可用细胞、胚体，也可用雏鸭进行血清中和试验鉴定，雏鸭血清中和试验方法如下：将病毒培养物分成两份，第1份加入4倍量已知高免血清；第2份加入4倍量灭菌生理盐水代替高免血清，各自混匀后置37℃感作1 h。取10只健康的易感雏鸭，分两组，每组5只，第1组接种加入高免血清的病毒培养物，每只皮下注射0.2 mL；第2组接种加入生理盐水的病毒培养物。隔离观察10天，如高免血清组健活，而加入生理盐水组发病死亡，其临诊症状和病理变化与自然病例相同，即可做出确诊。

2. 回归试验

为了确定分离细菌或病毒的致病性，可将分离培养物皮下接种健康的易感鸭，另设对照组只注射等量灭菌生理盐水，观察10天，若攻毒组出现死亡，症状及病变与自然病例相同，在发病或死亡鸭体内又可以分离到相同的病原，即可确诊。

3. 血清学检测

血清学检测是疫情监测、疫情确诊和免疫监测中常用的方法。抗原、抗体在特定的条件下发生特异性结合，因此，可以用已知的抗原测定被检血清中的抗体，也可以用已知的抗体测定被检材料中的未知抗原。双份血清特异性抗体 4 倍或以上升高有回顾性诊断意义。常用的血清学检测方法主要有以下 5 种。

（1）酶联免疫吸附试验（Enzyme Linked Immunosorbent Assay，ELISA）是用酶标记抗原或抗体，通过显色反应来检测相应抗原、抗体的一种方法，具有较高的敏感性和特异性，尤其适用于大批样品的血清学调查。其基本方法是将已知的抗原或抗体吸附在固相载体（聚苯乙烯微量反应板）表面，使酶标记的抗原、抗体反应在固相表面进行，用洗涤法将液相中的游离成分洗除。常用的 ELISA 法有用于抗原检测的双抗体夹心法和测定特异抗体的间接法、竞争法。

（2）血凝抑制试验。血凝抑制试验是检验禽流感病毒、副黏病毒等具有血凝特性病毒的抗体效价的一种常用方法，该方法具有所需器材简单、操作方便、试验结果判定快速等优点，但检测过程中应特别注意该试验影响因素很多，常导致试验结果不准确，尤其是血凝板等耗材品质、非特异性凝集因子的影响，同时，配制的 4 单位诊断抗原一定要复核。

血凝抑制试验一般常用 1% 的鸡红细胞作为指示细胞，然而在检测鸡、鸭、鹅等动物的流感抗体时，血清中存在非特异性因子时常会影响血凝抑制试验结果。国内外学者先后采用了加热法、高岭土吸附法、红细胞吸附法、胰酶－加热－高碘酸盐法、受体破坏酶法及上述方法组合等去除非特异性因子。任何一种方法都不能单独有效地去除非特异性因子，只有将上述几种处理方法有效组合，才能达到去除的目的。采用同种动物红细胞检测相应的血清可避免非特异性因子的干扰。用 1% 鸭红细胞检测鸭血清禽流感 H_5 抗体，抗体阳性率比用 1% 鸡红细胞高 7.5%，梁明珍（北京市兽医实验诊断所）用 1% 鸭红细胞检测，可以完全消除非特异性凝集因子对鸭流行性感冒抗体检测的影响，抗体滴度比用 1% 鸡红细胞提高 0.8 个滴度。用鸭红细胞作为指示细胞检测抗体的结果比鸡红细胞作为指示细胞平均高出（1±0.2）log2，推荐采用 1% 同源禽红细胞作为指示细胞进行鸭血清抗体效价测定，司兴奎（佛山科学技术学院）用 1% 鹅红细胞或鸭红细胞检测鹅血清或鸭血清抗体效价时，比用 1% 鸡红细胞检测结果高出 1 log2 ～ 1.5 log2，且避免了非病毒性凝集的出现。血凝抑制试验方法如下。

①抗原血凝效价测定（血凝试验，微量法）。在微量反应板的第 1 ～ 12 孔均加入 25 μL PBS，换枪头。吸取 25 μL 抗原加入第 1 孔，混匀。从第 1 孔吸取 25 μL 病毒液加入第 2 孔，混匀后吸取 25 μL 加入第 3 孔，如此进行倍比稀释至第 11 孔，从第 11 孔吸取 25 μL 弃去，换枪头。每孔再加入 25 μL PBS。每孔均加入 25 μL 体积分数为 1% 鸡红细胞悬液（将鸡红细胞悬液充分摇匀后加入）。振荡混匀，在室温（20 ～ 25℃）下静置 40 min 后观察结果（如果环境温度太高，可置 4℃ 环境下反应 1 h）。对照孔红细胞将呈明显的纽扣状沉到孔底。结果判定：将板倾斜，观察血凝板，判读结果标准见表 2-2。能使红细胞完全凝集（100% 凝集，++++）的抗原最高稀释度为该抗原的血凝效价，此效价为 1 个血凝单位（HAU）。注意对照孔应呈现完全不凝集（－），否则此次检验无效。

表 2-2 血凝试验结果判读标准

类别	孔底所见	结果
1	红细胞全部凝集，均匀铺于孔底，即 100% 红细胞凝集	++++
2	红细胞凝集基本同上，但孔底有大圈	+++
3	红细胞于孔底形成中等大的圈，四周有小凝块	++
4	红细胞于孔底形成小圆点，四周有少许凝集块	+
5	红细胞于孔底呈小圆点，边缘光滑整齐，即红细胞完全不凝集	－

②血凝抑制试验（微量法）。根据血凝试验结果配制 4 HAU 的病毒抗原。以完全血凝的病毒最高稀释倍数作为终点，终点稀释倍数除以 4 即为含 4 HAU 的抗原的稀释倍数。例如，如果血凝的终点滴度为 1∶256，则 4 HAU 抗原的稀释倍数应是 1∶64（256 除以 4）。在微量反应板的第 1～11 孔加入 25 μL PBS，第 12 孔加入 50 μL PBS。吸取 25 μL 血清加入第 1 孔内，充分混匀后吸 25 μL 加入第 2 孔，依次倍比稀释至第 10 孔，从第 10 孔吸取 25 μL 弃去。第 1～11 孔均加入含 4 HAU 抗原 25 μL，室温（约 20℃）静置至少 30 min。每孔加入 25 μL 1% 的鸡红细胞悬液混匀，轻轻混匀，静置约 40 min（室温约 20℃，若环境温度太高可置 4℃条件下进行），对照红细胞将呈现纽扣状沉于孔底。每次测定应设已知滴度的阳性血清、阴性血清和红细胞对照（仅含 25 μL 1% 鸡红细胞和 50 μL PBS）。结果判定：试验成立的条件只有阴性对照孔血清滴度不大于 2 log2，阳性对照孔血清误差不超过 1 个滴度，试验结果才有效。以完全抑制 4 HAU 抗原的血清最高稀释倍数作为血凝抑制滴度。血凝抑制价小于或等于 3 log2 判定血凝抑制试验阴性；血凝抑制价大于或等于 4 log2 为阳性。

（3）琼脂扩散试验。琼脂扩散试验为可溶性抗原与相应抗体在含有电解质的半固体琼脂凝胶中进行的一种沉淀试验。琼脂在试验中只起网架作用，含水量为 99%，可溶性抗原与抗体在其间可以自由扩散，若抗原与抗体相对应，比例合适，在相遇处可形成白色沉淀线，是为阳性反应。一个沉淀线（带）即代表一种抗原与抗体的沉淀物，因而本试验可对溶液中不同抗原、抗体系统进行分析研究。

（4）凝集试验。颗粒性抗原与相应抗体结合后发生凝集的血清学试验。抗原与抗体复合物在电解质作用下，经过一定时间，形成肉眼可见的凝集团块。试验可在玻板上进行，称为玻板凝集试验，可用于细菌的鉴定和抗体的定性检测；亦可在试管中进行，称为试管凝集试验，主要用于抗血清效价测定。

（5）胶体金免疫层析。是一种将胶体金标记技术、免疫检测技术和层析分析技术等多种方法有机结合的固相标记免疫检测技术。胶体金免疫层析试纸条是一种快速、简便、不需专业人员和大型仪器设备操作的实用诊断方法，广泛应用于现场快速检测。

第三章　鸭病的综合防治策略

第一节　鸭病综合防治工作的基本理念

随着养鸭业的蓬勃发展，产业化、规模化体系已经逐步形成。然而，近年来鸭群发病的种类在增多，表现形式复杂，一些新出现和重新出现的疫病也有不断增多的趋势，由两种或两种以上的病原体对同一鸭群或个体协同致病、并发感染和继发感染的例子屡见不鲜。目前，凡有养鸭的地方都有疫病发生和流行，疫情此起彼伏，延绵不断，对养鸭业造成莫大的威胁。

广大养鸭者深刻地体会到，鸭的市场价格即使偏低，最大的损失也只是亏本，但不至于破产。但是，如果忽视了防疫工作，鸭群一旦流行高致病性疫病，或者几种疫病同时侵害鸭群时，常常造成大批鸭只死亡，甚至"烧光、杀光和死光"，鸭苗、饲料及其他成本全部亏空，给整个养鸭场、养鸭户带来了灾难性的损失，甚至破产或处于破产的边缘。因此，搞好鸭场的饲养管理和疾病防治工作，是保障养鸭业健康、持续发展的重要策略。

一、加深对"治未病"的理解

为了保证养殖业更健康的持续发展，应把"治未病"的理念融入健康养殖业中。古人云："上医医未病之病"包括如下内容。

（1）"未病先防"——在鸭群发病之前提高机体的非特异性免疫力和特异性免疫力，防止疫病的发生。

（2）"已病防变"——鸭群发病之后强调早诊断、早隔离、早防治、早控制，尽快加强饲养管理，尽快提高机体受损组织的修补能力，促使机体尽快康复。

（3）"已变防渐"——鸭只康复之后，防止疾病复发。

二、加深鸭的"亚健康"对鸭群危害性的认识

1.亚健康的概念

鸭的亚健康是指鸭只处于健康与疾病之间的生理机能低下的状态（图3-1）。

图3-1　亚健康

鸭只机体在不断受到各种不良因素的攻击时，体内的防御体系会处于"战斗状态"，克服了一种应激因素，另一种应激因素又接踵而来或者几种应激因素联合对机体进行攻击，如果机体抵抗力坚强或增强，就能消除损害而朝着健康方向转化；反之，如果鸭体抵抗力下降或不良因素继续存在或增强，机体就向着疾病方向发展。

因此，多数鸭只总是处于疾病与健康之间的"亚健康"状态，虽无明显的临诊症状和体征或者有病而无临诊检查依据，但已有潜在发病倾向，处于一种机体结构退化和生理机能减退的低质失衡状态。

2.鸭亚健康状态的表现

（1）母鸭产蛋高峰期持续时间短。受精率、孵化率不稳定，时高时低。

（2）食欲不振、精神沉郁、羽毛松乱而缺乏光泽。

（3）个体发育不均匀，爪和上喙色泽变淡或呈灰色。

（4）对营养的吸收率降低，肉鸭生长周期延长，料肉比增加。

（5）容易出现感冒、鼻窦炎，眼角有分泌物，流鼻液，肠管消化功能紊乱。

（6）蛋（种）鸭产蛋量偏低，为 10% ~ 20%，蛋内容物稀薄，产薄壳蛋及畸形蛋增多。

3. 鸭出现"亚健康"状态的原因

鸭出现"亚健康"状态与鸭场存在的背景疾病、饲养管理不善、霉菌毒素慢性中毒、滥用抗生素及生物安全等生态环境不良有密切的关系。

三、防病的总方针

"养重于防，防重于治，预防为主，养防并举，防治结合"，这一防治体系，永远是防疫工作的总方针、总策略。应该把防疫的费用、人力和物力，用于疫病发生之前，如果平时忽视防疫工作，舍不得防疫投资，鸭场一旦发生疫情，养殖户就会面临极被动的局面。有时鸭群发病后不一定死光，但幸存的鸭只也会出现生长发育受阻或生产性能下降，并因此造成经济损失。由于目前鸭病的发生，既与鸭体本身的抗病力有关，又受到环境、人为因素的影响，仅用过去一般的、单一的预防和治疗的模式防控鸭病，很难收到理想的效果。因此，为了实施鸭无公害饲养，培育健康的鸭群，取得较好的经济效益，就必须采取包括"养、防、检、治"四个方面的综合性措施，而提高机体的抗病力和免疫力是科学防病的关键，是重中之重。

第二节　鸭场的选址与建造

在养鸭生产中，合理地选好场址，建好鸭舍，对提高各类鸭的生产性能、减少疾病、提高经济效益具有重要作用。

一、位置与交通

按照动物防疫要求，鸭场应距离生活饮用水源地 1000 m 以上；3000 m 范围内没有动物屠宰加工所、动物诊疗场所、动物和动物产品集贸市场；1000 m 范围内没有种畜禽场；动物饲养场之间的距离在 500 m 以上；距离城镇居民区、文化教育科研等人口集中区域及公路、铁路等主要交通干线 1000 m 以上，以防噪声、灯光等应激因素的刺激及疫病传播。地势高燥、通风，交通便利。

二、供电要方便，水源要充足、卫生

土质以透水性好的砂壤土最为理想，鸭场要有足够的陆地运动场，依坡临水，防止场地积水，鸭舍、陆地运动场和水域面积的比例为 1 : 3 : 2。

三、鸭舍建造

鸭舍建造尽量坐北朝南，长度在 30 ~ 50 m 内，跨度在 8 ~ 12 m 为宜。高度：根据屋檐滴水高度计，一般以育雏舍 2 m、中大鸭舍 2.3 m 为宜。

四、采光度要好

密闭式育雏舍的门、窗面积应占到舍内地面面积的 1/8 ~ 1/5。鸭舍四周地面应有 2° ~ 3° 坡度。舍内地面应高于舍外地面 20 cm，并在舍外周围开挖排水沟。

五、符合环保及规划要求

办公区、生产区布局条件较为不理想的地区，应因地制宜。

六、养殖模式的多样化

当前养殖模式呈现出多样化，有地面平养、发酵床饲养、网上饲养、笼养等模式。为能全面符合环保要求，采用全封闭式的网上饲养和笼养模式，更加适于肉鸭养殖行业发展。

由于各地具体情况不同，以上要求的鸭场四周距离，不一定都能做到。在选址建鸭场时，只能根据各地的实际条件，尽量选择符合环保、生态环境良好、地势高燥、排水方便、交通方便、水源和电力充足的地点，特别强调鸭场必须与居民区、学校、工厂、市场等有一定距离，有利于疫病防控。

第三节 传染病发生、发展的三个基本环节

传染病在鸭群中发生、发展的流行过程必须具备传染源、传播途径和易感动物三个基本环节，缺一不能构成流行。当传染病已构成流行时，能及时切断任何一个环节，流行即告停。

一、传染源

传染源即传染来源。患病并带有大量病原体的鸭只或患病死亡鸭只的尸体是最危险的外源性传染来源。病鸭排出的病原体会直接传染给健康鸭只或者会污染外界环境中的各种物体，使其成为传染媒介。当易感动物接触了这些传染媒介，就能被传染发病。被感染发病的鸭只又成为新的传染来源，再污染周围环境，如此继续传播下去，就形成了水平传播，就有可能造成疫病的大流行。

病愈或正常带菌（毒）的鸭只也是危险的内源性传染来源。当机体抵抗力降低时，病愈和正常带菌（毒）鸭只体内的病原体（如沙门菌、大肠杆菌、巴氏杆菌等）就有可能引起鸭只发病并造成传染。患病或病愈鸭只体内的病原体，在蛋的形成过程中，以内源性的途径潜入蛋内，构成垂直传播，用这种带有病原体的蛋孵化，往往引起各种胚胎病或造成雏鸭出壳后发病死亡。

二、传播途径

传染源经一定的传播方式再侵入其他易感鸭只所经的途径称为传播途径。患病或正常带菌（毒）鸭只排出的病原体，会通过被污染的饲料、牧草、饮水、空气、土壤、昆虫、老鼠、运输工具及养鸭者和有关人员、参观者的手、脚、衣服、鞋等传染给健康鸭。

三、易感鸭群

易感性是指鸭群对某种传染病病原体的感受性，此感受性是受机体的特异性免疫状态与非特异性免疫的抵抗力决定的。病原体侵入鸭体后，

能否引起鸭只发病，还决定于病原体致病力的高低、毒力的强弱和数量的多少，同时与病原体侵入机体的途径也有密切的关系。

根据病原体侵入途径的不同，可将传染途径分为三种。

（1）呼吸道传染。主要通过空气、飞沫及尘埃传染。

（2）消化道传染。主要通过被污染的饲料和饮水传染。

（3）伤口及黏膜传染。主要是通过昆虫叮咬鸭只或经损伤皮肤、黏膜接触传染（如交配）。

为了预防和控制传染病的流行，应查明和消灭传染源，截断传播途径和提高鸭只的抗病力和免疫力。

第四节 疫病防控策略

无病防病，不是消极的防御，而是积极的进攻。在未有疾病发生时，应致力于搞好饲养管理工作，重视和实施防控疾病的生物安全措施，加大防疫的力度，尽最大可能拒鸭病于鸭场（群）之外，这才是理智和明智的做法，这才是疫病防控工作的大智慧。

如果忽视疾病预防工作，未能依靠科学的防病措施，只靠"运气"，在无重大疫病发生时，日子好过些，一旦发生疫情，就有可能出现大批鸭只死亡的现象，造成经济上重大损失。因此，为保障养鸭业顺利发展，防疫工作不能靠运气，只能靠科学的防控策略，靠生物安全措施，才有可能有效地避免或减少疫病的发生，才有可能获得较高的经济效益。

疫病的防控是一个系统工程，必须建立防控鸭病的生物安全措施。必须精心选择场址，鸭场建筑要合理布局，这是无公害饲养成败的关键和先决条件。除此之外，必须搞好鸭场的环境卫生及消毒工作，建立防控疫病的生物安全体系；制订鸭群的免疫程序，选择优质的疫苗进行免疫接种；供应卫生饮水；避免应激，增强鸭只自身的免疫力；加强饲养管理，给鸭群的生长繁殖创造

一个良好的、安全的生存环境。

一、建立生物安全措施

养殖业生物安全的含义是：为降低病原体传入和散布风险而实施的措施。生物安全是防病灭病、保证健康养殖的一种综合性工程。生物安全的三大要素如下。

（一）第一要素——严格隔离

一方面是避免（防止）病原体进入鸭群或养殖场的外部生物安全，另一方面是当鸭群发病、病原体已存在时，防止疾病发生传播的内部生物安全，避免向未被感染的鸭群散播。

（1）种鸭和鸭苗来源的详细调查。

（2）新引进种鸭时要在离鸭场 50 m 以外的隔离舍饲养 30 天，在隔离期间加强消毒，有选择性地注射疫苗，确定健康后才可以进入生产线。建立病鸭隔离舍，避免疫病在鸭群内继续传播，对疑似病鸭也要及时隔离观察治疗，及时淘汰无治疗价值的病鸭。垫料进场之前要暴晒和消毒，杜绝被污染的材料进入鸭场，建立和维持屏障系统。

（3）尽可能采用封闭式网上饲养，肉鸭采用全进全出饲养模式，严禁已出场的鸭只返回鸭场。一发现病鸭立即隔离或做无害化处理。

（4）鸭场不能同时养鸡或其他禽类及猫、狗等动物。

（二）第二要素——彻底清洗

（1）做好清洁卫生工作，大多数的病原体黏附于被污染物（如粪便、分泌物等）表面或被包被进入鸭场。进鸭场的车辆、鸭笼及设备等要除去污物，用具、食槽、饮水器等要及时彻底清洗。

（2）鸭舍和育雏室必须每天清扫干净，垫料必须要求干燥、无霉变、无污染、不含硬质杂物。垫料在使用前先暴晒，利用阳光中的紫外线杀灭其中的病原体。食槽及饮水器每天清洗并消毒。定期清理粪便和垫草时，先把鸭群赶出舍外，在清理垫草前，先喷洒消毒药在垫草上，以防尘埃飞扬，然后对鸭舍和育雏室进行清洗，可采用喷

水枪，特别注意鸭舍里的墙角。总之，要让鸭只生活在干净的环境里。

（3）运动场要及时清扫，避免出现低洼地积水及存在尖硬杂物等。在鸭群下水的水域岸边，要有一定的坡度，并设有适当的台阶。场内不得堆积杂物，及时清扫场上残留的饲料。

（4）做好科学灭鼠、灭蝇工作，但要注意鼠药的保管和使用，并及时清理死鼠和死蝇，以防万一，保证人和鸭群的安全。

（三）第三要素——认真消毒

这是生物安全三大要素中重中之重的要素。为了消灭散布于鸭场环境中的病原体，切断传播途径，阻止疫病蔓延，在清扫除去污物之后，必须认真地进行消毒工作，以尽最大可能降低鸭场病原体的浓度。

1. 消毒对象

消毒的对象包括一切可能被病原体污染的饮水、设备、用具、粪便、衣物、车辆、种蛋、孵化室、孵化器及运动场，以及人员的手和鞋底等。

2. 消毒方法

鸭舍墙壁可用消毒液喷雾枪喷洒或定期用石灰乳粉刷墙壁。扫干净的运动场及鸭舍地面与墙的夹缝和柱子的下端，每周用 2% ~ 3% 氢氧化钠或其他消毒液喷洒 2 ~ 3 次；鸭场的大门口、生产区门口及生产区内各栋鸭舍、孵化室及育雏室入口处的水泥结构消毒池里，放置一块大小适中的折叠麻袋，倒入 2% ~ 3% 的氢氧化钠或其他消毒液，浸没麻袋，以便人员进入时踩踏消毒，并适时换洗，并注意保证消毒液的浓度。也可以在每栋鸭舍的门口放 1 个桶，装上消毒液，以便饲养人员进出鸭舍时所穿的长筒靴浸泡消毒，同时放置 1 个消毒盆用于手的消毒。这点必须坚持，以防形如虚设。

3. 谢绝外人进入鸭场内参观

严禁车辆及外单位人员进入鸭场，因工作需要进入生产区的车辆要进行先清洗后消毒，车辆须经过一个长 7 m、宽 5 m 的消毒通道（消毒通道上下左右都有喷嘴，可从四面喷洒消毒液），

司机若要下车工作，应同本场工作人员一样进行严格的消毒处理。具体做法是：换上清洁消毒好的工作服、帽及专用鞋，用肥皂洗干净手后，浸泡在1:1000的消毒液内3～5 min，清水冲洗后擦干，然后通过脚踏消毒池进入生产区。切忌在大门口设立"形式主义"的消毒池，上面没有遮盖，任由日晒雨淋，这样会导致消毒液失效，达不到消毒目的。有条件的鸭场，应经常检测池里消毒液的有效浓度并及时加以调整，以保证良好的消毒效果。有条件的大型鸭场可设消毒间，车辆及鸭笼经过时，上下左右都要用消毒液喷洒。

当鸭只全部出舍后，空舍进行消毒。先除粪、清扫、干燥，然后经2次药液消毒，再干燥；最后空置关闭2～4周后才能进鸭。

4. 育雏室做无害化消毒

购进鸭苗前，育雏室除一般的清洗和消毒外，室内空间还可采用福尔马林熏蒸消毒。第一级，用福尔马林13.5 mL/m³，加高锰酸钾7 g；第二级，用72 mL/m³福尔马林，加高锰酸钾14 g；第三级，用40.6 mL/m³福尔马林，加高锰酸钾21.2 g。一般消毒可用第一级，如发生传染病时，可采取第二级或第三级消毒。消毒前需将鸭舍门窗缝隙糊上报纸密封，经12～24 h后，打开门窗通风换气，需急用时，为了清除室内甲醛的气味，可按每立方米面积，将5 g氯化铵、10 g生石灰和75℃的热水1000 mL，用容器混合后置于舍（室）内，让其产生的氨气和甲醛气体中和即可。孵化室也可以按此法消毒。

5. 带鸭消毒

这是一项较为实际的消毒方法，不但可以消灭鸭身上沾染的病原体，对鸭呼吸道黏膜浅表感染的病原体也有抑制作用，还可以沉降鸭舍内的尘埃，净化室内的空气，创造一个干净舒适的环境。在消毒之前，应先扫除舍内的蜘蛛网、墙壁、通道的尘土、鸭毛和粪便等；选择广谱杀菌、高效、杀菌作用强而毒性和刺激性低，对金属、塑料制品腐蚀性小的消毒药，如过氧乙酸（鸭舍空间用30 mL/m³ 0.3%过氧乙酸）等；室温一般控

制在30～45℃，寒冷季节水温要高一些，夏季可低一些；喷雾器的雾点直径为60～80 μm，喷雾量掌握在30～50 mL/m²，每周1～3次。

6. 无害化处理

平时若发现不明原因死亡的鸭只尸体，做无害化处理，应深埋并在尸体上撒上生石灰，不得乱丢，粪便做无害化处理。养鸭场的水塘，应在其四周设有小沟，避免污水流入，以保持水塘水质相对稳定。

7. 做好种鸭蛋的消毒

脏的种蛋不能用于孵化，应将收集的种蛋先干洗。蛋壳表面越清洁，细菌污染并穿透蛋壳的可能性就越小。用干净并经消毒的布抹去蛋壳表面的脏物（尤其是沾的粪便），然后用新洁尔灭进行消毒。无论何时，把冷蛋移至温暖、潮湿的环境中，水分总会凝集在冷的蛋壳表面（俗称为"出汗"），这就有利于蛋壳表面的细菌或真菌进入蛋内而造成污染。因此，在把冷蛋置于孵化器之前，应先将其放在洁净、低湿度的环境中升温至室温后再入孵。入孵前可用新洁尔灭或高锰酸钾溶液擦洗，晾干后入孵。消毒剂的配制、使用方法如下。

（1）戊二醛癸甲溴铵（规格100 mL：戊二醛5 g+ 癸甲溴铵5 g）按1:（1500～3000）用水稀释，用于种蛋浸泡消毒。

（2）高锰酸钾消毒法。消毒种蛋时用1/1000的高锰酸钾溶液浸泡种蛋1 min，取出沥干后装盘即可。

8. 饮水的消毒

水为生命所必需，在鸭群饲养管理中，水是一项极为重要的问题。要想在生产中取得较理想的效益，就必须全面考虑水的质量及供应的问题。水与体内环境有密切关系，水是机体的重要组成部分，机体含水量占体重的55%～75%。水在体内起着溶剂作用，向细胞运送营养物质，带走代谢产物；参与体内多项生物化学反应，调节酸碱度、渗透压、电解质浓度，维持生理平衡；调节体温及起润滑剂作用；水也被认为是一种饲料营养成分。鸭群若饮水不足，就会出现

消化机能紊乱、生长停滞、母鸭换羽和停止产蛋、抵抗力下降等现象并引发多种疾病。若机体脱水 20%，可导致死亡。

（1）水的污染。水中大多数细菌、霉菌和其他微生物对机体是无害的，但水中的一些特殊物质如污泥等，对水的质量会造成一定的影响，有些致病性细菌（如大肠杆菌、沙门氏杆菌等）可引起鸭只发病，并可降低鸭只的生产性能。有些水域是来自山水的长流水，水质优良，鸭只发生细菌性疾病的可能性相对少些；有些水域是不流动的"死水"，特别是下雨天，四周的水流入，造成水域严重污染，致使鸭群常发生大肠杆菌病、鸭疫里默氏杆菌病及沙门菌病等。

（2）饮水的消毒方法。如果有条件利用人的饮用水喂雏鸭和育肥鸭，就不用消毒，倘若水源的污染程度较大，则可采用下列方法消毒。①沉淀法。应用的药品有明矾或硫酸铝。明矾为硫酸钾与硫酸铝的复盐，分子式为：$KAl(SO_4)_2 \cdot 12H_2O$，起净化作用的为硫酸铝，所以单用硫酸铝也可以。明矾或硫酸铝本身无杀菌力，但入水后遇到水中的碳酸盐，立即水解为氢氧化铝的胶状物，可吸附水中大部分悬浮物和细菌而使其沉降，因而可以得到比较清洁的水。其用量随水的混浊程度而定，通常用 $1/10^5$。②用漂白粉消毒，每吨水用 6～10 g，30 min 后即可饮用。③用次氯酸钠消毒原液作 1：（1500～3000）稀释，直接加入水中。④用三氯异氰尿酸消毒，每吨水用 4～6 g。

二、做好免疫接种工作

（一）制订科学的免疫程序

根据本地区、本场及周边鸭的常发病和多发病的种类，作为免疫接种的重点。有条件的鸭场应在免疫监测的指导下，根据疫病的流行情况、本场的特点及背景疾病，制订较为科学、实际的免疫程序，并根据实际情况不断总结、修改和调整。在防控传染病的免疫程序上，没有也不应该有统一不变的免疫程序，更不应该生搬硬套别的鸭场免疫程序。

何时接种、接种何种疫苗（如弱毒疫苗、灭活疫苗等，关于这两种疫苗的特点见表 3-1）、接种哪个厂家的疫苗、接种多少羽份、接种方法等是养鸭者必须关注的问题。实行一段时间后根据实际情况不断总结、修改和调整。

表 3-1　弱毒疫苗和灭活疫苗的特点

弱毒疫苗	灭活疫苗
抗原量小，免疫反应依赖于疫苗株在体内的繁殖	抗原量大，免疫后病原不繁殖
可进行大群免疫——注射、饮水、喷雾	几乎全是注射免疫
有些疫苗有佐剂、有些没有	需要佐剂
多种疫苗同时使用可能出现相互干扰	联合使用干扰较小
免疫力产生快速、免疫期较短	一般免疫力产生较慢、免疫期较长

（二）鸭免疫接种应注意的事项

1. 疫苗的保存

冻干弱毒疫苗应该低温（-10℃左右）冻结保存。油乳剂灭活疫苗应置 4～8℃保存，不能冻结，一旦冻结，解冻之后容易引起脱乳而失效。若油乳剂分层（即上层清，下层呈乳白色），摇匀后还可使用；若下层清、上层呈乳白色则属脱乳，不能使用。

2. 疫苗的稀释

若是冻干弱毒疫苗，使用时要用灭菌生理盐水（或冷开水）稀释，切记不要往疫苗里加入抗生素，因为不少抗生素不是呈酸性就是碱性，大量抗生素加入疫苗中，会影响疫苗的 pH，从而影响疫苗的质量，降低免疫效果。更不能将抗生素粉剂及针剂（油剂抗生素除外）加入灭活油乳剂疫苗中，否则容易引起脱乳。注射器及针头等用具应先洗干净，煮沸消毒或高压灭菌，否则容易引起注射部位感染细菌，轻者发炎，重者［比如感染铜绿假单胞菌（绿脓杆菌）］会出现败血症死亡。

3. 油乳剂灭活疫苗的注射部位

气温低时，油乳剂灭活疫苗在使用前要预温到 25～30℃，并充分摇匀。可在鸭颈部背面下 1/3 正中处，掐起皮肤，针头向鸭背方向插入。切忌在颈部的两侧注射，因容易刺破颈部血管而出现皮下血肿，压迫颈部神经或刺伤颈部肌肉影响颈部的活动；切忌作腿部肌内注射，因会影响其走路或由于疼痛引起跛行。雏鸭采用腿内侧皮下注射，效果较好。

注射油乳剂灭活疫苗会引起一定的反应，1～2 天内鸭只会出现食欲减退，但很快就会恢复，产蛋种鸭在注苗后会出现 1～2 天的降蛋现象。注苗过程中，抓鸭动作要轻，放下要慢，避免应激过大而加大反应。

三、严防应激综合征及防治策略

在防治鸭病的策略方面，必须重视严防应激因素给养鸭业带来的经济损失。应激因素可以影响鸭只的采食量、生长发育、生产性能、繁殖力、抗病力和免疫力，而且还会刺激鸭只发生应激综合征而引起大批鸭只死亡。在养鸭和鸭病防治过程中，人们往往只注意免疫注射、药物防治，而忽略了应激因素对鸭只健康及防治工作带来的负面影响。

（一）应激综合征概念

应激综合征是指机体在应激源的刺激下，通过垂体—下丘脑系统引起的各种生理和病理演变过程的综合表现。

（二）应激的发病机理

应激综合征的发病机理比较复杂，是一个有待今后继续研究和探讨的问题。对于不同的致病因子，机体除可产生特异性反应之外，还可产生相同或相似的非特异性反应，这种非特异性变化称为"全身适应综合征"。凡能引起机体出现"全身适应综合征"的刺激源统称为应激源。由应激源所引起的"全身适应综合征"可划分为三个阶段。

1. 第一阶段为紧急反应阶段

紧急反应阶段即机体对应激源作用的早期反应阶段，该阶段又分为休克相和反休克相。

（1）休克相。表现为体温和血压下降、血液浓缩、神经系统抑制、肌肉紧张度降低，进而发生组织降解、低氯血症、高钾血症、胃肠急性溃疡，机体抵抗力低于正常水平。可持续几分钟至 24 h。

（2）反休克相。当应激反应进入反休克相时，机体的防卫反应加强，血压上升，血钠和血氯增加，血钾减少，血糖升高，分解代谢加强。胸腺、脾脏等淋巴器官萎缩。嗜酸性粒细胞和淋巴细胞减少。肾上腺皮质肥大，机体总抵抗力提高，甚至高于正常水平。

2. 第二阶段为抵抗阶段

机体在此阶段克服了应激源的作用而获得了适应，新陈代谢趋于正常，合成代谢占主导地位，血液变稀，血液中的白细胞和肾上腺皮质激素含量趋于正常，机体的全身性非特异性抵抗力提高到正常水平以上。

3. 第三阶段为衰竭阶段

应激反应程度加深，出现各种营养不良，肾上腺皮质虽然肥大，但功能低下。分解代谢又重新占主导地位。体重急剧下降，机体储备耗竭，新陈代谢出现不可逆变化。机体适应机能破坏，最终导致鸭只死亡。

（三）应激的临诊症状

应激源多种多样，包括噪声、拥挤和混群、惊吓、恐惧、驱赶、追捕、争斗、运输、转群、防疫接种、高温、寒冷、气候骤变、停电、缺水、光线过强、饲料突然改变等。由于这些应激源的强度、持续时间不同，鸭的品种、年龄及机体健康和营养状态不同，由应激源引起的临诊症状会有各种类型。主要有以下几种。

1. 急性应激综合征

这种综合征是应激源的长时间刺激所引起的。可分为以下几个方面。

（1）异食癖。引起此种症状的应激源是饲

养密度过大引起的拥挤应激，光线过强引起的光应激，皮肤创伤和出血引起的创伤应激，疥螨或其他寄生虫寄生引起的痒应激。这些应激源的刺激都可以致使鸭只发生异食癖。另外，缺乏维生素、矿物质及蛋白质等，也可以致使鸭只发生另一种应激反应即营养缺乏性异食癖。在临诊上可表现为啄肛、啄毛、啄蛋、啄趾、啄肉等。

（2）热应激。引起此种症状的应激源是天气炎热时的长途运输、过度拥挤和缺水、鸭舍温度过高等，在这些因素作用下，鸭体产热过多，散热困难，在临诊上表现为呼吸困难、张口喘气、体温升高、心跳加快、肌肉震颤、可视黏膜潮红或发绀、口流白沫，鸭只可能发生肺炎而死亡。

（3）致惊应激。引起此种症状的应激源是争斗、噪声、捕捉、运输、混群等，这些因素都会使鸭只受惊。在临诊上表现为头部羽毛竖起、惊恐不安、到处乱跑、寻处躲藏、食欲减退甚至废绝，生长发育受阻，产蛋量下降，有些鸭只发生死亡。

2. 慢性应激综合征

这种综合征是受强度不大的应激源长期反复刺激所致。如营养缺乏，后备种鸭产蛋前限料，1天喂1次料，忽饥忽饱；育雏室温度忽冷忽热，气温骤变；患有慢性病及卫生状态差造成霉菌慢性感染等。在应激源不断刺激下，机体不断地做出适应性的调整，结果形成不良的累积效应，从而影响鸭只的食欲，致使生长发育迟缓，消瘦，产蛋量下降，孵化率降低，免疫应答减弱，免疫力下降，并且容易继发或并发其他疫病。

3. 猝死性应激综合征（又称"猝死或突毙综合征"）

这种综合征是指鸭只在受到惊吓、捕抓、注射疫苗发生反应或互相挤压等激烈的应激源的刺激下，不表现任何症状而突然死亡。死亡的最主要原因是突然受到应激源的强烈刺激，交感神经高度兴奋，肾上腺素分泌增加，从而引起休克或虚脱而导致猝死。

（四）应激的防治策略

1. 预防

要充分认识应激给养鸭业带来的危害性，加强有关预防和减少应激的观念。特别是在主要传染病得到控制之后，往往更容易忽视应激对鸭只的生长发育、生产性能、抗病力和免疫力的影响所造成的经济损失。对此，下面给出几点预防措施。

（1）加强饲养管理。在整个饲养过程中，始终要保持饲料中营养成分的平衡，并在特殊情况下注意及时补充多种维生素及矿物质。在阴雨季节严防饲料发霉，所喂饲料的质量不但要可靠，而且要相对稳定。一旦发现质量有问题，要及时调整。注意鸭群的稳定性，尽可能避免随意混群，破坏群体的整体关系。在运输过程中，尽量减少和减轻动态应激因子对鸭只的影响。

（2）大力改善环境条件。这是预防和减少环境应激因子对鸭群造成不良影响的重要工作之一。改善环境的清洁卫生状态，清除周围环境的各种污染。舍饲的鸭群要保持适当的饲养密度、适中的光线、良好的通风、适宜的温度，避免或减少噪声的干扰。给鸭群的生存创建一个良好和安全的环境。最有害的环境是几个应激因子的联合刺激。

（3）做好重大疫病预防接种工作。根据当前主要的重大疫病，制订合乎实际、科学的免疫程序，选择高质量、优质的疫苗，及时进行预防接种，并保证接种的质量。把严防应激与科学预防接种结合起来，这才是保证养鸭业顺利健康发展的最重要的策略。

（4）及时采用药物预防。在捕捉、运输或免疫接种之前1 h，饲料中添加维生素C 100～200 mg/kg，同时添加维生素E和B族维生素，会有更佳的抗应激效果。延胡索酸可按0.2%拌料饲喂，它能促进脂肪代谢正常化，阻止自由基氧化，使机体保持正常的抗氧化状态，同时还可以增强机体的免疫保护力，从而提高鸭群的存活率和生产性能。琥珀酸盐可按0.1%的浓度拌料饲喂，它能使处于应激状态的鸭群较快地恢复正常生理状态和维持正常的产蛋水平。

2. 治疗及消除应激源

在患鸭出现症状之后，如果确诊为应激综合征，应针对不同的应激因素采取相应的措施，及时消除症状。采用药物治疗：饲料中可添加维生素 C 100 ～ 300 mg/kg，同时添加维生素 E 及亚硒酸钠，可以增强机体的免疫和抗自由基系统的功能。

四、加强饲养管理工作

科学的饲养管理，可增强鸭体的抗病能力，是预防各种疫病的重要措施。具体工作有以下几点：保持适当的饲养密度；合理的、科学的饲料组合；适时添加维生素和微量元素；添加微生态制剂；保持优良的环境（特别是清洁卫生、消毒及提高空气质量）；适当放置足够数量的食槽和饮水器；供应清洁的饮水；做好保温工作，把饲养管理水平提高一个档次。

五、定期进行内寄生虫普查

种鸭必须定期进行内寄生虫普查，然后根据寄生虫的种类，进行集中定期驱虫，并做好驱虫场地的清理和消毒工作。

六、鸭群发生传染病时的处理策略

（一）早期发现疫情

1. 发现疫情要及时

对鸭群要勤观察，特别要观察鸭群的食欲，食欲明显减少，往往是发生疾病的"前奏曲"。发现疫情越早，防疫工作越占据主动。一旦发现少数鸭只发病，应立即将其隔离、治疗或处理。

2. 确诊要及时

发现疫情后，尽快请有关部门剖检（有必要时可取病料送检），确诊，及时采取相应措施。

（二）尽快采取措施

1. 尽快将病鸭隔离

若确诊为烈性传染病，应立即上报，并将病鸭场（群）封锁，采取一切措施防止疫病扩散。绝不能在此期间购进新鸭。并按有关规定处理。

2. 尽早进行紧急预防接种

有弱毒疫苗预防的疫病，如鸭瘟病，可立即注射用鸭瘟鸡胚化弱毒疫苗进行紧急预防接种；若是小鹅瘟、副黏病毒病，可注射高免蛋黄液或高免血清。

3. 尽快进行消毒

消毒工作与病鸭的隔离工作密切结合起来。每天消毒 1 次，若不是在严冬育雏，都可以采取带鸭消毒。

4. 尽快积极治疗

除高免蛋黄液或高免血清外，还可以配合药物治疗。治愈率在很大程度上取决于发病的时间、发病的程度及药物组方是否合理。

5. 淘汰和正确处理病鸭和死鸭

属高致病性或重病鸭只没有必要治疗，应及早淘汰，但严禁出售。死鸭不能乱丢，应深埋，进行无害化处理，疫情控制之后，全场再进一步彻底消毒。

6. 对粪便做无害化处理

可采用堆肥发酵、暴晒干燥处理或加消毒药处理等。

第四章 病毒病

第一节 鸭流行性感冒

鸭流行性感冒简称鸭流感或鸭禽流感，是由A型禽流感病毒中的某些致病性血清亚型毒株引起的鸭只全身性传染病。主要临诊症状为肿头流泪，眼结膜潮红，精神沉郁，两脚发软，出现呼吸道症状、神经症状。患病种母鸭产蛋量下降。主要病理变化为实质器官及消化管的黏膜充血、出血。国内一些地区，鸭流行性感冒的发生和流行很严重，并引起大批鸭只死亡，给养鸭业带来巨大的损失。

一、诊断依据

（一）临诊症状

本病的潜伏期从几小时至2～3天不等。由于鸭的品种、日龄、是否有并发症、流感病毒株的致病性、外环境条件及免疫水平的不同，其表现的临诊症状有较大的差异。

1. 最急性型

患鸭突然发病，食欲废绝，精神高度沉郁，蹲伏地面，头颈下垂，很快倒地，两脚作游泳状摆动，不久即死亡。此型尤其常见于雏番鸭，感染病毒后10个多小时内即死亡。

2. 急性型

（1）这一病型的症状最为典型。患鸭突发性出现症状，精神沉郁，缩颈，双翅下垂，羽毛松乱，食欲减退或废绝，昏睡，反应迟钝，头插入翅膀下（彩图1～彩图3）。鸭两脚发软乏力，站立不稳、不愿走动或突然后退而倒地，喜蹲伏，严重病例不能站立，伏倒在地面。若强行驱赶，则出现共济失调，若强赶其下水则只漂浮在水面上，很快就挣扎上岸，蹲伏沉睡。

（2）部分出现明显临诊症状的病鸭，头部下颌皮下肿胀，流泪（彩图4～彩图7），眼眶周围的羽毛湿润，第三眼睑有黏液或脓性分泌物，常致使眼睑黏合。

（3）部分病鸭常出现神经症状，表现为头颈向后仰、向下向后勾、不断左右摇摆，尾部向上翘起。病鸭突然向前冲，碰到障碍物则后退或颈向一侧弯曲（彩图8、彩图9）。病鸭无论是在水域中还是在陆地上均呈现转圈运动，有些病鸭在旋转一段时间之后突然停止，或者倒地后不断滚动，两脚朝天，不断划动（彩图10），然后躺在地上喘气。有些病鸭过一段时间又重复转圈，如此反复，几次转圈之后死亡。有些病鸭在水中游泳时，一旦出现神经症状，头颈转向一侧，牵动身体向该侧转圈，越转越快，水流顺着身体转动呈旋涡状，四周溅起水花，此时若不及时将其捞起，病鸭则窒息死亡。若将其捞起放在陆地上，则停止转圈或立即站立宛如正常鸭。有些病鸭头颈部不断作点头、歪头、勾头等动作，嘴还不停抖动。以上症状重复几次后即死亡。

（4）有些病鸭可见鼻腔流出浆液性或黏液性分泌物，呼吸困难，频频摇头并张口呼吸、咳嗽。临死前，喙呈紫色。病鸭下痢，拉白色或带淡黄色或淡绿色稀粪，机体迅速脱水、消瘦，病程急而短，发病2～3天内可引起大批死亡。

（5）产蛋母鸭在产蛋期间感染禽流感强毒株或中等致病力的毒株后，3～5天内出现产蛋量大幅度下降10%～80%不等，排出的软壳蛋、破壳蛋、小蛋数量增多。严重病例甚至停止产蛋。种鸭患病后的症状和其他日龄的患鸭基本相似，死亡率可达20%～70%，甚至90%以上。

3. 亚急性型

（1）病鸭表现以呼吸道症状为主，一旦发病，很快波及全群。病鸭呼吸急促，鼻流浆液性分泌物，咳嗽，2～3天后大部分病鸭呼吸道症状减轻。发病期间,食欲减退,经常咳嗽,若无并发症,死亡率为3%～8%不等。母鸭主要表现为产蛋量下降,死亡率较低。

(2)倘若鸭群感染了中等致病力以下的禽流感病毒株,患鸭临诊症状较轻,除一般全身症状外,雏鸭和中鸭多数表现以呼吸道症状为主,产蛋母鸭产蛋量下降,死亡率较低。若有细菌性并发症,则死亡率较高。

(二)病理变化

1.大体剖检病变

(1)病鸭全身皮肤充血、出血,尤以喙、头颈部及胸部皮肤、皮下更明显,蹼表面皮肤充血、出血(彩图11～彩图14),腹部皮下除充血、出血外,还见脂肪有出血点。头部及下颌部皮下见胶冻样水肿,呈淡黄色或淡绿色脂肪胶样浸润(彩图15)。

(2)眼结膜充血、出血,瞬膜充血或有出血点,眼角膜混浊(彩图16)。

(3)颈部上段及胸、腿部肌肉呈片状出血。

(4)鼻黏膜充血、出血和水肿,鼻黏液增多,鼻腔充满血样黏性分泌物。喉头及气管环黏膜出血,分泌物增多。

(5)心冠沟脂肪和心肌有出血点和出血斑。多数病例心外膜有条索状出血,心肌有灰白色或呈条索状坏死(彩图17、彩图18)。心包炎(彩图19、彩图20)。

(6)食管与腺胃、腺胃与肌胃交界处及腺胃乳头和黏膜有出血点(彩图21)、出血斑、出血带,腺胃黏膜溃疡、坏死(彩图22)。

(7)肠黏膜充血、出血,以十二指肠为甚,并有局灶性出血斑或出血性溃疡病灶(彩图23～彩图25)。空肠、回肠黏膜有间段性2～5cm环状带(彩图24),呈出血性或紫红色。肠浆膜也可以明显见到这种特殊的病变。直肠后段及泄殖腔黏膜充血或有针头大的出血点。盲肠扁桃体出血。

(8)胰腺轻度肿胀,表面有灰白色坏死点和淡褐色坏死灶,部分病例可见有针头大出血点(彩图26～彩图30)。

(9)肝脏肿胀,呈土黄色,质脆,部分可见有出血点(彩图31、彩图32)。脾脏肿大,充血,淤血,有灰白色针头大坏死灶(彩图33～彩图36)。胆囊肿大,充满胆汁。肾肿大,呈花斑状出血。胸腺多数萎缩、出血。

(10)肺充血、出血、水肿(彩图37),呈暗红色,切面流出多量泡沫状液体。气管黏膜出血。胸膜严重充血,胸膜的脏层和壁层有大小不一、形态不整、淡黄色纤维素性渗出物附着。

(11)部分病例(尤其出现神经症状的患鸭)颅顶骨和脑膜严重出血或有点状出血(彩图38、彩图39)。脑组织有大小不一、小的如芝麻或小米大的灰白色坏死灶。

(12)患病的产蛋母鸭除上述病变外,主要病变在卵巢,较大卵泡的卵泡膜严重充血和有较大出血斑,有的卵泡变形、变黑、变白和皱缩。病程稍长的病例可见其卵巢内处于不同发育阶段的卵泡的卵泡膜出血,呈紫葡萄串样。输卵管黏膜充血、出血,输卵管蛋白分泌部有凝固的蛋白,有的病例卵泡破裂,腹腔中常见到无异味的卵黄液。

2.病理组织学变化

(1)肠管。微绒毛和黏膜上皮坏死脱落,肠腔内充满大量坏死脱落的上皮细胞、中性粒细胞;固有层有大量炎性细胞浸润;毛细血管充血、扩张。

(2)胰腺。胰腺上皮细胞肿胀,部分腺泡细胞坏死崩解、脱落。

(3)脑。脑膜充血、出血,毛细血管及小动脉扩张充血,血管内皮细胞变性肿胀,微小血管内红细胞形成条索状血栓。小血管周围间隙由于水肿而增宽,其外围有淋巴细胞包围形成"管套"。为非化脓性脑膜炎。

其他器官也有不同程度的病理组织学变化。

(三)流行特点

(1)根据历史资料记载,水禽(包括鸭、鹅和野鸭)仅为禽流感病毒的携带者而不引起发病。从1956年开始,捷克斯洛伐克和英国学者首先从鸭中分离到无致病力的禽流感病毒,接着许多国家的学者纷纷从健康鸭和野鸭体内分离到 A 型禽流感病毒。1980 年中国学者韩冲、徐为燕等从南京鸡鸭加工厂的健康待宰鸭的泄殖腔中分离到 15 株 A 型禽流感病毒，其中有 3 株为 H_5 亚型。由于鸭只常带有禽流感病毒，已构成对人类及畜禽存在威胁的禽流感病毒的基因库。然而，到 1992 年陈伯伦和张泽纪从病鸡中分离出我国第一株有致病性禽流感病毒株（H_9N_2），首次证明我国有禽流感流行。1993—1994 年陈伯伦和张泽纪又首次从鸭中分离出有高致病性毒株 H_1N_1，鸭群不但可以自然感染禽流感病毒，而且高度易感。1995 年以后，在某些地方的蛋鸭群和种番鸭群中发生了不明原因的产蛋量下降及产出畸形蛋的"减蛋综合征"。1996 年叶润全等首次从鹅中分离出 H_5N_1 亚型，对鹅（人工发病）不引起死亡，却能引起试验鸡 100% 死亡，对鸡呈高致病性。

（2）随着时间的推移，禽流感病毒株对鸭的毒力不断增强，佛山地区出现鹅、鸭群大批发病死亡。

1999 年国内一些地方水禽流感的流行特点发生了变化，成年番鸭的死亡率由 2% ~ 5% 发展到 20% ~ 30%；雏番鸭及青年番鸭的发病率高达 100%，死亡率高达 30% ~ 90%；蛋鸭除减蛋外，发病率为 60% ~ 70%，死亡率为 1% ~ 8%。

（3）2000 年以后，鸭流行性感冒已在较大范围内流行，各种年龄段的鸭均可感染发病 H_5N_1、H_9N_2 和 H_1N_1。我国水禽的饲养量大，过去多分布在南方水域地区，后来旱作区也饲养大批鸭、鹅。水禽已成为禽流感易感动物，并可大批发病和死亡，患鸭的排泄物、分泌物等污染饲料、饮水、水域及环境，构成重要的传染源，通过消化系统和呼吸系统而传染。

2002 年，我国香港自然公园野鸭、家鸭发生 H_5N_1 亚型高致病性禽流感。

（4）在鸡、鹅、鸭与猪的饲养场地交错、复杂混养的情况下，加上某些人为的因素，在一些发病的鸭群体内，经常可以同时分离出两种以上具有一定致病力的禽流感血清亚型毒株。

（5）全国各地均有三鸟批发市场，每天都从各地进出大量的禽类，由于禽类（即使是免疫的禽只）可以带毒，加上各地的三鸟批发市场的防疫措施存在很大的漏洞，而且具有禽只大集中又大分散的特点，所以三鸟批发市场是禽流感最大的传染源，也是造成流感特大流行严峻形势不可忽略的因素。本病常与鸭的其他众多的病毒病和细菌性疾病合并感染，在这种情况下，其死亡率最高可达 80% ~ 90%。

本病还可以来源于患病死鸭，因感染禽流感病毒而死亡的鸭只，尤其是在未确诊之前，剖检后消毒不严格，尸体处理不当，就会引发流感传播，特别是带毒的冻鸭，有关资料显示，禽流感病毒在冷冻的肉品中还可以存活 287 天。来源于带毒的鸭蛋，患病母鸭所产的蛋表面带毒，有人曾从蛋中分离到禽流感病毒，所以存在垂直传播的可能性。被禽流感病毒污染的用具、工作服、鞋、手套及帽子等，也是本病重要的传染来源。

患病或带有禽流感病毒的候鸟（野鸟）也是本病的传染源之一。有些国家和地区，曾报道禽流感疫情的发生和传播与候鸟的季节性迁徙有关，并发现野鸟可感染禽流感病毒（H_5N_1）而引起大批禽类死亡的实例。我国青海省 2005 年 5 月 4 日至 2005 年 7 月 21 日，栖息于青海湖鸟岛的候鸟死亡 6349 只，这是我国历史上第一次发现候鸟发生禽流感的实例。

（6）事实已证实，禽流感病毒能直接感染人，并可引起发病和死亡。

（7）后来证实，禽流感病毒在鸭体内可以形成持续性感染。所谓持续性感染，是指属于无致病性或低致病性的禽流感病毒，在鸭体内持续性存在（甚至终生），而鸭群并不表现临诊症状或只呈现亚临诊感染症状的隐性感染，但禽只却可以长期向体外排毒而成为重要的传染源。这是由于长期以来水禽与禽流感病毒形成相对稳定的寄生关系，因此，鸭群成为禽流感病毒持续感染、持续存在的主要储存宿主，鸭群是禽流感病毒巨大的储存库。后来，虽然水禽免疫注射禽流感疫苗越来越普遍，但是由于疫苗株与流行株的差异，免疫鸭群持续性感染的现象屡见不鲜。经过免疫注射禽流感疫苗的鸭群，在正常情况下，虽然大多数能抵抗禽流感的感染，但仍有部分鸭只会被感染、持续性感染和不断排毒，并继续在鸭群之间传播。当这种"潜在暗处"的病毒侵入未接种禽流感疫苗的鸭群时，就可以很快引起流行。或者一旦免疫鸭只的抗体水平下降到一定滴度时，这些禽流感病毒又将引起新一轮的疫情，受感染的鸭只所表现的症状、病变较明显，带毒和排毒的现象也较普遍。某些地区由于各种原因隐瞒疫情，是促进禽流感流行的主要因素，而各地防疫工作存在各种漏洞的三鸟批发市场更成为禽流感病毒的集散地。

（8）鸡、鸭混养的地方，有利于 H_9N_2 亚型毒株致病力的变异。据王永坤等人报道，2002 年从患禽流感（脑炎型）鸭的分离毒株与 2000 年的分离株同属一个亚型，对肉鸭感染试验的结果表明，2002 年分离株比 2000 年分离株具有更高的致病力。

根据张评浒和刘秀梵等人报道："我国自 1992 年年底在华南一些地区的鸡群中就有 H_9N_2 亚型禽流感发生，1994—1997 年，在北京、天津、河北一些鸡群也零星发生 H_9N_2 亚型流行，真正导致全国 H_9N_2 亚型禽流感大流行应始于 1998 年河北的 H_9N_2 亚型，传播速度很快，短期内即成燎原之势，在近一年时间里禽流感已波及我国多个省、区、市，疫情流行历时数年，尚未完全平息，在香港，H_9N_2 禽流感病毒还感染人。

1999 年我国郭元吉也从人体中分离出 H_9N_2，2003 年何宏轩等人报道："禽流感又在亚洲和我国普遍流行，值得注意的是 H_9N_2 亚型成为内地禽类主要的流行株"。王泽林报道："1999 年 3 月，香港卫生署从 2 名儿童患者体内分离出 H_9N_2 亚型。"侯艳红等人报道："在水禽中，尤以一月龄以内的雏鸭最为易感，强毒感染后死亡率可高达 95% 以上，给发病地区养鸭业带来巨大损失。"

（9）流行季节：一年四季都有禽流感流行，但以每年秋末、寒冬及早春为多发，也有些地区，在 8—10 月，即使气温高达 32 ~ 35℃，也有少数鸭群发病，但死亡率较低。

（四）病原诊断

1. 病原特性

（1）鸭流行性感冒的病原体为 A 型禽流感病毒，属正黏病毒科（Orthomyxoviridae）流感病毒属。据报道及记载的资料得知，在长达 10 多年间，H_5N_1 和 H_9N_2 亚型是我国鸭群发生禽流感的主要流行株，也有 H_1N_1、H_3N_8、H_7N_9 等亚型存在。病毒粒子直径 80 ~ 120 nm，平均为 100 nm，呈球形、杆状或长丝状，病毒基因组为单股负链 RNA，包含 8 个长度不同的基因片段。不同禽流感病毒的血凝素（Hemagglutinin，HA）和神经氨酸酶（Neuraminidase，NA）有不同的抗原性，目前已发现有 16 种特异的 HA，9 种特异的 NA，分别命名为 H_1 ~ H_{16}，N_1 ~ N_9，不同的 HA 和不同的 NA 之间可形成多种血清亚型的流感病毒。一种亚型的抗体只能中和同种类型的病毒抗原，不同亚型的抗体无交叉保护性。

（2）同一亚型 H_5N_1 的不同禽源分离株对鸭的致死率有较大的差异；同一分离株的 H_5N_1，对不同日龄及不同种类鸭的致死率，也有一定的差异。因此，不同禽类混养的情况更有利于禽流感病毒致病力的变异。H_9N_2 在 20 世纪 90 年代初对鸭不致病，2001 年以后其致病性逐步增强，国内不少学者均从发生禽流感的鸭群中分离到 H_9N_2 亚型，且有较高致病性。

（3）鸭流行性感冒可以通过死鸭及污染物水平传播；病毒可以通过感染禽直接传播，也可以通过气溶胶与带有病毒的污染物接触而间接传播。病毒在鸭的消化道内滴度相当高，粪便污染是主要的传播途径。大量资料可以说明鸭流感病毒可以通过鸭胚而垂直传播。

（4）禽流感病毒对热比较敏感，56℃ 30 min、60℃ 10 min 和 65 ~ 70℃ 数分钟或室温下即会使得病毒很快丧失活性。病毒对低温的抵抗力较强，在有甘油保护的情况下，于 -10℃ 可保持其传染性。但病毒对干燥、紫外线、有机溶剂和相关氧化剂敏感。鸡胚中增殖的病毒，由于受到尿囊液中蛋白质的保护，因而较为稳定，可在 4℃ 条件下保存数周，而病毒的传染性、HA 和 NA 的活性不会受到太大的影响。在自然条件下，粪便中病毒的传染性在4℃条件下可保持30～35天，20℃可以存活7天。在羽毛中可以存活18天；在骨骼或组织中可以存活数周；在冷冻的禽肉和骨髓中可以存活10个月。

2. 实验室诊断基本方法

（1）病料采取与处理。从具有典型病变的病死鸭尸体上取喉、气管的分泌物，肝、脑、脾及肾等组织样品，研磨后加入灭菌生理盐水或灭菌PBS液，制成1∶（5～10）的悬液，经3000 r/min，离心30 min，吸取上清液，按每毫升悬液加入青霉素、链霉素各1000 IU，混合后置4～8℃冰箱中感作2～4 h或冻融3次，经无菌检验，无菌生长者作为病毒分离材料保存。

（2）病毒分离。取上述病毒接种材料（1∶10），接种9～11日龄无特定病原体（Specific Pathogen Free, SPF）鸡胚或非免疫鸡胚或鸭胚，每胚于尿囊腔接种0.1～0.2 mL，置37℃温箱中继续孵育，弃去18 h以前死亡的胚胎，收集18～48 h内死亡胚胎的胚液，进行无菌检查。同时使用0.5%的鸡血红细胞检测血红细胞的凝集，若胚液清而无菌，进行红细胞凝集试验，若能凝集鸡红细胞，胚体皮肤充血、出血，则可继代。倘若初次分离所收集的胚液，血凝试验为阴性，则用尿囊液盲传3代，仍不出现血凝阳性时，则可弃去。如出现血凝阳性，则再进一步检验。

（3）血清学诊断

①将上述收获的胚液进行红细胞血凝试验和红细胞血凝抑制试验，以证实禽流感病毒的血凝活性并排除鸡新城疫病毒。简单的方法是取1滴1∶10稀释的正常鸡血清（SPF鸡）和1滴鸡新城疫阳性血清，分别滴于洁净的瓷板上，然后各加1滴有血凝活性的待检尿囊液，混匀后各加入1滴5%的鸡红细胞悬液，若2份血清均出现血凝现象，这就说明尿囊液中不含有鸡新城疫病毒，可以继代并做进一步鉴定；若与新城疫阳性血清出现血凝抑制现象，则表明尿囊液中含有新城疫病毒。

②用琼脂扩散试验检测新分离病毒是否属A型禽流感病毒。操作方法是用已知的禽流感琼脂扩散阳性血清和阴性血清与待检抗原及已知的禽流感琼脂扩散抗原，在琼脂凝胶中进行双扩散，在30℃条件下作用24～48 h，已知抗原与阳性血清之间会出现明显的白色沉淀线，若待检抗原与阳性血清之间也出现白色沉淀线，并与邻近的阳性抗原和阳性血清的沉淀线相连时，即可判定为阳性反应，表明待检抗原属A型流感病毒。但不能分辨病毒的亚型。

③用红细胞凝集抑制试验进行禽流感病毒的N亚型测试，这项工作由于不容易得到N（NA）血清，需要一定的条件或只有在被指定的检验室中才能进行。

④采集发病鸭早期（急性期）和相隔10～15天的双相血清，用红细胞凝集抑制试验检测其抗体水平变动情况，如后者抗体水平比前者增高2个滴度以上，则可判定为鸭群已感染禽流感病毒。

⑤采用ELISA诊断禽流感，这是用酶来标记抗原或抗体，通过显色反应来检测相应抗体或抗原的一种方法，具有较高的敏感性，尤其适合于大批样品的血清学调查。采用RT-PCR诊断禽流感，获得结果仅需6 h。无条件进行此两项检测的养殖户可把病料送有关单位协助诊断。

二、防治策略

随着时间的推移，当前鸭群发生流感的实例屡见不鲜，最初只发生中等毒力以下致病性禽流感，现在发展到可感染高致病性禽流感，最初H9N2亚型对鸭的致病力较低，后来其致病力在不断增强，已有能引起鸭群死亡率达50%以上的报道，2008年陈伯伦、张泽纪报道："免疫鸭或非免疫鸭存在着禽流感病毒持续性感染的现象也很普遍，接种过禽流感疫苗的鸭群也可以分离出致病性禽流感病毒，即使血清的抗体滴度较高的鸭也可以分离出高致病性禽流感病毒。"当鸭群免疫力下降时又可以引起新一轮的疫情。免疫失败的事例常有发生，从而造成鸭群发生禽流感而大批死亡，情况堪忧，令人关注。

关于鸭流行性感冒的防控工作，编者提出了

一些策略，供业内参考。

（一）鸭养殖场必须认真贯彻生物安全防控措施

鸭场的布局、设施要合理，科学规划，按各种功能区的要求建设鸭舍，实行"全进全出"制度，努力做到标准化饲养、规范化管理；不能从疫区引进种鸭和鸭苗，加强检疫；严防饲料和饮水成为禽流感的传染来源，因此，要选用无霉菌污染的颗粒饲料，对饮水进行水质检查，确保无污染；加强兽医卫生管理和检疫，定期检测鸭群；避免外来人员参观；鸭场内严禁其他畜禽存在或混养，防止污水流入养鸭的水域；由于目前已有集中规模化饲养或网养，但还有些农村的散养户多散养于池塘、河流等水域，鸭群排出的大量粪便污染水域，造成鸭流行性感冒及其他疾病的传播。因此，积极创造条件，逐步改变目前多在河流等水域放牧的饲养方式，推行封闭式旱地圈养或棚养，间歇喷淋消毒的饲养方式；由于鸭流感病毒主要是嗜肠道型的，多在肠管中复制，而肠内的各种细菌所分泌的蛋白酶有利于禽流感病毒的复制，因此，必须加强消毒，控制鸭群细菌性疾病，防止发生或尽量少发生细菌性继发症。

（二）切实做好消毒工作

被有致病性禽流感病毒感染的鸭场及其排泄物和分泌物，是禽流感病毒的携带者和传播者。由于禽流感病毒在粪便中有机物的保护下可存活较长时间，所以在对鸭舍、养鸭设施、孵化室、用具、场地等进行消毒之前，应先用去污剂进行清洗，然后选择有效的消毒剂进行消毒。消毒剂可选用 0.5% ~ 1% 二氯异氰尿酸钠、3% ~ 5% 甲酚、2% ~ 5% 氢氧化钠、0.1% ~ 0.2% 过氧乙酸、1% ~ 5% 苯酚、福尔马林熏蒸。

（三）加强禽流感疫苗的免疫接种工作

1. 防控鸭流行性感冒的方向

要防控鸭流行性感冒，就应该全面贯彻执行科学的综合性防控措施与疫苗免疫相结合的方针。高密度免疫是防控禽流感的有效手段。疫苗能使鸭体产生相应的免疫应答，鸭接种质量高的禽流感疫苗，不但可以减少母鸭群的发病率和死亡率，还可以保持母鸭稳定的产蛋量，提高母源抗体，保护雏鸭。在禽流感流行地区，尽快检出流行毒株的血清亚型，并对受威胁的健康母鸭群和可疑健康鸭群及时注射相应疫苗免疫（最好注射二价或二价以上的多价苗），可以控制疫情的发展，减少损失。如果鸭场发生了高致病性鸭流感病毒疫情，严禁再使用疫苗接种，需要扑杀感染病鸭，防止疫情进一步扩大。但在疫情并无蔓延整个厂区或全部鸭群的情况下，可以为确定未感染病毒的鸭只紧急接种疫苗。

2. 建立科学的免疫程序

一个好的免疫程序不仅要具有严密的科学性，而且还要考虑在生产实践中实施的可行性。

我国幅员辽阔，情况千差万别，从来就不可能有一个可以适合全国不同地区、不同类型禽场（舍）的、统一的免疫程序。要在免疫监测的指导下，根据本地区鸭群的疫病流行情况（包括流行哪些疫病、发病月份和以往的流行强度等）、饲养方式及雏鸭的母源抗体水平等制订适合本地区（鸭群）具体条件的最佳免疫程序。也可以试用与本地区情况相近的免疫程序，在实施中进行免疫监测并考查其综合效益，不断总结经验，不断完善，以制订出适宜本地、合理的免疫程序。以下的免疫程序是我们在实践过程中多次获得成功的例子，仅供参考。

（1）免疫程序Ⅰ（供不具备免疫监测条件的鸭场参考）。禽流感流行株和疫苗株有多种：H_5N_1、H_9N_2、H_1N_1 等，本书以 H_5N_1 和 H_9N_2 为例提供免疫程序供参考。

①肉鸭（饲养期 50 ~ 55 天）。有本病流行的地区，雏鸭应在 8 日龄首免，每只腿内侧皮下注射 0.5 mL 禽流感油乳剂灭活二联疫苗，15 日龄二免。有必要时，可在 21 日龄时三免。

无本病流行的地区，可在 14 日龄首免，每只腿内侧皮下注射 0.5 mL 禽流感油乳剂灭活二联疫苗。21 日龄二免。

在本病的流行季节，鸭群受到鸭流行性感冒疫情威胁时，由于注苗后 10 天左右抗体开始逐渐升高，15 天才有较高的免疫力，所以雏鸭在免疫前后抗体水平一般不高，1 月龄以内的免疫鸭，一旦感染高致病性禽流感病毒，就有可能感染发病或造成大批死亡。为防止鸭群在未产生坚强免疫力之前或肉鸭在上市前发生禽流感，除做好一般防控措施外，建议在用禽流感油乳剂灭活二联疫苗，首免后 5 ~ 7 天，注射抗鸭流行性感冒高免血清或多价高免蛋黄液（体重 1 ~ 1.5 mL/kg）。

②种鸭（种鸭、种番鸭和蛋鸭）。

首免：8 ~ 14 日龄，每只腿内侧皮下注射禽流感油乳剂灭活二联疫苗 0.5 mL。

二免：21 日龄，每只 1 mL，皮下注射。

三免：50 ~ 60 日龄，每只 1.5 mL，胸肌注射。

四免：在产蛋前 15 ~ 20 天，每只 2 mL，肌内注射。

以后每隔 5 ~ 6 个月免疫 1 次，剂量为每只 2 mL。注射疫苗时对鸭只应尽量轻抓轻放，以免因应激而造成短期减蛋。

（2）免疫程序Ⅱ（供具备免疫监测条件的鸭场参考）。按制订的免疫程序免疫的母鸭所产的蛋孵出的雏鸭，在 1 日龄时，体内的母源抗体滴度较高，以后逐日下降。由于不同鸭群 1 日龄时的母源抗体滴度有高有低，高的可达 9 log2 ~ 11 log2，低的只有 1 log2 ~ 2 log2，所以首免时间必须通过监测而定。一般情况下，当母源抗体的滴度降至 4 log2 以下时，即可以进行首免。根据国内报道，15 日龄首免所产生的血凝抑制抗体效价最佳；20 日龄首免，血凝抑制抗体效价次之；10 日龄首免，血凝抑制抗体效价比 15 日龄、20 日龄首免的低；5 日龄首免，血凝抑制抗体较低。如果母源抗体偏低，应提前在 7 日龄首免，以后根据监测抗体水平决定免疫时间。

①肉鸭（饲养期 50 ~ 55 天）。

首免：根据雏鸭的母源抗体效价而定，当禽流感血凝抑制抗体效价低于 4 log2 时应在 5 ~ 7 日龄首免；当母源抗体效价达到 4 log2 时，可选择 10 日龄首免；当母源抗体效价高于 4 log2 时，

可选择 15 日龄首免。每只腿内侧皮下注射 0.5 mL 禽流感油乳剂灭活二联疫苗。

二免：由于首免后往往出现抗体上不去或合格率很低，若等到免疫后 15 天监测才得知抗体偏低再进行二免，就太迟了。因此，可在首免后 7 天进行二免，每只腿内侧皮下注射禽流感油乳剂灭活二联疫苗 0.5 mL。

由于雏番鸭免疫应答能力较差，建议首免可在 14 日龄，二免在 21 日龄为宜。

雏鸭注射疫苗之后，往往免疫效果极不理想，从而造成大批鸭只发病死亡。由于影响禽流感油乳剂灭活疫苗免疫效果的因素是多方面的，所以在禽流感常发生的地区，可考虑在首免后 3 天，注射禽流感高免血清或高免蛋黄液，7 天后再二免。

②种鸭或蛋鸭。

首免：雏鸭的母源抗体在 4 log2 以下时进行首免。一般情况下，如果种鸭场的条件优越，免疫接种的技术水平较高，雏鸭母源抗体水平较高，则首免时间可在 25 ~ 29 日龄进行，如果周边有禽流感流行时，可适当提前在 14 天或 21 天首免。每只腿内侧皮下注射禽流感油乳剂灭活二联疫苗 0.5 mL。

二免：在首免后 15 ~ 20 天进行免疫监测，如果血凝抑制抗体效价达到 6 log2 ~ 7 log2 以上时，经 1 个月再监测，如果血凝抑制抗体效价还保持 6 log2 ~ 7 log2 以上，可在 80 日龄进行二免，如血凝抑制抗体效价下降至 4 log2 ~ 5 log2 或以下时，即立刻进行二免，每只于胸部肌内注射禽流感油乳剂灭活二联疫苗 1 mL。

三免：在产蛋前 2 周，每只于胸肌内注射禽流感油乳剂灭活二联疫苗 1.5 ~ 2 mL。

以后在禽流感流行季节，每隔 3 ~ 4 个月注射 1 次，冬季可 4 ~ 5 个月注射 1 次，剂量与三免相同。

以上免疫程序是在国家还没有正规生产疫苗的情况下，用编者在国内首先研制成功的疫苗，在广州及佛山周边几个大型鸡场和鸭场所实施的并经不断地实践总结出来的做法，历经 4 年多（1991 年底至 1995 年）实际大群免疫接种将近

100多万只鸡、鸭，从未失败，仅供参考。

后来国家指定国内厂家生产禽流感疫苗，并多次更换疫苗株生产出各种型号的疫苗。各养殖单位应按国家及各地方政府的规定进行禽只免疫。

3.禽流感免疫注意事项

禽流感油乳剂灭活疫苗的免疫效果，原则上与免疫程序、科学性有很大关系，但它们也并不是决定因素，实际免疫效果与疫苗的质量、免疫操作技术水平高低及鸭群的健康状况等因素也有很大的关系。鸭群免疫后的血凝抑制抗体水平往往偏低，常常由于免疫失败而造成免疫鸭群发生禽流感而大批死亡。因此，为提高鸭流行性感冒的免疫效果，应注意以下问题。

（1）选择优质疫苗。现在国家指定厂家生产的禽流感疫苗的质量应是可靠的，但不同厂家或同一厂家的不同批次的疫苗效价很有可能存在一些差异。建议在免疫前和免疫后15日龄或在25～28日龄、50～60日龄和120日龄进行血凝抑制抗体免疫监测，根据其监测结果进行必要的比较或选择。H_9N_2毒力在逐年增强，已是内地的主要流行株之一，因此，注射H_5N_1和H_9N_2二联苗是明智的选择。

在采用血凝抑制方法检测鸭血清时，应注意许多鸭血清中可能存在某种非特异性凝集因子，它对鸡的红细胞存在非特异性凝集作用。2004年苏敬良等人在采用血凝抑制法检测鸭血清之前，先将所分离的鸭血清与5%的鸡红细胞等量混合，作用40 min至1 h后，可以完全消除非特异性凝集现象。2004年邱立新等人将待测血清采取56℃灭能30 min后再加入等量1%鸡红细胞吸附沉淀30 min，除去鸭血清中的非特异性凝集素，从而保证了禽流感血清凝集抑制试验结果的准确性和有效性。这种试验比琼脂扩散试验的阳性率高8.3%。

（2）在任何情况下，实验室测试的疫苗免疫效果，总比生产实际中要好得多，尤其是用SPF鸡进行试验时，反应敏感，产生抗体快，容易证实疫苗的质量。然而，生产实际中免疫效果的产生受多种因素的影响，倘若完全用实验室试验结果的数据指导生产，往往容易造成免疫失败。因此，建议既要参考实验室数据，但又不能盲目地用于实际生产，必须结合经验和实际给予调整。坚持血清学免疫监测，这对于疫苗的选择、疫苗免疫效果、整个免疫程序的执行和调整都十分重要。

（3）防控禽流感的主要策略之一就是提倡高免疫密度或100%免疫。这只是免疫数量上的要求，我们更应该注意免疫效果，100%免疫不一定能做到，即使可以做到，也不一定能达到100%的免疫效果。因为鸭只免疫后，虽然大多数能抵抗禽流感病毒的感染，然而，部分鸭只仍有可能感染禽流感强毒并排毒。一旦一整群中一部分免疫禽只的抗体水平下降到一定程度，又将引发新一轮的禽流感疫情。鸭场中普遍存在免疫抑制性背景病毒，一旦鸭只受到感染，则能损害其免疫器官而引起免疫抑制。经免疫的鸭只，虽然免疫合格率达到70%～100%，但从一个群体来看，抗体水平是不一致的，即使经抗体检测证明抗体水平很高的群体，也是随机抽检的结果，同样会出现抗体水平参差不齐的现象，这种群体发生非典型禽流感并不罕见，主要表现为产蛋量有不同程度的下降和出现呼吸道症状，还可以从这些免疫鸭只身上分离到有致病性的禽流感毒株。因此，建议必须防止"一针定乾坤"的想法和做法，既要追求免疫的数量，更要追求免疫的质量，必须重视和提高免疫注射过程中的技术质量，发现和防止影响注射过程的各种漏洞，把禽流感的防控与鸭群其他主要疫病的防疫工作结合起来，与生物安全结合起来，与提高饲养管理结合起来，与提高饲养员和防疫员的知识和技术水平结合起来，把鸭群的防疫工作提高到一个新的高度。

（4）要重视对中等致病力以下禽流感的预防。在禽群（尤其是鸭群）中广泛流行的禽流感除高致病性H_5N_1之外，由中等致病力以下的禽流感病毒如某些H_5N_1和H_9N_2引起的禽流感更广泛，它虽不像高致病性禽流感那样引起大批鸭只死亡，但能引起蛋鸭产蛋量下降或产无壳蛋、褐色蛋增多，鸭群（尤其是雏鸭）出现呼吸道症状和亚临诊症状（非典型禽流感）。一旦感染 H_9N_2 禽流感病毒，还可以引起严重的免疫抑制，造成鸭群继发大肠杆菌或其他疾病而大量死亡，对养鸭业造成巨大的损失。值得一提的是 H_9N_2 原是属中等毒力的流行株，因此，建议在制订禽流感免疫程序时千万不能忽略 H_9N_2 的免疫，最理想的做法是使用 H_5N_1 和 H_9N_2 的二联油乳剂灭活疫苗。

（5）对禽流感油乳剂灭活疫苗免疫效果的监测，是以随机抽检为主，无论是检测雏鸭的母源抗体，抑或检测免疫鸭抗体滴度，其结果在制订免疫程序时只能作为参考，既信之，亦不能尽信。尤其是"抗体滴度按平均值判定免疫合格率"，与鸭群的实际免疫效果相差更大。因为在鸭群中，检测的鸭只毕竟是极少数，是"代表"，在未检测的大多数鸭只中，其抗体滴度不可能与检测鸭的抗体滴度一致，往往由于免疫注射技术质量低，鸭群中的抗体滴度差异更大，再加上个体的差异等因素的影响，鸭群中抗体滴度参差不齐在大多数情况下是绝对的，而抽样检测所显示的抗体滴度是相对的，倘若根据样品不整齐的滴度统计出来的"平均值"来判定免疫合格率，其误差就更大了。因此，用免疫平均合格率来表示免疫水平也同样存在误差，即使是抽检免疫合格率达到100%，而实际上达到免疫合格的被检鸭只，在免疫群体中只是占一部分，不能说明整个鸭群抗体达到100%的合格率。以10 000只鸭的群体为例，即使合格率达到90%，还有10%不合格，这10%就有1000只鸭，而其余9000只鸭不等于全部合格，一旦有致病性禽流感病毒入侵，必有不少鸭只发病死亡。倘若把90%或100%合格率作为免疫效果的绝对指标，以为这样就可以高枕无忧，那就大错特错了，其实这是疫病防控工作中自欺欺人的"小聪明"，而不是与禽流感作斗争的"大智慧"。在坚决严格执行综合性防控措施的基础上，配合注射疫苗才是明智的做法。

（6）在防控禽流感过程中，不可误认为对受威胁区域的易感鸭只及离风险区域近的鸭群进行高密度免疫就可以防止禽流感的发生。当然，以上做法是正确的，在某种程度上有利于遏制疫情的蔓延。然而，当某一疫点发生疫情之后，从上报→送检→确诊下达→采取措施的过程中，病鸭早就排毒，并有可能早已通过当今发达的各种交通工具（尤其是农村、城镇的摩托车运输）及各种意想不到的传播途径，远远地传到超过 5 km 以外的地方，那里的鸭群就会因为没有高密度免疫的保护而受到禽流感病毒的袭击。即使高密度免疫的鸭群，也不可能都获得100%的免疫效果。影响免疫效果的因素还有免疫剂量不足、漏注、疫苗保管不善；没有搞好饲养管理及清洁卫生工作；鸭群处于强应激状态或鸭舍内环境恶劣；乱投药，降低鸭群机体的抵抗力等。因此，必须考虑如何充分发挥疫苗的免疫效果，不可单靠免疫接种，更不能单靠疫苗接种来扑灭鸭流行性感冒。

（7）禽流感病毒血清亚型多，易变异，其致病力可以从弱变强，也可由强变弱。由于突变幅度较大，新的亚型很容易产生；也有可能由于基因组自发的点突变引起小幅度的变异（抗原漂移）。我国的禽病领域自从流行禽流感，进入"禽流感时代"以来，禽流感病毒不可能不发生变异，我国地域宽广、水域辽阔，是世界第一水禽生产大国，如果用于制造禽流感疫苗的疫苗病毒株没有及时更换或只接种单价苗的话，必然会影响其免疫效果。因此，某些地区的鸭群使用一般的禽流感疫苗效果较差，抗体滴度上不去，常年有禽流感流行。倘若能做到使用近期病毒流行株更换研制成的疫苗株制苗及接种二价以上的疫苗，效果更明显。这就说明使用 1 ~ 2 个疫苗株生产疫苗，供应广大地区、甚至全国的鸭群免疫接种，不是上策。

（四）一旦发生禽流感疫情时的防控策略

1. 疫情处置

（1）一旦发生禽流感疫情，传播迅速，并在短时间内出现大批鸭只死亡，应立即上报，不可隐瞒，尽快做出确诊，如属高致病性鸭流行性感冒，应按国家规定的应急预案采取防控和扑灭措施，扑杀疫点的所有鸭只，进行烧毁或深埋，彻底消毒场地及用具。立即对一定范围内的健康鸭群注射疫苗。

（2）如果发生低致病力或中等致病力鸭流行性感冒时，在发病早期，除进行紧急预防注射外，还应及时正确地采用针对性强的药物进行治疗，以控制继发感染和减少死亡。

（3）禽流感病毒感染的致病机理，首先是病毒侵入机体后对呼吸器官及肾脏的直接损伤；其次是机体与入侵的病毒相互作用，产生炎症反应和免疫器官损伤等病变，进而继发细菌感染。也就是说，病毒侵入机体从而使其产生病变可能是流感更重要的致病机理。但一直以来，动物医学界对禽流感医治的思维模式主要是抗病毒。因此，对禽流感的治疗，应该转变思路。机体在受到病毒攻击后，免疫状态失调，炎性细胞过量产生，可直接加重临诊症状。单纯抗病毒治疗，只在病程初期有效，而当病毒大量增加、造成细胞和组织损伤时，单纯用抗病毒药物将很难奏效。

2. 治疗原则

（1）用抗生素治疗禽流感没有效果，在患病初期，使用高免抗血清或超高免蛋黄抗体，效果较为理想，往往可以控制疫情的发展，减少死亡。

（2）为了控制细菌感染，可选用阿米卡星、头孢菌素和多四环素等抗菌药物，将其加入高免抗血清及超高免蛋黄液一起注射或混料喂饲。

（3）为了减轻禽流感所引起的组织损伤，在患病早期刚出现症状时，可使用干扰素等。一旦患鸭症状明显时再使用，效果就不理想了。

（4）为了增强鸭机体的抵抗力及提高非特异性免疫功能，修补机体受损伤的免疫细胞和组织，促使本病恢复，可喂给蛋白粉、益生素、多种维生素及矿物质等，加强饲养管理。

3. 在用药物防止并发症时的注意事项

治疗鸭群时防止细菌并发症的效果好坏，往往取决于鸭体的营养状况及抵抗力的高低、致病因子的强弱、发病时间的早晚，以及饲养管理及环境因素的好坏。

在注射药物的第 2 天，由于应激作用，一部分病情严重的病鸭（特别是出现心肌变性、坏死或严重肺炎等）死亡数量会比注射前增加。到第 3、第 4 天后，死亡数量逐日减少。当鸭群食量增加，精神状况有所好转时，死亡率也就大幅度降低了，甚至疫情能得到控制。而过于瘦弱的鸭只较难好转，应及早淘汰。早期治愈率可高达 75% ~ 85%。倘若在发病中期，治疗方案得法，又无并发症，则治愈率最低为 40% ~ 60%，最高可达 70% 以上。在治疗过程中，应注意加强消毒，特别要加强带鸭消毒，及时清理死鸭，降低饲养密度，加强饲养管理，避免应激。

第二节　鸭瘟

鸭瘟又称鸭病毒性肠炎，是由鸭肠炎病毒或鸭疱疹病毒 I 型引起鸭、鹅及天鹅等雁形目禽类发生急性、热性和败血性传染病。无论任何品种、性别和年龄的鸭均可感染发病。其主要临诊症状为肿头流泪、两脚发软，排绿色稀粪和体温升高。部分病鸭头颈部肿大，故俗称"大头瘟"。主要病理变化为肝脏肿大，肝脏表面出现不规则、大小不等的灰白色坏死灶，在坏死灶的中央有鲜红色出血点、在坏死灶的周围有红色的出血环或坏死灶红染。泄殖腔黏膜有出血、水肿和坏死。食管黏膜有灰黄色假膜覆盖或有溃疡灶。鸭群感染鸭瘟病毒后，在疫区可迅速传播，广泛流行，发病率和死亡率均较高，往往呈地方流行性。

一、诊断依据

（一）临诊症状

鸭感染鸭瘟病毒后的潜伏期一般为 2 ~ 4 天，出现症状后经 1 ~ 5 天死亡。其典型的临诊症状如下。

（1）肿头流泪。部分患鸭出现眼结膜充血、水肿外翻。瞬膜常见出血点。眼睑水肿，流泪，眼睑周围的羽毛沾湿（彩图 40）。眼有分泌物，初为浆液性，继而呈黏稠样或脓样，致使上、下眼睑粘连，眼睑周围常见分泌物干燥后凝结成污秽的结痂。部分患鸭头部肿大或下颌水肿，故俗称"大头瘟"或"肿头瘟"（彩图 41 ~ 彩图 44）。

（2）体温升高。患鸭病初体温升高至42.5～44℃，呈稽留热。精神沉郁，低头缩颈，食欲减少或废绝，渴感增高，羽毛松乱无光泽，离群独处。

（3）两脚发软。患鸭翅膀下垂，常伏地不愿行走或行动迟缓，若强行驱赶，则步态摇摆不定或两翅扑地而行，走几步之后又立即伏地。不愿下水游动，若强行驱赶其下水，患鸭则漂浮于水面上或很快又挣扎着上岸蹲伏。严重病例则完全不能行走和站立。

（4）严重下痢。患鸭严重下痢，拉绿色或灰白色稀粪。肛门周围的羽毛被粪便沾污并形成结块。严重病例泄殖腔黏膜松弛外翻。

（5）呼吸困难。病初从鼻孔流出浆液性分泌物，后变为脓性。叫声粗厉，张口呼吸，并显现呼吸困难，有时可听见病鸭在呼吸时发出一种沉闷的声音。

（6）病的后期（出现病状后4～6天）病鸭体温逐渐下降至常温以下，精神高度沉郁，不久因极度衰竭而死亡。自然流行时，病程长短不一，整个流行过程一般为2～6周，其发病率和死亡率可达90%以上。若转为慢性，病鸭消瘦，生长发育不良。最具特征性的症状是角膜混浊，甚至溃疡，多为一侧性，双目失明者采食困难，更易死亡。只有少数病鸭能耐过而康复。慢性鸭瘟常发生于种鸭群的成年鸭，有时并无特征性症状，但常为带毒者，这种病鸭是本病的传染源。1周龄的雏鸭也见有发生鸭瘟的病例，其症状基本上与成年鸭相同，但临死前常出现明显的神经症状。产蛋母鸭群的产蛋量下降20%～60%。严重病群产蛋完全停止。

本病常并发巴氏杆菌病。有些鸭群先发生巴氏杆菌病，然后继发鸭瘟，有些则相反。倘若这两种病同时并发或继发，其死亡率更高。

在20世纪90年代，浙江有关于番鸭的非典型鸭瘟的报道。其主要的临诊症状为患鸭不愿下水，排灰白色稀粪，脚软，站立困难，体温升高。未见头颈肿大，疫情传播缓慢，死亡率较低。但在雏鸭群中传播较为迅速，死亡率较高。病死鸭病变不明显。在病的后期才可见到食管和泄殖腔黏膜的特征性病变。大多数病例仅能见到肠管黏膜充血、出血，尤以十二指肠及直肠段最为严重。肝脏肿大，心肌、胸腺出血。

（二）病理变化

1. 大体剖检病变

（1）鸭瘟的病理变化以全身性败血症为主要特征。具有诊断价值的是全身的浆膜、黏膜和内脏器官有不同程度的出血斑点或坏死灶，特别是肝脏的变化及消化管黏膜的出血和坏死更为典型。下颌部分的皮下组织出现弥散性水肿，切开肿胀皮肤位置则会有淡黄色液体溢出。

（2）肝脏有不同程度的肿大，边缘略呈钝圆，肝实质变脆，容易破裂。肝的表面有大小不等、边缘不整齐、灰白色坏死灶。典型病例在坏死灶的中央有一鲜红色的出血点；有些病例在坏死灶的边缘有红色的出血环；有些病例在坏死灶的表面呈淡红色，即"红染"（彩图45～彩图49）。以上三种变化可在同一病例肝坏死灶中同时出现，也可能只出现其中一种或两种。这种病变具有重要的诊断意义。迄今为止，尚未发现其他疾病具有上述典型病变。

（3）食管黏膜表面附有草绿色或无色透明的黏液，或者覆盖着一种灰黄色或草黄色的假膜状物质，这种假膜状物质常形成灰黄色斑状结痂或融合成一大片，或者呈现为与黏膜纵皱襞相平行的条索状，痂块易剥离。有些病例的这种结痂性病灶呈圆形隆起，其大小自针头大至黄豆大，外形比较整齐，周围有时可见到紫红色出血带。食管黏膜还同时出现大小不一的浅溃疡面和散在的出血点（彩图50～彩图52）。

（4）位于空肠和回肠区的肠环状带，呈深红色，从肠浆膜和肠黏膜均可见到。幼鸭病例中单纯食管的病变较少，多见整片黏膜脱落。食管壁被薄层黄白色膜所覆盖。食管膨大部仅有少量黄褐色液体。食管与食管膨大部交界处黏膜出现出血环，或者出现一条灰黄色坏死带或出血带（彩图53～彩图57）。

（5）泄殖腔周边黏膜出血、溃疡（彩图58、彩图59），表面覆盖着一层绿色或褐色的块状隆起物质，不易刮落，形成一条连续的鳞片状带，用刀刮之，发出"沙沙"的声音（彩图60、彩图61）。

（6）食管、腺胃与肌胃交界处黏膜出现出血带，肠管黏膜发生急性卡他性炎症，尤以十二指肠、盲肠和直肠最严重。肠黏膜的集合淋巴滤泡肿大或坏死，呈现纽扣状溃疡（彩图62、彩图63）。在空肠前段和后段出现深红色环状出血带，在肠管外表明显可见（彩图64～彩图66）。回肠、盲肠、直肠黏膜有出血点和出血斑，卵黄囊柄（梅克尔氏憩室）出血（彩图67）。

（7）皮下结缔组织常出现炎性水肿，剪开时流出淡黄色的透明液体或胶样浸润，尤以头、颈、颌下、翅膀、皮下组织及胸腔、腹腔的浆膜等最为显著，全身肌肉柔软松弛，常呈深色或紫红色，大腿肌肉质地更为松软。

（8）口腔黏膜（主要是舌根、咽部和上颚部黏膜）表面常有淡黄色的假膜覆盖，刮落后即露出鲜红色、外形呈不规则的浅溃疡面。

（9）喉头及气管黏膜充血、出血（彩图68），肺多数变化不明显。心冠沟脂肪、心外膜、心内膜及心肌等处都可见到不同程度的出血点（彩图69）。

（10）有些病例的腺胃黏膜有不同程度的出血点。肌胃角质下层充血或出血（彩图70、彩图71）。法氏囊表面深红色，黏膜充血、出血（彩图72），表面有针尖样的黄色小斑点病灶，到了患病后期，囊壁变薄、颜色加深、囊腔中充满白色的凝固性渗出物。胆囊扩张，充满浓稠的墨绿色胆汁。脾一般不肿大或稍肿，部分病例肿大、出血并有灰白色坏死病灶（彩图73）。部分病例的胰腺呈淡红色或灰白色、偶尔见到少数针尖大小的出血点或灰白色坏死灶。

（11）产蛋母鸭的卵巢有明显病变，卵泡充血、出血、变形和变色（彩图74～彩图76）。有部分卵泡破裂，卵黄散落于腹腔中而引起卵黄性腹膜炎；有些卵泡整个变成暗红色，质地坚实，切开时流出血红色浓稠的卵黄物质或完全变成凝固的血块；种母鸭，特别是产蛋期的大小卵泡上呈弥漫性出色或呈暗红色，切开时流出红色、浓

稠的卵黄液，有些卵泡皱缩。输卵管黏膜充血和出血，在个别病例的输卵管内还发现有完整的蛋。

2. 病理组织学变化

病理组织学变化以肝最为明显。肝细胞肿胀、脂肪变性、肝索结构破坏，有些肝细胞破裂，胞浆崩解，仅剩细胞核。肝中央静脉处的红细胞崩解，血管周围有坏死灶。有些肝细胞核肿大有核内包涵体。脾充血，淋巴细胞坏死，形成很多坏死灶。法氏囊的滤泡内淋巴细胞坏死，滤泡内部淋巴细胞稀疏，网状细胞明显。肾小管上皮细胞核肿大，有核内包涵体。肠黏膜上皮细胞坏死脱落。胰腺上皮细胞坏死、脱落，腺泡崩解等。

（三）流行特点

（1）本病在国内流行的正式确诊报道是广东省黄引贤在1957年首次提出的。随后在上海、浙江、广西、江苏、湖南及福建等地区陆续发现，并形成较大面积的流行，给养鸭业造成了巨大的损失。由于鸭瘟弱毒疫苗研制成功，免疫接种的鸭群数量大增，广大养鸭户取得了这样的经验：养鸭就必须接种鸭瘟疫苗。从20世纪80年代后期至90年代中期，广东以至全国各地鸭、鹅发生鸭瘟的病例逐渐减少，只有个别鸭群偶有发生，公开报道也极少。但自1995年以来，关于鸭群发生鸭瘟的报道开始有所增加，鸭瘟的流行大有"卷土重来"之势。不过只要坚持做好免疫接种工作，就完全可以防控鸭瘟的发生和流行。

（2）国内曾有报道，鸭群在接种了鸭瘟鸡胚化弱毒疫苗后，致使邻近的雏鸡感染了鸭瘟鸡胚化疫苗株而出现大批发病死亡的例子。其他家禽如火鸡、鸽却不受感染发病。

（3）任何品种、年龄和性别的鸭都能感染本病，但发病率和死亡率有一定的差异。在本病流行期间，死亡率最高的多见于产蛋母鸭和母鹅，20日龄以下的雏鸭则少见发病。但也有20日龄以下甚至1周龄雏鸭感染发病的例子。雏鹅对人工感染甚为敏感。野生的雁形目的鸭科成员（野鸭、野鹅—加拿大鹅、雁等）通过人工感染皆易感，但在自然条件下，常为带毒者。健康鸭群与

感染鸭（特别是潜在期的感染鸭）或病愈不久的带毒鸭一起放牧或在水域相遇，或者在放牧时经过疫区，都能发生感染。被患鸭的排泄物污染的土壤、用具、运输工具、饲料及饮水等，都能成为本病的传染媒介。

（4）在自然条件下，鸭瘟主要通过消化道感染。也有可能通过生殖道、眼结膜或呼吸道而感染。

（5）鸭瘟无明显的季节性，通常在春夏之际和秋季流行，其死亡率最严重。低洼潮湿的地区能促使本病的发生和流行。如将鸭群饲养在地势较高和干燥的地方，则较少发生和流行本病。鸭群饲料质量低劣、饲养管理不当是本病发生的诱因。未严格执行防疫措施，引入病鸭或带毒鸭只，可引起本病的暴发。

（6）鸭瘟的传染源主要是病鸭和处于潜伏期的感染鸭，以及病愈不久的带毒鸭。

（四）病原诊断

1. 病原特性

（1）鸭瘟的病原体是疱疹病毒科的 α 疱疹病毒亚科病毒。这一种疱疹病毒又称鸭疱疹病毒Ⅰ型，由于本病毒在遗传学关系上与禽类马立克病毒属成员较为亲近，因此，有人将本病毒称为马立克属的鸭瘟病毒。国外学者称本病为鸭肠炎病毒。

（2）鸭瘟病毒粒子在感染细胞中呈球形、有囊膜，大小在 120 ~ 180 nm，具有典型疱疹病毒的形态结构。病毒存在于病鸭的排泄物、分泌物、各内脏器官、血液、骨髓及肌肉中，以肝、脾的含毒量最高。由于个体的差异，各部位所含病毒的浓度极不一致。本病毒对鸭、鸡、鹅、猪、牛和羊红细胞无凝集作用。

（3）在自然病例身上分离到的病毒品系中，其毒力有时出现很大的差异。如将病毒连续通过鸭体，可以保持或增强其毒力；但连续通过鸭胚、鸡胚或雏鸡后，其毒力可以逐步减弱。虽然不同毒株的毒力不同，但都具有相同的免疫原性，尚未发现或证实有不同的血清型或亚型。

（4）病毒对热和普通消毒剂都很敏感，56℃

10 min 即死亡。肝组织的病毒保存于 –20 ~ –10℃ 的低温冰箱中，经 347 天仍存活。保存于 –7 ~ –5℃ 条件下，经 3 个月其毒力下降不明显。置于 75% 乙醇中 5 ~ 30 min、0.5% 漂白粉溶液中 30 min、5% 生石灰溶液中 30 min，都可杀死病毒或使其毒力减弱。本病毒置于 pH 值为 7 ~ 9 或 pH 值为 3 和 11 条件下时，迅速死亡。

2. 实验室诊断基本方法

（1）病料采取与处理。采取临近死亡或死亡不久病例的肝及脾，加入一定比例的灭菌生理盐水，研磨成浆，加入青霉素、链霉素各 2000 U/mL，冻融 3 次后，离心，吸取上清液，做无菌检查。取无菌生长者冻结备用。

（2）病毒分离。初次分离病毒，可用 9 ~ 12 日龄的鸭胚绒毛尿囊膜（或卵黄囊）接种，经 4 ~ 10 天死亡（部分胚于 3 ~ 6 天死亡），继代后死亡比例增高，胚胎体表充血并有小出血点。肝脏有特征性灰白色和灰黄色针头大小的坏死点。部分绒毛尿囊膜充血和水肿。如果胚体未死，可用鸭胚盲传或用番鸭胚继代，因为番鸭胚的易感性更高。将鸭瘟病毒通过鸭胚 2 ~ 12 代后，即能在鸡胚内增殖和传代。

鸭瘟病毒也可以在 DEF 内增殖和传代，并能在接种后 2 ~ 6 天引起细胞病变，被感染的 DEF 缩小为葡萄串状，待病灶进一步扩大，形成核内包涵体和小空斑。

（3）回归试验。选用易感、健康的 1 日龄雏鸭，每只肌内注射上述分离含毒的胚液（1∶10 稀释）0.1 mL，通常在接种后 3 ~ 12 天内，接种鸭发病并死亡，剖检可发现特征性病变，而对照组（注射生理盐水）则健活。倘若接种鸭不发病（因为有些较低毒力的毒株可能不引起接种鸭出现明显的临诊症状），应收集接种病毒后存活的雏鸭血清，检测是否存在抗鸭瘟抗体。也可采取内脏组织经常规处理后在鸭体内盲传 1 ~ 2 代。

（4）病毒鉴定。在做病毒鉴定时一般采用的是中和试验，细胞培养检测和利用雏鸭进行实验均适用。将按照 1∶100 比例稀释的病毒液 0.2 mL 与抗鸭瘟血清混合均匀，室温静置

30 min，将静置后的混合液接入 DEF 中，置37℃细胞培养箱中继续培养，以不加入抗鸭瘟血清作为对照组。观察细胞是否发生病变，若超过4天还未发现细胞病变，而对照组发生病变，则可以判断此样品为鸭瘟病毒阳性。

用雏鸭做中和试验：将待鉴定的病毒液与抗鸭瘟血清混合后，取每只注射雏鸭进行肌内注射，同样选择未混合抗鸭瘟血清的样本作为对照组，持续观察雏鸭1周，如果对照组雏鸭均存活并且健康，则可以判断待鉴定病毒液为鸭瘟病毒阳性样本。

2001 年袁明龙等人成功地建立了检测鸭瘟病毒抗体的间接 ELISA 方法，2018 年孙凤萍等人对已有的间接 ELISA 方法进行了优化，提高了检测的灵敏性和准确度，可用于鸭群的流行病学普查和免疫抗体监测。

此外，还可用已知的抗鸭瘟高免血清做中和试验。RT-PCR 技术能对鸭瘟病毒做出准确鉴定。

（五）鉴别诊断

1. 与鸭巴氏杆菌病鉴别

鸭瘟最容易误诊为鸭巴氏杆菌病，尤其在这两种病经常流行的地区，因此，在临诊上应注意类症鉴别。

（1）流行特点。鸭巴氏杆菌病的特点是发病急、病程短，流行期不长，多呈散发性，除鸭以外，鹅、鸡等禽类均可发病。鸭瘟发病相对稍缓慢，流行期也比较长，以往多呈流行性。进入 20 世纪 90 年代末以来大有"卷土重来"之势。鸭瘟不会引起鸡发病。

（2）临诊症状。患鸭巴氏杆菌病的病鸭，除少数慢性病例外，一般不表现头颈肿胀现象；而鸭瘟病鸭表现出肿头、流泪及瞬膜出血。

（3）病理变化。鸭瘟病鸭的食管和泄殖腔黏膜有结痂性或假膜性的病灶，肝脏有不规则、大小不等、灰白色的坏死灶，在坏死灶的中央有鲜红的出血点或周围有出血环；而鸭巴氏杆菌病并无此病变。鸭巴氏杆菌病病例的肺脏常有严重病变，呈现弥漫性充血、出血和水肿，病程稍长的病例会出现大叶性肺炎，肝脏只有点状坏死；而

鸭瘟病例的肺脏并无此明显变化，只见颈部皮肤呈现炎性水肿。

（4）药物治疗效果。鸭巴氏杆菌病应用一般的磺胺类药物和抗生素，都有良好的效果；而使用这些药物治疗鸭瘟则无效。

（5）镜检。采病鸭或刚死鸭的心血或肝作涂片或印片，革兰氏染色后镜检。患鸭巴氏杆菌病的鸭血或肝涂片在显微镜下可见到革兰氏染色阴性并呈两极染色的巴氏杆菌。

2. 与鸭流行性感冒鉴别

鸭流行性感冒（特别是高致病性鸭流行性感冒的某些血清亚型毒株）引起鸭发病，并导致气管黏膜、肌胃角质层下黏膜、肠黏膜充血、出血，肠黏膜也常形成溃疡病灶，极容易与鸭瘟的病变混淆。然而，鸭流行性感冒引起的病变，绝对不可能出现鸭瘟病例的肝脏及食管、泄殖腔黏膜的特征性病变。

3. 与鸭坏死性肠炎鉴别

坏死性肠炎与鸭瘟的主要鉴定区别在于具体肠道病变的位置，鸭坏死性肠炎多集中在空肠和回肠，而鸭瘟的肠道相关病变则多集中在十二指肠和直肠两个部分。除此之外，鸭瘟食道黏膜的坏死灶或溃疡也是鸭坏死性肠炎没有的症状。

二、防治策略

（一）做好防控工作

未发生过鸭瘟的鸭场或地区，应做好防控工作，杜绝病原的传入，并使鸭群建立坚强的免疫力。

1. 尽量做到自繁自养

这是杜绝鸭瘟病原传入的重要措施之一。如需从外地引进种蛋、种苗或种鸭，应尽可能了解当地的疫病流行情况，不得从疫区（场）引种。确保提供种鸭场的鸭群已进行鸭瘟疫苗免疫接种，且近半年来无疫病发生。引进的种蛋一定要在入孵前进行严格消毒。引进的种苗或种鸭，应隔离4周，确属健康的，进行免疫接种后才可以混群饲养。

2.加强鸭群的饲养管理

科学、合理地调配饲料的营养成分，满足机体的营养需要，增强机体的抗病力。控制适当的饲养密度，保持优良的环境（特别是清洁卫生、消毒及提高舍内空气质量），育雏时放置足够数量的食槽和饮水器，供应清洁饮水。做好保温工作。

3.切实做好免疫接种工作

鸭群必须定期进行免疫接种，国内已成功地研制成鸭瘟鸡胚化弱毒疫苗，每批种（蛋）鸭于 15 ~ 20 日龄时，每只肌内注射 0.5 ~ 1 羽份。由于日龄小，机体的免疫机能发育未健全，有可能受母源抗体的干扰，因此，至 30 ~ 35 日龄时加强免疫 1 次，每只肌内注射 1.5 ~ 2 羽份。母鸭产蛋前 15 ~ 20 天再加强免疫 1 次，每只肌内注射 2 ~ 3 羽份，以后每隔 4 ~ 6 个月免疫 1 次，免疫期可达 1 年左右。2 月龄以上的鸭，免疫后 3 ~ 4 天可开始产生免疫力，免疫期可达 6 个月以上。肉鸭免疫可参照种（蛋）鸭前两次免疫方式进行免疫即可。也可注射鸭瘟油乳剂灭活疫苗，14 ~ 23 日龄注射 0.5 mL/ 只，免疫期可达 8 个月以上，2 月龄以上的鸭注射 0.5 mL/ 只，免疫后 12 个月以上保护率仍可达 73%。

在进行免疫注射后 1 周内，要适当加大饲料中蛋白质、多种维生素、益生素和微量元素的含量，一般在原有基础上提高 20%。

（二）一旦发生鸭瘟，应立即采取相关措施

（1）鸭群一旦发生鸭瘟，应立即采取严格的封锁、隔离和消毒等措施，一旦发现疫情，及早进行紧急预防接种。对发病鸭群加强观察、检查，将患病鸭及时隔离。把鸭群分小群饲养，停止放牧，以免扩大疫情。

（2）每天及时清理粪便，用 10% ~ 20% 石灰乳或 5% 漂白粉进行鸭舍消毒。也可选择优良复合醛类消毒剂带鸭消毒。食槽、饮水器及运输工具，每天消毒 1 次。

（3）严禁将病鸭外调或出售，以防疫情扩散。妥善处理粪便，用堆肥发酵做无害化处理。患病死亡的鸭尸体应深埋。严禁在河塘、池塘及交通要道剖杀病鸭。防止疫情进一步扩散。

（4）对疫区内尚未发病的假定健康鸭群，应尽早进行鸭瘟鸡胚化弱毒冻干苗（5 ~ 10 倍量）紧急预防接种，可得到弱毒干扰强毒的作用。其保护率的高低，一方面取决于已感染鸭瘟病毒鸭只的数量，另一方面取决于疫苗接种的早晚。对于处于潜伏期或已开始出现临诊症状的鸭只，有可能加速其发病死亡。因此，在一般情况下，患病鸭群紧急接种疫苗后的第 2 ~ 3 天，死亡数量有所增加，以后逐日减少，1 周左右，鸭群的死亡数量明显减少，疫情可得到控制。

在疫苗接种过程中，要求尽量做到一个针头注射 1 只鸭，最多也不能超过 5 只鸭，以防通过针头人为传播病原。如注射针头不够时，可一边注射，一边把换下来的针头立即投入正在加热煮沸的水锅内进行灭菌，轮换使用。同时要求操作人员应做到注射部位精准，不能漏注。

（5）鸭群在发生鸭瘟时，往往并发或继发鸭巴氏杆菌病，此时若紧急接种鸭瘟疫苗就有可能出现较大死亡率。因此，在接种鸭瘟疫苗之前必须先检查鸭群是否存在鸭巴氏杆菌病，为防万一，可在接种鸭瘟疫苗的同时注射青霉素和链霉素（不能混入鸭瘟疫苗中，以免影响鸭瘟疫苗的效果），防止并发细菌性疾病。也可以在饲料和饮水中加入抗生素及抗应激药物。

（三）发生鸭瘟的鸭群，要及时治疗

发生鸭瘟的鸭群，如能及时治疗，可以取得一定效果，减少死亡。推荐使用下列药物治疗。

（1）抗鸭瘟高免血清，成鸭每只肌内注射 1 mL。体形较大的鸭每只注射 2 ~ 3 mL（对于已经经过紧急接种疫苗的鸭只，不建议再注射鸭瘟高免血清、抗病毒药物、干扰素及聚肌胞等相关药物。如果必须使用抗生素，推荐将抗生素与疫苗分开注射）。

（2）在发病早期用聚肌胞治疗，此药是一种内源性干扰素诱生剂，能够刺激机体本身产生干扰素，可阻断鸭瘟病毒在体内复制，起到抗病毒作用，每 2 天注射 1 次，每只 1 mg，连用 2 次。

（3）硫酸阿米卡星，肌内注射按每千克体重用 2.5 万 ~ 3 万 U（每克含 62 万 ~ 72 万 IU）或者按每千克体重用 8 mg，每天 1 次，连用 2 天。拌料按 0.01% ~ 0.02%，每天 2 ~ 3 次，连用 2 ~ 3 天。可以防止并发细菌性疾病。

（4）日粮中添加多种维生素和微量元素、微生态制剂及多种氨基酸。

（5）阿昔洛韦。此药对 DNA 的合成有抑制作用，抗疱疹病毒、抗菌作用较强。饲料用 100 ~ 200 mg/kg，连用 5 天。内服：1 次量，体重 15 ~ 25 mg/kg，1 天 3 次。3 天为一疗程。

附 I：类鸭瘟

在广东某市发生一种以肿头、软脚、流泪、拉黄绿色稀粪，肝脏出血和坏死及食管、泄殖腔黏膜出现溃疡和结痂为主要特征的鸭病。其临诊症状及病理变化特征与鸭瘟很相似，尽管尚未知其真正的病原，但已知是由病毒引起的，因此，编者将这种新病毒性的鸭病，暂称为类鸭瘟，等将来搞清楚其真正病原时，再给予正名。

2007 年刘红、吴志新等人报道了这种新鸭病，并对本病进行了流行病学调查和实验室的初步分离病毒工作，通过鉴定，发现本病属于一种新的病毒所引起的病毒病，并证实本病毒无血凝活性。他们用鸭瘟病毒和呼肠孤病毒的通用引物扩增，得到了相应大小的条带，而用副黏病毒、禽流感病毒通用引物扩增，未得到目的片段。现将刘红等人报道的资料综述如下。

一、临诊症状

自然发病和人工攻毒试验所出现的症状基本一致。攻毒后的第 2 天，个别鸭只开始流鼻涕；第 3 天出现流鼻涕的病例开始增多，约占 50%，部分患鸭开始表现精神沉郁，约占 10%，食欲废绝，湿眼流泪，肿头，头部皮下有胶样浸润；第 4 天出现死亡；第 5 天出现死亡高峰。患鸭一般都下痢，排绿色稀粪。

二、病理变化

1. 大体剖检病变

大体剖检病变以肝出血和坏死为主，部分病例出血坏死灶呈煮熟样。攻毒鸭在死亡初期肝的坏死点比针尖稍大，腺胃黏膜脱落；在死亡高峰期 95% 的病死鸭肝脏表面散在分布比坏死点稍大的出血点。食管有颗粒状渗出物，黏膜有溃疡、结痂，肾出血。恢复期病死鸭肝脏表面的出血点、食管渗出物基本消失。

2. 病理组织学变化

（1）胸腺。皮质区淋巴细胞稀疏，髓质区网状细胞、胸腺小体坏死。

（2）肺。严重淤血、水肿，小支气管内有炎性脱落物，肺泡上皮细胞变性坏死，肺泡内充满水肿液。

（3）心脏。心肌纤维肿胀、有炎性细胞浸润和心肌的颗粒变性。

（4）肝。肝严重淤血、肝细胞脂肪变性。

（5）肾。出血、间质内炎性细胞浸润，肾小管上皮细胞严重变性坏死、管腔阻塞。

（6）脾。实质细胞变性坏死。

（7）胰腺。多灶性坏死、水肿。

（8）腺胃。固有层水肿，黏膜上皮细胞坏死、脱落。

（9）肠管。肠黏膜上皮细胞严重脱落、组织结构紊乱。

三、流行特点

（1）发病日龄以 10 ~ 30 日龄的雏肉鸭为主，蛋用鸭、番鸭也有发病。

（2）病鸭先后紧急预防接种过鸭瘟弱毒疫苗、鸭病毒性肝炎高免抗体；用禽流感及鸭瘟卵黄抗体治疗；同时配合多种抗生素（如头孢曲松、丁胺卡那、庆大霉素、利高霉素、恩诺沙星、阿莫西林、阿奇霉素、磺胺类药物等）治疗，无法控制病情，对健康鸭用鸭瘟弱毒疫苗免疫，无明显效果。本病的病程较长，有时长达 20 多天。雏鸭死亡率达 50% ~ 100%。

四、病原诊断

1. 分离培养

接种 10 日龄鸡胚和 11 日龄鸭胚后，胚体出现规律性死亡，鸭胚充血、出血，少数胚体肝脏出现白色坏死点。鸡胚接种后第 7 天和第 8 天各死亡 13.6%，8 天内共死亡 66.12%。鸭胚接种后第 8 天死亡 48.1%，9 天内共死亡 91.8%。

2. 回归试验

胚体混合物接种试验鸭后，其症状、病变与自然病例相似。

3. 分离病毒 RT-PCR 扩增结果

用禽流感病毒和副黏病毒通用引物对未知病毒进行 RT-PCR 扩增，未获得阳性对照大小的基因片段；用呼肠孤病毒通用引物对未知病毒的胚体混合物进行 RT-PCR 扩增，获得了相应大小的目的条带，而病料中未检到；对未知病毒进行 DNA 抽提，用鸭瘟病毒通用引物进行 PCR 扩增，获得了阳性对照大小的基因片段。

2007 年刘红等人从病鸭中分离到类鸭瘟病毒、呼肠孤病毒，至于这些病毒与本病的关系，有待进一步研究。防治方法未见报道。

附Ⅱ：雏鸭新型鸭瘟

一、临诊症状

自 2001 年以来，在山东一些饲养樱桃谷肉鸭较集中的地区，发生了一种与鸭瘟的临诊症状、病理变化相似的疾病，本病以皮下、脏器和肠管黏膜出血为主要特征。本病主要侵害 1 月龄以下的雏鸭，成年鸭发病较轻。现有的鸭瘟疫苗对鸭群无预防作用。已发病的鸭群用鸭瘟抗血清无治疗效果。有学者以此推测本病是由不同病毒引起的新型鸭瘟。

本病一旦发生，传染迅速，发病率和致死率均很高，并且常引起大批死亡。据现场统计，鸭群的发病率可达 70% ~ 100%，死亡率可达 50% ~ 60%。

二、病状与病理变化

患病雏鸭头颈部肿胀（彩图 77），眼肿胀流泪、眼周围的羽毛沾湿（彩图 78），精神沉郁，缩颈，头颈部皮下有胶冻状水肿。肠黏膜出血（彩图 79），泄殖腔黏膜出血并有灰绿色溃疡。肝脏的坏死点不典型。

三、病原诊断

从自然感染病例的典型病死鸭的脏器中分离到一株 80 ~ 120 nm 的病毒粒子，本病毒不耐酸、不耐碱、不耐热，对氯仿处理敏感。核酸为双股 DNA，有囊膜。经血清中和试验证明本病毒与鸭病毒性肝炎病毒、雏番鸭细小病毒、鸭瘟病毒无血清学相关性。根据实验结果，研究者初步将本病毒定为疱疹病毒科成员。本病毒无血凝活性，不凝集鸭、鸡、鹅、家兔、小鼠、豚鼠、猪和绵羊的红细胞。本病毒对番鸭胚、鹅胚、麻鸭胚、半番鸭胚、北京鸭胚和 SPF 鸡胚致死率分别为 100%、100%、78.3%、60%、82.1% 和 0。至于确切病原，有待进一步研究。

第三节 鸭病毒性肝炎

鸭病毒性肝炎是由鸭甲肝病毒（Duck Hepatitis A Virus，DHAV）、鸭星状病毒 1 型（Duck Astrovirus 1，DAstV-1）和鸭星状病毒 2 型（Duck Astrovirus 2，DAstV-2）引起雏鸭患病的一种急性、高度致死性传染病。其特点是发病急、病程短、传播快、死亡率高。本病多发于 3 周龄以下的雏鸭，1 周龄左右的雏鸭更易发生。患鸭主要临诊症状为死前发生痉挛，头向背部后仰，呈"角弓反张"，俗称"背脖病"。主要病理变化为肝脏肿大并有大小不等的出血斑、出血点或呈斑驳状。本病传播迅速，常给养鸭业带来巨大的经济损失，本病是养鸭业的主要威胁之一。目前，世界各养鸭地区均有本病的发生和流行。

一、诊断依据

（一）临诊症状

本病的潜伏期一般为 2 ~ 5 天。DHAV 引起的鸭肝炎的潜伏期为 1 ~ 2 天；DAstV-1 引起的鸭肝炎的潜伏期为 3 ~ 4 天；DAstV-2 引起的鸭肝炎的潜伏期为 2 ~ 4 天。

1. DHAV

（1）急性型的患鸭常突然发病，传播快速，短期内波及全群，4 ~ 5 天内死亡达到高峰。然后其死亡率迅速下降以至停止。患病雏鸭初期精神沉郁、缩颈闭目、食欲不振、嗜眠昏睡、不能随群走动。随后即全身抽搐，运动失调，身体侧卧或仰卧，两脚向前或向后摆动，或者背部着地、转圈。临死前头向后仰，两脚伸直向后张开呈现"角弓反张"的特殊姿态（彩图 80 ~ 彩图 86），常在出现神经症状后几分钟或几小时内死亡。有些病例可持续 5 h 左右才死亡。也有些病例发病很急，病雏常没有任何症状而突然倒毙。

（2）呈现慢性型的患鸭从 15 日龄至 6 ~ 8 周开始出现食欲减退、运动不灵活、腹泻，关节肿胀。患鸭由于腹部积液而增大，行走时呈企鹅姿态。生长发育受障碍。急性型耐过的患鸭也可转为慢性型。

2. DAstV-1

患鸭出现症状后 1 ~ 2 h 即死亡。患鸭的营养状况基本良好，渴感增高，下痢，粪便存在较多的白色尿酸盐。幸存的患鸭发育基本正常。其余症状与 DHAV 基本相似。

3. DAstV-2

临诊症状与 DHAV 感染相似。

（二）病理变化

1. DHAV

（1）急性型病例。急性型病例的主要病变表现为肝脏肿大，边缘较钝，质地松脆，极易破裂，色暗淡或呈土黄色或红褐色，呈斑驳状。病死鸭的日龄不同，肝颜色也有异（2 ~ 5 日龄的病死鸭的肝表面呈土黄色或红黄色；10 ~ 30 日龄病例的肝呈灰红色或黄红色）。肝脏被膜下有针头大至粟粒大小的出血点或出血斑（彩图 87 ~ 彩图 90），严重时呈刷状出血（彩图 91、彩图 92）。有些病例肝实质有灰白色坏死灶。上述肝脏的典型病变常见于本病流行初期的病例。胆囊肿胀，内充满胆汁，胆汁呈褐色、淡茶色或淡绿色（彩图 93）。

脾肿大充血，呈斑驳状。肾肿大、充血（彩图 94、彩图 95），胰腺肿大，出现局灶性坏死。心肌质软，呈熟肉样。脑充血、水肿。

（2）慢性型病例。主要病变除肝脏上述的病变外，常在肝脏被膜下散布有形状不一、大小不同的灰白色坏死灶。日龄在 50 ~ 60 天死亡的幼鸭，肝变硬。脾肿大，呈淡紫色。

DHAV 的病理组织学变化表现在急性病例的肝细胞弥漫性变性和坏死或肝间质组织增生，部分肝细胞脂肪变性。幸存鸭只多表现肝脏的广泛性胆管增生。大脑的神经细胞及坐骨神经等出现轻度水肿和变性。

2. DAstV-1

肝脏呈浅粉红色，表面有许多小点状出血，并常融合成带状出血（彩图 96 ~ 彩图 100）。肾肿大、苍白、血管充盈并凸出于肾表面，肾表面还出现灰白色坏死病灶。有些病例肠黏膜和心冠沟脂肪有小出血点。肝脏组织病变与 DHAV 的病变相似，但胆管增生可能比 DHAV 更广泛。

3. DHstV-2

本型引起的大体病变与 DHAV 感染病变基本相同。肝脏表面苍白斑驳，有许多红色条纹和一些瘀点出血（彩图 101、彩图 102）。脾较苍白，但无明显肿大，肾可能出现斑块状充血。

（三）流行特点

本病除感染成年鸭外，近年报道还可以感染雏鹅。在自然条件下不感染鸡、火鸡。目前我国流行的主要是 DHAV，其中主要是基因 1 型，基因 3 型有日渐加重的趋势，并出现基因 1 型和基因 3 型合并感染的态势。基因 2 型发生在我国台湾地区，基因3型则流行于韩国、我国（不含台湾地区）和越南。鸭病毒性肝炎于1958年出现于我国上海，1980年出现于我国北京。在20世纪80—90年代，我国各地的病毒性肝炎主要由基因1型感染所致。2000年以来，DHAV的基因1型和基因3型在我国养鸭业中处于共流行的状态。

1. 基因1型DHAV

基因1型DHAV与历史上的血清1型流行病学特点是一致的，基因2型DHAV和基因3型DHAV鸭肝炎的流行病学特点是一致的。

（1）本病主要侵害3～15日龄的雏鸭，其感染随日龄增加，死亡率逐渐降低。成年鸭是带毒者，不发病。最早发病的病例是3日龄雏鸭。3～17日龄雏鸭发病后死亡率可高达90%～95%；17～25日龄的死亡率为16%～50%；4～5周龄发病后的死亡率较低。成年鸭、种鸭即使在病原严重污染的环境中也不会发病。近年来我国学者发现我国存在DHAV的变异毒株，可使7日龄雏鸭开始发病，15～20日龄时达到高峰，其死亡率可达30%～40%。青年鸭多在35～45日龄发病，其死亡率可达40%～50%。若与大肠杆菌、沙门菌继发感染，常可加大本病引起的死亡率。没有母源抗体的雏鸭群感染DHAV的变异株后，其死亡率可高达75%以上。若有母源抗体的雏鸭，即使长期在受污染严重的鸭场中饲养，其死亡率不超过30%。

（2）本病主要是通过消化道传染。病鸭或病愈鸭的粪便中含有大量病毒。被本病毒污染的食槽、饮水器及饲料等，可造成水平传播。以往认为，基因1型DHAV不会经卵垂直传播；而基因3型DHAV可从种蛋中检测到，这说明基因3型DHAV存在经卵传播的可能，能够通过鸭胚垂直传播。鸭舍中鼠类（如棕色大鼠）可作为DHAV的储存宿主，病毒在其体内可存活35天，感染本病毒后18～22天即可排毒。

（3）本病没有严格的季节性，但在冬春季暴发较多，死亡率往往也较高。如饲养管理不当，饲料中缺乏维生素、矿物质，鸭舍内湿度过大，密度过高时，均能促使本病发生。

2. DAstV-1

（1）DAstV-1所引起的鸭病毒性肝炎于1965年在英国报道，当时称为鸭肝炎病毒血清2型（Duck Hepatitis Virus Type 2，DHV-2），1984—1985年确定DHV-2就是DAstV-1。通常认为DAstV-1的流行仅限于英国，但2009年在我国也发现了DAstV-1所引起的鸭病毒性肝炎。此后，国内研究者陆续从河北、山东、北京和四川检测到此类毒株。

（2）DAstV-1型感染所引起的疾病与基因1型DHAV感染具有相似的流行病学特点，但引起的死亡率相对较低。若感染6～14日龄鸭，死亡率可达50%；若感染4～6周龄鸭，死亡率仅为10%～25%。在英国曾观察到，DAstV-1感染呈散发状态，有些批次的感染鸭发病，而另一些批次的鸭不发病。在我国亦见到有些感染鸭群的死亡率很低（0.6%～5%），这说明DAstV-1感染并不总是引起高死亡率。DAstV-1感染亦可使12周龄以上成年麻鸭发生鸭病毒性肝炎，并引起产蛋量下降。

（3）病毒只能感染鸭，感染途径有口腔、泄殖腔和皮下注射。雏鸭感染后1～4天内死亡，幸存鸭感染后至少排毒1周。

3. DAstV-2

（1）DAstV-2所引起的鸭病毒性肝炎于1969年在美国报道，1979年确定为鸭肝炎病毒血清3型（DHV-3），2009年确定为DAstV-2。通常认为DAstV-2感染仅限于美国，但2014年从我国广西检测到类似的毒株。DAstV-2所引起的死亡率一般不超过30%。

（2）2002年程安春报道本型病毒不如DHAV和DAstV-1严重，一般只感染鸭。发病率可达30%～75%，死亡率为15%～30%。死于DAstV-2的雏鸭与DHAV感染的症状相似。

（四）病原诊断

1. 病原特性

鸭病毒性肝炎是鸭的一种以肝炎为主要症状的传染病的统称，能够感染鸭导致肝炎症状和病变的病原体有多种，鸭病毒性肝炎的病原分类与命名沿革见表4-1。

导致鸭病毒性肝炎的主要病原包括小RNA病毒科禽肝病毒属的DHAV和星状病毒科禽星状病毒属的DAstV。目前我国流行的主要是DHAV，目前已发现有3个基因型，即基因1型、基因2型和基因3型，与部分文献中命名的A、B、C基因型或血清型对应，相互间存在部分交叉保护和交叉中和作用。其主要为基因1型，基因3型有日渐加重的趋势，并呈现基因1型和基因3型合并感染的态势。基因2型发生在我国台湾地区。此外，鸭乙型肝炎病毒感染鸭通常不导致临诊症状，对养鸭业危害不大。DHAV、DAstV-1和DAstV-2均可以感染雏鸭引起鸭病毒性肝炎。

（1）基因1型DHAV。

①基因1型DHAV又称为古典型。在我国，1963年黄均建报道了上海地区有本病发生和流行；1980年王平等人在北京一些鸭场分离得到病毒；1981年郭玉璞将我国分离得到的DHAV鉴定为血清1型，此后在全国各省陆续有分离到血清1型DHAV的报道。目前，在我国流行的鸭甲型肝炎，主要的基因型为1型和基因3型。

②本型病毒的大小为20～40 nm，无囊膜，核酸为RNA，不凝集任何动物或人的红细胞，对人的抗病毒性肝炎血清无中和能力。可用鸭胚、鹅胚分离病毒。鸭肾单层细胞、鹅胚肾细胞、鸭胚肝细胞等均可用于培养DHAV，并可产生细胞病变。

③1967—1968年据国外报道，发现与基因1型DHAV有明显血清学差异的变异株（Ⅰa）。1996年国内学者林世棠发现我国也存在基因1型DHAV的变异株。其试验结果与1988年美国

Sandhu的报道相似，该变异株与Ⅰ型抗鸭甲肝高免血清有部分交叉中和作用。该变异株能引起雏鸭大批死亡，死亡率高达60%～70%。雏鸭发病之后，用Ⅰ型鸭甲肝高免蛋黄抗体治疗，效果不佳，不能制止死亡。另外，用Ⅰ型鸭肝炎弱毒疫苗免疫的雏鸭，也不能有效地抵抗该变异株的攻击。1992年Sandhu等人称之为Ⅳ型。2006年郑献进等人报道，分离到与基因1型DHAV仅有部分血清学相关性的Ⅰ型变异株，也命名为Ⅳ型。

④从20世纪末至今，基因1型DHAV在我国为普遍流行的主要血清型，然而，基因1型DHAV的抗原变异株在我国也存在，并在北京、河北、重庆、江苏、福建和广东等地广泛流行。Ⅰ型和Ⅳ型抗血清虽可以完全保护雏鸭抵抗同型强毒的攻击，但对异型强毒的攻击却缺乏足够的保护，其中Ⅰ型抗血清对Ⅳ型强毒的攻击尚可产生较低的交叉保护作用。若在某地区同时流行Ⅰ型和Ⅳ型时，只使用基因1型DHAV进行被动免疫，其防制效果一定不理想，不能控制疫情。

⑤基因1型DHAV对外界环境的各种理化因素有很强的抵抗力，含有病毒的鸡胚液保存在2～4℃冰箱内，可存活700天；在被污染的育雏室，本病毒可生存10周；在阴湿处，粪便中的病毒能存活37天；在2%甲酚皂溶液中，于37℃环境中能存活1 h；在0.1%福尔马林中能存活8 h，在-20℃条件下可存活9年。

（2）DAstV-1。

①DAstV-1与火鸡星状病毒2型构成病毒种禽星状病毒3型（Avastrovirus 3）。

②本病毒无囊膜，呈星状，病毒的直径为28～30 nm。迄今为止，据目前资料说明，本病毒不能在任何细胞培养物中增殖。DAstV-1可耐受pH值为3、氯仿和胰酶处理，50℃加热

表4-1　鸭病毒性肝炎的病原分类与命名沿革

现用名	曾用名	病原分类
DHAV	Ⅰ型鸭肝炎病毒的病原为DHAV-1	小RNA病毒科禽肝病毒属
DAstV-1	Ⅱ型鸭肝炎病毒的病原为DHV-2	星状病毒科禽星状病毒属
DAstV-2	Ⅲ型鸭肝炎病毒的病原为DHV-3	星状病毒科禽星状病毒属

60 min 未能影响其感染力。甲醛熏蒸消毒和其他消毒措施，可消除由污染房舍引起的感染。

③ DAstV-1 通过鸭胚尿囊腔盲传几代以后，可以在鸡胚中增殖，大部分感染的鸡胚发育不良，极少在接种病毒后 7 天内死亡。

④ 2001 年苏敬良等人报道，1999 年 5 月从北京、广西等地发生类似基因 1 型 DHAV 的 3 ～ 13 日龄北京鸭和樱桃谷肉鸭鸭群中分离到 2 株病毒，大小约 40 nm，无囊膜。2009 年张大丙等人报道，我国樱桃谷鸭场发生 DAstV-1 感染，1 ～ 2 周龄的樱桃谷鸭致死率为 50%。本病毒与基因 1 型 DHAV、基因 3 型 DHAV 阳性血清无交互中和反应。

（3）DAstV-2。DAstV-2 属于星状病毒科禽星状病毒属的未定种。尽管最初将 DAstV-1 和 DAstV-2 鉴定为 DHV 的两个血清型，但根据目前的分类标准，可将它们鉴定为不同的禽星状病毒种。DAstV-2 大致呈球形，并无星状病毒的外观，在电镜下观察 DAstV-2 感染的鸭肾细胞，此型病毒的分类、形态、大小、核酸及其理化特性与 DAstV-1 相似。DAstV-2 过去仅美国有报道。2002 年我国程安春等人在我国发病的鸭群中分离得到了 DAstV-2。感染本病毒的鸭群发病率为 30% ～ 75%，死亡率为 15% ～ 30%。病毒粒子呈球形，直径 30 ～ 50 nm，无囊膜。本病毒可耐受氯仿和 pH 值为 3 的处理，对 50℃加热敏感，在鸭胚绒尿膜中可增殖。

2. 实验室诊断基本方法

鸭病毒性肝炎主要发生于 2 周龄以下的雏鸭，成年鸭不发病。发病急，传播快，病程短和死亡率高，病鸭出现神经症状。其病变主要表现在肝脏出血、表面有大小不等的出血斑点。根据流行病学、典型临诊症状结合临诊剖解病理变化可作出初步诊断。确诊本病的经典方法是病毒中和试验，具体操作步骤如下。

（1）病料采取与处理。取症状和病变典型并濒临死亡或死亡不久的病例的肝或脑研磨成匀浆，加入一定比例的生理盐水和适量的青霉素和链霉素，反复冻融 3 次后离心，吸取上清液做无菌检验，确定无菌生长，冻结备用。

（2）雏鸭接种法。取 1 ～ 7 日龄易感雏鸭 5 ～ 10 只，每只皮下或肌内注射 1 : 5 或 1 : 10 上述处理过的肝乳剂上清液 0.2 ～ 0.5 mL。24 h 后根据临诊症状和死亡鸭的病理变化，可作初步诊断。再取病死鸭的肝脏经处理后接种鸭胚。

（3）病毒分离。取 9 ～ 11 日龄非免疫母鸭所产的卵孵出的胚，在每只鸭胚的尿囊腔接种经上述处理的接种材料 0.2 mL。置 37℃继续孵育，经 24 ～ 72 h 死亡。胚体皮下出血，肝脏稍肿、呈灰绿色、有坏死灶。取其胚液接种培养基，若无菌，接种易感雏鸭，如果出现与自然病例相同的病变，即可确诊。如需确定分离病毒的血清型，可进行中和试验。

（4）中和试验。选 1 ～ 7 日龄易感雏鸭若干，随机分为 3 组，隔开饲养。第一组每只雏鸭皮下注射 1 ～ 2 mL 用 DHAV 制成的高免血清或高免卵黄抗体进行被动免疫，经 24 h 后，第一组与第二组雏鸭均经肌内或皮下注射 1 : 10 或 1 : 20 稀释的待检的分离病毒 0.5 mL。第三组每只雏鸭不作任何注射或注射 0.5 mL 灭菌生理盐水做对照。一般情况下，在接种后 24 h，第一组保护率为 80% ～ 100%，第二组雏鸭开始出现病毒性肝炎的典型症状，并于 30 ～ 72 h 死亡 80% ～ 100%。死亡雏鸭出现与自然病例相同的病变。从死鸭中可分离出肝炎病毒。倘若条件许可时，可取 DHAV 的变异毒株制成高免血清或高免卵黄抗体按以上第一、第二组的同样方法进行试验，观察 1 周，第一组获得被动保护的雏鸭可存活 80% ～ 100%。第二组死亡 80% ～ 100%；第三组对照鸭全部健活，即可确定分离毒株属 DHAV 的变异株。倘若第一组雏鸭不被保护而死亡 80% ～ 90% 及以上时，就应进一步用抗 Ⅱ、Ⅲ 型鸭肝炎病毒的高免血清再做中和试验。也可以用鸭胚做中和试验。以便确定是否属于 Ⅱ 型或 Ⅲ 型。

（5）分子生物学检测。分子生物学检测可采用 RT-PCR 快速定性检测 DHAV，2014 年程安春研究报道的多重 RT-PCR 方法可同时检测基因 1 型和基因 3 型 DHAV，此外也可采用基于抗体的检测方法，如胶体金试纸、ELISA 和荧光抗体技术等。

（五）鉴别诊断

1. 与鸭沙门菌病鉴别

鸭沙门菌病临诊症状表现为鸭流泪、眼睑浮肿，水样下痢。肝脏极度肿大、充血、变脆，表面有坏死点。肠黏膜水肿，有糠麸样分泌物。但无鸭病毒性肝炎所表现的肝脏出血的病变。

2. 与禽巴氏杆菌病鉴别

本病肝脏肿大，出血时，往往伴有坏死点。

3. 与黄曲霉毒素中毒鉴别

黄曲霉毒素中毒可引起雏鸭共济失调，抽搐和"角弓反张"。肝脏肿大、色灰暗，但不引起肝脏出血。

4. 与禽流感鉴别

禽流感除肝脏肿大、出血外，其他器官往往有严重出血。

二、防治策略

目前在我国流行的主要是基因 1 型和基因 3 型 DHAV，这里阐述的防控策略是基于基因 1 型和基因 3 型 DHAV。

（一）一般性防护措施

在 4 周龄以内的雏鸭群，实行严格隔离饲养，并实行严格的消毒。种鸭病毒性肝炎的发病率和死亡率，一是取决于病毒的毒力和传入的数量及应激因素的强度；二是取决于饲养管理的方法；三是取决于有无并发症。因此，除保证饲料中有足够全面的营养（特别是维生素及微量元素）成分之外，还必须尽量减少应激因素；饲养密度适中，注意保温工作；坚持搞好清洁卫生及消毒，杜绝病原的传入，禁止外来人员进入鸭场；搞好鸭群的背景疫病预防接种工作；本病的发生往往是从疫区或疫场购入雏鸭或种蛋所致，因此要慎重。

（二）免疫接种

鸭病毒性肝炎弱毒疫苗免疫是最为经济和有效的预防手段。

1. 雏鸭的免疫（主动免疫）

有母源抗体的雏鸭（即种鸭实施免疫接种后所产的蛋孵出的雏鸭），应在 7～10 日龄时用鸭病毒性肝炎弱毒二价（Ⅰ型及Ⅲ型）疫苗进行免疫接种，每只皮下接种 2～3 羽份。

对于无母源抗体的雏鸭，应在出壳后 1～3 日龄（最好是在出壳后 24 h 之内）时用鸭病毒性肝炎弱毒疫苗皮下或口服免疫 1 次，雏鸭接种疫苗后 48 h 开始产生免疫力，120 h 产生坚强免疫力，免疫持续期至少可达 50～60 天以上。

2. 种鸭的免疫

为了使雏鸭获得天然被动免疫力。具体方案如下。

（1）种鸭在产蛋前 2～4 周用鸭病毒性肝炎弱毒疫苗进行首次免疫（每只 2 羽份）。隔 14 天后进行二免。母鸭注射疫苗后所产的蛋孵出的雏鸭 4 日龄时，母源抗体滴度最高，以后逐步下降，可维持 8～10 天。可在母鸭产蛋前 15 天注射鸭病毒性肝炎油乳剂灭活疫苗，由于种鸭不发生鸭病毒性肝炎，因此，种鸭免疫接种的目的是让所产的蛋孵出的雏鸭具有母源抗体，母源抗体可维持 2～3 周。母鸭每隔半年免疫 1 次。

（2）种鸭在产蛋前半个月内，每隔 7 天注射 1 次鸭病毒性肝炎弱毒疫苗，5～6 个月内所产的蛋孵出的雏鸭均可获得天然被动免疫力。

（3）种鸭在产蛋前一个半月，每隔 2 周注射 1 次鸭病毒性肝炎弱毒疫苗，共 2 次，然后在产蛋前 15 天再用鸭病毒性肝炎油乳剂灭活疫苗或弱毒疫苗加强免疫 1 次，9 个月内，子代雏鸭能获得坚强的天然被动免疫力，并可维持 2～3 周。在鸭病毒性肝炎严重流行的地区，种鸭按上述方法免疫之后，每隔 4～5 个月，用鸭肝炎弱毒疫苗再免疫 1 次，可使子代雏鸭获得更高的母源抗体水平。

3. 在本病严重流行地区鸭群的免疫方法

（1）种鸭在产蛋前进行 2 次免疫之后，其所产的蛋孵出的雏鸭可获得约 2 周内的免疫力。由于雏鸭的母源抗体的半衰期为 4 天，因此，雏鸭于 15 日龄之后，仍有少数会发生鸭肝炎。为了控制疫情的发生和发展，可在雏鸭 1 日龄时用鸭病毒性肝炎弱毒疫苗（每只 3 ~ 4 羽份）进行口服免疫（这种免疫方法不受母源抗体的干扰）。雏鸭这种主动免疫所产生的抗体，可维持 6 ~ 8 周。

（2）从非疫区引入的种蛋或鸭苗，由于雏鸭无母源抗体或母源抗体水平很低，对本病十分敏感，所以发病率和死亡率都很高。因此，对刚出壳或新购进的 1 日龄雏鸭，在 24 h 内先皮下注射抗鸭病毒性肝炎高免卵黄抗体或高免血清 0.5 ~ 1 mL。7 ~ 10 日龄再用鸭病毒性肝炎弱毒疫苗进行自动免疫。

（3）当采用鸭肝炎的 Ⅰ、Ⅲ 型弱毒株制备的弱毒疫苗免疫鸭群，仍然不能控制鸭肝炎的发生时，在排除了疫苗及抗体的质量和其他并发症等因素之后，可考虑采用当地的鸭肝炎流行株制备疫苗接种全部种鸭，第 1 次接种后间隔 2 周再接种 1 次，再经 2 周即可获得具有高度抗体水平的种蛋，这种方法只适用于发病严重的鸭场使用，同时应采取严格的措施，防止病毒扩散。

4. 疫苗选择

如果采用鸭肝炎 Ⅰ、Ⅲ 型制备的弱毒疫苗免疫鸭群后仍不能抵抗鸭病毒性肝炎时，就应考虑当地的流行株是否属于 Ⅰ 型肝炎病毒的变异株或 Ⅱ 型毒株。此时建议采用以下方法进行防治。

采取病死鸭的病理组织制成组织灭活疫苗或分离病毒，用分离株制成灭活疫苗进行免疫。也可用上述抗原制作高免蛋黄液做治疗剂。

（三）治疗

（1）在鸭群暴发鸭肝炎的早期，先将隔离病鸭和疑似健康鸭分别进行治疗、必须及早注射高免蛋黄液或高免血清进行治疗。5 日龄以下每只皮下注射 0.5 ~ 1 mL；6 ~ 15 日龄每只注射 1 ~ 1.5 mL；16 日龄以上每只注射 2 mL，在高免蛋黄液或高免血清中加入抗生素，可起到降低死亡率、制止疫情发展的作用。治疗的效果一方面取决于治疗时间，另一方面取决于高免蛋黄抗

体效价，对重症或发病的中后期患鸭的治疗效果较差。

（2）为了防止并发细菌性疾病（如禽巴氏杆菌病、鸭疫里默氏杆菌病、大肠杆菌病等），应选用细菌对其高度敏感的抗菌药物混入高免蛋黄液中同时注射，若雏鸭病情严重，应隔 2 天后再注射 1 次高免蛋黄抗体及抗生素。当疫情基本得到控制时再用鸭肝炎弱毒疫苗口服或皮下注射。同时做好消毒工作，饲料中增加多种维生素及微生态制剂，以促进其食欲，利于康复。

（3）根据 2007 年郑献进、张大丙报道，将一株 Ⅳ 型鸭肝炎病毒（即 Ⅰ 型的变异株 Ⅰ a，由于未能获得 Ⅰ a 型参考株，故暂将这类变异株称为 Ⅳ 型）用鸡胚传代，培育出 Ⅳ 型鸭肝炎病毒 63 代鸡胚化弱毒疫苗株 E63。该疫苗对 1 日龄雏鸭安全、无致病性，免疫剂量为 $2.5 \times 10^{5.12}$ 个 ELD_{50}/只。用 E63 免疫 1 日龄雏鸭，7 日龄时即可产生高峰期中和抗体，并可以完全保护雏鸭抵抗同型强毒的攻击，此后中和抗体效价有所下降，但可持续至 4 周龄。疫苗在 –20℃ 保存 3 ~ 6 个月后仍能保持良好的免疫原性。

第四节　雏番鸭细小病毒病

雏番鸭细小病毒病是由番鸭细小病毒侵害雏番鸭的一种急性、全身性和败血性传染病。本病多发生于 3 周龄左右的雏番鸭，故俗称雏番鸭"三周病"。主要临诊症状为喘气、腹泻、羽毛发育异常、生长迟缓。主要病理变化为肠道黏膜充血、出血。胰腺出血和（或）有针尖大小、灰白色坏死灶，肺充血、出血。雏番鸭群感染本病后传播迅速，常可引起大批死亡，是危害番鸭饲养业的主要传染病之一。

一、诊断依据

（一）临诊症状

本病的潜伏期为 2 ~ 7 天。人工感染为 21 ~ 96 h，主要由雏番鸭日龄决定，日龄越小，

发病病程时间就越短，死亡率越高，根据本病病程长短，可分为三种病型。

1. 最急性型

本型多见于出壳后约6天内的雏番鸭。传播迅速，病程较短，在几小时可波及全群。多数病例常见不到明显的前驱症状而突然衰竭倒地死亡。有些病例精神稍差，羽毛松乱。临死前患鸭两脚作游泳状划动，头颈向一侧扭曲。

2. 急性型

（1）此型病例多发生于7～14日龄的雏番鸭，患鸭精神沉郁，离群独处，两翅下垂，尾端向下扭曲，全身羽毛松乱，怕冷并常聚堆，食欲不振或完全废绝。两脚发软，不爱活动，常蹲伏或离群呆立。

（2）随着病程的发展，病雏出现不同程度的腹泻，排出黄绿色、灰白色或白色稀粪，甚至如水样或混有絮状物并含有气泡，肛门周围羽毛常黏有稀粪。

部分患雏流泪，鼻孔流出浆液性分泌物，随后出现呼吸困难，张口伸颈（彩图103），喘气，喙端、蹼间及脚趾出现不同程度发绀。临死前倒地抽搐，两脚麻痹，少数病例呈侧卧姿势，并出现"角弓反张"现象，最后衰竭死亡（彩图104）。

（3）本型病例病程为2～7天，有些病愈鸭大多生长发育不良，成为僵鸭。

3. 亚急性型

（1）本型病鸭的发病率较低，随着雏番鸭日龄的增大，对本病的易感性降低，多数病例由急性型转化而来。患鸭表现精神委顿，两脚无力，常蹲伏，行走缓慢，排出黄绿色或灰白色稀粪，肛门周围的羽毛受到沾污。

（2）本型病例病程多为5～7天，死亡率较低。病愈雏番鸭发育不良，颈、尾部羽毛脱落。幸存者多成僵鸭。

（二）病理变化

1. 最急性型

往往见不到明显的肉眼病变。仅见到肠管黏膜呈现急性卡他性炎症，肠黏膜充血、出血。

2. 急性型

其主要病变是胰腺肿大，表面有少量出血点。肝脏稍肿，呈紫褐色。胆囊显著肿大，胆汁充盈。肾、脾稍肿大。肛门周围有大量稀粪黏着，泄殖腔扩张、外翻。

3. 亚急性型

（1）本型病变具有特征性。胰腺的病变较为明显，有些病例的胰腺呈灰白色，在其背、腹及中间三叶的表面均有散在性、数量不等、针尖大小、白色坏死点。显微镜下可见胰腺小动脉、小静脉充血，胰腺外分泌部实质中有局灶性坏死。同时有单核细胞、异嗜性粒细胞、淋巴细胞浸润。有些病例胰腺肿大，尤以背叶明显，表面有数量及大小不等的出血点。

（2）肠管黏膜呈出血性卡他性炎症，十二指肠、空肠和直肠后段的黏膜充血、出血，并常见肠黏膜有不同程度的脱落，肠壁菲薄。显微镜下可观察到此处肠壁肠黏膜上皮脱落，其坏死区深达固有层下的黏膜肌，残缺的固有层内，肠腺之间有单核细胞、异嗜性粒细胞、淋巴细胞浸润。

（3）心脏呈灰白色、质软，如煮熟样。少量病例的心包腔积聚淡黄色稍混浊的液体。显微镜下可见心肌纤维有不同程度的颗粒变性。肌间小血管充血和有小出血灶。肌纤维间有单核细胞、异嗜性粒细胞、淋巴细胞浸润。

（4）肝呈暗红色或灰黄色、稍肿大、胆囊肿胀。显微镜下可见肝窦状隙局灶性淤血，充满红细胞。肝实质中有局灶性颗粒变性，肝细胞坏死，有炎性细胞浸润。

（5）脾稍肿大，少数病例脾表面和切面可见少量针尖大、灰白色坏死点。显微镜下可见脾实质有部分淋巴小结数量减少，局灶性脾组织细胞坏死。

（6）肾呈暗红色或灰白色煮熟样。显微镜下可见肾间质有小出血点。部分病例肾小管上皮细胞有明显的颗粒变性，肾中央静脉、小叶间静脉周围及肾的间质有单核细胞、异嗜性粒细胞、淋巴细胞浸润。

（7）肺淤血，体积稍肿大，切面有暗红色泡沫状血液流出。显微镜下可见肺小动脉、小静脉充血，肺泡壁和毛细管壁增厚，肺泡内有淡红色的水肿液、少量红细胞和炎性细胞。

（8）脑表面呈苍白色，部分病例脑膜血管充血，有小出血点。显微镜下可见脑膜血管和脑实质血管充血。脑实质呈局灶性出血。

（三）流行特点

（1）本病 1985 年以来流行于福建省的蒲田、仙游、福州、闽侯、安溪等市县。1989 年以后在广东的佛山、肇庆、三水、南海等市县也有发生和流行。随后在浙江的绍兴、金华等市县也有本病的流行。1990 年林世棠、陈伯伦，1991 年王永坤、孟松树，1992 年程由铨，1992 年陈伯伦、陈建红、梁发潮，以及 1996 年王永坤、张建珍等人分别分离到病毒并做了报道。

（2）目前所知，本病只发生于 3 ~ 21 日龄的雏番鸭。一般从 1 周开始发病，10 ~ 18 日龄达高峰，20 日龄以后逐步减少，尤以 8 ~ 24 日龄为多发，45 日龄的番鸭也有发病的例子。随着日龄的增大，发病率逐步降低。症状较轻者，其病程较长。日龄愈小，易感性愈高，死亡率也上升。在一般情况下，发病率可达 27% ~ 62%。死亡率为 20% ~ 50%。发病率和死亡率还取决于种番鸭的免疫抗体水平。

（3）本病的传染源是病死的雏番鸭、健康带毒番鸭、孵化场等。传染途径是呼吸道和消化道水平传播。同时，易感母鸭在产蛋期受感染和处于潜伏期后期的易感母鸭可以经蛋垂直传播病毒。带毒的种番鸭群所产的蛋带有病毒，带毒蛋在孵化过程中出现的死胚或刚出壳的雏鸭，均可以散播病毒，污染周围环境，致使雏鸭群感染发病。患病的雏鸭群又可以大量排毒，再感染其他易感鸭群，从而引起大流行。在大流行之后，当年留下的番鸭群大都可以获得主动免疫，使次年的雏番鸭具有天然被动免疫力，同一地区的鸭群一般不会连续两年发生大流行。但每年均有不同程度的流行，其发病率和死亡率高低不一。

（4）一年四季均有流行。但在 9 月至翌年的 3 月较严重。

（四）病原诊断

1. 病原特性

（1）国际病毒分类委员会（International Committee on Taxonomy of Viruses，ICTV）将番鸭细小病毒定为细小病毒科细小病毒亚科依赖细小病毒属雁形目依赖细小病毒 I 型。1990 年林世棠等人首先分离得到雏番鸭细小病毒，并确定为本病的病原体。1992 年陈伯伦等人在广东也分离得到雏番鸭细小病毒致病毒株。用番鸭细小病毒的单克隆抗体做各种试验，其结果证明，其与鹅细小病毒（即小鹅瘟病毒）既有相关性又有不同点的一种新的病毒（称为番鸭细小病毒），两者在抗原结构和功能上存在着明显的差异。

（2）本病毒只能引起雏番鸭发病致死，而对雏半番鸭（即番鸭与中国鸭杂交的后代）、雏麻鸭、雏北京鸭、雏鹅等禽类不能引起发病。鹅细小病毒既能引起雏鹅发病致死，也能使雏番鸭感染发病并致死，但种鹅和其他品种鸭却不致病。

（3）本病毒存在于患病雏番鸭的胰、肝、脾、肾及脑等内脏器官和肠道及排泄物中。初次分离病毒时可接种 11 ~ 13 日龄易感番鸭胚绒尿膜，或者 10 日龄易感鹅胚绒尿腔或绒尿膜，如此可分离到病毒。

（4）本病毒不能凝集鸡、番鸭、鹅、猪等动物的红细胞，对不良环境的抵抗力较强，在 –15℃ 至少能存活两年半，冻干病毒在 –15℃ 至少能存活 6 年以上。

2. 实验室诊断基本方法

（1）病料采取与处理。用无菌手术取患病或临死雏番鸭的肝、胰、脾、肾及肠管等病料剪碎，磨成匀浆，加入灭菌生理盐水或 PBS 液作 1 : 5 ~ 1 : 10 稀释、冻融 3 次，经 3000 r/min，离心 30 min，取上清液加入青霉素和链霉素，使每毫升各含有 1000 ～ 2000 U。取经检验后的无菌生长者冻结保存备用。

（2）病毒分离。将上述备用接种材料，接种5 ～ 10 只 11 ～ 13 日龄易感番鸭胚（母鸭未经免疫或来自非疫区番鸭胚），每只胚尿囊腔接种0.2 mL，置 37 ～ 38℃继续孵化，一般在 3 ～ 10天（多在 4 ～ 7 天）大部分胚胎死亡。取出死亡胚胎置 4 ～ 8℃冷却，收集尿囊液，作无菌检验后冷冻备用。死亡胚体呈现全身充血，头、颈、嘴、胸、背、翅、趾有针尖状出血点。

（3）回归试验。将番鸭胚传代病毒 1 ∶ 10稀释（必须传 3 代）接种 5 ～ 10 只 5 ～ 10 日龄的易感番鸭，每只皮下或肌内接种 0.2 mL，观察10 天，如果死亡雏番鸭与自然病例有相同的病变，并能再从死亡雏番鸭体内分离出细小病毒，即可作出初步诊断。

（4）血清学诊断

①中和试验。将上述接种材料分两份，第一份加入 4 倍量已知抗番鸭细小病毒血清；第二份加入 4 倍量灭菌生理盐水代替抗血清，各自混匀后置 37℃感作 1 h。取 12 只 5 ～ 10 日龄的易感雏番鸭，分两组，第一组接种加入抗血清的材料，每只雏番鸭皮下注射 0.2 mL。第二组接种加入生理盐水的对照组，每只雏番鸭皮下注射 0.2 mL。隔离饲养观察 10 天，如果其临诊症状和病理变化与自然病例相同，血清组健活，而对照组不发病，即可作出确诊。

②微量碘凝集试验。微量碘凝集试验对番鸭感染番鸭细小病毒后的免疫血清具有独特的敏感性，能出现明显的碘凝集反应。对抗鹅细小病毒（小鹅瘟）的高免血清则无此反应。这一试验用于检测自然感染痊愈病例或可疑病例的血清时，其阳性率可达 85%。对鸭病毒性肝炎、鹅细小病毒的抗血清均不出现反应，因此，可应用微量碘凝集试验对细小病毒引起的雏番鸭细小病毒病与类似疫病作出鉴别诊断。

试剂：取碘 1.5 g，碘化钾 3 g，先用少量蒸馏水将碘化钾溶解，然后加入碘，再加蒸馏水至50 mL，溶解混匀后放入棕色瓶避光保存。

具体操作方法：用无菌的微量移液管或用装有 7 号针头的 1 mL 注射器分别吸取 1 滴被检血清样品，滴于洁净玻片上，然后加等量的碘凝集试验试剂，混匀，静置室温下，分别经 1 min、2 min 和 3 min 观察反应情况并记录反应结果。

判定标准如下。

"#" 为强阳性反应，出现大块棕色凝集物，固着在玻片上，轻摇不散。

"++" 为弱阳性反应，出现棕色物呈粗粒状或小碎片状。

"–" 为阴性反应，出现呈细砂状棕色微粒或棕色液体。

（五）鉴别诊断

1. 与番鸭小鹅瘟的鉴别

雏番鸭也可以感染鹅细小病毒（小鹅瘟），其流行病学、临诊症状与雏番鸭细小病毒病不同。鉴别诊断除中和试验外，还可以用易感雏鹅和易感雏番鸭作感染试验。挑选 5 ～ 10 只 5 日龄易感雏鹅和 5 ～ 10 只 5 日龄易感雏番鸭分别注射被检病料或被检胚液。如雏鹅和雏番鸭全部或大部分发病死亡，并具有小鹅瘟特征性病变，则被检病料含有小鹅瘟病毒。倘若仅引起雏番鸭发病死亡，而雏鹅健活，则被检病料只含有雏番鸭细小病毒。这种试验方法可作为小鹅瘟与雏番鸭细小病毒病的具有鉴别意义的诊断方法之一。

2. 与番鸭球虫病的鉴别

番鸭球虫病多发生于 20 ～ 45 日龄番鸭，主要表现为肠管黏膜炎症。其病变特点是小肠中后段出现卡他性、出血性肠炎，肠黏膜肿胀增厚，有一定数量针尖大小的出血点，黏膜表面常覆盖有一层红色胶冻状黏液，排出带有黏液的血便。

3. 与鸭副黏病毒病的鉴别

鸭副黏病毒会导致病鸭肠道出现不同程度出血及胰腺出现白色坏死点（灶），临诊上和雏番鸭细小病毒感染后引起番鸭肠道黏膜出血和胰腺白色坏死点等病症类似，临诊中难以鉴别，但两者的发病日龄不同，鸭副黏病毒可使更大日龄的鸭只发病，并不局限于 3 周龄左右的雏番鸭。此外，鸭副黏病毒可使其他品种发病，而雏番鸭细小病毒仅导致雏番鸭发病。

二、防治策略

（一）加强消毒，减少污染

（1）雏番鸭细小病毒病的流行和发生，很大程度上是通过孵房（炕坊）传播，因此，应将孵房的清洁卫生及消毒工作摆在重要议程上。孵房的一切用具设备、物品、器械等在每次使用前必须清洗消毒，种蛋入孵前可用福尔马林熏蒸，尽可能减少蛋壳表面的污染。

（2）对于已经被本病毒污染的孵房，并发现每批出壳不久的雏番鸭有本病流行时，应立即停止孵化，对孵房进行全面的清洗和严格的消毒，然后对每批入孵的种蛋、孵化器、出雏器及一切其他用具，均应用福尔马林进行全面的熏蒸消毒。刚出壳的易感雏番鸭应尽快转移到经过严格消毒的分级销售室，以切断受污染的环节。

（二）雏番鸭主动免疫

目前国内已经研制成功雏番鸭细小病毒弱毒冻干疫苗和雏番鸭细小病毒和小鹅瘟二联苗用于本病的预防接种。

（1）免疫接种1日龄雏番鸭。1日龄雏番鸭每只腿部肌内注射一至两三天后有部分雏番鸭血清中出现抗体，7天有95%以上的雏番鸭得到有效保护，14～21天抗体效价达高峰，其有效抗体水平可维持半年以上。对已感染的雏番鸭群作紧急预防接种，保护率达50%以上，已被感染发病的雏番鸭进行免疫注射无明显效果。

（2）母鸭免疫注射。在本病广泛流行的疫区，用疫苗免疫接种番鸭是预防本病有效而经济的方法。一方面可以防止垂直传播，另一方面可为高度敏感的雏番鸭提供母源抗体保护。种番鸭在产蛋前15天将番鸭胚化番鸭细小病毒弱毒活疫苗作1∶100稀释，进行皮下注射或肌内注射，每只1 mL。在免疫后12天至4个月内，番鸭种群所产的蛋孵出的雏番鸭能抵抗人工和自然病毒的感染。4个月以后，种番鸭需要再接种疫苗，以使雏番鸭保持较高的母源抗体水平，获得天然被动免疫。种番鸭每年免疫3次。

（三）被动免疫

在本病流行的疫区或已被本病病毒严重污染的孵房，雏番鸭出壳之后尽快皮下注射高免蛋黄液或高免血清0.5 mL，其保护率可达85%～95%。

早期发病的雏番鸭，每只皮下注射1.0～1.2 mL，治愈率约50%。也可使用雏番鸭细小病毒高免卵黄抗体，虽有一定效果，但比不上高免血清。

（四）免疫失败的原因

当本病在某地区流行时，若采用主动免疫和被动免疫进行防治，虽然能取得一定效果，但往往也存在保护率和治愈率不够高，甚至有免疫失败的现象。

1. 疫苗的效价不高

目前本病使用的疫苗种类较多，有雏番鸭细小病毒/鹅细小病毒冻干二联苗；雏番鸭细小病毒/鹅细小病毒/雏番鸭病毒性肝炎三联弱毒疫苗。由于生产厂家较多，标准不一定统一，疫苗效价难免有高有低。即使质量优良的疫苗，一旦运输和保管欠妥，也可能影响质量。

2. 育雏环境严重污染

雏番鸭在出壳后48 h内接种疫苗，在雏番鸭尚未建立坚强免疫力之前（一般在7天内），没有严格隔离饲养，往往容易受到本病病原体的感染而发病。

3. 雏番鸭的母源抗体水平不一致

由于对母番鸭群实施番鸭细小病毒弱毒疫苗接种的不多，有些母番鸭在自然界中不同程度地感染了本病的病毒，这样，来自不同种番鸭群的蛋孵出的雏鸭，其母源抗体水平参差不齐。首免时间很难确定，从而造成免疫失败。

4. 雏番鸭群存在并发症

雏番鸭群经主动免疫之后，仍然出现一定数量的死亡，往往会被误认为是疫苗的效果问题。其实雏番鸭常并发或继发一些其他细菌性疾病或病毒病，如大肠杆菌病、小鹅瘟等，这些并发症的发生会影响本病的免疫效果。

5. 抗雏番鸭细小病毒蛋黄抗体效价偏低

抗番鸭细小病毒高免蛋黄抗体效价和有效保护期偏低，用于预防本病或发病后治疗时，效果较差，注射后几天雏番鸭群又重新发病和出现死亡病例。

（五）防止出现免疫失败的策略

（1）雏番鸭在1日龄进行主动免疫之后7天内，应严格隔离饲养，育雏舍及饲养用具应加强消毒，专人管理，防止强毒感染。并在饲料中添加微生态制剂及多种维生素等，以提高雏鸭的抗病能力。

（2）解决母源抗体不一致的办法：为解决雏番鸭的母源抗体水平不一致的问题，一种方法是可采取在1日龄时注射本病的弱毒苗，人为地中和雏番鸭母源抗体，使其母源抗体水平趋向一致，于24 h后再注射2羽份弱毒疫苗。另一种方法是于1日龄时注射高免蛋黄液0.5 mL，至7～10日龄时接种2羽份弱毒疫苗。对于本病严重流行的鸭群，为了保证雏番鸭具有较高的抗体水平，可考虑在14日龄时再注射蛋黄抗体1 mL（在蛋黄抗体中加入抗生素）。

（3）3周龄以内的雏番鸭常发生番鸭细小病毒和鹅细小病毒并发感染时，其发病率和死亡率往往很高，因此，可注射雏番鸭细小病毒和鹅细小病毒二联弱毒疫苗和二联蛋黄液。能获得95%以上的保护率。同时做好大肠杆菌病、鸭疫里默氏杆菌病的预防接种工作。

（4）雏番鸭发生细小病毒病时，可注射抗雏番鸭细小病毒病和小鹅瘟二联高免蛋黄液，加入抗生素进行治疗。但往往很难控制病情的发展。也可隔1～2天后再注射1次，或者注射抗雏番鸭细小病毒高免血清，每只皮下注射1.2～1.5 mL。

除此之外，还要保证注射的质量，尽量减少应激因素，搞好清洁卫生，以减少鸭舍内病原体的数量。

为了提高雏番鸭的母源抗体水平，可以在种番鸭产蛋前15天，给其同时分点接种弱毒疫苗及油乳剂灭活疫苗。

第五节　雏番鸭小鹅瘟

雏番鸭小鹅瘟，又称为雏番鸭的鹅细小病毒感染。鹅细小病毒可以引起雏鹅和雏番鸭发生急性、亚急性、高度接触性传染病。雏番鸭常发生小鹅瘟，往往也会发生雏番鸭细小病毒病和小鹅瘟合并感染。患病雏番鸭主要临诊症状为精神沉郁，食欲减退或废绝，严重下痢，呼吸困难和死亡率高，有时出现神经症状。主要病理变化为肠管黏膜发生浮膜性纤维素性肠炎。在小肠中段和后段肠腔常形成"腊肠状"的栓子，堵塞肠腔。

一、诊断依据

（一）临诊症状

自然感染的潜伏期为3～5天，人工感染的潜伏期为12 h至3天。根据病程的长短，本病可分为最急性型、急性型和亚急性型。

1. 最急性型

本型多见于1周龄以内的雏番鸭。患病雏番鸭常见不到任何明显的症状而突然发病死亡。有些病例仅在死亡前表现精神不振，经数小时后即出现神经症状，两脚前后摆动，衰竭倒地，不久死亡。有些病例可见鼻孔有少量浆液性分泌物，上喙前端发绀及脚蹼颜色变暗。

2. 急性型

（1）本型常见于15日龄左右的雏番鸭，症状较为典型。精神沉郁：患病雏番鸭精神委顿，缩颈闭目，羽毛松乱，行走困难，离群独处，呆立或蹲伏。

（2）初期食欲减退或只食半饱，虽然随群采食，但只有采食动作，并不吞下采得的饲料，随采随甩掉或当健康雏番鸭采食时，病雏表现不安，在外围团团转，但不采食。随着病情的发展，病雏食欲废绝，渴欲大增，体重迅速减轻。

（3）严重下痢。病雏下痢，排出乳白色或黄色并混有气泡或假膜样或未消化饲料的稀粪。肛门周围绒毛湿润，有稀粪黏污。

（4）呼吸困难。患病雏番鸭鼻分泌物增多，时时摇头，口角及鼻孔有分泌物甩出，使鼻孔周围污秽。呼吸急促，张口呼吸。喙端发绀和脚蹼色泽变暗。

（5）1周龄内的患病雏番鸭在临死前出现头颈扭转或抽搐等神经症状。病的后期，体温开始下降，精神极度衰竭，临死前常出现明显神经症状，病禽的颈部扭转，倒地抽搐不久即死亡。

3. 亚急性型

本型多发生于本病流行的后期和2周龄以上的患病雏番鸭，尤以25～30日龄的雏番鸭感染发病居多。症状较轻，精神委顿，体况消瘦，行动迟缓，站立不稳，喜蹲卧。食欲不振或拒食，拉稀，粪中夹杂有多量气泡和未消化的饲料及纤维素性灰白色絮片。病程稍长，部分病例可以自愈，但生长发育受阻。日龄较小的雏番鸭病程较短，日龄较大的雏番鸭病程常较长。

（二）病理变化

1. 最急性型

死于这种病型的雏鸭，由于发病日龄小、病程短，病变不明显。只见小肠前段黏膜肿胀、充血和出血，在黏膜表面覆盖着大量浓厚、淡黄色黏液，呈现急性卡他性出血性炎症。

2. 急性型

肠管扩张，肠腔内含有数量不等的污绿色稀薄液体，并混有黄绿色食物碎屑，但黏膜无可见的病变。在小肠的中、下段，特别是靠近卵黄囊柄的肠管膨大，比正常肠管增大1～2倍，质地坚实，形如"腊肠状"。将膨大部肠管剪开，见肠管内充塞着灰白色或淡黄色凝固的栓子状物。取出栓子状物后，见肠管壁变薄，呈灰白色，黏膜平滑。

3. 亚急性型

肠管栓子病变更为典型。

（三）流行特点

（1）本病多发生于冬春季节，在自然条件下只感染雏番鸭和雏鹅，传播迅速。5～25日龄雏番鸭多发生本病，随着日龄的增长，易感性降低。1月龄以上的番鸭也有发病，成年番鸭虽不发病，但可成为带病者。

（2）20日龄内的雏番鸭发病时的死亡率可高达95%，发病日龄越小，发病率和死亡率越高；20日龄以上的雏番鸭发病时，死亡率一般不超过60%。

（3）本病发病率和死亡率的高低，一方面取决于被感染的雏番鸭的日龄；另一方面在很大程度上取决于当年留种母番鸭群的免疫状态，以及受小鹅瘟病毒感染的程度。因此，不同种番鸭群的后代，对本病的易感性也有很大的差异。

（4）本病的传染源主要是患病的雏番鸭。其分泌物与排泄物污染了饲料、饮水、垫草、食槽和水盆等，这些污染物成为本病的传染媒介。被本病病原体所污染的孵房（炕房）是传播本病的重要场所。

（5）在自然情况下，雏番鸭的小鹅瘟是经消化道传播。

（四）病原诊断

1. 病原特性

（1）雏番鸭的小鹅瘟的病原体属细小病毒科细小病毒属鹅细小病毒。我国兽医微生物学家方定一教授于1956年首次发现本病并分离到病毒。本病毒只有一个血清型。其核酸型是单股DNA。病毒存在于病雏的肠内容物。肝、脾、脑及其他组织中。病毒的初次分离可用12～14日龄的鹅胚，病毒能在其绒尿膜上或尿囊腔中生长繁殖，鹅胚在96～144h死亡。死亡的鹅胚，其绒尿膜增厚，胚体全身皮肤充血、翅尖、趾、胸部毛孔、颈和喙旁均有较严重的出血点，下颌水肿。也可用番鸭胚分离病毒。

（2）本病毒在 −25～−15℃ 的低温冰箱中能

存活9年以上，在56℃经3 h尚能存活，仍可使鹅胚致死。在中性生理盐水中，不凝集鸡、鹅、鸭、兔、绵羊、小鼠和豚鼠的红细胞。用鹅胚初次分离本病毒时，必须用来自未经小鹅瘟疫苗免疫或非疫区的母鹅所产的种蛋，否则病毒难以繁殖，不易使鹅胚致死。

2. 实验室诊断基本方法

（1）病料采取与处理。取死亡不超过3 h的病鸭尸体中的肝、脾，充分研磨，用灭菌生理盐水或PBS液作1：（5～10）稀释，经3000 r/min，离心30 min，取上清液加入青霉素和链霉素，每毫升上清液各含1000 U。经细菌检验，若无菌生长，则置冰箱冻结保存，作为病毒分离的接种材料。

（2）病毒分离。选用无母源抗体的12日龄鹅胚或番鸭胚，每只胚绒毛尿囊腔接种上述材料0.2 mL，置37℃温箱孵育，每天照蛋1次（孵育72 h后，每天照蛋3次），取48～72 h后死亡胚放置4～8℃冰箱冷冻后，吸取胚液并作无菌检验，观察胚胎的病变，死亡胚胎的头、颈、下颌、背及脚等部位的皮肤充血或出血，头部皮下及两肋皮下水肿，尤以下颌部出血和水肿最为严重。

（3）血清学诊断。用于血清学诊断的方法主要有中和试验、琼脂扩散试验和ELISA等。如以确诊本病为目的，可进行保护试验。即取5～10只5日龄左右的易感雏鹅或雏番鸭，皮下注射1.5～2 mL/只抗小鹅瘟血清，经6 h后再注射待检的含毒尿囊液（1：10）0.1 mL/只。如果试验组80%以上得到保护，对照组于2～5天内80%以上发病死亡，则可以确诊为小鹅瘟。

倘若一时找不到合适的雏鹅或雏番鸭，可直接用鹅胚或番鸭胚做中和试验。其方法是：第1组胚用1：5上述待检含毒的胚液或组织悬液接种材料1份加2份正常鹅血清；第2组胚取上述待检接种材料1份加2份抗小鹅瘟血清，各盛于无菌带塞的瓶内，充分混合后，置于30℃恒温箱感作1 h，然后各接种10～12日龄鹅

胚或10日龄番鸭胚5只（每胚于尿囊腔接种0.2 mL）。如果第一组胚于5～6天内死亡80%以上，胚体病变明显，胚液无细菌，而第二组胚有80%～100%存活（或即使有个别死亡，但胚体无病变且长出毛），即可确诊为小鹅瘟。

（4）回归试验。取上述病料的上清液和死胚的含毒尿囊液（1：10稀释），各接种于5～10日龄的易感雏番鸭，每只皮下注射或口服0.2 mL，另设不接毒组只注射灭菌生理盐水或正常胚液。观察10天，可见接毒组的雏番鸭出现死亡，症状及病变与自然病例相同，在尸体中又可以分离到相同的病毒，即可确诊。

（五）鉴别诊断

1. 与雏番鸭细小病毒病鉴别

雏番鸭对番鸭细小病毒和鹅细小病毒都具有易感性，两种病的流行病学、临诊症状及病变极为相似，但患小鹅瘟的雏番鸭，胰腺无白色坏死点。而雏番鸭细小病毒不能使雏鹅致病。除用中和试验外，还可以用易感雏鹅和雏番鸭做感染试验，挑选5～10只5日龄的易感雏鹅和5～10只5日龄易感雏番鸭，分别注射被检的胚液毒。如果雏鹅和雏番鸭全部或大部分发病死亡，并具有小鹅瘟特征性病变，则被检样品含有小鹅瘟病毒（鹅细小病毒）；倘若仅引起雏番鸭发病死亡，而雏鹅健活，则被检的样品只含有雏番鸭细小病毒。这种试验方法可作为鹅细小病毒和雏番鸭细小病毒的具有鉴别意义的诊断方法之一。但在实际发病群中完全有存在2种病毒并（继）发感染的可能。

2. 与番鸭球虫病的鉴别

番鸭球虫病多发生于20～25日龄番鸭，主要表现为肠管黏膜炎症。其病变特点是小肠中后段出现卡他性、出血性肠炎，肠黏膜肿胀，有一定数量针尖大小的出血点，黏膜表面常覆盖有一层红色胶冻状黏液，排出带有黏液的血便。小鹅瘟没有这种变化。

二、防治策略

（一）加强饲养管理和清洁卫生

由于本病的发生和流行在很大程度上是通过孵房传播，以及出壳之后的早期感染，因此，必须搞好孵房及育雏舍的清洁卫生，加强消毒工作，降低饲养密度，在饲料中加入多种微量元素及维生素，提高雏番鸭抗病能力。尽量避免从疫区引进种番鸭和雏番鸭。

（二）特异性的主动免疫和被动免疫

1. 主动免疫

（1）种番鸭的主动免疫。种番鸭感染鹅细小病毒之后虽然不发病，但种番鸭群还是应该定期接种鹅细小病毒鸭胚化弱毒疫苗，使雏鸭获得有效的天然被动免疫力。

种番鸭在产蛋前 15 ~ 20 天，按疫苗标签上的使用羽份，稀释成每羽份 0.5 mL，每只种番鸭肌内注射小鹅瘟鸭胚化（GD）弱毒疫苗 1 mL，免疫 15 ~ 20 天后的 6 个月内所产的蛋孵出的鸭苗可留作种用。因为这种蛋孵出的雏番鸭可以获得天然被动免疫力，能抵抗小鹅瘟强毒的攻击。6 个月后应再次进行免疫。

（2）雏番鸭的主动免疫。未经免疫的种番鸭群或种番鸭免疫后 4 ~ 6 个月以上所产的蛋孵出的雏番鸭群，在出壳后 24 h 内，用小鹅瘟弱毒疫苗或雏番鸭细小病毒与鹅细小病毒（小鹅瘟）二联弱毒疫苗（按标签羽份）进行免疫，免疫后 7 天内严格隔离饲养，以防强毒感染。

为保证出壳雏番鸭不受小鹅瘟病毒的感染，孵房及孵化器在使用前应用福尔马林熏蒸消毒，每立方米体积用 14 mL 福尔马林、7 g 高锰酸钾和 7 mL 水，混合后封闭熏蒸消毒 24 h。种蛋先用 0.1% 新洁尔灭溶液或用 50% 癸甲溴铵（作 1 : 3000 稀释）溶液洗涤并消毒。入孵当天，再用福尔马林熏蒸消毒半小时。

2. 被动免疫

在本病的流行地区或已被本病的病毒污染的孵房或炕坊，雏番鸭出壳之后立即皮下注射抗小鹅瘟高免血清或抗小鹅瘟超高免蛋黄液，可预防和控制疫情发展。

3. 各种抗生素和磺胺类药物对本病均无治疗和预防作用

小鹅瘟流行面广，养鸭户从市场购买的番鸭苗来自四面八方，很难掌握其母源抗体水平，因此，在购回雏番鸭的第一时间，立即注射抗小鹅瘟高免血清或超高免蛋黄液，每只胸部皮下注射 1 mL，20 ~ 25 日龄时再注射 2 mL。

对已感染小鹅瘟强毒的雏番鸭群，当早期出现少数死亡病例、部分患雏出现症状、食料减少时，每只雏番鸭立即皮下注射抗小鹅瘟高免血清 1.5 ~ 2 mL，其保护率可高达 80% ~ 85%。如果在抗血清中加入干扰素，效果会更好。抗小鹅瘟超高免蛋黄液也有一定的预防和治疗效果，雏番鸭出壳后或在发病早期，每只皮下注射 1 ~ 1.5 mL。若在隔 7 ~ 10 天时再注射 2 ~ 2.5 mL，效果则更好。

第六节　雏番鸭呼肠孤病毒病

番鸭呼肠孤病毒病又称经典型呼肠孤病毒病，是由番鸭经典型呼肠孤病毒引起雏番鸭发生的一种急性、高发病率和高死亡率的传染病。其主要临诊症状为废食、怕冷、软脚和腹泻。其主要病理变化为肝脏表面和实质有弥漫性、大小不一、灰白色坏死灶，本病曾在我国广东、福建、广西、浙江和江西等省份广泛流行，对番鸭生产构成极大危害，给广大养殖户造成巨大的经济损失。

一、诊断依据

（一）临诊症状

（1）本病的潜伏期（人工攻毒）约为 4 天，自然病例潜伏期为 5 ~ 9 天。本病病程为 2 ~ 14 天。发病时两脚发软，部分趾关节或跗关节出现不同程度的肿胀。

（2）本病主要侵害雏番鸭，在发病的早期

表现精神委顿，绒毛松乱、无光泽，食欲减退甚至废绝。

（3）患鸭怕冷，喜欢挤成一堆，常把一些比较弱小的雏番鸭压死在下层。病雏鸭常出现腹泻，排出白色或淡绿色带有黏液的稀粪，常呈现脱水现象。即使能耐过也出现生长发育受阻，成为僵鸭。

（二）病理变化

1. 大体剖检病变

（1）肝。肝脏肿大或稍肿大，呈淡褐红色，质脆，其表面和实质呈现有弥漫性、大小不一或针头大小、灰白色的坏死灶（彩图105）。

（2）脾。脾肿大，有些病例不肿大，呈暗红色，表面和实质有大量大小不一或连成一片的灰白色坏死灶，呈"花斑状"（彩图106）。

（3）胰腺。一般不肿大，有弥漫性针头大出血点，间或有灰白色坏死点。

（4）肾。充血、出血，外观呈斑驳状，局部有灰白色坏死灶，心包膜与胸壁粘连（彩图107）。肺充血或淤血，水肿。法氏囊有不同程度的炎性变化，囊黏膜出血。脑水肿，脑膜有点状或斑块状出血。肠浆膜有大量白色坏死点（彩图108）。

2. 显微变化

肝脏有明显的实质组织变性、坏死和炎症病变。有些病例的切片可见布满大小不一、略呈圆形的坏死灶。脾内的淋巴组织萎缩，呈多发性灶性坏死。

（三）流行特点

（1）本病最早发现于1997年年初，之后不断蔓延，曾在我国的福建、广东等省份广泛流行。近几年，随着养殖场对种番鸭和雏番鸭进行番鸭呼肠孤病毒疫苗的免疫接种，本病得到了有效控制，目前本病少见发生。

2000年胡奇林等人首次分离并初步鉴定本病原为一种新的RNA病毒。2001年吴宝成等人根据本病毒特点、血清学及生物学特性等确定本病毒为呼肠孤病毒。2002年黄瑜等人报道，福建等地半番鸭发生呼肠孤病毒病。

（2）本病易感动物目前仅见于番鸭及半番鸭，其他品种的鸭未见感染发病。发病日龄为7～45日龄，以2周龄内的雏番鸭多发。发病率为20%～60%，最高可达90%。死亡率一般可达10%～60%。倘若存在应激因素或并（继）发感染时，死亡率可高达80%～90%。日龄愈小，死亡率愈高。患病耐过鸭生长发育明显迟缓，成为僵鸭。

（3）病鸭和带毒鸭为本病的传染源，可通过其病死尸体、分泌物、排泄物散毒，污染饲料、饮水、垫料、空气和用具后经鸭消化道、呼吸道和损伤的脚蹼等方式水平传播，也可经种蛋垂直传播。

（4）本病的发生无明显的季节性，但天气骤变、卫生条件差、饲养密度大及存在应激因素的情况下，易促进本病的发生。在某些地区，本病以夏季多发。

（四）病原诊断

1. 病原特性

（1）本病毒属于呼肠孤病毒科正呼肠孤病毒属，是一种分节段的双股RNA病毒，其外形呈球形，无囊膜，为双层衣壳结构，直径为55～70 nm或外壳直径为75 nm，内核直径为50 nm。病毒对pH值为3、紫外线和热敏感，对氯仿处理敏感或轻度敏感，对乙醚处理不敏感。不凝集鸡、鸭（番鸭、半番鸭、麻鸭、北京鸭）、家兔和绵羊的红细胞，可在番鸭胚中复制并使其致死，但本病毒不能致死鸡胚。

（2）本病毒能在番鸭胚成纤维细胞、鸡胚成纤维细胞复制，出现圆缩、坏死、崩解等细胞病变。

2. 实验室诊断基本方法

（1）病料采取与处理。将病死雏番鸭的肝脏和脾，按常规研磨成匀浆，反复冻融3次，4℃12 000 r/min离心1 h，以无菌操作吸取上清液，–20℃冻结备用。也可以将肝脏病料剪碎后充分研磨，用灭菌PBS或Hank's液作1∶10稀释，经3000 r/min离心30 min，取出上清液加入青霉素和链霉素，使每毫升上清液各含 1000 U。经细菌检验为阴性的用作病毒分离材料，-20℃冻结保存。

（2）病毒分离。将上述病毒分离材料接种 10 枚 9～12 日龄的易感番鸭胚（非免疫胚），每胚于尿囊腔接种 0.1～0.2 mL，置 37～38℃孵化箱内孵化，每天照胚数次，观察 8 天。24 h 以前死亡的胚废弃，一般经 3～7 天大部分胚死亡，经 4～8℃冷冻后保存作为病毒继代材料。用番鸭胚连续继代可使番鸭胚 100% 致死。死亡胚胚液清亮，胚体出血，尿囊膜出血、水肿，肝肿大，出血呈斑驳样或见个别白色坏死点，脾出血，表面有白色坏死点。肾出血。

（3）回归试验。用患病雏番鸭的肝脏制备的病毒分离材料或用番鸭胚传代毒，接种 5～10 只 10 日龄的易感雏番鸭，每只肌内注射 1：10 稀释的病毒材料 0.1 mL，观察 10 天。死亡雏番鸭需进行细菌学检验，其病理变化与自然病例相同，并可以从死亡病例中再次分离到本病相同的病毒，即可确诊本病。

（4）血清学诊断。番鸭胚中和试验：取番鸭胚分离毒 4 mL，分成两份，其中一份加入 4 倍量已知高免血清，另一份加入 4 倍量灭活的 PBS 液或生理盐水，分别混匀后置 37℃感作 60 min。然后各接种 5 枚 9～12 日龄易感番鸭胚，每胚于尿囊膜或尿囊腔接入 0.1 mL，观察 8 天，血清组应全部健活，而对照组大多数胚死亡，并具有特征性病变，即可确诊为本病。

（5）雏番鸭保护试验。取约 10 日龄的易感雏番鸭 10 只，分为两组，第一组每只皮下注射高免血清 1 mL，第二组每只皮下注射生理盐水 1 mL，隔 6～12 h 用分离的病毒液（按 1：10 生理盐水或 PBS 稀释）攻击，每只雏番鸭皮下注射 0.1 mL，隔离饲养观察 10 天。若血清组雏番鸭全部健活，而对照组雏番鸭大部分发病死亡，并出现与自然病例相同的病变，即可确诊本病。

（五）鉴别诊断

1. 与鸭疱疹病毒性坏死性肝炎的鉴别

鸭疱疹病毒性坏死性肝炎主要侵害 8～90 日龄的鸭（雏番鸭、半番鸭和麻鸭），患鸭常出现神经症状。其肝脏虽然也出现灰白色的坏死灶，但消化管黏膜可见到出血点或出血环，而番鸭呼肠孤病毒病肠管黏膜无出血的病变。

2. 与鸭沙门菌病的鉴别

由鼠伤寒沙门菌、肠炎沙门菌等所引起雏鸭的疾病，其特征是严重腹泻，肝脏虽然肿大，肝表面和实质常有细小的灰黄色坏死灶，但肝脏呈红黑色或古铜色，也有呈灰黄色，还可见到条纹状或点状出血，对抗生素敏感的治疗有效，而番鸭呼肠孤病毒病的肝脏表面无条纹状或点状出血的病变，抗生素治疗无效。

二、防治策略

（1）本病应采取综合的防治措施。平时做好常规的生物安全措施，采取自繁自养和全进全出饲养方式，加强环境卫生和带禽消毒，不从疫区种鸭场购入鸭苗。育雏应尽量采取离地网上饲养模式，保持鸭舍干燥，提供充足、干净饮水，使用全价饲料，减少或避免雏鸭接触粪便或污染的水源。

（2）本病流行地区可使用疫苗预防接种，1～2 日龄雏番鸭免疫番鸭呼肠孤病毒病弱毒疫苗，1 羽份/只；种鸭在产蛋前 15～30 天注射番鸭呼肠孤病毒油乳剂灭活疫苗，1 mL/只，能够有效预防番鸭呼肠孤病毒病的发生和流行。

（3）一旦发生本病，应及时隔离病鸭，封锁场地，扑杀濒死和病死鸭，并做好深埋或焚烧等无害化处理工作，同时加强环境消毒。健康鸭或可疑健康鸭进行番鸭呼肠孤病毒病弱毒疫苗紧急免疫，2 羽份/只。对患病雏番鸭及时治疗，注射番鸭高免卵黄抗体或高免血清，1 mL/只。此外，在饲料或饮水中添加清瘟败毒口服液、黄连解毒散或扶正解毒散等中草药进行辅助疗法，能提高疗效。用药治疗期间，要加强病番鸭护理，注重各种维生素的补充，以增加机体的抗病能力，有利于鸭群恢复健康。

（4）为防止细菌性继发感染而造成大量死亡，可适当投服抗生素予以控制。倘若病鸭软脚严重，可以配合地塞米松等进行对症治疗。鸭群服用过抗生素等药物，应注意停药时间，以确保上市家禽产品的安全。

第七节　鸭新型呼肠孤病毒病

鸭新型呼肠孤病毒病是由鸭新型呼肠孤病毒引起雏鸭的一种急性、高发病率和高死亡率的传染病。其主要临诊症状为发病急，病程短，病鸭精神委顿，采食量迅速下降，甚至废绝，个别患鸭有拉白色稀粪现象。主要病理变化为患鸭肝脏、脾的表面和实质有弥漫性、大小不一、灰白色的坏死灶和出血斑点。心肌、法氏囊等器官有出血斑点。本病既可以导致番鸭、半番鸭和鹅发生出血性坏死性肝炎，也可以导致樱桃谷白鸭和麻鸭发生鸭脾坏死病。本病自2005年发生以来，迅速传播，目前我国许多省份均有本病的发生与流行，给当地的养鸭业带来了巨大的经济损失。

一、诊断依据

（一）临诊症状

（1）本病潜伏期（人工攻毒）约为4天，自然病例潜伏期为5～8天。本病病程一般为5～7天。

（2）健康雏鸭突然发病，患鸭精神委顿（彩图109），采食量迅速下降，甚至废绝，少数患鸭拉白色稀粪，多数患鸭发病后24 h出现死亡，死亡鸭出现流泪和喙端发紫的变化（彩图110）。

（3）本病无明显的软脚症状、关节炎如关节肿胀等症状，部分鸭只表现跛行。

（4）本病的病程长短不一，一般为14～21天，发病后5～10天进入死亡高峰期，高峰期一般持续10～20天。耐过病鸭生长发育迟缓，正常日龄出栏体重比正常体重大约低20%。雏鸭死亡率较高，死亡率可高达80%；青年鸭、成年鸭多表现为消瘦、瘫痪，无继发性感染则死亡率较低。

（5）此外，近年来某些鸭新型呼肠孤病毒感染的鸭群还出现关节炎，如关节肿胀等症状（彩

图111），表现为跛行（彩图112），发病率为10%～15%，通常60日龄以上的种鸭易发病。

（6）患鸭耐过后出现生长发育受阻，成为僵鸭，因本病可以引发免疫抑制，故患鸭极易继发其他细菌性疾病（如鸭大肠杆菌病、鸭疫里默氏杆菌病等）而导致鸭群的大量死亡。

（7）种（蛋）鸭感染后无明显临诊症状，但部分鸭出现产蛋量下降且持续不稳定。

（二）病理变化

根据本病病变特征，可分为出血性坏死性肝炎、脾坏死症、鸭多脏器坏死症和鸭多脏器出血症等病变型。

1. 大体剖检病变

（1）出血性坏死性肝炎。患病的番鸭和半番鸭，肝肿大，颜色变淡，质地变脆，肝脏表面和实质有弥漫性、大小不一、灰白色坏死点灶和出血斑点（彩图113）。有些病例的肝脏肿大，质脆，肝表面有出血斑点。

（2）脾坏死症。主要是引起樱桃谷鸭和麻鸭发病。脾肿大，呈暗红色，表面和实质有大小不一、灰白色的坏死灶和出血斑点（彩图114）。

（3）鸭多脏器坏死症。主要发生于雏番鸭和半番鸭，肝、心肌、肾、脾、法氏囊、腺胃，以及肠黏膜下层等组织的表面或实质呈现大小不等的灰白色坏死点或局灶性坏死，尤以肝、脾病变最严重。

（4）鸭多脏器出血症。主要发生于雏鸭皮肤、眼睑结膜、肝、肾、肺、心外膜、胸腺、肠黏膜、产蛋鸭卵巢等器官呈现充血和出血。心肌、心外膜和心内膜弥漫性出血（彩图115）。肾弥漫性出血，外观呈斑驳状（彩图116、彩图117）。法氏囊萎缩，囊黏膜出血。胰腺一般不肿大，有弥漫性的出血点，间或有灰白色坏死点。脑水肿，脑膜有斑点状出血。肠黏膜有出血点。关节炎的病例可见跗关节皮下出血，关节腔中有黄白色渗出物。产蛋鸭卵巢等器官呈现充血和出血。

2. 病理组织学变化

本病毒能引起患鸭肝窦淤血及大量炎性细胞

浸润，肝细胞脂肪变性，呈局灶性坏死、崩解。肺结构不完整，肺间质有大量淋巴细胞浸润。脾大量充血、出血，白髓淋巴细胞坏死、崩解，形成坏死灶。心肌纤维萎缩、断裂、间隙增大，胞核崩解、消失，心脏呈间质性心肌炎。肾脏充血、出血、水肿，肾小管上皮细胞变性脱落。法氏囊黏膜出血，黏膜上皮细胞坏死脱落。胰腺有大量炎性细胞浸润，出现坏死灶。胸腺细胞变性、崩解，血管扩张。小肠绒毛变性、坏死、脱落。因脾和法氏囊等免疫器官受损，导致淋巴细胞和外周血T淋巴细胞数量严重减少，机体免疫功能受到抑制，易诱发细菌继发感染。

（三）流行特点

（1）在我国养鸭生产中，鸭呼肠孤病毒病主要有两种类型：一种为1997年在我国浙江、福建、广东等番鸭主产区发生的番鸭"花肝病"或"肝白点病"，另一种为我国学者吴宝成等人于2001年在国内首次确定本病病原为番鸭呼肠孤病毒，也称为番鸭经典型呼肠孤病毒。主要感染番鸭，发病日龄为7~45日龄，以2周龄内雏鸭多发，发病率为20%~60%，最高可达90%，死亡率为10%~60%，病程一般为2~6天。当存在应激因素或并（继）发感染时，死亡率可达80%~90%，日龄越小，死亡率越高，耐过的鸭生长发育明显迟缓。

（2）2005年以来出现在我国番鸭主产区，以肝脏不规则坏死和出血为主要特征，以及2006年5月以来在我国山东、北京、河北、河南和江苏等地樱桃谷鸭和北京鸭群主产区暴发的一种以脾斑块样坏死为特征的雏鸭脾坏死病。目前我国主要流行的是鸭新型呼肠孤病毒病，给当地养鸭业带来巨大的经济损失。但在少数地区也存在番鸭经典型呼肠孤病毒的感染。

（3）不同品种的鸭均可感染新型呼肠孤病毒而发病，如北京鸭、麻鸭、番鸭、半番鸭等，发病日龄一般为3~35日龄，其中以5~10日龄居多，10~20日龄是死亡高峰期，病程5~7天。鸭群发病率为5%~35%，死亡率为2%~20%，严重者高达50%以上。一般发病鸭日龄愈小，

发病率和死亡率愈高，超过30日龄后鸭群死亡明显下降。

（4）本病主要侵害3~25日龄雏鸭，其中5~10日龄雏鸭最敏感，发病率为5%~20%，死亡率为2%~15%；2009年黄瑜等人报道称本病发病率可高达5%~32.5%，死亡率可高达4%~20%。2012年陈少莺等人报道，鸭日龄越小，本病发病率和死亡率越高，并随着日龄增长，本病易感性降低。4周龄以上鸭只一般呈隐性感染，没有症状，但可以成为带毒鸭，不断向外排出病毒，可造成其他敏感鸭只感染发病。耐过鸭生长发育明显迟缓，并容易继发细菌性疾病（如鸭大肠杆菌病、鸭疫里默氏杆菌病）而导致鸭只大量死亡。

（5）鸭新型呼肠孤病毒病的发生无明显的季节性，但以冬春季节多发，天气突变、卫生条件差、饲养密度大及存在应激因素的情况下易促进本病的发生。带毒鸭是主要传染源，通过病死鸭、分泌物特别是排泄物散毒。病毒经污染的饲料、饮水、垫料、空气和用具等经肠管、呼吸道和脚蹼损伤等水平传播，同时，病毒也可以经种蛋垂直传播引起雏鸭感染发病。本病还常继发或并发鸭传染性浆膜炎、大肠杆菌病、禽流感等，造成大量死亡。

（6）本病传染源为病鸭和带毒鸭。本病主要通过消化道传播，健康鸭可通过同居接触而水平传播，此外本病存在垂直传播的可能，据了解，有些种鸭场孵育的鸭苗，其发病率特别高。

（四）病原诊断

1. 病原特性

（1）鸭新型呼肠孤病毒属于呼肠孤病毒科正呼肠孤病毒属，是一种分节段的双股RNA病毒。其外形呈球形，正二十面体立体对称，无囊膜，双层衣壳结构，直径约为70 nm。电镜观察，本病毒粒子在宿主细胞质中增殖，呈散在、成堆和晶格状排列。

（2）本病毒对环境抵抗力较强，病毒经55℃、60℃、65℃水浴1 h处理，其活力没有降低，对pH值为3也有抵抗力，对氯仿、乙醚、胰蛋白酶不敏感。本病毒不能凝集鸽、鸡、鸭、鹅、兔、

鼠及人 O 型血的红细胞。

2.实验室诊断基本方法

（1）病料采取与处理。将病死鸭肝和脾剪碎、研磨成匀浆，反复冻融 3 次，4℃下 12 000 r/min，离心 1 h，吸取上清液加青霉素和链霉素（各 1000 U/mL）室温下作用 30 min，细菌检验阴性后，置 -20℃冻结，保存备用。也可以用 Hank's 液作 1∶10 稀释，4℃下 3000 r/min，离心 30 min，吸取上清液加入青霉素和链霉素（各 1000 U/mL），经细菌检验为阴性的作为病毒分离材料，置 -20℃冻结保存。

（2）病毒分离。上述上清液经绒毛尿囊腔接种 9～12 日龄易感番鸭胚（非免疫番鸭胚）或 9～11 日龄 SPF 鸡胚，0.1～0.2 mL/ 枚，置 37℃孵化，每天照胚 3 次，观察 8 天。24 h 内死亡胚，做无害化处理后废弃。大部分番鸭胚于接种后 3～7 天死亡，一部分鸡胚于 2～4 天死亡，收获死亡胚绒毛尿囊液，置 -20℃冻结、保存备用。2001 年吴宝成、2012 年陈少莺报道，病料接种番鸭胚和鸡胚出现死亡，死亡胚液清亮，胚体全身充血、出血，部分番鸭胚肝脏和脾上有出血斑点或灰白色坏死灶，而番鸭呼肠孤病毒经绒毛尿囊腔接种鸡胚不出现死亡。2010 年陈仕龙、2012 年于爱花先后报道，鸭新呼肠孤病毒具有广泛细胞亲嗜性，能在番鸭胚成纤维细胞、鸡胚成纤维细胞、传代猪睾丸细胞、MDCK、恒河猴肾细胞、非洲绿猴肾细胞传代、细胞和人胚肾细胞等多种细胞上增殖，除了在 MDCK 中以细胞圆缩为特征之外，多数以产生巨融合为主，这点与以圆缩坏死为主的番鸭呼肠孤病毒不同。2012 年于爱花报道，鸭新型呼肠孤病毒可以在宿主细胞内复制，并且能在感染细胞的细胞质中形成酸性包涵体。

（3）回归试验。将上述番鸭胚分离纯化病毒 1∶10 稀释，接种 5～10 只 10 日龄易感雏番鸭，肌内注射 0.1 mL/ 只，观察 10 天，死亡雏番鸭经细菌学检验为阴性，若试验鸭病理变化与自然病例相同，且从死亡鸭中可以再次分离到相同病毒，即可确诊。

（4）分子生物学检测。采集患鸭组织病料（如肝脏、脾等）或上述绒毛尿囊液，利用分子生物学方法（如 RT-PCR 等方法），可以检测病料或绒毛尿囊液是否存在鸭新型呼肠孤病毒核酸，若检测结果为阳性，则表明该组织病料或绒毛尿囊液存在本病毒核酸，但要确诊是否为本病，还需进行上述回归试验。

（五）鉴别诊断

1.与番鸭经典呼肠孤病毒病的鉴别

鸭新型呼肠孤病毒是由番鸭呼肠孤病毒长期进化和变异而来的，是一种不同于番鸭经典型呼肠孤病毒的新型呼肠孤病毒。原因在于：鸭新型呼肠孤病毒与番鸭经典型呼肠孤病毒虽有些相似之处，但存在极大的不同。

（1）两种病毒接种细胞产生的细胞病变也有所不同，鸭新型呼肠孤病毒造成细胞出现圆缩、坏死、崩解和细胞巨融合病变，而番鸭经典型呼肠孤病毒感染无细胞巨融合病变。

（2）鸭新型呼肠孤病毒可以感染各种鸭和鹅，并可以在鸡胚中繁殖并致死鸡胚，而番鸭经典型呼肠孤病毒只感染番鸭，不能感染其他品种的鸭和鹅，不能在鸡胚上繁殖和致死鸡胚。

（3）鸭新型呼肠孤病毒病没有软脚现象，而番鸭呼肠孤病毒病有明显的软脚症状。

（4）鸭新型呼肠孤病毒病引起各脏器出血病变，而番鸭呼肠孤病毒病没有此病变。

（5）经典型呼肠孤病毒疫苗不能预防控制鸭新型呼肠孤病毒病的发生和流行。

（6）当前我国主要流行的是鸭新型呼肠孤病毒病，只有少数存在番鸭经典型呼肠孤病毒的感染。

2.与经典型番鸭细小病毒病的鉴别

（1）经典型番鸭细小病毒病（俗称"三周病"）是由番鸭细小病毒引起 3 周龄以内的雏番鸭发生的一种急性、高发病率和高死亡率的传染病，主要以喘气、厌食、腹泻、脱水等为临诊症状，以浮膜性纤维素性肠炎和坏死性胰腺炎为特征性病理变化，肝没有斑点状坏死灶和出血。

（2）鸭新型呼肠孤病毒病可以发生于各品种鸭，没有喘气临诊症状，肝表面或实质有大小不一的坏死灶和出血斑点，其他内脏器官有出血。

3. 与鸭病毒性肝炎的鉴别

鸭病毒性肝炎是由鸭肝炎病毒引起雏鸭的一种急性传染病，其病变主要特征是肝脏肿大，出现大小不一的出血斑点。鸭新型呼肠孤病毒病主要病理变化除肝有出血斑点，还有坏死灶。

二、防治策略

（一）预防

1. 本病应采取综合性的防治措施

采取自繁自养和全进全出的饲养方式，做好生物安全措施，不从疫区种鸭场购入鸭苗，加强环境卫生和用碘伏或 0.2%～0.3% 过氧乙酸每天带鸭消毒 1 次，连续 3～4 天。育雏期间，保持鸭舍干燥，提供全价饲料和充足干净的饮水。尽量采取离地网上饲养模式，减少或避免鸭只接触粪便或污染的水源。

2. 做好种鸭或蛋鸭的免疫接种

目前，本病仍没有正规批文的疫苗可供使用，但 2012 年陈仕龙等人以鸭新型呼肠孤病毒 JM85 株为疫苗株，研制成油乳剂灭活疫苗，能成功预防本病的发生。种母番鸭、雏鸭于 5～7 日龄时使用该灭活疫苗进行首免，2 月龄进行二免，开产前 2～4 周进行三免。种鸭免疫后可使雏鸭获得较高的母源抗体，从而避免雏鸭早期感染本病毒。

3. 做好雏鸭的免疫接种

进行过本病疫苗免疫的种鸭，其鸭苗可在 10 日龄前后接种本病灭活疫苗或组织灭活苗。未进行本病疫苗免疫的种鸭，则其雏鸭苗应在 3 日龄内接种本病灭活疫苗或组织灭活苗。

（二）治疗

加强抗病性。鸭群一旦发生本病，应及时隔离病鸭，封锁场地，扑杀濒死鸭，并做好尸体的深埋或焚烧等无害化处理工作，同时加强环境消毒。尽快注射本病的高免卵黄液或高免血清，1～2 mL/ 只。为了预防或治疗继发感染，在高免蛋黄液或高免血清中可以加入广谱抗生素（如头孢噻呋钠、硫酸阿米卡星等）。此外，还可以在饲料或饮水中加入广谱抗生素（如头孢噻呋钠、硫酸阿米卡星等），另外在饲料或饮水中加入一些抗病毒药物或清热解毒的中草药，可适当增加多种维生素和蛋白质饲料的用量，以增强机体的抗病力和修复能力，可以减少患鸭死亡。

第八节　鸭疱疹病毒性坏死性肝炎

鸭疱疹病毒性坏死性肝炎是鸭疱疹病毒Ⅲ型引起鸭发生烈性、高度发病率和高死亡率的传染病。其主要临诊症状为软脚、摇头、精神沉郁或出现扭颈或转圈等神经症状。特征性的病变是患病鸭的肝脏出现数量不等的灰白色坏死病灶。本病除肝脏病变外，脾、胰腺、肠管浆膜和黏膜及肾也出现了不同数量的灰白色坏死灶。2001 年黄瑜等人首次报道从患鸭分离出病毒，并鉴定为鸭疱疹病毒Ⅲ型。

一、诊断依据

（一）临诊症状

（1）病鸭精神委顿，绒毛无光泽，全身乏力，不愿活动。脚软，常蹲伏。患鸭食欲减退以至废绝。

（2）腹泻严重，排出白色或绿色稀粪，肛门周围的羽毛被大量稀粪沾污。

（3）患鸭常出现神经症状，无规则地摇摆头部，有的病例扭颈或转圈。

（二）病理变化

（1）若为急性发病，则很快就出现挣扎随后死亡。病程 2～5 天。

（2）肝脏肿大、质脆，表面及切面可见大量大小不等、灰白色的坏死灶。病理组织学变化可见肝组织内呈现大量的局灶性坏死，其内的细胞崩解，结构消失。坏死细胞周围的肝细胞浸润，呈套袖状。脾肿大，表面和切面均可见灰白色坏死灶（彩图 118）。

（3）胰腺肿大，在其表面可见数量不等的白色坏死灶。在显微镜下可见胰腺腺泡上皮水泡变性，这种变化多呈局灶性，并可继续发展为局灶性坏死。坏死和变性的胰腺组织与周围的组织有较明显的界限。

（4）肠浆膜表面可见白色坏死灶，肠管内充满大量黏液。肠管（主要是十二指肠、直肠）可见有出血点或有出血环。显微镜下可见小肠黏膜层有局灶性坏死，大部分的肠绒毛、肠腺均发生坏死。

（5）肾肿大，有些病例可见白色坏死灶。肺淤血、出血。有些病例可见不同程度的心包炎，心包积液。胆囊充满胆汁。

（三）流行特点

（1）本病多流行于福建、浙江及广东等地。

（2）番鸭、半番鸭和麻鸭均易感染发病和死亡。但易感性最强的是番鸭，死亡率最高。

（3）本病多发生于 8 ～ 90 日龄的鸭只，番鸭以 10 ～ 32 日龄多发；半番鸭多发生于 50 ～ 75 日龄；麻鸭多在产蛋前后发病。

（4）本病引起鸭只的发病率和死亡率，一方面取决于感染本病的鸭的不同品种，另一方面取决于感染本病的鸭的日龄。日龄愈小，其发病率和死亡率愈高。8 ～ 25 日龄雏番鸭的发病率可高达 100%，死亡率达 95% 以上；50 日龄以上的番鸭，发病率为 80% ～ 100%，死亡率为 60% ～ 90%；半番鸭的发病率为 20% ～ 35%，死亡率为 60%；麻鸭（尤其是开产的成年麻鸭）其发病率低，死亡率也较低，主要表现为产蛋量下降。

（5）本病的发生无明显的季节性，一年四季均可发生。

（6）天气骤变、卫生条件差、饲养密度高等因素易促进本病的发生。鸭只发生本病后常并发和继发鸭疫里默氏杆菌病、沙门菌病（雏鸭多发）、大肠杆菌病和鸭巴氏杆菌病等。

（四）病原诊断

1. 病原特性

（1）2001 年黄瑜等人首次分离出本病的病原，经理化特性、生物学特性及核酸测定，确定本病毒为疱疹病毒科成员。经血清中和试验表明，本病毒与鸭瘟疱疹病毒 I 型、鸭疱疹病毒 II 型无血清学相关性，故暂定名为鸭疱疹病毒 III 型。关于本病毒与鸭瘟病毒、鸭疱疹病毒 II 型在分子水平上的差异，尚未见报道。本病毒粒子呈球形或卵圆形，有囊膜，其大小为 80 ～ 230 nm。在致死的番鸭胚肝脏超薄切片中，可见大量的病毒粒子在细胞核内，病毒粒子无囊膜，其大小为 91 ～ 166.7 nm。在胞浆中可见有囊膜和无囊膜 2 种病毒粒子，直径为 133 ～ 300 nm。

（2）可使北京鸭胚、樱桃谷鸭胚、麻鸭胚、半番鸭胚和 SPF 鸡胚致死。本病毒不凝集鸡、鸭（包括番鸭、半番鸭、麻鸭、北京鸭）和绵羊的红细胞。本病毒的核酸为双股 DNA。

（3）本病的病毒存在于患病死亡鸭的肝脏、脾和脑组织中。

2. 实验室诊断基本方法

（1）病料采取与处理。将病死鸭的肝脏和脾混合研磨，用灭菌生理盐水或 PBS 液制成 20% 的悬浮液，反复冻融 3 次，离心沉淀取上清液，在条件允许的情况下，可用 450 nm 滤膜抽滤。经检验后，将无菌的滤液冻存。

（2）病毒分离。取上述样品接种 10 日龄番鸭胚，每只于尿囊腔接种 0.2 mL，于第 7 天收获接种 24 h 后死亡的番鸭胚液，并传代到能 100% 致死番鸭胚为止。死亡的番鸭胚表现为胚体皮肤出血、水肿，尤以躯干部最为明显。肝脏肿大、出血，绒尿膜水肿、增厚和出血。

（3）回归试验。将番鸭胚的传代毒 1 ∶ 10 稀释，接种 10 只 14 日龄的健康番鸭做试验组，每只肌内注射 0.2 mL。10 只作为对照组，每只肌内注射灭菌生理盐水 0.2 mL。观察 15 天。试验组于攻毒后 3 ～ 8 天内死亡（死亡率最高可达 100%），其病理变化与自然死亡鸭只的病变相同，并能再从死亡鸭体上分离出疱疹病毒 III 型，而对照组全部健活，即可做出诊断。

（4）血清学诊断。首先用中和试验排除鸭疱疹病毒Ⅰ型和Ⅱ型，然后进行保护试验：用本病毒制成的高免血清，注射5只10日龄的雏鸭，每只皮下注射0.5 mL，另5只雏鸭注射0.5 mL灭菌生理盐水作对照，隔6～12 h，10只雏鸭同时用分离的强毒攻击，每只皮下注射1∶10稀释液0.1 mL，观察10天。血清组健活，而对照组全部发病死亡，并与自然病例有相同的病变，即可确诊。

（五）鉴别诊断

1. 与鸭巴氏杆菌病的鉴别

鸭巴氏杆菌病的特征是肝脏表面有针尖大小、数量不等、灰白色、边缘整齐、稍突出肝被膜表面的坏死点，心冠沟脂肪及心外膜有出血点或出血斑，肠黏膜严重出血，严重病例还出现腹部脂肪、肌胃表面的脂肪出血。用抗生素治疗有效。而本病肝脏的坏死点大小不一。

2. 与雏番鸭呼肠孤病毒性坏死性肝炎的鉴别

雏番鸭呼肠孤病毒性坏死性肝炎的主要病变有肝脏、脾、胰腺、肾及肠管黏膜出现白色坏死点，但无肠管黏膜出血环病变。

二、防治策略

（一）预防

（1）鸭场除了做好一般的生物安全措施之外，还应及时进行鸭流行性感冒、鸭巴氏杆菌病、细小病毒病及鸭呼肠孤病毒性坏死性肝炎的免疫接种工作。

（2）加强饲养管理，特别是10天内的雏鸭，饲料应有足够的维生素、微量元素及蛋白质，以提高机体的抗病力。

（3）及时接种本病的油乳剂灭活疫苗、灭活蜂胶疫苗和弱毒疫苗。

①种鸭的免疫：在产蛋前2周用油乳剂灭活疫苗进行免疫，在免疫后2～4个月再加强免疫。

②雏鸭的免疫：若是母鸭的免疫后代，可在2周时用组织灭活疫苗、灭活蜂胶疫苗或用弱毒疫苗进行免疫；若是未经免疫的种鸭后代，可在4日龄前用组织灭活苗、灭活蜂胶疫苗或弱毒疫苗进行免疫，然后于30日龄左右再用油乳剂灭活疫苗免疫一次。若是留种的后备鸭，应按种鸭的免疫程序进行免疫。

③在疫病广泛流行、发病严重的地区，1日龄的雏鸭可先注射抗本病的高免蛋黄液，于7～10日龄再注射油乳剂灭活疫苗。

（4）加强对发病鸭场的隔离和消毒，封闭发病鸭舍，并对鸭舍周围环境进行消毒，消毒液可用0.3%次氯酸钠，对环境喷洒消毒。在鸭舍内部，使用过氧乙酸等进行消毒。

（二）治疗

（1）已患病的鸭群，可应用抗本病的高免血清或高免蛋黄液，每只肌内注射1～2 mL或3～4 mL。为了防止细菌性的并发症，可在高免血清或高免蛋黄液中加入阿米卡星（按每千克体重用2.5万～3万IU）或硫酸新霉素（按每千克体重用15～30 mg）。

（2）还可用下列药物防止并发症和继发症。

①每千克饲料各添加氟苯尼考100 mg和多西环素200 mg，连用3～5天。

②每千克饲料各添加头孢克肟和单诺沙星各100 mg，连用3～5天。

③每千克饲料各添加多西环素和硫酸新霉素150 mg，连用3～5天。

第九节　鸭疱疹病毒性出血症

鸭出血症又名鸭疱疹病毒性出血症，又名鸭Ⅱ型疱疹病毒病、鸭黑羽病、鸭乌管病和鸭黑喙足病等，是由鸭Ⅱ型疱疹病毒引起的传染病。其主要临诊症状为患鸭双翅羽毛管淤血呈紫黑色断裂和脱落、上喙端及爪尖足蹼出血呈紫黑色，俗称"黑羽病""鸭乌管病"或"鸭紫喙黑足病"。主要病理变化以双翅羽毛管内出血及组织脏器出血或淤血，肠管出血为特征，故又称"鸭出血症"。本病给养鸭业造成一定的经济损失。

一、诊断依据

（一）临诊症状

本病侵害各种日龄的番鸭、半番鸭、麻鸭等，10～55 日龄番鸭均易感。

1. 黑羽

患鸭或病死鸭双翅羽毛管内出血或淤血（彩图 119）。外观呈紫黑色，出血变黑的羽毛管容易脱落，在其行走过程中被人工捕捉时，更易断裂（彩图 120）而脱落（彩图 121）。将紫黑色羽毛管剪断后有血液流出（彩图 122）。

2. 发绀

患鸭的上喙端、爪尖、足蹼末梢周边发绀，呈紫黑色（彩图 123）。

3. 口流黄水

病死鸭从口腔鼻孔中流出液体，呈黄色，把上喙前端和嘴周围的羽毛沾污，甚至使有些羽毛染成黄色。

4. 其他症状

本病在雏鸭和青年鸭中多呈急性经过，出现临诊症状后多在 2～3 天内死亡。患鸭食欲减退或正常，精神沉郁，低头或扭颈，排白色、绿色稀粪，死亡鸭只呈"角弓反张"。

（二）病理变化

本病具有特征性的病变是组织脏器出血或淤血。

（1）肝脏。患鸭死后肝脏稍肿大、淤血或在被膜表面出现网状、树枝状出血（彩图 124）。有些病例在肝脏表面可见到少量的白色坏死点。

（2）肠管。十二指肠黏膜出血（彩图 125），小肠、直肠、盲肠黏膜充血、出血（彩图 126）。有些病例在小肠段的黏膜可呈现环状出血带（彩图 127）。

（3）胰腺。胰腺出现出血点或出血斑，有时可见到整个胰腺呈现红色。

（4）脾。脾表面有出血斑点或细条状出血，多数呈花斑样（彩图 128）。

（5）其他器官。其他器官如肾、大脑及法氏囊等有轻度出血或淤血。产蛋麻鸭还可以见到舌根部、喉头及气管黏膜轻度出血。

（三）流行特点

（1）本病早在 1990 年于我国福建流行，1996 年林世棠等人首先报道本病的流行情况、临诊症状及病理变化。后来本病在浙江、山东和广东也有发现。2001 年黄瑜等人将分离到的病毒进行了鉴定，首次报道本病的病原体是属Ⅱ型鸭疱疹病毒。

（2）本病毒可感染番鸭、半番鸭、麻鸭、北京鸭、樱桃谷鸭、野鸭、丽佳鸭、枫叶鸭等，均可发病，并出现死亡。但以番鸭易感性最高。迄今为止，尚未发现其他禽类有本病发生。

（3）本病多发生于 10～55 日龄的鸭群。其他日龄段的鸭只也有发病。

（4）本病的发病率和死亡率与发病鸭只的日龄有着密切的关系，在 35 日龄以内的患鸭，日龄愈小，发病率与死亡率愈高，可达 80%。35 日龄以上的鸭只，在没有其他并发病存在的情况下，随着鸭只日龄的增长，发病率和死亡率逐步减少，日死亡率往往只有 1.0%～1.7%。

（5）本病的发生无明显的季节性，多为散发。在阴雨、寒冷或气温骤变的季节发病率和死亡率较高。

（四）病原诊断

1. 病原特性

（1）本病的病原是疱疹病毒科鸭疱疹病毒属鸭疱疹病毒Ⅱ型，又俗称为鸭出血症病毒，系疱疹病毒科甲型疱疹病毒亚科马立克病毒属的新成员。2001 年黄瑜等人分离到本病的病原，经血清中和试验证明，本病毒与鸭病毒性肝炎Ⅰ型病毒、雏番鸭细小病毒、雏鹅细小病毒、鸭瘟病毒等无血清学相关性。并通过病毒的形态大小观察、病毒理化特性测定、病毒核酸类型测定、病毒生物学特性测定、抗原相关性测定等鉴定结果，把本病毒确定为疱疹病毒科甲型疱疹病毒亚科马立克病毒属的新成员。鉴于其与鸭瘟病毒（鸭疱疹病毒Ⅰ型）无血清学相关性，从而定名为鸭疱疹病毒Ⅱ型，属国内外首次报道。

（2）本病毒不耐酸、不耐碱、不耐热，对氯仿处理敏感，核酸类型为双股 DNA 的有囊膜病毒，直径为 80 ~ 150 nm。不凝集鸭、鸡、鹅、家兔、小鼠、豚鼠、猪、绵羊的红细胞。

2. 实验室诊断基本方法

（1）病毒分离。无菌采集病死鸭的胰、肝、脾及心血等，按常规处理后，接种 11 ~ 12 日龄番鸭尿囊腔，每胚 0.2 mL，置 37℃孵化，在 2 ~ 5 天出现死亡，死胚率可达 80%。死亡胚体的病变为水肿、出血，聚集多量胶冻样物，大多数胚体的上喙上翻或侧翻，下喙变短。肝脏、肾肿大，出血，心肌呈瓷白色。收集胚液，进行无菌检查，无杂菌生长样品，冻结保存。

（2）回归试验。选取 20 只未注射任何疫苗和高免蛋黄液的 1 日龄健康番鸭，分为试验组和对照组。试验组用分离毒的胚液（1∶10 稀释，每只皮下注射 0.1 mL）；对照组注射灭菌生理盐水，每只 0.5 mL。观察 15 天，试验组应出现死亡鸭只，病变应与自然病例一致，对照组应全部健活。

（3）病毒鉴定。根据 2003 年程龙飞等人报道，鉴于鸭疱疹病毒Ⅱ型（本病病原）可凝集 BALB/c 小鼠红细胞的特性，从而建立了本病的血凝和血凝抑制试验，试验表明，它是检测本病病原的一种快速、实用并具有特异性的方法。

2003 年根据黄瑜等人报道，经研究建立的本病病原的间接免疫荧光试验，具有快速、特异性强的特点，可用于本病毒的实验室诊断。

（五）鉴别诊断

1. 与鸭流行性感冒的鉴别

本病与禽流感患鸭内脏的病理变化有相似之处，但禽流感病鸭的胰腺除了出血之外，还出现灰白色坏死灶，心肌变性或呈条索状灰白色坏死。气管、泄殖腔及腺胃黏膜有出血点或出血斑。患鸭还出现肿头、流泪，但却没有翅羽毛管断裂及出血现象。

2. 与鸭巴氏杆菌病的鉴别

鸭巴氏杆菌病是由禽巴氏杆菌引起各种鸭及其他禽类的一种接触性传染病。虽然发病率和死亡率有高有低，但死亡快。邻近其他禽类也可以受到感染而发病死亡。其病理变化除全身器官均有不同程度的出血外，具有特征性的变化是肝脏有散在性或弥漫性、针尖大小、边缘整齐、灰白色并稍微突出于肝被膜表面的坏死点。用抗生素治疗有效。而鸭疱疹病毒出血症仅侵害鸭，以双翅羽毛管发黑出血为特征，肝脏一般无白色坏死点，即使有，其形态与鸭巴氏杆菌病肝脏呈现的坏死点也不一样。

二、防治策略

（一）预防

（1）平时应加强饲养管理，实施生物安全措施，特别是定期消毒，搞好环境卫生。

（2）有些地区或鸭场的鸭群，本病多数发生于 20 ~ 35 日龄内的鸭只，其余日龄少发病或不发病，应在易感日龄前 2 ~ 3 天肌内注射鸭疱疹病毒性出血症高免蛋黄液，每只注射 1 ~ 1.5 mL。

（3）有些地区或鸭场的鸭群，本病只发生于 20 日龄以上的鸭只，应在 10 日龄前皮下注射鸭疱疹病毒性出血症弱毒疫苗，每只 0.2 ~ 0.5 mL。

（4）种鸭或蛋鸭，在 7 ~ 10 日龄注射本病的弱毒疫苗，每只肌内注射 0.2 ~ 0.5 mL。在产蛋前 10 ~ 12 天，于颈部下 1/3 处背部正中皮下或在腿内侧皮下再用本病毒的灭活疫苗进行二免，每只 0.5 ~ 1 mL。

（二）治疗

（1）当鸭群发生本病时，应及早注射鸭疱疹病毒出血症高免蛋黄抗体，每只 1.5 ~ 3.0 mL，并加入阿米卡星（按每千克体重用 2.5 万 ~ 3 万 IU），每天 1 次，连用 2 天；也可以用于饮水，按每千克体重用 10 ~ 15 mg，拌料按 0.01% ~ 0.02%，每天 2 ~ 3 次，连用 2 ~ 3 天，可以预防继发感染细菌性疾病。

（2）在饲料中加入多种维生素，特别是维生素 K_3，按每千克饲料用 5 mg，连用 7 天。

（3）饲料中添加益生素，连喂 10 天。

第十节　鸭病毒性肿头出血症

鸭病毒性肿头出血症是由呼肠孤病毒引起鸭发生急性、败血性的传染病。主要临诊症状为头部明显肿胀，眼结膜充血、出血。主要病理变化为全身皮肤、消化管和气管黏膜出血。发病率和死亡率很高，给养鸭业造成严重的威胁。

2003 年程安春等人报道了鸭病毒性肿头出血症，并分离到病原，通过一系列的测试和鉴定，根据分离到的病毒特性，建议将分离毒划归呼肠孤病毒科。

2003 年岳华等人报道了鸭传染性肿头症，从病例分离出的病毒，虽然排除了鸭瘟病毒、禽流感病毒、鸭肝炎病毒、小鹅瘟病毒、番鸭细小病毒，但自本病分离出的病毒属那类病毒还未有最后结论。然而，从其报道中所描述本病的特点等内容看，与程安春报道的基本一致。也有报道是由鸭病毒性肿头出血症病毒（Duck Swollenhead Hemorrhagic Disease Virus，DSHDV）引起。

一、诊断依据

（一）临诊症状

（1）本病的潜伏期短，人工感染为 3～4 天，自然感染为 3～5 天。

（2）患鸭病初精神萎靡，不愿活动，呆立一隅或蹲伏于地面，随着病程的进展，卧地不能站立。羽毛松乱而无光泽并沾满污物。食欲不振或废绝，渴欲大增。腹泻，排出绿色稀粪，初期呈灰白色，后期为草绿色或墨绿色。呼吸困难，胸腹部快速扇动，张口伸颈。

（3）大多数病鸭均出现头部肿胀，眼睑充血、出血并严重肿胀，眼圈周围羽毛湿润（彩图 129），眼、鼻流出浆液性或血性分泌物。体温高达 43℃以上，后期体温下降到 40℃以下，则迅速死亡。

（4）部分病例出现神经症状，腿麻痹，行走困难，倘若强行驱赶，则两翅扑打地面，呈跳跃式向前运动。

（二）病理变化

1. 大体剖检病变

（1）头部肿胀，在肿胀部位的皮下充满淡黄色透明浆液性渗出液。病情严重的病例，头、颈部的肿胀可蔓延至胸部，其皮下明显水肿或有黄色胶冻样或淡红色血性胶冻样渗出物。

（2）眼睑肿胀、充血、出血，流泪，眼周羽毛被浆液性血红性分泌物沾污，下眼睑结膜早期充血、出血呈鲜红色，后期呈出血性坏死，乌红色。鼻腔和鼻窦黏膜充血、出血，呈鲜红或乌红色。胸腺严重出血，表面和切面有黄色针尖大小的坏死点。

（3）病初，食管黏膜均沿纵褶方向呈条状出血，雏鸭尤其多见。病程稍长，可见靠近咽喉部位的口腔及食管黏膜出血、坏死，形成孤立溃疡灶，随着病的发展，坏死灶相互融合，形成沿食管纵褶的条状坏死病变，严重时，蔓延至整个食管黏膜呈弥漫出血。

（4）消化管黏膜出血。食管与腺胃交界处黏膜有深红色出血环。直肠黏膜出血。肠浆膜有红色出血环。盲肠中部明显膨大，内充满黑色内容物。患鸭全身皮肤有广泛性的弥漫性出血。

（5）肝肿胀，绝大部分呈深褐色，少数病鸭肝脏呈土黄或橙黄色，表面有弥漫性、大小不一的出血斑。

（6）心包积有淡黄色透明的液体，心外膜特别是心冠沟脂肪和心尖处有大小不一的出血斑点，心内膜出血。心肌坏死或变性，可见灰白色条状坏死，成年鸭尤为明显。肾呈弥漫性出血。气管环黏膜严重出血。胸腺和法氏囊严重出血，呈乌黑色。脾表面严重出血。产蛋鸭的卵巢、输卵管严重充血，出血。肺出血。胰腺边缘有点状出血。

2. 病理组织学变化

大脑神经元变性坏死，血管间隙增宽。心内膜及心肌层中有出血灶。早期肝细胞脂肪变性及颗粒变性，后期局灶性坏死，肝细胞排列松散，胞质红染，核固缩，炎性细胞浸润等变化。

（三）流行特点

（1）初次发生本病的鸭群，呈急性暴发，传播迅速。鸭群发病突然，初时只有少数鸭只发病，1~3天后很快波及全群，出现大批鸭只发病和死亡，4~5天后死亡达高峰，发病率可达100%，死亡率可达80%以上。病程一般为3~6天，整个流行过程为5~22天，平均为6~8天。再次受本病袭击或经常有本病流行的地区的鸭群，其发病率为50%~90%，死亡率为40%~80%。

（2）各品种及各日龄段的鸭均可以感染发病。如北京鸭、番鸭、各种杂交鸭、天府肉鸭、奥白星鸭、樱桃谷鸭、四川麻鸭、四川白鸭、建昌鸭、野鸭、花边鸭等。发病日龄最小为3~5天，最大为450~500天。

（3）2003年程安春有调查资料表明，本病于1998年10月首先在四川发现，到1999年秋季，本病开始流行，冬季达到高峰，到夏季自然平息，秋季又开始出现，2000年冬季和2001年春大流行。四川省几乎所有养鸭地区，贵州省、重庆市和云南省部分养鸭地区均有本病发生和流行。

（四）病原诊断

1. 病原特性

（1）2002年据岳华等人报道已从患鸭病毒性肿头出血症的鸭只中分离出病毒，并排除了鸭瘟病毒、鸭肝炎病毒、小鹅瘟病毒的可能性，认为是鸭的一种新的病毒病，但未对分离病毒进行分类。故将本病暂定名为"鸭传染性肿头症"。2003年程安春等人报道，在四川省、重庆市、贵州省和云南省发现了本病并分离出病毒，确诊为一种新病，暂将其命名为"鸭病毒性肿头出血症"。

国内学者吴宝成和黄瑜先后从雏番鸭病例中分离出病毒，通过鉴定证明分离毒属呼肠孤病毒。

鸭病毒性肿头出血症与雏番鸭呼肠孤病毒性坏死性肝炎，从临床症状及病理变化上看，有比较大的区别，但从目前报道的资料看，都认为是呼肠孤病毒。这到底是否同属一种病毒引起两种不同病型的传染病呢？还是引起这两种病的呼肠孤病毒是不同的血清型或不同的抗原亚型呢？迄今为止，尚未有详细的资料报道，有待于国内学者继续进行研究。

（2）本病毒粒子呈球形或椭圆形，无囊膜，核酸类型为RNA，直径约80 nm。不凝集鸡、鸭、鹅、鸽、黄牛、水牛及猪的红细胞，在pH值为4.0~8.0条件下稳定，对氯仿有抵抗力，与鸭瘟病毒和鸭病毒性肝炎病毒无抗原相关性；琼脂扩散试验证明与番鸭细小病毒、禽流感病毒、禽病毒性关节炎等无抗原相关性。本病毒能使鸭胚致死并产生病变，也能在鸭胚的原代成纤维细胞上复制。

2. 实验室诊断基本方法

（1）病料采取与处理。取典型病例的肝脏、心、脾及脑组织，经常规处理并无菌检查后，冻结备用。

（2）病毒分离。将上述材料接种9~11日龄的易感鸭胚，置37~38℃继续孵化，鸭胚于接种后2~6天死亡。胚体全身弥漫性出血，胚胎肝脏肿胀呈土黄色或褐色，表面有出血斑。也可以用鸭胚原代成纤维细胞分离病毒。

（3）回归试验。用30~60日龄鸭20只，随机分为两组，第一组10只鸭，每只皮下注射1∶10稀释的分离毒0.5 mL，第二组（对照组）每只鸭皮下注射灭菌生理盐水0.5 mL。一般经3~8天，第一组全部或大部分死亡，对照组全部健活。感染的病鸭临诊症状和病理变化与自然感染病例相似，并能回收本病毒，即可确诊。

条件允许的情况下，可用血清学的中和试验鉴定病毒。

（五）鉴别诊断

1. 与鸭流行性感冒的鉴别

鸭流行性感冒可感染多种禽类和鸟类，禽流感病毒属正黏病毒科成员，有囊膜和血凝性。呼肠孤病毒无囊膜，无血凝性，不能感染鸡和鹅。本病缺乏鸭流行性感冒的心脏和胰腺灰白色坏死灶变化。

2. 与鸭病毒性肝炎的鉴别

鸭病毒性肝炎主要侵害 3 周龄以下雏鸭，其病毒属微 RNA 病毒科成员，病理变化以肝脏呈土黄色肿大、质脆并有出血斑点为特征，并有"角弓反张"的明显神经症状，但没有肿头和全身皮肤广泛性出血。本病眼结膜充血、出血，眼鼻有出血性分状物。

3. 与鸭瘟的鉴别

人们以鸭瘟所表现出来的特有肿头流泪的"大头瘟"作为确诊鸭瘟的依据之一。但鸭瘟患鸭的肿头现象一般只占发病数的 30% 左右，消化管黏膜出血，尤其是泄殖腔黏膜坏死，有表色分泌物；肝脏有大小不等、边缘不整齐、灰白色的坏死灶，在其中央有一鲜红的出血点或坏死灶边缘是一出血环。而鸭病毒性肿头出血症的肿头现象几乎达 100%。消化管黏膜及肝脏没有上述鸭瘟的变化。然而本病常与鸭瘟合并感染，这就必然可以见到 100% 的患鸭出现肿头，全身皮肤广泛性出血，肝脏除有出血斑之外，还可见到鸭瘟特有的病变。在生产实践中应重视本病与鸭瘟的区别诊断，因这两种病的感染概率比较高。

二、防治策略

（1）加强饲养管理，提高抗病能力和免疫力。加强卫生消毒措施和生物安全，是防控本病的有效措施。

（2）雏鸭出壳之后，立即使用兔抗超高免血清或康复鸭血清和灭活疫苗同时注射，可获得良好的预防效果。

（3）在疫情不甚严重的地区或鸭场，雏鸭可在 5～7 日龄时皮下注射油乳剂灭活疫苗，约 15 天后产生免疫力。肉用鸭 1 次免疫即可。留种母鸭在 2 月龄时进行第 2 次免疫，产蛋前 15～20 日龄时进行第 3 次免疫。

（4）当鸭群发生疫情时，各种抗生素及抗病毒药均无治疗效果。及时注射超高免血清或康复鸭血清，可以减少死亡及控制疫情的发展，倘若此时用抗生素配合治疗，可以起到控制细菌继发感染的作用。

（5）有资料表明，本病在某一地区的鸭群流行过两年以上之后，患鸭的发病率和死亡率均明显降低。发病的年龄段较大，其原因可能是由于耐过的种鸭（或受到疫区存在的病毒的微量感染）在机体内产生中和抗体，或由于种鸭注射过油乳剂灭活疫苗或组织灭活苗，体内产生的中和抗体通过种蛋传递给雏鸭，使其产生天然被动免疫力。

（6）在疫情严重地区，发病日龄较早的鸭群，常常需要超免疫血清与组织灭活疫苗同时使用，才能获得良好的预防效果。

第十一节　鸭副黏病毒病

鸭副黏病毒病又称鸭新城疫病，是由鸭副黏病毒 I 型引起鸭的一种传染病。患鸭的主要临诊症状为急性水样腹泻、两脚无力或瘫痪，呼吸困难，母鸭产蛋量下降。部分病鸭出现点头、摇头或扭颈等神经症状。主要病理变化为患鸭脑、肝、消化管和呼吸系统器官黏膜充血、出血、坏死、溃疡或呈现弥漫性点状出血。

一、诊断依据

（一）临诊症状

（1）患鸭表现精神沉郁（彩图 130），闭目缩颈，体温升高达 42℃，拱背，怕冷聚堆。

（2）食欲减退或完全废绝，鼻孔周围沾有黏性分泌物，呼吸困难，患鸭常出现水样腹泻，排出绿色、灰白色或黄绿色稀薄粪便。

（3）病鸭迅速消瘦，体重明显减轻。多数病鸭脚软无力，蹲伏地面或瘫痪。

（4）有些病例在病的后期出现不由自主地点头、摇头或扭颈等神经症状（彩图 131、彩图 132），病鸭走路不稳、易倒地。部分病鸭关节处出现红肿，后期变成瘫痪。

（5）产蛋鸭感染后可表现出明显的生产性能下降，病程 2～6 天。最后常以极度衰竭而告终。

（二）病理变化

（1）主要病变特征是消化系统和呼吸系统器官的黏膜充血、出血、坏死溃疡或呈现弥漫性点状出血，其中以胰腺的被膜和气管环、十二指肠及泄殖腔黏膜的出血最为明显（彩图 133、彩图 134）。

（2）腺胃乳头偶见有出血斑点（彩图 135），胰腺表面出血（彩图 136），少量白色或灰白色坏死点。盲肠扁桃体出血，严重病例可见黏膜呈现溃疡或坏死。脾脏稍肿大。

（3）心肌色淡，偶见有出血点（彩图 137、彩图 138）。

（4）肝肿大呈土黄色或淤血或有出血点及坏死（彩图 139、彩图 140）。肾偶见轻微出血（彩图 141）或淤血。颅骨出血（彩图 142）。

（三）流行特点

（1）据报道，鸭和鹅等水禽以往对致病性副黏病毒具有很强的抵抗力，仅表现为带毒，即使感染强毒株也不致病。1997 年后我国水禽（鹅、鸭）暴发本病。但近年来副黏病毒的致病性和宿主范围发生了变化，尤其是对鹅的致病性变高已有不少学者做了报道，据统计，它对养鹅业已造成了很大的损失，叶景青、张训海、李文杨、陈少莺及钱忠明等人先后报道了鸭副黏病毒病的发生和流行，并引起很高的发病率和死亡率，这就动摇和改变了副黏病毒对水禽（尤其是鸭）不致病的观点。目前鸭副黏病毒 I 基因型呈现多样化，其中基因 Ⅶ 型和 Ⅸ 型病毒分离株对水禽有极强的致病性，本病已成为对番鸭养殖业造成威胁的传染病之一。

（2）被感染后的鸭群持续性出现死亡病例，当鸭群的免疫力下降，继而引发相关细菌感染或病毒病感染，造成重大经济损失。各个品系的鸭只都可以发病，但以番鸭和鹅最为敏感。

（3）鸭只发病的日龄为 10 ～ 22 日龄、8 ～ 25 日龄或 18 ～ 70 日龄。发病率为 40% 或 20% ～ 60%。死亡率为 25% 或 8% ～ 10%；45% 或 10% ～ 50%，个别鸭群可高达 90%。

（四）病原诊断

（1）鸭副黏病毒 I 型为副黏病毒科禽腮腺炎病毒属成员，又称为新城疫病毒。病毒粒子多呈不规则形，直径为 100 ～ 250 nm，有囊膜。

（2）副黏病毒宿主谱广，对不同宿主的致病性差异较大。鸭副黏病毒有 9 个血清型，即鸭副黏病毒 I ～ Ⅸ，其中感染鸭的包括血清 I 型、Ⅳ 型、Ⅵ 型和 Ⅸ 型，鸭副黏病毒 I 型是引起鸭发生副黏病毒病重要的病原体。

（3）2001 年张训海等人从患病肉鸭的肝、脾、胰腺混合病料悬液中分离到一株高致病性鸭副黏病毒 1 型病毒株，通过不同途径感染 20 ～ 30 日龄雏鸭，均可引起 100% 发病和 50% ～ 100% 死亡。并有与自然病例相似的症状和病变。感染 30 日龄非免疫鸡也出现 100% 发病和死亡。

（4）毒株可用 10 日龄鸡胚或 10 ～ 13 日龄番鸭胚分离，接种鸡胚后第 75 ～ 108 h，鸡胚全部致死，病变较一致，全胚表面呈点状弥漫性出血，尤以胚的头部、颈部和爪出血严重，脑呈块状淤血。胚液有血凝性，能被新城疫病毒阳性血清所抑制。该副黏病毒分离株与新城疫病毒具有一定的相关性，不仅对鸭有较高的致病性，而且对鸡也具有很高的致病性。因此，张训海等人认为，对鸭具有较高致病性的鸭副黏病毒分离株，在血清型上可归属于副黏病毒 I 型或基因变异的新城疫强毒。

2004 年陈少莺、李文杨等人先后均从发病鸭中分离到鸭副黏病毒。与新城疫病毒在分子结构上的区别仍有待报道。

二、防治策略

（1）2001 年张训海等人报道，将鸭副黏病毒病的分离毒株的鸡胚液制成油乳剂灭活疫苗和高免蛋黄液，分别在流行区试用，取得了良好的预期治疗效果。

（2）避免鸡、鹅、鸭混养。因为高频率接触的饲养方式，有利于不同种属动物间的病原体相互传染和适应性进化。

（3）对病鸭试用鸡新城疫高免血清肌注或用

新城疫疫苗作预防和治疗，均有一定的效果。

（4）做好清洁卫生和消毒工作，尽量减少和避免病原的侵入。构建鸭群的生物安全，是鸭群防疫工作的关键。

第十二节　鸭腺病毒病

禽腺病毒是家禽常见的传染性病原体，会直接或间接地使鸭致病，大多数禽腺病毒在健康家禽体内复制，但不产生明显的临诊症状。当不良因素刺激时，特别是疾病使动物免疫力下降，禽腺病毒则会很快发挥其机会性病原体的作用。

鸭腺病毒病是由Ⅰ群腺病毒属的Ⅰ群腺病毒血清4型、鸭腺病毒2型（Duck Adenovirus A，DAdV-2）、DAdV-3或Ⅲ群腺病毒属的DAdV-1即产蛋下降综合征病毒（Egg Drop Syndrome Virus, EDSV）引起鸭心包积液，肝脏、肾肿大出血和肝白化、肝黄化或产蛋异常为特征的疫病总称。

以下主要介绍由Ⅰ群腺病毒属的DAdV-2或DAdV-3引起番鸭心包积液；肝脏、肾肿大，出血；肝白化或肝黄化为特征的鸭腺病毒病。

一、诊断依据

（一）临诊症状

（1）病鸭开始表现为精神沉郁（彩图143），采食量下降，排黄白色稀粪（彩图144）。之后表现为软脚、弓背（彩图145）、羽毛蓬乱，喜蹲伏于角落，死亡时膘情良好。少数双腿分叉无法站立，头颈震颤，突然死亡。

（2）母鸭产蛋量从85%～90%下降到50%～60%，或者从79.14%下降到15.14%。产软壳蛋、畸形蛋、小蛋，有些蛋清稀薄如水样，大多数鸭食欲正常，很少死亡。

（二）病理变化

（1）腺病Ⅰ群病毒感染病死鸭可见心包少量积液，积液呈淡黄色（彩图146～彩图149），心冠沟脂肪黄染，心肌松弛（彩图150）、出血、

水肿，呈紫黑色（彩图151）。

（2）肝脏肿大、质脆，表面有大量散在出血点（彩图152、彩图153），或者表现为肝白化、肝黄化（彩图154），因此，也有俗称为"白肝病"。

（3）肾肿大、出血（彩图155），胆囊肿大，胆汁充盈（彩图156），偶见脾肿大、出血（彩图157）。

（4）Ⅲ群禽腺病毒感染：皮肤、肌肉组织、心、肝脏、脾、肾、脑、呼吸器官及消化器官均无异常的变化，唯一可见的病变是卵巢及输卵管萎缩（彩图158），看不见不同发育阶段的卵泡，卵巢及输卵管的大小与尚未开产的鸭状态相似。输卵管水肿（彩图159），死亡减少，整个病程为8～15天，死亡率为20%～75%，最高可达80%。

（三）流行特点

（1）Ⅲ群禽腺病毒可感染各个日龄、各个品种的鸭，鸭感染后可产生不同程度的抗体和排出病毒，并可长期带毒，带毒率可达80%以上。本病的流行一般发生在产蛋量为50%以上的高峰期之间，即25～35周龄。本病造成的产蛋量下降幅度一般为10%～20%，有的高达30%～50%，通常持续4～10周，然后恢复到原来的产蛋水平，产蛋曲线呈马鞍形。

（2）鸭腺病毒传染源为病鸭、带毒鸭及其粪便污染物，本病一年四季均可发生，以夏秋高温季节多发，病毒既可以通过种蛋、鸭胚垂直传播，也可以通过粪便、飞沫水平传播，被污染的蛋、饲料、工具等都是常见的传播媒介。

（3）据报道，本病目前临诊上仅感染番鸭。鸭腺病毒已经成为危害番鸭养殖业的重要疫病。2015年陈峰等人在广东地区20～30日龄番鸭肝脏肿大、斑驳状出血的番鸭组织中分离到一株无血凝活性但能致细胞病变的病毒，经宏基因组学鉴定，本病毒为鸭2型腺病毒。2016年程安春等报道樱桃谷鸭父母代种鸭及北京鸭发生腺病毒感染而出现产蛋下降的实例。发病季节在4月或10月。死亡率很低。对四川省的鸭进行血清学调查，阳性率为44.9%，对产蛋量严重下降的

鸭群送检，血清抗体阳性率为100%。张新衍等人在广东地区20～30日龄番鸭表现为精神沉郁，剖检肝脏黄化和出血的番鸭组织中分离鉴定一株病毒，经血凝试验、理化试验、透射电镜观察及基因组序列测定及分析，确定本病病原为鸭3型腺病毒。随后陈仕龙、施少华、程龙飞等人先后报道了鸭腺病毒病的发生和流行。本病临诊上以感染番鸭为主，发病日龄介于10～40日龄，但以15～30日龄多见。本病病程较短，番鸭群出现症状后1～2天开始出现死亡，5～10天达到死亡高峰，之后逐渐减少，病程持续10～15天，发病率为10%～40%，死亡率为20%～50%。

（四）病原诊断

1. 病原特性

（1）ICTV第十次病毒分类报告规定了腺病毒分类的基本特征，禽腺病毒属于腺病毒科，腺病毒家族共分为5个属：哺乳动物腺病毒属（*Mastadenovirus*）、禽腺病毒属（*Aviadenovirus*）、胸腺病毒属（*Atadenovirus*）、唾液腺病毒属（*Siadennovirus*）及鱼类腺病毒属（*Ichtadenovirus*）。传统上禽腺病毒分为3个群：Ⅰ群、Ⅱ群、Ⅲ群，Ⅰ群禽腺病毒引起包涵体肝炎和心包积液—肝炎综合征；Ⅱ群禽腺病毒可以引起火鸡出血性肠炎和鸡脾肿大；Ⅲ群可引起EDS。Ⅰ群腺病毒有A、B、C、D、E 5个种，12个血清型，引起心包积液-肝炎综合征的病原主要为Ⅰ群腺病毒的血清4型，血清10型也能引起，其余血清型均能引起包涵体肝炎。

（2）以鸭腺病毒Ⅰ群3型为例介绍病原特性，鸭腺病毒3型属于腺病毒科禽腺病毒属，其粒子呈二十面体对称，直径为70～80 nm，衣壳由中空壳粒构成，病毒壳粒数目和衣壳结构等具有典型的腺病毒特征（图4-1）。本病毒无囊膜，对有机溶剂（氯仿、丙酮等）有抵抗力，对温度敏感性不高，耐酸不耐碱，紫外照射和甲醛可以使其灭活。本病毒对鸭红细胞、鸡红细胞均不产生凝集反应。

（3）病毒对外界环境抵抗力较强，对乙醚、氯仿等有机溶剂和胰蛋白酶有一定的抵抗力，抗

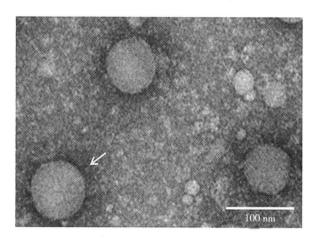

图4-1 腺病毒

酸范围广。56℃可存活3 h，在60℃丧失致病力，在70℃完全丧失活力，在室温条件下，至少可存活6个月以上。病毒对化学药物的抵抗力不强，0.3%甲醛24 h，0.1%甲醛48 h，可使病毒完全灭活。

2. 实验室诊断基本方法

（1）病料采取与处理。腺病毒是一种嗜上皮细胞的病毒，容易在肝脏、胰腺及肠管繁殖存活。无菌采集病鸭新鲜肝脏组织（对于EDS-76病毒感染，可从发病鸭的输卵管、泄殖腔、粪便中采集）进行研磨，加入无菌生理盐水，按1∶4的比例制成组织悬液，振荡混匀，反复冻融3次充分释放病毒，3000 r/min，离心30 min，吸取上清液加入青霉素和链霉素，每毫升上清液各含1000 U，并用0.22 μm滤器过滤除菌。经细菌检验，若无菌生长，则置冰箱保存，作为病毒分离的接种材料。

（2）病毒分离。病毒的分离培养可用8日龄SPF鸡胚或10日龄樱桃谷肉鸭胚，每个胚经绒毛尿囊膜或卵黄囊途径接种上述上清液0.2 mL，置37℃温箱孵育，每天照胚1次，取24 h后的胚体放置4℃冰箱冷冻后，吸取尿囊液。观察尿囊膜及胚体病变，尿囊膜增厚，胚体发育不良，出血明显（彩图160）。

（3）血清学诊断。鸭腺病毒的血清学诊断方法最常见的是红细胞凝集抑制试验，但由于DAdV-3无血凝活性，2019年陈翠腾等人根据

DAdV-3 的 Fiber2 蛋白，建立了检测 DAdV-3 抗体的间接 ELISA 方法，该方法比琼脂糖凝胶沉淀法具有更好的特异性、重复性和敏感性。

（4）回归试验。以分离鸭 3 型腺病毒代表性毒株（FJGT01、AHAQ13）分别人工感染 7 日龄雏番鸭。感染雏番鸭于攻毒后 4 ~ 5 天开始发病，于 7 ~ 10 天出现死亡，致死率高达 60%。感染雏番鸭主要表现为精神沉郁，匍匐于地。死亡鸭剖检可见心包积液，积液呈淡黄色。肝脏肿大质脆，表面有出血点或出血斑。肾肿大和出血。

（五）鉴别诊断

临诊上，本病应注意与番鸭病毒性肝炎鉴别诊断。雏番鸭感染鸭肝炎病毒，则导致鸭出现明显的"角弓反张"症状，其肝表面多有点状或斑块状出血，肾肿大、出血，且采用鸭病毒性肝炎高免卵黄抗体治疗可取得较好的效果。

二、防治策略

（一）预防

1. 加强饲养管理

某些病毒与霉菌可以加剧鸭群的病情，因此，要加强鸭群的饲养管理，喂饲平衡的配合日粮，防止饲料霉变，补充微元素和 B 族维生素、维生素 C、维生素 K 及鱼肝油等，提高鸭群免疫力，增强鸭群抗病力。鸭群应与鸡群分开饲养，尽量避免引进有本病的种蛋或种苗。

2. 加强消毒，做好卫生防疫工作

禽腺病毒对外界环境抵抗力弱，所以做好鸭舍及周围环境的卫生消毒工作，及时处理粪便，可减少病原体的数量。鸭群一旦发病，要及时隔离或淘汰。饲养器具禁止混用，饲养人员禁止互相串走，防止病毒水平传播。成年鸭尽管未表现明显的临诊症状，但由于垂直传播将导致后代感染和死亡，因此，引进种鸭和种蛋的病原检测和净化，对防止原种鸭腺病毒感染十分重要。

3. 及时进行预防接种

种鸭开产前及时接种禽腺病毒灭活疫苗，可获得有效的保护力。

（二）治疗

鸭群发病后，可以及时注射高效的卵黄抗体进行紧急免疫接种。此外，禽腺病毒感染发病后，可用 2% ~ 3% 葡萄糖饮水或 0.01% 维生素 C 饮水，以保护肝脏。在饲料中适当添加抗生素，可减少并发症，但要尽量减少使用对肝有损伤的药物。

第十三节　鸭冠状病毒性肠炎

鸭冠状病毒性肠炎是由鸭冠状病毒（Duck coronavirus，DCV）引起的一种急性流行性腹泻的传染病。1998 年本病首发于云南昆明，给当地养鸭业造成了一定损失。

一、诊断依据

（一）临诊症状

（1）鸭群一出现病例，传播迅速。本病潜伏期 2 ~ 4 天，死亡高峰期出现在发病后 1 ~ 2 天，发病率高达 100%，死亡率约 50%。被感染的病鸭若是急性发病，则 2 ~ 3 天即死亡，但病鸭如果耐受过死亡高峰期后，则会转变为慢性，病程延长至 15 ~ 20 天，鸭患病后从第 10 天开始排毒。

（2）患鸭病初表现精神委顿，食欲不振，不爱活动，接着出现腹泻。随着病的发展，患鸭食欲废绝，闭目昏睡，翅膀下垂，缩颈弓背，畏寒聚堆。鸭排出白色或黄绿色粪便。部分病鸭出现神经症状，呈"角弓反张"。病鸭一旦受骚扰，就会加速死亡。

（二）病理变化

1. 大体剖检病变

（1）本病突出病变在消化管，尤其以十二指肠段病变更为明显：该段肠管肠系膜血管扩张、充血并有出血点；肠管浆膜充血、出血、明显水肿，外观呈红色或紫红色，管腔变窄，内充满黏性或血红色性分泌物；黏膜呈深红色，部分肠黏膜脱落后可见溃疡面。

（2）盲肠盲端部黏膜有斑状或条状白色物附

着，刀刮有硬感。直肠段黏膜有充血、水肿现象。泄殖腔黏膜也出现不同程度的充血和水肿。食管及其他器官无明显病变。

2.病理组织学变化

十二指肠部分绒毛脱落，多数绒毛上皮细胞发生变性、坏死，有的上皮细胞已融解消失。固有层可见大量淋巴细胞、中性粒细胞浸润。

（三）流行特点

（1）本病可以感染各个年龄阶段的鸭，但20日龄雏鸭多发。病毒主要依靠带毒鸭或病死鸭传播。病毒经由粪便排出，可通过环境、饮水、饲料等感染健康鸭只。

（2）1999年范泉水等人报道，本病首发于云南省昆明市的6个鸭场及其周围的3个个体鸭场。各品种、年龄的鸭均可感染发病，以20～30日龄的鸭多发，发病率几乎100%，死亡率为6%。患病及处于潜伏期的感染鸭是本病的主要传染源。

（四）病原诊断

1999年王度林和范泉水等人从患病鸭中分离到病毒，用ELISA双抗体夹心法检测病毒，并用人工感染试验，确定鸭这种急性流行性腹泻的病原是冠状病毒。

二、防治策略

关于本病防制方法的报道不多见，1999年范泉水等人报道，对鸭冠状病毒性肠炎做了免疫试验。认为人工感染DCV的鸭在痊愈后的一段时间内能抵抗强毒的再次感染；得病后痊愈的鸭很少会再次发病；用在鸭胚传代培养的第5代病毒，经灭活加佐剂制成灭活疫苗进行免疫试验，大部分鸭只有一定的免疫效果；将传代的第75代的鸭胚毒株，经口服或肌内注射两种途径免疫鸭只，有较好的免疫效果；用康复鸭的血清对20日龄的鸭实施被动免疫，未能保护鸭只抵抗强毒的攻击；康复鸭所产的蛋孵出的雏鸭缺乏抵抗强毒攻击的母源抗体。

有人认为种鸭在产蛋前建立主动免疫，可使雏鸭获得母源抗体。

目前尚无特效药物治疗。对本病的防控应多考虑加强饲养管理，执行消毒卫生制度，提高机体的抗病力。

第十四节　鸭传染性法氏囊病

鸭传染性法氏囊病又称腔上囊炎、传染性囊病。是由传染性法氏囊病病毒（Infectious bursal disease virus，IBDV）引起的一种急性高度接触性传染病。在临诊上可见其发病率高，短期内出现死亡。鸭只由于发生了本病而造成免疫抑制，故常诱发其他疾病。主要病理变化为法氏囊肿大、出血、腿肌出血及肾受损害。迄今为止，国内已报道多起鸭发生本病的实例，也见有大规模发病和流行的报道。但进行深入研究的还不多，应引起重视。

一、诊断依据

（一）临诊症状

（1）患鸭主要表现发病急、潜伏期短，一般多在出现症状后1天内死亡。鸭群一有病鸭出现，2～3天内为死亡高峰。

（2）腺胃与肌胃交界处有出血带，腺胃乳头肿胀，腺胃的交界处出现出血带。肠黏膜有出血斑点。

（3）盲肠扁桃体肿大，病情严重的鸭只的双腿和胸肌、胸腺出血。

（4）肝脏、脾肿大。心冠沟脂肪出血。肾肿大苍白，输尿管内有白色尿酸盐沉积。

（二）流行特点

（1）许多年以来，一直认为鸡是唯一自然感染IBDV的禽类。近年来国外也有关于从鸭、鹅及鸟类血清中检测到传染性法氏囊病抗体的零星报道。我国于20世纪90年代初开始有鸭的传染性法氏囊病发生和流行的报道。1995年吕天赐等人报道，广西桂林市于1992年发现鸭的传染性法氏囊病，至1994年已遍及大部分鸭场，死亡率为 20% ~ 60%，王永山、郝金法、边传周、张耀成等人先后报道了鸭自然感染 IBDV 并引起发病和流行。本病已严重危害养鸭业的发展。

（2）本病发病急剧，传播迅速，发病率高达80% ~ 100%，死亡率可达 20% ~ 60%。发病日龄最小为 4 日龄，最大为 119 日龄，以 7 ~ 35日龄多发。

（3）在一些鸡、鸭混养的养殖场（户）中，在鸡群受到本病严重威胁的情况下，鸭群也易发生传染性法氏囊病。发生本病的主要原因是环境污染日益严重，病毒不但不断扩散，而且其毒力也逐步增强。鸡、鸭和鹅之间可以交互感染，其流行特点、临诊症状及病理变化极为相似。根据目前相关研究报道，麻鸭、樱桃谷鸭、家鸭、半番鸭等都有相关病例。

（三）病原诊断

1999 年边传周等人从河南自然发病雏鸭的法氏囊分离到 IBDV，并进行了鉴定。病毒粒子呈六边形，无囊膜，超薄切片中可见胞浆中六边形病毒粒子呈晶格排列，大小为 60 nm。将处理好的病料接种于 SPF 鸡胚后经 96 ~ 120 h 死亡。感染的鸡胚发育迟缓，周身点状出血，以头和趾部尤为严重。肝肿胀，有斑点状出血和坏死。肾肿胀、出血和坏死。

将分离毒接种 20 日龄雏鸭 10 只和非经免疫的 20 日龄雏鸡 10 只，结果是雏鸭在接种分离毒后 56 h 开始发病，病鸭缩颈、羽毛蓬乱、眼半闭、不愿活动，1 周后，发病率达 100%，死亡率为10%。雏鸡在接种分离毒后 40 h 开始发病，发病率达 100%，死亡率为 30%。人工发病的雏鸭和雏鸡均出现典型的传染性法氏囊病的病理变化。

将自然发病的鸭法氏囊乳剂离心的上清液与传染性法氏囊病阳性血清做琼脂扩散试验，结果形成明显的沉淀线。

二、防治策略

（1）对病鸭肌内注射抗鸡法氏囊高免血清或高免蛋黄液，每只 1 ~ 2 mL，每天 1 次，连用 2 天。

（2）阿米卡星。每只鸭用 3000 IU/ 次，肌内注射，每天 1 次，连用 3 天。以防止继发细菌感染。

（3）在饲料中降低蛋白质含量（如雏鸭改喂中鸭料）1 周，在饲料中加大多种维生素的倍量，特别是补充维生素 A 和维生素 C，加喂微生态制剂。

（4）降低饲养密度。

（5）在饮水中加入肾肿解毒药，连用 3 ~ 5 天。

（6）加强饲养管理，减少应激。

（7）鸭舍、用具、环境进行严格消毒。

（8）在本病常发地区，鸭只可用鸡法氏囊弱毒冻干疫苗进行预防。

第十五节　鸭网状内皮组织增殖病

鸭网状内皮组织增殖病是由网状内皮组织增殖病病毒群引起的一种肿瘤性传染病。患鸭主要临诊症状为贫血和生长迟缓。主要的病理变化为肝或脾坏死、细胞浸润或增生。本病虽然发病率与死亡率不高，然而感染鸭产生免疫抑制，会影响其他疫苗的免疫效果，而且还会引起并发症。

一、诊断依据

（一）临诊症状

（1）急性病例不见明显的临诊症状，只是在濒死前表现精神沉郁、嗜眠、食欲减退。

（2）慢性病例表现体况衰弱，羽毛稀少和贫血，生长迟缓或停顿（彩图 161）。

（二）病理变化

1. 大体剖检病变

（1）肝、脾显著肿大，被膜有斑驳状的网状内皮增殖性的灰白色区域。有时可见有增生的肿大结节。肠壁增厚，有网状细胞浸润区及坏死，表面有出血斑点。

（2）脾可见有大区域的出血并有灰白色结节。

（3）肠管黏膜上皮有网状内皮细胞浸润区，

上皮细胞发生坏死，一旦脱落则残留溃疡面。有些病例可见神经纤维发生细胞浸润或水肿，从而使神经纤维发生分离。鸭也会发生淋巴瘤。

2. 病理组织学变化

组织病理学上以空泡样淋巴网状内皮细胞的浸润及增生为显著特征。

（三）流行特点

同栏饲养的鸭群可以接触传染。经腹腔内、肌内和皮下注射本病毒可引起感染。经鼻腔或口很少感染成功。火鸡和鸭最容易感染本病，鸡、鹅、鹌鹑和其他鸟类对本病都易感。传染源是病鸭和带毒的野鸭。本病既可以水平传播，也可以垂直传播，但垂直传播率较低。

（四）病原诊断

1. 病原特性

鸭网状内皮组织增殖病的病原属于逆转录病毒科（包括正逆转录病毒亚科和泡沫逆转录病毒）禽 C 型反转录病毒属的禽网状内皮组织增殖病病毒群，核酸为单股 RNA。本群病毒有囊膜，病毒粒子直径为 75 ~ 100 nm，-70 ℃可长期保持病毒的活性；-56℃可使其传染性维持 14 个月；在 4℃经 24 h 即可降低传染性；在 37℃经 20 min 至少丧失 50% 病毒；1 h 可丧失 99% 的病毒。

2. 实验室诊断基本方法

（1）病毒分离。可把病变的组织研磨成乳浆，制成 1：10 悬液，离心取上清液，经 200 nm 滤膜过滤，然后通过鸭成纤维细胞或肾细胞接种，培养 72 h，收获细胞培养液，进行抗原性鉴定。

（2）血清学诊断。可用荧光抗体技术检查待检鸭血清和卵黄中有无相应抗体，还可以用中和试验来进行检测。

二、防治策略

本病是一种散发性疾病，目前尚无疫苗和有效药物治疗，只能采用一般性的防疫消毒和卫生管理措施。

第十六节　鸭短喙与侏儒综合征

鸭短喙与侏儒综合征（Short Beak and Dwarfism Syndrome，SBDS）是危害养鸭业的一类细小病毒病或称变异株引起多种鸭的一种病毒病。其病原是新型番鸭细小病毒、新型鹅细小病毒。其主要临诊症状为喙短、舌头伸出、生长发育严重受阻。本病严重影响肉鸭生长发育及鸭产品质量，对商品肉鸭养殖场和屠宰加工厂造成了严重的经济损失。

一、诊断依据

（一）临诊症状

新型番鸭细小病毒和新型鹅细小病毒所引起的 SBDS，其临诊表现不同于经典型番鸭细小病毒和经典型鹅细小病毒所引起的临诊症状。

1. 鸭感染新型鹅细小病毒引起多种鸭的临诊症状

（1）雏鸭感染新型鹅细小病毒后，1 周龄内部分雏鸭表现不愿行走、生长迟缓。在 2 周龄左右，可见明显症状，包括精神沉郁、不愿走动（彩图 162）或行走困难（彩图 163）。喙短、舌头伸出（彩图 164），生长发育受阻，群体均匀度差（彩图 165），部分鸭腿骨断裂，不能行走（彩图 166）。在 3 周龄后，鸭群中喙短、舌头伸出和生长不良症状更加明显（彩图 167、彩图 168），少数鸭形成侏儒（彩图 169），腿骨断裂病例仍有出现（彩图 170）。屠宰时，鸭腿骨和翅膀均易折断，鸭头大小不一（彩图 171），舌头长度不齐，典型病例舌头萎缩、变短（彩图 172）。

（2）半番鸭感染新型番鸭细小病毒和新型鹅细小病毒后，表现软脚、轻度腹泻、不愿活动、生长迟缓、体重轻（即侏儒）（彩图 173），上喙变短的鸭占 10% ~ 30%（彩图 174、彩图 175），翅、脚易断，至出栏时成为僵鸭等残鸭，残鸭率高达 60%。

（3）白改鸭感染新型番鸭细小病毒和新型鹅细小病毒后，同样表现为喙短和侏儒症状，同时也容易出现翅、脚易断等现象，至出栏时成为僵鸭等残鸭，残鸭率达 40%（彩图 176）。

（4）樱桃谷鸭和北京鸭感染新型鹅细小病毒后，同样表现为生长迟缓、体重变轻，喙变短（彩图 177），舌头伸出（彩图 178、彩图 179），翅、脚易折断，最后成为残次鸭（僵鸭等）。

2. 鸭感染新型番鸭细小病毒引起其他品种鸭的临诊症状

（1）番鸭、半番鸭和白改鸭感染新型番鸭细小病毒后，表现为张口呼吸（彩图 180）、软脚、腹泻、不愿活动和较高死亡率，幸存的番鸭继续饲养后表现为生长迟缓、体重轻，仅为同群正常鸭体重的 1/3 ~ 1/2（即侏儒），上喙变短的鸭多达 20%（彩图 181、彩图 182），腿骨、翅易断（彩图 183），至出栏时成为僵鸭等残鸭，残鸭率高达 70%（彩图 184）。

（2）一般而言，其他品种鸭不易感染新型番鸭细小病毒而发病。

（二）病理变化

1. 大体剖检病变

（1）雏鸭感染新型鹅细小病毒后的雏鸭严重影响骨骼发育，骨密度降低、骨髓腔狭窄，尺骨、桡骨、股骨、胫骨、跗骨和趾骨的发育也受到严重影响。

（2）雏番鸭感染新型番鸭细小病毒后，死亡的雏番鸭，除表现与经典型番鸭细小病毒相同的胰腺表面出血（彩图 185）、有针尖大小的白色坏死点（彩图 186）和十二指肠黏膜出血（彩图 187）。幸存者多表现胸腺出血和胫骨断裂（彩图 188）。

（3）半番鸭、台湾白改鸭感染新型番鸭细小病毒，死亡率低，扑杀侏儒鸭，多见胸腺出血（彩图 189）、卵巢萎缩（彩图 190）和胫骨断裂，其他脏器无肉眼可见的病变。感染新型鹅细小病毒的樱桃谷鸭主要剖检病变舌短小、肿胀，胸腺肿大、出血，骨质较为疏松。

2. 病理组织学变化

（1）鸭感染新型鹅细小病毒后，其主要病变为肝脏肝窦淤血，有些病例的肝小叶有淋巴细胞聚集。脾淋巴细胞减少，炎性细胞增多。肾间质淤血，髓质肾小管上皮与基底膜分离。法氏囊淋巴滤泡中大量淋巴细胞坏死、排空，黏膜上皮脱落。肺淤血、出血。脑部淤血，小胶质细胞增多，有嗜神经现象。十二指肠黏膜上皮脱落。气管黏膜上皮脱落，大量黏液分布在气管黏膜表面。腿肌出血，肌纤维间隙增宽，有大量红细胞浸润。

（2）番鸭、半番鸭、台湾白改鸭感染新型番鸭细小病毒后，组织病理学特点主要为腿肌出血、坏死（彩图 191），肌纤维断裂，呈团块状或竹节状（彩图 192），胸腺出血、坏死（彩图 193）。

（3）樱桃谷鸭感染新型鹅细小病毒后，组织病理学特点主要为患鸭舌呈间质性炎症，结缔组织基质疏松、水肿。胸腺髓质淋巴细胞与网状细胞呈散在性坏死，炎性细胞浸润，组织间质明显出血，胸腺组织水肿。肾小管间质出血，并伴有大量炎性细胞浸润，肾小管上皮细胞崩解凋亡，肾小管管腔狭小、水肿。

（三）流行特点

（1）鸭可以感染新型鹅细小病毒引起的SBDS，本病在我国的流行始于 2014 年年初，2015—2017 年本病在江苏、安徽、山东、河北、内蒙古和福建等多个地区发生，给我国养鸭业造成了巨大的经济损失。

（2）本病主要危害北京鸭和樱桃谷鸭，部分地区的半番鸭亦受到影响。在感染鸭群中，10% ~ 30% 的鸭表现为典型的临诊症状，在部分鸭群中，典型病例比例可高达 50% ~ 60%，或者低于 10%，死亡率极低。2 周龄内雏鸭对本病易感，1 日龄雏鸭对本病高度易感。在疾病流行期间，在感染鸭肠管内容物和刚出壳雏鸭组织样品中均可检测到新型鹅细小病毒（新型鹅细小病毒变异株），这说明本病的传播途径包括水平传播和垂直传播。

（3）2008 年之前，番鸭为番鸭细小病毒的唯一易感动物，麻鸭、半番鸭、北京鸭、樱桃谷鸭、鹅和鸡未见发病报道，即使与病鸭混养或人工接种病毒也不出现任何临诊症状。2015年以前，鹅细小病毒只引起鹅和番鸭发病、死亡。2015年陈翠腾等人报道，山东兖州某鸭场32日龄樱桃谷肉鸭临诊上表现出以喙变短、舌头伸出为特征的疫病，经鉴定其病原为新型鹅细小病毒。2016年陈仕龙等人报道了半番鸭、樱桃谷鸭以上喙变短和生长不良症状为主要特征的疫病，经鉴定亦为新型鹅细小病毒感染。

（4）鸭可以感染新型番鸭细小病毒而引起SBDS，1989—1990年，在我国台湾发生过由番鸭细小病毒变异株引起的SBDS，北京鸭、番鸭、半番鸭、台湾菜鸭及白改鸭等多个鸭种均对本病易感。

（5）自2008年下半年以来，我国福建、浙江、江苏、安徽、上海等地区的部分鸭场或养鸭户饲养的雏半番鸭、台湾白鸭有感染新型番鸭细小病毒的报道，其发病率、死亡率随感染鸭品种、日龄的不同而存在较大差异，且感染鸭日龄愈小其发病率、死亡率愈高，如7日龄内半番鸭感染时发病率高达50%，死亡率近4%；而20日龄半番鸭发病率近20%，死亡率低于1%。对于雏番鸭，未免疫甚至于1～2日龄免疫接种了现有商品化的雏番鸭细小病毒活疫苗的5～20日龄雏番鸭感染新型番鸭细小病毒后依然发生类雏番鸭细小病毒病，其发病率为30%～65%，死亡率高达50%。2018年刘荣昌等人报道，福建漳州地区3个鸭场半番鸭群临诊上表现出以SBDS为特征的疫病，经鉴定本病与2015年黄瑜等发现的病原相同，均为新型番鸭细小病毒。

（6）2015年3月以后，山东省高唐、新泰、邹城及江苏省沛县等地区的樱桃谷肉鸭养殖场陆续出现了喙短、长舌特征性症状，鸭发病日龄在14日龄直至出栏。鸭群发病率为5%～20%，严重时可达50%左右，死亡率较低。出栏肉鸭较正常鸭体重轻20%～30%，严重者仅为正常鸭体重的50%。部分患鸭出现单侧行走困难、瘫痪等症状。发病鸭群日龄越小，鸭群的发病率越高。此外，本病可造成鸭采食困难，导致料肉比增高，降低养殖经济效益。

（四）病原诊断

1. 病原特性

（1）迄今为止，在我国养鸭生产中引起鸭SBDS的病原有新型番鸭细小病毒和新型鹅细小病毒。ICTV将新型番鸭细小病毒和新型鹅细小病毒均定为细小病毒科细小病毒亚科依赖病毒属雁形目依赖细小病毒1型。

（2）新型鹅细小病毒株与经典型鹅细小病毒株对鸭的致病性存在显著差异，新型鹅细小病毒株可导致半番鸭、北京鸭和樱桃谷鸭等品种鸭发生SBDS，而经典型鹅细小病毒株仅在一定程度上影响北京鸭增重。新型鹅细小病毒株和经典型鹅细小病毒株具有相似的形态学、培养特性、相同的沉淀反应抗原和基因组结构，但新型鹅细小病毒株的基因组序列与经典型鹅细小病毒株存在一定的差异，属鹅细小病毒西欧分支，新型鹅细小病毒株较经典型鹅细小病毒株对北京鸭胚和樱桃谷鸭胚有更好的适应性。

（3）新型番鸭细小病毒株与经典型番鸭细小病毒株对鸭的致病性存在显著差异。新型番鸭细小病毒株导致番鸭、半番鸭、台湾菜鸭及白改鸭发生SBDS，而经典型番鸭细小病毒株导致番鸭发病死亡。新型番鸭细小病毒变异株和经典型番鸭细小病毒株具有相同的基因组结构及相似的形态学、抗原性和培养特性，但两者的基因组序列存在一定的差异。

（4）新型番鸭细小病毒可致死番鸭胚、半番鸭胚、麻鸭胚和鹅胚，对半番鸭胚致死率可达100%。新型鹅细小病毒对各种禽胚的致病性不同，对番鸭胚和鹅胚致死率达90%以上，对麻鸭胚的致死率约为30%。新型番鸭细小病毒和新型鹅细小病毒均不能在鸡胚和鸡胚成纤维细胞中增殖。

（5）新型番鸭细小病毒和新型鹅细小病毒都只有一个血清型，且同属依赖病毒属，两者在形态、理化特性和基因组大小等方面均很相似，在抗原性上也存在一定程度的交叉反应。

2. 实验室诊断基本方法

（1）病料采取与处理。取典型病例的脾脏或肝脏，加入生理盐水（含1%双抗），按1：5的比例研磨制成匀浆，用1200 g转速离心10 min，取上清液，用0.22 μm滤器过滤，收获滤液，置-80℃保存，作为病毒分离的接种材料。

（2）病毒分离。选用无母源抗体的10日龄北京鸭胚或鹅胚分离新型鹅细小病毒株，选用无母源抗体的9～12日龄番鸭胚分离新型鹅细小病毒株。每枚胚经绒毛尿囊膜或尿囊腔途径接种0.2 mL滤液，置37℃培养，观察14天。收集接种后5～8天的禽胚内脏（心脏、肝脏和脾）和尿囊液，制成匀浆，取滤液进行传代。

若用易感鹅胚经绒毛尿囊膜途径分离新型鹅细小病毒株，鹅胚在接种后10～14天出现死亡，死亡率约为50%。将病毒传1～2代，鹅胚死亡时间提前，死亡率增加。死胚胚体出血、脚趾向后弯曲，部分鹅胚肝脏表面出现黄白色斑块，心脏色泽苍白。用10日龄北京鸭胚经绒毛尿囊膜途径亦可分离到病毒，但鸭胚死亡率较鹅胚低，死亡鸭胚表现出与鹅胚相似的病变。

若用易感番鸭胚经尿囊腔途径分离新型鹅细小病毒株，鸭胚在接种后2～6天持续死亡，死亡胚体绒毛尿囊膜增厚、混浊，胚体出血明显。

（3）血清学诊断

①中和试验。用鹅细小病毒和番鸭细小病毒的特异性抗血清进行中和试验，可在试验动物体内、禽胚或禽胚成纤维细胞上进行。

②琼脂扩散沉淀试验。a. 抗原制备：收获感染新型鹅细小病毒或新型番鸭细小病毒后死亡禽胚的尿囊液，作为待检抗原。收获未感染禽胚的尿囊液，作为对照抗原。b. 抗体制备：用6周龄BALB/c小鼠制备抗体，亦可选用小鹅瘟或番鸭细小病毒病的抗体产品。c. 具体操作方法：称取1 g琼脂糖、8 g氯化钠，用100 mL去离子水溶解，加热煮沸，冷却后倒入培养皿，待琼脂凝固后，置4℃冷却，用梅花打孔器打孔，在中心孔加入30 μL抗体，在外围孔加入同源抗原，在其左右两侧相邻孔分别加入待检抗原和对照抗原，每孔加抗原30 μL，置37℃作用24 h，观察沉淀线，以此对病毒分离株进行血清学鉴定，也可用于比较分离株与经典毒株的抗原相关性。

（4）回归试验。以新型番鸭细小病毒浙江分离株（ZJ-JH-2013株病毒）人工感染7日龄雏番鸭后，第4天个别鸭表现张口呼吸（彩图180）、腹泻；第6天出现死亡鸭，其剖检病变主要为胰腺出血或（和）针尖大小白色坏死点（彩图185、彩图186），十二指肠黏膜出血（彩图187）。致死率高达70%，幸存鸭大多表现生长迟缓，成为僵鸭（彩图184），有的感染雏番鸭上喙变短（彩图182）。

（五）鉴别诊断

与光过敏症的鉴别：鸭的光过敏症是鸭误食了含有光过敏物质的饲料、野草及某些药物，经阳光照射一段时间后而发生的一种疾病，两种因素缺一都不会构成该种疾病的发生。发病率可达20%～60%，本病症状特征是在鸭的上喙背侧出现水疱，水疱破溃后遗留下疤痕，随着疤痕的收缩，结痂，上喙逐渐变形，边缘卷缩，有些病例的上喙只剩下原来的1/4，舌头外露或坏死。鸭的脚蹼也可以出现同样的水疱，经2～4天，水疱破溃而形成棕黄色痂皮。

SBDS是由新型鹅细小病毒株和新型番鸭细小病毒株所引起的，导致鸭双喙短缩、舌头伸出，极具特征性，据此可与其他鸭病相区分。

二、防治策略

1. 一般性防控措施

（1）新型鹅细小病毒和新型番鸭细小病毒的感染和传播途径与各自的经典毒株类似，因此，可参照控制小鹅瘟和番鸭细小病毒病时所采取的管理措施控制SBDS。

（2）要加强饲养管理和清洁卫生。由于本病可垂直传播，且存在雏鸭的早期感染现象，因此，要提高孵化场、孵化机及育雏舍的清洁卫生，加强消毒工作。

（3）在育雏阶段，在饮水或饲料中加入多种微量元素及多种维生素，以提高雏鸭的抗病力。

2. 免疫接种

（1）在明确病原的基础上，目前使用相应的水禽细小病毒活疫苗、小鹅瘟活疫苗或雏番鸭细小病毒活疫苗进行预防，有一定效果。

（2）可用番鸭细小病毒病的疫苗和抗体制品控制鹅细小病毒毒力变异株所引起的SBDS。因病毒可以接种抗体制品，每只接种0.5 mL。亦可以通过免疫种鸭保护后代雏鸭的方式控制本病，种鸭开产前可接种油乳佐剂灭活疫苗0.5～1 mL，随后可根据抗体衰减情况对种鸭进行加强免疫。

第十七节　鸭圆环病毒病

鸭圆环病毒病，是由鸭圆环病毒（Duck circovirus，DuCV）引起的主要侵害鸭免疫系统，导致鸭体免疫系统损伤和生长迟缓、体况消瘦、脱羽或羽毛生长不良的一种疫病。本病已在全球范围内广泛存在，可感染不同品种鸭、不同日龄鸭，感染鸭除直接表现生长迟缓、体况消瘦、脱羽或羽毛生长不良外，且易并发或继发其他疫病，从而造成更大的经济损失。

一、诊断依据

（一）临诊症状

迄今，DuCV自然感染的潜伏期还不十分清楚，人工感染的潜伏期为7～10天。根据DuCV人工感染病例和临诊确诊的DuCV感染病例分析，发现DuCV感染鸭临诊症状主要表现为生长迟缓、体况消瘦（彩图194）、羽毛紊乱,在背部脊柱（羽毛）尤其明显（彩图195）。

经对来自我国不同地区、不同品种鸭临诊病例进行广泛的病原学检测发现，除DuCV单一感染病原外，还存在较多的DuCV与其他病原合并感染的病例，如DuCV与其他病原（如鸭疫里默氏菌、致病性大肠杆菌、鸭坦布苏病毒、番鸭细小病毒、禽流感病毒H_5或H_9亚型、鸭呼肠孤病毒等）呈现二重、三重，甚至多重协同感染，见表4-2。

（二）病理变化

黄瑜等人在实验室条件下经对DuCV感染鸭进行剖检肉眼病变观察和组织病理学研究，发现本病毒感染鸭无明显肉眼病变，但组织学病变主要表现为鸭法氏囊淋巴滤泡结构消失、排列稀疏（彩图196），法氏囊坏死、凋亡（彩图197）和组织细胞增多，由此确定DuCV是一种免疫抑制性病毒，这与其他动物圆环病毒引起的病毒诱导淋巴组织损伤相类似。

（三）流行特点

（1）DuCV最早由Hattermann等人于2003年在德国东部地区饲养的半番鸭中检测发现，随后在美国、韩国及我国等地相继发现本病的流行，我国黄瑜研究团队于2008年首次正式报道了在大陆鸭群中存在DuCV感染。迄今为止，本病已在全球范围的鸭群中广泛存在。

（2）DuCV可感染不同品种鸭，其中番鸭、樱桃谷鸭圆环病毒感染的阳性率要高于其他品种鸭。近年来，有学者在迁徙野鸭（绿翅鸭和罗纹鸭）中也检测到本病毒的感染。

表 4-2　DuCV 感染病例的协同感染情况

共感染类型	双重	三重
协同感染情况	DuCV+ 鸭疫里默氏杆菌 / 鸭大肠杆菌 /DHAV/ 番鸭细小病毒 / 鹅细小病毒 / 鸭呼肠孤病毒 /H_5N_1 亚型禽流感病毒 /H_9N_2 亚型禽流感病毒 / 鸭坦布苏病毒	DuCV+ 鸭疫里默氏杆菌 + 鸭大肠杆菌 DuCV+DHAV+ 鸭呼肠孤病毒 DuCV+ 鹅细小病毒 + 番鸭细小病毒 DuCV+ 鸭呼肠孤病毒 +H_9N_2 亚型禽流感病毒 DuCV+H_5N_1 亚型禽流感病毒 +H_9N_2 亚型禽流感病毒 DuCV+ 鸭坦布苏病毒 +EDSV/H_9N_2 亚型禽流感病毒
所占比例	68.5%	22.3%

（3）自然条件下，本病毒主要是以水平传播为主，通过鸭只的直接接触在鸭群中传播。经检测种蛋和刚出壳鸭苗中存在 DuCV，表明本病毒也可以垂直传播。

（4）DuCV 可以感染不同日龄鸭，本病一年四季均有发生。2013 年黄瑜等人调查发现，20～70 日龄的鸭阳性率为 41.6%，较 3 周龄以内及 10 周龄以上的 DuCV 感染阳性率要高。

（5）现已报道的本病发病率高低不一。Hattermann 等人发现半番鸭感染率为 46.2%，我国大陆和台湾省的 DuCV 阳性感染率则在 10%～81.6%，本病毒单独感染鸭一般不直接引起死亡，但并发或继发其他病原后会造成不同程度的死亡。

（四）病原诊断

1. 病原特性

本病病原为 DuCV，属圆环病毒科（Circoviridae）圆环病毒属的病毒。病毒无囊膜，呈二十面体对称，直径为 15～20 nm，是目前已知最小的动物病毒。病毒对乙醚、氯仿等有机溶剂不敏感。不凝集鸡、鸭、鹅、鸽、兔及绵羊红细胞。本病毒核酸为单股负链环状 DNA，大小约为 1.99 kb，存在两种基因型（即 DuCV1 和 DuCV2），5 个亚型（即 DuCV1a、DuCV1b 和 DuCV2a、DuCV2b、DuCV2c）。

2. 实验室诊断基本方法

（1）病料采取与处理。无菌采集发病鸭的法氏囊、肝脏及肾脏等组织混合研磨，按 1∶3 的比例加入无菌 PBS 缓冲液（pH 值为 7.2～7.4，含青霉素 100 U/mL 和链霉素 100 U/mL）制备成混悬液，冻融 3 次后，经 6000 r/min，离心 30 min 后，取上清抽滤后保存于 -80℃冰箱中备用。

（2）病毒分离。DuCV 的分离培养比较困难，番鸭胚、半番鸭鸭胚、鸡胚等禽胚及鸭胚原代成纤维细胞及传代细胞系，如鸡胚成纤维细胞系（DF-1）细胞、BHK-21 细胞等均未能成功分离培养。黄瑜研究团队近年来成功获得能稳定增殖的 DuCV 株。

（3）病毒鉴定。至今，已建立的诊断方法有电镜法、PCR、实时荧光定量 PCR 和环介导等温扩增（loop Mediated Isothermal Amplification，LAMP）等。2008 年傅光华等人基于 DuCV Cap 蛋白保守序列建立了常规 PCR 检测方法。2010—2012 年蔡锐、邹金峰及赵光远分别建立了检测 DuCV 的套式 PCR、核酸探针及 LAMP 检测方法。2016 年万春和等人建立了 DuCV 基因 I 型和 II 型 PCR-RFLP 鉴别诊断方法。此外，国内学者还建立了多种与 DuCV 相关的多重 PCR 及实时荧光定量 PCR 检测方法。

（4）回归试验。以 DuCV 细胞培养毒经腿部肌内注射接种 7 日龄雏番鸭，于攻毒 14 天后，感染组鸭出现不同程度的生长迟缓（即僵鸭），严重鸭于攻毒后 35 天其体重仅约为对照组未感染鸭体重的 40%，且感染组大多数鸭背部羽毛脱落或断裂明显（彩图 195）。于感染后 7～28 天，可从鸭法氏囊、肝脏或脾等器官中检测或分离到原 DuCV。

（5）抗体检测方法。2009 年张兴晓等人基于病毒的 Cap 蛋白建立了本病毒的间接免疫荧光检测方法，苏小东等人利用以原核表达载体表达的病毒 Cap 蛋白作为包被抗原，建立了检测 DuCV 抗体的间接 ELISA 方法，适用于大量样品的血清学检测。

（五）鉴别诊断

1. 与新型番鸭细小病毒病的鉴别

在做 DuCV 引起番鸭、半番鸭临诊病例的诊断时，要区别于新型番鸭细小病毒引起番鸭或半番鸭的侏儒综合征及断羽现象。DuCV 感染鸭的组织脏器无明显眼观病理变化。而新型番鸭细小病毒感染的番鸭胰腺出血、少量白色坏死点和肠道黏膜出血等病变，死亡率 30% 以上，幸存鸭表现为生长不良、侏儒综合征及断羽现象；DuCV 感染的半番鸭未见死亡，主要表现为侏儒综合征及断羽现象，其组织脏器也无明显的眼观病变。

2. 与新型鹅细小病毒病的鉴别

在做 DuCV 引起樱桃谷鸭、北京鸭、番鸭、半番鸭和麻鸭等临诊病例的诊断时，要区别于新型鹅细小病毒引起以上品种鸭主要表现SBDS，即喙短、舌头伸出、侏儒，两者感染鸭的组织脏器均无明显眼观病理变化。

二、防治策略

（一）一般性预防措施

目前，对鸭圆环病毒病尚无特异性防治措施，在养鸭生产中可以通过加强日常的饲养管理，维持场内卫生清洁和加强消毒等措施，可以减少鸭群感染本病毒的机会。

（二）治疗

本病目前尚无有效的治疗方法，对于发生鸭圆环病毒病的鸭群，可在饮水或拌料中使用抗病毒药物3～5天，并在饮水中添加一定量复合维生素，且通过饮水给予一定量的抗生素以防鸭群继发细菌感染。

第十八节　鸭坦布苏病毒病

鸭坦布苏病毒病，又称为"种（蛋）鸭产蛋骤降""种（蛋）鸭出血性卵巢炎"、鸭产蛋下降—死亡综合征或鸭黄病毒病等，是一种由坦布苏病毒（Tembusu Virus，TMUV）引起的鸭生殖、免疫和神经系统等多脏器损伤的疾病，主要临诊症状为种（蛋）鸭高热、采食量骤降、饮欲增强、产蛋量骤降甚至停产，主要病变以卵泡出血或卵黄液化为主。小鸭发病时，以大量鸭瘫痪为特征的新发疫病主要病理变化为卵泡变形、出血，破裂后形成卵黄性腹膜炎、脾肿大和色泽变黑。

目前，本病在我国大部分地区广泛流行，已成为危害我国养禽业健康发展的重要疫病之一。

一、诊断依据

（一）临诊症状

鸭坦布苏病毒病自然感染鸭的潜伏期为3～5天，人工感染鸭的潜伏期为1～2天。因鸭品种、用途及日龄的不同，其感染鸭的临诊症状存在下列差异。

1. 开产蛋鸭（包括种鸭、蛋鸭）

（1）蛋鸭感染后，主要表现体温升高，有些鸭群突然出现采食量骤降（3～4天内），降幅可达30%～50%，此后逐渐增加，经过10～12天，可恢复正常。

（2）产蛋量急剧下降，大约在1周内，有些鸭产蛋量下降90%，一般下降10%～30%，有些下降50%～75%。严重者于发病后7～10天几乎完全停产。产蛋量在低谷期维持1周左右，然后可以逐渐回升。从产蛋开始减少至产蛋量恢复高峰，需1～2个月。产蛋恢复时间、产蛋恢复程度往往有所不同。

（3）饮欲增强，部分感染鸭排绿色稀粪。两脚麻痹（彩图198～彩图201）、多蹲伏或不愿行走，有些鸭出现站立不稳、瘫痪和扭脖等神经症状。部分鸭群感染后死亡率较低，约为5%，甚至未见病死鸭。有些患病育雏、育成和育肥阶段鸭的主要临诊症状以增重缓慢，仰翻、侧翻、双腿划动等神经症状为特征，而且死淘率高。患鸭易继发细菌感染出现呼吸困难、腹泻、趾跖部皮肤肿胀和破溃等症状。

2. 后备种（蛋）鸭

患鸭感染病毒后，主要表现为不开产或开产日龄推迟或参差不齐，或者开产后达到产蛋高峰的时间延长、产蛋高峰维持时间缩短或难以到达产蛋高峰。

3. 种公鸭

种公鸭感染后，无明显症状，主要表现为精子质量下降，引起种蛋受精率降低。

4. 商品肉鸭

商品肉鸭感染后，主要表现以神经症状为主，患鸭站立不稳、运动失调或仰翻（彩图202）。病鸭虽仍有饮欲、食欲，但往往因行动困难无法采食而饥饿或被践踏而死。

（二）病理变化

开产种（蛋）鸭、后备种（蛋）鸭、肉用鸭和公鸭感染坦布苏病毒病后，引起的肉眼病理变化差异较大。其病理变化及发病机制有如下特征。

1. 生殖系统

（1）卵巢炎。

①开产种（蛋）鸭感染后最典型的病变主要是卵巢炎，机体修复变形、坏死，卵泡出血（彩图203～彩图209）和卵泡破裂导致的卵黄性腹膜炎，液化（彩图210）、瘢痕化（彩图211）。

②后备种（蛋）鸭主要病变是卵巢出血、萎缩，卵泡闭锁，形成桑葚卵巢（彩图212～彩图214）。后备种（蛋）鸭卵泡出现不同程度出血，停止发育，发病鸭群产蛋量回升缓慢，发病后34～40天或更长时间尚存未吸收的出血卵泡。组织病理学检查显示共性病变见于卵巢出血、巨噬细胞和淋巴细胞浸润和增生。

（2）输卵管炎。蛋偏小（试验条件下，发病鸭所产鸭蛋重75 g，正常鸭蛋重88 g），蛋壳表面粗糙，色泽灰暗。输卵管萎缩。

（3）睾丸炎。公鸭感染本病后，睾丸体积缩小（长度5 cm以下），重量减轻（正常80 g以上，发病后30 g），睾丸出血（彩图215），输精管萎缩，种蛋受精率、孵化率降低，种（蛋）鸭产白蛋和血蛋（1次和2次照胚）增多，种蛋受精率、孵化率和壮雏率下降。

2. 消化系统

（1）腺胃炎。腺胃乳头消失。黏膜肿胀，上皮细胞脱落、崩解（消化机能降低），有数量不等的黏液，肌胃角质层变色，有溃疡。

（2）肝炎。部分病例肝脏肿大，表面有粟粒状坏死出血（彩图216、彩图217）。肝汇管区网状细胞和淋巴细胞浸润和增生，后期纤维化。汇管区出现炎症，经门静脉进入肝脏的胆盐增多，肝脏色泽变绿。汇管区肝细胞变性坏死，胆囊肿大，充满墨绿色的胆汁，参与脂肪消化和吸收的胆盐在小肠内增多，病鸭泄殖腔周围黏附浅绿色污秽排泄物或绿色粪便。

3. 神经系统

非化脓性脑膜炎：脑组织水肿、出血（彩图218），毛细血管内皮细胞活化，血管外膜细胞增生及形成"管套"和"噬神经元"病变。鸭感染病毒后5～6天，病毒会突破血脑屏障。雏鸭的血脑屏障发育尚不完善，病毒更容易突破和侵入脑组织。对神经元的损害越严重，出现的神经症状越明显。成年鸭出现站立不稳和瘫痪等神经症状。

4. 免疫系统

急性脾炎：鸭感染病毒后2～3天，血液中的病毒载量最高，血液中CD4、CD8淋巴细胞数量和CD4/CD8比值开始下降。脾轻度肿大、呈暗红色。白髓体积缩小，鞘动脉周围散在淋巴细胞变性、坏死，淋巴细胞数量减少、稀疏，形成空泡，空隙里有游离或散在网状细胞。红髓脾索淋巴细胞数量减少，网状细胞活化增生，静脉窦体积缩小，患鸭出现免疫抑制，免疫力下降，易继发感染其他病原菌。感染病毒后中后期，白髓体积缩小，红髓间质细胞大量增生，红细胞增多，脾肿大，色泽发黑。

脾是外周免疫器官，充血、肿大。鸭感染坦布苏病毒后形成病毒血症，白髓鞘动脉周围散在淋巴细胞核崩解，这是病毒杀伤淋巴细胞和诱发脾产生快速免疫或防御反应的结果。由于免疫系统损伤，发病鸭死淘率显著增加。

5. 泌尿系统

坏死性肾炎（散在肾小管上皮细胞坏死）和间质性肾炎，间质网状细胞增生。

6. 心血管系统

主要以心肌炎病变为主。心肌苍白、柔软，心内膜、外膜和心冠沟脂肪有出血点，心室扩张。

（三）流行特点

本病于2010年春夏之交在我国浙江一带突然出现，我国组织18个岗位专家、23个综合试验站站长及其团队成员深入生产第一线，先后调查了全国21个省份，本病的流行共覆盖60个市。2012年据曹贞贞报道，本病在我国浙江、福建、广东、北京、河北、河南、山东、安徽、江西、河南等地区均有发生和流行，并迅速传播至我国其他地区，至 2010 年年底，本病先后在华东、华中、华北、华南等地的 13 个省（区、市）发生，北京鸭、樱桃谷鸭、麻鸭和家养野鸭均对坦布苏病毒高度易感，番鸭易感性较差。2015 年刘晓晓报道，2013 年本病传入东北辽宁。

曹贞贞 2012 年报道，北京鸭、樱桃谷鸭、麻鸭和家养野鸭均对 TMUV 感染高度易感，番鸭易感性较差，但也有番鸭感染坦布苏病毒发病的报道，本病主要发生于蛋鸭和种鸭的产蛋期，但已出现 3 ~ 7 周龄的樱桃谷鸭、商品肉鸭和 2 ~ 6 周龄的金定麻鸭因感染坦布苏病毒而发病的病例，已用感染试验证实坦布苏病毒对 7 周龄内小鸭的致病性。在实验条件下，感染日龄越小，死亡率越高，2 日龄北京鸭感染坦布苏病毒可以出现 70% 以上的死亡率。

1. 传播方式

（1）1999 年最早报道坦布苏病毒的自然宿主是蚊子，已用雏鸡作为实验动物证明蚊子可以传播本病毒。

（2）本病还可以经直接接触和空气传播，已从鸭场范围内的死亡麻雀中检测到了本病病毒，这说明野生鸟类也可能和本病的传播有关。

（3）病鸭含有大量病毒，从咽拭子、泄殖腔拭子、肠道内容物和粪便样品中可检出本病病原，表明病鸭可以通过消化道和呼吸道排泄物等途径排出病毒，因此，病毒可通过粪便污染的地面、垫料、飞沫、饮水、饲料、器具和车辆等进行水平传播，而长途贩运可能导致疫病的广泛传播。

（4）卵泡膜样品的检出率最高，表明卵巢可能是病毒存在或复制的主要场所。2015 年李彦伯从发病种鸭、种蛋、胚和刚出壳雏鸭中均可以检测到本病病毒，说明病毒可以经卵垂直传播。在实验条件下，经口服、滴鼻、肌内注射和静脉注射等途径均可以复制出疾病。

2. 发病率和死亡率

本病在一年四季均可发生，但以夏季和秋季为甚，最初发病多为（蛋）鸭，群内发病率可高达 90% ~ 100%，死淘率在 15% 左右。本病所造成的死亡率高低不一，严重的可达 30% 以上。调查结果表明，若鸭群患病后饲养管理粗放，养殖条件恶劣，继发感染其他病原，则死亡率较高；而在养殖条件较好，饲养管理较规范的鸭场，鸭群即使发病，其死亡率常较低，产蛋恢复速度也较快。

3. 易感动物

（1）本病主要在产蛋鸭群中发生，产蛋鸭包括金定麻鸭、绍兴鸭、山麻鸭及各品种种鸭。除种（蛋）鸭外，本病毒还可以感染种鹅、蛋鸡、肉鸭及麻雀等。

（2）自然发病和实验感染研究结果已证明种（蛋）鸭和种鹅对本病毒高度易感，肉鸭及蛋鸡次之，其他禽类的易感性尚需进一步确定。

4. 流行季节

本病多发于产蛋期。本病一年四季均可发生，但以夏秋蚊虫肆虐季节多发。

（四）病原诊断

1. 病原特性

本病病原为坦布苏病毒，是黄病毒科（flaviviridae）黄病毒属（*flavivirus*）的恩塔亚病毒群（Ntaya Virus Group）。本病毒粒子为正二十面体对称球形，直径为 45 ~ 50 nm，有囊膜，不凝集鸡、鸭、鹅、鸽、兔及绵羊红细胞。病毒基因组为单股正链 RNA。本病毒对乙醚、氯仿等有机溶剂敏感，对酸碱敏感，不耐热，56℃水浴 15 min 以上可使其灭活。

2. 实验室诊断基本方法

（1）病料采取与处理。无菌采集发病鸭的卵巢、肝脏及肾脏等组织混合研磨，按 1 : 3 的比例加入无菌 PBS 缓冲液（pH 值为 7.2，含青霉素 100 IU/mL 和链霉素 100 IU/mL）制备成混悬液，冻融 3 次后，于 4℃下经 6000 r/min，离心 30 min 后，取上清抽滤后保存于 –80℃冰箱中备用。

（2）病毒分离。取上述样品上清经尿囊腔接种 5 枚 10 日龄非免疫鸭胚，每枚 0.2 mL，37℃孵育，每天观察 2 次，鸭胚接种样品后 3 ~ 5 天可出现死亡，鸭胚体呈现明显的充血和出血，肝脏可见有大量的坏死灶，有的鸭胚绒毛尿囊膜还出现水肿、增厚和出血。无菌收集 72 ~ 120 h 的死亡鸭胚胚液，用于病原检测。若未出现死亡，回收的尿囊液经无菌检验后，以 11 日龄番鸭胚继续传 3 代，无菌回收胚液进行病原检测。

坦布苏病毒除了可以在番鸭胚、半番鸭鸭胚、鸡胚上复制外，还可以在鸭胚原代成纤维细胞及传代细胞系，如鸡胚成纤维细胞系（DF-1）细胞、BHK-21 细胞及白纹伊蚊细胞系（C6/36）细胞中繁殖。病毒感染成纤维细胞培养可以引起明显的细胞病变，表现为细胞圆缩和脱落。

（3）病毒鉴定。提取分离获得的病毒的核酸，应用已建立的本病毒特异性 RT-PCR、荧光定量 RT-PCR 等方法能对病毒做出准确鉴定。

（4）血清学诊断。傅秋玲等人建立了坦布苏病毒 E 蛋白包被抗原间接 ELISA 方法，可以特异、敏感地检测鸭群感染坦布苏病毒后体内血清抗体水平。施少华等人建立了检测坦布苏病毒卵黄抗体间接 ELISA 方法，该方法可以在避免造成产蛋鸭应激的情况下使用，极大地方便了在产蛋鸭群中开展免疫抗体监测。

（5）回归试验。以 0.5 mL 的本病毒株鸭胚尿囊液毒通过鸭肌内接种 200 日龄蛋麻鸭（1 周内平均产蛋率约 90 %），在接种后 2 天可引起产蛋鸭发病，出现特征性的产蛋下降，可引起麻鸭 2 周内平均蛋率下降 50 % 以上。发病鸭卵巢呈现不同程度的卵巢病变，如卵巢出血、充血，卵泡变性、液化及萎缩，其他脏器病变不明显。

（五）鉴别诊断

在临诊中，对于开产种（蛋）鸭发生坦布苏病毒病时，应与禽流感、副黏病毒病等相区别，本病引起开产种（蛋）鸭产蛋量骤降、死亡率低，而禽流感、副黏病毒病对开产种（蛋）鸭引起产蛋量下降的程度不如本病，且死亡率较高。而对于肉鸭感染坦布苏病毒，主要应与禽流感、鸭传染性浆膜炎等区别开，可根据各病的临诊症状及肉眼病变加以区分。

二、防治策略

（一）一般性防控措施

本病为高度接触性传染病，建立严格的饲养管理制度，尤其是生物安全防控措施是鸭场预防本病传入的重要手段。保证良好的饲养环境，控制好饲养密度，保证鸭舍的温度、湿度和合理通风。应严格控制种鸭场相关人员和物流的传播，杜绝与发病鸭场来往。孵化场应停止使用来源不清楚的种蛋，对种蛋及包装运输工具，特别是运输工具执行严格的消毒措施。要加强鸭群的饲养观察，一旦发现鸭群出现异常情况，尤其是产蛋量下降等特征性临诊表现，需立即采取紧急处理措施，同时进行确诊。

（二）疫苗免疫

疫情流行地区或受威胁区域，接种鸭坦布苏病毒病疫苗是经济和有效的措施之一。研究人员就全病毒灭活疫苗、致弱活疫苗，进行了大量的研究工作。坦布苏病毒比较稳定，尚未有证据表明病毒有变异，不需要使用流行毒株制备疫苗。疫苗使用过程中，应做好免疫监测。根据抗体检测结果适时进行免疫。

1. 灭活疫苗

制苗用毒种的免疫原性和毒力强弱有密切关系，病毒经鸭胚或鸡胚传代后，毒力随着传代次数增加而降低。为保证疫苗的实际免疫效果，应严格控制毒种的代次，并建立基础毒种和生产用疫苗株。制备疫苗时，可采用胚和细胞制备。鸭坦布苏病毒病灭活疫苗可用于 7 日龄以上鸭，免疫接种 1 次可达到不低于 8/10 的攻毒保护（病毒分离法和卵巢病变观察法），免疫持续期为 4 个月。免疫接种 2 次，提供不低于 9/10 的攻毒保护，免疫持续期为 5 个月。种鸭免疫后所产的蛋孵出雏鸭可获得天然被动保护，母源抗体保护力可维持 15 天（近期效力）。商品肉鸭 5 ~ 7 日龄免疫。按照商品化疫苗使用说明书进行。

2. 弱毒活疫苗

研究人员采用鸡胚成纤维细胞或鸡胚，通过

对分离的病毒株进行连续传代致弱，研制弱毒疫苗，应关注和客观评价疫苗的安全性。疫苗致弱传代次数、毒力和基础毒种 E 蛋白关键部位氨基酸类型的限定等目前还没有统一标准。考虑鸭场饲养不同日龄鸭和病毒对小日龄鸭的致病力强等因素，疫苗使用前应采用鸭坦布苏抗体（母源抗体或感染抗体）阴性小日龄雏鸭进行安全评价。疫苗免疫后，应密切关注免疫鸭群生产性能变化和疫苗毒株是否存在毒力返强问题。使用过程中，应注意母源抗体对弱毒疫苗免疫效果的影响。按照商品化疫苗使用说明书进行。

3. 其他疫苗展望

鸭坦布苏病毒病在我国暴发和流行以来，为控制疫情的发生和流行，诊断试剂和疫苗成为了研究的重点，并取得了突破性进展。先后有鸭坦布苏病毒病灭活疫苗和弱毒疫苗 2 个产品获得注册。

目前市场上已有用于预防本病的灭活疫苗，种鸭或蛋鸭在开产前间隔 2 ~ 3 周免疫接种 2 次油佐剂灭活疫苗后，对强毒感染具有明显的保护作用。雏鸭在 5 ~ 7 日龄接种 1 次油佐剂灭活疫苗后 3 周对实验感染具有良好的保护作用。

（三）治疗

本病目前尚无有效的治疗方法，鸭群发病后需将发病鸭紧急隔离，专人专管，对发病鸭群可采取清热、抗病毒的支持性治疗，通过饮水或拌料添加一定量高品质复合维生素添加剂，并通过饮水适当给予一定量的抗生素防治鸭群细菌继发感染，这样可以在很大程度上降低死淘率。感染鸭群经过适当的支持性治疗后，采食量会慢慢回升，产蛋量也会逐渐回升，但种蛋的受精率和孵化率均可能低于正常水平。

第五章　细菌性疾病

第一节　鸭大肠杆菌病

鸭大肠杆菌病是指由致病性大肠杆菌的不同血清型菌株所引起鸭的不同病型的总称。临诊上常见的病型有大肠杆菌性急性败血症、母（公）鸭大肠杆菌性生殖器官病、雏鸭大肠杆菌性肝炎和脑炎、全眼球炎、卵黄囊炎、脐炎、心包炎和气囊炎等。

随着养鸭业的快速发展，养鸭数量多、密度大，再加上环境的污染严重，大肠杆菌病已成为危害养鸭业重要的细菌性传染病之一。就当前情况而言，凡鸭数量多、密度大、管养水平不均衡，水域及环境污染严重的养鸭场的鸭群，均有本病的存在和发生。

大肠杆菌病常与鸭瘟、慢性鸭流行性感冒、鸭坦布苏病毒病、鸭疫里默氏杆菌病、鸭巴氏杆菌病、沙门菌病等并发和继发感染，给养鸭业带来极大的经济损失。

一、诊断依据

（一）常见病型的临诊症状及病理变化

1. 鸭大肠杆菌性急性败血症

（1）临诊症状。所有日龄鸭都可以感染大肠杆菌病，以 7 ~ 45 日龄幼鸭易感。患病雏鸭精神沉郁，羽毛松乱，怕冷，常挤成一堆，不断尖叫。下痢，粪便稀薄、恶臭，带白色黏液或混有血丝、血块和气泡，一般呈青绿色或灰白色。肛门周围羽毛沾满粪便，干涸后使排粪受阻。食欲减退或废绝，渴欲增加。呼吸困难，最后衰竭窒息死亡。死亡率较高。通常所称的鸭大肠杆菌病多数指这种类型，为目前危害最大、流行最广的一个病型。

（2）病理变化。

①纤维素性心包炎。心包腔积液，心包液常有纤维素性渗出物，心包膜混浊、增厚，呈灰白或灰黄色，严重病例心包膜与心外膜粘连。有些病例心外膜粗糙，有纤维素性渗出物附着。心尖部有灰白色坏死灶。

②纤维素性气囊炎。呈现气囊膜增厚、混浊，表面附着纤维素性或黄白色干酪样渗出物。这种渗出物有时还呈片状充满整个气囊腔。

③纤维素性肝周炎。肝脏呈不同程度的肿大，肝被膜表面有一层厚度不一的纤维素性薄膜覆盖，薄膜易剥离（彩图 219），肝表面可见暗灰白色、不突出的小坏死点。有些病例，肺脏充血、出血，水肿。

④肠黏膜弥漫性充血、出血。急性死亡的少数病例，无明显的肉眼病变，但可以分离到病菌。

2. 母鸭大肠杆菌性生殖器官病

（1）临诊症状。

①急性病例只见母鸭体况良好，症状不明显，但死亡快速。

②亚急性病例见患鸭病初精神沉郁，食欲减退，体温正常或升高，不愿行走或离群独处，行走时摇摆不定，两脚紧缩，蹲伏地面，不愿下水，强行赶其下水，则常漂浮于水面上。患病母鸭腹部膨大，产软壳蛋或畸形小蛋，蛋的表面黏附灰白色渗出物。产蛋量大幅度下降。肛门周围常沾有潮湿、发臭、灰绿色的排泄物，并夹杂有蛋清、凝固蛋白或小块蛋黄样物。患鸭失水，脚胫部、脚蹼皮肤干瘪。眼球下陷，消瘦，最后衰竭而死。患病种鸭群所产种蛋受精率、孵化率表现为不同程度的下降，并出现死胚、臭蛋等现象。

③慢性病例病程长，严重下痢，有些病例表面上无明显的症状，精神尚好，有食欲或稍差。大部分病例症状与亚急性型相似。

（2）病理变化。其主要病理变化出现在生殖器官。绝大多数病例发生大肠杆菌性输卵管炎和卵巢炎。病鸭输卵管内含有凝固卵黄和蛋白块，外观像煮熟样。黏膜出血，有大量胶冻样渗出物（彩图220）。有些卵泡变形，卵泡膜充血、皱缩，呈红褐色或黑褐色。有些卵泡变硬或卵泡内呈现溶化，有稀薄如水样的蛋黄物质。有些较大卵泡破裂后卵黄落入腹腔，可见腹腔中充满淡黄色腥臭的油脂状卵黄液和凝固的卵黄块（彩图221、彩图222），后期呈灰黑色。腹腔内的脏器表面沾满卵黄液。腹膜增厚，有混浊的渗出物（彩图223）。长期慢性病鸭可见肝脏肿大、硬实、严重变性，腹腔内蓄积大量黄褐色腹水。

3. 公鸭大肠杆菌性生殖器官病

临诊症状及病理变化：阴茎肿大。病的初期，阴茎严重充血，比正常肿大2～3倍，难以看清阴茎的螺旋状精沟。在阴茎表面可见到芝麻大至黄豆大的黄色干酪样结节。严重病例阴茎肿大3～5倍，有黑色结痂。有的部分阴茎露在体外，黏膜坏死（彩图224），表面有数量不等、大小不一的黄色脓性或干酪样结节，剥除痂皮，可见出血的溃疡面，阴茎不能缩回体内。这些患鸭应及早淘汰。

4. 雏鸭大肠杆菌性肝炎和脑炎

（1）临诊症状。

①本病多发生于10～50天的鸭群。鸭群一旦发病，在数天内可波及全群。发病率高达80%以上，死亡率为50%以上。患鸭精神萎靡，食欲减退以至废绝。

②部分患鸭呼吸困难、咳嗽。腹泻，排出黄绿色稀粪。体重减轻。

③临死前出现神经症状。在特殊条件下，大肠杆菌可以突破血脑屏障侵入大脑，引起脑炎，患鸭表现沉睡或"半睡眠"状态即所谓"睡眠病"。

（2）病理变化。

①肝脏肿大、充血，并有出血块，表面呈黄色斑驳状，并有纤维素性渗出物（彩图225）。

②胆囊肿大，充满胆汁。心脏靠近尖端部有灰白色坏死灶。

③胰腺充血、出血和有坏死灶，部分病例胰腺呈液化状。

④肾呈条纹状出血。

⑤脾稍肿大、充血，有的有坏死灶。

⑥颅骨表面严重出血（彩图226）。脑膜充血，脑组织充血、出血并出现灰白色坏死灶。脑实质水肿，脑膜易剥离。

5. 大肠杆菌性关节炎

呈慢性经过病例的跗关节和趾关节肿大，关节腔中有纤维性渗出或有混浊的关节液，滑膜肿胀、增厚。

6. 大肠杆菌性眼炎

患鸭单侧或双侧眼肿胀，眼结膜潮红，眼内有干酪样渗出物，严重病例角膜形成溃疡，造成失明。

7. 脐炎

脐炎多数发生于出壳后几天的雏鸭，由于在胚胎期感染大肠杆菌，出现一些死胚，在育雏期间卵黄吸收不良，病雏拉稀，粪便沾污泄殖腔周围，造成脐部发炎。

8. 鼻窦炎

鼻窦炎多见于肉鸭，单侧或双侧鼻窦隆肿，张口呼吸。

（二）流行特点

（1）大肠杆菌广泛存在于自然环境中，各种血清型的大肠杆菌是鸭只肠道定居菌群，其少数血清型属致病性菌株。在正常情况下，大多数菌株是非致病性的共栖菌，当鸭机体衰弱，消化系统的正常机能受到破坏，肠内微生物区系失调，机体的防御能力降低时，肠内的致病性大肠杆菌就有可能进入肠壁血管，随着血液循环侵入内脏器官，造成内源性感染的菌血症。

（2）主要的传染途径是呼吸道，也可以通过消化道、蛋壳穿透、交配及蛋传播。

（3）最主要的传染源是病鸭和带菌鸭。当种蛋产出后受到粪便等污物污染时，蛋壳表面的大肠杆菌很容易穿透蛋壳而进入蛋内，这种蛋在孵化后期，有可能引起胚胎发育不良或造成死亡，或者使刚出壳的雏鸭发生本病。患大肠杆菌性输卵管炎的母鸭，大肠杆菌可在蛋的形成过程中进入蛋内而造成垂直传播。

（4）本病的传播还与下列因素有关：饲料发霉、日粮中营养成分不全、缺乏维生素和矿物质而造成雏鸭发育不良；饲料和饮水被污染，特别是水源被严重污染而引发本病最为常见；鸭群饲养密度过大，鸭舍卫生条件差、通风不良等因素，带有本病原菌的尘埃易通过呼吸道传染。

患病的公鸭与母鸭交配时也可以传播本病，近年种番鸭及半番鸭（杂交鸭）等采样人工授精种鸭群也可以因在受精操作过程中受污染而造成感染发病。

（5）各种品种、年龄的鸭群均可以感染大肠杆菌而发病，但以雏鸭最易感染。1998年张济培报道，雏番鸭发病日龄多在7～30日龄，发病率为10%～15%，死亡率达60%以上。2003年梁坚报道，某养鸭户养母番鸭800只，其中200只已开产4个月，600只开产1个月，在发生本病后第2天，产蛋量下降50%，发病第5天死亡近100只。2004年林永祯报道，某鸭群在开产后不久产蛋量达85%，患本病后产蛋量由85%～88%下降至55%～60%，种蛋孵化率由80%左右降至30%～50%，同时有部分公鸭出现阴茎肿胀发红、"脱鞭"不收，个别甚至局部溃烂。

（6）本病一年四季均可发生，以冬春寒冷和气温多变季节多发，与应激因素有密切关系。

（三）病原诊断

1. 病原特性

（1）鸭大肠杆菌病的病原体在分类学上属肠杆菌科埃希氏菌属。大肠杆菌为革兰氏染色阴性、两端钝圆的小杆菌。长2～3 μm，宽0.6 μm，不形成荚膜，具有周身鞭毛，能运动。在普通琼脂平板上生长良好，经37℃培养24 h形成圆形、隆起、光滑、湿润、乳白色、半透明、边缘整齐、直径为2～3 mm的菌落。若为溶血性菌株，则

在血液平板上形成 β 型溶血。绝大多数菌株在麦康凯琼脂平板培养基上长出红色菌落。在肉汤培养基中呈均匀混浊。大肠杆菌能分解乳糖，产酸产气。

（2）据大肠杆菌的O抗原（菌体抗原）、K抗原（荚膜抗原）和H抗原（鞭毛抗原）等表面抗原的不同，可将本菌分为许多血清型，现已知有180个O抗原，60个H抗原和80个K抗原。据报道，其中引起鸭发病的血清型有O_1、O_2、O_6、O_8、O_{14}、O_{15}、O_{20}、O_{35}、O_{56}、O_{73}、O_{78}、O_{111}、O_{118}、O_{119}、O_{138}、O_{147} 等。不同地区鸭群引发大肠杆菌病的菌株血清型存在一定差异，2010年陆文俊等人报道广西引发鸭大肠杆菌病的血清型主要有O_{78}、O_{73}、O_2 等；2011年史珍等人报道重庆引发鸭大肠杆菌病的血清型主要有O_{78}、O_{93}、O_{92}、O_{21} 等；2011年程龙飞等人报道福建引发鸭大肠杆菌病的血清型主要有O_{78}、O_{45} 等；2012年王传禹等人报道云南引发鸭大肠杆菌病的血清型主要有O_{78}、O_{132}；2011年张济培等人报道广东引发鸭大肠杆菌病的血清型主要有O_{78}、O_2、O_{20}、O_{65}、O_{86} 等；2018年侯凤香等人报道温州引发鸭大肠杆菌病的血清型主要有O_{145}、O_{169}、O_{142} 等。在不同动物及其不同类型的大肠杆菌感染中，大肠杆菌的血清型具有较大的差异。

（3）大肠杆菌对外界环境的抵抗力不强，50℃ 30 min、60～70℃ 3～5 min 即可死亡。一般常规消毒剂能在短时间内将其杀死。在低温、干燥条件下可长期存活。大肠杆菌沾在饲料、垫料、蛋壳和粪便及绒毛等上面后可存活1周至数月之久。pH值低于4.5或高于9时，可以抑制大多数大肠杆菌株的繁殖，但杀不死细菌。

2. 实验室诊断基本方法

（1）涂片染色镜检。若是雏鸭大肠杆菌性败血症，取刚病死的雏鸭的肝、脾组织。若是鸭大肠杆菌性生殖器官病，可取腹腔蛋黄液、输卵管凝固蛋白、变形卵泡液及患病公鸭阴茎的结节病灶作为被检病料并制作印片或涂片，当分离出细菌之后，挑选典型菌落做涂片、革兰氏染色、镜检，可见两端钝圆的红色小杆菌。确诊还须进行

其他检验。

（2）分离培养。取病料直接接种于麦康凯琼脂平板或伊红美蓝琼脂平板上，置 37℃温箱培养 24 h，由于大肠杆菌能分解培养基中的乳糖而产酸，因此，在麦康凯琼脂平板上菌落呈粉红色，在伊红美蓝琼脂平板上大多数菌株的菌落呈黑色并有金属闪光现象。确诊还须进一步做生化试验。

（3）接种实验小动物。用分离的大肠杆菌 18～24 h 培养物经口感染豚鼠、家兔和小鼠后，在良好的饲养条件下，不引起发病，当经皮下注射大剂量的纯培养物时，会产生局灶性炎症，有时会引起败血症而死亡。将大肠杆菌培养物注入豚鼠腹腔，也能因发生大肠杆菌性败血症而死亡。有必要时可做本动物回归试验。

（4）大肠杆菌容易误诊。大肠杆菌普遍存在于自然环境和鸭肠管中，为鸭群的常发病，临诊上常与巴氏杆菌病、鸭疫里默氏杆菌病、鸭瘟病及禽流感等病并发或继发感染，使鸭的病情复杂化，症状及病变不典型，往往容易误诊。因此，必须掌握全面的资料，进行综合分析，不断积累经验，力求做出较为准确的诊断。

二、防治策略

（一）预防

1. 搞好卫生工作

保持洁净的饮水，加强饮水的卫生监测，定期在饮水中加入含氯量 0.125% 次氯酸钠溶液；保持运动场干燥与清洁；对于小水池化的鸭场，要定期更换游泳池中的水（规模化养鸭场较易做到），定期进行活动水域的水体净化与消毒，避免场区杂草丛生，定期灭鼠就显得十分重要。对于利用水塘、河涌、鱼塘修建的养鸭场，要保持鸭舍的干净和卫生、保持垫草干燥（尤其在雨季，要常换）。对于笼养鸭群，要及时做好鸭粪与污水的清除工作，定期进行水线清洁与消毒，注意料槽残留的饲料及时清除、清洗及消毒。

2. 搞好消毒工作

（1）鸭场的消毒工作，必须持之以恒。消毒药的浓度要合适，消毒要彻底，特别是阴雨之后，更要彻底消毒，选出几种靠得住、信得过的消毒药交替使用。

（2）进雏鸭前，育雏室要彻底消毒。消毒程序是冲洗→喷雾→熏蒸→再喷雾。喷雾可用 0.5% 氢氧化钠或 0.5% 过氧乙酸等。熏蒸消毒时，每立方米空间用 12.5 g 高锰酸钾和 25 mL 福尔马林。消毒后 7 天再进雏。

（3）育雏期间，用 0.5% 过氧乙酸每天带鸭消毒 1 次。

（4）育成和产蛋期，每天早上对鸭舍内外消毒 1 次，氢氧化钠与过氧乙酸每周轮流使用，浓度均为 0.5%。铺垫料时，在新旧垫料上各消毒 1 次，待消毒 10 min 后，方可让鸭群进入舍内。

（5）种鸭转群时，对转群路线进行消毒；转群之后，对原鸭舍进行彻底消毒，消毒 7 天后再进种鸭。

（6）蛋入孵前，孵房每立方米空间用 12.5 g 高锰酸钾和 25 mL 福尔马林对种蛋进行熏蒸消毒。凉蛋期间，结合喷水可用含氯量 0.125% 次氯酸钠溶液每天喷雾消毒 2～3 次。

（7）蛋库定期消毒，防止细菌感染。孵化机、出雏机、雏鸭存放处及所有用具，每批消毒 1 次。

（8）严禁外来人员接触鸭群，本场工作人员严格执行消毒制度。

3. 搞好种蛋管理工作

管理好种蛋，对控制大肠杆菌病的垂直传播起着重要的作用。

（1）及时捡蛋。种蛋在垫料上的停留时间不超过 30 min。种蛋一旦被粪便或其他污物所污染后，若时间不长，可用被消毒液浸湿的毛巾擦干净，再浸入 0.01% 高锰酸钾溶液中 1 min，不用擦干，而是任其自然晾干后放入储蛋室，倘若污染严重、时间长，特别是被雨水或其他来源的水喷湿的蛋，不能作孵化用，应及时废弃。

（2）蛋库要求温度保持在 8～12℃，经常消毒，种蛋存放时间不能超过 7 天。

4. 搞好饲养管理工作

搞好种鸭和育雏的饲养管理工作，对防控大

肠杆菌病起着关键性作用。

（1）鸭舍通风良好，饲养密度合理。每平方米种鸭的合理密度如下：育雏期 20 ~ 30 只，育成期 5 ~ 6 只，产蛋期 3 ~ 4 只。在育成期和产蛋期还要有大于室内面积 1/3 以上的室外运动场。

（2）及时淘汰阴茎脱出的种公鸭和其他残次种鸭及已感染大肠杆菌并证实较长时间内未产蛋的母鸭。采样人工授精的种鸭群做好工具及人员的消毒，避免操作过程污染。

（3）病死鸭必须在指定的地点剖检、焚烧或做其他无害化处理。饲料要求全价、优质、无污染和无霉变。

（4）用药物预防雏鸭的大肠杆菌病有一定的效果，一般在雏鸭出壳后开食时，在饮水中加入庆大霉素，剂量为 0.04% ~ 0.06%，用 1 ~ 2 天。在饲料中添加微生态制剂拌料，连用 7 ~ 10 天。

5. 疫苗接种

（1）疫苗接种是预防鸭大肠杆菌病的重要手段。目前我国商品化可用于鸭群的大肠杆菌病疫苗主要为蜂胶佐剂的灭活疫苗，鸭疫里默氏杆菌病、巴氏杆菌病的多联疫苗。该苗在流行血清型相对应的区域或养殖场使用能起到良好的预防效果，但由于疫苗菌株的局限性和临诊大肠杆菌血清型的多样化及动态变化，疫苗不可能在所有养鸭区域或养殖场都起到有效免疫保护，在不同区域、场及时段应用对应血清型疫苗成为免疫有效性的保障。多年的实践经验告诉我们，凡实施大肠杆菌多价灭活疫苗接种的鸭群，基本上能获得 90% ~ 95% 以上的保护率。虽然各地优势的致病性大肠杆菌流行菌株的血清型种类多而不相同，但只要用从发病的地区或鸭场分离出来的优势流行菌株制成多价油乳剂灭活疫苗，按一定科学的免疫程序进行免疫，效果是理想的。

（2）陈伯伦、陈伟斌报道，2005 年以前应生产单位的要求，从发病的鸭群分离出多株大肠杆菌流行株，提供给疫苗生产单位，制成 13 个血清型油乳剂灭活疫苗，预防各个年龄段的鸭群，免疫效果达 95% 以上，非常理想。一些长期以来经常发生大肠杆菌病的鸭场，鸭群成活率低、死亡率大，特别是种鸭群，产蛋量低，损失巨大，实施免疫接种后，批批注苗，月月补针，及时淘汰患病严重和较长时间不产蛋的母鸭，经 3 ~ 4 个月后，基本控制了本病的发生。一旦出现因患大肠杆菌病而死亡的鸭只（尤其母鸭）的严重病例，立即分离大肠杆菌，如发现新血清型菌株，及时补充疫苗株，经多年跟踪，有效地控制了本病的发生和流行。

（3）陈永霖等报道，1995 年以来，采用本场（群）鸭大肠杆菌制成油乳剂灭活疫苗，5 年来（1995—2000 年）免疫雏鸭和种鸭达 100 万只，每群鸭的保护率达 90% ~ 98%。

（4）2002 年刘栓江等人报道，从河北某鸭场分离到两株大肠杆菌，其血清型为 O₂ 和 O₉₃，并制成灭活苗，免疫鸭群，保护率达 92%。

（5）众多学者和生产者证实，制备大肠杆菌多价油乳剂灭活疫苗是成功的，免疫效果是理想的，这是防控禽类大肠杆菌病的方向，也是历史的结论。

6. 免疫程序

（1）雏鸭 7 ~ 10 日龄首免，颈部皮下注射油乳剂灭活疫苗 0.5 mL/ 只（颈背部正中下 1/3 处或腿内侧皮下入针）。

（2）肉鸭免疫 1 次即可。

（3）种鸭 7 ~ 10 日龄首免；2 月龄二免，每只肌内注射 1 mL；产蛋前 15 ~ 20 天三免，每只注射 1.5 mL。以后每隔半年免疫 1 次，每只 2 mL。首免后 15 天产生免疫力。在产生免疫力之前，鸭只尽量避免接触被污染的水源。务必搞好鸭舍的清洁卫生或每 2 ~ 3 天在饲料中投 1 次大肠杆菌对其敏感的药物，同时添加复合维生素和微生态制剂，至产生免疫力为止。

7. 免疫失败原因分析

（1）目前，大肠杆菌疫苗除上述油乳剂灭活疫苗外，还有只含 4 ~ 5 个血清型的油苗、蜂胶苗及"自家苗"（灭活苗）。由于致病性大肠杆菌的血清型种类较多，倘若疫苗所含的血清型与当地的流行株血清型一致，则有效。倘若不一致，就会因免疫失败而造成不可估量的损失。

（2）采用"自家苗"免疫：即采集发病、死亡鸭只的内脏或分离到的大肠杆菌制成大肠杆菌"自家苗"，用于鸭群的免疫。有免疫成功的例子，也有免疫失败的惨重教训，也有上批鸭群免疫成功，而下一批鸭群则免疫失败的实例。总之是不稳定。其原因是：从少数病鸭分离到的大肠杆菌菌株的血清型，不能完全代表大群病鸭的流行菌株，同时在分离获得菌株、制备疫苗过程中，注射疫苗至产生免疫力之前这段时间内，如果鸭群又有新的大肠杆菌血清型侵入时，又会因疫苗血清型不匹配而引起发病。

（3）鸭群发生大肠杆菌病时，在不同时期引起鸭群发病的流行菌株也有所不同，因此，从同一个鸭群分离出来的大肠杆菌某些血清型也不能长期使用。

（4）编者从长期使用的13个血清型大肠杆菌油乳剂灭活疫苗的实践中总结出，一般来说，免疫保护可以达到95%以上，如果出现免疫失败，那就可能是患病鸭群所带的细菌超出13个血清型的范围，只要分离出新的血清型菌株，加进去，就成为含14个血清型的疫苗了。事物是在不断地发生变化，只有不断进行总结、不断研究，才是解决问题的唯一出路。

（二）治疗

大肠杆菌对多种抗菌药物都敏感，如庆大霉素、新霉素、卡那霉素、氟苯尼考等。但随着抗生素的广泛应用，耐药菌株也越来越多，而各地分离的菌株，即使是同一个血清型，对同一种药物的敏感性也有很大的差异。因此，在治疗之前，最好先用分离株做药敏试验，然后选用大肠杆菌对其高度敏感的药物进行治疗，才能收到较好的效果。

在未做药敏试验之前，可先选用本场、本地区过去使用少的药物治疗。用几种高敏药物交替使用，以防产生耐药性菌株。下列药物供参考选用。

（1）新霉素。每升水用50～70 mg（效价），连用3～5天。

（2）庆大霉素。每2万～4万IU兑1 L水，连用2～3天。

（3）卡那霉素。按每千克体重用5～7.5 mg，肌内注射，每天1次。

（4）氟苯尼考。混饲，每1 kg饲料加入200 mg，连用3～5天。

（5）阿莫西林。内服，1次量每千克体重用20～30 mg，1天2次，连用2～3天。

（6）阿莫西林+克拉维酸（2～4）∶1。内服，1次量每千克体重用20～30 mg（以阿莫西林计），1天2次。

（7）盐酸大观霉素。混饮，每升水用0.5～1 g（效价），连用3～5天。

（8）安普霉素。混饮，每升水用250～500 mg（效价），连用5天。

（9）头孢噻呋钠。按每千克体重用2～3 mg，肌内注射，每天1次，连用3天。

（10）多西环素。混饮，每升水用50～100 mg，连用3～5天；混饲，按每千克饲料用100～200 mg，连用3～5天。

当种鸭群发生大肠杆菌性生殖器官病时，必须首先对每只公鸭进行检查，发现外生殖器表面有病变的一律淘汰不留作种用，以防止继续传播本病。如果此时因淘汰种公鸭而影响受精率，可以采用人工受精。

鸭舍及场地应进行清扫及消毒，放牧的水塘，可结合防治鱼病进行消毒。

喂给高质量、含菌量高的微生态制剂及多种维生素。种鸭吃了这种微生态制剂之后拉出来的粪便，还含有大量有益的微生物，对净化环境有一定作用。

附：鸭大肠杆菌性脑炎（鸭神经型"脑型"大肠杆菌病）

1992年陈伯伦、张泽纪报道，1986年8月至10月，在患病产蛋母鸭群的脑组织中分离出大肠杆菌，其发病率达46%，死亡率为35%。鉴定为O_2、O_8和O_{21}三种血清型。并通过一系列试验，证实为患病母鸭的病原体。这就说明在家禽中确实存在神经型（脑型）大肠杆菌病。同时还说明在正常情况下，大肠杆菌不能通过血脑屏障进入脑组织，但在一定的条件下可以越过血脑屏障而进入脑组织使鸭群发生脑型的大肠杆菌病，这个"一定的条件"，就有待今后深入调查研究。

2003年王永坤等人报道，自2000年开始，在某省的数个县市，10～50日龄的番鸭、半番鸭、蛋鸭、后备鸭和家养野鸭发生大肠杆菌性脑炎。鸭群感染发病后，在数天之内迅速波及全群。根据6群番鸭、1群半番鸭、4群蛋鸭和3群家养野鸭流行发生情况的调查得知，其发病率为80%～95%，死亡率达50%以上。据了解，本病流行面有不断扩大的趋势，将对养鸭业造成更大的经济损失。

本病的病原体是大肠杆菌，是从患病死亡的鸭脑组织及肝脏病料中分离出来的，脑组织的分离率达100%，经血清型测定属O_{78}血清型的占81.33%、O_{107}血清型占9.33%。并证实这两种血清型是引起雏鸭和幼鸭发生脑炎的病原体。

一、临诊症状

主要表现为患鸭食欲迅速减少或废食，精神委顿，离群独处，下痢，粪便呈黄色水样。部分患鸭有咳嗽、呼吸困难等呼吸道症状。临死前转圈，倒地，两脚作游泳状划动等神经症状。

二、病理变化

（1）主要特征是患鸭颅骨严重出血，脑膜充血，脑组织充血、出血，并有芝麻至绿豆大、灰白色坏死灶。

（2）肝脏稍肿大，有充血和出血斑块，呈斑驳状。胆囊肿大，充满胆汁。心脏靠近尖端处有白色坏死灶。

（3）胰腺充血、出血，有灰白色坏死灶。

（4）部分病例肠黏膜有出血点，直肠黏膜有散在出血点，多数病例肠黏膜比较正常。肺、气囊、喉头、气管黏膜、法氏囊、胸腺等组织器官无肉眼可见的病变。

三、预防

王永坤等还报道用分离鉴定菌株制备灭活苗免疫试验鸭，免疫后第10天血清凝集价可达2^{10}，第15天血清凝集价可达2^{12}。在生产上使用3批灭活苗，每批苗免疫2000余只雏番鸭，共6790只，每只雏番鸭皮下注射0.5 mL。免疫后2个月，其保护率分别为98%、95%和97%，平均为96.67%，死亡226只，死亡率为3.32%。而另一群2150只未免疫雏番鸭，发病1860只，发病率为86.51%，虽然用药物治疗，但仍然死亡1325只，死亡率为61.63%。从以上结果看，用灭活苗免疫将是预防和控制本病发生的重要手段。

四、治疗

本病的治疗效果往往不理想，这是由于引起本病的大肠杆菌容易产生耐药性，即使选用大肠杆菌敏感药物，也仅能用于预防或作为紧急预防，才有一定的效果。有好些药物不能通过血脑屏障，也不能起到好的治疗作用，即使能通过血脑屏障，也只能在病的早期使用才有一定的效果，但也远不如治疗一般性大肠杆菌病。

因此，对付本病可靠的措施是使用灭活苗免疫鸭只。在本病广泛流行的地区有条件研制灭活苗，受本病威胁的地区，应建立制苗的技术贮备。制订好预防措施，防止本病的传入和发生是重要方针。具体做法请参考本书"鸭大肠杆菌病"部分。

第二节 鸭疫里默氏杆菌病

鸭疫里默氏杆菌病曾用名新鸭病、鸭败血症、传染性浆膜炎，之后又称鸭疫综合征、鸭疫巴氏杆菌病、鸭传染性浆膜炎，最后才确定为鸭疫里默氏杆菌病，是由鸭疫里默氏杆菌引起雏鸭的一种接触性、急性和慢性败血症。主要侵害2～8周龄雏鸭和雏鹅。主要临诊症状为精神沉郁，流泪，鼻分泌液增多，呼吸困难，下痢，共济失调和头颈震颤。主要病理变化为呈现纤维蛋白性心包炎、肝周炎、气囊炎、鼻窦炎、脑膜炎及眼结膜炎等。

雏鸭发生本病后，可引起大批死亡或生长发育严重受阻。本病常与大肠杆菌继发感染，造成更大的死亡，是当前危害养鸭业的主要传染病之一。

一、诊断依据

（一）临诊症状

本病的潜伏期为 1 ～ 5 天，有时可长达 1 周左右。潜伏期的长短往往与菌株的毒力、感染的途径及应激因素等有关。因此，不同鸭群所表现的临诊症状不尽相同，新疫区的患病鸭群多呈现急性型；老疫区的患病鸭群多以亚急性型或慢性型为主。

1. 最急性型

最急性型病例多见于鸭群发病早期，常未表现出明显的临诊症状即突然死亡。

2. 急性型

（1）急性型病例多见于 2 ～ 3 周龄的幼鸭，病程 1 ～ 3 天。发病初期可见病鸭闭目嗜眠、缩颈，精神沉郁，羽毛松乱，食欲不振或完全废绝，离群独处，腿乏力，行动迟缓或不愿走动，走路蹒跚，共济失调，站立不稳，常以喙抵地面。病的后期由于脚瘫而不能站立，最后瘫伏地上。两翅下垂，昏睡。患鸭流泪，眼眶周围绒毛湿润、粘连或脱落，形成"眼圈"（彩图 227、彩图 228）。

（2）鼻腔或鼻窦充满浆液性或黏液性分泌物，并常流出鼻孔四周，一旦干涸则使患鸭出现呼吸困难，咳嗽，打喷嚏。

（3）患鸭拉稀，粪便呈淡黄白色、绿色或黄绿色。

（4）病鸭临死前出现神经症状，不由自主地点头、摇头、头颈震颤、摇头摆尾，头向后仰，倒地，两脚伸直呈"角弓反张"或两脚作前后划动，尾部轻轻摇摆，然后出现抽搐，不久即死亡（彩图 229、彩图 230）。部分病鸭呈阵发性痉挛，在短时间内发作 2 ～ 3 次后死亡。

（5）病程一般为 1 ～ 3 天，若无并发症，则可延至 4 ～ 5 天。4 周龄以上的雏鸭，病程可延至 1 周以上。患鸭的跗关节、脚蹼表面出现龟裂（彩图 231）。

3. 亚急性型或慢性型

（1）此型病例多数发生于日龄稍大或病程长达 1 周以上的幼鸭。表现为精神沉郁，低头闭目昏睡，食欲不振或完全废绝。

（2）腿软弱无力，伏卧或跗关节着地呈犬坐式，不愿活动，一旦走动则共济失调。出现神经症状，痉挛点头、摇头摆尾、前倾后倒，仰卧时不易翻转。有些歪头的病鸭，若遇到惊扰则不断鸣叫，颈部扭曲，转圈或倒退。

（3）食欲减退，慢性型病鸭即使不死亡，也多表现发育受阻，严重者衰竭而死亡。

（二）病理变化

最主要的肉眼病变特征是浆膜出现不同程度的纤维素性渗出，以肝脏表面、心包膜、气囊壁为常见。

1. 大体剖检病变

（1）最急性型。常见不到明显的肉眼病变。

（2）急性型。

①肝脏。肝脏肿大，质脆，呈土黄色或棕红色，表面覆盖一层灰白色或略带黄色纤维素性薄膜（彩图 232、彩图 233）。若没有并发大肠杆菌病，这层薄膜紧贴肝脏表面，从肝脏边缘轻轻掀起，可见一层薄而半透明的纤维素性膜。薄膜极易剥离，剥离后肝被膜表面光滑。倘若并发大肠杆菌病，则肝脏表面的纤维素膜比较厚，表面光滑度较低，呈灰白色或稍带黄色，更易剥离。肝脏呈土黄色、棕黄色或橙黄色，边缘稍钝，质较脆。胆囊肿大，充满浓稠的胆汁。

②心脏。主要表现为纤维蛋白性心包炎。心包膜增厚、混浊，心包膜的脏层即心外膜表面常可见覆盖一层灰白色或灰黄色的纤维素性渗出物（彩图 234）。心包液明显增多，其中混有数量不等的白色絮状的纤维素性渗出物。病程稍长的病例心包液减少或完全消失，致使增厚的心包膜变

得混浊，并与心外膜粘连，难以剥离，心包腔内的纤维素性渗出物呈干酪化。

③气囊。气囊壁混浊或增厚，附有数量、大小不等的灰白色或灰黄色呈絮状或块状的纤维素性渗出物（彩图235）（这种渗出物有时亦存在于气囊腔中），以颈、胸气囊为多见。

④其他器官病变。脾脏常见肿大，呈红灰色斑驳状（彩图236）或肿胀不明显，表面有灰白色坏死点。有些病鸭的肺呈黑色或不同程度的间质性水肿（彩图237）。出现神经症状的病例可见脑膜充血、出血（彩图238）、水肿、增厚或有纤维素性渗出物附着。

（3）亚急性型或慢性型。有些慢性病例常可见到患鸭单侧或两侧跗关节肿大，关节液增多，后期干酪样化。较多病例发生关节炎。少数日龄较大的母鸭有输卵管炎，输卵管明显膨大，管内充满大量的干酪样物质。眶下窦有干酪样渗出物。

2. 病理组织学变化

（1）肝脏。整个肝脏淤血，肝窦扩张，发生弥漫性肝细胞脂肪变性。严重者肝细胞坏死，核溶解消失，仅剩下一个空泡。病的程度不同，损害有所差别。

（2）心脏。心外膜增厚、淤血、水肿、血管和淋巴管明显扩张，心肌横纹消失，肌原纤维崩解，心肌细胞发生广泛性、严重的颗粒变性，有时呈散在的肌间出血现象。

（3）气囊。出现纤维素性气囊炎，与心外膜的变化相似。

（4）脑。脑膜血管壁及其周围有白细胞浸润，脑室有大量渗出物，脑软膜下或脑室周围的脑组织中可见不同程度的白细胞和神经胶质细胞浸润。

（三）流行特点

（1）本病早在1932年在美国第一次报道，之后不少国家也有本病的报告。中国邝荣禄等人于1975年首次报道本病，1982年郭玉璞等人首次分离鉴定出鸭疫里默氏杆菌。随后，郭予强、C.F.Chang、章以忠、陈伯伦、高福、林业杰、张大丙、林世棠、钱忠明分别报道了我国广东、台湾、浙江、上海、福建、北京和江苏等地发生本病的情况。目前，本病的发生和流行极为广泛，几乎有养鸭的地方均有本病流行。

（2）家禽中各种品种的鸭和鹅均可以感染发病。在自然条件下，1～8周龄的鸭均易感，日龄愈小的雏鸭对本病的易感性愈高。

①急性型病例主要发生于2～3周龄的雏鸭。

②急性型或慢性型病例主要发生于4～8周龄雏鸭。8周龄以上的鸭一般较少发病，耐过鸭生长发育不良。1周龄以内的雏鸭病例较少报道，究其原因，有些学者认为有可能雏鸭体内存在母源抗体。有些学者却认为本病的潜伏期为1～3天，有时可长达1周左右，即使雏鸭一出壳就感染本病的病原体，也要经过3～5天潜伏期之后才出现症状和死亡，因此，1周内出现发病和死亡的雏鸭相对会少些。随着病例的出现，病鸭不断排毒，逐步扩大传播，从第2周开始，发病和死亡的鸭只数量逐日增加，症状和病变逐步典型。在一些饲养条件较差或存在较为复杂的应激因素的鸭场，1周龄雏鸭发生本病的例子确实存在，但死亡率相对较低，从而容易被忽略。

（3）一般情况下，发病率约为90%以上，而死亡率可高达90%。发病率和死亡率的高低一方面取决于鸭场生物安全条件的好坏、发病日龄、发病季节、饲养管理、应激因素、免疫质量、菌株毒力的强弱等外界因素；另一方面取决于雏鸭群发生本病时是否存在并发病，特别是并发大肠杆菌病，死亡率尤其高。在一般情况下，新疫区雏鸭群发生本病后，其死亡率明显高于老疫区。但是，有时候由于老疫区环境污染程度严重，背景性疾病多，老疫区鸭群发生本病之后，其死亡率往往也不亚于新疫区。

（4）本病多发生于低温、阴雨和潮湿的冬春季节。其他季节也有发生，发病率和死亡率相对较低。夏秋季节，若控制不当，也可以导致相当高的发病率和死亡率。本病常与大肠杆菌病、禽巴氏杆菌病、沙门菌病、葡萄球菌病等并发。

（5）本病的发生、流行及造成危害的严重程度与应激因素的关系尤为密切。实际例子表明，感染本病的鸭群在未受应激因素影响的情况下，症状通常较轻。卫生和饲养条件较好的鸭场，感染本病的鸭群常表现为散发且多为亚急性或慢性。加剧本病发生和流行的例子，多数是由于气候寒冷，饲养密度过高，鸭舍通风不良，垫料潮湿且未及时更换，饲料配比不当，缺乏维生素及微量元素，运输应激，场地潮湿、不卫生，从温度较高的鸭舍转移到温度较低的鸭舍，从舍内转移到舍外饲养或池塘放养，冬季天气寒冷保温不当或过早放牧而受寒，并发其他细菌性疾病和病毒病等因素。

（6）许多人为因素也可以导致本病的传播，如从疫区引进鸭苗最容易将本病引入；从多个地区或鸭场引进鸭苗则可以导致鸭场流行多个血清型的鸭疫里默氏杆菌病；人员车辆来往频繁，随意丢弃病死鸭、收购病死鸭、屠宰场的污水随意排放等因素也容易造成本病的传播。

（7）本病主要经呼吸道及受损皮肤伤口感染，特别是鸭脚趾或脚垫的伤口最易感染。本病也可以通过被污染的饮水、饲料、尘土及飞沫经消化道传染。到目前为止还未证实可以垂直传播。但也不能忽视本病可以经被病原体污染的蛋壳传播的可能性。

（四）病原诊断

1. 病原特性

（1）本病的病原体是鸭疫里默氏杆菌。本菌的血清型较为复杂，在国际上已被确认的有21个血清型（即1～21），但有人认为第20型参考菌株670/89不属于鸭疫里默氏杆菌，后来泰国从鸭子体内分离到一个新的血清型菌株代替了血清型20。各血清型彼此无交互反应，但血清型5与血清型2和9有微弱的交叉反应。1982年郭玉璞首次分离到病原，1983年郭予强也分离到鸭疫里默氏杆菌，接着1986年高福、张大丙、汪铭书、程安春、苏敬良等从1982—2006年先后分离鉴定出国内已出现的17个血清型（1、2、3、4、5、6、7、8、9、10、11、12、13、14、15、16、17）。2004年张大丙还分离鉴定出10个血清型中有4个亚型及1个可能新型的鸭疫里默

氏杆菌。2003年程安春等人又发现了4个新的血清型。2008年蔡畅等人又发现一株可能属于另一个新的血清型。之后各地陆续有关于鸭疫里默氏杆菌分离株血清型的报道，出现部分菌株目前未能分型的情况。而目前最为常见的是1、2、6、10型。

（2）鸭疫里默氏杆菌为革兰氏染色阴性，无鞭毛，不形成芽孢的杆菌。用瑞氏染色法染色，大多数菌体呈两极着色，呈单个、成双或短链状排列，部分呈椭圆形，偶见呈长丝状。菌体大小为（0.2～0.5）μm×（0.7～6.5）μm，呈丝状的菌体可长达11～24μm。用印度墨汁或姬姆萨染色，可见菌体有荚膜。

（3）本菌对理化因素的抵抗力不强。37℃或室温条件下，大多数菌株在固体培养基中存活不超过3～4天，55℃作用12～16h，本菌全部失活。肉汤培养物贮存于4℃则可以存活2～3周。对多种抗生素敏感，但对某些抗生素容易产生抗药性，如庆大霉素等。

2. 实验室诊断基本方法

（1）分离培养。用于细菌分离培养的病料采于感染急性期，最好是未使用过抗生素及其他抗菌药物的病例或刚死亡尸体的脑、心血、肝脏、脾、胆汁等（以脑组织的分离率最高）。将病料接种于胰蛋白酶大豆琼脂、巧克力琼脂或血液琼脂平板培养基上，初次分离时，置于二氧化碳培养箱或蜡烛缸内（含5%～10%二氧化碳），37℃培养24～48h，见菌落表面光滑、稍突起、圆形、直径为1～2mm，奶油状，部分菌株的菌苔黏稠。若在没有二氧化碳的环境中培养，也能生长，但菌落较小，呈露珠状。倘若在胰蛋白酶大豆琼脂中添加0.05%酵母浸出物、5%新生牛血清和庆大霉素（5mg/L）及含有5%～10%二氧化碳的环境可促进其生长。

（2）生化反应特点。本菌最大的特点是不能利用碳水化合物（少数菌株例外）。靛基质试验、甲基红试验、尿素酶试验和硝酸盐还原试验均为阴性。不产生吲哚，不产硫化氢，氧化酶、过氧化氢酶及磷酸酶阳性。

（3）回归试验。为了确定分离菌的致病性，可将细菌分离培养物经肌内接种 2～3 周龄的健康小鸭（来自未发生过本病的鸭场、未接种过鸭疫里默氏杆菌疫苗、未注射和口服过抗菌药物），同时还可以接种豚鼠，本病原菌可以致死豚鼠，但不能致死家兔和小鼠。从死亡的动物尸体又可以分离出本菌，即可确诊。

除以上基本方法之外，还可以采用免疫荧光技术、玻片和试管凝集试验、间接血凝试验、ELISA 试验、PCR 检测等方法进行鉴定。

（五）鉴别诊断

1. 与大肠杆菌病的鉴别

大肠杆菌为周身鞭毛，能运动，能分解葡萄糖和甘露醇，产酸产气。大肠杆菌病可以发生于各种日龄的鸭和鸡。临诊症状不出现头颈震颤、歪颈等神经症状。病理变化虽有肝周炎、心包炎和气囊炎，但肝脏表面的纤维素性渗出物形成的薄膜比较厚，常出现腹膜炎。实际上鸭疫里默氏杆菌病与大肠杆菌病继发感染的现象极为普遍。给确诊工作带来一定的难度。

2. 与鸭巴氏杆菌病的鉴别

多杀性巴氏杆菌能分解葡萄糖和甘露醇，产酸不产气。鸭巴氏杆菌病病程短、死亡快，可以发生于各种日龄的鸭和鸡，病理变化可见心冠沟脂肪有出血点，肝脏表面可见到灰白色、针尖大、边缘整齐的坏死点。能致死家兔和小鼠。

二、防治策略

本病的发生和流行，一方面是与应激因素的存在有着非常密切的关系，另一方面是倘若并发感染其他疾病，可以诱发和加剧本病的发生和发展，并可以造成大批鸭只死亡。

（一）预防

1. 尽量减少各种应激因素

育雏、雏鸭转舍或由舍内迁至舍外或放牧于水域中时，特别要做好保温工作。尤其在冬季，避免早上放牧，在舍内或在避风处设一小水池任其戏水，避免过激驱赶。平时应搞好环境卫生，及时清理粪便，饲养密度要适中。圈养的雏鸭棚舍要通风，避免过度拥挤，保持适当的温度和湿度。网上饲养的雏鸭，应定期冲洗地面，减少污染。做好夏季防暑降温工作。

2. 做好鸭舍及用具的消毒工作

防止鸭只足部受伤而感染本病。若在水塘放牧，要注意做好水质消毒，可用漂白粉投撒水面。对污染严重的水域，可先用新鲜生石灰投撒水面。鸭舍和运动场在搞好清洁的基础上，每 3～5 天选择合适的消毒药带鸭消毒 1 次。当鸭舍空栏时应彻底冲洗，然后用氢氧化钠液喷洒，用清水冲洗后，再用消毒药喷雾 1 次。

3. 采用降低本病感染率的饲养模式

引发本病的因素之一是水质的污染及水源性传播。因此，不少地方是采用鸭舍与运动场相结合的旱养模式，鸭舍地面用垫料，运动场地面铺垫颗粒大小适中的砂粒；采用岸边与浅水区搭建离地棚面，鸭群到深水区下水的饲养模式；采用旱地平养，小水池戏水池相结合模式，其关键是能保证水池能常换水；或在气候适宜的地区采用完全的网上旱养。以上模式均有利于对本病的控制。

4. 不从疫区引种

不少鸭场由于从疫区引进受本病污染的种蛋或种苗而导致本病的暴发，这是不可忽略的沉痛教训。如必须引种，应做好疫病的调查，进场前应先将种鸭场 50 m 以外的鸭舍隔离 30 天后才放入生产线。

5. 加强饲养管理

雏鸭出壳后，每只滴喂复合 B 族维生素液 0.5 mL。1～7 日龄用微生态制剂拌料，必要时可考虑调整小鸭日粮，如粗蛋白 20.5%、粗脂肪 4.0%、粗纤维 3.8%。其全价日粮配方（%）如下：市售肉小鸭中期复合预混料 0.5、玉米 59.3、豆粕 35.9、磷酸氢钙 1.8、石粉 0.9、食盐 0.30、食用油 1.0、赖氨酸 0.03、蛋氨酸 0.12、氯化胆碱 0.05。

6. 药物预防

受本病污染的鸭场，用敏感药物如氟苯尼考、头孢噻呋等对易感日龄前 2～3 天的雏鸭进行预治。

7. 免疫预防

用有效的疫苗预防接种鸭群，可以有效地降低鸭疫里默氏杆菌病的发病率和死亡率。由于鸭疫里默氏杆菌疫苗具有型特异性，对异型菌无保护作用，而国内已分离鉴定的鸭疫里默氏杆菌共有 17 个血清型，所以各地的流行株不一定相同。自繁自养的鸭场，血清型相对较单一，在一个相当长的时间内往往存在同一种血清型；没有种鸭的鸭场，雏鸭来源较复杂，往往存在带入较多或较新的血清型（两种或两种以上血清型）；若雏鸭来源相对稳定，则流行株的血清型也较单一些。不同地区、不同鸭场流行的鸭疫里默氏杆菌血清型不一定相同，即使是同一个鸭场的鸭群，在不同时期所流行的血清型种类都可能发生变化，从而导致原有疫苗的免疫失败。因此，最好选择一个地区或一个鸭场流行的几个血清型菌株制备具有针对性的多价疫苗。同时还应留意新血清型菌株的出现，及时更换。长期以来不少单位和学者一直致力于疫苗的研究，以下列举了 3 种。

（1）铝胶灭活苗。10 日龄免疫后 1 周即可检出抗体，第 2 周达到高峰，但随后即迅速下降至较低水平，需要 31 日龄时进行二次免疫。

2004 年程安春等人研制成功 1、2、4 和 5 型铝胶复合佐剂四价灭活疫苗。3 日龄樱桃谷鸭颈背皮下注射 0.5 mL/ 只，1 次免疫后 23 天抗体水平均达到高峰，51～65 天免疫保护力开始下降，至 93 日龄仍能检出抗体的存在。10 日龄进行第 2 次免疫后可产生更高的抗体水平，到 65 天时仍能保持较高抗体水平。

（2）甲醛灭活苗。这种疫苗的免疫保护期较短，同样也需要二次免疫才能产生较好的保护作用。

（3）油乳剂灭活疫苗。从目前情况看，油乳剂灭活疫苗免疫效果较理想，肉鸭于 7 日龄时颈背皮下注射 0.3～0.5 mL/ 只，约 15 天产生免疫力，

在没有其他传染病流行或同时做好大肠杆菌病及禽流感的防疫工作的基础上，鸭群的发病率可大大降低，肉鸭出栏率达 96% 以上。

还有蜂胶灭活疫苗、荚膜多糖苗、左旋咪唑灭活苗，据报道均有一定的免疫效果。

目前，国内商品化鸭疫里默氏杆菌病疫苗主要针对血清型 1 和 2 型的单一和多价疫苗，同时还有与大肠杆菌、多杀性巴氏杆菌联合的二联或三联疫苗，在剂型上主要是蜂胶佐剂和油乳剂佐剂灭活疫苗，并得到广泛的应用，对本病预防防控取得了较好效果。

8. 策略预防方案（供参考）

（1）方案 I。1 日龄雏鸭饮水中加入复合 B 族维生素，并用微生态制剂拌料 1 周。肉鸭于 3～7 日龄在颈背皮下注射鸭疫里默氏杆菌与大肠杆菌油乳剂（或蜂胶）灭活二联苗，每只 0.3～0.5 mL。也可于 2 日龄时首免，7 日龄二免（1 mL/ 只）。由于疫苗注射后需 10～15 天产生免疫力（最佳保护率需在免疫后 15～20 天），因此，在产生免疫力之前，为了防止本病和大肠杆菌的侵入，必须在注射油乳剂灭活疫苗当天开始在饲料中添加抗菌药物，每隔 3 天投 1 次药，4 次为一疗程，同时加入蛋白粉，以保证疫苗的免疫效果。有必要时可在 30 日龄时再添加不同的抗菌药物。

对于祖代鸭及父母代种鸭，除上述首免、二免后，于产蛋前 20～30 天进行三免，160 天四免，330 天五免。一方面是为了提高子代雏鸭的母源抗体水平，另一方面是为了提高种鸭抵抗大肠杆菌病的免疫力。为了更有效地提高疫苗的免疫效果，建议在注射疫苗前 2 天至注射后 5 天，在饲料中添加多种维生素，特别是维生素 E，另外在注射前 1 天开始，连续 3 天在饮水中添加维生素 C（1 t 水加 100 g），可减少应激反应。

油乳剂灭活疫苗切忌注射腿肌和胸肌，以免使注射部位产生硬结块，从而影响鸭只的活动和降低肉的品质。正确的注射部位应在颈部下 1/3 处背部中央或腹股沟皮下。倘若是蜂胶疫苗，由于容易吸收，则可以肌内注射。

（2）方案Ⅱ。鸭群虽然已注射了疫苗，由于疫苗株的血清型与流行株不符合而得不到免疫保护；或者由于疫苗注射时间太迟或由于未能及时免疫注射而暴发本病时，可参考选用此方案。

①每只鸭于颈部或腹部皮下或肌内注射庆大霉素 5000 U/ 只，也可以用硫酸阿米卡星，按每千克体重用 2.5 万 ～ 3 万 IU，隔天注射 1 次，2 ～ 3 天为一疗程。

②硫酸新霉素。饮水，每升水用 50 ～ 70 mg（效价），连用 3 ～ 5 天。

③氟苯尼考。混饲，每千克饲料用 200 mg，连用 3 ～ 5 天。

除由于疫苗的血清型不符合外，可考虑用蜂胶疫苗作紧急预防注射，此疫苗反应小，产生免疫力快（3 ～ 5 天即可产生抗体）。倘若流行株出现新的血清型，应及时作出确诊，及时更换新血清型菌株制作蜂胶或油乳剂灭活疫苗。

（二）治疗

一旦鸭群发生本病，及时采用药物防治可以有效地控制疫病的发生和发展。鸭疫里默氏杆菌对多种抗生素敏感，2005 年张大丙等人曾对 200 多株鸭疫里默氏杆菌分别进行了药敏试验，结果表明，90% 以上的菌株对红霉素、林可霉素、新生霉素、青霉素、氨苄西林、阿莫西林及头孢类药物都属高敏。对多黏菌素 B 和卡那霉素似乎具有天然耐药性。2012 年张济培等人对 100 株分离自珠江三角洲及邻近地区的菌株进行药敏试验，结果表明，90% 以上的菌株对奥格门汀、壮观霉素、青霉素、环丙沙星敏感。

1. 治疗方案

建议选用下列药物。

（1）头孢噻呋钠。肌内注射，按每千克体重用 2 ～ 3 mg，每天 1 次，连用 3 天。

（2）氟苯尼考。肌内注射，按每千克体重用 20 mg。也可以混饲，按每千克饲料用 200 mg，连用 3 ～ 5 天。

（3）阿莫西林 + 克拉维酸（2 ～ 4）：1。内服，1 次量每千克体重用 20 ～ 30 mg（以阿莫西林计），1 天 2 次。

（4）盐酸大观霉素。混饮，每升水用 0.5 ～ 1 g（效价），连用 3 ～ 5 天。

每次喂完抗菌药物之后，为了调整肠道微生物区系的平衡，应喂微生态制剂 2 ～ 3 天。

2. 治疗效果不理想的原因

（1）由于鸭只发病日龄过早，仅靠 1 个疗程药物治疗不能解决问题。而多个疗程服药又增加生产成本，致使不少养鸭户怀疑药物的治疗效果而中断治疗。

（2）鸭只发病后 72 h 内，如果用药不及时或剂量不够，致使患病鸭只出现严重的心包炎、肝周炎及气囊炎时，药物治疗虽然可以控制病情的发展及减少死亡，但已出现的"三炎"却无法修复，患鸭生长受阻，弱鸭增多，一旦受到各种应激因素的刺激，还会陆续出现死亡。

（3）由于诊疗不准确，直接影响到治疗的效果，如鸭疫里默氏杆菌病与大肠杆菌病不易区分，在同一群鸭中，有些是大肠杆菌病，有些是鸭疫里默氏杆菌病，某些药物对本病有效，而对大肠杆菌病可能无效或效果不佳。

（4）由于有并发症存在，如禽流感、细小病毒病、病毒性肝炎等，也会影响药物的效果。

（5）由于本病的流行菌株存在耐药性，不少养鸭户使用药物存在随意性，滥用，缺乏几种药物轮换用药的程序，有时即使对分离菌株进行过药敏试验，但在实际使用时拌料不均，剂量不够或由于病鸭采食量下降，食不到应有的药量等，亦达不到应有的效果。

因此，防治本病最主要和根本的办法是做好综合性的防控措施，改善饲养管理和卫生工作，建立合理的、科学的、持之以恒的防疫制度，尽量减少不良的应激因素，制订科学的免疫程序，通过药敏试验合理选择病原体对其高敏的药物和科学地施药，才能收到应有的效果。

第三节　鸭巴氏杆菌病

鸭巴氏杆菌病又称鸭霍乱、禽出血性败血症，是由多杀性巴氏杆菌中的某些血清型菌株所引起的急性、败血性传染病。最急性型病例往往在未出现明显的临诊症状之前就突然死亡，见不到明显的病理变化。急性型病例表现为败血症，肝脏出现数量不等、针尖大小、边缘整齐的灰白色坏死灶，内脏各器官黏膜和浆膜有出血点或出血斑。在一般情况下，本病只发生于一群鸭或一个鸭场中的 1 ～ 2 群鸭，但也有呈地方性流行，且可波及鹅群或鸡群。慢性型病例则表现为慢性呼吸道炎和关节炎，发病率和死亡率较低。禽巴氏杆菌可引起多种禽类发病和死亡，是危害我国养鸭业的一种重要的接触性传染病。

一、诊断依据

（一）临诊症状

自然感染的潜伏期为数小时至 5 天，人工接种常在 24 ～ 48 h 发病。本病按病程的长短分为最急性、急性和慢性三型。

1. 最急性型

最急性型病例常无前驱症状，可在奔跑中或在交配时突然倒地，扑动翅膀即死亡。有时见母鸭蹲在窝内产蛋，蛋产出后，母鸭也死亡，或者是晚间一切正常，食得很饱，翌日早晨即发现不少鸭只死亡。这种情况多发生于大群发病的流行初期。在分散饲养的情况下，即使在本病流行的中后期，仍可能出现最急性型病例，鸭只突然表现不安，倒地后双翼扑打几下，随即死亡。肥胖和高产的鸭只容易发生最急性型。

2. 急性型

（1）患鸭精神呆钝，离群独处，尾、翅下垂，头隐伏翅下，打瞌睡，停止鸣叫，行动缓慢，不愿下水嬉戏。食欲减退或废绝。体温升高达 42.5 ～ 43.5℃。渴感增强。从鼻和口中流出黏液。

（2）呼吸困难，常表现张口呼吸，患鸭往往摇头，并发出啰音。

（3）剧烈下痢，拉出绿色和灰白色或淡绿色的稀粪，有时混有血丝或血块，味恶臭。肛门周围的羽毛被稀粪沾污。

（4）下颌肿大（这是由于舌肿胀或皮下炎

症水肿所致）。患鸭常在发病后 1 ～ 2 天内死亡，死亡率颇高。如果发病鸭群治疗不及时，死亡鸭子数量通常会逐日成倍增加。耐过急性型的鸭可转为慢性病型。母鸭群感染本病后，产蛋量下降，薄壳蛋增多。

3. 慢性型

（1）慢性型病例呈进行性消瘦、贫血和持续性腹泻。

（2）食欲减退，渴感增加。有些病鸭一侧或两侧脚部关节肿胀（常在趾掌基部形成如胡桃状的肿胀）、发热、疼痛、行走困难、跛行或完全不能行走。穿刺关节肿胀部位时可见有暗红色液体，病程较长者则局部变硬，切开可见有干酪样物。

（3）有些慢性病例呼吸系统症状较为明显，鼻分泌物增多，鼻窦肿胀，喉部有分泌物积蓄。少数病例出现明显神经症状。病程常为几周至 1 个月以上，死亡率高达 50% ～ 80%。

（4）鸭群中有些个体在整个流行过程中虽不发病，但其中少数鸭成为带菌者。在急性和慢性型病例中，部分可以康复。如果发生顽固性腹泻者，则无痊愈的希望。

（5）还有关于 60 日龄的鸭患本病后发生多发性关节炎的报道。患鸭的一侧或两侧膝跗等关节发生肿胀、发热和疼痛，脚蹼麻痹，站立困难，行动受阻。食欲和体温无多大变化，病鸭瘦弱，发育迟缓。鸭群产蛋量下降。

（二）病理变化

1. 最急性型

本型病例常无明显的病理变化，有时只见心冠沟脂肪有少数出血点，肝脏有少量针尖大小、灰白色、边缘整齐的坏死病灶。

2. 急性型

本型病例的病理变化较为典型。

（1）心冠沟脂肪、皮下组织、腹腔脂肪、胃肠黏膜和浆膜等有小出血点或出血斑。肠管中以十二指肠的病变最明显，呈现急性卡他性或出血性肠炎（彩图239、彩图240）。肠内容物黏稠、混有血液，黏膜表面常覆盖一层黄色纤维素性渗出物（彩图 241）。盲肠黏膜有小溃疡面。心包腔内常充满透明的橙黄色渗出液，遇空气后不久即凝结，呈胶冻状。严重病鸭的心冠沟脂肪和心肌有大面积出血（彩图 242 ~ 彩图 244）。

（2）肝脏稍肿大，表面散布数量不等、灰白色、针尖大小及边缘整齐的坏死点（彩图 245 ~ 彩图 247），严重病例由于多量的坏死点融合在一起而形成斑块状坏死灶，肝脏这一病变具有特征性。脾稍肿大，质地比较柔软。

（3）气囊壁充血、出血（彩图 248）。肺出血，呈红黑色，个别病例可见水肿（彩图 249）。腹部皮下脂肪、腹腔脂肪出血（彩图 250）。脑充血、出血。种禽发病可见睾丸或卵巢、卵泡出血（彩图 251、彩图 252）。

3. 慢性型

本型病例的病理变化因病原体侵袭的器官不同而有所差异。在以呼吸系统症状为主的病例中，可见鼻腔、鼻窦内及气管呈卡他性炎症，或者见肺脏局部硬变。有的病例见关节和腱鞘内蓄积一种混浊或干酪样的渗出物。雏鸭多发性关节炎的病理变化，见关节囊增厚，关节面粗糙，附着黄色的干酪样物质，关节腔内含红色浆液，或者含灰黄色、混浊的黏稠液体。心肌有坏死病灶。肝发生脂肪变性和局部坏死。

（三）流行特点

（1）本病在水禽中广泛流行，对养禽业的威胁较大。鸭群常大批流行发病，有些地区却以散发性为主，也有呈地方性流行。各种家禽包括鸡、鸭、鹅和鸽等对本病均有易感性。各种日龄的鸭只均可感染发病，临诊常见成年番鸭易发。肥胖和产蛋多的母鸭发病后的死亡率较高，这是由于这些鸭对环境条件改变后的适应性较低的缘故。当患鸭或健康带菌鸭混入健康鸭群之后，其排泄物（鼻分泌物或粪便）污染了鸭群的周围环境、水源、用具、饮水或饲料，可经消化道传染；也可以随病鸭咳嗽和鼻分泌物排出的细菌，通过飞沫进入呼吸道而传播；亦可经损伤的皮肤而感染。带菌的鸭只，由于长途运输或在运输途中饲养管理不善，缺水、过热或过冷，致使鸭只受各

种应激因素的影响而降低抵抗力，从而暴发本病。气候突变，日夜温差过大，使鸭只难以适应或过分拥挤，均可诱发本病。值得注意的是，患禽巴氏杆菌病的鸡、鸭、飞禽、其他鸟类及狗等均可成为带菌者。此外，昆虫如蝇类、蜱和螨也可能传播本病。

（2）有人认为禽巴氏杆菌是一种条件性细菌，正常鸭体内也带有巴氏杆菌，当细菌数量少或毒力较弱或宿主抵抗力强时则不至于引起鸭只发病，也不向外排菌，细菌与鸭体保持一种平衡状态。一旦条件有所改变，细菌的毒力增强或鸭体的抵抗力降低时，这种平衡状态被打破，本病就可以发生和流行。也有人认为，具有毒力的禽巴氏杆菌多数停留在鼻窦中，当宿主抵抗力强时，这种细菌的繁殖受到限制，一旦禽体抵抗力下降，这种细菌就会大量繁殖而使禽群发病。

（3）本病的流行无明显的季节性，由于各地的气候条件不同，有些地区，本病多发生于春秋两季，有的地区则多发生于秋冬季节。

（4）成年鸭发病较多，幼鸭较少发生，但也有 6 ~ 20 日龄雏鸭发生地方性流行而造成大批鸭只死亡的例子。

（四）病原诊断

鸭巴氏杆菌病的病原体为多杀性巴氏杆菌，属于巴氏杆菌科的巴氏杆菌属。

1. 病原特性

多杀性巴氏杆菌的抗原结构较复杂，分型方法多种。常规的血清学分型是利用血清学方法检测荚膜和菌体抗原，采用血凝试验检测特异性的荚膜血清群抗原，1955 年 Carter、G.R. 根据荚膜成分和结构的不同，采用荚膜致敏的红细胞进行被动血凝试验将多杀性巴氏杆菌分为 A、B、D、E 和 F 5 种荚膜类型。通过研究来源于不同动物的分离菌发现，禽巴氏杆菌多属 A 型，少数为 D 型。1961 年波岗和田利利用菌体抗原（O 抗原）分为 12 个型（即 1 ~ 12）。将上述的 K、O 两种抗原组合在一起，构成 15 个血清型。1978 年 Brogden 等人又检测出一个新的血清型，这就构成了 16 个血清型。学者们提出用阿拉伯数字表

示不同的菌体抗原，并首先记录上菌体抗原的数字，随后用大写英文字母表示特异性荚膜抗原来表示菌株的血清型，如 5 ：A、8 ：A、9 ：A 等。与禽巴氏杆菌病有关的为 5 ：A、8 ：A、9 ：A 和 2 ：D 四个血清型。其中 2 ：D 是从美国慢性禽巴氏杆菌病患鸡分离出来的，毒力甚弱。

国内学者的研究结果表明，5 ：A 是我国禽源巴氏杆菌主要的流行株。1984 年郑明等人分离出 8 ：A，1987 年陈伯伦从患病鹅体内分离出 9 ：A。不同血清型之间不能交互免疫。

本菌对外界的抵抗力表现如下。

（1）禽巴氏杆菌的抵抗力不强，在干燥条件下 2 ~ 3 天内死亡。

（2）在血液和粪便中生存不超过 10 天。

（3）在冷水中能保存活力 2 周左右。

（4）在干燥的血液抹片上可存活 8 天。

（5）在 3% 煤酚皂、1% 苯酚或 0.02% 升汞中几分钟内死亡。

（6）在 5% 石灰乳、1% 漂白粉中 1 min 内死亡。

（7）巴氏杆菌对热的抵抗力不强，60℃经 10 min 即可死亡。

（8）在腐败尸体中可存活 3 个月。

（9）本菌对青霉素、链霉素、土霉素、磺胺嘧啶、磺胺二甲基嘧啶等多种药物均敏感，连续用药时间过长，可以产生耐药性。

2. 实验室诊断基本方法

（1）涂片镜检。取病死鸭的血液、肝组织或挑选典型菌落制作涂片，用瑞氏染色法或革兰氏法染色镜检。本菌呈短小、两极浓染的杆菌或者呈革兰氏染色阴性、类圆形短小杆菌。其大小为（0.2 ~ 0.4）μm×（0.6 ~ 2）μm。在肉汤培养基中还可以见到长丝状。从病死鸭体内新分离的菌体常具有荚膜。

（2）分离培养。用病死鸭的肝、脾组织接种于普通琼脂平板或鲜血琼脂平板进行分离培养，37℃ 24 h，即可见到圆形、直径为 1 ~ 3 mm、表面光滑、半透明、灰白色露珠状、闪光小菌落。在血液琼脂平板上，菌落的颜色呈淡灰色，其透明度不佳，不溶血。有必要时，将纯培养物进一

步做生化试验。

（3）回归试验。巴氏杆菌对实验动物（如小鼠、家兔及豚鼠等）均可使其致死。用经 24 h 肉汤纯培养物接种小鼠，每只皮下或腹腔接种 0.2 mL，从致死的小鼠尸体取病料（心血、肝）涂片、染色、镜检或再作分离培养，若出现典型的巴氏杆菌，生化试验结果与接种菌相同时即可确诊。

（五）鉴别诊断

1. 与鸭瘟的鉴别

鸭瘟除有一般的出血性素质外，还有其特征性病变：肝脏的坏死灶大小不一，边缘不整齐，中间有红色出血点或周围有出血环。食管和泄殖腔黏膜有坏死和溃疡。而巴氏杆菌病无此病变。

2. 与鸭疫里默氏杆菌病的鉴别

鸭疫里默氏杆菌病急性型主要发生于 2 ~ 3 周龄的雏鸭，亚急性或慢性型病例主要发生于 4 ~ 8 周龄的雏鸭，8 周龄以上的一般较少发病。本病的发病率和死亡率均较高。病理变化常见有心包炎、气囊炎和肝周炎。巴氏杆菌病无此变化。

3. 与鸭沙门菌病的鉴别

患沙门菌病死亡的小鸭肝脏也常有边缘不整齐的坏死灶，呈灰黄白色，多见于肝被膜下，肝脏稍肿，肝表面色泽不均，呈古铜色。脾脏明显肿大，有针头大坏死点，呈斑驳状。最具特征性的病变是盲肠肿大 1 ~ 2 倍，盲肠腔有土黄色干酪样柱状物。

4. 与大肠杆菌病的鉴别

病死的鸭只主要病变在心包膜、心外膜、肝和气囊壁有纤维素性渗出物，呈淡黄绿色凝乳样或网状，其厚度不一。肝脏肿大，质脆，表面有针头大、边缘不整齐、灰白色坏死灶，比巴氏杆菌病的肝脏坏死灶稍大。

二、防治策略

（一）预防

1. 加强饲养管理

搞好清洁卫生工作，尽可能做到避免从疫

区购进种蛋和鸭苗，以杜绝病原的传入，但实际上很难真正了解种苗是否带菌。故新引进的鸭，应该隔离饲养4周以上，观察无异常时才能混群。

2. 主动免疫接种

因为禽巴氏杆菌的抗原结构很复杂，所以这是禽巴氏杆菌病菌苗免疫不能令人满意的原因之一。目前，商品性或非商品性的疫苗只能对同型菌株的攻击提供较为满意的免疫保护（其保护率为70%～80%），而对异型菌株的攻击则没有或极少交叉免疫保护。弱毒疫苗的免疫谱较广一些，但也不甚理想，且反应较大，有些还会影响母鸭产蛋。免疫期一般均较短，只有2～4个月。长期以来，国内不少学者虽然研究出不少禽巴氏杆菌病疫苗，却自然淘汰了不少，为使常发生和流行本病的地区选择疫苗预防本病，将现有的疫苗介绍如下。

（1）禽巴氏杆菌病灭活疫苗。此类疫苗通常可选用与当地（场）流行菌株血清型相符、免疫原性良好的菌株培养于适宜的培养基中，然后用福尔马林等灭活剂灭活，加上氢氧化铝、油乳剂或蜂胶等佐剂而成。灭活苗有较好的安全性，但有免疫型的差别，即用某血清型菌株制成的灭活疫苗免疫鸭只，只能抵抗同型强毒菌株的攻击，对其他血清型强毒菌株的攻击则无保护力。鸭巴氏杆菌病流行菌株的血清型一般多为5：A。

（2）禽巴氏杆菌病氢氧化铝甲醛灭活疫苗。该苗的使用剂量是40日龄鸭只肌内注射1 mL/只，免疫后约2周产生免疫力，平均保护率为54%，免疫期为3个月。实际上往往免疫后1～2个月，鸭群遭到强毒侵入则可发病并造成一定数量死亡。产蛋鸭群对疫苗的反应较大，常在注射疫苗后1～3天内食欲降低，产蛋量下降3%～5%，并持续15～20天。该疫苗在4～8℃保存期为一年。

（3）禽巴氏杆菌病油乳剂灭活疫苗。该疫苗安全，其免疫剂量为每只鸭肌内或皮下注射0.5 mL/只（或按说明书使用）。雏鸭7～10天首免，母鸭产蛋前15天二免，以后每隔3～5个

月免疫1次。肉鸭免疫1次即可，注射疫苗后15天产生免疫力。免疫保护率平均为75%～80%，免疫期4～6个月。有些母鸭注苗后3～4天内，产蛋量下降4%左右，近年常见种番鸭接种后3～15天出现出血性肠炎，引起部分鸭只死亡。该苗在4～8℃保存，有效期为一年，但不能冻结保存。疫苗一旦冻结，会造成脱乳（即下层变清，上层呈乳白色）而失效。

（4）禽巴氏杆菌病蜂胶灭活疫苗。该疫苗的优点是安全可靠、应激小、无副作用，对母鸭的产蛋影响极小。由于该疫苗以蜂胶为佐剂，利用蜂胶具有的生物活性，能增强机体的非特异性免疫力，增强机体吞噬细胞的活力，因此，具有抑菌、抗病毒作用。接种疫苗后5～7天即可产生免疫力，保护率可高达90%～96.5%，免疫期长达6个月。该苗在6～8℃可保存18个月，10～15℃可保存12个月，20～30℃可保存6个月。

（5）弱毒活疫苗。由于禽巴氏杆菌的抗原结构复杂，且易发生变异，至今尚未获得理想的弱毒疫苗。目前，用于制苗的弱毒菌株有C190E40、731、807、PTR、B26、PC和T1200等，其缺点是免疫期短，反应大（鸭只注苗后食欲减少，产蛋量在2～3周内下降25%～59.7%）。鸭群在注苗前、后各5天内不能使用抗菌药物。其优点是免疫原性好，不同血清型之间的交叉保护性较大。

（6）巴氏杆菌病组织灭活疫苗。有些鸭群虽然多次注射上述疫苗，还不能很好地控制禽巴氏杆菌病的发生，仍不断有鸭只死亡。此时建议采集人工攻击或自然感染禽巴氏杆菌病而死亡鸭只的肝、脾，以及人工攻毒死亡的鸭胚的胚体和卵黄囊制成组织灭活疫苗。这种疫苗除了组织内含有已灭活的巴氏杆菌外，巴氏杆菌在患病机体组织内还能产生一种游离的抗原（称为攻击素物质），它本身不引起动物致病，但对巴氏杆菌的致病性有增强作用，具有抗原性，灭活后可引起机体产生抗体，对异株巴氏杆菌有抵抗力。该苗的优点是效力稳定，在常温下可保存一年。使用安全，无副作用，不影响母鸭产蛋，免疫期2～3

个月，制苗材料来源丰富，成本低，每个鸭肝50～80 g，可制成疫苗250～400 mL，可免疫100～200只鸭。

3. 被动免疫

患病鸭群可用猪源抗禽巴氏杆菌病高免血清，在鸭群发病前作短期预防接种。每只鸭皮下或肌内注射2～5 mL，免疫期为2周左右。

（二）治疗

当鸭群发生禽巴氏杆菌病时，可参考以下方案进行治疗。

1. 方案 I

（1）青霉素加链霉素。剂量是0.5～1.5 kg体重鸭各用5万～10万 IU；1.5～3 kg体重各用10万～15万 IU；3 kg体重以上各用20万～25万 IU。混合后作肌内注射，每天1次，连用3天。

（2）土霉素粉0.5%拌料，连喂3～5天。

（3）饲料中添加微生态制剂、多种维生素（特别是增加维生素K_3，比正常量加大10倍）及微量元素，连喂3～5天。

2. 方案 II

（1）青霉素加链霉素肌内注射（剂量与方案 I 相同），隔1天1次，共3次（即1天、3天、5天）。同时用复方敌菌净拌料，隔1天喂1次（即2天、4天、6天），剂量是第1次用量为70 mg/kg体重；第2次用量是35 mg/kg体重；第3次是35 mg/kg体重。

（2）停药1天后，用微生态制剂拌料喂2天。为防止鸭只在服用敌菌净时出现B族维生素缺乏，可在每千克饲料中加入复合B族维生素片3片（研成粉末拌料）或饮复合B族维生素溶液2天。

3. 方案 III

（1）盐酸沙拉沙星：该药是第三代氟喹诺酮类广谱抗菌药物。剂量为每千克水加入本品50 mg，每天2次，连用3～5天。若肌内注射，则每千克体重用2.5～5 mg，每天1次，连用3天。

（2）停药后及时用微生态制剂拌料，饮复合

B族维生素溶液3～5天。

4. 方案 IV

许多药物（其中以青霉素加链霉素为佳）肌内注射对禽巴氏杆菌病的疗效甚佳，甚至可立即控制鸭群的疫情，死亡大大减少。但是，有一些鸭场鸭群在用药后2～3天虽然可以停止死亡，但如果养禽者见疫情停止即停药，那么经3～5天或5～7天后还会后再出现死亡鸭只，这是因为鸭体内尚未完全死亡的巴氏杆菌又在继续繁殖，繁殖到一定数量时，又会引起新一轮的疫情。当死亡数量逐步增加时，下决心全群注射抗菌药物，当鸭只停止死亡，又马上停药，如此反反复复，很难控制疫情，工作很被动。因此，建议在用药后，鸭群死亡减少或停止时，不要马上停药，应该再用2～3天药，每天1次，停2～3天后再用2天药，把潜伏在体内的少数巴氏杆菌彻底消灭掉，巩固疗效才能取得彻底的胜利（注：这是编者亲自经历的体会）。

防控鸭巴氏杆菌病，单靠疫苗或药物的观点是不全面的。明智的做法是采用综合性防控措施：认真搞好卫生，防止病原的侵入；加强饲养管理，提高鸭只的抗病能力；及时注射疫苗，建立鸭群的免疫状态；及时进行药敏试验，合理使用药物，防止并发症等。

第四节　鸭沙门菌病

鸭沙门菌病（Salmonellosis）又称沙门菌食物中毒、沙门菌性小肠结肠炎等，是由鼠伤寒等几种沙门菌所引起人和各种动物疾病的总称。

本病属于一种急性和慢性传染病。主要引起雏鸭发病，常呈地方性流行，并可引起大批死亡。其他家禽都可以发病。幼鸭多呈急性或亚急性经过，成鸭则常为慢性经过或隐性感染成为带菌者。其主要临诊症状为腹泻、眼结膜炎和消瘦。主要病理变化为肝脏肿大，表面常有灰白色或灰黄色坏死灶。盲肠肿大，呈坏死性肠炎，肠内容物呈干酪样。本病原菌还可以

引发人类食物中毒，是现阶段公共卫生上值得重视的问题之一。

一、诊断依据

（一）临诊症状

（1）本病的潜伏期从数小时（一般多为12～18 h）至数周。1～3周的雏鸭感染本病之后常以急性败血症为主。

（2）患鸭表现精神沉郁，食欲消失，饮水增加，离群独处，闭目呆立，嗜眠，羽毛松乱而污秽，怕冷扎堆，患雏下痢。病初粪便呈稀粥样，后为绿色或黄色水样，恶臭，有时带有白色黏液或混有血丝、小血块和气泡，肛门周围有粪便沾污，干涸后常阻塞肛门，导致排粪困难。

（3）部分病例表现喘气，眼睑水肿，流泪，眼鼻有分泌物，上下眼睑粘连。全身出现颤抖，走路摇摆，接着发生平衡障碍等神经症状，站立不稳，常突然跌倒（彩图253），故称"猝倒病"。上述症状若发生在水域中，患鸭死亡时背向下，脚朝天，形如翻船，故称"翻船病"。若发生在陆地，则倒地，两脚作划船动作，死前呈"角弓反张"（彩图254）。病程为2～5天，有时可延至8天以上。

（4）若转为慢性（一般发生于1月龄左右），则表现精神不振，食欲减退，粪便稀软，严重时下痢带血，极度消瘦，关节肿大，跛行或轻瘫，甚至麻痹。病愈鸭常为带菌者。成鸭感染沙门菌后，不表现明显的临诊症状，呈隐性感染状态，但可经粪便排菌污染环境或经常导致本病的传播。产蛋母鸭感染本病后，部分病例突然停止产蛋。

（二）病理变化

（1）刚出壳不久就死亡的雏鸭，大都是卵黄吸收不良，脐部发炎，卵黄黏稠、色深。肠黏膜充血、出血。

（2）较大日龄幼鸭发病后见消瘦，死亡尸体失水、干瘪。肝脏肿大，呈古铜色，质脆易破裂，形成大出血，在腹腔内蓄积大量血凝块（彩图255），边缘钝圆，肝实质常有细小的灰黄白色坏死灶（彩图256），即所谓沙门菌小结节。有些病例的肝脏还可见有条纹状或点状出血。胆囊肿胀，充满胆汁。肠黏膜充血、出血。孤立淋巴滤泡、集合淋巴滤泡肿胀，常突出于黏膜表面，在肠浆膜表面也可见到大量灰白色节瘤状结节。

（3）慢性病例还可见到肠黏膜坏死，并附有糠麸样物（彩图257）。盲肠肿胀，内有干酪样物形成的栓子。脾脏肿大，有针头大坏死点。心包炎和心肌炎。心脏有坏死小结节。肠炎型沙门菌感染可见出现类似于鸭疫里默氏杆菌病的纤维蛋白性心包炎（彩图258）。气囊混浊，常有黄色纤维素性渗出物。肠黏膜坏死，在坏死的淋巴滤泡处形成灰黄色或淡棕色的痂。脾、肝及肾肿大。心脏有坏死小结节。肺出现局灶性炎症。带菌母鸭可见卵巢及输卵管发生变形和发炎，有时可发现腹膜炎。成年病鸭腿部关节常发生关节炎。

（三）流行特点

（1）在自然条件下，幼鸭最易感。1～2周龄感染雏鸭常呈流行性，死亡率为1%～20%不等，严重者可高达60%～80%。2001年胡新岗报道，某鸭场新引进2000余只番鸭，8日龄发病，发病率为90%，死亡率为10%。气候过热、肠内容物pH升高到中性或微碱性；或者缺乏维生素、矿物质，代谢障碍造成营养不良；或者鸭舍闷热、潮湿、卫生条件差；或者过度拥挤等条件，可促使幼鸭患病，疫病流行，增加发病率和死亡率。

（2）本病主要的传染源是患病和病愈带菌并排菌的鸭只。这些鸭只本身没有明显的临诊症状，但长期带菌。在饲养管理不善等因素影响下，带菌鸭只发病并排出大量副伤寒沙门菌。

（3）带菌鸭所产的蛋，由于被沙门菌所污染（蛋壳上或蛋黄中），用这种蛋孵化时，胚胎多半死亡。本病还可以垂直传播，有些能存活而出壳的雏鸭大量排菌，污染环境，从而传播疾病，往往造成大批幼鸭死亡。本病还可以通过被污染的孵化器、出雏器、育雏器、饲料、饮水、绒毛、饲养工具、来往人员和物品等传播。

（4）本病的传染途径主要是消化管。也可由带有病菌的飞沫经呼吸道黏膜而感染。

（5）本病的病原菌可以传染人。当人类吃入感染了沙门菌的鸭肉时，就会引起食物沙门菌中毒，甚至发生死亡。鼠类和苍蝇可以带菌，在流行病学上也起着极为重要的媒介作用。

（四）病原诊断

1.病原特性

（1）禽沙门菌属于肠杆菌科（Enterobacteriaceae）的沙门菌属（*Salmonella*）。国际原核生物分类仲裁委员会于 2005 年将沙门菌分为 3 个种：肠道沙门菌、邦戈沙门菌和地下沙门菌。

本病是指由沙门菌属细菌引起的禽类急性或慢性疾病的总称。依据禽沙门菌病原体的抗原结构不同分为三种疾病：鸡白痢、禽伤寒和沙门菌病。

①由鸡白痢沙门菌所引起的称鸡白痢。

②由鸡伤寒沙门菌引起的称为禽伤寒。

③由其他有鞭毛能运动的非宿主适应性沙门菌所引起的禽类疾病则统称为禽沙门菌病。本病的病原体是沙门菌属的多种细菌，约有 60 多种，150 多个血清型。

（2）引起鸭、鹅发生沙门菌病的最常见的沙门菌是鼠伤寒沙门菌和肠炎沙门菌，其次是德尔卑沙门菌、海德堡沙门菌、纽波特沙门菌、鸭沙门菌、乙型副伤寒沙门菌等。1994 年黄炳坤等人报道，从一群患病死亡的雏鸭群中，分离出一株沙门菌，经生化试验、血清学鉴定及回归试验等一系列试验，最后证实是鸡沙门菌。人工接种鸡沙门菌培养物，口服 0.5 ~ 1 mL、腹腔注射 0.2 ~ 0.4 mL、静脉注射 0.1 ~ 0.2 mL 都能使 8 日龄雏鸭致死，而且症状和病变非常典型。2014 年常志顺等人从云南商品肉鸭群分离获得 43 株沙门菌，经血清学鉴定均为鸭沙门菌。2015 年陈俊等人从四川、重庆地区规模化种鸭场分离出 163 株鸭源沙门菌，优势血清型为伊鲁木沙门菌、甲型副伤寒沙门菌及奥雷宁堡沙门菌，同时还有习志野沙门菌、鼠伤寒沙门菌、肠炎

沙门菌、猪霍乱沙门菌、奥斯陆沙门菌、姆卡巴沙门菌及昌丹斯沙门菌等。2018 年张林吉等人从徐州地区市场样品、鸭场鸭只泄殖腔拭子和临诊发病鸭的脏器组织样品分离获得 56 株鸭源沙门菌，结果市场样品分离菌株的优势血清型为肠炎沙门菌，临诊发病鸭分离菌株的优势血清型为印第安纳沙门菌和肠炎沙门菌。2018 年刘敏芳等人从佛山及周边地区分离获得 30 株水禽源沙门菌，分别属于鼠伤寒沙门菌、乙型副伤寒沙门菌、印第安纳沙门菌、肠炎沙门菌、波茨坦沙门菌和明斯特沙门菌，鼠伤寒沙门菌为优势菌株。

（3）本菌为革兰氏阴性小杆菌，大小为（1 ~ 3）μm×（0.4 ~ 0.6）μm，呈杆状或卵圆形，没有荚膜和芽孢。

（4）苯酚和甲醛溶液对本菌有较强的杀伤力。本菌在土壤、粪便和水中能生存很长时间。在鸭舍的室温中可存活 7 个月；在鸭粪中能存活 6 个月；在池塘中能存活 119 天；在普通饮水中能生存 4 个月。在蛋壳表面、蛋壳膜和蛋黄内的某些沙门菌，于室温条件下可存活 8 周。在清洁的蛋壳上生长期较短，而在污秽蛋壳上则较长。提高湿度可延长其存活时间。

2.实验室诊断基本方法

（1）病料采取与处理。禽沙门菌病病料的采集包括粪便、肠内容物或肠黏膜、肝、脾、淋巴结、卵巢、输卵管及血液。

（2）病毒分离。用作采取病理材料的患禽尸体，死后时间不得超过 4 h（夏天不得超过 2 h）。最好是采集患病濒死或刚死的鸭只的病料，否则肠道的各种细菌可以通过门静脉入肝。因此，送检材料越快越好，但尸体不得浸湿。急性病例可以自血液或实质器官中分离病菌。慢性病例可以自胆囊、卵巢等处分离病菌。盲肠内容物和盲肠扁桃体是最好的取样部位。由于从粪便排菌是间歇性的，所以用泄殖腔拭子分离病菌的诊断意义不大。鸭急性病例可直接取肝、脾、心血和肺等进行分离培养。

（3）细菌分离培养。第一步是将病料接

种下列培养基：麦康凯琼脂平板培养基，经37℃ 24～48 h 培养后，沙门菌菌落均为无色、透明或半透明、圆形、光滑、较扁平。SS 培养基和亚硫酸钠琼脂培养基，经培养后，沙门菌菌落均能产生硫化氢而变成黑色或墨绿色。

第二步是挑选典型菌落接种三糖铁琼脂斜面培养基，经 37℃ 24 h，被检菌在培养基斜面呈粉红色，底层变黄色并可能产生气体。在尿素培养基中为阴性，再结合细菌的形态和菌落特征，可初步疑为沙门菌。

第三步是将可疑菌做进一步生化特性鉴定，确定其属性后再进行血清学定型。鉴于沙门菌属血清型繁多，而且较为复杂，有必要时，可送有关部门的高级实验室定型。

二、防治策略

（一）预防

1. 幼鸭必须与成年鸭分开饲养

有专用育雏棚，或者每批鸭出栏后有间歇期（进行彻底消毒），防止间接或直接接触。患病种鸭所产的蛋不能留作种蛋用。

2. 严防种蛋被污染

（1）搞好环境卫生。这是防止种蛋被污染的重要环节之一。食槽、水槽、鸭舍、产蛋窝、运动场、水域等应经常保持清洁。

（2）种蛋保持清洁并消毒。及时收集种蛋，保持种蛋的清洁干净，产在运动场、河岸、塘边和水中的种蛋不能入孵，因为这些种蛋已被细菌污染。倘若入孵，就有可能使整个孵化器受污染，造成病原菌经蛋传播。种蛋的消毒可用福尔马林熏蒸，在密闭的柜子里进行，柜内设有盛蛋的网架，分层放好，使福尔马林气体能均匀分布至每一个角落。如能建立蛋库（有冷冻条件）更理想。搜集的种蛋及时入库并消毒，或者种蛋在入孵前用 1/1000 的高锰酸钾溶液（或用新洁尔灭）浸洗，晾干后入孵。

（3）做好孵化器的清洁、消毒工作。孵化器的消毒应在出雏后和种蛋入孵前进行，也可以在种蛋送入孵化器后，连同种蛋一起进行。按每立方米用 40% 福尔马林 30 mL 和高锰酸钾 15 g 计算，熏蒸 30 min，然后用 33% 氨水（其用量为熏蒸时所用福尔马林量的一半）放入孵化器内，只需几分钟就可以中和消除福尔马林的气味。

（4）雏鸭的预防。在育雏的前期喂饲微生态制剂。在雏鸭出壳后立即用微生态制剂拌料，使雏鸭早期建立正常的肠道菌丛，以抵抗或干扰（生物竞争）肠道其他病原菌的繁殖和定居。同时将多种维生素加入饮水中，连喂 7～10 天。

（5）微生态制剂的使用。微生态制剂的作用也有一定的局限性，它不能提供完全的保护，倘若种鸭群带菌严重，孵化室（器）的卫生环境不理想，造成雏鸭受到严重感染，此时喂饲微生态制剂效果差些。在这种情况下，可以在雏鸭开食的第 1 天，在饲料中添加抗生素，将肠道中的沙门菌及其他细菌杀死，然后喂微生态制剂，让有益的微生物在肠道中占优势，通过生物竞争，达到预防雏鸭沙门菌病的目的。

（6）搞好卫生消毒工作。接运雏鸭的用具及运输工具，应在使用前、后进行消毒，特别注意彻底搞好食槽和饮水器的清洁和消毒，严防雏鸭早期感染沙门菌。

（7）关于鸭沙门菌病免疫预防接种问题。目前国内尚未见有商品化的疫苗面世，国外曾介绍用甲紫明矾疫苗预防鸭沙门菌病，保护率可达 70%～100%。也有建议使用福尔马林灭活疫苗，在出壳后 1 天的雏鸭颈部皮下或胸肌注射 0.2 mL，10 天后按同样的剂量进行第 2 次注射。母禽在产蛋前 1 个月注射 1 mL，隔 8～10 天后再注射第 2 次，就可以使抗体进入蛋内传递给雏鸭，使雏鸭出壳后 20～25 天内获得天然被动免疫力。

（8）疫苗预防。由于沙门菌的血清型种类太多，每一地区雏鸭发生沙门菌病的病原菌不一定相同，甚至差别很大，因此，疫苗必须是多价的，这就给实际工作带来了困难。然而新疆的成进等人已研究成功鸡白痢疫苗，据报道效果不错，这就给沙门菌病的疫苗研究开辟了新路子，但愿不久的将来有水禽沙门菌病疫苗面世。在严重发病的地区，应急的办法是采取当地常见的沙门菌制成灭活菌苗进行免疫，预防效果良好，但接种后的免疫应激较大，会引起鸭群短期地拉白色粪便、食欲下降，甚至发生呼吸道病等，因此，使用该种疫苗时需做好预防应激措施。必要时可以用当地菌株作为抗原制备高免血清，供预防之用。

（二）治疗

由于目前抗生素的广泛应用，沙门菌极易产生耐药性。因此，在使用抗菌药物时，应先做药敏试验，根据结果选用沙门菌对其敏感的抗生素进行治疗。及时投喂正确剂量的药物，可降低患鸭的死亡率，有助于控制本病的发展和扩散。

下列常用的抗菌药物供参考选择。

（1）土霉素。按每千克饲料用 250 mg，连用 3 ~ 5 天。

（2）金霉素。0.02% ~ 0.06% 拌料，喂 3 ~ 5 天。

（3）新霉素。按每千克体重用 20 ~ 30 mg 拌料，按每千克体重用 15 ~ 20 mg 饮水，连用 3 ~ 5 天。

（4）盐酸沙拉沙星。按每千克水用 50 mg，每天 2 次，连用 3 ~ 5 天。

（5）氟苯尼考。按每千克饲料用 100 ~ 200 mg，连用 3 ~ 5 天。

（6）阿莫西林 + 克拉维酸（2∶1 ~ 4∶1）。内服，1 次量每千克体重用 20 ~ 30 mg（以阿莫西林计），1 天 2 次。

（7）头孢噻呋钠。按每千克体重用 2 ~ 3 mg，肌内注射，每天 1 次，连用 3 天。

每次停药后一定要在饲料中加喂益生菌，以保持肠道中微生物区系的平衡，让益生菌在肠道中占优势。

（三）公共卫生

水禽的沙门菌是人类沙门菌感染和食物中毒最主要的来源。食物中毒的潜伏期为 7 ~ 24 h 或可延至数日。细菌毒素的毒力愈强，潜伏期愈短，症状出现愈早。常突然发病，伴有头痛、寒战、恶心、呕吐、腹痛和严重腹泻。经治疗可于 3 ~ 4 天内康复。因此，对于带菌鸭只的肉和蛋等产品，应加强卫生检验和无害化处理等措施，以防止发生食物中毒。

第五节　鸭亚利桑那菌病

鸭亚利桑那菌病又称副大肠杆菌病。主要危害 2 ~ 5 日龄至 20 日龄雏鸭。其主要临诊症状为眼结膜炎、眼球皱缩、失明、下痢。其主要病理变化为肝脏肿大，盲肠内有干酪样物。

一、诊断依据

（一）临诊症状

（1）患鸭精神沉郁，体温升高，食欲不振以致废绝。羽毛松乱，喜饮水。低头，翅下垂，身体颤抖，步态不稳。腹泻，排出黄白色稀粪，有时混有血液，肛门周围沾有粪便。

（2）患鸭流泪，发生眼结膜炎，上、下眼睑粘连，有的病例角膜混浊、皱缩，最后失明（视网膜上覆盖有干酪样物所致）。鼻孔有鼻液，呼吸困难。

（3）雏鸭多呈急性经过，1 ~ 2 天死亡；幼鸭多呈慢性经过，1 ~ 2 周死亡。

（二）病理变化

（1）肝脏肿大，呈黄色或紫红色。部分病例肝脏被膜下有白条纹或斑点呈斑驳状，质地柔软。胆囊肿大，胆汁浓稠。

（2）肠黏膜充血、出血，盲肠内有干酪样物。

（3）心肌混浊肿胀，有芝麻样的白色坏死灶。脾、肾、肺充血，气管黏膜充血或出血。少数病例有腹膜炎，蛋黄吸收不良。

（三）流行特点

（1）在自然条件下，本病多发生于雏鸭，成年鸭发病率低，多为带菌者，可以成为长期的传播者。出壳后 5 天至 3 周的雏鸭最易感染发病。死亡率不等，主要决定于饲养管理是否得当，一般为 10% ~ 15%，也有 30.5%，亦有报道达 32% ~ 93% 的例子。

（2）在雨季，禽舍内、外潮湿，通风不良；饮水器及食槽安放的位置不当，致使禽只的分泌物污染饮水及饲料；日粮营养成分不全，特别是缺乏维生素 A、维生素 D、矿物质及青绿饲料等，致使鸭只发育受阻，增重缓慢，机体抵抗力降低。这些都是发病的诱因，往往可以在短期内造成大批雏鸭发病死亡。尤其当雏鸭发生维生素 A、维生素 D 缺乏症的情况下，死亡率更高。

（3）本病的传播方式与沙门菌病大致相似，可以通过被污染的蛋传播，也可以通过带菌鸭只、病鸭的排泄物和被污染的饲料、饮水和孵坊而传播。野禽、老鼠及爬行动物通常是家禽发生感染的病原来源。传染途径主要是消化道。

（四）病原诊断

1. 病原特性

（1）副大肠杆菌可分亚利桑那、巴瑟斯达、普罗非登斯三群。其中只有亚利桑那群包含有对鸭只致病的菌株。

（2）热和常见的消毒剂能稳定杀灭亚利桑那菌，但本菌在污水中能存活 5 个月，在污染的饲料中可存活 17 个月。

2. 实验室诊断基本方法

亚利桑那菌属于肠杆菌科沙门菌属的第 III 亚属，称亚利桑那沙门菌（*Salmonella Arizonae*），革兰氏染色阴性，不产生芽孢的杆菌，有周身鞭毛，能运动。

与沙门菌最明显的区别是沙门菌不能发酵乳糖，而大多数从家禽分离到的亚利桑那菌在培养 7 ~ 10 天后发酵乳糖；沙门菌不液化明胶，对缩苹果酸及 β 半乳糖苷酶呈阴性反应，而亚利桑那菌则能缓慢液化明胶，对缩苹果酸及 β 半乳糖苷酶呈阳性反应。

二、防治策略

防治请参考本书沙门菌病部分。

第六节　鸭支原体病

鸭支原体病又称鸭慢性呼吸道病，又称成鸭传染性窦炎，是由鸭支原体引起雏鸭的慢性传染性疾病。其主要临诊症状为精神沉郁，张口伸颈呼吸，并发出"咕——咕"声，打喷嚏，出现眶下窦炎和气囊炎。

一、诊断依据

（一）临诊症状

（1）本病的自然病例最早发病的日龄为 5 日龄的雏鸭，人工经眶下窦感染第 5 天有少数雏鸭出现症状，第 12 天有半数鸭出现典型症状。成年鸭发生感染病例逐步增多，该病会引起呼吸道症状及母鸭产蛋量下降。

（2）患鸭病初打喷嚏，有少量清色鼻液，一侧或两侧眶下窦肿胀（彩图 259），形成球形或卵圆形凸起，触之有波动感，随着病程的发展，肿胀部位逐渐变硬，鼻腔发炎，自鼻孔内流出浆液性或黏液性分泌物，病鸭常因沾上灰尘或饲料粉末显得鼻孔周围很脏。患鸭时时用爪踢抓鼻窦部，并出现甩头，表现不安，呼吸加快。严重病例随着每次呼吸发出"咕——咕"的气管湿性啰音，鼻孔周围有干痂，分泌物将鼻孔堵塞。有些病例出现眼结膜潮红、流泪，眼内积蓄浆液性或黏性分泌物，少数病例失明。患鸭虽有如此症状，但精神尚好，随病程的延长，精神稍差，生长发育缓慢，肉质下降。

（二）病理变化

（1）病鸭眶下窦内充满浆液性或黏液性分泌物，有的蓄积多量坏死性干酪样物质。

（2）气囊壁混浊、增厚，早期可见附着带气泡样渗出液，后期出现干酪样渗出物，如珠状和碟状或成堆、成块。

（3）喉头、气管黏膜充血、水肿，有浆液性或黏液性分泌物附着。肺脏有黄色渗出物附着。

（三）流行特点

（1）禽支原体病先发现于鸡，1956 年我国学者罗仲愚等，在北京某鸭场发现类似疾病。其特征是患鸭鼻有分泌物，眼结膜发炎，眶下窦肿胀，内有分泌物。发病率为 30% ~ 40%，死亡率高达 50%。1983 年郭玉璞等在北京一个鸭场发现以窦炎为特征的疾病，并从多批不同日龄病鸭中分离到支原体。

（2）本病主要发生于 2 ~ 3 周的雏鸭，发病率高达 80% 或 40% ~ 60%，死亡率为 1% ~ 2%，严重发病鸭群，其发病率可达 100%，死亡率为 10%。若有并发症，死亡率可高达 20% ~ 30%。

（3）本病的传染源是病鸭和带菌鸭，可经呼吸道传染，本病也可以经被污染的种蛋垂直传播。雏鸭出壳后带菌，若饲养管理不善、营养不良、阴雨连绵、气温突变、潮湿、通风不良、雏舍温度过低、饲养密度过大及各种应激因素均可以降低机体的抵抗力，诱发本病的发生。

（4）一年四季均可发生，以秋末冬初和春季多发。

（四）病原诊断

1. 病原特性

本病的病原体是鸭支原体（*Mycoplasma Anatis*），也有从鸭体内分离到鸡毒支原体和滑液囊支原体的报道。1991 年田克恭、郭玉璞在国内首次从鸭体上分离出支原体，经生长抑制试验和间接表面免疫荧光试验鉴定为鸭支原体。

2. 实验室诊断基本方法

（1）分离本病的支原体，可用 PPLO 琼脂或肉汤培养基进行培养，PPLO 琼脂培养基含有 1% 酵母自溶物、10% 马血清、0.1% 葡萄糖、0.2% 醋酸铊，pH 值为 7.8。在 PPLO 琼脂培养基上经 37℃ 24 h 培养，菌落呈圆形、稍平、光滑，如"油煎蛋"状，中央突起。生长密集处菌落细小，生长稀疏处菌落较大。革兰氏染色呈阴性。用姬姆萨染色，菌体呈纤细的杆状、球状或环状的多形性。能发酵麦芽糖、果糖、糊精和淀粉，只产酸。对蔗糖和乳糖发酵不产酸。

（2）回归试验。用所分离的鸭支原体经眶下窦感染 1 日龄雏鸭，复制出与自然感染相似的病例，感染鸭第 5 天发病，第 17 天发病率最高，

达 45%。第 28 天剖杀全部试验鸭，有 80% 可重新分离到鸭支原体，表明鸭支原体是引起鸭发生本病的病原体。关于鸭支原体病的资料，国内不断有所报道。

（3）鸭支原体能凝集鸭红细胞。

二、防治策略

（一）预防

（1）防止饲养密度过大，做好冬季防寒保温工作，保持鸭舍干燥，及时通风换气。搞好鸭舍的清洁卫生及消毒工作。

（2）加强饲养管理，饲喂全价饲料，适当加大维生素 A 用量，提高雏鸭的抗病力。

（3）实行"全进全出"的饲养制度，空舍后经严格消毒。有条件的可空舍 15 天（在此期间加强消毒 2 ~ 3 次）后再进鸭苗。

（4）一旦发现病鸭，应及时隔离或淘汰。

（5）雏鸭可试用鸡支原体弱毒疫苗或油乳剂灭活疫苗免疫。

（6）疫场的雏鸭可采用药物预防，雏鸭一开食，即在饮水中加泰妙菌素（支原净），剂量为每升水用 125 ~ 250 mg 饮水给药，连用 3 ~ 5 天。但不能与莫能菌素、盐霉素、甲基盐霉素等聚醚类抗生素合用。

（二）治疗

可参考选用下列药物。

（1）多西环素。混饮，每升水用 50 ~ 100 mg，连用 3 ~ 5 天；混饲，按每千克饲料用 100 ~ 200 mg，连用 3 ~ 5 天。

（2）泰乐菌素。混饮，每升水用 500 mg（效价），连用 3 ~ 5 天。

（3）盐酸大观霉素。混饮，每升水用 0.5 ~ 1 g（效价），连用 3 ~ 5 天。

附：鸭传染性窦炎综合征

鸭传染性窦炎综合征是由多种不同的病原引起鸭鼻窦发炎的一种传染性疾病。雏鸭或幼鸭多

发，其主要特征是单侧或双侧眶下窦出现肿胀，鼻腔发炎并流出浆液性或黏液性分泌物。眼结膜潮红、流泪，眼内积蓄浆液性或黏性分泌物等。

不同的病原体感染同一群鸭，可以出现同一种症候群。1983年郭玉璞等人从表现窦炎症状的鸭群中分离出支原体和新城疫病毒。田克恭等从40只患窦炎的雏鸭中，分离到16株A型禽流感病毒（$H_{11}N_9$），将其感染1日龄雏鸭，未能产生临诊症状和病理损伤，且鸭体免疫反应微弱，表明A型禽流感病毒不能使鸭发病。而分离到31株大肠杆菌，进行O抗原鉴定分属于O_{70}、O_{138}和O_{15}三个血清型，将其合并感染1日龄雏鸭，未产生任何临诊症状和病变。分离18株支原体，将其感染1日龄雏鸭，结果能成功地复制出与自然病例相同的病例，并能重新分离到支原体，表明所分离的鸭支原体是鸭传染性窦炎的病原体。

2003年李文杨等人从表现窦炎症状的18日龄的野鸭分离到大肠杆菌（O_{57}），将其接种雏鸭做回归试验，成功复制出与自然病例相同的病例，表明所分离到大肠杆菌是鸭传染性窦炎的病原体。并未分离到支原体。

2005年傅光华等人从表现窦炎症状的12～22日龄白羽半番鸭分离到大肠杆菌和Ⅰ型副黏病毒，通过回归试验，试验鸭均发生明显的窦炎症状，从发病试验鸭中分离到大肠杆菌和Ⅰ型副黏病毒。表明所分离到的大肠杆菌和Ⅰ型副黏病毒是协同感染鸭群发生窦炎的病原体。此报道还称未分离到支原体。

根据以上资料可以看到，鸭群确实存在着由鸭支原体为主所引起的传染性窦炎，这与鸡的鸭支原体病一样可以并发和继发其他病毒和细菌。还有大肠杆菌、禽流感病毒、Ⅰ型副黏病毒等其他病原体也可以引起鸭发生传染性窦炎，有些继发，有些是并发或协同作用，因此，编者将其暂定名为鸭传染性窦炎综合征。

预防和治疗方法，请参考鸭传染性支原体病部分。

第七节　鸭葡萄球菌病

鸭葡萄球菌病是由致病性金黄色葡萄球菌引起鸭的一种急性、败血性、慢性、多种病型传染病。其主要临诊症状为急性败血症、化脓性关节炎、雏鸭脐炎、眼炎、幼鸭肺炎、成年鸭（尤其是种鸭）趾瘤病（脚垫肿）等。幼鸭感染本病，多呈败血症，成年鸭感染本病常呈慢性经过的关节炎及趾瘤。很多地区鸭群都有本病发生。

一、诊断依据

（一）临诊症状

由于本病原菌侵害的部位不同，在临诊上表现多种病型。

1. 急性败血症型

幼鸭精神不振，食欲减退或废绝，两翅下垂，缩颈，眼半开半闭呈嗜眠状，羽毛松乱，排出灰白色或黄绿色稀粪。还可见到鸭的胸、腹部、大腿内侧皮下浮肿，滞留数量不等的血样渗出液，严重者可自然破溃，流出棕红色液体，污染周围羽毛。

2. 慢性关节炎型

鸭只患病后表现多个关节由于发生炎症而引起肿胀，特别是跗关节和趾关节（彩图260～彩图262），这种炎性水肿还波及关节周围的肌腱鞘，患部呈紫红色或紫黑色，若已破溃，可见干酪样黄白色坏死物，经一段时间后结成污黑色痂。此病型常见于中鸭和成鸭，患鸭初期局部发热，肿胀部位发软，站立时频频抬脚，驱赶时则表现运动障碍，跛行，不愿走动或站立，多伏卧。一般仍有食欲，随着病的发展，患部疼痛，行动不便，采食困难，患鸭逐渐消瘦，最后导致衰竭或并发其他疾病而死亡。

3. 眼型

可以单独出现，也可出现在败血型的后期。在临诊上表现为上、下眼睑肿胀，早期眼半开半闭，后期由于分泌物的增多而使眼睛完全黏闭。倘若将上、下眼睑强行掰开，可见有大量的分泌物。眼结膜红肿，有时还可以发现肉芽肿。随着病情的发展，眼球出现下陷，最后失明，病鸭多由于吃不到料、喝不到水而饥饿或互相踩踏，衰竭而死。

4. 脐炎型

（1）主要发生于出壳不久的雏鸭（尤以1~3日龄为多见），由于脐孔未完全闭合，感染葡萄球菌后引起脐炎。患雏脐孔发炎而肿胀，腹部膨大，局部呈黄红色或紫黑色，质稍硬，间有分泌物，俗称"大肚脐"。

（2）患雏表现精神不振，眼半闭，翅膀下垂而张开，一般在2~5天内死亡。脐孔感染其他细菌也可以发生脐炎。

5. 趾瘤病型（脚垫肿）

本病多发生于成年或重型种鸭。由于体重负担过大，脚部皮肤龟裂，感染本菌，表现趾部或脚垫发炎、增生，导致趾部及其周围肿胀、化脓，变坚硬（彩图263、彩图264）。

6. 肺炎型

有些病鸭通过呼吸道感染了致病性葡萄球菌而发生肺炎型的葡萄球菌病，主要表现为呼吸困难等全身性症状，患此型的鸭死亡率较高。

（二）病理变化

本病的病理变化因病型不同而异。

1. 急性败血症型

（1）以幼鸭多发。肝脏肿大、淡紫色或黄绿色（彩图265），表面呈斑驳状，病程稍长者，可见数量不等的灰白色坏死点或有出血点。

（2）脾肿大并有白色坏死点，有些病例肺呈黑红色。

（3）死鸭的胸部、前腹部羽毛稀少或脱毛，皮肤浮肿，呈紫黑色，皮下积有大量胶冻样粉红色或黄红色水肿液，这种水肿液往往可延至两腿内侧、后腹部，若属自然破溃的，则极易造成局部受污染，剪开皮肤可见到整个胸腔、腹部皮下充血、溶血，呈弥漫性紫红色或黑红色。

（4）心包腔积液，呈黄红色半透明状。心冠

沟脂肪及心外膜偶见出血点。有些病例腹腔有化脓灶。但也有些病例在发病过程中，无明显病变，只见肺呈紫黑色，却能分离出病原体。

2. 慢性关节炎型

以成鸭为主，常表现关节炎，关节囊内有浆液性或纤维素性渗出物。多见于趾、跗关节，表现出关节肿大，滑膜增厚、充血或出血，病程较长的病例，则变成脓性和干酪样黄色坏死物，甚至关节周围结缔组织增生及畸形。

3. 脐炎型

多见于雏鸭，患鸭脐部肿大，呈紫黑色或紫红色，有暗红色或黄红色液体，时间稍久则为脓样干涸坏死物，卵黄吸收不良，稀薄如水。

（三）流行特点

（1）金黄色葡萄球菌广泛存在于鸭群的周围环境中，从鸭舍空间的空气、地面、鸭只体表、鸭孵坊的一切物品中，粪便、饲料及羽毛等都可以分离到本病的病原体。

（2）鸭只的皮肤、黏膜一旦受到损伤，广泛存在的金黄色葡萄球菌就可以乘虚而入，对于鸭只来说，皮肤损伤是本病病原体主要侵入门户，也是重要传染途径，如注射疫苗造成的污染、网刺、刮伤和扭伤均可成为本病发生的诱因。

（3）不符合卫生条件或被本病病原体严重污染的孵坊、孵化器和种蛋，会造成鸭只脐部受感染而发生本病。饲养管理不善及缺乏卫生消毒严密制度，是促使本病发生和提高死亡率的不可忽视的因素。本病一年四季均可发生。

（四）病原诊断

1. 病原特性

（1）本病病原是微球菌科（Micrococcaceae）葡萄球菌属（Staphylococcus），葡萄球菌分为20多种。从病死鸭分离到本病常见的病原体是金黄色葡萄球菌、金色葡萄球菌厌氧亚种。本菌属需氧或兼性厌氧，革兰氏染色阳性的圆形或卵圆形球状菌，常由很多球菌相连在一起形成葡萄串状，无鞭毛，不产生芽孢，本菌对营养要求不高，可

在一般培养基上生长，菌落光滑、隆起、圆形，幼龄菌落呈灰黄白色，逐步变成金黄色。禽型金黄色葡萄球菌能产生溶血素和血浆凝固酶，在血液琼脂平板上产生 β 溶血，能凝固兔血浆。

（2）在不产生芽孢的细菌中，葡萄球菌对外界的抵抗力是最强的细菌之一。要在 60℃ 30 ~ 60 min 或 80℃ 10 ~ 30 min 才能将其杀死。煮沸后迅速死亡。3% ~ 5% 苯酚在 3 ~ 15 min 内、75% 乙醇及 1 : 25 000 的甲紫在 5 ~ 10 min 内均可致其死亡。

2. 实验室诊断基本方法

（1）病料采取。采取脓灶中的脓液、渗出液及肝等病料作为被检材料。

（2）涂片染色。病料涂片，革兰氏染色镜检，可见革兰氏阳性、圆形或卵圆，形成葡萄串状或呈短链状球菌。在固体培养基上的培养物呈簇状或团块状，在液体培养基中的培养物可呈短链状，培养时间超过 18 ~ 24 h（老龄培养物）可呈革兰氏阴性。

（3）分离培养。将病料接种于鲜血琼脂平板上，挑选金黄色，并具有溶血的菌落作纯培养。进一步做生化试验以确定其是否属致病性。若属于致病性金黄色葡萄球菌，能分解发酵甘露醇、乳糖、葡萄糖，产酸不产气，VP 试验弱阳性，MR 试验阳性，靛基质试验阴性，可将美蓝、石蕊还原为无色。不能使木糖、阿拉伯糖产酸。能产生血浆凝固酶，将兔血清凝固，这是决定分离菌为致病性依据之一。

（4）动物接种。

①静脉注射法：家兔静脉接种 0.1 ~ 0.5 mL 肉汤培养物，若属致病性金黄色葡萄球菌，于注射后 24 ~ 28 h 内，使家兔致死。剖检可见浆膜出血，肾、心肌及其他器官组织有大小不一的脓肿病变。

②皮下注射法：家兔皮下接种 1.0 mL 24 h 肉汤培养物，若属致病性金黄色葡萄球菌，可引起局部皮肤溃疡、坏死。

二、防治策略

（一）预防

（1）本病是一种鸭场环境不清洁引起的疾病，彻底清除鸭场内的污物、一切尖锐杂物（包括小铁丝、碎玻璃等），防止刺伤鸭的皮肤而使其感染，运动场避免铺垫棱角锋利的砂石、瓦砾等，不要铺盖表面粗糙的劣质砖，水泥地面不能过于粗糙。

（2）注意做好种蛋、孵化器及孵化全过程的消毒工作，这是防止鸭只发生本病的要素。

（3）加强饲养管理，注意补充饲料复合维生素和微量元素，防止互相啄毛而引起外伤感染。

（4）做好清洁卫生及消毒工作，减少环境中的含菌量，降低感染机会。

（5）免疫预防。接种疫苗时，发病率较高的鸭场应该接种葡萄球菌油佐剂灭活疫苗，种鸭在开产前 2 周每只接种 1.5 ~ 2 mL 鸭葡萄球菌油乳剂灭活疫苗，免疫前对环境进行清洁与消毒，鸭体注射部位做好消毒。

（6）在本病严重发生的鸭群，可考虑给鸭群注射多价葡萄球菌铝胶灭活疫苗，14 天产生免疫力，免疫期可达 2 ~ 3 个月。

（二）治疗

发现病鸭，立即隔离给予治疗，可参考选用下列药物。

（1）头孢噻呋钠。按每千克体重用 2 ~ 3 mg，肌内注射，每天 1 次，连用 3 天。

（2）庆大霉素。按每千克体重用 5 ~ 7.5 mg，肌内注射，每天 2 次，连用 3 天。

（3）红霉素。每升水用 125 mg（效价），连用 3 ~ 5 天。

（4）氨苄青霉素。混饮，每升水用 60 mg（效价），连用 3 ~ 5 天。

（5）沙拉沙星。每升水用 50 mg，连用 3 ~ 5 天。

由于本菌容易产生抗药性，因此，必须选用本地区、本鸭场少用的药物，或者用几种药物交替使用。有条件的可以及时分离细菌做药敏试验，以决定选择本菌对其敏感的药物。在使用抗菌药物治疗患鸭期间，应在饲料中增加维生素的用量，尤其是维生素 K_3，比正常量增加 10 ~ 20 倍。

附：番鸭葡萄球菌性传染性脱毛症

2001 年李康然等人报道，于 1999 年发现广西某鸭场番鸭群发生脱毛现象，并从患病番鸭身上分离出一株葡萄球菌，经一系列试验确定为鸡葡萄球菌，故将本病暂定名为"番鸭传染性脱毛症"，编者将其收编入本书，为了让读者一看就明白本病是由葡萄球菌引起的，因此，将其病名暂改为"番鸭葡萄球菌性传染性脱毛症"。值得注意的是，目前在番鸭养殖过程中经常会发生脱毛（断羽）的情况，除皮肤、羽毛羽根髓质感染引起脱毛或断羽，还与细小病毒感染、营养因素等有关。

本病发生于 50 日龄左右的肉鸭，患鸭体况及营养良好。病初部分鸭有白色下痢。其特征性症状是脱毛，首先从翅羽开始，继而尾羽也脱落，严重时几乎脱成"光鸭"。在羽毛脱落过程中，毛囊出血，致使羽毛上沾有鲜红的血液。翅羽容易拔出或脱落。羽毛根部有不同程度的坏死。脱毛后的病鸭 1 个月后可能长出新毛，有的一直光身不再长毛。内脏实质器官无肉眼可见病变。

虽然病鸭一般无死亡，但出栏时间延长，会造成很大的经济损失。

取翅羽的坏死羽囊及皮肤羽囊，用鲜血平板作分离培养，37℃培养 24 h 后，培养出均匀一致的菌落，其直径一般为 10 ~ 15 mm 或更大，β 溶血，较大的菌落边缘呈叶缘状，经 48 h 后呈淡黄色。革兰氏染色呈阳性。能发酵木糖、阿拉伯糖，血浆凝固酶阴性，这一特性与金黄色葡萄球菌有区别。

将分离菌做回归试验，证明本菌有一定的致病性。

全群鸭使用庆大霉素肌内注射，每只用 3 万 U，连用 3 天，脱羽及主翅羽毛囊出血停止，鸭群逐渐康复。

第八节 鸭链球菌病

鸭链球菌病是由多种致病性链球菌引起的一种急性败血性或慢性局部传染病。以幼鸭多发，成年鸭也可感染发病，本病的临诊特征是急性型病例表现为败血症经过，而亚急性或慢性型病例则表现为纤维素性心包炎、腹膜炎、肝周炎、坏死性心肌炎、纤维素性关节炎、输卵管炎及脑炎等。患鸭昏睡，持续性下痢，两脚发软，步态蹒跚，跛行和瘫痪或有神经症状。主要病理变化为肝脏肿大，肝被膜下有局限性密集的小出血点和灰白色坏死灶。脾肿大，呈黑紫色，肺淤血或水肿。

一、诊断依据

（一）临诊症状

本病的潜伏期从 1 天到几周不等，一般为 5 ~ 21 天。

1. 急性型

多发生于雏鸭或中鸭，主要表现为败血症经过。患鸭表现为突然发病，精神沉郁，食欲不振或废绝，羽毛松乱，无光泽，呆立，离群独处，缩颈。两脚无力，不愿行动，强力驱赶时步态蹒跚，容易跌倒，最后完全麻痹。眼半开半闭或闭目嗜眠，流泪。患鸭排出灰绿色稀粪，泄殖腔周围羽毛被粪便沾污，腹部胀大，濒死前见有痉挛症状，呈"角弓反张"，两腿呈游泳状划动。病程 2 ~ 5 天。

2. 慢性型

病程较慢，患禽精神沉郁，食欲减退甚至废绝，腹部胀大下垂，发病初期排绿色稀粪，后期稀粪呈黑色，跗关节及趾关节肿胀（彩图266），跛行或不愿行走，伏地、闭眼、嗜眠，严重病例昏睡，表面看像已死亡，当触动其身体时，眼睛慢慢张开，很快又闭上眼昏睡过去。有些病例发生严重的眼结膜炎和角膜炎，眼睑肿胀、流泪，眼睛覆上一层纤维蛋白膜。最后衰竭而死亡。

（二）病理变化

1. 急性型

（1）脾脏肿大为圆球状，表面有出血斑点和白色坏死灶。

（2）肝脏肿大、淤血，呈暗紫色，质脆，表面可见有出血点和大小不等的黄褐色或白色坏死点，肝脏被膜破裂，大出血，并有少量纤维素性渗出物附在表面。

（3）肺淤血或水肿，有些病例见喉头黏膜有干酪样坏死，气管和支气管黏膜出血，表面附着黏性分泌物。

（4）肾肿大，输尿管内有尿酸盐沉积。

（5）心冠沟脂肪有小出血点。心包有纤维素性炎症，心肌上有大小不等的灰白色结节，心包腔积液。气囊壁混浊、增厚。雏鸭常出现脐炎或卵黄吸收不良。种鸭多数病例可见有卵黄性腹膜炎及肠卡他。

2. 慢性型

主要病变是心脏瓣膜有增生性疣状物，呈白色、黄色或黄褐色，表面粗糙不平。同时还可见有坏死性心肌炎、纤维蛋白性心包炎、纤维素性关节炎、腱鞘炎等。

（三）流行特点

（1）本病的传染源主要是病鸭和带菌鸭。传染途径是空气经消化管和呼吸道而传染，也可以通过损伤的皮肤传播。当肠道绒毛上皮受到各种因素而损伤时，都能促进肠管土著链球菌侵入而发生内源性感染。雏鸭可以通过脐带感染。种蛋被粪便污染，使鸭胚受到感染。

（2）各种日龄的鸭均可感染本病，以雏鸭多发。邓绍基报道，205 只 80 日龄的鸭，8 天内死亡 18%，死亡率占 0.87%；丁正金报道，肉鸭发生链球菌病，某鸭场常年饲养肉鸭 2.5 万余只，2006 年 10 月 24 日患链球菌病突然死亡 11 只，25 日死亡 38 只，26 日死亡 57 只；2002 年陈一资等人报道，某鸭场引进 4000 多只 1 周龄肉鸭发生粪链球菌病，发病率为 80% 以上，死亡 100 多只；2003 年吴信明等人报道，某鸭场养商品鸭

3000 多只，发生链球菌病，发病率为 60%，死亡率为 5%。

（3）本病的发生，常常与一定的应激因素有关，如气候的变化、温度偏低、雨季湿度过大、鸭舍过于阴暗、垫料潮湿又较长时间无更换、卫生条件较差、管理不善等。本病无明显发病季节，一般为散发，也有的成为地方性流行病。

（四）病原诊断

1. 病原特性

（1）链球菌与乳球菌属和乳卵形菌属成员一起构成链球菌科。包括多种对人和禽畜具有致病作用的病原菌。链球菌种类多，鸭链球菌病主要是由兽疫链球菌引起的，也有报道粪链球菌也引起鸭群暴发链球菌病。1988 年郭玉璞等人报道一起鸭链球菌病，是由鸟链球菌引起的。

（2）链球菌的形态为球状，菌体直径为 0.1 ~ 0.8 μm，革兰氏染色为阳性，老龄培养物为阴性。不形成芽孢，不能运动。呈单个、成双或短链排列。单个细菌呈圆形或卵圆形，比葡萄球菌小，在液体培养基中多形成长链，在固体培养基及病料中多为短链、成双或单个存在，有时由于涂片技术的误差，常见到以单个和成双为主，很容易被误认为是双球菌。在血清肉汤中培养的幼龄菌多具有荚膜，继续培养则消失。

2. 实验室诊断的基本方法

（1）血涂片细菌检查。对出现典型临诊症状和病变的可疑病例，用血液、心脏瓣膜和病变组织压片染色，显微镜检查见到典型的链球菌，可做出初步诊断。

（2）细菌分离培养。无菌操作取病死鸭的肝脏、脾、心血及卵黄囊，接种于血液琼脂平板上，置于 37℃培养 24 ~ 48 h，菌落呈露珠状，产生明显的 β 溶血。

上述典型菌落涂片，革兰氏染色，可见菌体呈阳性的链球菌，挑选典型菌落作纯培养，接种麦康凯培养基，其他细菌可以生长，兽疫链球菌不生长。兽疫链球菌能发酵山梨醇，产酸，不产生接触酶。

观察细菌的染色特性及形态不难作出确诊。

二、防治策略

1.预防

（1）链球菌存在于鸭体和自然环境中，预防本病首先要搞好环境卫生，清扫鸭舍内外环境的一切杂物，棚舍经常清洗、消毒，饮水槽、饲料槽必须坚持在使用前彻底清洗消毒，保持优良的环境，尽量减少应激。

（2）入孵前孵坊可用甲醛熏蒸。种蛋在入孵前用0.02%高锰酸钾浸洗或擦洗（水温为40～43℃，浸泡时间不超过3 min），可防本病经蛋传播。

（3）定期带鸭消毒，减少细菌污染鸭体的数量。同时做好饲养管理工作，供给营养丰富的饲料，精心饲养，鸭舍温度适当，空气流通，以提高鸭体的抗病能力。

2.治疗

（1）鸭群一旦发生链球菌病，应用青霉素，按每千克体重用30 000～50 000 U，或者按0.5～1.5 kg体重用3万～10万 U；1.5～3 kg体重用10万～15万 U；3 kg体重以上用20万～25万 U，用生理盐水、氨基比林液稀释后注射，也可以与链霉素混合注射，剂量与青霉素相同。

（2）鸭还可以参考选用下列药物进行治疗。

①磺胺类药物。按每千克饲料用300～500 mg，连喂4～5天。

②头孢噻呋钠。按每千克体重用2～3 mg，肌内注射，每天1次，连用3天。

③阿莫西林+克拉维酸（2∶1～4∶1）。内服，1次量每千克体重用20～30 mg（以阿莫西林计），1天2次。

④多西环素。混饮，每升水用50～100 mg，连用3～5天；混饲，按每千克饲料用100～200 mg，连用3～5天。

连续使用抗菌药物的同时，应注意在饲料中添加各种维生素（特别是维生素K_3）及益生素添加剂，以保证消化系统功能正常。

在有条件的情况下，先做药敏试验，然后选用链球菌对其高敏的药物进行治疗。

第九节　鸭结核病

鸭结核病是由禽分枝杆菌引起的一种慢性接触性传染病。在种鸭群中流行较为常见。本病的主要临诊症状为进行性消瘦，精神委顿，贫血，产蛋量下降以至停产。主要病理变化在内脏器官，尤其是肝、脾、肠及肺等器官呈现特征性的结核结节。

一、诊断依据

（一）临诊症状

（1）本病的潜伏期为2～12个月。鸭只感染了结核分枝杆菌之后，初期没有表现出任何明显的或特征性症状。

（2）当结核病灶发展为广泛性，体内的器官受到侵害，功能受到破坏，机体由于吸收了病灶组织和微生物的分解产物时，患鸭出现进行性消瘦，以胸肌消瘦最为明显。病鸭精神委顿，不喜活动，不愿下水，若强迫其下水，则浮于水面上，很快就挣扎着上岸，常呈跛行或跌倒。此时食欲还可以保持正常或稍差。

（3）当肠管出现结核结节或溃疡时，患鸭常出现下痢，时好时坏或出现顽固性腹泻，最后食欲完全废绝，极度衰竭而死亡。种鸭产蛋量下降甚至停产。种蛋孵化率和出雏率均降低。

（二）病理变化

1.大体剖检病变

（1）患病死亡的鸭只尸体极度消瘦，皮下及腹部脂肪皆消失。

（2）特征性的病变是肝脏肿大，出现灰黄色或黄褐色、质地坚实、大小不一、数量不等的结节（彩图267），严重病例的肝脏几乎被结节所代替。切开结节可见结节外面有一层包膜，里面有黄白色干酪样物，不同大小的结节，也可以融合成一个大结节，外观极似肿瘤样。

（3）脾肿大，表面凹凸不平，有灰黄色结节，脾实质萎缩，结节内有干酪样物。

（4）肠管结核在任何肠段均可以发生，大小不一的结节突出于肠浆膜表面，或者见于肠系膜形成"珍珠病"，切面可见有干酪样物。严重病例，在肺、肾、腹壁等器官也可见到结核病灶。有些病例的骨骼和骨髓也会受到侵害。

（5）肝脏是患鸭最常发生的第一期结核结节的器官，很少发生于肺，只有当呼吸道吸入结核杆菌或由肝脏的结核杆菌经血流转移到肺时才产生病变。

2. 病理组织学变化

病初可见结节中心为变质性炎症，周围有炎性细胞渗出，结节的外围是淋巴样细胞、上皮样细胞和多核巨细胞。随着病的进一步发展，结节中心形成干酪样坏死，其外围有栅栏状排列的上皮样细胞、多核巨细胞，再外层为单核细胞和淋巴细胞，成纤维细胞混合存在的肉芽肿组织区。大多数结核结节可见到抗酸性染色的结核分枝杆菌。

（三）流行特点

（1）患病的鸭、鹅、鸡在一起饲养时，可以互相传染。各种年龄的鸭均可感染，本病多数发生于成年鸭和种鸭，因病程发展慢，所以多数鸭在老龄淘汰或屠宰时才发现。

（2）病鸭是主要的传染源，由于鸭结核病侵害消化管、肝和胆管，因此，大量的分枝杆菌通过粪便、排泄物或分泌物污染土壤、鸭舍、运动场、垫草、用具、饲料和饮水等，病菌经消化道而发生感染。当吸入带菌的尘埃可以经呼吸道感染。人和用具、车辆也可以传播本病。虽然鸭的生长周期短，尤其是肉用鸭，如果鸭只一旦感染了禽分枝杆菌，除体重逐步减轻、肉质下降。蛋鸭除产蛋量下降外，还能长期携带禽分枝杆菌而成为危险的传染源。本病一年四季均可发生，饲养管理不善，鸭群过密、重复感染都能成为本病发生和发展的诱因。

（3）鸭舍及环境卫生不良，阴暗潮湿，通风不良，没有严格的消毒制度，均可以促进本病的发展。

（四）病原诊断

1. 病原特性

（1）本病的病原是分枝杆菌科分枝杆菌属的一种。禽分枝杆菌为多型性，呈杆状、棒状、串珠状，单个排列、偶尔也呈链状和分枝状。有时也呈细长、平直或微带弯曲。长 $1.0 \sim 4.0 \ \mu m$，宽 $0.2 \sim 0.6 \ \mu m$。本菌不形成芽孢、无荚膜、无鞭毛、不能运动。革兰氏染色阳性，有抗酸性染色特性，用抗酸性染色后菌体呈红色，而非抗酸性细菌则被染成蓝色或绿色，这一特性有助于本病的诊断。

（2）鸭结核分枝杆菌有两个血清型，即Ⅰ型和Ⅱ型。Ⅱ型有两个亚型。

（3）本菌是专性需氧菌，对营养的要求严格。最适 pH 值为 $6.5 \sim 6.8$，最适生长温度为 $37 \sim 37.5 \ ℃$。初次分离培养必须用特殊的培养基，即在含有鸡蛋、血清、牛乳、马铃薯和甘油的培养基中易于生长。在固体培养基中 $37 \ ℃$ 培养 $3 \sim 4$ 周才可以见到菌落。菌落为灰白色或灰黄色，若暴露在光线下，就可以从深黄色渐变为砖红色。当培养物适应在培养基上生长后，可融合起来覆盖整个平皿培养基表面，形成粗糙、蜡样的菌苔。经几周后，菌苔增厚并起皱。

（4）本菌对外界的抵抗力表现如下。

① 对外界的抵抗力较强，埋在地下的病鸭尸体中的结核分枝杆菌能保持毒力达 $3 \sim 12$ 个月；在河水中经 $3 \sim 7$ 个月仍有生活力；在土壤和粪便中，可保持活力达 $7 \sim 12$ 个月。

② 对热的抵抗力比较弱，加热至 $60 \sim 70 \ ℃$ $15 \sim 20 \ min$、$80 \ ℃$ $2 \ min$、$100 \ ℃$ $1 \ min$ 即可将其杀死。

③ 对干燥和化学消毒药物的抵抗力特别强。在干燥的培养物中和冷冻的条件下可以保存活力达 3 年。

④ 化学药品对本菌的消毒效力，常取决于消毒药物能否溶解菌体表面的类脂物质。通常采用 $3 \ kg$ 氢氧化钠与等量福尔马林，加上 $100 \ kg$ 水作为消毒剂，其效果良好。用粗制的苯酚和 10% 氢氧化钠溶液的等量混合液配成 5% 的水溶液，

4 h 可杀死结核分枝杆菌；5% 苯酚或 2% 煤酚皂需 12 h 杀死结核分枝杆菌；75% 乙醇能在短时间内将其杀死。

2. 实验室诊断基本方法

（1）只凭临诊症状，特别是在病的早期，很难做出确诊。如怀疑鸭群感染结核病，可选几只症状较为明显（如贫血、衰弱、进行性消瘦）的患鸭进行剖检，如发现肝脏及其他器官出现特征性的包膜性肿瘤样结节，即可作为初步诊断的依据。取肝或脾的结节制作压片，用抗酸性染色，在显微镜下若发现抗酸性分枝杆菌即可确诊为本病。

（2）若需要确定一个鸭群是否存在结核病，可用禽结核菌素试验进行检疫，具体操作如下：助手左手握持鸭的胸背部，右手抓住嘴部并尽量将其往前牵拉。先把注射部位（下颌或颈部）的羽毛拔掉，用 2% 苯酚或 75% 乙醇消毒注射部位的皮肤，待干后将结核菌素注入皮内，剂量为每只 0.1 mL。若注射正确，于注射部位可以摸到小豌豆大的隆起。为了增强反应，于第 1 次注射后隔 48 h 重注 1 次。观察反应的时间为：第 1 次注射后 48 h，第 2 次注射后 24 h，用目测或手摸，若呈阳性反应，于注射部位呈现弥漫性的明显肿胀或增厚。通过实践比较，证明颈上部皮肤比下颌皮肤敏感。对结核菌素变态反应呈阳性反应的鸭，绝大多数是患结核病，但并不是所有患病鸭对结核菌素都呈阳性反应。

二、防治策略

当鸭群特别是种鸭发现有结核病时，采用药物治疗已没有实际意义，必须立即采取有效的防制措施，以杜绝传染。

（1）病鸭必须立即淘汰、烧毁或深埋，死鸭必须妥善处理，严禁随便乱丢，以防散播病原体。

（2）可能被病鸭分泌物污染的鸭舍及一切用具，应彻底清洗消毒。

（3）受污染的运动场，应铲去一层约 20 cm 厚的表土，让日光充分暴晒，然后撒一层生石灰，再覆盖一层干净沙土。

（4）凡消瘦、衰弱的鸭只，应隔离观察或淘汰。

（5）由于结核病的病演过程缓慢，为了减少鸭群（尤其是种禽）感染发病的机会，最好是把老龄鸭群逐年进行更新或淘汰消瘦老鸭。

（6）若需继续扩大鸭群或培育新的品种时，最好是重新开辟新场地，建立健康鸭群。

（7）对结核菌素变态反应呈阳性的鸭群，如果经济价值不大，可考虑提前全群淘汰更新。

第十节　鸭伪结核病

鸭伪结核病是由伪结核耶尔森氏杆菌引起的一种以急性败血症和慢性局灶性感染为特征的接触性传染病。本病是以持续性短暂的急性败血症为特征，随后则出现慢性局灶性经过。其主要病理变化在内脏器官，尤其是在肝、脾中产生类似结核病变的局灶性干酪样坏死和结节。

一、诊断依据

（一）临诊症状

1. 最急性型

此型病例往往不表现明显的症状而突然死亡。常常在突发性腹泻和急性败血性变化出现后几小时（或几天）死亡。

2. 急性型

此型病例较为常见，病鸭精神沉郁，低头缩颈，嗜眠，羽毛松乱、暗淡而失去光泽，甚至干枯。两翅下垂。食欲不振或完全废绝，患鸭表现消瘦衰弱，两腿经常发抖。呼吸困难，常伴有腹泻。一旦出现症状 2 ~ 4 天死亡。

3. 慢性型

此型病例的病程长，其特征是患鸭消瘦，精神非常沉郁，体质极度衰弱，常出现麻痹现象。肢体强直，两脚发软，行走迟缓，垂头闭目，离群独处，蹲伏，嗜睡，呼吸困难，便秘，最后以极度衰竭而告终。

（二）病理变化

1. 大体剖检病变

（1）早期死亡病例，仅见肝、脾肿大及肠炎变化。

（2）病程稍长的病例，其主要病变是肝、脾、肾肿大，包膜上有小出血点，表面可见到粟粒大小或小米粒大小黄白色坏死灶或乳白色结节（彩图268）。这种结节还发生于肺和胸肌中，尤以肝脏严重，结节数量多，坏死灶大，且实质中也可见许多干酪性坏死灶。

（3）肠壁增厚，有黄白色坏死结节，黏膜充血、出血。气囊壁增厚或有大小不等的坏死灶。

（4）心内膜出血，心包积液，腹腔常有腹水。肾脏有黄白色的坏死结节。

2. 病理组织学变化

可见肝细胞呈分散的不规则岛屿状，网状细胞弥漫性增生，在增生区中央偶见坏死。小叶间胆管大量增生、汇管区淋巴细胞及异嗜性白细胞浸润，并与增生的网状细胞连接成片。残存的肝组织充血。脾大部分白髓及鞘动脉区坏死，周围上皮样细胞广泛增生，其中偶见多核巨细胞。残存的红髓、淋巴细胞减少。

（三）流行特点

（1）本病可以在鸭、鹅、其他禽类及多种哺乳动物中发生，尤以幼禽最易感染，刘尚高、黄瑜等人曾报道25日龄的雏番鸭因发生本病而死亡，死亡率为63%，而同场的50日龄和72日龄的两批番鸭未见发病。

（2）本病的传染源是病鸭（禽类），被污染的饮水、饲料、土壤等是本病的传染途径，病原体经消化道、破损的皮肤或黏膜进入血液而感染。

（3）不合理的饲养管理、应激因素如受寒及寄生虫侵袭等均可加重病情。本病未见有大面积流行的报道。

（四）病原诊断

1. 病原特性

（1）本病的病原体为伪结核耶尔森氏杆菌或伪结核巴氏杆菌，是肠杆菌科耶尔森氏菌属的一个成员。菌体呈多形性，可见到杆状、球状和长丝状等，一般情况下多见到革兰氏阴性小杆菌，两端钝圆，球形菌常略呈两极染色。无芽孢和荚膜，当在低于 $20 \sim 30 ℃$ 下生长时，可见单个杆菌周边出现鞭毛。

（2）伪结核耶尔森氏杆菌分为5个血清型和6个亚型。禽类最常见的血清型为Ⅰ型，其次为Ⅱ型和Ⅳ型，偶有Ⅲ型。

（3）本菌对一般理化因子抵抗力较弱，加热及一般的消毒剂很容易将其杀死。

2. 实验室诊断基本方法

（1）分离培养。本菌最适宜的生长温度为 $30℃$，在普通蛋白胨肉汤中生长良好。在普通琼脂平板上形成光滑或颗粒状、透明奶油状、带有黏性灰黄色小菌落。在血液琼脂平板中，置 $22℃$ 经 $24 \sim 36 h$ 培养，长出不溶血、表面光滑、边缘整齐的较大菌落；置 $37℃$ 经 $24 h$ 培养，长出表面粗糙、边缘不整齐的菌落。

（2）生化反应特性。本菌能发酵葡萄糖、果糖、麦芽糖、甘露醇、鼠李糖、阿拉伯糖和木糖等，产酸不产气。不发酵乳糖、卫茅醇、山梨醇等。甲基红试验阳性，尿酸氧化酶阳性，不产生靛基质，不液化明胶，不产生吲哚。

二、防治策略

1. 预防

本病未有疫苗预防。要采用严格的清洁卫生及消毒制度。对发病的鸭只要及时隔离、淘汰。

2. 治疗

病鸭可在隔离情况下参考选用下列药物治疗。

（1）磺胺类药物。按每千克饲料用 $300 \sim 500\,mg$，连喂 $4 \sim 5$ 天。

（2）氟苯尼考。混饲，按每千克饲料用 $200\,mg$，连用 $3 \sim 5$ 天。

（3）庆大霉素。按每千克体重用 $5 \sim 7.5\,mg$，肌内注射，每天 2 次，连用 3 天。

第十一节　雏鸭禽波氏杆菌病

根据 1994 年朱瑞良等人报道，山东一些鸭场曾发生一种以雏鸭急性死亡，以全身性出血性败血症为主的传染病。经过对病死雏鸭进行细菌、病毒分离鉴定、回归试验及血清学试验，最后确诊为由禽波氏杆菌引起的雏鸭败血性传染病。

一、诊断依据

（一）临诊症状

（1）病雏表现呼吸困难，喘气，食欲不振以至废绝，精神沉郁，呆立，离群独处。有些病例濒死前出现神经症状，如扭头、"角弓反张"。死亡率为 11%。

（2）临诊上禽波氏杆菌主要引起火鸡鼻炎和鼻气管炎，致使纤毛上皮缺损，也可以感染鸡和山鸡，从病鸭中分离到禽波氏杆菌，经文献检索属国内外首次报道，证实我国存在鸭禽波氏杆菌病。

（二）病理变化

（1）腹部及两大腿内侧皮下有黄色胶冻状渗出物。

（2）肺淤血。肝呈黄红斑驳状，边缘有出血点或出血斑。胆囊充盈。

（3）脑膜弥漫性淤血。肾有点状出血。腺胃黏膜脱落，肌胃内膜不易剥离，内容物呈棕褐色。

（4）肠内容物为黑褐色，肠黏膜弥漫性点状出血，有些病例肠黏膜脱落。

（三）病原诊断

1. 病原特性

（1）本病的病原体是波氏杆菌（*Bordetella*），属盐杆菌科（*Halobacteriaceae*）的波氏杆菌属（或称博德特菌属或鲍特菌属或博代氏杆菌属）的禽波氏杆菌。虽然关于本病的报道不多，然而，既然确定有本病的存在，就必须引起注意，给鸭病的诊疗工作多提供一条思路，多一份依据。

（2）禽波氏杆菌菌体形态大小与支气管败血波氏杆菌相似，菌体长 1 ~ 2 μm，宽 0.4 ~ 0.5 μm。往往呈单个或成双分布。有荚膜，每个菌有 5 ~ 8 根周身鞭毛，具运动性。革兰氏染色阴性。从病死鸭体内分离的波氏杆菌是革兰氏染色阴性两端钝圆的细小杆菌，其大小为（0.2 ~ 0.3）μm ×（0.5 ~ 1.0）μm。

（3）鸭波氏杆菌不产生色素，不能分解葡萄糖、乳糖、蔗糖、麦芽糖、棉子糖、木糖等。不产生靛基质，不产硫化氢。VP 试验为阴性。能利用枸橼酸盐，能产生过氧化氢酶。尿素酶试验阴性。

2. 实验室诊断基本方法

（1）禽波氏杆菌在血液琼脂和牛肉浸汁琼脂培养基上培养 24 h，形成两种类型的菌落，Ⅰ型菌菌落为小而致密、边缘整齐、表面闪光、直径小于 1 mm 的珠状菌落；Ⅱ型菌菌落为较大的圆形、边缘整齐、中间凸起的光滑型菌落。从患病死鸭体内分离培养的波氏杆菌在琼脂平板上形成边缘不整齐、沿划线呈菱形、中等大菌落。在血液琼脂平板培养基上出现 β 溶血。

（2）回归试验：可用 8 日龄雏鸭，腹腔注射 24 h 肉汤培养物，0.2 mm/ 只，72 h 内出现典型病状和病变，并能从死亡鸭体内回收本菌，据此可作出确诊。如有必要，可用禽波氏杆菌阳性血清做血清学平板凝集试验。

二、防治策略

对本病的防治方案尚缺乏全面资料，建议从下面几方面考虑。

1. 预防

（1）加强禽群的饲养管理，提高机体的抗病能力；尽可能避免应激因素的刺激；贯彻养鸭场的综合性防疫措施。

（2）禽波氏杆菌具有高度的传染性，可经直接接触患鸭及被污染的饮水、饲料、人员等而传播，需要采取严格的生物安全措施，同时加强清洁消毒工作。

（3）对本病的防治，建议参选下列药物：药物预防可用氟苯尼考，混饲，按每千克饲料用

200 mg，连用 3 ~ 5 天。

2. 治疗

（1）头孢噻呋钠。按每千克体重用 2 ~ 3 mg，肌内注射，每天 1 次，连用 3 天。

（2）氟苯尼考注射液。1 次量，按每千克体重用 20 mg。

（3）氟苯尼考。混饲，按每千克饲料用 200 mg，连用 3 ~ 5 天。

（4）阿莫西林 + 克拉维酸（2：1 ~ 4：1）。内服，1 次量每千克体重用 20 ~ 30 mg（以阿莫西林计），1 天 2 次。

（5）盐酸大观霉素。混饮，每升水用 0.5 ~ 1 g（效价），连用 3 ~ 5 天。

第十二节　鸭丹毒

鸭丹毒又称为鸭红斑丹毒丝菌病，是由红斑丹毒丝菌引起鸭的一种急性败血症。主要病理变化是皮肤有出血斑，主要脏器黏膜或浆膜有出血点和坏死灶。心外膜有出血点。

一、诊断依据

1. 临诊症状

主要症状是全身虚弱，精神沉郁，头下垂，有时下痢，粪便呈黄绿色，羽毛松乱。体温升高（43.5℃），呼吸急促，极度衰弱，食欲不振，常于发病后 1 ~ 2 天内突然死亡，有时也见猝死病鸭。

2. 病理变化

（1）死亡鸭只可见从口、鼻腔流出暗黑色血样液体。

（2）鸭脚蹼上常见有深色充血区，全身羽毛拔光后，可见体表皮肤表面有许多大小不等、形态不一的出血斑或广泛性红斑。

（3）腺胃和肠腔内亦有暗红色血样液体。小肠黏膜有严重的出血性炎症，直肠和泄殖腔黏膜有点状出血。胸膜和肺有出血斑点。心外膜，特别是冠状沟、纵沟或两侧有出血点。

（4）肝脏发黄、肿大、质脆并呈斑驳状，有时

可见有针尖大小的黄色病灶。

（5）脾呈黑色、肿大、质软。慢性病例可见膝关节肿大。

3. 流行特点

（1）鹅、鸭人工感染和天然感染都能发病。各种日龄的鸭都可以感染，以 2 ~ 3 周龄鸭为多发。成年鸭较少发生。曾有资料报道，在一群46 000 只鸭中，患本病死亡的鸭只达 25%。2000年，据刘礼湖报道，在江西曾发现 2563 只蛋鸭发生本病，发病 612 只，死亡 84 只。在一个曾养过丹毒患猪的猪舍中养鸭，结果有不少鸭只因发生丹毒而死亡。

（2）本病可经创伤皮肤或消化道感染。环境条件对本病有很大影响，如鸭舍有贼风或温度骤变、饲养密度过大等均能促进本病的发生。

（3）本病的发生没有明显的季节性，但与饲喂淘汰的鱼类和鱼的下脚料等有关。这是由于海水或淡水中的鱼类等均可被感染，鱼有可能是本病的传染源。

4. 病原诊断

（1）红斑丹毒丝菌为兼性细胞内寄生菌，在分类学上归属于厚壁菌门丹毒丝菌纲丹毒丝菌科，与扁桃体丹毒丝菌和意外丹毒丝菌共同构成丹毒丝菌属。初分离时为革兰氏染色阳性杆菌，继续人工培养后则可变为革兰氏染色阴性杆菌。本菌为一种纤细、平直或微弯曲的小杆菌。其大小为（0.2 ~ 0.4）μm ×（0.8 ~ 2.5）μm。在病料内的细菌为单在、成对或呈丛排列，在白细胞内一般均成丛存在，在陈旧的肉汤培养基内，多呈长丝状，并成丛，属革兰氏染色阳性菌。

（2）本菌在干燥的环境下可耐受 3 周，冷冻干燥能存活几个月，在死后 7 个月的尸体中还能分离出本菌。置 50℃经 15 ~ 20 min、70℃经5 min 可杀死本菌。1% 漂白粉、3% 克辽林、0.1%升汞、1% 苏打水、5% 苯酚等 5 ~ 15 min 可杀死本菌。

（3）本菌不形成芽孢和荚膜，也无运动性。可从病死鸭的肝、脾取料接种培养基分离培养。在肉汤中培养呈轻度混浊，摇动试管呈现云雾状。

明胶穿刺培养，沿穿刺线有横向成直角向四周发育的纤毛样生长，宛如试管刷状。不液化明胶。

二、防治策略

由于本病不是鸭的常发病和多发病，因此，无须进行预防接种。平时要搞好鸭舍的清洁卫生，保持干燥。当发生疫情时，也可用抗猪丹毒血清作紧急预防和治疗。必要时，可用灭活丹毒疫苗免疫接种。猪鸭混养及猪场转型养殖水禽场，要注意预防本病的发生。

青霉素仍是目前治疗本病的最佳药物，每千克体重可用3万~5万U，肌内注射，每天1~2次，3天为一疗程。若青霉素无效时，可改用其他抗生素，如四环素、庆大霉素等。

第十三节　鸭李斯特菌病

鸭李斯特菌病是由单核细胞增生性李斯特菌引起的一种败血性传染病，人、畜、禽均可感染发病。鸭感染后主要表现坏死性肝炎和心肌炎等。鸭感染李斯特菌后，虽然发病率不高，但致死率却很高。

一、诊断依据

1. 临诊症状

雏鸭大多数突然发病，很快死亡，一般不表现临诊症状。病程1~2天内死亡的病例常出现精神沉郁，停食。有时出现下痢，呼吸困难，流泪，短时间内死亡。病程稍长的病例，主要表现痉挛和斜颈等神经症状。成年鸭出现两脚麻痹，幼鸭出现结膜炎。

2. 病理变化

主要病变是心外膜有出血点，心肌有片状出血，并呈多发性变性或坏死性心肌炎。心包炎，心包内积有大量的渗出物。肝脏肿大，呈绿色并有坏死灶。脾肿大、呈斑驳状充血。有些病例呈急性、卡他性胃肠炎，十二指肠黏膜呈弥漫性出血。

3. 流行特点

鸭、鹅、鸡和火鸡、鸽子最易感，幼鸭比成年鸭更易感。呈散发性时，发病率、死亡率甚低。病鸭和隐性感染的禽只是本病主要的传染源。从粪便和鼻分泌物中排出病原菌污染环境和饲料、饮水。传染途径是经呼吸道、消化道、眼结膜及破损皮肤感染。

4. 病原诊断

（1）本病的病原体是单核细胞增生性李斯特菌。革兰氏染色阳性，菌体细小，无芽孢，长1~2.5 μm，宽0.5 μm。本菌多呈单个、平直或微弯的纤细杆菌或弯曲棒状杆菌，有时排列成"V"字形。

（2）本菌对热的抵抗力较低，58℃经10 min可被杀死，一般的消毒剂均有效。在土壤、粪便、青贮饲料和干草内能长期存活。对盐和碱的耐受性较大，在pH值为9.6的盐溶液内仍能生长，在20%食盐溶液内经久不死。

二、防治策略

（1）目前对本病尚无特效性预防方法，可采用综合性防控措施，改善管理条件和环境卫生，定期消毒。

（2）本病的治疗还没有十分有效的方法。李斯特菌对大多数抗菌药物有抵抗力，特别是低浓度的抗菌药物抵抗力更强。

（3）在病的早期，高浓度的四环素是较有效的药物，还可用环丙沙星、金霉素、磺胺嘧啶、磺胺甲基嘧啶等进行配合治疗（剂量要大），有一定的疗效。也有人介绍用青霉素，按每千克体重用2000 U肌内注射。卡那霉素，按每只每天肌内注射10万U，连用3~4天，或者按每升饮水300~1200 mg，均匀混合饲喂。

（4）对患鸭的治疗，必须在隔离的条件下进行。

第十四节　鸭嗜水气单胞菌病

鸭嗜水气单胞菌病是由嗜水气单胞菌引起鸭

的一种急性传染病。其主要临诊症状为腹泻，呼吸困难。主要病理变化为以肝脏肿大、出血，肺严重出血和肠黏膜弥漫性出血为主。

嗜水气单胞菌广泛存在于自然界的淡水、污水及土壤中，国内外报道其可致使鱼、虾、蛇等感染发病，国内已有鸭感染发病的报道，虽属于少见，但必须引起重视。

一、诊断依据

（一）临诊症状

（1）患鸭精神不振，食欲减小或废绝，饮水增加。呆立，离群独处，不愿下水，有些病例虽可以下水，只是漂浮在水面上。本病病程短，1~3天即有少数病鸭出现死亡。

（2）随着病程的发展，病鸭出现食欲废绝，呼吸困难，张口伸颈，嗜眠，羽毛松乱，两翅垂地，频频腹泻，排出灰白色或淡绿色粪便，泄殖腔黏膜外翻，肛门附近羽毛黏附着黄绿色或红色稀粪。

（3）病的后期，有些病例出现双腿麻痹，行动迟缓，共济失调，两翅麻痹或痉挛等神经症状，濒死前高度消瘦，最后极度衰竭，倒地而死。病程3~5天。

（二）病理变化

（1）全身浆膜淤血、出血，腹腔内有淡黄色或红色腹水。

（2）肺水肿、淤血，呈弥漫性出血，有黑紫色出血斑或整个肺严重出血，切面有红色泡沫样液体，有个别病例肺表面有点状糜烂。

（3）整个肠管黏膜呈弥漫性出血，有纤维素性渗出物和坏死组织充塞肠腔。

（4）肝脏肿大，呈土黄色，质脆，表面布满小米粒大的灰白色坏死灶、出血点或出血斑，呈斑驳状。胆汁少，色淡。气管黏膜呈环状出血，支气管内有凝血块。

（5）心外膜被覆一层纤维素性渗出物，心包膜与心外膜粘连。脾肿大、淤血或出血，呈深褐色。肾有出血点。

（三）流行特点

本病在国内只见鱼类、蛙、蛇等患病，已出现关于鸭感染嗜水气单胞菌发病的报道。1999年郭剑等人报道，1996年从某板鸭加工厂提供的死亡鸭内脏中分离到嗜水气单胞菌，1996年8月加工厂从各地养鸭户收购70日龄健康肉鸭1.5万只，圈养育肥，后来每天死亡60只，发病率为29.85%，死亡率为24.89%，发病致死率高达83.4%。2001年邓绍基等人报道，2000年7月1日某鸭场从外地购进488只刚出壳雏鸭，7月15日脱温后，混养于一废弃池塘里，7天后开始发病死亡，共死亡64只，经确诊为嗜水气单胞菌病。2006年岳华等人报道，2004年8月多个鸭场暴发嗜水气单胞菌病，发病率为50%~80%，死亡率为15%~53%，病程为7~10天。2007年张加力等人报道，吉林省长春某养鸭户18日龄奥白星鸭群暴发嗜水气单胞菌病，死亡率达44.13%。

自1995年周涛首次报道鸭嗜水气单胞菌病以来，我国已有多个地区发生本病，其危害性有逐年增加的趋势，已构成鸭病防治工作中出现的一个不可忽视的新动向。

（四）病原诊断

1.病原特性

（1）本病的病原体属弧菌科气单胞菌属嗜水气单胞菌。本菌广泛存在于自然界、淡水、污水和土壤中，主要包括嗜水气单胞菌、豚鼠气单胞菌及温和气单胞菌。1999年郭剑等人从鸭病例中分离到豚鼠气单胞菌；2001年潘秀文等人分离到温和气单胞菌和产碱假单胞菌。

（2）本菌为单个存在或成双排列、两端钝圆、类球状的球杆菌。无芽孢，革兰氏染色阴性，大小为（0.3~1.0）μm×（1.0~3.5）μm。

2.实验室诊断基本方法

（1）取病死鸭肺、肝脏接种于普通琼脂平板上，24 h后，形成圆形、湿润、半透明、灰白色、边缘整齐的中等大小、中央隆起、略带蓝绿色的菌落。血液琼脂平板上形成β溶血环。能发酵葡萄糖、麦芽糖、甘露醇、蔗糖、阿拉伯糖，产酸产气。精氨酸明胶穿刺出现层状液化，产生吲哚。

（2）回归试验。可采病鸭肝或肺制成 1∶5 悬液，取上清液，接种雏鸭、小鼠，结果小鼠在 18～24 h 后死亡，从死亡小鼠体内分离到到本菌。雏鸭经 12～48 h 出现死亡，也有出现一过性精神沉郁而未出现死亡。

二、防治策略

1. 预防

（1）严格防止不同品种的畜禽混养。

（2）粪便必须做无害化处理。

（3）加强饲养管理，改善卫生条件，清扫和消毒鸭舍及周围环境，清除污浊水。

（4）分流鸭群，降低饲养密度。

2. 治疗

由于本菌具有较强的耐药性，在治疗之前先做药敏试验，采用本菌对其高敏的药物进行治疗。

（1）阿米卡星。肌内注射，按每千克体重用 2.5 万～3 万 IU（每克含 62 万～72 万 IU）。

（2）头孢噻呋钠。按每千克体重用 2～3 mg，肌内注射，每天 1 次，连用 3 天。

（3）硫酸新霉素。每升水用 50～70 mg（效价），连用 3～5 天。

第十五节　鸭变形杆菌病

鸭变形杆菌病是由变形杆菌引起幼鸭的一种急性热性传染病。主要临诊症状为体温升高，呼吸困难，咳嗽，排绿色稀粪。主要病理变化为心包炎、肝周炎及腹膜炎，肠黏膜脱落等。本病单一感染或继发感染时有发生，应引起重视。

一、诊断依据

（一）临诊症状

患鸭表现精神沉郁，食欲减退。呼吸急促，张口伸颈，咳嗽，打喷嚏。体温升高，站立不稳，鼻流黏液，流涎。排白色、绿色或黄绿色稀粪。

（二）病理变化

（1）喉头和气管黏膜出血或气管内充满黏液性分泌物或积有血凝块（彩图 269），或者黄色干酪样物（彩图 270）。

（2）肺水肿，呈弥漫性出血或淤血，切面呈大理石样。

（3）肝脏肿大、稍有出血，表面有灰白色或黄白色纤维素性薄膜覆盖。

（4）心包膜混浊、增厚、呈灰白色，心包液常有纤维素性渗出物。

（5）气囊壁有大量的干酪样渗出物。

（6）腹膜有纤维素性渗出物。肠黏膜坏死脱落，肠管呈紫红色。脾肿大，稍出血。胆囊肿胀。

（三）流行特点

（1）本病的易感动物是雏鸭和幼鸭，鸡也可以感染发病。多发于 3～30 日龄的雏鸭。本病的发病率和死亡率与发病鸭的日龄有关，日龄愈小，发病率、死亡率愈高，死亡率达 38.4%。

（2）本病在以往很少发生，国内学者 2001 年黄瑜及 2006 年宋运、杨永刚等人均已做了报道。

（3）本病多见于冬春寒冷季节和春夏之交的潮湿季节。有时并发或继发于其他常见的鸭病（如雏鸭病毒性肝炎、雏番鸭细小病毒病及鸭疫里默氏杆菌病等）。

（四）病原诊断

1. 病原特性

本病的病原体是肠杆菌科变形杆菌属的变形杆菌。该属共有 5 个种，即普通变形杆菌、奇异变形杆菌、摩根氏变形杆菌、雷极变形杆菌及无恒变形杆菌。根据 2001 年黄瑜报道，引起鸭变形杆菌病的病原体是奇异变形杆菌。其大小为（0.4～0.6）μm×（1～3）μm。革兰氏染色阴性，呈短杆状，偶见球状、长丝状。大多单个存在，也可见成对或呈短链状或成簇排列。周身鞭毛、无芽孢及荚膜。

2. 实验室诊断基本方法

由于鸭变形杆菌病不多见，国内报道较少，本病的病理变化易与鸭败血性大肠杆菌病、鸭流行性感冒等相混淆，因此，必须通过实验室诊断作鉴别。

（1）本菌在马丁肉汤琼脂平板、血液琼脂平板、麦康凯琼脂平板，胰酶大豆琼脂平板及马丁肉汤中均可生长。大多数菌株呈迁徙扩张生长，迅速弥漫成波纹状薄膜，布满整个培养基表面。在含 0.4% 硼酸的 SS 琼脂平板上，迁徙生长现象可被抑制，长出圆形、直径 1 ~ 2 mm、顶部呈黑色的淡黄色单个菌落。

（2）回归试验。用普通肉汤培养物接种试验鸭，每只 0.5 mL，12 h 后出现典型的病状和病理变化，从试验鸭尸体又能分离到本菌，即可确诊。

二、防治策略

1. 预防

对鸭变形杆菌病的预防方案，国内研究资料甚少。应增强防病意识，对病死鸭只和粪便要做无害化处理。对鸭舍、饲养器具和周围环境要强化卫生管理制度，定期清扫和消毒。切忌将死亡鸭只乱扔，粪便乱堆，以免造成病原扩散。

2. 治疗

在治疗之前进行药敏试验，选择高敏药物进行治疗。建议参考选用下列药物。

（1）卡那霉素。按每千克体重用 5 ~ 7.5 mg，肌内注射，每天 1 次。

（2）氟苯尼考。混饲，按每千克饲料用 200 mg，连用 3 ~ 5 天。

（3）沙拉沙星。每升水用 50 mg，连用 3 ~ 5 天。

（4）恩诺沙星。每升水用 50 ~ 70 mg，连用 3 ~ 5 天。

第十六节　种鸭魏氏梭菌性坏死性肠炎

种鸭魏氏梭菌性坏死性肠炎是由产气荚膜梭菌引起的一种急性非接触性传染病。其主要临诊症状为体质逐渐衰弱，食欲减退，患鸭排出黑色间或混有血液的粪便，站立困难，突然死亡。病死鸭以小肠后段黏膜坏死为特征，有"烂肠病"之称。

一、诊断依据

（一）临诊症状

（1）患鸭病初食量无明显下降，也见不到明显的症状，常常突然死亡。随着病程延长，病鸭精神沉郁，体质衰弱，食欲下降，软弱无力，不能站立，公鸭在母鸭背上踏而啄之，使母鸭头背部羽毛脱落。

（2）腹泻，粪便呈红褐色乃至黑色煤焦油样，有时见到脱落的肠黏膜组织。

（3）严重病例胸肌萎缩，贫血，最后因高度衰竭而死亡。近年多见种鸭或成年蛋鸭，尤以番鸭最为突出，在接种疫苗后 3 天开始发病死亡，可延续至接种后 2 ~ 3 周，若治疗不及时，死亡率可超过 10%。

（4）发病鸭表现精神沉郁，皮肤发绀（颜色变暗），肉瘤干瘪，拉血样稀粪、黏液样粪便或腊肠粪便，腥臭，病鸭急性死亡。

（二）病理变化

1. 大体剖检病变

（1）本病主要的病变是坏死性肠炎。患鸭死后见空肠、回肠及部分盲肠肠壁质脆，肠管扩张，呈苍白色，易破裂，内含多量血染液体，有些病例有黄色颗粒样碎块。病程较长的严重病例，见空肠和回肠黏膜覆盖一层黄褐色恶臭的纤维素性渗出物，有时呈糠麸状。剥去覆盖物，见黏膜有大小不等、形态不一的坏死灶和溃疡面。这种溃疡面有时深入肌肉层，上面被覆一层伪膜

（彩图 271）。有些患病母鸭输卵管内常有干酪样物质堆积。

（2）应激性急性病例病死种鸭失水明显，皮肤干燥，肌肉失水而黯淡无光。

（3）肝脏暗红色、硬实，脾肿大、变性、变脆，严重时像泥团样。

（4）肠管鼓胀，浆膜面张力扩大，色暗红，腔内充满带血液和脱落黏膜内容物，严重时形成条索样，黏膜出血、溃疡。

2. 病理组织学变化

肠黏膜上皮脱离基底膜，固有层充血、出血。病程稍长病例，小肠绒毛和上皮崩解脱落，肠腺扩张呈囊状，内积有黏液及坏死崩解的上皮细胞。黏膜肌处有大量细菌侵入，黏膜坏死、红染。

（三）流行特点

（1）本病多发生于种鸭，雏鸭少见。一般情况下，发病率和死亡率不高。2006 年李长梅报道，某鸭场饲养种鸭 6000 只，有一群 45 周龄的种鸭，共死亡 87 只，死亡率为 1.5%。病程较长，多为散发，产蛋量下降。在久旱后暴雨、春雨季节、免疫接种等应激下易出现暴发。

（2）产气荚膜梭菌是土壤微生物，也是动物肠道的寄居菌。被本菌污染的饲料、垫料是不可忽视的传播媒介。由其他疾病引起的肠管黏膜受损，是容易患本病的重要因素，如球虫病、毛滴虫病、组织滴虫病及其他寄生虫病等。

（3）流行季节：本病一年四季均可发生，秋冬为高发，也有人认为炎热潮湿的夏季多发。

（四）病原诊断

1. 病原特性

（1）鸭坏死性肠炎的病原是 C 型产气荚膜梭菌（*Clostridium perfringens* type C）（旧称魏氏梭菌），这型菌株所产生的 α 毒素及 δ 毒素是直接致病的因素。本菌广泛存在于自然界中。

（2）本菌属是专性厌氧菌。革兰氏染色阳性，两端粗大钝圆，单个存在或成双排列，能产生荚膜，不易见芽孢，无鞭毛，宽 0.8 ~ 1.0 μm，长 4 ~ 8 μm。

2. 实验室诊断基本方法

本菌对营养要求不严格，在葡萄糖血清琼脂平板、普通琼脂平板或色氨酸磷酸琼脂平板上，经 37℃厌氧培养 24 h，可形成圆盘状较大菌落，菌落表面有放射状条纹，边缘呈锯齿状，灰白色、半透明，外观形似"勋章"样。在血液琼脂平板上形成绿色溶血环，有时形成双溶血环。能分解大多数糖，产酸产气，在厌气肉汤中 5 ~ 6 h 即大量产气。不分解菊糖、甘露醇及杨苷，产硫化氢。最后对分离菌做回归试验，以验证其致病性。

二、防治策略

1. 预防

本病的预防除加强饲养管理，及时清除粪便与场地积水，搞好鸭舍清洁卫生及消毒工作外，还应预防和及时治疗肠道疾病，及时驱除球虫病，防止肠黏膜损伤。减少应激。饲料中经常不定期添加微生态制剂。

2. 治疗

治疗可参考选用下列药物。

（1）氟苯尼考。混饲，按每千克饲料用 200 mg，连用 3 ~ 5 天。饲料中添加多种维生素，连喂 5 ~ 7 天，同时加强鸭舍通风换气和消毒，可控制病情。

（2）新霉素。每升水用 50 ~ 70 mg（效价），连用 3 ~ 5 天。新霉素的化学性质非常稳定，内服难以吸收，在肠管内可保持较高浓度，是治疗肠道感染的理想药物。对严重病鸭，可肌内注射青霉素、链霉素，每只各 10 万 ~ 20 万 U，每天 1 次，2 ~ 3 天为一疗程。

（3）盐酸大观霉素。混饮，每升水用 0.5 ~ 1 g（效价），连用 3 ~ 5 天。

（4）庆大霉素。按每千克体重用 5 ~ 7.5 mg，肌内注射，每天 2 次，连用 3 天。

（5）林可霉素。混饮，每升水用 20 ~ 40 mg（效价），连用 5 ~ 10 天。对厌氧菌有效。

（6）治疗期间，鸭舍带鸭消毒，每天 1 次。饲料添加微生态制剂，连喂 10 天。

第十七节　鸭细菌性关节炎综合征

鸭细菌性关节炎综合征是由多种不同的细菌引起的一种全身或局部感染，呈现急性或慢性经过的疾病。其主要临诊症状为关节肿胀，表现不同程度的运动功能障碍，跛行严重。往往由于关节疼痛，患鸭不愿运动和活动受阻，致使采食量减少，逐渐消瘦，因淘汰率增加而造成损失。

一、诊断依据

1. 临诊症状

患鸭明显症状是关节发生不同程度的炎性肿胀，发病率最高是跗关节。而髋关节、膝关节、趾关节和翅关节则较少发生。发病的关节呈紫红色，触之有热感，患处有痛感，病初压之较软，随着病情的发展，患病关节逐步变硬，致使关节不能自如伸屈，呈现跛行，甚至不能行走，倒地。采食困难，体重逐步减轻，严重者由于营养不良，衰竭而死。

2. 病理变化

在肿胀关节的关节囊内，积有一定量的炎症渗出物，有些病例的渗出物是混浊的液体，并混有纤维素性物质，有些混有血液，呈红褐色，病程较长的病例，关节囊内的渗出物呈灰黄色干酪样物。严重病例还会引起腱鞘发炎、肿胀。

3. 流行特点

（1）本病多发生于肉鸭、育成鸭和种鸭，雏鸭较少发生。

（2）本病的传染源是病鸭和带菌鸭及卫生条件较差的鸭舍环境。

（3）本病的发生原因如下。

①内源性感染。患鸭关节发病是由于消化管内的大肠杆菌、沙门菌和葡萄球菌等的继发性感染。

②外源性感染。当关节周围的皮肤因各种因素而受到损伤时，则可造成局部感染葡萄球菌、链球菌、假单胞菌和大肠杆菌等。

（4）本病还可以通过带菌的母鸭经蛋而垂直传播。

（5）雏鸭出壳后，受到细菌感染，这些细菌在鸭只体表成为"土著菌"，当有机可乘时，则可引起鸭只关节发生继发性关节炎。本病虽然没有明显的季节性，但以夏季多发。

4. 病原诊断

本病由多种细菌引起，如大肠杆菌、金黄色葡萄球菌、链球菌、鼠伤寒沙门菌、假单胞菌、滑液囊支原体等。其中以金黄色葡萄球菌较为常见。到底由哪种细菌引起的关节炎，不同地区有所不同，要经过实验室分离细菌，进行鉴定才能确定。

二、防治策略

1. 预防

（1）搞好鸭场的清洁卫生，定期和经常做好消毒工作，及时清除粪便并进行有效的处理，以减少场内外细菌的数量，避免鸭只皮肤受损伤。在炎热的夏天，尤其是中午，防止水泥板结构的地面过热而灼伤脚底皮肤，因此，应多洒水降温，最理想的做法是设立遮阳棚。大型棚养可向鸭群喷水雾降温。

（2）种鸭场应做好种蛋及孵化器的清洁和消毒工作，防止本病的垂直传播。

2. 治疗

（1）由于本病是由多种细菌引起的，因此，对本病的治疗应考虑使用一些广谱抗生素，或该鸭群少用或从未用过的抗生素，也可以采用2～3种抗生素联合交替使用。有条件的可分离细菌做药敏试验。

（2）将有病的鸭只隔离饲养并治疗。轻症者可把药物混饲。严重病例建议选用下列药物进行治疗。

①氟苯尼考。混饲，按每千克饲料用200 mg，连用3～5天。

②阿莫西林＋克拉维酸（2∶1～4∶1）。内服，1次量每千克体重用20～30 mg（以阿

莫西林计），1天2次。

③盐酸大观霉素。混饮，每升水用 0.5 ~ 1 g（效价），连用 3 ~ 5 天。

第十八节 鸭衣原体病

鸭衣原体病又称鹦鹉热或鸟疫，是由鹦鹉热衣原体引起的一种急性或慢性接触性传染病。也是各种畜、禽和人类的共患传染病，在家禽中，鸭、鹅、鸡、火鸡及鸽都可以感染发病，雏鸭的易感性最高。本病主要临诊症状为患鸭发生结膜炎、鼻炎和腹泻。

禽衣原体病分布于我国的北京、湖北、江苏、福建、广东和云南等省市，国内外均有本病的报道。20 世纪 80 年代曾从鸽、鸭、鸡体内分离出衣原体。

一、诊断依据

（一）临诊症状

（1）鸭衣原体病是一种严重的消耗性、致死性疾病。患鸭病初表现精神沉郁，食欲不振或废绝，生长停滞，全身震颤，呆立，离群独处，有些病例可见关节肿大、跛行。

（2）眼结膜炎，眼、鼻流出浆液性或黏液性或脓性分泌物，眼周围羽毛粘连，时间稍长则结成干痂或脱落。

（3）有些病例出现呼吸啰音，张口呼吸。腹泻，排出绿色或黄白色稀粪，肛门四周羽毛污秽粘连。随着病程的发展，患鸭明显消瘦，肌肉萎缩，呈恶液质状态。

（4）濒死前常出现神经症状或瘫痪。最终由于体质衰竭、痉挛而死。

（5）病程为 10 ~ 30 天，幼鸭病程较短，为 3 ~ 7 天。发病率为 10% ~ 80%，死亡率约 30%，在发病的高峰期鸭群死亡率达 50% 以上。若幼龄鸭有并发症存在时，死亡更为严重。

（6）被感染的种鸭，产蛋量大幅度下降，出雏率也低。各种日龄鸭均可感染发病，但以 1 日龄雏鸭及 5 ~ 7 周龄鸭最为严重。轻者可逐渐康复。

（二）病理变化

（1）常见有眼结膜炎、角膜炎，鼻炎或眶下窦炎，鼻腔和气管中有大量黏稠物。偶见有全眼球炎，眼球萎缩。

（2）腹腔、心包腔和气囊内有大量灰白色或灰黄色纤维素性渗出物。气囊壁混浊增厚。

（3）肝脏肿大，肝周炎，肝表面有许多针头大小灰白色坏死灶。脾肿大、有坏死点。在肝、脾表面常覆盖一层灰色或黄白色纤维素性薄膜。胸肌萎缩。脾肿大和气囊炎是本病的重要特征。

（三）流行特点

（1）人类和多种家禽及鸟类均可以感染衣原体，现已知鹦鹉热衣原体的携带者是海鸥和白鹭。它们不显症状，但可以大量排毒。鸭衣原体在禽类衣原体中是毒力较低的一种，鸭对鹦鹉热衣原体具有较强的抵抗力，幼鸭比成年鸭易感，因此，很少有鸭衣原体病的暴发和流行，一般呈隐性感染。但倘若饲养密度过大、通风不良，受寒、饲料营养质量差，以及有并发感染的情况下，也有可能造成流行。我国报道的禽类衣原体感染，主要发生于鸭、鸽、虎皮鹦鹉和鹌鹑等。

（2）病鸭和带菌鸭是本病的传染源。其传染方式主要通过吸入带病原的尘土和飞沫。病鸭排泄物中含有大量的病原，干燥后可随风飞扬，通过空气经口或呼吸道侵入易感动物，直接导致菌血症，再引起多种不同的组织和器官发病。另外，本病还可以通过吸血昆虫、鸭群互相啄伤传播。受感染的鸭群是保持隐性感染还是引起发病，以及发病的程度，取决于病原的毒力、病原的感染量和宿主日龄、抗病力等因素。

（3）至于衣原体能否通过蛋而垂直传播的问题，2003 年郭玉璞、张曹民等人认为鸭衣原体病也可以通过蛋传播。

（4）目前，除家禽自然发生衣原体感染之外，在数量众多的野禽中也发现衣原体或衣原体抗体，这对养禽业和人类健康是一个潜在的威胁，务必引起重视。

（四）病原诊断

1.病原特性

（1）衣原体是最古老的革兰氏阴性细胞内专性寄生菌。本病的病原体是属于衣原体目（Chlamydiales）衣原体科衣原体属和亲衣原体属的鹦鹉热衣原体。它是一种专性细胞内寄生微生物。在分类学中，它们的位置介于立克次氏体与病毒之间，只能在活细胞内繁殖，进行二分裂增殖，最常用鸡胚卵黄囊分离衣原体。在感染的宿主细胞内有原生小体，这是一种小而致密的球形体，直径为 0.2 ~ 0.3 μm，不运动，无鞭毛、菌毛，膜壁上无胞壁酸，但含有脂多糖。

（2）抵抗力。鹦鹉热衣原体对低温的抵抗力较强，而对热较敏感，在室温下很快失去传染性。在禽类干燥粪便中可存活数月。70%乙醇、0.5%碘酊和3%过氧化氢溶液，几分钟内即可将其杀死。

（3）鸭的衣原体病常并发沙门菌病，使患鸭的死亡率增高，同时向体外排出大量的衣原体，从而增加环境中的衣原体数量，增加易感染鸭发病的机会。

2.实验室诊断基本方法

（1）涂片镜检。取患病死亡的鸭气囊、心包膜或脾被膜，制成触片，固定后用姬姆萨染色法染色，镜检，如果在单核细胞质内有深紫色的球状颗粒，即可证明有衣原体感染。

（2）病原体分离。取病料经处理之后吸取 0.5 mL 上清液，接种在 6 ~ 7 日龄鸡胚卵黄囊内，置37℃培养 3 ~ 10 天，致死鸡胚。取卵黄囊膜作触片，染色镜检。

（3）小鼠接种试验。取病料接种物 0.5 ~ 1 mL，腹腔注射 3 ~ 4 周龄小鼠，衣原体可在其腹腔内生长繁殖，引起腹膜炎，腹腔内有大量纤维素性渗出物，腹部膨大，腹水内有大量含衣原体的单核细胞。脾肿大。

（4）血清学试验。取病鸭急性期和康复期的双相血清，用补体结合试验，当抗体滴度增高 4 倍时，可判为阳性。在流行病学调查时，血清抗体滴度在 1：160 以上时，可判为阳性。

（5）衣原体特异基因检测。鹦鹉热衣原体基因可用于扩增和非扩增的基于核酸的检测方法检测，采用 PCR 对部分编码衣原体 MOMP 的 ompA 基因或 16S rRNA 基因进行扩增。在我国应用较多的是琼脂双扩散试验，方法简单、敏感。

二、防治策略

1.预防

（1）搞好鸭舍和周围环境的清洁卫生，并定期进行消毒，特别是对种蛋、孵化器合理消毒，可用 5% 漂白粉、0.3% 过氧乙酸或 2% 次氯酸钠。

（2）在鸭舍周围避免饲养其他动物，如鸡、鹅等禽类，以控制一切可能的传染源。

（3）新孵出的雏鸭，在育雏室内的饲养密度不宜过大，保持良好的通风。新引进的鸭，必须隔离饲养，经血清学检测确认健康无病后，才能混群。

（4）由于本病能感染人，所以在鸭群的饲养、防治和病鸭的剖检过程中，务必做好个人的防护，对周围环境进行严格的消毒，防止感染。凡在处理本病过程中或在有本病发生的鸭场工作的人员，一旦出现体温升高、咳嗽等症状时，应及时就诊，向医生提供可能感染衣原体的线索，减少误诊和误治。

2.治疗

对本病的治疗可参考选用下列药物。

（1）多西环素。混饮，每升水用 50 ~ 100 mg，连用 3 ~ 5 天；混饲，按每千克饲料用 100 ~ 200 mg，连用 3 ~ 5 天。

（2）氟苯尼考。混饲，按每千克饲料用 200 mg，连用 3 ~ 5 天。

（3）恩诺沙星。混饮，每升水用 50 ~ 70 mg，连用 3 ~ 5 天。

（4）庆大霉素。按每千克体重用 5 ~ 7.5 mg，肌内注射，每天 2 次，连用 3 天。

消除慢性感染的有效方法是治疗与停药交替进行。

第十九节　鸭曲霉菌病

鸭的曲霉菌病是由曲霉菌属的多种曲霉菌引起的一系列疾病的总称。本病的主要临诊症状为患鸭的呼吸器官中（尤其是肺、气囊及支气管）发生炎症和小结节，故又称为曲霉菌性肺炎。幼鸭多发，多呈急性暴发，常造成大批死亡。成鸭常为少数散发。

一、诊断依据

（一）临诊症状

（1）自然感染的潜伏期为 3 ～ 10 天。人工感染为 24 h。幼鸭发生本病常呈急性经过，出壳后 8 天内的雏鸭尤易受感染。1 个月内雏鸭，大多数在发病后 2 ～ 3 天内死亡，也有拖延至 5 天后才告终。雏鸭流行本病时，死亡高峰是在 5 ～ 15 天，3 周龄以后逐渐下降。日龄较大的幼鸭及成年鸭呈个别散发，死亡率低，病程拖得长。患鸭食欲显著减少或完全废绝，精神沉郁，缩颈，呆在一边，不爱活动，翅膀下垂，羽毛松乱，嗜眠，对外界反应冷漠。

（2）随着病的发展，患鸭出现呼吸困难，张口伸颈，当张口吸气时，常见颈部气囊明显胀大，一起一伏，呼气时如打呵欠和打喷嚏样，一般不发出明显的"咯咯"声。由于呼吸困难，颈向上前方伸得很长，一伸一缩，口黏膜和面部青紫色，呼吸次数增加。由于腹式呼吸，牵动全身像航行的小木舟上下升降或两翼扇动，尾巴上下摆动。当把患病雏鸭放到耳旁细听，可听到沙哑的水泡声。当气囊破裂时，呼气时发出尖锐的"嘎嘎"声。有时患鸭流出浆液性鼻液，咳嗽，或者出现间歇性强力咳嗽和喘鸣声。病的后期下痢，排出黄色或绿色的稀粪。

（3）患病后期食欲完全废绝，出现麻痹状态，或者发生痉挛或阵发性抽搐，患鸭时时摇头，头向后弯，甚至不能保持平衡而跌倒。

（4）有的病例（7 ～ 20 日龄）发生曲霉菌性眼炎，其特征是眼睑粘合而失明，当眼炎分泌物积蓄多时，可见瞬膜下或眼眶上方形成黄色干酪样小球状物，有些病例角膜混浊或中央形成溃疡，以至失明。

（5）慢性病例症状不明显，主要表现阵发性喘气（彩图 272）。有些病例则出现跛行，不能站立，食欲不振，腹泻，逐渐消瘦而死。

（6）本病的病程 10 多天至数周，死亡率为 50% ～ 100%。1999 年李善友报道，某肉鸭场饲养 8000 只 7 日龄雏鸭，发病率为 90%，6 天死亡 1800 余只，死亡率达 25%。1988 年谢善壁报道，某鸭场饲养 1600 多只成鸭，于 9—10 月发病，20 多天内死亡 1161 只，死亡率达 73%；另一群有 3000 多只，死亡 2000 多只，死亡率为 66%；还有一群有 3600 多只鸭，10 天内死亡 90%。

（7）若种蛋及孵化受到严重污染时，可造成孵化率下降，常出现大量死胚。

（二）病理变化

1. 大体剖检病变

病变在相当程度上取决于曲霉菌传染的途径和侵入机体的部位，其发生的病变或呈局限性、全身性。

病变的主要特征是肺及气囊发生炎症，有时也发生于鼻腔、喉头、气管及支气管。典型病变则在肺部可见有针头大至粟粒大甚至更大的结节（彩图 273 ～ 彩图 276），颜色呈灰白色或淡黄色。这些小结节大量存在时，可融合为较大的结节，其特点是结节质地柔软，富有弹性或如软骨状或橡皮样。切面见有层次结构，其中心呈均质干酪样的坏死组织，内含的菌丝体呈丝绒状，边缘不整齐，周围有充血区。有些病例肺部出现局灶性或弥漫性肺炎，很少形成结节，在这种情况下，肺组织有肝变，发炎过程使部分肺泡发生水肿。在接近支气管的下部、气囊或腹腔浆膜上有肉眼可见蓝灰色或蓝绿色的干酪样块状物，或者可见有菌丝斑，呈圆形突起，中心稍凹陷，形似碟可状，呈绿色或深褐色，用牙签拨动时，可见到粉状物（真菌的孢子）飞扬。有些病例可见肝脏肿大，同时还可见灰白色的小结节。胸骨、胸壁上也有灰白色结节（彩图 277 ～ 彩图 279）。

高齐瑜等研究表明，不同菌株致病性不同，

引起的病变有差异，烟曲霉对试验鸭的损害是全身性的，除肺和气囊外，损害肝、脾、心和脑等器官；黄曲霉和黑曲霉的损害主要局限于肺和气囊。在肺和气囊中可见到菌丝和孢子（有的已变性，粗细不一，染色不均）。肺和气囊的肉芽肿或结节，脑膜出血和脑组织小软化灶等变化。有些病例肾有白色结节。

2.病理组织学变化

肺出血,结节中心坏死,周围有炎性细胞浸润。感染的肺组织和气管内可见有霉菌菌丝和孢子。

（三）流行特点

（1）曲霉菌的孢子广泛分布于自然界，当鸭舍、孵房潮湿，不通风，温度适宜时，被曲霉菌孢子污染的垫草、饲料、孵化器及其他用具，就有可能发霉。曲霉菌的孢子更有可能广泛散布于周围环境，当禽只吸入相当数量的孢子之后，则极易暴发本病。幼鸭的易感性最高，常呈群发性暴发经过，编者曾见过这样的实例，在卫生极差的孵坊，孵蛋摊床上的毛毡很脏，长满了曲霉菌的孢子，雏鸭出壳后就吸入了大量孢子，只要购入这种雏鸭，养鸭场在育雏期间几乎100%出现本病的暴发。

（2）当饲养管理不善，饲料粗劣，营养不全，尤其缺乏维生素 A 和维生素 B_1；育雏室潮湿和不卫生，通风不良；禽只饲养密度过大；饲料和垫草霉变时，更容易造成本病的发生和流行。死亡率可达40% ~ 100%。也有这样的例子，即鸭群中只有个别或少数鸭只感染了本病，而同群的鸭只仍然健康，这是由于个别或少数鸭只的抗病力较低或吸入大量的曲霉菌孢子所致。

（3）在被曲霉菌污染的环境里，鸭只带菌率很高，当鸭群迁出被污染的环境之后，带菌率下降，至40日龄左右，霉菌在体内逐步减少以至消失。

（4）当鸭蛋的外壳污染烟曲霉菌时，在入孵后8天内，霉菌能穿透蛋壳使胚胎感染，出壳的雏鸭即可出现症状，或者在孵化期间可引起胚胎死亡。在被曲霉菌严重污染的孵坊，出壳后的雏鸭在孵坊停留的时间越长，受感染的机会越多，发病率和死亡率越高。

（5）运输种蛋所用的包装材料、贮藏室及用具，若被污染，均可传递病原体。

（6）一般情况下，本病主要的传染途径是经呼吸道，雏鸭出壳感染曲霉菌后经48 ~ 72 h就开始发病和出现死亡，5 ~ 10 日龄是本病的高峰期，以后逐渐减少，至2 ~ 3周龄基本停止死亡。

（四）病原诊断

1.病原特性

（1）侵袭性曲霉菌病的曲霉病原体主要有烟曲霉，是病原性霉菌中常见的一种。曲霉菌的孢子广泛分布于自然界中。烟曲霉可以产生毒素，对血液、神经和组织具有毒害作用。此外，黑曲霉、黄曲霉等也具有不同程度的病原性。有时也可以从病灶中分离出青霉菌、白霉菌等。鸭感染曲霉菌后死亡的原因，往往是霉菌大量繁殖，形成呼吸道机械阻塞，引起鸭窒息死亡，以及吸收了霉菌毒素而引起中毒死亡。

（2）烟曲霉的形态特点是繁殖菌丝的分生孢子柄顶端为膨大的顶囊，呈特征性的烧瓶状，顶囊上的小梗产生球形或类球形分生孢子，成串球状，在顶囊上呈放射状排列。孢子呈灰绿色或蓝绿色（彩图280）。

（3）曲霉菌对物理及化学因素的抵抗力极强。120℃干热1 h或煮沸5 min才可将其杀死。2% 氢氧化钠、0.05% ~ 0.5%硫酸铜、2% ~ 3%苯酚、0.01% ~ 0.5%高锰酸钾处理短时间内不能使其死亡，而5%甲醛、0.3%过氧乙酸及含氯的消毒剂，需要1 ~ 3 h方能杀死本菌。

2.实验室诊断基本方法

（1）采取病鸭的肺或气囊壁中的结节病灶（尤以结节中心的菌丝体为佳）少许，置载玻片上，加上1 ~ 2滴生理盐水或10% 氢氧化钠（或氢氧化钾）少许，用针头划拉碎或用两块载玻片夹碎病料，盖上盖玻片后镜检，在肺部结节中可见到曲霉菌的菌丝。在气囊、支气管病变等接触空气的病料，可见到分隔菌丝特征的分生孢子柄及孢子，即可做出诊断。有必要时可采取病鸭的结节病灶，接种在蔡氏培养基或沙保弱氏或马铃薯培养基上，做霉菌分离培养，其菌落呈墨绿色、绒毯状、边缘白色（彩图280），观察菌落形态、颜色及结构，进行检查鉴定，才能确诊。将孢子接入幼鸭的气囊，是测定病原性霉菌致病力的一种有效办法。

（2）曲霉菌病的诊断。首先，观察患鸭呼吸困难所表现的各种症状，尤其在张口吸气时，颈部气囊明显胀大，一起一伏，一般不发出"咯——咯"声。其次，怀疑发生本病时，立即调查垫草、孵化器等工具，以及饲料是否发霉。再次，尽可能多剖检几只病鸭，根据特征性的病理变化进行综合分析。最后，通过镜检找到霉菌做出确诊。

二、防治策略

1. 预防

（1）防止本病发生最根本的办法是贯彻"预防为主"的措施。搞好孵坊及育雏室的清洁卫生工作，不使用发霉的垫草和饲料，是预防本病的重要措施。

（2）孵坊的孵化器、摊床、棉被等用具要保持清洁，经常消毒或翻晒。尤其在阴雨季节，为防止霉菌生长繁殖，可用福尔马林熏蒸。

（3）育雏室应注意通风换气。保持室内干燥、清洁，注意卫生，经常消毒。垫草（料）经常在烈日下翻晒。长期被烟曲霉污染的育雏室，在其地面、空气尘埃中含有大量的曲霉菌孢子，雏鸭进入之前，应彻底清扫、消毒，用福尔马林熏蒸或用0.4%过氧乙酸、5%苯酚消毒，然后再垫上清洁的垫料。

（4）饲料的贮藏要合理，防止受潮而长霉菌。

（5）当发生本病时，应将病鸭及可疑病鸭立即隔离。由于霉菌生长繁殖特别快，必须在疾病发生期间，鸭舍、孵坊等每隔1～2天消毒1次。孵出的雏鸭应安置在与病鸭隔开的房舍内。

（6）对雏鸭应注意改善饲养管理，及时添加复合维生素及矿物质，提高鸭只的抵抗力。

2. 治疗

（1）对患病鸭只的治疗，一般难获得满意的效果，特别是在鸭只的呼吸道长出大量菌丝、肺部及气囊长出大量结节时，更无法取得满意的疗效。对一些症状较轻微的病鸭可试用下列药物进行治疗（严重病例无治疗价值）。

（2）建议参考选用下列药物进行治疗。

①制霉菌素。按每千克体重用1万～2万IU，拌料喂服，每天2次，连用3天。也可以采取灌服，或者每只雏鸭每天用3～5mg拌料，喂3天，停2天，连续使用2～3个疗程。

②硫酸铜。用1：3000硫酸铜溶液饮水，连饮3～5天。

③克霉唑。按每千克体重用50～100mg，拌料喂服。

第二十节　鸭白色念珠菌病

鸭白色念珠菌病是由白念珠菌所引起的一种真菌性传染病。本病又称为霉菌性口炎、白色念珠菌病，俗称鹅口疮。本病的主要临诊症状为上消化管（口腔、咽、食管和食管膨大部）黏膜发生白色假膜和溃疡，呼吸困难。

一、诊断依据

（一）临诊症状

（1）患病雏鸭表现精神委顿，羽毛松乱，不愿走动，离群独处。一旦在口腔、舌面、喉头处出现坏死、溃疡或黄白色假膜时，可见食管膨大部膨大。患雏由于吞咽困难造成食欲减退或不愿采食，从而造成生长发育受阻，严重病例逐渐消瘦以至衰竭死亡。

（2）呼吸急促，频频张口伸颈，呈喘气状，有时发出咕噜声，叫声嘶哑，濒死时表现抽搐。

（二）病理变化

（1）本病的病变主要是发生于口、咽、食管、食管膨大部及腺胃，有时也波及肌胃角质层及肠管黏膜，呈现坏死或有白色、灰白色、黄色或褐色的假膜性斑块。特别是在口腔黏膜表面形成黄色、干酪样物的典型"鹅口疮"病变。

（2）这种病变有时会波及腺胃。胸、腹气囊壁混浊，常见有淡黄色粟粒状结节。中鸭或育成鸭有时可见食管下部形成一个拳头大小的膨大，内蓄积大量酸败液体和食物（彩图281），黏膜层往往可见较厚的溃疡斑。

（三）流行特点

（1）鸭白色念珠菌病主要发生于雏鸭，大鸭也发病。1986年杨惠黎等人报道，某养鸭户养有1月龄的雏鸭3000只，发病900多只，将患鸭的气囊壁结节经分离培养、回归试验，确诊为鸭白色念珠菌病。2015年广东佛山某场引入了狄高鸭、樱桃谷鸭及北京鸭，发生白色念珠菌病，鸭群发病率占10.41%，种鸭的淘汰率高达32%。

（2）本菌广泛存在于自然界，尤其是植物和土壤中。病鸭和带菌鸭是主要传染源。病原可以通过病鸭的分泌物、排泄物污染饲料和饮水，经消化管传染。本菌也有可能存在于健康鸭只的消化道中，在正常的情况下，由于其他微生物的颉颃而不引起鸭只发病。当使用抗菌药物抑制了某些细菌的生长繁殖或由于饲养管理不善，饲料配合不当而降低鸭只的抵抗力时，可能促使鸭只发病。本病可以通过被病菌污染的蛋壳而传播。

（四）病原诊断

1. 病原特性

本病病原体是念珠菌属（Candidia）真菌。在分类上属于子囊菌门（Ascomycota）酵母菌纲（Saccharomycetes）酵母菌目（Saccharomycetales）酵母菌科（Saccharomycetaceae）。已报道有20多种念珠菌对人、畜禽有致病性。形态与酵母相似，进行特殊的出芽生殖（无囊内孢子）伸长而形成假菌丝。在一般培养基即可生长旺盛，在沙保弱氏葡萄糖琼脂培养基上于37℃培养24～48 h后，生长为白色、圆形、乳脂状、高度隆起、边缘整齐的菌落。在液体培养基中生成时，管底或沿管壁处呈现淡黄色长丝状。革兰氏染色为阳性。

2. 实验室诊断基本方法

（1）本病的病原体是白色念珠菌。取上述消化管黏膜的典型病变，置载玻片上，压碎后滴上

数滴加入15%氢氧化钾的溶液，使组织细胞溶解呈透明状再作镜检，可见白色裂殖子的孢子和菌丝。

（2）回归试验。将念珠菌悬液经静脉注射家兔，经5～7天可死亡。剖检发现脏器有多种小脓肿，是白色念珠菌感染。

二、防治策略

1. 预防

（1）本病的预防应特别着重于改善饲养管理和环境卫生，减少因饲养密度过大、鸭舍闷热和通风不良、饮水污秽等不利因素而诱发本病。环境消毒可用碘制剂、甲醛等消毒剂，进行定期消毒。

（2）受本病威胁的鸭群，可试用在饲料中混入制霉菌素等抗真菌药物预防，剂量是每吨饲料加入制霉菌素100～150 g，拌匀喂饲，连用1～3周。

2. 治疗

建议可参考选用下列药物。

（1）制霉菌素。内服1次量，按每千克体重用30万～60万IU，1天2～3次，连用1～2周。雏鸭用0.5万U，1天2次。拌料：按每千克饲料用50万～100万IU，1天2次，拌料连用1～3周。由于制霉菌素难溶于水，但可以在酸牛奶中长久保持悬浮状态，在治疗时，可将制霉菌素混入少量的酸牛奶中，然后再拌料。

（2）硫酸铜。以1:（2000～3000）的水溶液代替饮水。由于硫酸铜有一定的腐蚀性，因此，要用瓷器盛放。

（3）饮水中加入1:10 000甲紫或1:1500碘溶液，对本病也有一定疗效。

（4）个别治疗可将病鸭口腔黏膜的假膜或坏死干酪样物刮除，溃疡部用碘甘油或5%甲紫涂擦，并向食道喂入适量的2%硼酸溶液。

第二十一节　疏螺旋体病

鸭疏螺旋体病是由鹅包柔氏螺旋体引起的一种热性、败血性传染病。本病由蜱（波斯锐喙蜱）

所传播，在自然条件下，鸭只经蜱咬伤而感染。本病的主要临诊症状为体温升高，精神沉郁，食欲不振，贫血，头部皮肤发绀，腹泻，排绿色稀粪。其主要病理变化为肝、脾明显肿大及内脏器官出血。

一、诊断依据

（一）临诊症状

从被有传染性蜱刺螫至禽只体温升高的潜伏期为 5 ~ 7 天，有时为 3 ~ 4 天，长者为 8 ~ 10 天，体温升高之前 1 ~ 2 天，血液中开始出现疏螺旋体。随着病的发展，疏螺旋体在血液内大量繁殖，至鸭只患病后期，疏螺旋体的数量虽然显著下降，但鸭只不久则濒于死亡。人工感染的潜伏期为 2 天左右。

1. 最急性病例

常未出现明显的临诊症状而突然死亡。

2. 急性病例

（1）是被有传染性的蜱咬伤之后经 4 ~ 10 天，病鸭体温升至 42.5 ~ 44℃，此时在血液中可发现疏螺旋体。接着患鸭出现精神沉郁，低头缩颈，头部皮肤发绀，身体缩成一团或伏地闭目，食欲不振或消失，渴感增强，患鸭迅速消瘦，体质屡弱。腹泻，排出绿色稀粪且分为 3 层，外层为蛋清样的浆液，中层为绿色，最内层是散在的白色块状物。

（2）病的后期，患鸭出现贫血并有黄疸，嗜眠甚至昏迷，对外界的刺激因子反应极弱，一旦惊醒，则懒洋洋地、艰难地站起来，向另一地方移动，然后又蹲下，眼睛又闭合。两腿出现麻痹，站立不稳，走路摇摆，两脚交替跛行，以至逐渐软瘫，常背部翻倒腹朝天，要用很大力气才能恢复正常的姿态。患鸭常出现头部震颤等神经症状，最后体温降至常温以下而死亡。病程 1 ~ 2 周。有些患鸭可以慢慢恢复。在康复鸭的血液中，一般找不到疏螺旋体。

依据临诊症状及预后将本病分为三型。

①自愈型（或轻型）。开始体温升高，厌食，精神不振，1 ~ 2 天后体温下降，血中疏螺旋体逐渐减少直至消失，病情好转，不经治疗可自愈，该型约占 1.2%。

②药效型（或中间型）。体温升高，血内疏螺旋体随体温升高不断增多，连续 5 ~ 6 天均可查到病原体，用青霉素治疗有特效，该型占 40.8%。

③速死型（或重型）。来势凶猛，饮食废绝，高热，体质衰竭，严重贫血，血液呈咖啡色，此时尽快涂血片可查到较多的病原体，但 5 ~ 6 h 随体温下降而消失，病情继续恶化，鸭只很快死亡，该型占 57.9%。

（二）病理变化

1. 大体剖检病变

（1）患病死鸭尸体消瘦，泄殖腔周围的羽毛被排泄物沾污，干涸后而黏成一块。

（2）脾肿大 1 ~ 2 倍，外观呈斑驳状，有些病例有坏死灶。

（3）肝脏明显肿大 2 ~ 3 倍，呈砖红色或暗紫色，表面有出血点和坏死点。

（4）肾肿大，呈苍白色或棕黄色，输尿管有灰白色尿酸盐沉积。

（5）心肌纤维横纹消失，心包腔有浆液性、纤维素性渗出物，心外膜有纤维素性渗出物覆盖。

（6）腺胃和肌胃交界处有出血点。小肠黏膜充血、出血，肠腔内有绿色黏液样内容物。血液呈咖啡色、稀薄，血清呈黄绿色。

2. 病理组织学变化

主要可见肝脏充血，肝门静脉周围有大量淋巴细胞和吞噬细胞浸润，肝细胞肿大，有脂肪变性或颗粒样变性或坏死，毛细血管扩张。脾体积增大，网状内皮细胞数量增多，网状内皮细胞中心呈透明样变，静脉及血窦壁破坏而出现大面积出血。肺呈广泛性出血、水肿，有些细胞肥大，阻塞管腔，细胞质空泡样变及透明样变，广泛存在坏死灶。肾明显充血、出血。肠黏膜下层淋巴细胞广泛浸润，空肠损伤最为严重。

（三）流行特点

（1）本病的自然感染是通过蜱的刺螫而传播，当蜱刺螫鸭吸血时，疏螺旋体则随血液进入蜱体内，在其消化管中停留 3 ~ 4 天，然后经过蜱的肠管及体液，14 天后到达唾液腺及其出口管，如再次刺螫健鸭，即可传播病原，疏螺旋体在蜱体内存在的时间长短不等，如反复刺螫病鸭时，传播病原的能力可维持 6 ~ 7 个月，疏螺旋体也可以通过蜱的卵传播。此外，本病可以通过患鸭传给同群的健鸭而互相扩大传染。带有致病性的疏螺旋体的粪便可以成为主要的传染源。螨、虱、蚊、蝇也可以传播本病，但只起到机械传播作用。采食被污染的饲料、饮水，通过皮肤伤口在鸭群中传播。

（2）各种日龄的鸭均易感，但幼鸭最为易感。某鸭场从外地引入肉鸭苗 1200 只，当时鸭舍内湿度较大，蚊蝇也较多，卫生条件差，四周墙壁缝隙中有较多的软体蜱（波斯锐缘蜱）存在，鸭体上也有较多的软体蜱成虫。从 35 日龄开始发现有个别鸭只发病，逐日增多，每天死亡 5 ~ 10 只不等，经各方面诊断，确诊为肉鸭疏螺旋体病。

（3）本病的流行季节与蜱的活动有密切的关系，在干热、雨少、蜱类繁多的地区多发。每年 5—9 月为发病季节，7—8 月为发病高峰季节。鹅对疏螺旋体的易感性极强，鸭多为散发。

（四）病原诊断

1. 病原特性

（1）本病的病原体为鹅包柔氏螺旋体，其同义名有鹅螺旋体、鸡疏螺旋体、鸭螺旋体和鹅疏螺旋体。在分类学上为螺旋体目螺旋体科疏螺旋体属，其形态呈柔细、螺旋状、末端尖细，有 4 ~ 9 或 15 ~ 16 个螺旋的细长菌体。没有鞭毛，也不形成芽孢，靠自身的螺旋伸缩保持动力，呈螺旋式运动，活泼地在血液中的血细胞之间运动。易被碱性染料染色，未经染色的病料可用暗视野显微镜直接观察。其长度为 7.92 ~ 11.4 μm，直径为 0.2 μm，一端尖细，另一端钝圆。

（2）本病原在 4℃保存 4 周仍有活力，–70℃至少可保存 14 个月，而在 –20℃仅 1 周即失去活力，在液氮中贮存，可长期保存活力。在 10% 牛胆汁中、10% 皂素中溶解。

2. 实验室诊断基本方法

（1）分离培养。本菌人工培养较为困难，如果 pH 适宜，将疏螺旋体接种于加有凝固蛋白质的马、兔或鸡的灭能血清中，并加一层石蜡油封闭，在 30 ~ 37℃可以较长时间继代培养。在开始时至少每隔 4 天，以后每隔 2 天继代 1 次，才能保持毒力。而衰老、无毒力的培养物可以通过禽胚继代而复壮。如果将疏螺旋体培养于加有 5% 蛋白胨和少许溶血的未灭能兔血清中，并用石蜡油封闭，可保持毒力达 14 个月，还可以在有氧的条件下培养。除此之外，疏螺旋体还可以在鸡胚中繁殖、传代，也可以用鸭人工传代。

（2）螺旋体病的诊断只能在患病鸭只的最极期采血制成血涂片（不染色），用暗视野显微镜检查。当显微镜检查结果为可疑时，可取新鲜病死鸭的心血和发热期的翅膀静脉血液、肝、脾等组织，制作 1∶（5 ~ 10）的悬液，接种 7 日龄雏鸭，每只胸肌注射 1 mL，如被检材料含有疏螺旋体时，可于接种后 4 ~ 7 天发病或死亡，剖检病理变化与自然感染病例相同。用鸭的末梢血管采血制成血片易发现疏螺旋体。

二、防治策略

1. 预防

（1）有报道取当地病例分离的疏螺旋体制成疏螺旋体全血脏器组织及鸡胚组织灭活苗作预防接种，免疫效果极佳，7 天可以产生免疫力。

（2）设法消灭疏螺旋体的传播者——波斯锐喙蜱，是防止发生本病的最重要的措施。加强消毒，消灭病原传播者，切断传染源。

（3）5% 克辽林消毒鸭舍，然后再用石灰乳剂喷洒墙壁和地板。

（4）5% 马拉硫磷水溶液或粉剂喷洒环境。3% 粉剂，用量为 50 ~ 100 g/m²，用于消灭草地上的蜱；0.2% ~ 0.5% 乳剂，用量为 1 g/m²，用于喷洒鸭身；1.25% 乳剂或 4% 粉剂，可驱除体外寄生虫。

（5）0.5% 漂白粉消毒四周环境，每天 1 次，连用 7 ～ 10 天以上。

（6）5% 苯酚可以杀死地面的疏螺旋体。

（7）0.2% ～ 0.3% 溴氰菊酯，夜间喷洒鸭舍墙壁屋顶，杀灭蜱、螨及蚊蝇。

（8）0.5% 溴氰菊酯喷洒鸭体，直至喷湿羽毛为止。1 天 1 次，连用 3 ～ 5 天。加强饲养管理，保持舍内通风、干燥，注意饲料和饮水的卫生。在有螺旋体病发生的地区，防蜱工作应在早春蜱复活的季节之前进行。

2. 治疗

对已发病的鸭只，必须及早在隔离的条件下进行治疗。

（1）多西环素。混饮，每升水用 50 ～ 100 mg，连用 3 ～ 5 天；混饲，按每千克饲料用 100 ～ 200 mg，连用 3 ～ 5 天。

（2）氨苄青霉素。病初大剂量肌注，可迅速治愈病鸭，成鸭每只肌内注射 10 万 U，每天 1 次，连用 3 天。

（3）可考虑配合中药治疗。黄芩 15 g、黄柏 15 g、金银花 15 g、连翘 15 g、赤芍 20 g、蒲公英 25 g、玄参 15 g、茵陈 25 g，混合加水 2000 mL，煎煮到剩余 1000 mL 左右为止，供 200 只病鸭 1 天饮用，重者每天强行灌服 3 ～ 5 mL，连用 3 ～ 5 天。

第二十二节　巴尔通氏体病

禽巴尔通氏体病是由巴尔通氏小体引起的疾病。鸡、鸭、鹅可感染发病。本病以幼鸭多发。主要表现为以贫血为主的传染病。

一、诊断依据

（一）临诊症状

（1）鸭巴尔通氏体病主要发生于幼鸭。患鸭表现贫血，羽毛灰暗无光泽，皮肤及黏膜发绀。

（2）食欲减退，精神不振。两眼闭合，衰弱无力，两脚下蹲或倒地侧卧，有些病鸭喜欢吃泥土。

（3）2 ～ 5 日龄的患鸭出现腹水症，腹部膨大，行走和呼吸困难，抽搐，"角弓反张"。有些病例表现肠型巴尔通氏体病。患鸭腹泻，排出白色或绿色稀粪。成年鸭多呈散发，症状也较轻微或呈隐性感染。

（二）病理变化

（1）患鸭消瘦，心肌色淡、松弛，心室扩张，心室内血液稀薄，不易凝固。

（2）有些病例肝脏肿大，质脆易碎。有些病例肝质地柔软，有些则肝破裂。肝的周边形成较大的凝血块，有不少病例肝脏变性、萎缩或硬化，呈灰白色。腹腔出现腹水。

（3）死鸭肠壁变薄，管内空虚。整条肠管变细，甚至呈扁平带状。有些病例以肠管变化为主时，可见到腺胃肿胀，切面外翻。十二指肠肿大，肠壁增厚变硬，纵切面外翻，黏膜层肿厚 2 ～ 4 倍。

（三）流行特点

据 2000 年常柏林等人报道，1987 年辽宁省铁岭地区发现鸡、鸭、鹅流行巴尔通氏体病，1996—1997 年 3 月，禽巴尔通氏体病大有上升趋势。最高发病率为 50%，最高死亡率为 37%，造成较大经济损失。

（四）病原诊断

1. 病原特性

本病的病原体是立克次氏体目巴尔通氏体科巴尔通氏体属巴尔通氏小体。

2. 实验室诊断基本方法

（1）病原分离。据常柏林报道，巴尔通氏体的检查可以采用患病禽只的血液或肝、肺组织接种于特殊培养基上，经 18 ～ 150 h 培养，在固体培养基上可以形成白色凸起、圆形小菌落，随着培养时间的延长，菌落数量增加。在半固体培养基中可沿穿刺线生长，并在培养基面上形成一层白膜。

（2）血或组织涂片染色镜检。涂片用姬姆萨或瑞氏染色，用油镜检查。90%的红细胞变淡，严重贫血时胞浆不着色，只见红细胞浆及红细胞周边寄生紫红色球点状，5～15个不等的巴尔通氏小体。小体多呈点状、球状，少数呈杆状、长杆状、串球状、环状。其大小为0.1～0.2 μm。个别形成大的圆盘状或石榴状的增殖体，其大小为3～6 μm。

（3）血液压滴法。用鸭血1滴加盐水2滴，混匀后加上盖玻片，用40×15倍暗视野镜检。发现多数红细胞浆内有1～10个点状、球状、杆状的巴尔通氏小体，有的巴尔通氏小体使红细胞壁突出呈齿轮状、球拍状，有时附着或压在红细胞表面，使之发生凹陷。

（4）组织细胞压滴法。取患病鸭只肝脏切面或肠黏膜触片，按上法加盐水1滴，盖上盖玻片镜检，可发现脱落的肝细胞或肠黏膜细胞内有球状、圆盘状、石榴样巴尔通氏小体寄生。

二、防治策略

1. 预防

加强灭鼠，防止通过鼠传播本病；加强饲养管理；保持环境的清洁和卫生；饮水应清洁或经常消毒；保持禽舍的通风，减少氨气的刺激。饲料的配搭要合理，营养要全面。

2. 治疗

可试用卡那霉素饮水，按每千克体重用20 000～40 000 U，并配合多种维生素、葡萄糖及微生态制剂。巴尔通氏体对酸性消毒剂敏感，可采用过氧乙酸消毒。

第六章　寄生虫病

第一节　原虫病

一、鸭球虫病

在我国，鸭球虫病主要是由毁灭泰泽球虫和菲莱氏温扬球虫引起鸭的一种原虫病。发病率达30%～90%，死亡率可达20%～70%，耐过的病鸭生长发育严重受阻，增重缓慢，对养鸭业有很大的危害。

（一）病原特征

鸭球虫属孢子虫纲球虫目艾美耳科，据记载约有艾美耳属（*Eimeria*）、泰泽属（*Tyzzeria*）、温扬属（*Wenyonella*）和等孢属（*Isospora*）4属18种之多，其中研究较多且致病性最强的是毁灭泰泽球虫（*Tyzzeria perniciosa*）和菲莱氏温扬球虫（*Wenyonella philiplevinei*）。

我国于1980年开始研究鸭球虫病，1982年殷佩云等人首次报道北京地区流行泰泽属的毁灭泰泽球虫和温扬属的菲莱氏温扬球虫。1988年陈伯伦、冯建雄等人首次报道，1985年10月在广东省佛山地区北京鸭流行鸭球虫病，其病原是毁灭泰泽球虫和菲莱氏温扬球虫。1990年符敖齐等人报道了扬州市家鸭球虫种类有4个属15个种。1990年左仰贤等人调查了云南省12个地、州、市的17个县、市的505只家鸭，鉴定出3属7种球虫。主要致病种毁灭泰泽球虫和菲莱氏温扬球虫均寄生于鸭的小肠黏膜上皮细胞内。

1. 毁灭泰泽球虫

卵囊小，呈短椭圆形，浅绿色。卵囊壁分两层，外层薄而透明，内层较厚，无卵膜孔。卵囊最大为13.2 μm×9.9 μm，最小的为9.2 μm×7.2 μm，平均为11 μm×8.8 μm。子孢子呈香蕉形，一端宽钝，一端稍尖，大小平均为7.28 μm×2.73 μm。这种球虫不形成孢子囊，8个子孢子游离在卵囊内。这种球虫寄生于小肠黏膜上皮细胞内，致病力强（图6-1）。

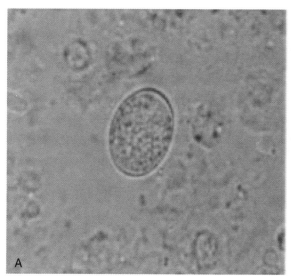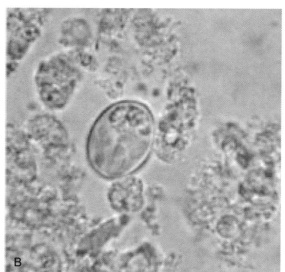

（A）毁灭泰泽球虫卵囊；（B）毁灭泰泽球虫孢子化卵囊。

图6-1　毁灭泰泽球虫

2. 菲莱氏温扬球虫

卵囊大，呈卵圆形，浅蓝绿色，卵囊壁分3层，外层薄而透明，中层黄褐色，内层呈浅蓝色。有卵膜孔。卵囊最大的为22 μm×12 μm，最小的为13.3 μm×10 μm，平均大小为17.2 μm×11.4 μm。孢子囊呈瓜子形，每个孢子囊内含4个子孢子。寄生于小肠黏膜上皮细胞内（图6-2）。

球虫的发育属于直接发育型，不需中间宿主，需经过3个阶段。

（1）孢子生殖阶段，又称外生发育。毁灭泰泽球虫完成外生发育的时间为17～24 h，菲莱氏温扬球虫完成这一阶段的时间为28～33 h。

（2）裂殖生殖阶段。在鸭的小肠上皮细胞内以复分裂法进行增殖，一般以这种方式繁殖2～3代。

（3）配子生殖阶段。最后一代裂殖子形成大、小配子体，进而形成大、小配子，两种配子结合为合子，合子外周形成壁，即为卵囊。卵囊随粪便排出体外，当外界的温度适宜时（20～30℃）完成孢子生殖。孢子化的卵囊被鸭吞食后，在其消化道内逸出子孢子，侵入小肠上皮细胞内完成裂殖生殖和配子生殖，形成卵囊后自肠壁脱离，随粪便排出体外。

（二）诊断依据

1. 临诊症状

病鸭主要表现为精神沉郁，离群独处，呆立，食欲不振，嗜眠，脚软，喜卧，行走时摇晃不稳，容易跌倒，严重病例甚至不能站立。患鸭常拉稀，粪便初为灰绿色，继而呈棕褐色，最后呈桃红色，有时呈胶样或水样，腥臭。严重者可见粪便有黄色黏液或混有血液。发病2～3天开始出现死亡，多数患鸭于4～5天死亡，6～7天后死亡逐渐减少。如果及时采取相应的防治措施，8～9天后病情可基本得到控制。最高的死亡率可达80%以上，一般为20%～70%。耐过的病鸭，生长发育受阻，增重缓慢。人工感染的潜伏期为4天，第4～5天开始死亡，第6天后停止死亡。

鸭只即使严重感染菲莱氏温扬球虫，在临诊上仅见患鸭下痢，精神委顿，却未见排血便，很少出现死亡现象。

2. 病理变化

（1）急性型病例出现严重的出血性、卡他性小肠炎，十二指肠黏膜肿胀，有出血点（彩图282、彩图283）或出血斑，肠内容物为淡红色或褐红色或鲜红色乳糜样或胶冻状黏液。卵黄囊柄两侧肠黏膜肿胀尤为明显，黏膜表面密布针尖大小的出血点（彩图284），有时呈现红白相间的

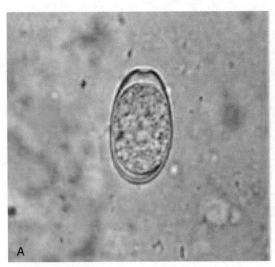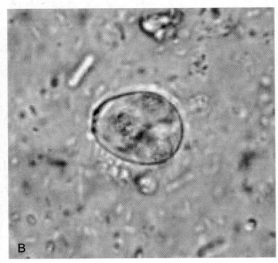

（A）菲莱氏温扬球虫卵囊；（B）菲莱氏温扬球虫孢子化卵囊。

图6-2 菲莱氏温扬球虫

小点，或者覆盖一层糠麸状或紫黑色血栓。有些病例盲肠黏膜出血或有胶冻状黏液，呈淡红色或深红色，未见形成肠芯。

（2）菲莱氏温扬球虫致病性不强。引起的病例，其病变只表现为以卡他性肠炎为主。偶见直肠黏膜红肿。组织切片检查，可见肠绒毛上皮细胞广泛崩解脱落，部分上皮细胞几乎被裂殖体和配子体所代替，肠上皮细胞的胞核被挤压到一端。肠绒毛的固有膜中也有裂殖体，固有膜局部充血、出血和组织细胞增生，嗜酸性细胞浸润。肝脏局部有分散的坏死灶，在坏死灶里有大量的组织细胞增生。心脏呈现纤维蛋白性心包炎，在心外膜表面被覆一层纤维素，心外膜充血、出血，并有大量的嗜酸性细胞浸润。

3. 流行特点

（1）各种年龄的鸭对球虫病都具有易感性。由于鸭球虫具有明显的宿主特异性，它只能感染鸭，而不感染其他禽类。1月龄左右的鸭最易感，发病严重，死亡率高，4～6周龄鸭感染率高达100%，9周龄的育肥鸭感染率较低，约为10%。鸭球虫的感染率与饲养方式有很大关系，在潮湿地面饲养的雏鸭感染率高，被感染的日龄小，在网上饲养的雏鸭感染率低。若于2～3周由网上转为地面饲养时，常于下网接触地面后4～5天暴发鸭球虫病，而且相当严重。

（2）鸭球虫病的发生季节与气温和雨量有密切关系。雨量多、湿度大、气温高，发病率最高。

（3）鸭球虫病的传播是通过被病鸭或被带有球虫卵囊的鸭粪便污染的饲料、牧地、禽舍、饮水、土壤、用具、饲养人员及交通工具等，可能成为球虫卵囊的机械性传播者。

（4）毁灭泰泽球虫卵囊的抵抗力较弱，在外界环境中发育成孢子化卵囊所需的适宜温度为20～28℃，在0℃和40℃时，卵囊则停止发育。

（5）菲莱氏温扬球虫卵囊的抵抗力较强，在外界环境中发育成孢子化卵囊所需的适宜温度为20～30℃，在9℃和40℃时，卵囊则停止发育。

（6）鸭群在患球虫病的过程中，如果同时继发其他疾病，这是造成大批雏鸭死亡的主要原因

之一。饲料的营养成分不完善，特别是鸭只缺乏维生素和矿物质，能促使球虫病暴发。

4. 病原诊断

（1）确诊可剖检患鸭或尸体，找到病变的肠管，剪开后用水轻轻冲去肠黏膜表面上的黏液和血液后，用剪刀刮取少量黏膜，涂于载玻片上，滴上1～2滴生理盐水，充分调匀，盖上盖玻片后用显微镜的高倍镜检查。若见到大量球形的，像剥了皮的橘子似的裂殖体和香蕉形或月牙形的裂殖子和卵囊（图6-3），即可确诊。

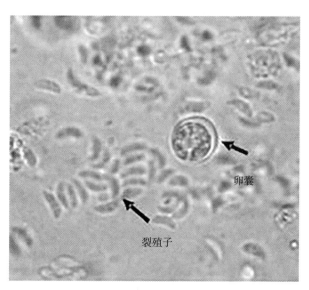

图6-3　鸭球虫的裂殖子和卵囊

（2）在上述的用肠黏膜制成的涂片上，滴加甲醇液，待干后，用瑞氏或姬姆萨液染色1～2h，高倍镜下观察，如见有大量的裂殖体、裂殖子、大小配子体、大小配子、合子或卵囊，即可确诊。

（3）作为流行病学调查则可采用以下方法：取耐过的病鸭粪便或鸭场表土10～15g，加入100～150mL清水，充分调匀，用50目或100目的铜筛过滤，取滤液离心，以3000r/min，离心10min，弃上清液，再向沉渣中加入64.4%硫酸镁溶液20～30mL，再离心5min，用直径约1cm铁丝圈蘸取表层浮液，将液膜抖落在载玻片上，加上盖玻片，用高倍镜观察，如发现有大量球虫的卵囊，即可确认有本病流行。

（三）防治策略

1. 预防

（1）鸭舍应保持干燥、清洁，鸭场应做好严格的消毒卫生工作。粪便应定期清除，用生物热的方法进行消毒，以杀灭粪中球虫卵囊。防止饲料和饮水被鸭粪污染。将雏鸭与耐过鸭隔开饲养。栏圈、食槽、饮水器及用具等要经常清洗、消毒。定期更换垫草，铲除表土，换垫新土。

（2）在球虫病发生和流行季节可在饲料中添加抗球虫药，对防止球虫病的发生有很大的作用。

（3）氯羟吡啶（克球多、可爱丹）。按每千克饲料用 100 ~ 150 mg，均匀混料。连用 3 ~ 7 天。

（4）球痢灵。按每千克饲料用 125 mg，混料，连用 3 ~ 5 天。

（5）复方磺胺甲噁唑（复方新诺明）。按 0.02% 配比混入饲料中喂服，连用 3 ~ 5 天。

（6）球虫净。按每千克饲料用 125 mg，均匀混料，连用 3 ~ 5 天，屠宰前 7 天停药。

2. 治疗

可以选用下列药物治疗。

（1）磺胺 –6– 甲氧嘧啶（制菌磺 SMM）。按 0.1% 混入饲料，搅拌均匀，连喂 3 ~ 5 天，或者用磺胺 –6– 甲氧嘧啶和甲氧苄啶合剂，两者的比例为 5 : 1 混合后按 0.002% 剂量混入粉料中，连喂 7 天，停药 3 天，再喂 3 天。

（2）阿的平。鸭只按每千克体重用 0.05 ~ 0.1 g，将药物混于湿谷粒中喂给，每隔 2 ~ 3 天，给药 1 次，喂完第 3 次后，延长间隔时间，每隔 5 ~ 6 天喂 1 次，共喂 5 次。通常在喂完第 3 次后，患鸭粪中便找不到球虫卵囊，症状明显好转，基本停止死亡。

（3）氯基阿的平。按每千克体重用 50 mg，与湿谷粒拌匀，每隔 3 天喂 1 次，共用药 5 次。

（4）青霉素。每只雏鸭用 5000 ~ 10 000 U，用水溶解后，拌入饲料中喂给或用溶液滴服，每天 1 次，3 天为一疗程。

（5）氯苯胍。按每千克饲料用 100 mg，均匀混料喂给，连用 7 ~ 10 天。屠宰前 5 ~ 7 天停药。

（6）氨丙啉。按每千克饲料用 150 ~ 200 mg；按千克体重用 250 mg 拌料或按每升饮水中加入 80 ~ 100 mg 饮服，连用 7 天。用药期间，应停止喂维生素 B_1。

（7）磺胺二甲嘧啶。以 0.5% 混入饲料中饲喂，或者以 0.2% 浓度饮水，连用 3 天，停用 2 天后，再连用 3 天。

（8）广虫灵。按每千克饲料用 100 ~ 200 mg，均匀混料，连用 5 ~ 7 天。

注意事项：球虫对药物容易产生耐药性，因此，应经常更换药物，避免长期使用单一药物防治球虫病。由于上述药物在治疗球虫病的同时，容易破坏肠内的微生物区系的平衡而影响鸭只的消化和吸收。因此，在喂药之后喂 1 ~ 2 天益生素。

二、住白细胞虫病

住白细胞虫病又名住白虫病、白细胞孢子病或嗜白细胞体病。是由西氏住白细胞虫（*Leucocytozoon simondi*）侵入鸭只血液和内脏器官的细胞组织而引起的一种原虫病。

（一）病原特征

本病的病原是西氏住白细胞虫，这种虫在鸭的内脏器官（肝、脾、心等）内进行裂殖生殖，产生裂殖子和多核体。一些裂殖子进入肝的实质细胞，进行新的裂殖生殖；另一些则进入红细胞、白细胞或淋巴细胞中发育为配子体。这时白细胞的形态呈纺锤形。当吸血昆虫——蚋叮咬鸭只吸血时，同时也吸进配子体。西氏住白细胞虫的孢子生殖在蚋体内经 3 ~ 4 天完成发育。大、小配子体成熟后释放出大、小配子，受精后发育成合子，继而成动合子，在蚋的胃内形成卵囊，产生子孢子。子孢子从卵囊逸出后，进入蚋的唾液腺，当蚋再叮咬健康鸭时，随唾液将住白细胞虫的子孢子注入鸭体内，使鸭感染致病（图6-4）。大配子体的大小为 22 μm×6.5 μm，小配子体的大小为 20 μm×6 μm。

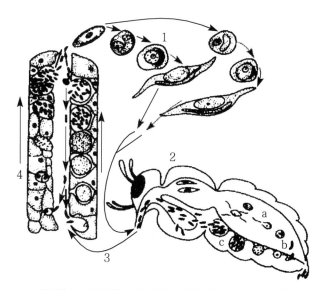

1.大配子体与小配子体在禽红细胞内的发育过程；2.在蚋体内的配子生殖：a 为小配子与大配子结合、b 为动合子、c 为卵囊与子孢子；3.在肝细胞内进行裂殖生殖；4.在肝巨噬细胞内的大裂殖体生殖过程：大裂殖体及其裂殖子。

图6-4　西氏住白细胞虫生活史

（二）诊断依据

1.临诊症状

（1）本病自然感染的潜伏期为 6 ~ 10 天。雏鸭发病后病情发展快，体温升高，精神委顿，食欲减退以至废绝，渴感增加，体重迅速减轻，体况虚弱，流涎，贫血。患鸭下痢，粪便呈淡黄绿色。

（2）患鸭运动共济失调，两脚发软，行动困难，摇摇晃晃，人为驱赶时，勉强走几步之后又伏卧地面上。

（3）患鸭眼睑粘连，流泪，流鼻液，呼吸困难，常伸颈张口。在无其他并发症的情况下，病程一般为 1 ~ 3 天，死亡率可达 30% ~ 40%。成年鸭发病后死亡率一般较低，仅出现精神沉郁、食欲稍减等症状。

2.病理变化

（1）死鸭的尸体消瘦，肌肉苍白。胸肌、腿肌、心肌有大小不等的出血点。有些病例可明显看见各内脏器官上有灰白色或稍带黄色的、针尖至粟粒大的，与周围组织有明显界线的白色小结节，这些结节包含有许多裂殖子。

（2）患鸭的肝、脾肿大，呈淡黄色，暗淡无光泽。消化管黏膜充血。心包积液，心肌松弛。

3.流行特点

（1）本病的传播媒介是蚋——金毛真蚋（*Eusimulium aureum*）。病愈鸭体内可以长期带虫，当有蚋出现时，就能在鸭群中传播疫病。本病多发生于每年的 7 月，雏鸭易感，多呈急性经过，24 h 内死亡，死亡率达 35%，成鸭呈慢性经过，症状轻，死亡率低。

（2）病流行地区的鸭只发病率为 20%。小鸭的死亡率可高达 70%，产蛋鸭 80% 左右可以出现虫血症。

4.病原诊断

从鸭的翅下小静脉血管采集血液 1 滴，推成薄的血片，经甲醇固定或制作脏器触片，进行瑞氏或姬姆萨染色，在显微镜下发现虫体即可确诊。

（三）防治策略

1.预防

（1）预防本病最重要的环节是设法消灭传播疾病的中间宿主——蚋类吸血昆虫。可以用 0.2% 敌百虫或 0.5% ~ 1% 有机磷杀虫剂喷洒鸭舍，每隔 6 ~ 7 天喷洒 1 次。

（2）避免幼鸭和成鸭混养。

（3）在流行季节，可用乙胺嘧啶拌料，每千克饲料中均匀加入 2.5 mg 或用磺胺喹噁啉，每千克饲料中均匀加入 50 mg，有良好的预防作用。

2.治疗

（1）发现鸭群发病时，应及时投药进行治疗，治疗越早，效果越好，若能在疾病即将流行前或在流行初期用药，更能取得满意的效果。

（2）磺胺二甲氧嘧啶。预防量为 0.3% 混入饲料中喂饲；治疗量用 0.5% 混入饮水，连用 2 天。

（3）盐酸氯胍（百乐君）。按每千克体重用 0.15 g，每天口服 1 次，连用 3 天。

（4）复方磺胺甲恶唑。每只每天用 125 mg 口服，以后减半，连用 3 ~ 5 天。

（5）球痢灵。按每千克饲料用 125 mg，混料，连用 3 ~ 5 天。

为了防止产生耐药性，可交替使用上述药物。

三、隐孢子虫病

鸭的隐孢子虫病是由隐孢子虫寄生于呼吸道黏膜上皮纤毛和消化管黏膜上皮的微绒毛及法氏囊、泄殖腔黏膜的上皮细胞表面而引起的疾病。隐孢子虫还可以寄生于泌尿道黏膜上皮细胞。

（一）病原特征

本病的病原是贝氏隐孢子虫（*Cryptosporidium Baileyi*），其卵囊的大小平均为 6.3μm×5.1 μm，呈卵圆形，卵囊壁光滑无色（图6-5），厚度为 0.5 μm。囊内无孢子囊，只含 4 个裸露的香蕉形子孢子和一个颗粒状残体。

隐孢子虫的发育可分为脱囊、裂体生殖、配子生殖和孢子生殖等四个阶段（图6-6）。其生活史不需中间宿主，孢子化的卵囊随受感染的宿主粪便排出，污染环境、食物和饮水，鸭吞食卵囊或经呼吸道而感染。在鸭的胃肠道或呼吸道，有感染性子孢子从卵囊中释放出来，进入呼吸道和法氏囊上皮细胞，子孢子头部变圆、缩短，形成滋养体，进一步发育为含有 8 个裂殖子的第 1 代裂殖体。裂殖生殖产生 3 代裂殖体，其中第 1、3 代裂殖体内含 8 个裂殖子，第 2 代裂殖体内含 4 个裂殖子。裂殖子出现性的分化发育为大、小

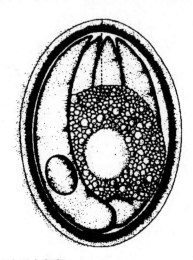

图6-5 隐孢子虫卵囊

注：卵囊内有 4 个香蕉形的子孢子和一个大的颗粒状的残体。

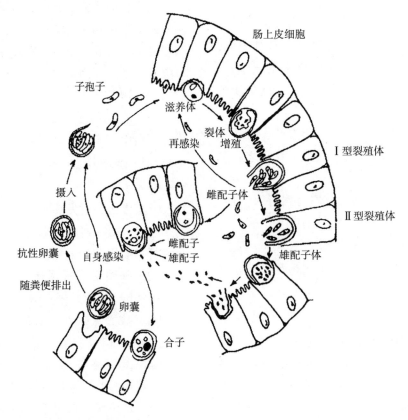

图6-6 隐孢子虫的生活史

配子体。成熟的小配子体含有 16 个子弹形的小配子和一个大残体，小配子无鞭毛。小配子附着于大配子上受精，受精后大配子即发育为合子。合子外层形成卵囊壁，在卵囊内形成感染性的子孢子。隐孢子虫卵囊有厚壁型和薄壁型两种，薄壁型卵囊囊壁破裂释放出有感染性的子孢子，在宿主体内行自身感染，厚壁型卵囊随宿主粪便排出体外，可直接感染新的宿主。

（二）诊断依据

1. 临诊症状

本病的潜伏期为 2 ~ 5 天，病程长短不一，一般为 2 ~ 14 天。

（1）经呼吸道感染的隐孢子虫病，患鸭鼻腔、气管分泌物增多，流出浆液性鼻液，出现咳嗽和打喷嚏。严重病例多发生于感染后的第 7 ~ 11 天，可见患鸭呈现呼吸极度困难、呼吸次数增加，伸颈张口呼吸，并可闻喉鸣音，甚至失声。严重者死亡。

（2）经消化道感染的隐孢子虫病，患鸭表现精神沉郁，闭目嗜眠，食欲减退或废绝，体重减轻，生长发育受阻。翅下垂，羽毛松乱，喜卧一隅，不愿活动，严重病例伏地不起。下痢，粪便呈水样、白色或淡黄色，有些病例粪便呈糊状。

（3）其他器官感染的隐孢子虫病，由于感染部位不同，其表现的症状各异。当泌尿道感染时，见肾苍白、水肿，肾小管上皮细胞变性和坏死。当眼结膜感染时，见眼结膜水肿，流泪。当隐孢子虫与支原体、巴氏杆菌、大肠杆菌、葡萄球菌、痘病毒等并（继）发感染时，会给临诊上带来很大的困难。

2. 病理变化

（1）鼻腔、喉、气管、支气管水肿，并有大量黏液性、泡沫状的渗出物，气囊壁混浊或增厚。两侧鼻窦内有大量白色液体。肺出现肝变或出现浅红色斑点。胸腔积水。小肠、回肠积液，黏膜充血。法氏囊内有黏液。

（2）病理组织学观察可见喉、气管、肺、法氏囊和泄殖腔表面有大量球状虫体附着于黏膜表面，形似图钉样，黏膜上皮萎缩或脱落，上皮细胞破溃。

3. 流行特点

（1）根据报道，我国各地的鸭、鹅、鸡等禽类的隐孢子虫感染普遍存在，这就说明隐孢子虫是一种多宿主寄生原虫。曾报道北京 11 个鸭场有 53.6% 的鸭被隐孢子虫感染，14 ~ 28 日龄的雏鸭检出率可高达 54.5%。据报道，广州及佛山郊区鸭的感染率为 10% ~ 30%。主要危害雏鸭，成鸭可带虫而不表现明显的临诊症状。贝氏隐孢子虫可以通过消化道，也可以通过呼吸道引起感染。

（2）消化道感染是由于隐性带虫者的粪便中的卵囊污染鸭的饲料、饮水及垫料，鸭只食入后而感染；呼吸道感染是由于吸入环境中存在的卵囊而引起的。贝氏隐孢子虫不需要在外界环境中发育，一经排出便具有感染性。迄今为止，该虫尚未发现有传播媒介。本病有明显的季节性，卫生条件较差的鸭场是流行本病的诱因之一。

4. 病原诊断

采集感染鸭的粪便，采用饱和蔗糖漂浮法收集粪便中的卵囊，再用显微镜检查，隐孢子虫卵囊很小，需要放大至 1000 倍的油镜观察。贝氏隐孢子虫卵囊为卵圆形，大小平均为 $6.3\ \mu m \times 5.1\ \mu m$。

为了获得检测效果，可通过对粪便或刮取喉、气管、法氏囊和泄殖腔的黏膜制成涂片进行染色，来提高分辨率。文献介绍的染色方法很多，常用的主要有金胺 – 酚染色法、Ziehl Neelsen 抗酸染色法和改良 Kinyoun 抗酸染色法等。

（三）防治策略

（1）隐孢子虫病目前尚无有效的治疗药物，已证明一些抗生素、磺胺类药物和抗球虫药物均属无效，其卵囊对常用的消毒剂均有很强的抵抗力，如卵囊在 25% 次氯酸钠（漂白粉）中 10 ~ 15 min 仍有活力，在 4℃ 条件下贮存数目仍能保持活力。据报道，10% 福尔马林、5% 氨水和 50% 次氯酸钠对隐孢子虫卵囊有一定的杀灭作用。

（2）目前控制隐孢子虫病的流行，只能从改善饲养管理条件，增强机体免疫力入手，保持饲养场地的清洁卫生，及时清除粪便并堆积发酵处理，减少病原散播。

四、组织滴虫病

组织滴虫病也称盲肠肝炎或黑头病。其病原是组织滴虫属的火鸡组织滴虫（Histomonas meleagridis），寄生于禽类的盲肠和肝脏，以引起肝脏坏死和盲肠黏膜溃疡为特征。我国南方亦发现鸭群发生组织滴虫病。

（一）病原特征

本病的病原是火鸡组织滴虫，为多形型虫体，在发育中有鞭毛型和无鞭毛型两种形态（图6-7）。

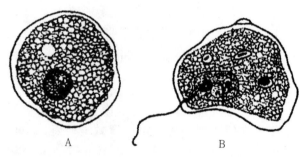

（A）肝脏病灶中的虫体；（B）盲肠腔内的虫体。

图6-7　组织滴虫

（1）鞭毛型虫体常见于肠腔和盲肠黏膜间隙，虫体呈变形虫样，直径为5～30 μm，细胞外质透明，内质呈颗粒状，并含有空泡，核呈泡状，邻近有一个生毛体，由此长出一根细的不易见到的鞭毛。

（2）无鞭毛型虫体见于盲肠上皮细胞和肝细胞内，虫体单个或成堆存在，呈圆形、卵圆形或变形虫样，大小为4～21 μm，无鞭毛。

组织滴虫在宿主禽体内，以二分裂繁殖。虫体在自然条件下很快死亡，但寄生于盲肠中的组织滴虫可进入同部位寄生的异刺线虫体内，在其卵巢中繁殖，并进入异刺线虫的卵内。因受卵壳的保护，随异刺线虫卵排到外界的虫体可存活较

长时间（6个月以上），成为重要的传染源。禽类因吞食含滴虫的异刺线虫卵而感染。

（二）诊断依据

1. 临诊症状

组织滴虫病的潜伏期为7～12天，最短为5天，最常发生于第11日龄。

患鸭精神沉郁，离群独处，经常两翅下垂，缩颈呆立，紧闭双眼，头下垂贴胸或蜷入翅下。驱赶或受到骚扰，则突然睁眼走几步，待环境安定之后又闭目，缩颈呆立，垂头呈昏睡状。患鸭食欲减退以至废绝。羽毛松乱、污秽、无光泽。下痢，常排出淡黄色或淡绿色粪便，粪便常带血，有些病例粪便中带有大量的血液。最后两脚发软，倒地死亡。

2. 病理变化

其主要变化在盲肠和肝脏。

（1）盲肠。盲肠异常膨大，质地坚实，似腊肠样，有些病例多为一侧性。浆膜表面呈淡红色或淡黄色。剖开肿大的盲肠，内容物的特征形状随病程长短而异。病程稍长的病例，盲肠腔内有一坚实干涸的柱状肠芯，表面呈灰白色，凹凸不平，将肠腔完全堵塞。横断面呈同心圆状，中心填满暗褐色的疏松物。盲肠壁变薄，黏膜表面有出血斑，甚至出现溃疡面，在盲肠肠芯与黏膜之间有褐色恶臭的黏液粪泥。病程稍短的病例，柱状肠芯较细，但坚硬，且具有弹性，盲肠壁增厚。有些症状较轻的病例，盲肠腔尚未形成柱状肠芯，肠壁增厚，而黏膜表面却被覆一层深褐色、干燥而疏松的凝固的血状物。

病理组织学变化是盲肠黏膜上皮变性、脱落。有些病例的盲肠部分黏膜上皮已全部脱落，只残存少量肠腺。多数病例固有膜局部组织出血，肠腺间的距离增宽，有大量的淋巴细胞和巨噬细胞增生，同时也有嗜酸性粒细胞。在黏膜上层可以见到大量虫体侵入黏膜上皮和肠腺上皮。盲肠的黏膜下层血管扩张，充满红细胞，局部组织也有多量的嗜酸性粒细胞。肌层和浆膜层病变不明显。盲肠肠腔中的干酪样肠芯，在镜下可见到嗜伊红

色物质，其中夹杂有脱落的黏膜上皮、纤维素、红细胞、白细胞及肠内容物。

（2）肝脏。肝脏体积正常或肿大，质脆易碎。剖分病例肝脏表面仅有大小不等的出血点。有些病例肝脏表面有大小不一、数量不等、呈圆形或不正形、黄褐色或黄绿色或暗红色的纽扣状溃疡病灶，其中央下陷，边缘突起，这些具有特征性病灶，有时融合成一大片，而不见那种同心圆的边界，有时是散在的。此外，还可以见到针头大至黄豆大的坏死点。

病理组织学变化可以见到肝组织均有程度不一的出血灶，红细胞浸润，肝窦及中央静脉内充满数量不等的红细胞，也存在着大小不一的灶状坏死，大的坏死灶，由几个坏死灶融合而成；小的坏死灶则由几个凝固性坏死的肝细胞组成。有的坏死灶中心肝细胞崩解，坏死，呈现一片无结构的蛋白质性凝固块，周围有多量组织细胞、淋巴细胞、单核细胞及多核巨细胞浸润，并可见到染成红色圆形或卵形、外面有一层透明膜的散在虫体，也可以见到成簇的虫体，未见到鞭毛。

3. 病原诊断

采取病鸭的新鲜盲肠内容物，进行实验室检查的具体步骤如下。

（1）剖开盲肠，除去盲肠的肠芯及肠中过多的粪便，用外科刀适当刮取盲肠黏膜表面黏液及粪便于玻璃瓶内，加入适量40℃的灭菌生理盐水，充分搅拌均匀。每毫升粪液中加入2000 U的庆大霉素，稍置片刻，让粪液稍为沉淀。吸取中、上层液体，制作悬滴标本，镜检（450倍），可见到组织滴虫。

（2）虫体大小不一。近似圆形或椭圆形，外膜薄，呈波动状，整个虫体能移动。活动时明显见其外膜不断呈不规则的收缩和扩张，使虫体时而呈圆形，时而呈椭圆形，速度比较慢。虫体直径3～6 μm，个别仅达2 μm，细胞核呈圆球形，位于虫体的中央或偏于一侧，界线分明，呈泡囊状，折光性较强，故可明显见到虫体中有一圆形的透亮区。细胞质内有很多包涵物，呈均质或网状结构，而且透明。在同样条件下，虫

体透明或稍带淡绿色，与其他杂物及细菌、球虫卵囊等容易区分。有人将以上这种形态的组织滴虫称为组织型。

（3）在悬滴标本中亦可见到大小为3～12 μm的虫体，其外膜薄，波动很迅速且不规则，随着外膜的不断波动，虫体呈现各种不同的形态，即高度多形性。常常伸出一个或几个伪足，形如"水母"或"阿米巴"。有一条略为粗壮的鞭毛，其摆动的幅度大，可以左右作弧形摆动，有时明显可见，有时却见不着。虫体的运动极为活跃，呈钟摆方式或不断翻滚，并能进行颠簸性的回旋及急速的旋转运动。时而向前、向后，时而向左、向右。有人称这种形态的组织滴虫为阿米巴阶段。

（4）随着粪液及悬滴标本放置时间的延长，温度降低，虫体的运动逐渐减慢，伸出的伪足短或不伸出，只见外膜稍微波动。此时虫体变圆，泡囊状核明显可见，鞭毛难以见到，最后虫体完全停止活动，同一标本中的虫体，死亡时间有快有慢。若标本中的杂质较多，虫体一旦停止活动，就难以辨认。

（5）虫体在体外对不良环境的抵抗力弱。含有滴虫的病鸭尸体在4～8℃普通冰箱中放置3 h，虫体全部静止不动。从盲肠黏膜上刮下的粪便加入适量的温生理盐水制成的粪液，置37℃恒温箱中12 h或30～34℃室温中5 h，虫体全部停止活动。

（6）为了能准确地查出病原，应注意如下几点。

①标本要新鲜，应挑选濒死的病鸭在实验室内扑杀，剖开后立即剪开盲肠（肿大的一侧），刮取盲肠黏膜表面黏液和粪便。

②在检查过程中标本要保持35～40℃，否则虫体会聚拢在一起，而且静止不动，这时虫体与标本中的其他细胞和杂质难以区分。

③制成悬滴标本后立即进行镜检。用高倍接物镜（40～45）×及接目镜（10～15）×，不断调节聚光镜、光圈及微螺旋，当见到虫体的一端有迅速摆动的鞭毛时即作详细观察。

④分离培养：采用血清蛋白胨培养基（成分为牛肉汤70 mL，1% 蛋白胨水20 mL，葡萄糖

1 g，无菌血清 10 mL，再加入抗生素）。接种物是从刚扑杀的患鸭尸体上刮取的盲肠黏膜的黏液及粪便，加入灭菌生理盐水（40℃）。网状结构消失，虫体更加透明，泡状囊细胞核明显，界线尤其清楚。经 24 ~ 48 h，虫体沉于管底。

（三）防治策略

1. 预防

做好环境卫生和饲养管理工作，鸭舍保持干燥、清洁。地面可用 3% 氢氧化钠溶液消毒。必须将雏鸭与成年鸭分开饲养，因为雏鸭对本病的易感性最强，患病后的死亡率极高；成年鸭感染后虽然症状不明显，但可成为带虫鸭。同时应注意不能与鸡混养，因为患有组织滴虫病的鸡是本病的重要传染源。

2. 治疗

（1）甲硝唑（灭滴灵）按每千克体重用 250 mg，均匀混料饲喂，并结合人工灌服，每只用 1.25% 悬浮液 1 mL，每天 3 次，3 天为一疗程，连用 3 ~ 5 个疗程。

（2）鸭群同时感染球虫病和组织滴虫病，可加重组织滴虫病的严重程度，尤其是在组织滴虫从盲肠传播至鸭的肝脏的过程中，起着相当重要的协同作用。因此，必须同时做好这两种寄生虫病的防御工作。

五、毛滴虫病

鸭毛滴虫病是由毛滴虫引起鸭的一种原虫病。可引起鸭肠管上段黏膜呈现溃疡性损伤及肝脏肿胀。

（一）病原特征

本病的病原体是鸭毛滴虫（*Trichomonas anatis*），虫体大小为（13 ~ 27）μm×（8 ~ 18）μm。带有 4 根活动的前端鞭毛，长度与其身体接近。沿着发育良好的波状膜的边缘长出第 5 根鞭毛。毛滴虫局限于肠管的前段，当肠管黏膜发生炎症时，就容易受到虫体的侵袭（图 6-8）。

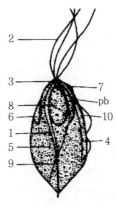

1. 轴刺；2. 前鞭毛；3. 毛基体；4. 肋；5. 细胞质颗粒；6. 口部；7. 波状膜的缘线；8. 核；9. 副基纤维；10. 波状膜。

图 6-8　禽毛滴虫

（二）诊断依据

1. 临诊症状

本病的潜伏期平均为 6 ~ 15 天。病可以分急性和慢性，前者多发生于幼鸭，后者则发生于成年鸭。

（1）急性型。多见于雏鸭。患鸭体温升高，食欲减退，甚至完全废绝，精神委顿，活动困难，继而出现跛行，常常伏卧于地面上，头向下弯曲至颈部以下，蜷缩成一团。羽毛松乱，翅膀下垂，吞咽和呼吸困难。病鸭出现下痢，粪便呈淡黄色。体重显著下降。

部分病例出现眼结膜炎、流泪，口腔及喉头黏膜充血，并可见到 0.5 ~ 2 mm 大小的淡黄色小结节。有些病例由于食管黏膜溃疡而引起穿孔，若小结节继续发展，则可形成与家禽白喉相似的病变。当溃疡病变只局限于肠道及上呼吸道前段区域时，大约有 1/3 的病例可形成瘢痕并慢慢复原。当病变延及内脏器官（如肠、肝、肺及气囊）时，患鸭会因败血症、毒血症甚至因窒息而死。有些病例常常会因发生坏死性肠炎、肝炎或肝的坏死区破裂、出血而倒毙。

（2）慢性型。多见于成年鸭。患鸭的口腔黏膜常出现干酪样积聚物，并可发展为干酪化，导致嘴难以张开，采食困难而饿死。存活的患鸭消瘦，肠绒毛脱落，生长发育受阻，常于头、颈或腹部出现秃毛区。雏鸭患病时死亡率平均可达 50% ~ 70%，也有幼鸭全群死于毛滴虫病的例子。

2. 病理变化

肠黏膜卡他,盲肠扁桃体黏膜肿胀、充血,并有凝乳状物。肝脏肿大,呈褐色或黄色,肝实质松软。3 ~ 5 日龄雏鸭,其肝脏表面有小的白色病灶。患鸭常出现胸膜炎、心包炎和腹膜炎。患病母鸭的输卵管黏膜出现充血、出血,坏死,积液,呈粥状、暗灰色(有时呈脓水样)。由于毛滴虫寄生而引起蛋滞留,滞留的蛋壳表面呈黑色,其内容物腐败变质,卵泡全部变形。

3. 流行特点

本病主要的传染源是患病鸭只和携带病原体而表面看来健康的鸭只。在本病流行地区轻度感染毛滴虫的成年鸭,是本病原的携带者。无论在接近水域的鸭场抑或远离水域(尤其是有很多噬齿类,特别是大型鼠类)的鸭场常常流行本病。在本病的流行地区,有 40% ~ 60% 的成年鸭由于轻度感染而成为带虫者。当鸭只吃入被污染的饲料或饮水时,或者饲养管理不善或其他疾病致使消化管前段黏膜受到损伤时,鸭只极易感染本病,往往造成大批死亡。本病多发生于春秋两季。

4. 病原诊断

取病鸭病变部位的内容物进行镜检,若发现带有鞭毛运动的虫体即可确诊。

(三)防治策略

1. 预防

由于成年鸭常是带虫者,必须把成年鸭与幼鸭分开饲养。加强饲养管理和卫生消毒工作,食槽和饮水器经常消毒。场地保持清洁,用具可经常用 5% 氨水消毒。

2. 治疗

可参考选用下列药物进行治疗。

(1)阿的平或氨基阿的平。按每千克体重用 0.05 g;雷佛奴尔:按每千克体重用 0.01 g,将上述药物剂量溶于 1 ~ 2 mL 水中,逐只喂服。24 h 后重复滴服 1 次,也可以按每千克体重用 0.01 g,溶于水,连饮 7 天。

(2)1 : 2000 硫酸铜溶液,代替饮水,有一定的疗效,但要慎用,饮水过量会引起中毒。

(3)0.06% 甲硝唑(灭滴灵)溶液。饮水,连饮 5 天,停 3 天后再饮 5 天,以此作为一疗程。

(4)0.01% ~ 0.02% 甲紫溶液,饮水,7 天为一疗程。

六、住肉孢子虫病

住肉孢子虫病是由肉孢子虫属的多种原虫寄生于多种动物的横纹肌和心肌引起的,除各种家畜外,偶尔也可以感染人。家鸭和野鸭也时有发生,并造成一定的经济损失。

(一)病原特征

本病的病原体是李氏住肉孢子虫(*Sarcocystis rileyi*),唯一可被鉴别的阶段是住肉孢子虫包囊(米氏囊),鸭的住肉孢子虫包囊呈长梭形,其长轴与肌纤维平行。呈白色,具有光滑的囊壁,在肌束中间取出的包囊呈圆柱形或纺锤形,长 1.0 ~ 6.5 mm,宽 0.48 ~ 1.0 mm。

鸭的住肉孢子虫在鸭胸肌中取出的包囊呈白色,其大小为 1 ~ 3 mm,以小点状排列着。在显微镜下可见包囊具有两层壁,内壁为海绵状的纤维层,外壁为致密的膜。包囊内可分为若干个小室,每个小室中包藏有许多香蕉形的慢殖子,又称为滋养体。

(二)诊断依据

1. 临诊症状

感染鸭往往没有明显的临诊症状。

2. 病理变化

鸭住肉孢子虫病的肉眼病变是在胸肌、大腿肌、颈肌和食道肌上可见到一些纵列的住肉孢子囊。可引起肌肉脂肪变性,被寄生的肌纤维肿大并受到破坏,同时住肉孢子囊所存在的周围组织发生炎症反应。

(三)防治策略

对住肉孢子虫病的治疗尚处于探索阶段,鸭住肉孢子虫病也尚未见有效的预防措施报道。对严重感染住肉孢子虫的鸭肉,应做好无害化处理,不能食用。

第二节　绦虫病

一、剑带绦虫病

　　鸭的剑带绦虫病是由膜壳科（Hymenolepidi-dae）剑带属（Drepanidotaenia）的绦虫寄生于鸭的小肠所引起的疾病。本病流行范围极为广泛，在一些养鸭区多呈地方性流行，对幼鸭危害尤其严重。

　　除此之外，属于膜壳科缩短膜壳绦虫（Hymenolepis Compressa）、环状膜壳绦虫（Hymenolepis collaris）、冠状膜壳绦虫（Hymenolepis Coronula）、巨头膜壳绦虫（Hymenolepis Megalops）等，在不同地区也会引起鸭群发病，在诊断和防控方面可参照剑带绦虫病，在此不一一赘述。

（一）病原特征

　　感染鸭的剑带绦虫主要有两种，即矛形剑带绦虫（Drepanidotaenia Lanceolata）和普氏剑带绦虫（Drepanidotaenia Przewalskii）。

1. 矛形剑带绦虫

　　虫体呈乳白色，前窄后宽，形似矛头（图6-9），长 60 ~ 160 mm。头节小，呈梨形，有4个圆形的吸盘，顶突上有8个角质的小钩。成熟节片内有3个睾丸横列，位于稍偏于子宫一侧，卵巢与卵黄腺位于相反的一侧。虫体的后部节片逐渐宽大，孕卵节片几乎被充满虫卵的子宫占据。虫卵呈椭圆形，灰白色，大小为（0.046 ~ 0.106）mm×（0.037 ~ 0.103）mm，外胚膜呈橄榄形，两端各有一对短的卵丝。六钩胚为椭圆形，内有3对小钩（图6-10）。

图 6-9　矛形剑带绦虫的新鲜虫体

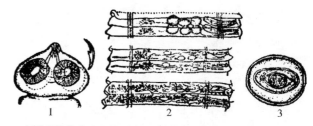

1. 矛形剑带绦虫头节；2. 矛形剑带绦虫的雌雄同体的节片；3. 虫卵（内含六钩胚）。

图 6-10　矛形剑带绦虫

　　矛形剑带绦虫的中间宿主是各种剑水蚤虫卵或孕卵节片，会随鸭的粪便排出体外，含有六钩胚的虫卵被剑水蚤吞食后，经 6 ~ 7 h，六钩胚从剑水蚤的肠管内钻出来，进入其体内，大约经过 30 天，会发育为似囊尾蚴。鸭吞食有似囊尾蚴的剑水蚤而受感染。剑水蚤在鸭肠内被消化，幼虫释出，以其头节附着在肠黏膜上，经 19 天左右，发育为成虫（图6-11）。

图 6-11　矛形剑带绦虫发育史

2. 普氏剑带绦虫

　　主要分布于福建、广东等地区，寄生于鸭、鹅小肠。虫体长 35 ~ 170 mm，最大宽度 1.024 mm。头节梨形，吻突发达，常突出于体外，有 10 枚斧状吻钩。吻囊可延至吸盘后方。睾丸 3 个，椭圆形，排成一横列，位于节片的中部。卵巢 1 个，不分瓣，卵黄腺为块状，位于卵巢下方。孕卵节片子宫呈囊状，横充于节片之间（图6-12）。虫卵类圆形，大小为（0.020 ~ 0.027）mm×（0.015 ~ 0.020）mm。

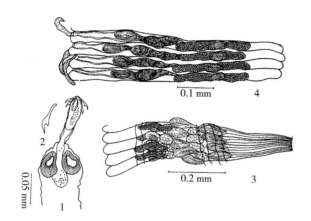

1. 头节；2. 吻钩；3. 成熟节片；4. 后期成熟节片。

图6-12 普氏剑带绦虫（林宇光，1959）

（二）诊断依据

1. 临诊症状

（1）患鸭病情的轻重，在很大程度上取决于饲养管理条件的好坏、机体抵抗力的高低、肠内虫体数量的多少，以及鸭的日龄等因素。轻度感染的鸭只，一般不呈现明显的临诊症状，幼鸭受侵袭后，其症状较重。

（2）患鸭精神沉郁，出现消化机能障碍，渴感增强，食欲不振。排出灰白色或淡绿色稀粪，味恶臭，并混有黏液和长短不一的虫体孕卵节片，使肛门四周羽毛受污染。随着病情的发展，患鸭生长发育进一步严重受阻，体重明显下降，精神委顿，羽毛松乱、不洁，离群独处，不喜欢活动，翅膀下垂。放牧时，常呆立在岸边打瞌睡或下水后浮在水面上。有些病例出现神经症状，运动失调，走路摇晃，两脚无力，突然倒地，花很大力气才能站起来，很快又倒下，反复多次发作后即告死亡。倘若由于受冷、受热或突然更换饲料等不良因素的影响，常在短期内出现大批死亡。当鸭群存在并发症时，死亡更加严重。

（3）虫体在鸭的小肠内大量积聚时，会使小肠受到机械性和毒素的刺激。一方面是使肠腔阻塞，压迫肠黏膜，虫体用其头部上的吸盘和钩破坏肠黏膜的完整性，影响消化和吸收过程。另一方面是绦虫生长繁殖极为迅速，能掠夺鸭只大量营养物质，同时还排出代谢产物，对鸭只的血液循环及神经系统都具有毒害作用。成年鸭感染后，一般症状较轻而成为带虫鸭。

2. 病理变化

其主要病变是小肠黏膜充血、出血，出现明显的炎症反应。肠腔内有虫体，有些病例有大量虫体阻塞肠腔，致使肠扭转甚至使肠破裂。此外，也可见到脾、肝和胆囊增大。死于绦虫病鸭只的尸体消瘦。

3. 流行特点

（1）本病的中间宿主是剑水蚤（英勇剑水蚤、缘剑水蚤、锯缘真剑水蚤及白剑水蚤等），它能存活1周年。在上一年曾饲养过患绦虫病鸭的水域内，部分剑水蚤带着矛形剑带绦虫的幼虫过冬。死水区或水流缓慢的浅水区、沼泽、水洼地、水塘和江河支流均是适于剑水蚤生活的生态环境。大多数剑水蚤常聚集于覆有植物的靠岸水域。于5—7月滋生繁殖最旺盛，此时鸭剑带绦虫的感染率最高。

（2）在水池内的矛形剑带绦虫卵，大约只能生存15昼夜。当虫卵在秋季被剑水蚤吞食之后，虫卵内的幼虫发育很慢，甚至可以完全停止发育，直至春季温暖的天气到来时，才重新感染剑水蚤，开始发育。因此，春天的水域就有可能出现已被感染的剑水蚤。

（3）越冬后的患鸭，早春在水域放牧时，将矛形剑带绦虫的节片和虫卵排到水域中，剑水蚤被这些虫卵感染后，在其体内形成侵袭性幼虫。因此，幼鸭放到水域的第1天，便有可能感染矛形剑带绦虫，经15~20天即可引起大批鸭只发病。

4. 病原诊断

生前诊断，可从被检鸭只的粪便中是否发现绦虫的节片进行判断。

方法是收集不同鸭只的若干粪便样品，放入500~1000 mL的量杯或其他玻璃器皿中，加满清水，用玻璃棒或干净木棒仔细搅拌后，静置10~15 min。此时由于虫体节片密度大，便会沉于底部，然后将上清液倒弃一半，再加清水，反复洗涤数次后，取出沉淀物置于平皿中。底部用黑纸衬托，仔细用肉眼观察，找到节片或镜检鸭粪（用饱和盐水漂浮法）发现虫卵可确诊，也可以用诊断性驱虫和尸体剖检发现虫体来确诊。

（三）防治策略

1. 预防

（1）在绦虫病经常流行的地区，带病成鸭是本病的主要传染源，它通过粪便可以大量排出虫卵。其中间宿主——剑水蚤虽然在冬天大部分死亡，而每年春天又繁殖起来。因此，在每年入冬及开春时，及时给成年鸭进行驱虫，以杜绝中间宿主接触病原，这是控制本病的重要策略。

（2）绦虫病主要是侵袭 1 ~ 3 月龄鸭，在本病流行地区，应定期驱虫（1 月龄内驱虫 1 次，放到水域后经半个月再进行 1 次成虫期驱虫）。尤其在秋季和春季母鸭开始产卵前 1 个月内进行，这样可以防止水域内的剑水蚤遭到感染。同时坚持每天清除粪便，将其进行生物热处理。

（3）将成年鸭与幼鸭分群饲养，推广幼鸭舍饲。

（4）鸭群应尽可能在水源流动的水域放牧，以减少中间宿主接触鸭只而感染绦虫的机会。

（5）新购入的鸭只，须隔离一段时间并进行粪便检查是否带有绦虫。必要时进行 1 次驱虫后才可合群饲养。

2. 治疗

（1）槟榔碱。将 1 g 干燥的槟榔碱粉末，溶解于 1000 mL 沸水中，用量为每千克体重 1 ~ 1.5 mL，用小胃管投药。投药后几分钟，鸭只会呈现兴奋、呼吸及肠蠕动加快，频频排粪，这种现象经 1 ~ 2 min 消失。通常经 20 ~ 30 min 排出绦虫。

（2）槟榔煎剂。用槟榔粉或槟榔片，剂量为每千克体重用 0.5 ~ 0.75 g。煎剂的制法：取 50 g 槟榔粉，加水 1000 mL，煎成 750 mL 的槟榔液，去渣即成。500 g 重鸭用 5 mL。上述煎剂每 15 mL 含槟榔粉 1 g。亦可用小胶管经口投入鸭的食管膨大部，投药后 10 ~ 15 min 即开始排虫。

（3）槟榔丸。将槟榔粉制成丸剂。具体制法：将槟榔研成末，加入熟甘薯或面粉，做成丸剂，烘干备用。每丸含槟榔粉 1.0 g、1.5 g 和 2 g 各种

不同规格，剂量按每千克体重用 0.15 ~ 0.2 g 槟榔粉计算，按不同体重的个体采用不同规格的丸剂塞入鸭只口中直至食管上端。

使用槟榔治疗鸭绦虫病，不但效果好，而且这种药物来源容易，价钱便宜。但在驱虫时务必注意下列事项。

①在大群鸭只驱虫前，必须先以 15 ~ 20 只做小群的驱虫试验，证实安全有效后才可全群进行。

②在投药前，鸭只需绝食 12 h，一般在晚上 8 时喂料后，第 2 天上午 8 时空腹投药，投药后供给充足清水。在投药后 10 ~ 15 min 开始排虫，持续排虫 2 ~ 3 h。因此，在驱虫数小时后，应注意观察检查粪便内的虫体，并将粪便及时集中堆沤，杀灭虫卵。场地及时消毒。投药后 4 h 内不得到水域放牧，4 h 后才喂料。

③投药后鸭只一般无中毒现象，但有时也有少数鸭只兴奋性增高，呼吸迫促，不断排粪，不久即可恢复正常。亦有个别鸭只体质弱或用药过量，在投药后 15 ~ 30 min 内出现中毒现象。表现为口吐白沫、废食、站立不稳等症状。必须在鸭只倒地前及时肌内注射硫酸阿托品 0.2 ~ 0.5 mL（每毫升含 0.5 mg），几分钟内中毒症状即可消失。

④用槟榔驱虫，虫体虽可以迅速排出体外，但只能排出大部分节片，虫体的头节可能没有排出，以后又可以长出新的节片。因此，在疫区对鸭只定期进行预防性驱虫是防治绦虫病不可缺少的环节。对体弱的鸭只，要适量减少药量。

（4）硫双二氯酚。剂量为每千克体重用 150 ~ 200 mg，按 1 : 30 的比例与饲料混合，1 次投服。

（5）南瓜子粉。每只鸭 20 ~ 50 g，大群饲喂，使其自由采食。用前将南瓜子粉加水（1 kg 粉加水 8 L），煮沸 1 h。

（6）石榴皮槟榔合剂。配法为石榴皮 100 g，槟榔 100 g，加水 1000 mL，煮沸 1 h，然后加水调至 800 mL。剂量为 20 日龄幼鸭每只喂 1.2 ~ 1.5 mL，30 日龄幼鸭每只 2 mL，30 日龄以上鸭只用 2.5 mL，混入饲料中饲喂或用胃管投服均可，2 天喂完。

（7）氯硝柳胺。按每千克体重用 60 ~ 150 mg，均匀拌料喂饲，1 次喂服。

（8）吡喹酮。按每千克体重用 10 ~ 15 mg 的剂量，均匀拌料喂饲，1 次喂服。

（9）阿苯达唑。按每千克体重用 20 ~ 25 mg，1 次喂服，药效良好。

二、片形皱褶绦虫病

片形皱褶绦虫病是由膜壳科皱褶属的片形皱褶绦虫（Fimbriaria fasciolaris）寄生于鸭、鹅、鸡的小肠等其他鸟类小肠所引起的疾病，是家鸭常见的绦虫病。本病呈世界性发布，多为散发，偶有地方性流行。

（一）病原特征

片形皱褶绦虫的虫体较大，长 20 ~ 40 cm，宽 5.0 mm。在体前端有一个扩展的皱褶状假头节，假头节长 1.9 ~ 6.0 mm，宽 1.5 mm，由许多无生殖器官的节片组成，为附着器官。真头节位于假头节的顶端，上有 10 个小钩和 4 个吸盘（图 6-13）。睾丸 3 个，卵圆形，雄茎上有小棘。卵巢呈网状，串连于全部成节，子宫亦贯穿整个链体，孕节的子宫为短管状，管内充满虫卵。虫卵为卵圆形，两端稍尖，大小为 0.013 mm × 0.074 mm。

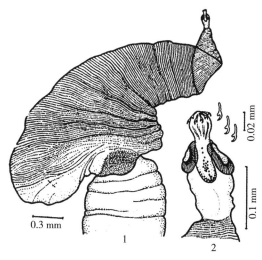

1. 假头节；2. 真头节。

图 6-13 片形皱褶绦虫

片形皱褶绦虫的中间宿主为桡足类，有普通镖水蚤、剑水蚤等。人工实验表明，家鸭吞食含有似囊尾蚴的中间宿主后，平均需要 16 天发育为成虫。

（二）诊断依据

片形皱褶绦虫的流行特点与矛形剑带绦虫相似，生前诊断可用水洗沉淀法或饱和盐水漂浮法检查粪便中的虫卵。死后剖检在鸭的小肠发现大量白色带状的虫体。

（三）防治策略

治疗剑带绦虫病的药物均可用于片形皱褶绦虫的防治。在本病的流行区，定期驱虫是防控的关键。对成年鸭每年至少在春、秋进行 2 次预防性驱虫。对幼鸭的驱虫应在水源放养后的 15 ~ 20 天即可进行第 1 次预防性驱虫，以防止水源虫体排出的虫卵污染。

三、鸭的其他绦虫病

寄生于鸭肠道绦虫种类很多，除前述的剑带绦虫病和片形皱褶绦虫病外，在我国报道的感染鸭的绦虫还有下述常见种类。

1. 膜壳科膜壳属

缩短膜壳绦虫、环状膜壳绦虫、冠状膜壳绦虫、巨头膜壳绦虫、美丽膜壳绦虫（Hymenolepis Venusta）、大膜壳绦虫（Hymenolepis Megalops）。

2. 膜壳科单睾属（Aploparaksis）

分歧单睾绦虫（Aploparaksis Furcigera）、福建单睾绦虫（Aploparaksis Fukienensis）。

3. 膜壳科双睾属（Diorchis）

鸭双睾绦虫（Diorchis Anatina）。

4. 膜壳科双盔属（Dicranotaenia）

冠双盔绦虫（Dicranotaenia Coronula）。

5. 戴维科（Davaineidae）赖利属（Raillietina）

小钩赖利绦虫（Raillietina Parviuncinata）。

上述绦虫在发育过程中均需要中间宿主，可以作为膜壳科为多种甲壳类动物，如剑水蚤、镖水蚤、介虫等水生动物；单睾绦虫的中间宿主为有带丝蚓和水丝蚓类。寄生在肠道的绦虫随粪便排出虫卵或孕卵节片，被剑水蚤或其他中间宿主吞食，在其体内发育为似囊尾蚴，终末宿主鸭吞食了带有似囊尾蚴的中间宿主而感染，六钩蚴逸出，在肠道发育为成虫。

绦虫的危害性与感染虫体的数量和鸭的年龄有关，一般情况下，幼龄鸭感染率高，感染后症状严重，并常成为病原的传播者，由于水禽栖息的环境里中间宿主广泛存在，造成了本病的流行和蔓延。由于绦虫均寄生于肠道，不同绦虫病所引起的症状具有相似性。

上述绦虫病的临诊症状、诊断和防治方法可参照剑带绦虫病。

第三节　棘头虫病

鸭的棘头虫病是由鸭细颈棘头虫、大多形棘头虫和小多形棘头虫寄生于鸭的小肠所引起的寄生虫病。本病可引起鸭尤其是幼鸭大批死亡，造成较大损失。

一、病原特征

本病的病原是鸭细颈棘头虫（*Filicollis Anatis*）、大多形棘头虫（*Polymorphus Magnus*）和微小多形棘头虫（*Polymorphus Minutus*）。

1. 鸭细颈棘头虫

鸭细颈棘头虫虫体呈纺锤形，白色，前部有小刺。雄虫长 4 ~ 6 mm，宽 1.5 ~ 2 mm。吻突呈椭圆形，具有 18 纵列的小钩，每列 10 ~ 16个。吻腺长。睾丸前后排列，位于虫体的前半部。雌虫呈黄白色，长 10 ~ 25 mm，宽 4 mm。吻突膨大呈球形，直径为 2 ~ 3 mm，其前端有 18纵列的小钩，每列 10 ~ 11 个，呈星芒状排列。吻腺长。卵呈椭圆形，大小为（62 ~ 70）μm ×（20 ~ 25）μm（图 6-14）。

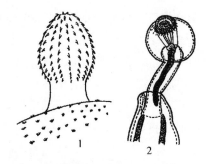

1. 雄虫前端部；2. 雌虫前端部。

图 6-14　鸭细颈棘头虫

2. 大多形棘头虫

大多形棘头虫虫体呈橘红色，纺锤形，前端大，后端狭细。吻突上有 18 个纵列小钩，每纵列 7 ~ 8 个，前 4 个钩较大，有发达的尖端和基部，其余的钩不甚发达，呈小针状。吻囊呈圆柱形，为双层构造。雄虫长 9.2 ~ 11 mm。睾丸呈卵圆形，位于虫体前 1/3，靠近吻囊处。雌虫长 12.4 ~ 14.7 mm，体内充满大量虫卵，阴门位于虫体末端正中。虫卵呈纺锤形，大小为（113 ~ 129）μm ×（17 ~ 22）μm，在卵胚两端有特殊的突出物（图 6-15）。

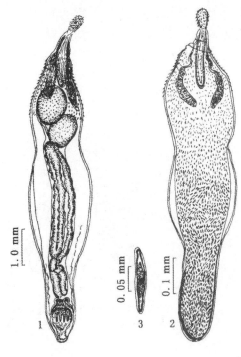

1. 雄虫；2. 雌虫；3. 虫卵。

图 6-15　大多形棘头虫

3. 微小多形棘头虫

微小多形棘头虫虫体较小，呈纺锤形，新鲜时呈橘红色，吻突呈卵圆形，具有 16 纵列的钩，每列 7～10 个，前部的钩较大，向后逐渐变小。虫体前部有棘，排成 56～60 纵列，每列有 18～20 个小棘。吻囊发达。雄虫长 3 mm，睾丸近于圆形，前后斜列于虫体的前半部内。雌虫长 10 mm，卵呈纺锤形，有 3 层膜，大小为 100 μm×20 μm，内含一黄而带红色的棘头蚴（图6-16）。

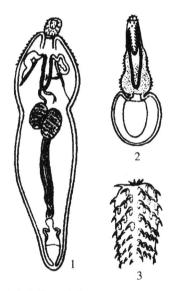

1. 雄虫；2. 吻突和吻囊；3. 吻钩。

图 6-16　微小多形棘头虫

以大多形棘头虫为例说明其发育过程。虫卵随粪便排出外界环境，被中间宿主吞食（甲壳纲端足目的湖沼钩虾），经一昼夜孵化出棘头蚴。经 18～20 天发育成椭圆形的棘头体，被一厚膜包围，游离于宿主体腔内。以后进一步发育为卵圆形有感染性棘头囊。再经 54～60 天，则发育为感染性幼虫。鸭只吞食了含有感染性幼虫的钩虾后，幼虫在鸭的消化道中从钩虾体内逸出，附着在小肠壁，经 27～30 天，发育成为成虫并产卵。

二、诊断依据

（一）临诊症状

成年鸭感染后临诊症状不明显。幼鸭严重感染时，精神沉郁，食欲减退或废绝。下痢，粪便常带血，患鸭体重下降或生长发育迟缓。当棘头虫固着部位的肠黏膜发生溃疡、脓肿或穿孔而引起继发性细菌感染时，病情加剧，甚至导致死亡。

（二）病理变化

当棘头虫体用其前端吻突和吻钩刺入鸭只肠壁肌层而穿过浆膜层时，可以造成肠穿孔，使局部组织受到损伤，从而继发腹膜炎。有时可从肠管的浆膜上看到突出的黄白色的小结节，肠黏膜有大量的虫体。肠黏膜发炎或化脓，有出血点或出血斑，虫体固着部位出现不同程度的创伤。

（三）流行特点

（1）鸭细颈棘头虫的中间宿主是等足类的栉水虱。鸭细颈棘头虫在栉水虱体内，由棘头蚴发育为棘头囊，在 17～19℃时需 37～40 天，在 24～26℃时需 25 天，低于 17℃时则需 2 个月。在鸭体内由棘头囊发育为成虫需 29～30 天。本病常呈地方性流行。

（2）大多形棘头虫的卵对外界环境的抵抗力很强，在 10～17℃的水池内，可生存 6 个月，在干燥的环境中容易死亡。

大多形棘头虫的中间宿主钩虾多生长于水塘边水生植物较多的地方，以腐败的动植物为食。小鱼吞食了含有感染幼虫的钩虾后可以成为大多形棘头虫的贮藏宿主。鸭只摄食了这种小鱼或钩虾后均能受到感染。部分感染期的幼虫可以在钩虾体内越冬。每年的 8 月是大多形棘头虫病的感染高峰。

（四）病原诊断

粪便检查发现虫卵或对患鸭剖检后剪开肠道发现虫体即可确诊。粪便检查可采用直接涂片或反复水洗沉淀法。

三、防治策略

（一）预防

（1）成年鸭为带虫传播者，应将幼鸭与成鸭分开饲养，分开水域放养。

（2）在本病的流行区域，应经常对成鸭和幼鸭进行预防性驱虫。在驱虫10天后，把成鸭和幼鸭分别转入不同的安全池塘饲养。防止棘头虫虫卵落入水中，尽可能消灭中间宿主。加强粪便处理工作。加强饲养管理，提高机体的抵抗力。

（二）治疗

可选用下列药物。

（1）国产硝硫氰醚。按每千克体重用100～125 mg，1次灌服。

（2）阿苯达唑。按每千克体重用10～25 mg，1次灌服。

（3）二氯酚。按每千克体重用0.5 g，均匀混于饲料中饲喂。

第四节　吸虫病

一、前殖吸虫病

鸭的前殖吸虫病是前殖科的前殖吸虫寄生于鸭或其他禽类的输卵管、法氏囊、泄殖腔及直肠等引起的疾病。本病在我国分布较广，北京、广州等均有报道。

（一）病原特征

鸭的前殖吸虫较常见的有下列几种。

1.楔形前殖吸虫（*Prosthogonimus cuneatus*）

虫体扁平，红色，外形呈梨形，长2.89～7.14mm，宽1.70～3.71 mm。口吸盘近似圆形，腹吸盘位于虫体前1/3处的后方。睾丸呈卵圆形，左右对称排列。卵巢分为3个或3个以上的主叶，每个主叶又分为2～4小叶，位于腹吸盘后方，虫体的右侧。受精囊卵圆形，位于卵巢的后方。虫卵呈椭圆形，具有小盖，大小为（0.022～0.024）mm×（0.028～0.013）mm（图6-17）。

2.透明前殖吸虫（*Prosthogonimus pellucidus*）

虫体椭圆形，体长5.86～9.0 mm，宽2.0～4.0 mm。前半部有小棘，口吸盘近圆形，腹吸盘圆形，二者大小相等。睾丸卵圆形，卵巢分叶位于腹吸盘与睾丸之间。卵黄腺起始于腹吸盘

后缘终于睾丸之后，大小为（0.63～0.83）mm×（0.59～0.99）mm。虫卵大小为（25～29）μm×（11～15）μm（图6-18）。

图6-17　楔形前殖吸虫

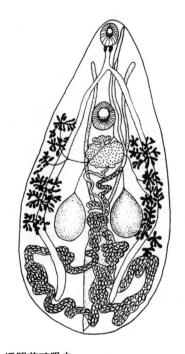

图6-18　透明前殖吸虫

3.卵圆前殖吸虫（*Prosthogonimus ovatus*）

新鲜虫体呈鲜红色，体扁平呈梨形，前端狭小而后端钝圆。虫体大小为（3～6）mm×（1～2）mm。口吸盘呈椭圆形，腹吸盘位于虫体前1/3处，盲肠两支。睾丸两个呈长椭圆形，不分叶。卵巢位于腹吸盘背面，呈分叶状。卵黄腺位于虫体前中部的两侧，其前界达到或超过腹吸盘中线。子宫盘曲于睾丸与腹吸盘前后占位很大，其上升支盘曲于腹吸盘与肠分叉之间，生殖孔开口于虫体前端口吸盘左侧。虫卵小、壳薄，其大小为（22～24）μm×13 μm（图6-19）。

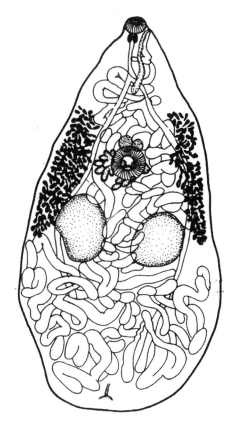

图6-19 卵圆前殖吸虫

4.鸭前殖吸虫（*Prosthogonimus anatinus*）

虫体呈梨形，大小为3.8 mm×2.3 mm。口吸盘与腹吸盘的比例为1：1.5。盲肠伸达虫体后1/4处。睾丸大小为0.27 mm×0.21 mm。储精囊呈窦状，伸达肠叉与腹吸盘之间。虫卵大小为23 μm×13 μm（图6-20）。

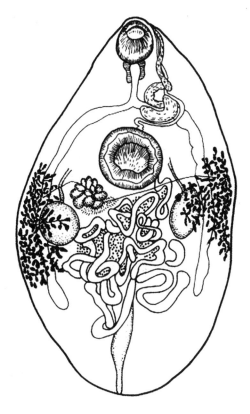

图6-20 鸭前殖吸虫

前殖吸虫的发育需要两个中间宿主，第一中间宿主为淡水螺、豆螺或旋螺，第二中间宿主为蜻蜓的幼虫或稚虫。虫体寄生在鸭的直肠、输卵管、法氏囊和泄殖腔内，所产的虫卵随着鸭的粪便一同排到体外，在第一中间宿主体内孵出毛蚴，经孢蚴、尾蚴阶段的发育后离开螺体，在水中又钻入第二中间宿主——蜻蜓的幼虫和稚虫，被其吸入肛门孔中，在肌肉中变为囊蚴。当鸭吞食含有囊蚴的蜻蜓稚虫时即遭感染。囊蚴一旦经过消化道，发育成为童虫，最后从泄殖腔进入输卵管或法氏囊，经1～2周发育为成虫（图6-21）。

（二）诊断依据

1.临诊症状

前殖吸虫病的临诊症状，可分为三个阶段。

第一阶段。患鸭外表无明显症状，母鸭开始产薄壳蛋、软壳蛋、畸形蛋，随后产蛋量下降，有时仅排出卵黄或少量蛋清。这是由于虫体以吸盘及体表小刺刺激输卵管黏膜，并破坏输卵

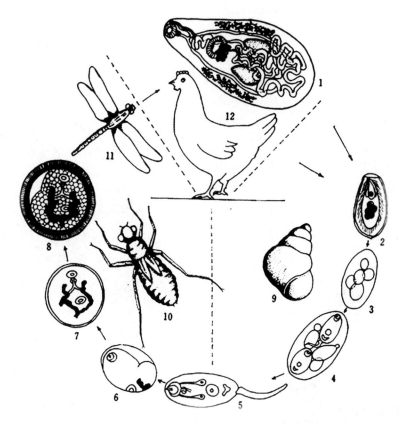

1.成虫；2.虫卵；3.母胞蚴；4.子胞蚴；5.尾蚴；6、7、8.囊蚴；9.第一中间宿主；10、11.第二中间宿主；12.终末宿主。

图6-21 前殖吸虫的生活史

管腺体的正常功能，引起石灰质分泌异常，继而破坏分泌蛋白腺体的功能，引起蛋白质的分泌失调，从而导致输卵管的不规则收缩，持续约1个月。

第二阶段。患鸭出现明显的临诊症状，精神沉郁，食欲减退，羽毛松乱，腹部膨大、下垂，步态蹒跚，两脚叉开，从泄殖腔排出卵壳碎片或流出石灰质、蛋白质等半液体物质，持续1周左右。

第三阶段。患鸭体温升高，渴感增强，腹部压痛，泄殖腔突出，肛门四周潮红，泄殖腔及腹部的羽毛脱落，四周黏满污物。若继发腹膜炎时，则呈企鹅步行姿态，患鸭经2～7天死亡。

2.病理变化

由于前殖吸虫主要寄生于输卵管等处，因此，输卵管黏膜严重充血，在黏膜表面可发现虫体。有些病例输卵管炎症加剧，严重时有可能出现破裂，导致卵子、蛋白质或石灰质落入腹腔，发生卵黄性腹膜炎而死亡。有些病例由于输卵管穿孔，在腹腔中可见到软壳蛋或完整的有壳蛋，或者外形皱缩、大小不一、内容物变质、变性和变色的卵泡。

3.流行特点

前殖吸虫病多为地方性流行，其流行季节与蜻蜓出现的季节有关。每年5—6月为蜻蜓活动盛期，故本病多发生在每年的5—6月。温暖和潮湿的气候可以促使本病的散播。带有囊蚴的蜻蜓的稚虫过冬或变为成虫时，这些囊蚴在蜻蜓稚虫或成虫体内都保持有生活力。

4.病原诊断

对本病的确诊是剖检患鸭找虫体或采集粪便，用反复水洗沉淀法检查粪便发现虫卵做出诊断。

（三）防治策略

1. 预防

（1）在不安全鸭群中，每3个月普查1次，一旦发现患鸭，立即进行驱虫。预防性驱虫可用阿苯达唑，按每千克体重用10 mg，每半月进行1次。

（2）鸭舍及运动场每天打扫粪便，并将其堆放在固定场所进行生物热除虫。

（3）消灭中间宿主——淡水螺蛳，可用化学药物如1∶5000的硫酸铜。

（4）在蜻蜓及其幼虫出现的季节里，尤其在阴暗的雨天，不宜在池塘边放鸭，宜在灌木丛或树林里觅食，以免啄食蜻蜓而遭感染。

2. 治疗

（1）四氯化碳。其剂量是2～3月龄的鸭用1.2 mL，成年鸭用2～4 mL，加等量的水或米汤均匀混合后灌服。间隔5～7天，再投药1次，可用胃管投服或经食管膨大部注入。在治疗时，要检查患鸭的体质和大小，根据不同情况，适当增减药物的剂量。病重的（特别是有腹膜炎或卵黄性腹膜炎）患鸭则难以治愈（也无治疗价值），鸭只在服用四氯化碳后18～20 h，便可发现有虫体排出，可延续排虫3～5天，多数虫体可崩解。因此，治疗时必须把患鸭关在固定场所内3～5天，病鸭排出的粪便应及时收集起来进行生物热处理，同时改善饲养管理，增加营养，促进患鸭康复。

（2）六氯乙烷。每只鸭0.2～0.5 g，混在饲料中或以米粉制成小丸投给，每天1次，连用3天。服用六氯乙烷的注意事项与上述四氯化碳相同。

（3）硫双二氯酚。按每千克体重用200 mg均匀拌料，1次喂饲。

（4）吡喹酮。按每千克体重用30～50 mg，均匀拌料饲喂，1次喂服，连用2天。

（5）阿苯达唑。按每千克体重用80～100 mg，均匀拌料饲喂，1次喂服。

二、背孔吸虫病

鸭的背孔吸虫病是由背孔科背孔属的多种背孔吸虫寄生于鸭的盲肠或小肠内引起的疾病。尤以细背孔吸虫（*Notocotylus attenuates*）较为常见。

（一）病原特征

本病的常见病原是背孔科背孔属的细背孔吸虫，寄生于鸭的盲肠、小肠及直肠。除此之外还有背孔属的其他种类，如小肠背孔吸虫（*Notocotylus Intestinalis*）、徐氏背孔吸虫（*Notocotylus Hsui*）、囊突背孔吸虫（*Notocotylus Gibbus*）、折叠背孔吸虫（*Notocotylus Imbricatus*）等。

细背孔吸虫的虫体较小，呈淡红色，细长，两端钝圆，大小为（2.0～5.0）mm×（0.65～1.4）mm。仅有一个圆形的口吸盘，位于体前端，无腹吸盘和咽。腹面有3行腹腺，腹腺呈椭圆形或长椭圆形，中行有14～15个，两侧行各有14～17个。睾丸分叶，呈左右排列于虫体的后端。卵巢分叶，位于两睾丸之间。子宫左右回旋弯曲于虫体的中部（图6-22）。虫卵小，呈椭圆形，黄色有卵盖，其两端各有一条长线状的卵丝，卵的大小为（0.015～0.021）mm×0.012 mm。

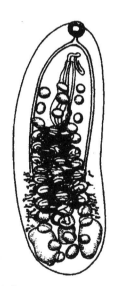

图6-22 细背孔吸虫

背孔吸虫的发育中间宿主为淡水螺。寄生于鸭肠腔的成虫产卵，卵随粪便排出体外。在适宜的环境中，特别是在夏天，大约经过4天，毛蚴即从卵中逸出，进入螺蛳（扁卷螺或椎实螺）体内，发育为胞蚴和尾蚴。成熟的尾蚴离开螺体附着在水生植物上形成囊蚴。鸭只由于啄食含有囊蚴的水草而受感染。童虫附着在盲肠或直肠壁上，约经3周发育为成虫。

（二）诊断依据

1. 临诊症状

病鸭精神沉郁，离群独处，闭目、嗜睡。食欲减退，渴欲增加。患鸭表现脚软，行走摇晃，常常伏地，严重者不能站立。由于虫体分泌毒素，使患鸭拉稀，粪便呈淡绿色至棕褐色，稀如水样或如胶样，严重病例稀粪中混有血液。患鸭贫血，生长发育受阻，最后衰竭死亡。

2. 病理变化

剖检患病或患病死亡的鸭只，除在盲肠和直肠黏膜上发现虫体外，同时还可见到小肠、直肠黏膜呈现糜烂或呈卡他性肠炎。

3. 流行特点

本病主要分布于欧洲、俄罗斯和日本，我国的吉林、山东、陕西、贵州、云南、江苏、安徽、湖北、湖南、福建、广东和台湾等地都有本病的报道，且南方各省较多。

4. 病原诊断

可用直接涂片法或沉淀法检查粪便找虫卵。挑选有代表性的患病鸭进行剖检，若在盲肠或直肠中找到虫体即可确诊。

（三）防治策略

1. 预防

（1）注意保持鸭舍、运动场的清洁卫生，及时清除粪便，并集中进行无害化处理。

（2）在本病的流行区，对鸭群进行定期预防性驱虫，可用阿苯达唑，按每千克体重用 10 mg，每半个月进行 1 次。

（3）用 1 : 5000 硫酸铜溶液灭螺。

2. 治疗

（1）硫双二氯酚。按每千克体重用 150 ~ 200 mg（也有些实践者推荐用 300 ~ 500 mg）均匀拌料，1 次喂服。

（2）阿苯达唑。按每千克体重用 10 mg，1 次喂服。

（3）五氯柳酰苯胺。按每千克体重用 15 ~ 30 mg，均匀拌入饲料，1 次喂服。

（4）槟榔。按每只鸭每千克体重用 0.6 g，煎水，每天傍晚用小皮管投服 1 次，连用 2 天。

三、后睾吸虫病

鸭的后睾吸虫病是由后睾科（Opisthorchiidae）后睾属（Opisthorchis）、次睾属（Metorchis）和对体属（Amphimerus）的吸虫寄生于鸭的胆管和胆囊引起的疾病。本病分布很广，广东及山东等省均有报道。

（一）病原特征

后睾吸虫种类较多，如次睾属的东方次睾吸虫（Metorchis Orientalis）、台湾次睾吸虫（Metorchis Taiwanensis）、肇庆次睾吸虫（Metorchis Shaochingnensis）、黄体次睾吸虫（Metorchis Xanthosomus）、后睾属的鸭后睾吸虫（Opisthorchis Anatis）、似后睾吸虫（Opisthorchis Simulans）、细颈后睾吸虫（Opisthorchis Tenuicollis），以及对体属的鸭对体吸虫（Amphimerus Anatis）等，在此仅介绍一些主要种类。

1. 东方次睾吸虫

虫体呈扁平叶状，长 2.35 ~ 4.64 mm，宽 0.53 ~ 1.2 mm。体表有小刺被覆。口吸盘位于体前端，腹吸盘位于体前 1/4 的中央处。睾丸大而分叶，位于虫体的后端，呈前后排列。卵巢为卵圆形，位于睾丸的前方（图 6-23）。虫卵的大小

图 6-23 东方次睾吸虫

为（0.029 ~ 0.032）mm×（0.015 ~ 0.017）mm。

2. 鸭对体吸虫

多寄生于鸭的胆管内，是鸭肝内的一种大型吸虫。体窄长，后端尖细，长 14 ~ 24 mm，宽 0.88 ~ 1.12 mm（图6-24）。

3. 台湾次睾吸虫

寄生于鸭的胆囊内，虫体小而细长，前后两端较窄长，前端有小刺。体长 2.3 ~ 3.0 mm，宽 0.35 ~ 0.48 mm。

4. 鸭后睾吸虫

寄生于鸭肝脏胆管内。虫体较长，前端与后端较细，长 7 ~ 23 mm，宽 1.0 ~ 1.5 mm。分布于云南、广东、四川等省（图6-25）。

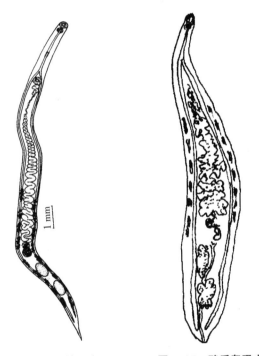

图6-24　鸭对体吸虫　　　图6-25　鸭后睾吸虫

后睾吸虫有两个中间宿主，第一中间宿主为淡水螺。第二中间宿主为麦穗鱼和棒花鱼。虫卵随终末宿主鸭的粪便排入水域中，被螺吞食，卵中的毛蚴在其体内孵出，进一步发育为胞蚴、雷蚴和尾蚴。尾蚴在水中游动，一旦钻入鱼的体内，在其肌肉中形成囊蚴，鸭吞食了含有成熟囊蚴的鱼而受到感染，幼虫在鸭体经 15 ~ 30 天发育成熟。

（二）诊断依据

1. 临诊症状

由于患鸭胆管和胆囊有虫体寄生，所以肝的正常功能受到破坏。症状的轻重取决于虫体数量的多少。主要表现为消瘦、贫血和发育受阻。患鸭表现活动无力，不愿下水，羽毛易湿，精神不振。食欲减退，消化不良，腹泻，粪便中常含有未消化食物。严重患鸭拉出草绿色或灰白色的稀粪，并出现黄疸，如眼结膜发黄和分泌物增加。呼吸困难，最后以衰竭死亡而告终。幼鸭生长发育受阻，母鸭产蛋量下降。

2. 病理变化

主要的病理变化：肝脏肿大，呈橙黄色，变硬，并可见白色斑点；胆囊肿大，胆囊壁增厚，上皮细胞增殖，胆汁减少。次睾属吸虫主要寄生于胆管、胆囊内，因此，胆管、胆囊的病变特别严重。后睾吸虫主要寄生于肝胆管，因此，肝脏出现肿大、硬化。

3. 流行特点

东方次睾吸虫除寄生于鸭外，还可寄生于鸡、豚鼠、大鼠、小鼠、犬、猫等物种体内，呈地方性流行。鸭后睾吸虫的宿主和寄生部位为鸭的肝胆管。作为后睾吸虫第一中间宿主的淡水螺分布很广，几乎各种池塘均可发现，第二中间宿主的淡水鱼有数十种，鸭吞食含后睾吸虫囊蚴的鱼类而感染。1月龄以上的雏鸭感染率较高，感染强度可达数百条。

4. 病原诊断

由于该虫的虫卵小且混在大量粪便中，用直接涂片法检查极易漏检，故常用反复水洗沉淀法集卵检查，也可以用硫酸锌漂浮法等进行检查。死后剖检，若在肝胆管内找到大量虫体即可确诊。

（三）防治策略

1. 预防

（1）由于中间宿主经常夹杂在浮萍、水草中，因此，应选择干净的浮萍和水草作饲草，也可以用化学药物杀灭中间宿主。

（2）在本病流行地区应采取综合措施进行防治。定期驱虫，及时清扫粪便，并集中堆积进行生物热发酵处理，以杀灭病原，切断传播的环节，杜绝病原扩散。

2. 治疗

（1）阿苯达唑。按每千克体重用 10 ~ 20 mg，1 次喂服。

（2）硫双二氯酚。按每千克体重用 20 ~ 30 mg，1 次喂服。

（3）吡喹酮。按每千克体重用 10 ~ 20 mg，1 次喂服。

（4）氯硝柳胺。按每千克体重用 50 ~ 60 mg，均匀拌料喂饲。

四、嗜眼吸虫病

鸭嗜眼吸虫病是由嗜眼科嗜眼属的吸虫寄生于鸭的眼结膜囊及瞬膜下所引起的疾病。本病在广东、福建、台湾、江苏、浙江及云南等地广泛流行，感染率很高。

（一）病原特征

本病的病原隶属于嗜眼科嗜眼属，该属的典型代表种类是涉禽嗜眼吸虫（*Philophthalmus gralli*）。据广东报道，引起鸭的嗜眼吸虫病的病原还有鸭嗜眼吸虫（*Philophthalmus Anatinus*）、中华嗜眼吸虫（*Philophthalmus Sinensis*）、小肠嗜眼吸虫（*Philophthalmus Intestinalis*）、印度嗜眼吸虫（*Philophthalmus Indicus*）、翡翠嗜眼吸虫（*Philophthalmus Halcyoni*）等 18 种。

涉禽嗜眼吸虫的虫体外形似矛头状，头部较尾端狭细，微黄色,半透明。大小为（3 ~ 8.4）mm ×（0.7 ~ 2.1）mm，体表未见小刺。口吸盘宽0.285 mm，腹吸盘直径约为 0.588 mm，生殖孔位于两个吸盘的中间，有一个细长的雄茎囊，其基部稍偏腹吸盘的远端。睾丸呈前后排列，在身体的后 1/4 范围内。卵巢位于睾丸之前。子宫充满于虫体的中央约 1/3 的范围内。卵黄腺呈管状，位于虫体中央的两侧。子宫内的卵呈卵圆形，大小为（0.085 ~ 0.120）mm ×（0.039 ~ 0.055）mm，每个卵都含有发育完全的毛蚴（图 6–26）。

图 6-26　涉禽嗜眼吸虫

寄生在眼结膜的嗜眼吸虫所产的卵，随眼分泌物排到外界，遇水即孵出毛蚴。毛蚴遇到中间宿主——螺蛳［瘤拟黑螺（*Melanoides Tuberculata*）］时，钻入螺体内继续发育并释放出母雷蚴。母雷蚴进入螺蛳的心脏，并在此发育形成子雷蚴。子雷蚴发育为尾蚴，从心脏移动到消化腺。从母雷蚴发育到尾蚴约需 3 个月。尾蚴从螺体内逸出后可吸附在周围的物体上形成囊蚴，含有囊蚴的螺蛳被鸭吞食后即被感染。囊蚴在鸭的口腔和食管膨大部内脱囊逸出，幼龄吸虫在 5 天内即从鼻泪管移行到眼结膜囊或瞬膜，在此大约经 1 个月后发育为成虫。

（二）诊断依据

1. 临诊症状

由于虫体有比较大的吸盘，强力吸附眼结膜，引起结膜发炎。患鸭初期怕光流泪，眼结膜充血，并出现小点出血或糜烂，或者流出带有血液的泪液。眼睑水肿，两眼紧闭。重症患鸭角膜混浊、溃疡，并有黄色块状坏死物突出于眼睑之外，甚至形成脓性溃疡。患病鸭只大多数呈现单侧性眼疾，有些病例呈双侧性。患鸭初期食欲减退，常摇头，弯颈，用爪搔眼，严重者引起双目失明，难以进食。此时患鸭逐渐消瘦，最后导致死亡。成年鸭患病后症状较轻，主要呈现结膜—角膜炎，消瘦，母鸭的产蛋量下降。

2. 病理变化

内脏器官无变化，剖检可见眼结膜囊、瞬膜处由于虫体附着引起的病变。

3. 流行特点

本病的流行与中间宿主瘤拟黑螺感染率及季节有着密切的联系。1—3月的感染率最低（0.13%）；4—6月的感染率逐渐升高（0.39%）；7—9月为最高峰（34%）；10—12月又下降到2.1%。

4. 病原诊断

本病的确诊主要依据患鸭在临诊上出现的眼结膜—角膜炎的症状，结合剖检，在患鸭的眼内找到虫体。

（三）防治策略

1. 预防

在有本病发生的养鸭区，应尽量采取各种方法做好杀灭瘤拟黑螺等螺蛳的工作，减少水体环境中螺蛳的数量。同时及早地发现病禽，及时进行驱虫或治疗，可以杜绝病原散播和疾病流行。

2. 治疗

（1）对于有嗜眼吸虫寄生的鸭只，用镊子从寄生部位仔细将虫体取出，然后用2%硼酸水冲洗眼睛。

（2）用75%～100%乙醇滴眼驱虫。由于乙醇的刺激，鸭眼会出现暂时性的充血，不久即可恢复。也可以在驱虫后用红霉素、金霉素眼药水滴眼，以达到消除炎症的作用。

五、棘口吸虫病

鸭的棘口吸虫病是由棘口科的多种棘口吸虫寄生于鸭的小肠、盲肠、直肠和泄殖腔而引起的疾病。棘口吸虫在我国各地普遍流行，对养鸭业带来了极大的危害。

（一）病原特征

本病的病原主要是卷棘口吸虫（*Echinostoma Revolutum*）。除此之外，还有宫川棘口吸虫（*Echinostoma Miyagawai*）、接睾棘口吸虫（*Echi-nostoma Paraulam*）、强壮棘口吸虫（*Echinostoma Robustum*）等10多种。棘口科吸虫的共同特点是：虫体较长而细，口吸盘小，周围围绕着一圈"口领"，"口领"的边缘着生有一列头棘，腹吸盘大。睾丸在体后，前后排列。卵巢在睾丸之前，子宫盘曲于卵巢和腹吸盘之间。

1. 卷棘口吸虫

卷棘口吸虫的虫体呈细长叶状，肉红色或淡黄色。体表具有小刺。虫体长7.6～12.6 mm，最大宽度为1.26～1.6 mm。虫体头襟发达，具有37个头刺，左右两侧各有5个，排列成簇。口吸盘位于虫体前端，小于腹吸盘。腹吸盘位于体前方1/4处，为长圆形。睾丸呈长椭圆形，前后排列，位于卵巢后方。卵巢呈圆形或扁圆形，位于虫体中央或中央稍前方。虫卵呈椭圆形，金黄色，大小为（0.114～0.126）mm×（0.064～0.072）mm。前端有卵盖，内含卵细胞（图6-27）。

图6-27　卷棘口吸虫

2. 接睾棘口吸虫

虫体的形态与卷棘口吸虫相似，但睾丸中部陷隘呈"工"字形（图6-28）。

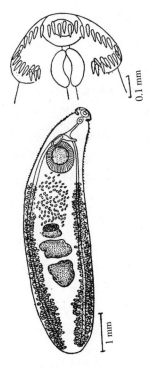

0.1 mm

1 mm

图6-28　接睾棘口吸虫

卷棘口吸虫的第一中间宿主是淡水螺（椎实螺、扁卷螺）。以鱼类和青蛙幼虫——蝌蚪作为第二中间宿主。成虫在鸭的盲肠和直肠中产卵，虫卵随粪便落入水中，在31～32℃的条件下，经10～21天孵出毛蚴。毛蚴进入第一中间宿主后发育为胞蚴、母雷蚴、子雷蚴、尾蚴。发育成熟的尾蚴自螺体逸出后，钻入第二中间宿主（田螺及蝌蚪）体内发育为囊蚴。鸭吞食了含有囊蚴的第二中间宿主而受感染。囊蚴进入鸭的消化道后，囊壁被消化液溶解，童虫脱囊而出，吸附在肠壁上，经16～22天，即发育为成虫。

（二）诊断依据

1. 临诊症状

本病对幼鸭危害较为严重，当严重感染时，由于虫体的机械刺激和毒素作用，可引起鸭只黏膜的损伤和出血，盲肠和直肠出现出血性炎症。患鸭表现食欲不振，消化不良，下痢，粪便中带

有黏液和血丝。贫血，消瘦，生长发育受阻，最后由于极度衰竭而死。成年鸭体重下降，母鸭产蛋量下降。

2. 病理变化

剖检可见鸭只盲肠、直肠和泄殖腔呈现出血性炎症，黏膜出现点状出血，并在黏膜上附着大量的虫体。肠内容物充满黏液。

3. 流行特点

（1）棘口科的多种吸虫是人兽共患寄生虫，除寄生于鸭外，还可以寄生于其他家禽、鸟类，多种哺乳动物，如猪、兔、猫和人也有感染。

（2）在我国各地普遍流行，尤其是南方各省。鸭只在任何季节均可受到感染。在有中间宿主存在的地域，以6—8月为感染的高峰期。在广东，鸭、鹅的感染率分别为60.9%、64%。

4. 病原诊断

可用直接涂片法和沉淀法检查粪便中的虫卵，根据虫卵的形态特点作为确诊的依据。必要时可剖检1～2只病禽，在肠道内发现虫体即可确诊。

（三）防治策略

1. 预防

（1）在放养雏鸭的池塘，应经常杀灭中间宿主，尽量做到不喂含有囊蚴的水草等。

（2）对饲喂的环境、用具等要经常消毒。

（3）对鸭群要定期驱虫。可用阿苯达唑，按每千克体重用10 mg，每半月驱虫1次。

2. 治疗

（1）槟榔片或槟榔粉煎剂。用槟榔粉50 g，加水1000 mL，煎半小时后约剩750 mL。按每千克体重用7～10 mL，用胃管投服。一般在投药后5～30 min开始排虫，1 h排完。

（2）硫双二氯酚。按每千克体重用20～30 mg，用胃管灌服，或者按每千克体重用150～200 mg，均匀拌料，1次喂服。

（3）阿苯达唑。按每千克体重用10～25 mg，均匀拌料，1次喂服。

（4）氯硝柳胺。按每千克体重用 50 ~ 100 mg，均匀拌料，1 次喂服。

（5）吡喹酮。按每千克体重用 10 mg，1 次喂服，驱虫效果显著。

六、舟形嗜气管吸虫病

鸭的舟形嗜气管吸虫病是由盲腔科嗜气管属的舟形嗜气管吸虫（*Tracheophilus cymbium*）寄生于鸭的气管、支气管、咽、气囊及眶下窦所引起的疾病。本病在我国福建、广东、湖南等多省广泛传播。

（一）病原特征

舟形嗜气管吸虫虫体扁平，呈长卵圆形，棕红色，其大小为（6 ~ 12）mm × 3 mm。口在前端，无肌质吸盘围绕，也无腹吸盘。肠管特别发达，先分成两支，然后在虫体后部连接，并具有数个中侧憩室。卵巢和睾丸位于虫体的后部，睾丸呈圆形，子宫高度密集，盘曲于虫体中部。虫卵的大小为（0.096 ~ 0.132）mm ×（0.050 ~ 0.068）mm，内含毛蚴（图 6-29）。

舟形嗜气管吸虫寄生于鸭的气管、支气管、

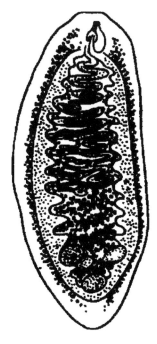

图 6-29　舟形嗜气管吸虫

气囊和眶下窦内。成虫在气管内产卵，卵与痰液随食物团块被吞进消化管而随粪便一同排出体外。在外界环境中，毛蚴很快从卵逸出并进入中间宿主螺蛳体内，发育成尾蚴，最后形成囊蚴。鸭只吞食了含有囊蚴的螺蛳而感染。囊蚴脱囊而出，经过肠壁，随着血液流入肺，从肺再进入气管寄生，经 2 ~ 3 个月发育为成虫。

（二）诊断依据

1. 临诊症状

轻度感染时，对器官的损伤较轻，症状不明显。严重感染时，大量虫体寄生于鸭的气管及支气管，由于虫体较大，则可形成不同程度的机械性阻塞，或者由于虫体的刺激，使黏膜分泌出大量的炎症渗出物，造成患鸭呼吸困难，并发出"咯咯"的声响。咳嗽、伸颈、摇头、张口、叫声嘶哑，鼻孔有大量的液体流出。

多数病鸭突然发病，精神沉郁，食欲减退或完全废绝，呈现进行性消瘦，贫血，生长发育缓慢。患鸭的死亡大多数是由于虫体移行到气管上端，阻塞呼吸道，导致鸭只窒息而突然死亡。

2. 病理变化

剖检可在气管内发现虫体，在虫体附着的气管黏膜处出现出血性炎症。呼吸道黏膜表面附有渗出物，咽至肺部的细支气管黏膜充血、出血。重症者可见有不同程度的肺炎变化。

3. 流行特点

本病呈地方性流行，在淡水螺分布广泛的水域放牧的鸭群易受感染。1 月龄以上的鸭气管里开始有成虫出现，此时才表现出明显的呼吸道症状。

4. 病原诊断

可通过粪检虫卵或选择有代表性的患鸭剖检，在寄生部位找到虫体即可确诊。

（三）防治策略

1. 预防

（1）在鸭场清除螺蛳，可采用开沟排水，改良土壤的方法。有条件的可以用 1：5000 的硫酸铜溶液对水池或水塘进行灭螺。

（2）定期驱虫，用阿苯达唑，按每千克体重用 10 mg，每半个月进行 1 次预防性驱虫。

2. 治疗

（1）用 1 : 1500 ～ 1 : 1000 的碘溶液或 5% 水杨酸钠溶液，由鸭的声门裂处注入 0.5 ～ 2 mL（幼鸭）或 1.5 ～ 2 mL（成鸭）。隔 2 天后再注射 1 次，效果较好。

（2）硫双二氯酚。按每千克体重用 150 ～ 200 mg，均匀拌料饲喂，1 次喂服。

（3）阿苯达唑。按每千克体重用 10 ～ 25 mg，均匀拌料喂服，1 次喂服。

七、毛毕吸虫病（鸭血吸虫病）

鸭的毛毕吸虫病是由分体科毛毕属的多种吸虫寄生于鸭的肝门静脉和肠系膜静脉内引起的疾病。其尾蚴侵入人体皮肤可引起尾蚴性皮炎。本病分布于世界各地，我国超过 10 个省份有此病的报道。

（一）病原特征

国内外已报道的毛毕属的吸虫已超过 40 种，如包氏毛毕吸虫（*Trichobliharzia Paoi*）、横川毛毕吸虫（*Trichobliharzia Yokogawai*）和集安毛毕吸虫（*Trichobliharzia Jianensis*）等。其中，包氏毛毕吸虫是国内常见种，下面以包氏毛毕吸虫为例进行介绍。

（1）雄虫细长，长 5.35 ～ 7.31 mm，宽 0.076 ～ 0.095 mm。口吸盘位于虫体的前端，腹吸盘呈圆形，有小刺，常突出于体外，两个吸盘大小几乎相同。雄性生殖器官充满肠管分叉之间。睾丸圆形，共 70 ～ 90 个，呈单行纵列，位于肠支汇合处的后方。雄性生殖孔开口于抱雌沟的前方。

（2）雌虫较雄虫纤细，长 3.38 ～ 4.89 mm。口吸盘略大于腹吸盘。卵巢狭长，位于虫体前部，有 3 ～ 4 个螺旋状扭曲。卵黄腺呈颗粒状，布满虫体后部。子宫很短，内仅含 1 个虫卵。卵呈纺锤形，中部膨大，两端较尖，其一端有一个小而弯曲的小钩，大小为（0.024 ～ 0.032）mm ×（0.068 ～ 0.112）mm。卵壳薄，内含有毛蚴。生

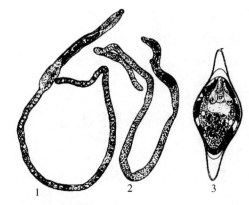

1. 雄虫；2. 雌虫；3. 虫卵。

图 6-30　包氏毛毕吸虫

殖孔开口于腹吸盘后面（图 6-30）。

鸭毛毕吸虫的虫卵随鸭粪排入水中，孵出的毛蚴钻入螺体，经母胞蚴、子胞蚴和尾蚴各阶段，在螺体内发育成熟。成熟的尾蚴离开螺体，游入水中，遇到鸭只时，即钻入其皮肤，经血液循环至肝门静脉和肠系膜静脉内发育为成虫。从尾蚴钻入皮肤至发育为成虫共需 3 周。

（二）诊断依据

1. 临诊症状

鸭感染毛毕吸虫后，其感染部位会出现红肿瘙痒。虫体产卵，虫卵堆积在肠壁微血管内，引起肠黏膜的发炎和损伤，影响消化吸收，继而出现营养不良、发育受阻，严重感染的鸭出现死亡。病鸭除有拉稀和肠炎症状外，其生长发育明显缓慢，在群体中往往个体瘦小，弯腰弓背，行走摇摆，处在一群鸭的后面。

2. 病理变化

虫体在患鸭的肝门静脉和肠系膜静脉内产卵，随着血液在肠壁的微血管内堆集虫卵。虫卵以其一端伸向肠腔穿过肠黏膜，引起黏膜发炎。严重感染的患鸭，其肝、胰腺、肾、肠壁和肺均能发现虫体和虫卵，肠壁上有小结节，从而影响消化管的吸收功能。

3. 流行特点

（1）鸭毛毕吸虫的中间宿主是椎实螺（如折叠萝卜螺、椭圆萝卜螺、耳萝卜螺、卵萝卜螺和

小土蜗）。在春夏季节，水温达 26 ～ 32℃时，萝卜螺繁殖最快。在南方，椭圆萝卜螺每 2 个月可繁殖一代，每次平均产卵 600 枚以上，生长繁殖迅速。夏季水温在 26 ～ 31℃时，毛蚴感染萝卜螺的能力最强。从毛蚴感染到尾蚴逸出最短需要 24 天，尾蚴感染到虫体发育成熟最短需要 15 天。

（2）疾病的发生与流行与螺类的繁殖与消长有关，具有明显的季节性。南方的鸭群较北方鸭群感染本病严重。

（3）当人下水劳动时，尾蚴即侵入人的皮肤，并停留在皮下，引起稻田皮炎。其症状是手足发痒，并出现红色丘疹、红斑和水疱。

4.病原诊断

用水洗沉淀法检查粪便找虫卵，孵化分离到毛蚴即可确诊。选择有代表性的病死鸭剖检，在肠系膜静脉和肝门静脉内发现虫体亦可确诊。

（三）防治策略

（1）本病的预防着重于捕螺除害，清晨或黄昏在田间水面上可捕获大量萝卜螺。在疫区可结合农业生产施放农药或化肥（如氨水、氯化铵）等灭螺。疫区内应尽量避免到水沟或稻田放养鸭子，以免传播本病。疫区鸭只的粪便应堆积发酵做无害化处理。集约化养鸭场本病较少发生，但也应防止中间宿主将病原传入。

（2）在疫区下田劳作的人，可以用松香精擦剂与脲醛树脂胶粘剂涂擦手足部，有效期可达 4 h 以上，效果达 90%，无副作用。

（3）还可用氨水灭螺，每 667 m^2 用 15 ～ 25 kg；五氯酚钠，每 667 m^2 用 1 ～ 3 kg。

（4）对本病的治疗方法报道极少，可试用吡喹酮，按每千克体重用 60 ～ 90 mg，每天 1 次，口服，连用 3 天。

第五节 线虫病

一、裂口线虫病

鸭的裂口线虫病是由鹅裂口线虫（*Amidostomum anseris*）、斯氏裂口线虫（*Amidostomum skrjabini*）寄生于鸭的肌胃和肌胃角质层之下所引起的疾病。鹅裂口线虫对鹅危害严重，往往引起较大损失。对成鸭危害较轻，而对雏鸭的危害较大。

（一）病原特征

裂口线虫病的病原主要有鹅裂口线虫和斯氏裂口线虫两种。

1.鹅裂口线虫

鹅裂口线虫是一种小线虫，虫体表皮有横纹，体细长，色微红。头端口囊较发达，呈杯状，底部有 3 个尖齿。雄虫长 10 ～ 17 mm，宽 250 ～ 350 μm，末端有几根交合伞，其中有 3 片大的侧叶和 1 片小的中间叶。交合刺等长，较纤细，长 200 μm，在靠近中间处又分为两支。雌虫长 12 ～ 24 mm，尾部呈刀状，阴门呈横裂，位于虫体的偏后方。虫卵长椭圆形，有壳膜，大小为（85 ～ 110）μm×（50 ～ 82）μm（图 6–31）。

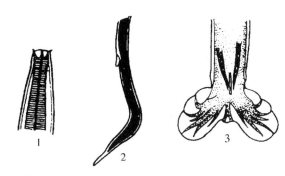

1.头部；2.雌虫阴门和尾部；3.雄虫尾部。

图 6–31 鹅裂口线虫

2.斯氏裂口线虫

比鹅裂口线虫小。雄虫长 7.5 ～ 8.8 mm，宽 100 ～ 130 μm。交合刺 2 根，长 115 ～ 125 μm。雌虫长 5 ～ 11 mm，宽 101 ～ 120 μm。阴门距尾端 1.7 ～ 2.1 mm。虫卵（70 ～ 80）μm×（40 ～ 50）μm，产出时为桑葚期。

裂口线虫发育无需中间宿主。受精后的雌虫每天产出大量的虫卵，虫卵随粪便排到外界，在适宜条件（28 ～ 30℃）下，经 24 ～ 48 h 后发育成具有活动性的幼虫，然后再经 5 ～ 6 天，幼虫破壳而出，并经 2 次蜕皮，发育成具有感染性的幼虫。这些感染性幼虫能在水中游泳，爬到水草上，沿草茎或地面蠕动。鸭吃了感染性幼虫污染的水草或水时而受感染。幼虫进入鸭的消化道之后，前 5 天栖居于鸭的腺胃，最后进入肌胃或钻入肌胃角质层下，在此处经过 17 ~ 22 天，发育为成虫，其寿命仅有 3 个月。

（二）诊断依据

1.临诊症状

雏鸭感染后，其消化机能受阻，饲料的消化率明显下降（特别是谷粒饲料），患雏精神萎靡不振，食欲减退或废绝，生长发育障碍，体弱，贫血，时有腹泻。若虫体数量多，再加上饲养管理不善，可造成大批死亡。虫体数量不多或鸭只年龄较大，则症状不明显，但可成为带虫鸭而传播本病。患鸭由于体质孱弱，对其他传染病有较高的易感性。

2.病理变化

剖开肌胃，可见角质层较薄的部位有大量粉红色、细长的虫体。有虫体存在的肌胃角质层易碎，坏死，呈棕色硬块，如除去角质层，见有黑色溃疡病灶。肌胃黏膜松弛、脱落。

3.流行特点

裂口线虫为直接发育型，不需要中间宿主，从感染性幼虫（三期幼虫）污染的饲料、水源而经口感染，引起疾病的发生和流行。

4.病原诊断

剖检病鸭，在肌胃的角质膜下找到虫体，或者粪便检查可找到虫卵均可确诊。

（三）防治策略

1.预防

（1）虫卵在半米深的水中能正常发育。幼虫在外界环境中只能存活 15 天，而在 10 cm 深的水中可以生存 25 天，在冬季，虫卵孵出的幼虫很快死亡。鉴于以上情况，要清除病原体是不难的。只要让鸭场闲置 1 ~ 1.5 个月，在闲置期间，搞好鸭舍的清洁卫生，加强消毒，则可以在1.5 ~ 2 个月内清除病原。

（2）把大、中、小鸭群分开饲养，避免使用同一场地，这样就能够使雏鸭摆脱鹅裂口线虫的侵袭。防止交叉感染。

（3）预防性驱虫，鹅裂口线虫的幼虫侵入到机体内，经 17 ~ 22 天发育成成虫。因此，在疫区的鸭场，从雏鸭放牧的第 1 天开始，经 17 ~ 22 天后进行第 1 次驱虫，并按具体情况制订第 2 次驱虫计划。在疫区，鸭只每年最少要进行 2 次预防性驱虫。驱虫应在隔离鸭舍内进行，投药后 2 天内彻底清除粪便，并进行生物发酵处理。

（4）平时应加强鸭舍的清洁卫生工作。

2.治疗

本病的治疗可选用下列药物。

（1）左旋咪唑。按每千克体重用 25 ~ 40 mg，均匀拌料，1 次喂服。间隔 1 ~ 2 周后再给药 1 次。

（2）阿苯达唑。按每千克体重用 10 ~ 25 mg 或 30 ~ 50 mg，拌料或饮服。

（3）驱虫净（四咪唑）。按每千克体重用 40 ~ 50 mg，均匀拌料饲喂，1 次喂服。也可以按 0.01% 的浓度溶于饮水中，连用 7 天为一疗程。

（4）甲苯咪唑。按每千克体重用 30 ~ 50 mg，每天 1 次，或者 0.0125% 混饲，连用 2 天。

（5）三氯酚。按每千克体重 70 ~ 75 mg，口服。

（6）伊维菌素。按每千克体重 200 ~ 300 μg，内服或皮下注射均有高效。伊维菌素虽然较安全，但除内服外，仅限于皮下注射。伊维菌素对虾、鱼及水生生物有剧毒，残存药物的包装切勿污染水源。

二、钩刺棘结线虫病

鸭的钩刺棘结线虫病是由锐形科棘结属的钩刺棘结线虫（*Echinuria uncinata*）引起的疾病。虫体寄生于鸭的食管、腺胃、肌胃、小肠，以及在腺胃与肌胃毗邻的胃壁中形成坚硬的结节，在结节的中央有线虫存在。

（一）病原特征

钩刺棘结线虫属一种小线虫，在其头端有两个显著突出的唇片和 6 个乳头。角质膜有横纹。在虫体的每一侧各有 2 对纵列的小尖刺，伸展到虫体的末端。口孔通向咽部，离咽部后方不远处有神经环，两条食管呈圆筒形。雄虫长 8 ～ 10 mm，宽 300 ～ 500 μm，左侧交合刺长 700 ～ 900 μm，右侧交合刺长 350 μm，尾部有 9 对大乳突。雌虫长 12 ～ 18.5 mm，宽 515 μm，尾长 250 μm。阴门距尾部 1.0 ～ 1.4 mm。虫卵大小为（28 ～ 37）μm×（17 ～ 23）μm，卵胎生（图 6-32）。

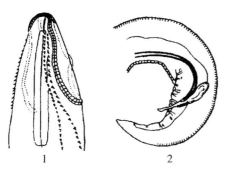

1. 头部；2. 雄虫尾部。

图 6-32　钩刺棘结线虫

寄生在鸭腺胃内的性成熟棘结线虫，在胃腔内排卵，经过胃及肠管随粪便排出外界。虫卵被中间宿主水蚤吞食后，在消化道孵出幼虫，幼虫钻入血腔中发育，经 6 天进行第 1 次蜕皮成为第二期幼虫，感染后经过 12 ～ 14 天在水蚤的体内完成第 2 次蜕皮发育成为第三期幼虫。这种带有感染性幼虫（第三期幼虫）的水蚤被鸭只吞食之后，幼虫被逸放出来，固着在鸭只腺胃上并移行到肌胃的黏膜上，经过 51 天发育为成虫并产卵。

（二）诊断依据

1. 临诊症状及病理变化

钩刺棘结线虫在鸭的腺胃壁深层，形成球状膨大，其中充满了不同大小的球粒。在严重感染的时候，结节散布于整个胃壁，但主要排成一列，如小链状散布在肌胃和腺胃的交界处，或者在肌胃与食管的交界处。在腺胃的表面或者内面均可见到这些小结节，其黏膜常发生溃疡和坏死。慢性病例仅在结节内含浓稠的脓汁，虫体已消化。虫体本身及它们分泌的毒素对胃有持续刺激，容易引起腺胃的弛缓，使腺胃扩大 1 ～ 3 倍。肌胃松软，从而引起消化机能障碍，消化不良，患鸭呈现生长停顿，消瘦，精神不振，最后以衰竭而告终。有时在症状尚未出现之前突然死亡。

2. 流行特点

（1）钩刺棘结线虫卵在深达 30 ～ 50 cm 的水池内能生存 1 ～ 2 个月，但到冬季即死亡。已感染的中间宿主——水蚤，其幼虫在冬季不会死亡。因此，在春天，这种侵袭病的主要传染源是越冬的鸭，即钩刺棘结线虫病的带虫者。25 ～ 75 日龄的鸭对本病最易感。

（2）在流动水源的池塘中较少有水蚤，无流动水源的池塘或有水草覆盖的水塘，有大量水蚤生活，这是本病主要侵袭因素。

3. 病原诊断

剖检病鸭，在腺胃的表面或腺胃与肌胃毗邻的胃壁内面的小结节中发现虫体，或者粪便检查可找到虫卵均可确诊。

（三）防治策略

1. 预防

（1）消灭中间宿主——水蚤，可以在水塘中饲养一定数量的小鲤鱼，因为水蚤是小鲤鱼最好的饲料。

（2）在每年的春季给鸭进行驱虫。在冬季死亡的或屠宰的鸭只的腺胃等处若找到虫体时，则可以作为对鸭群施行驱虫的标志。

（3）保持饲料干净，不用水塘里的水调制饲料喂鸭。

2. 治疗

可参考其他线虫病的治疗药物。

三、鸭鸟蛇线虫病

鸭鸟蛇线虫病又名鸭鸟龙线虫病、鸭腮丝虫病和鸭龙线虫病。本病是龙线科鸟蛇属的线虫寄生于幼鸭的颌下和后肢的皮下结缔组织，引起的以瘤样肿胀为特征的线虫病。本病多发生于雏鸭，甚至可引起大群雏鸭发病，严重病例可造成大批死亡。

（一）病原特征

在我国引起鸭鸟蛇线虫病的病原有下列两种。

1. 台湾鸟蛇线虫（*Avioserpens taiwana*）

虫体细长，角皮光滑，有细横纹，呈白色。头端钝圆，口周围有角质环。雄虫体长 6 mm，宽 0.128 μm。尾部弯向腹面，后半部变细。有 1 对交合刺，引器呈三角形。雌虫体长 100 ~ 240 mm，体中部 0.56 ~ 0.88 mm。尾部渐细，弯向腹部，末端有一个小圆锤形的突起。充满幼虫的子宫占据了虫体的大部分空间。幼虫纤细，白色，大小为（0.39 ~ 0.42）mm×（0.015 ~ 0.020）mm。幼虫脱离雌虫后迅速变为被囊幼虫（图 6-33）。

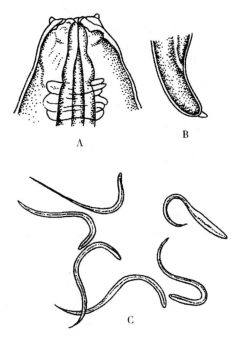

（A）雌虫头部；（B）雌虫尾部；（C）幼虫。

图 6-33　台湾鸟蛇线虫

2. 四川鸟蛇线虫（*Avioserpens sichuanensis*）

雌虫呈丝状的长形虫体，乳白色。长 32.6 ~ 63.5 cm，宽 0.635 ~ 0.803 cm。幼虫为胎生，寄生于剑水蚤之血腔内。

本虫的发育需要中间宿主剑水蚤的参与。成虫寄生于鸭的皮下结缔组织中，缠绕成线团状，并形成如小指头至拇指头大小的结节。患部皮肤逐渐变得紧张菲薄，最终被雌虫的头端所穿破。当虫体的头端外露时，虫体破溃，体内大量幼虫进入水中，被剑水蚤吞食，在剑水蚤的体内经一段时间发育到感染性阶段。

当鸭吞食含感染性幼虫的剑水蚤后，剑水蚤在鸭肠管中被消化溶解，幼虫自剑水蚤体内逸出，进入鸭的肠腔，随血流到达腮、咽喉部、眼周围和腿部等处的皮下，尤其在下颌部发育为成虫。成年鸭不易发病。

（二）诊断依据

1. 临诊症状

（1）本病的潜伏期多为 7 天。也有报道为 18 ~ 39 天。雏鸭患病初期，在虫体的寄生部位——下颌、眼睑、颊、颈部、咽、食管膨大部、泄殖腔周围、翅基部及腿等处长出豆粒大、小指头大、拇指头大圆形瘤样结节，并逐渐增大，甚至如鸽蛋、核桃大悬垂着，尤以下颌较为明显（彩图 285）。

（2）所形成的结节初期较硬，随着病的发展，逐步变软，触之有如触橡胶的感觉。肿胀部位的皮肤紧张，结节外壁变薄，易破溃，有时在患部可以看到虫体脱出的痕迹或虫体脱出后遗留的虫体断片。肿胀边缘皮肤有 1 ~ 2 个小孔，手压肿处，有白色液体流出。

（3）由于虫体寄生的部位不同，患鸭所表现的症状也各异。若寄生于喉咽部及颌下等处，则压迫咽喉、气管、食管及周围的神经和血管，导致患鸭呼吸和吞咽困难，频频摇头，伸颈张口，声音嘶哑；若寄生于眼的周围，则压迫双颊及下眼睑，导致结膜外翻，甚至失明；若寄生于腿部，导致患鸭运动障碍，出现跛行，甚至难以站立和行走；若寄生于泄殖腔，则导致排粪困难。

（4）患鸭由于采食困难，精神委顿，食欲不振，视力受阻，活动呆滞，逐渐消瘦，陷于恶液质状态，羽毛松乱或脱毛，临死前体重相当消瘦和孱弱，最后以衰竭而告终。整个病程（从发现症状到死亡）一般为 10 ~ 20 天（平均为 16 天）。耐过的鸭只大多数发育迟滞，体重仅为同龄雏鸭的 1/3 左右。

（5）如果单纯是四川鸟蛇线虫侵害的幼鸭，以颌下和两肢出现瘤样病灶最多，其次是眼、颈、额顶、颊、胸、腹及肛门周围等处。

2.病理变化

结节肿胀患部呈青紫色，用刀切开，见流出凝固不全的稀薄血液和白色液体。取这种液体镜检可见大量幼虫，早期呈白色，在结缔组织的硬结中，可见虫体缠绕成团。在陈旧病变中只留下黄褐色胶样浸润。而在新、旧病变中都混有多量的新生血管。

虫体与其寄生部位的结缔组织紧密缠绕在一起，很难分离出单个的虫体，很像一团白色粗线团，虫体极为脆弱，轻轻一拉则断。

3.流行特点

本病主要侵害 3～8 周龄的幼鸭。在被鸟蛇线虫污染的又存在着剑水蚤的稻田、池沼、沟渠或水域中放养雏鸭，即可造成感染。据报道，每年 9—10 月孵出的鸭的发病率比 4—5 月孵出的鸭高。这是由于 9—10 月稻田和池沼中的水量减少，混浊，含有机质多，有利于剑水蚤的繁殖。如果水域的水质好，又没有剑水蚤，感染的机会则少。

4.病原诊断

必要时可剖视患部，虫体常呈白色粗线团样缠绕，或者在患部边缘皮肤上的小孔周围，用手指按压肿胀部，将从小孔里流出液滴，作压滴标本镜检，看到活跃的幼虫，即可确诊。

（三）防治策略

1.预防

（1）加强对雏鸭饲养管理，育雏场地的水域要求是流水不断的洁净环境。避免因中间宿主剑水蚤孳生而使雏鸭重复受到感染。

（2）在本病流行季节，必须选择到安全的稻田、河沟等处放养雏鸭。平时搞好环境卫生，及时清除鸭粪并作堆积发酵处理。

（3）对患病的雏鸭应坚持早期（在虫体成熟前）治疗也可达到预防的目的，因此时肿胀部位较小，虫体未成熟，未产出幼虫，而且肿胀边缘也未开孔，更无幼虫逸出进入水中的中间宿主体内。在流行地区如果坚持数年，即可达到消灭本病的目的。

（4）对存在病原的场地，进行消毒，消灭中间宿主。

（5）预防性驱虫可用阿苯达唑药物，按每千克体重每天 60 mg，连用 2 天，10 天后再服 1 次，将药混料喂服。

2.治疗

（1）0.5% 高锰酸钾溶液 0.5～2 mL 注入患部，1 次用药即可使虫体迅速死亡。肿胀部位逐渐消失。除高锰酸钾外，还可用 0.2% 稀碘液 1～3 mL；5% 氯化钠溶液 1～2 mL；1% 驱虫净溶液 0.1～0.5 mL 注入患部。

（2）穿钩法。用补鞋用的钩针穿入结节，稍作转动，缓缓地将虫体拉出。大的结节可在不同部位穿钩 2～3 次。

（3）火针穿刺法。用缝被用的大号针，在火焰上烧红后，迅速穿入结节中间，停留数秒钟，大的结节需穿刺 3～5 次。

（4）穿挂法。用新鲜的苦楝树皮或了哥王叶穿入结节中。

（5）阿苯达唑。按每千克体重用 100 mg 进行 1 次喂服。

（6）左旋咪唑。按每千克体重用 100 mg 进行 1 次喂服。

四、鸭毛细线虫病

鸭毛细线虫病是由毛细科毛细属的多种线虫寄生于鸭的食管、小肠和盲肠所引起的疾病。严重感染时，可引起鸭只死亡。

（一）病原特征

鸭毛细线虫病的病原体有鸭毛细线虫（*Capillaria anatis*）、膨尾毛细线虫（*Capillaria caudinflata*）和捻转毛细线虫（*Capillaria contorta*）。

1.鸭毛细线虫

寄生于鸭的小肠和盲肠。雄虫长 6.7～13.1 mm，宽 35～85 μm。交合刺长 1.1～1.9 mm，交合刺鞘上有小刺，虫体的尾端有两个侧叶。雌虫长 8.1～18.3 mm，宽 44～60 μm，阴门部没有附属物，位于虫体前部 1/3 处。虫卵的大小为

（55 ～ 62）μm×（22 ～ 29）μm，虫卵的外壳层厚，有皱纹（图6-34）。

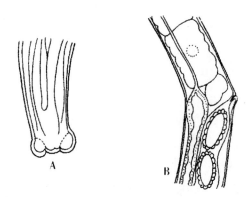

（A）雄虫尾部；（B）雌虫阴门部。

图6-34　鸭毛细线虫（仿Wakelin，1965）

2. 膨尾毛细线虫

寄生于鸭的小肠。雄虫长8.8 ～ 17.6 mm，宽33 ～ 51 μm。交合刺1根，长0.7 ～ 1.2 mm，末端形成一个细尖。交合刺鞘的近端有细的小刺，有交合伞，背侧有两个"T"字形的肋支撑着。雌虫长11.9 ～ 25.4 mm，宽38 ～ 62 μm，阴门具有特殊的附属物。卵壳厚，上有细的刻纹。虫卵大小为（47 ～ 58）μm×（20 ～ 24）μm。卵塞宽。

3. 捻转毛细线虫

寄生于鸭食管的黏膜内。虫体呈线状，两端纤细，表皮有柔细横线纹，体长。雄虫长8 ～ 17 mm，宽60 ～ 70 μm。交合刺1根，细而透明，长约800 μm。交合刺鞘上布满细发样小刺，中央比较小，交合伞由1对不大的突起和1对很小的角质皱褶所形成，尾端急剧变窄。雌虫长15 ～ 60 mm，宽120 ～ 150 μm。阴门呈圆形。阴户孔稍微凸出，位于肠起始部后方140 ～ 180 μm处。虫卵大小为（50 ～ 55）μm×（24 ～ 28）μm，覆盖着厚而光滑的膜。卵塞狭小，稍突出。

鸭毛细线虫和捻转毛细线虫为直接发育型，不需要中间宿主。虫卵在外界约需35天可发育为具有幼虫的虫卵。终宿主吞食了感染性虫卵后，幼虫进入十二指肠黏膜，发育约1个月后，肠腔内可见到成虫。

膨尾毛细线虫需要蚯蚓作为中间宿主，卵在中间宿主体内孵化为幼虫，蜕1次皮便具有感染性。鸭因吞食含有感染性幼虫的蚯蚓而被感染。幼虫在小肠中钻入黏膜，经22 ～ 24天发育为成虫。成虫的寿命约为10个月。

（二）诊断依据

1. 临诊症状

由各个不同种的毛细线虫所引起的毛细线虫病的经过和症状基本上是一致的。轻度感染时不出现症状。严重感染的病例，表现为食欲不振或废绝，但大量饮水。精神萎靡，翅膀下垂，常离群独处，蜷缩在地面上或在鸭舍的角落里。患鸭消化紊乱，开始呈现间歇性下痢，之后呈持续性下痢。随着疾病的进展，下痢加剧，在排泄物中出现黏液。患鸭很快消瘦，生长停顿。由于虫体数量多，常引起机械性阻塞，又因分泌毒素而引起鸭只慢性中毒，患鸭常由于极度消瘦最后衰竭死亡。

2. 病理变化

剖检可见十二指肠或小肠前段有细如毛发样的虫体。严重感染的病例可见大量虫体阻塞肠道，在虫体附着的部位，肠黏膜浮肿、充血、出血。由于营养不良，肝、肾缩小，尸体极度消瘦。慢性病例可见浆膜周围的肠系膜增生和肿胀，使整段肠管粘连成团。

3. 流行特点

在本病流行地区，一年四季都能在鸭体内发现鸭的毛细线虫。在气温较高的季节，患鸭体内虫体数量较多；在气温较低的季节，患鸭体内虫体数量较少。未发育的虫卵比已发育的虫卵抵抗力强，在外界可以长期保持活力。干燥的土壤，不利于鸭毛细线虫的发育和生存。

4. 病原诊断

通过剖检在寄生部位发现毛发样虫体或粪便检查找出虫卵（毛细线虫卵两端栓塞物明显）进行确诊。

在实验室检查虫卵时可用2次离心法。配制饱和食盐溶液，在其中添加硫酸镁（在1 L溶液中加 200 g）备用。另在盛有水的玻璃杯内，取 3 ~ 5 g 粪便，用适量水捣碎粪便，并加入足量的水将粪液继续搅拌捣碎。用金属筛或纱布将粪液过滤到离心管内，离心 1 ~ 2 min。由于毛细线虫的虫卵比水重，因此，离心后易沉于管底。在离心后将上清液弃去，按 1：1 加入硫酸镁的食盐溶液，搅匀混匀后再离心 1 ~ 2 min，毛细线虫的虫卵便浮于溶液的表面。然后用金属环从液面取出液膜，抖落在载玻片上，加盖盖玻片进行镜检。

（三）防治策略

1. 预防

（1）新建鸭场时必须选择干燥、松软且水分容易渗透的场地。最好是平坦和干燥的地势，蚯蚓的数量会减少。

（2）将成年鸭与幼鸭分开饲养。雏鸭从孵化器孵出之后，立即运到未感染地区进行育雏，防止传播给雏鸭。

（3）执行鸭场卫生措施，鸭舍应保持通风干燥。已感染毛细线虫的鸭场，应及时清理粪便并进行堆积发酵，利用产生的生物热杀灭粪便中的虫卵。

（4）已发生毛细线虫病的鸭群，应做好定期驱虫，每隔 1 ~ 2 个月驱虫 1 次。

2. 治疗

对鸭毛细线虫病的治疗，只有当大群流行时，且危害严重的鸭群，才应当进行全群驱虫。可选用下列药物进行驱虫。

（1）甲氧嘧啶。按每千克体重用 200 mg，配成 10% 的水溶液，皮下注射或口服。也可以按每只鸭注射 25 ~ 50 mg，可取得极为满意的效果。24 h 大多数虫体可被排出。

（2）左咪唑。按每千克体重用 25 mg 喂饲，对成虫有 93% ~ 96% 的疗效。

（3）甲苯咪唑。按每千克体重用 70 ~ 100 mg 的剂量，1 次喂服。

（4）阿苯达唑。按每千克体重用 10 ~ 30 mg 的剂量，1 次喂服。

五、斯克里亚宾比翼线虫病

鸭的斯克里亚宾比翼线虫病是由比翼科比翼属的斯克里亚宾比翼线虫（*Syngamus skrjabinomorpha*）寄生于鸭的气管、支气管内壁和肺内引起的疾病。由于鸭只患病后张口呼吸，故又称为开嘴虫病。又由于其寄生状态或配对时雌雄虫总是交合在一起，故又称交合线虫病。本线虫也可以寄生鸡，较多寄生于鹅。

（一）病原特征

斯克里亚宾比翼线虫虫体以宿主的血液为营养，故虫体的外观呈鲜红色，因此，又称为"红虫"。其主要特征是雌雄虫交配后，雄虫则以其尾端长期固定在雌虫的生殖孔部位。

雄虫长 3 ~ 5 mm，雄虫的尾端有 2 根很小的交合刺，长 57 ~ 64 μm。雌虫比雄虫大 3 ~ 4 倍，长 14 ~ 22 mm。雌虫体内基本上充满生殖器官，其中一部分是子宫，内充满虫卵。雌雄虫体前端有几个囊，借此附着寄生在宿主的气管与支气管的内壁。囊底有 6 个齿，寄生虫以此在附着处造成伤口，以便吸吮血液。雌雄虫经过 1 次交配后雄虫尾端就永远固着在雌虫的阴门处，两者交合在一起形成"Y"字形。虫卵呈椭圆形，两端有卵盖，大小为 0.078 ~ 0.087 mm（图 6-35）。

（A）虫体；（B）虫卵。

图 6-35　斯克里亚宾比翼线虫

虫体在鸭的气管或支气管内产卵，随痰液及黏液一起进入鸭的口腔，当鸭吞咽时进入消化道，以后随粪便排出。在适宜的条件下，经过 8 ~ 14 天，便在卵内形成幼虫，这种具侵袭性的幼虫爬出卵壳，沿草茎或地面蠕动。也可以被蚯蚓吃入，在蚯蚓的体内肌肉形成包囊。当鸭只吞食含有侵袭性幼虫的草料、饮水和蚯蚓之后而受感染。从侵袭性幼虫进入鸭的肠管后，就钻入肠壁血管，随着血液循环到达肺移行支气管和气管，进入气管以后，吸取血液继续发育为成虫。

（二）诊断依据

1. 临诊症状

患鸭临诊表现以呼吸困难为主。呼吸困难，伸颈张口呼吸，经常打喷嚏，频频摇头。当虫体大量寄生堵塞气管时，便会导致鸭只窒息死亡。患鸭食欲减退或废绝，精神沉郁，生长停滞，消瘦。腹泻，粪便红色带黏液，肛门周围羽毛被沾污而粗乱。

2. 病理变化

斯克里亚宾比翼线虫的幼虫经肺移行，引起肺溢血、水肿和大叶性肺炎。成虫用其头部插入气管黏膜下层吸血，导致继发性卡他性气管炎，并分泌大量黏液。

3. 流行特点

本病呈地方性流行，对幼禽的危害大，严重感染后会导致因呼吸困难而倒地死亡。斯克里亚宾比翼线虫的感染性幼虫既可以经草料、饮水直接感染，也可以在蚯蚓等储藏宿主体内形成包囊，长期（4 ~ 5 年）保持其感染性，鸭吞食了草料、饮水或储藏宿主体内的感染性幼虫而感染。

4. 病原诊断

根据临诊症状和饱和盐水漂浮法检查粪便中的虫卵做出诊断。虫卵呈椭圆形，两端有厚的卵盖，内含 16 个胚细胞。

对病鸭剖检时，打开病鸭口腔，常能在喉头附近发现虫体。斯克里亚宾比翼线虫的雌雄虫大小不一，雌虫淡红色，长达 2 cm，雄虫小，长达 0.5 cm，雄虫永远以其交合伞附着于雌虫的阴门部交配，形成"Y"字形。

（三）防治策略

1. 预防

（1）雏鸭和成年鸭分开饲养，保护易感幼鸭。

（2）做好鸭舍的清洁卫生工作，及时清扫粪便进行堆积发酵，使虫卵还未达到感染期就被清除掉。

（3）保持运动场的清洁、干燥，清除积水。

（4）定期驱虫。对轻度感染或假定健康群用噻苯唑预防驱虫，剂量为每千克体重用 300 ~ 500 mg，也可以按 0.1% 拌料，连用 2 ~ 3 周，可以达到预防和控制斯克里亚宾比翼线虫的作用。

2. 治疗

一旦发现病鸭应及时治疗，可用下列药物。

（1）5% 水杨酸钠。雏鸭每只 0.5 ~ 3 mL，经声门裂向气管内注射，5 ~ 10 min 后患鸭常呈现咳嗽。

（2）碘溶液。将碘片 1 g、碘化钾 1.5 g，溶于 50 mL 蒸馏水中，然后再加蒸馏水，使其总量达到 1500 mL。1 ~ 1.5 月龄鸭每只 0.5 ~ 3 mL，经声门裂向气管内注射。

对患鸭的治疗，必须在设定范围内进行，以便清扫和消毒。

六、厚尾束首线虫病

鸭的厚尾束首线虫病是由锐形科束首属的厚尾束首线虫（*Streptrocara crassicauda*）寄生于鸭只肌胃角质膜下所引起的疾病。主要分布于我国的福建、台湾和广东地区。

（一）病原特征

厚尾束首线虫虫体呈线状，无色，其角质膜上布有柔细的横线纹。头端有两个不大的圆锥形的唇，在唇的后方覆盖虫体的角质膜形成许多小刺的"颈圈"状的皱襞。一对颈乳头位于距头端 0.029 ~ 0.043 mm 处，乳头的顶线呈半月状，而下缘有着 4 ~ 7 个小锯齿。食管由腺质部和肌质部组成。

雄虫长 3.5 ～ 4.5 mm，宽 0.09 ～ 0.13 mm。尾翼上有 4 对肛前乳头和 6 对基状的肛后乳头。2 根交合刺形状和大小不同，右面的短而宽，长 0.072 ～ 0.089 mm，在其末端有钩状的突起。

雌虫长 6.27 ～ 11.2 mm，而最宽处为 0.13 ～ 0.2 mm。阴户开口于虫体后半部，距离后端 2.2 ～ 4.9 mm。肛门位于距离钝圆形的尾端 0.03 ～ 0.05 mm 处。

虫卵为正椭圆形，覆盖着坚实的膜，内部包含着蜷缩的幼虫。虫卵长 0.038 mm，宽 0.019 mm。

若粪便落入鸭舍、运动场及贮水池内。虫卵在外界被中间宿主钩虾吞食到肠中，经 1 天孵出幼虫，穿过肠壁进入血腔或肌肉进行发育，到第 23 ～ 25 天则变为感染性幼虫，当鸭吃进含有感染性幼虫的钩虾而感染。钩虾在鸭胃被消化后，幼虫从钩虾体内逸出而进入鸭的肌胃角质膜下，经 9 ～ 10 天发育为成虫。

（二）诊断依据

1. 临诊症状及病理变化

鸭肌胃角质膜的生理机能在于磨碎食物时防止黏膜受到机械性损伤，由于厚尾束首线虫寄生使角质膜受损，同时由于虫体分泌出来的毒素引起胃的消化障碍和新陈代谢紊乱，致使患鸭的发育停滞。当鸭体内有大量虫体积聚时，食欲不振，精神委顿，羽毛松乱，体重显著下降，消瘦，最后衰竭而死。当轻度感染在肌胃内只发现个别虫体并能防止新的感染时，患鸭便有恢复健康的可能。

从卵膜逸出的幼虫，经过角质膜直接钻入肌胃，使角质膜崩解、出血，炎性渗出物浸润，致使角质膜脱落，或者出现一些小的溃疡灶。

2. 流行特点

（1）鸭吞食了厚尾束首线虫刚排出的卵，不会直接感染厚尾束首线虫病。该线虫的发育需要中间宿主钩虾，鸭吞食了带有感染性幼虫（三期幼虫）的钩虾而被感染。

（2）鱼类可以作为厚尾束首线虫的贮藏宿主，含有厚尾束首线虫的钩虾被鱼类吞食，在鱼的消化道内被消化之后，幼虫逸出，钻入胃肠壁的深层，落到鱼的肠浆膜上，鸭吃进这些鱼之后也可以感染本病。

（3）早期的报道显示，厚尾束首线虫在台湾的感染率为 60%，感染强度为 2 ～ 26；福州鸭感染率为 6%，感染强度为 1 ～ 4。

3. 病原诊断

本病可根据患鸭粪便内发现厚尾束首线虫的虫卵而确诊，卵为椭圆形，内含卷曲的幼虫。选择代表性患鸭进行剖检，在患鸭肌胃的角质膜下发现厚尾束首线虫的虫体亦可确诊。

（三）防治策略

1. 预防

（1）成鸭与雏鸭必须分开饲养。新购进的种鸭，首先隔离一段时间，并进行粪便检查。如发现有厚尾束首线虫虫卵时，应给予治疗驱虫，经 5 ～ 7 天后进行第 2 次粪检，直至没有发现虫卵时才混群。

（2）为了消灭水池内已感染的端足目生物，可以在水池内放养小鲤鱼，这些鲤鱼可采食端足目类等浮游生物。

（3）在厚尾束首线虫病流行区，必须在当年放牧季节时预防厚尾束首线虫病的暴发。为此，在春季母鸭产蛋前 1 个月，给母鸭群进行粪便检查，已确诊有厚尾束首线虫病的给予驱虫，切断中间宿主钩虾吞食虫卵的环节，是防控厚尾束首线虫病的关键。

（4）流行区每天必须及时清扫鸭群的粪便，尤其是驱虫后的粪便要堆积发酵，利用产生的生物热杀灭虫卵。

2. 治疗

鸭的厚尾束首线虫病的治疗药物和剂量可参考裂口线虫病。

七、异刺线虫病

鸭的异刺线虫病是由异刺科异刺属的线虫寄生于鸭的盲肠（偶见于大肠和小肠）所引起的疾病。该虫除本身可使鸡、鸭、鹅致病外，它的虫卵还可以携带组织滴虫，使禽类发生组织滴虫病。

（一）病原特征

病原是不等异刺线虫（*Heterakis dispar*）、鸡异刺线虫（*Heterakis gallinarum*）和雉异刺线虫（*Heterakis isolonche*），均可寄生于鸭体内，也可感染其他禽类。

1. 不等异刺线虫

不等异刺线虫比鸡异刺线虫略大，但形态上除交合刺外，其余很相似。雄虫长 7 ～ 18 mm，肛前吸盘直径 109 ～ 256 μm，交合刺短，接近等长，为 390 ～ 730 μm。雌虫长 16 ～ 23 mm，虫卵大小为（59 ～ 62）μm ×（39 ～ 41）μm。

2. 鸡异刺线虫

虫体小，呈白色，具有侧翼，体表有横纹。口周围有 3 个不大明显的唇片。食管前部呈圆柱状，后端扩大成球形。雄虫长 7 ～ 13 mm，尾直，末端有一个锥状的刺，具有发达的尾翼。泄殖腔前具有一个被角质环围绕的肛前吸盘。交合刺 1 对，其中一根细长，长 2 ～ 2.17 mm，另一根短，长 0.7 ～ 1.1 mm。雌虫长 10 ～ 15 mm，尾部细长而尖。阴门部不隆起，位于虫体中部稍后方，阴道弯曲。卵呈椭圆形，褐色，卵壳厚，长 63 ～ 75 mm，宽 36 ～ 50 mm（图 6-36）。

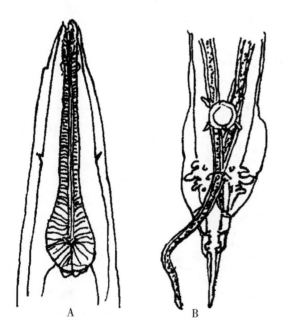

（A）前部背面；（B）雄尾部腹面。

图 6-36　鸡异刺线虫

3. 雉异刺线虫

与鸡异刺线虫相似，但可根据二者交合刺不同加以区别。雄虫长 5.9 ～ 15 mm，交合刺 2 根，近等长，为 0.72 ～ 2.33 μm（平均 1.4 ～ 1.9 μm）。雌虫长 9 ～ 12 mm，虫卵（65 ～ 75）μm ×（37 ～ 46）μm。

异刺线虫的发育不需要中间宿主。成虫寄生在鸭的盲肠内，虫卵随粪便排出体外，在环境条件适宜时，经 7 ～ 14 天即发育为感染性虫卵。感染性虫卵污染了饲料、饮水或运动场后被鸭吞食，幼虫在肠管内破壳而出，经 24 h，大部分幼虫抵达盲肠并钻进黏膜中。幼虫在此继续发育，经 4 ～ 5 天后蜕皮变为第三期幼虫，此时幼虫长 3 ～ 4 mm。再经 12 天，便发育为性成熟的成虫。感染 24 天后，可在粪便中找到虫卵。

（二）诊断依据

1. 临诊症状

本病的临诊症状不甚典型。主要表现为病鸭食欲不振或废绝。精神沉郁，脚软无力，常伏地不愿站立，羽毛松乱，行动迟缓。腹泻，稀粪呈黄绿色。消瘦，雏鸭发育停滞。严重时可造成死亡。产蛋母鸭患病后产蛋量下降，甚至完全停产。

由于异刺线虫固着在肠黏膜上，吸取宿主的营养，使肠管黏膜受破坏而引起溢血，致使机体衰弱而死亡。异刺线虫的致病作用还表现在虫体所分泌的毒素可使鸭只受到毒害。

2. 病理变化

异刺线虫的幼虫可使盲肠的肠壁发炎和增厚，严重感染时在黏膜和黏膜下层形成结节。死亡鸭只可见盲肠肿大数倍，这种结节是虫体侵入黏膜致使淋巴组织浸润和形成肉芽所造成的。这些结节融合成片，致使盲肠增厚。盲肠壁还散布有数量不等的圆形、2 ～ 3 mm 大小的溃疡病灶，若干溃疡病灶相互连结形成溃疡斑，在溃疡灶表面有黄白色坏死物附着。

3. 流行特点

（1）健康鸭只（主要是幼鸭）与感染了异刺线虫病的患鸭共同饲养，这是异刺线虫传播的主要来源。在夏季，随着禽只粪便而排出大量的异刺线虫的虫卵污染运动场地及牧地，幼鸭从第1天起便有可能感染异刺线虫。

（2）异刺线虫的另一个危害性是可以作为组织滴虫的携带者。由于异刺线虫和组织滴虫均寄生于盲肠腔内，因此，感染组织滴虫的患禽其盲肠中寄生的异刺线虫雌雄虫的生殖器官中和发育中的虫卵内均含有组织滴虫，组织滴虫借助异刺线虫卵的庇护，能较长时间在外界存活而造成其他禽类的感染。

4. 病原诊断

剖检时在盲肠内容物中发现大量的异刺线虫即可确诊。也可以通过采集患禽的粪便，用饱和盐水漂浮法检查粪便中的虫卵而确诊。

（三）防治策略

1. 预防

（1）在有异刺线虫流行的地区，由于异刺线虫病的传播来源是随同成年鸭的粪便排到外界环境中的虫卵。因此，要做好定期驱虫，每年2～4次，幼鸭每2个月驱虫1次。

（2）驱虫工作必须在划定的地方进行，然后及时清扫粪便，集中发酵处理。

（3）成鸭与幼鸭要分开饲养，减少幼鸭感染的机会。

2. 治疗

（1）左旋咪唑。按每千克体重用25～30 mg，混入饲料中喂服。

（2）阿苯达唑。按每千克体重用10～20 mg，混入饲料中喂服。

（3）芬苯达唑。按每千克体重用10～20 mg，拌料，1次喂服。

（4）越霉素A。按每吨饲料用5～10 g，混匀后连喂7天。

（5）甲苯咪唑。按每千克体重用30 mg，混入饲料中喂服。

八、异形同刺线虫病

鸭的异形同刺线虫病是由异刺科同刺属的异形同刺线虫（*Ganguleterakis dispar*）寄生在鸭的盲肠内引起的疾病。本病主要发生于鸭和鹅。

（一）病原特征

异形同刺线虫虫体黄白色，体表有横纹，体前端有两个侧翼。头端钝，有3个唇，食道圆柱形，食道球发达。排泄孔位于食道中部。神经环距头端0.113 mm。

（1）雄虫长10～15 mm，食道长1.245～1.503 mm，食道球大小为0.226～0.254 mm。雄虫的尾部有发达的尾翼。肛门孔距离尾端0.316～0.320 mm，左右交合刺等长且形态相同，长度为0.539～0.562 mm，交合刺的后端变狭而削尖，前端比较宽而钝圆，无引带。肛前吸盘直径为0.203～0.207 mm。肛乳突13对，吸盘两侧有2对具柄乳突，肛外侧大的具柄乳突4对，肛侧短乳突2对，肛后乳突5对，第1对为大的具柄乳突，距肛门0.136 mm，3对小乳突在尾尖前，1对小乳突在大乳突与小乳突之间。

（2）雌虫长达15～17 mm，阴户部宽0.45～0.47 mm。食管连同食管球共长1.588～1.651 mm，阴户位于虫体后半部，将虫体全长分为9∶7两部分。在阴户孔的部位带有4个疣状的突起，按中部之一腹侧的直线排列着。尾端削尖。肛门孔距离尾端0.946 mm。卵椭圆形，长0.062～0.070 mm，宽0.041～0.046 mm，卵内有明显的颗粒（图6-37）。

有关异形同刺线虫发育史的研究资料不多。大都认为与异刺线虫相似，不需要中间宿主参与。

（二）诊断依据

1. 临诊症状与病理变化

当虫体在鸭的肠管内大量积聚时，就会出现消化障碍，鸭只衰弱，雏鸭生长发育停滞。剖检病鸭时发现盲肠黏膜发炎，在虫体固着的部位常出现溃疡。有些病例盲肠的肠壁形成小结节，在结节内有异形同刺线虫的幼虫寄生。患病鸭只的肠壁受寄生虫的侵袭而受损，降低了抗病能力，从而导致其他疾病和原虫病的发生。

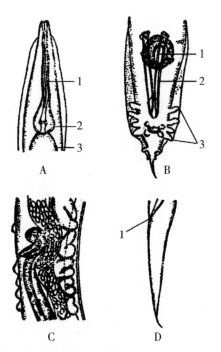

（A）头端：1.食道、2.食道球、3.肠管；（B）雄虫尾端：1.生殖吸盘、2.交合刺、3.生殖乳头；（C）雌虫带阴户的体段；（D）雌虫尾端：1.肛门孔。

图6-37 异形同刺线虫

2.流行特点

异形同刺线虫呈世界性分布。在鸭群中本病的传染源是感染鸭排出的粪便，尤其是在没有及时清扫粪便并进行堆积发酵杀虫的鸭场，本病的发生率甚高。

3.病原诊断

当鸭只盲肠内存在异形同刺线虫时，粪便中可发现虫卵。采用饱和盐水漂浮法进行粪便检查便可确诊本病。

（三）防治策略

1.预防

预防本病最重要的措施是鸭舍及周围环境的清洁卫生，防止饲料、饮水和运动场被虫卵污染。流行区将鸭只排出的粪便进行堆积发酵，利用所产生的生物热杀灭虫卵。其余措施可参考异刺线虫病部分。

2.治疗

鸭的异形同刺线虫病的治疗药物和剂量可参考异刺线虫病。

九、支气管杯口线虫病

鸭的支气管杯口线虫病是由比翼科杯口属支气管杯口线虫（*Cyathostoma bronchialis*）寄生于鸭的支气管所引起的疾病。虫体寄生在鸭的气管、支气管内，有时也寄生于气囊。本病也可感染鹅。

（一）病原特征

支气管杯口线虫呈红色，雌雄虫呈交配状态，但结合不甚牢固。雄虫体长 8 ~ 12 mm，宽 200 ~ 300 μm。2 根交合刺细长，各长 540 ~ 870 μm，顶部稍弯。雌虫长 16 ~ 30 mm，宽 750 ~ 1500 μm，阴门具有突起的唇，位于身体前 1/3 的后部。尾尖（图 6-38）。虫卵呈椭圆形，其大小为（0.068 ~ 0.09）μm ×（0.043 ~ 0.06）μm。成熟的虫卵具有微小的卵盖。

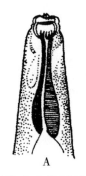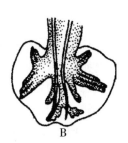

（A）前端；（B）雄虫尾部。

图6-38 支气管杯口线虫

虫卵随粪便排出外界，当温度在 19 ~ 24℃时，经 10 ~ 12 天可发育为感染性幼虫，直接感染鸭。若鸭只吃入含有感染性幼虫的蚯蚓也可以感染本病。感染性幼虫进入鸭体内之后，经过腹腔和气囊而到达肺部，经 1 ~ 4 天，幼虫在肺内蜕皮 2 次。感染后 6 天，幼虫移行到气管，7 天后雌雄虫交配在一起，感染后 13 天达到性成熟。

（二）诊断依据

1.临诊症状

本病主要侵袭 1 ~ 2 月龄的幼鸭。患鸭呈坐的姿态，张口伸颈，呼吸极为困难，每分钟呼吸次数达 60 多次。严重病例在出现呼吸障碍后不久即死亡。当患鸭气管内的虫体大量积聚时，则不能站立，常躺下，头部呈现周期性、具有特征性的振动。口内积聚大量黏液，并含有虫体，常常随着黏液一齐被咳出。患鸭即使有幸病愈，发育也受阻。

2. 病理变化

在患鸭气管内可发现虫体，并可见大量的炎症渗出物。由于吸入线虫虫卵，引起肺炎。严重病例可出现肺气肿。

3. 流行特点

本病往往呈地方性散发或地方性流行，并引起大批鸭只死亡。

4. 病原诊断

对患鸭的粪便进行检查以发现虫卵或死后剖开气管和支气管在相应部位发现虫体来确诊。

（三）防治策略

（1）用 5% 水杨酸钠溶液，其剂量为 1 ~ 2 mL。用注射器（带针头）于喉口处慢慢注入气管。溶液注射后经 5 ~ 10 min，患鸭常常出现咳嗽（有时咳出虫体），呼吸高度困难，昏迷，但不久可自行恢复。

（2）可用碘液（碘 1 g，碘化钾 2 g，750 mL 蒸馏水）作气管内注射，每只 1 ~ 2 mL，效果甚佳。

（3）噻苯唑。以 0.05% 混入饲料，连用 2 周。

（4）甲苯咪唑。以 0.044% 混入饲料，连用 2 周，也可以按每千克体重用 1 g，连用 3 天，驱虫率 100%。

十、蛔虫病

鸭的蛔虫病是由禽蛔科禽蛔属的鸡蛔虫（*Ascaridia galli*）寄生于鸭的小肠所引起的疾病。本病在鸭与鸡混养时，感染率较高。

（一）病原特征

鸡蛔虫呈黄白色，像豆芽梗样的线虫，表皮有横纹。头端有 3 片唇。雄虫长 26 ~ 70 mm，宽 90 ~ 120 μm。尾端有尾翼和尾乳突。肛前吸盘呈卵圆形或圆形，交合刺 1 对近乎等长，为

65 ~ 195 μm。雌虫长 60 ~ 116 mm，宽 900 μm，阴门位于虫体中部。虫卵呈椭圆形，其大小为（70 ~ 90）μm×（47 ~ 51）μm，卵壳厚而光滑，呈深灰色，新排出时，内含单个胚细胞（图 6-39）。

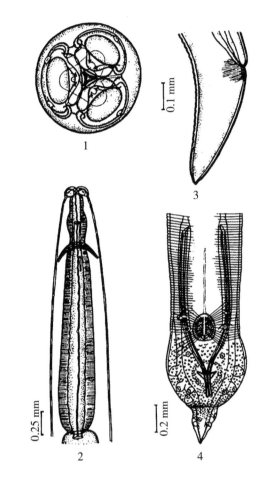

1. 头端顶面；2. 虫体头部；3. 雌虫尾部；4. 雄虫尾部。

图 6-39　鸡蛔虫

寄生于小肠的蛔虫，雌虫所产的卵，随粪便排出体外，在温度和湿度适宜的情况下，虫卵经 10 ~ 16 天后发育为含感染性幼虫的虫卵。这种感染性虫卵被鸭吞食后，幼虫在鸭腺胃和肌胃处由卵壳内孵出，进入十二指肠内停留 9 天，在此期间行第 2 次蜕皮变为第三期幼虫。而后钻入黏膜，进行第 3 次蜕皮变为第四期幼虫，再经 17 ~ 18 天后返回肠腔，进行第 4 次蜕皮变为第五期幼虫。第五期幼虫直接生长发育为成虫。鸭只从吞食感染性虫卵到发育为成虫所需要的时间为 35 ~ 50 天。

（二）诊断依据

1. 临诊症状

雏鸭较易感染鸡蛔虫，一旦感染，则易引起生长发育受阻，精神不佳，羽毛松乱，行动缓慢，食欲减小，常出现腹泻或下痢与便秘交替，有的稀粪中混有带血黏液。贫血，机体逐渐衰弱。当虫体大量积聚肠管时，可引起鸭只死亡。

2. 病理变化

当虫体的幼虫钻入肠黏膜时，破坏黏膜及肠绒毛，造成黏膜出血和发炎。肠壁上常可见到颗粒状的化脓灶或结节。严重病例可见大量成虫聚集或互相绕结，往往会造成肠堵塞，甚至会引起肠破裂，形成腹膜炎。

3. 流行特点

雏鸭易感染蛔虫，随着年龄的增长，对鸡蛔虫的易感性逐渐降低。鸭蛔虫主要发生在与鸡混养的鸭群，对幼鸭危害严重。

4. 病原诊断

粪便检查：可用直接涂片法或饱和盐水漂浮法检查粪便，若发现大量虫卵即可确诊。

死后剖检：选代表性患鸭进行剖检，若在小肠发现大量蛔虫亦可做出诊断。

（三）防治策略

1. 预防

（1）搞好鸭舍的清洁卫生，每天清除鸭舍及运动场地的粪便，并集中起来进行生物热处理。勤换垫草，铺上一些草木灰保持干燥。运动场地要保持干燥，有条件时铺上一层细沙或隔一段时间铲去表土，换新垫土。

（2）食槽和饮水器应每隔 1 ~ 2 周用沸水洗涤 1 次。

（3）把雏鸭与成年鸭分开饲养，不共用运动场。

（4）在蛔虫流行的鸭场，每年应进行 2 ~ 3 次定期驱虫。第 1 次驱虫在 2 月龄时进行，第 2 次驱虫在冬季。成鸭第 1 次驱虫在 10—11 月，第 2 次在春季产蛋前 1 个月。患病鸭应及时驱虫。

2. 治疗

可选用下列药物进行驱虫治疗。

（1）磷酸哌嗪片。按每千克体重用 0.2 g，拌料。

（2）驱蛔灵（枸橼酸哌嗪）。按每千克体重用 0.25 g 或在饮水或饲料中添加 0.025% 驱蛔灵。必须在 8 ~ 12 h 内服完或配成 1% 水溶液任其饮用。

（3）左旋咪唑。按每千克体重用 25 ~ 30 mg，溶于饮水中，1 次喂服。

（4）甲苯咪唑。按每千克体重用 30 mg，1 次喂服。

（5）噻苯唑。按每千克体重用 500 mg，1 次喂服。

（6）阿苯达唑。按每千克体重用 10 ~ 25 mg，混料喂服。

（7）硫化二苯胺（酚噻嗪）。雏鸭按每千克体重用 300 ~ 500 mg，成鸭按每千克体重用 500 ~ 1000 mg，拌料喂服。

（8）潮霉素 B。按 0.000 88% ~ 0.001 32% 混入饲料喂服。

十一、四棱线虫病

鸭的四棱线虫病是由四棱科四棱属的线虫寄生于鸭的腺胃所引起的疾病，常常给鸭群带来极大的危害。

（一）病原特征

四棱线虫雌雄异形，雄虫纤细，游离于胃腔，雌虫近似球形，深藏在禽类的腺胃中。鸭的四棱线虫病的病原有克氏四棱线虫（*Tetrameres crami*）、分棘四棱线虫（*Tetrameres fissispina*）和美洲四棱线虫（*Tetrameres americana*）。

1. 克氏四棱线虫

克氏四棱线虫雄虫长 2.9 ~ 4.1 mm，宽 70 ~ 92 μm，右侧交合刺窄细、弯曲，长 135 ~ 185 μm。左侧交合刺扭曲，长 272 ~ 350 μm。雌虫长 1.5 ~ 3.3 mm，宽 1.2 ~ 2.2 μm，尾长 113 ~ 156 μm，阴门距尾端 319 ~ 350 μm。虫卵大小为（41 ~ 57）μm×（26 ~ 34）μm，卵胎生。

2. 分棘四棱线虫

分棘四棱线虫外观与美洲四棱线虫相似。雄虫长 3 ~ 6 mm，宽 90 ~ 200 μm。沿体中线和侧线有 4 列纵行的小刺。交合刺不等长，分别为 280 ~ 490 μm 和 82 ~ 150 μm。虫卵大小为（48 ~ 56）μm×（26 ~ 30）μm，卵胎生（图6–40）。

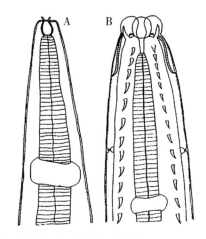

（A）美洲四棱线虫；（B）分棘四棱线虫。

图6–40 四棱线虫头端

3. 美洲四棱线虫

美洲四棱线虫雄虫纤细，游离于腺胃腔中，四周有 3 片小唇，有口囊。雄虫长 5 ~ 5.5 mm，宽 116 ~ 133 μm。有 2 行双列尖端向后的小刺，在亚中线上绵延于虫体的全长。尾细长，有 2 根不等长的交合刺，一根长 100 μm，另一根长 290 ~ 312 μm。雌虫长 3.5 ~ 4.5 mm，宽 300 μm，体呈亚球形，并在纵线的部位形成 4 条深沟。子宫和卵巢很长，盘曲成圈，充满于体腔中。虫卵大小为（42 ~ 50）μm×24 μm，卵胎生（图6–41）。

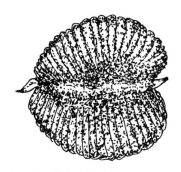

图6–41 美洲四棱线虫雌虫侧面

四棱线虫的发育需要中间宿主，中间宿主为甲壳类的多种动物，如钩虾、异壳介虫、蚤蝇蛆等。寄生在鸭胃内的成熟雌虫，周期性地排出虫卵，卵随胃中食物进入肠道，连同粪便排出外界。虫卵被中间宿主吞食后，数小时孵出幼虫，在其体内经过一段时间（如在蚤蝇蛆体内需 6 天）发育为感染性幼虫。当这些中间宿主被鸭吞食后，在鸭胃内中间宿主被消化，幼虫逸出并在胃黏膜中经 2 次蜕皮，经约 15 天最后发育为成虫。雌虫寄生于腺胃的腺体中，雄虫则游离于腺胃腔中，交配后，至 45 天时雌虫子宫中已有含胚胎的虫卵，3 个月后雌虫膨大到最大程度。

（二）诊断依据

1. 临诊症状

患鸭表现精神沉郁，消化机能障碍，食欲减退，生长发育停滞，消瘦，虚弱，贫血和腹泻，严重者可引起死亡。

2. 病理变化

当四棱线虫的幼虫移行到腺胃时，其头部钻入黏膜内，致使黏膜发生炎症，常见有溃疡灶。在腺胃黏膜中可看到暗红色成熟的雌虫，这时虫体几乎全部埋入增生的组织下。腺胃组织由于受到虫体的强烈刺激而产生炎症反应，并伴有腺体组织变性、水肿和广泛的白细胞浸润。

3. 流行特点

四棱线虫的中间宿主如钩虾、异壳介虫、蚤蝇蛆等存在于鱼塘、河流等淡水里，在流行区为本病的传播创造了有利的条件。雌虫在鸭体内寄生时，经过一个冬季仍然能持续产卵，虫卵在水中可保持半年以上的生活力，遇到中间宿主吞食，便可发育，传播病原。淡水中的一些小鱼可作为贮藏宿主，幼虫在其体内保持感染力，被水禽啄食后造成本病的传播和流行。

4. 病原诊断

根据检查粪便找虫卵，并结合剖检病禽，在鸭体内寄生部位找到虫体便可确诊。

（三）防治策略

1. 预防

用 0.015% ~ 0.03% 溴氰菊酯或五氯酚钠喷洒消灭中间宿主。注意鸭舍的清洁卫生，定期对鸭舍及用具进行消毒。及时清除粪便，进行发酵处理。定期进行预防性驱虫。把大小鸭分开饲养，防止交叉感染。

2. 治疗

（1）左旋咪唑。按每千克体重用 10 mg，均匀拌料饲喂，1 次喂服。

（2）阿苯达唑。按每千克体重用 40 ~ 50 mg，均匀拌料饲喂，1 次喂服。

十二、小钩锐形线虫病

鸭的小钩锐形线虫病是由锐形科锐形属的小钩锐形线虫（*Acuaria hamulosa*）寄生于鸭、鹅的食道、腺胃和小肠引起的疾病。

（一）病原特征

小钩锐形线虫也叫小钩华首线虫，前部有 4 条饰带，两两并列，呈不整齐的波浪形，向后方延伸，几乎达虫体后部，但不返回，亦不吻合。雄虫长 9 ~ 14 mm，肛前乳突 4 对，肛后乳突 6 对，有柄，交合刺 2 根，不等长。雌虫长 16 ~ 19 mm，虫卵呈淡黄色，椭圆形，卵壳较厚，内含一个"U"形幼虫。虫卵大小为（40 ~ 45）μm×（24 ~ 27）μm。

小钩锐形线虫的中间宿主为蚱蜢、甲虫和象鼻虫等。随着鸭的粪便排出体外，污染饲料和饮水，被中间宿主吞食，并在其体内发育为感染性幼虫。鸭吞食含有感染性幼虫的中间宿主而感染本病。

（二）诊断依据

1. 临诊症状及病理变化

鸭只轻度感染本病时一般不引起明显的临诊症状。严重感染时，患鸭食欲消失，精神萎靡，缩头，垂翅，羽毛松乱。下痢，粪便稀薄呈黄白色，有些病例出现症状后数日内死亡。

严重病例可见腺胃、肌胃黏膜发生溃疡，虫体前端深藏于溃疡灶中，被虫体寄生的腺体遭到破坏，其周围组织有明显的细胞浸润。有些严重病例在肌胃的肌层形成干酪样或脓性结节，偶见肌胃破裂。

2. 流行特点

小钩锐形线虫分布于世界各地，除感染鸭外，主要感染鸡和各种禽类。本病的发病和流行与中间宿主分布和季节性有关。在散养状态的禽类多发，规模化饲养的鸭群较少发生。

3. 病原诊断

粪便检查发现椭圆形虫卵，卵壳较厚，内含一个蜷曲的幼虫，即可认为是小钩锐形线虫感染。但只有在尸体剖检时发现大量的虫体才能确诊本病。

（三）防治策略

1. 预防

（1）消灭中间宿主，可以切断传染途径，避免鸭只被感染，到安全水域放牧。

（2）在流行区，定期对鸭群进行预防性驱虫。幼鸭在放牧后约 18 天进行驱虫，成鸭在春季放牧前及秋季放牧后可进行预防性驱虫，将驱虫后 24 h 内排出的粪便进行堆积发酵处理，防止散播病原。

2. 治疗

（1）阿苯达唑。按每千克体重用 10 ~ 25 mg，均匀拌料喂服，1 次喂服。

（2）甲苯咪唑。按每千克体重用 30 mg，均匀拌料喂服，1 次喂服。

（3）美沙利定，按每千克体重用 0.2 g，均匀拌料喂饲，1 次喂服。

十三、孟氏尖旋线虫病

鸭的孟氏尖旋线虫病是由吸吮科尖旋属的线虫寄生于鸭的瞬膜下，结膜囊和鼻泪管中所引起的疾病，也寄生于鸡等其他禽类。我国南方广东等地较为常见。

（一）病原特征

孟氏尖旋线虫（*Oxyspirura mansoni*）虫体两端变细，表皮光滑。口呈环形，口腔前部短而宽，后部狭长，有一个6叶的角质环围绕着（图6-42）。

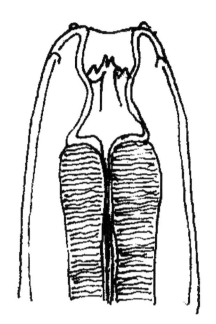

图6-42　孟氏尖旋线虫头端

雄虫长8.2～16 mm，宽350 μm，尾部向腹侧弯曲，无尾翼。有4对肛前乳突和2对肛后乳突，交合刺不等长，左侧纤细，长3.0～3.5 mm，右侧粗短，长0.2～0.22 mm。雌虫长12～20 mm，宽270～430 μm，阴门距尾端780～1550 μm，位于虫体后部。虫卵大小为（50～65）μm×45 μm。

孟氏尖旋线虫的雌虫产卵，虫卵被眼泪冲到鼻泪管直至鼻腔，咽入消化道，随着宿主的粪便排出体外。中间宿主蜚蠊（俗称蟑螂）吞食粪中的虫卵后，约经50天在其体内发育成感染性幼虫。这些幼虫常包在囊内，在中间宿主的脂肪组织深部，或者沿着消化道的通行部位分布（有些幼虫从囊内逸出，游离于蟑螂的体腔和腿部），当受感染的蟑螂被鸭摄食后，感染性幼虫即从囊中逸出，迅速经食道、咽、鼻泪管到达瞬膜下。这一过程约20 min即可完成，大约在感染30天后发育成熟。

（二）诊断依据

1. 临诊症状及病理变化

患鸭不安静，频频搔抓眼部，因此，常常流泪，呈现严重眼炎，眼周围的毛湿润，形成一眼圈，瞬膜肿胀，稍突出于眼睑，并不断地闪动。有时上下眼睑粘连，在眼睑内有白色乳酪样的物质积聚。随着病的发展，眼球损坏而失明。由于严重的眼炎，可能继发微生物感染。当严重症状出现时，眼内几乎找不到虫体，这是由于眼内的环境已不适合虫体的生存。

患鸭除不安静之外，严重时食欲减退，母鸭产蛋量下降，肉鸭体重减轻，抗病力降低。

2. 流行特点

孟氏尖旋线虫的中间宿主为蜚蠊，也叫蟑螂，其种类很多，分布广泛，在有水和食物的地方都能生存。多数种类性喜黑暗潮湿，为夜行性昆虫。在蟑螂出没的季节，鸭很容易啄食带有感染性幼虫的蟑螂而感染，造成本病的发生和流行。

3. 病原诊断

在鸭的眼内发现虫体可确诊。倘若要与其他虫体区别，则要经显微镜观察。

（三）防治策略

对本病的预防除采取一般常规的卫生措施外，应着重于消灭蟑螂。

治疗可采用1%～2%克辽林溶液冲洗眼部，即可杀死虫体。也可以对眼部实施局部麻醉后，用手术方法取出虫体。当出现眼炎时，除口服一般的抗生素外，可在饲料中添加维生素A。

第六节　外寄生虫病

一、螨病

鸭的螨病是由螨虫寄生于鸭的体表皮肤所引起的一类外寄生虫病。螨的种类繁多，较为普遍的有鸡皮刺螨（*Dermanyssus gallinae*）、突变膝螨（*Dermanyssus gallinae*）、鸡新棒恙螨（*Neoschongastia gallinarum*）。除寄生于鸭外，主要感染鸡等其他禽类。

（一）病原特征

1. 鸡皮刺螨

鸡皮刺螨虫体呈椭圆形，深红色或棕红色。有 4 对足，均长在躯体的前半部。雌虫成虫的大小为 0.7 mm×0.4 mm。雄虫体长 0.60 mm，宽 0.32 mm，体表有细纹与短毛，假头长，螯肢 1 对，呈细长的针状，是刺破宿主皮肤进行吸血的武器（图 6-43）。

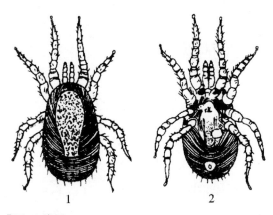

1.背面；2.腹面。

图 6-43　鸡皮刺螨雌虫

2. 突变膝螨

突变膝螨虫体几乎呈球形，足短，表皮上具有明显的条纹，背部的横纹无中断之处，雌虫长 0.4 mm，雄虫长 0.2 mm（图 6-44）。

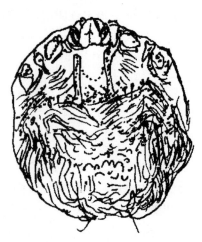

图 6-44　突变膝螨

3. 鸡新棒恙螨

鸡新棒恙螨又称鸡奇棒恙螨、鸡新勋恙螨（图 6-45）。成虫呈乳白色，体长约 1 mm，幼虫很小，只能在显微镜下才能看见，吸血后呈橘黄色，大小为 0.421 mm×0.321 mm，分头胸部和腹部，有 3 对足，背板上有 5 根刚毛。

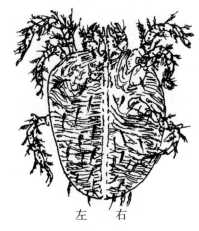

左：背面；右：腹面。

图 6-45　鸡新棒恙螨幼虫

螨虫的发育为不完全变态，需要经过卵、幼虫、若虫和成虫四个阶段。鸡皮刺螨从卵发育到成虫一般需要 8～14 天；突变膝螨的全部生活史都在鸭体皮肤内完成，鸡新棒恙螨仅在幼虫阶段营寄生生活，吸食鸭的体液和血液，幼虫饱食后落地，数日后经若虫发育为成虫。

（二）诊断依据

1. 临诊症状

（1）鸡皮刺螨早期或少量寄生于鸭只的皮肤，症状较微，不易发现，对鸭只的危害性不大。当虫体大量寄生时，受鸡皮刺螨严重侵袭的鸭只，日渐衰弱，贫血，皮肤发痒，常自啄痒处，影响采食和休息。幼鸭因失血过多，生长发育不良，日渐消瘦，甚至导致死亡。产蛋母鸭产蛋量下降。

（2）突变膝螨一般寄生于鸭的脚趾或髯上，主要是寄生于腿脚的无毛处。螨虫穿入皮下，在皮下组织中形成隧道，鸭的皮肤受到刺激而引起发炎。在皮肤鳞片下有大量炎症渗出物、皮屑及痂皮。鸭脚肿大，外面附着一层石灰样物质，因此，常称"石灰脚"。严重时，还会使趾骨发炎、坏死、变形，因而使鸭只行走困难，影响采食，生长发育受阻和产蛋量下降。

（3）受鸡新棒恙螨侵袭的鸭，患部奇痒，并出现痘疹状病灶，周围隆起，中间凹陷，形如痘脐状。这种痘疹病灶多见于鸭的腹部和羽下的皮肤表面。患鸭出现贫血、消瘦、垂头和食欲减退，严重者可导致极度瘦弱。

2. 流行特点

（1）鸡皮刺螨有昼伏夜出的习性。每天产卵数 10 个，在温暖的季节，经过 2 ~ 3 天孵化成幼虫。幼虫经过 2 ~ 3 次蜕皮变为八足稚虫，再经 4 ~ 8 天，经过 1 次吸血和 2 次蜕皮变为成虫。在气温较高时繁殖较快，1 周内完成一个繁殖周期，而在冬天寒冷季节繁殖速度减慢。鸡皮刺螨通常在夜间爬到鸭体上吸血，白天隐藏在鸭产蛋窝或鸭舍墙缝隙中。

（2）突变膝螨的全部生活史都在鸭体皮肤内完成。成虫在鸭的皮下穿行，在皮下组织中形成隧道。虫卵在隧道内，幼虫经过一段时间后变为成虫而藏于皮肤的鳞片下面，形成大量皮屑和痂皮。

（3）鸡新棒恙螨成虫生活在潮湿的草地上，雌虫受精后在泥土上产卵，经过约 2 周时间孵出幼虫，幼虫一遇到鸭只，便爬到体上吸取体液和血液，在鸭体上寄生 5 周以上。幼虫饱食后落地，数日后经若虫发育为成虫。

3. 病原诊断

根据临诊症状，结合在病变部位皮肤刮去物的显微镜下观察，发现螨虫的各发育阶段虫体和虫卵即可确诊。

（三）防治策略

1. 预防

（1）本病可以通过直接接触或媒介接触而感染，因此，应把病鸭与健康鸭分开饲养。搞好鸭舍的清洁卫生，减少本病的传播。

（2）鸭舍内的一切用具必须进行经常性消毒或用火焰烧烘，以杀灭躲在墙缝隙或周围环境中的螨虫。

2. 治疗

（1）对鸡皮刺螨可用 0.25% 敌敌畏或 0.2% 敌百虫水溶液直接喷洒鸭身上鸡皮刺螨的栖息处、墙缝隙及产蛋巢。隔 7 ~ 10 天重喷 1 次。特别要注意确保鸭身皮肤喷湿。污染的垫草应烧掉，其他用具可以用沸水烫，再在阳光下暴晒。还可以用伊维菌素，按每千克体重用 0.2 mg，1 次皮下注射。

（2）对突变膝螨可以将病鸭的脚侵入温热的肥皂水中浸泡，使痂皮变软，除去痂皮。然后用 2% 硫黄软膏或 2% 苯酚软膏涂患部，隔几天后再涂 1 次。也可以将患脚浸入温的杀螨剂溶液中。

（3）对少数鸡新棒恙螨病例的治疗可以选用 0.1% 乐杀螨溶液、70% 乙醇、2% ~ 5% 碘酊或 5% 硫黄软膏涂擦患部，1 周后重复 1 次。也可以用伊维菌素皮下注射。

二、虱病

鸭虱病是寄生在鸭的体表皮肤和羽毛上的一种外寄生虫病。由于虱的种类多，在同一鸭体表上往往寄生着数种虱。这些虱附在鸭只的羽毛或绒毛上，引起鸭只奇痒，造成羽毛断折。患鸭生长发育受阻，母鸭产蛋量下降，给养鸭业带来一定的经济损失。

（一）病原特征

寄生于鸭的虱属于食毛亚目，种类很多，常见的有细鸭虱（*Anaticola crassicornis*）和鸭巨毛虱（*Trinoton querquedulae*）。

1. 细鸭虱

寄生鸭翅羽毛上。雄虱体长 2.92 mm，雌虱体长 3.4 mm。雄性触角第 1 节稍膨大，无突起，胸节后角侧缘生有 4 根长毛。

2. 鸭巨毛虱

雄虱体长 4.80 ~ 5.45 mm，腹宽 1.44 mm；雌虱体长 5.20 ~ 6.10 mm，腹宽 1.69 mm。全身着生密毛，体呈黄色，且有明显的黑褐色斑纹。头部呈三角形，后颊部呈圆形突出，三胸节明显分开，而且强角质化，足粗短而壮。腹部由 9 节组成，呈长卵形，前 2 节无气门，各节从中部至两侧缘具暗斑。

寄生于鸭身上的羽虱，其整个生活史均需要在鸭身上度过，以啮食毛、羽和皮屑为生，一旦离开鸭体则很快死亡。雌虱所产的卵通常由一种特殊的物质黏附在羽毛的近基部处，依靠鸭的体温进行孵化，经 4 ~ 8 天，由卵变成幼虱，其外形与成虱相似。在 2 ~ 3 周内经 3 ~ 5 次蜕皮后变为成虫。

（二）诊断依据

1. 临诊症状

虱在冬季大量繁殖，啮食鸭只的羽毛和皮屑，致使羽毛脱落和折断。有的虱也吸食血液。当虱在鸭身上大量寄生时，由于虱对鸭皮肤的刺激，致使鸭只奇痒不安，常常用嘴啄毛，食欲大受影响，母鸭的产蛋量下降。生长发育阻滞，抵抗力降低。严重者会造成鸭只衰弱、消瘦，甚至死亡。

2. 流行特点

（1）虱的传播方式主要是直接接触感染，也可以通过用过的垫料及管理用具等传播。

（2）本病多见于饲养管理和环境卫生条件不良的鸭场，尤以中、小鸭为严重。一年四季均可发生，秋冬季节，鸭的被毛增长，绒毛厚密，构成虱生存和繁殖的适宜条件，因而鸭虱病常较严重。常下水游泳的鸭只不易感染，丘陵地区鸭群的感染程度低，产蛋鸭比肉鸭严重。

3. 病原诊断

虱体型较大，肉眼容易看到。若在鸭只体表的皮肤或羽毛上发现灰色或淡黄色的虱或虱卵即可确诊。

（三）防治策略

1. 预防

（1）在鸭群饲养过程中，对体虱的控制中，更换鸭群时，搞好鸭舍及其周围环境卫生，做好栏舍和饲养用具的灭虱工作。保持鸭舍的清洁、通风和干燥。

（2）新引进的鸭群，先进行详细检查，发现有虱寄生于鸭体，立即进行治疗，然后才混群。在驱杀鸭虱时，必须同时对鸭舍、产蛋窝、地面、墙的缝隙，以及一切用具进行喷雾和喷洒消毒。

2. 治疗

（1）喷洒或药浴法。0.1% 敌百虫溶液、20% 杀灭菊酯乳油按 3000 ~ 4000 倍用水稀释，2.5% 溴氰菊酯（敌杀死）乳油按 400 ~ 500 倍用水稀释或 20% 百部，以上药液直接向鸭体上喷洒或药浴，均有良好效果。

（2）药粉涂擦法。如 0.5% 敌百虫、5% 氟化钠（氟化钠 5 份，滑石粉 95 份）、2% ~ 3% 除虫菊、5% 硫磺粉，取其中任何一种药粉，装入纱布袋，在虱寄生部位仔细撒布药粉，并轻轻揉搓羽毛，使药粉均匀撒布。

（3）伊维菌素。按每千克体重用 0.2 mg，混饲或皮下注射，均有良好的效果。

（4）烟草 1 份，水 20 份，煮 1 h，待凉后，在晴朗温暖的时候涂洗喷洒鸭身。

（5）由于各种药物对虱卵的杀灭效果均不太理想，因此，最好隔 10 天再治疗 1 次，以便杀死新孵出来的幼虱。

三、蜱病

鸭的蜱病是由波斯锐缘蜱寄生而引起的疾病。主要是吸食鸭的血液，影响鸭的生长发育，同时，在吸血过程中所产生的毒素也会影响鸭的产蛋。蜱还是鸭螺旋体病的传播者。

（一）病原特征

波斯锐缘蜱虫体扁平，呈卵圆形，淡灰黄色，体缘扁锐，背腹面之间有缝线分隔。体部背面无盾板，表皮革质，表面有一层凹凸不平的颗粒状的角质层。假头位于腹面前方，从背面看不见。雌虫大小为（7.2 ~ 8.8）mm ×（4.8 ~ 5.8）mm，吸血前为浅灰色，吸饱血后为灰黑色（彩图 286）。

波斯锐缘蜱的发育过程包括卵、幼虫、若虫和成虫四个阶段。其若虫阶段有 3 期，波斯锐缘蜱只在吸血时才到鸭体上去，吸完血就落下来，藏在动物的居处，其生活习性似臭虫。波斯锐缘蜱的成虫、若虫有群聚性，白天隐伏，夜间爬出来活动，叮着鸭的腿、趾部无毛处吸血，每次吸血只需 0.5 ~ 1 h。幼虫活动不受昼夜限制，在鸭的翼下无羽部附着吸血，可连续附着 10 多天，侵袭部位呈褐色结痂。

（二）诊断依据

1. 临诊症状

当大量的波斯锐缘蜱侵袭鸭只时，虫体吸取鸭体的血液，一方面使患鸭表现极为不安，造成食欲减退，睡眠受干扰；另一方面是使鸭只失血过多，造成贫血、消瘦，甚至死亡。母鸭产蛋量下降或停产。

2. 流行特点

（1）波斯锐缘蜱的生活习性似臭虫，不是长期寄生在鸭体上，在夜间爬到鸭只无毛部位刺蛰鸭体，以吸血为生。吸完血之后就落到地上，藏在鸭舍的墙壁、柱子、巢窝等缝隙里。

（2）在温暖的季节，虫卵经 6 ~ 10 天孵化；在凉爽的季节，孵化期可达 3 个月。幼虫在 4 ~ 5 日龄时变为饥饿状态，并寻找宿主吸血。吸 4 ~ 5 次血后，幼虫离开宿主，经 3 ~ 9 天蜕皮变为第一期若虫。若虫仅在夜间活动和吸血，离开鸭体后隐藏 5 ~ 8 天，蜕皮变为第二期若虫，在 5 ~ 15 天内吸血，再隐藏 12 ~ 15 天，蜕化为成虫。成虫吸饱血液大约 1 周后，雌雄虫交配，经 3 ~ 5 天雌虫产卵，全过程需要 7 ~ 8 周。

（3）波斯锐缘蜱每一个生活周期均需 3 ~ 8 个月，各期幼虫都可以越冬，且耐饥饿能力很强，如幼虫能耐饥饿达 8 个月；若虫能耐饥饿 24 个月；成虫能耐饥饿达 3 年半。

3. 病原诊断

在鸭只的体表翅下或腿部无羽毛部位，发现有波斯锐缘蜱吸血或蜱虫叮咬、吸血留下的痕迹，结合鸭的临诊表现可以做出诊断，如果在鸭群放养栖息的周围环境中发现波斯锐缘蜱亦可做出诊断。

（三）防治策略

波斯锐缘蜱的若虫、成蜱，都仅在一个短时间内寄生于宿主身上，而大部分时间隐藏在宿主放养栖息的周围环境中。因此，灭蜱就必须在鸭舍的垫料、墙壁、地面、顶棚、栏圈、柱子等处同时进行。用 0.2% 敌百虫液喷洒，可在 48 ~ 72 h 杀死虫体。也可以用 5% 克辽林、0.2% 双甲脒乳油，配成 0.05% 溶液喷洒。同时要搞好环境卫生。

第七章　营养代谢病

第一节　维生素 A 缺乏症

一、概述

鸭维生素 A 缺乏症是由于缺乏维生素 A 引起鸭只的黏膜上皮角化变性、生长障碍，临诊上以干眼症和夜盲症为特征的营养代谢病。

（一）维生素 A 的生理功能

（1）提高鸭只的育肥、产蛋性能，并可以提高其生长率、繁殖率和孵化率。维生素 A 的缺乏，可以影响到性激素的形成和代谢过程，从而影响其繁殖能力，影响体内蛋白质的合成，以及其他物质的代谢，造成生长发育障碍。

（2）维持视觉的正常功能。维生素 A 是视紫红质的成分之一，又是维持暗视觉的物质基础，维生素 A 不足时，在弱光下的视觉就发生障碍。

（3）保护上皮组织结构的完整性。当维生素 A 缺乏时，黏多糖的合成受阻，以致眼、消化管、呼吸道、泌尿道的黏膜，以及生殖器官的上皮组织干燥而易于角质化，易继发眼病和呼吸道病。

（4）促进食欲和消化。

（5）提高对多种疾病的抵抗力。

（二）维生素 A 的存在形式

（1）维生素 A 是一种脂溶性长链醇，不溶于水，遇氧、紫外线、酸等易被氧化破坏，湿热也能使其丧失活性。

（2）维生素 A 存在于动物组织中（尤以肝为多），鱼肝油含有大量维生素 A。

（3）维生素 A 在植物中，只能以维生素 A 原（胡萝卜素）形式存在。胡萝卜素在体内可转变为维生素 A，1 mgβ- 胡萝卜素在禽体内可转化为约 0.5 mg 维生素 A（目前医用和作为饲料添加剂的维生素 A，多为人工合成的制剂，鸭对维生素 A 的需要量见表 7-1）。

表 7-1　各种日龄鸭每天所需维生素 A 的剂量

日龄	每只所需维生素 A 剂量 / μg
1 ~ 10	500
11 ~ 20	1300
21 ~ 30	1500
30 ~ 60	2500
60 ~ 90	2800
90 ~ 120	3000
121 ~ 180	3000
成鸭	4500 ~ 7000

另有资料推荐的需要量如下。

①以每千克饲料中含维生素 A 的国际单位计算。1 IU 维生素 A 等于 0.344 μg 醋酸维生素 A。0 ~ 6 周龄鸭，1500 IU/kg 饲料；成年鸭，4000 IU/kg 饲料。

②以每吨饲料含量计算：1 ~ 20 日龄 1000 万 IU；21 ~ 60 日龄 500 万 IU；61 ~ 180 日龄 500 万 IU；成年（6 个月以上）500 万 IU。

二、诊断依据

（一）临诊症状

（1）出壳后 5 ~ 12 日龄的雏鸭，如果是来自喂饲缺乏维生 A 日粮的种鸭后代，出壳之后日粮中又缺乏维生素 A，此时雏鸭就会出现症状。最早表现为食欲不振，生长停滞，体况衰弱，羽毛松乱，精神委顿，步态不稳，行动迟缓，呆立，甚至不能站立，喙和脚蹼颜色变淡，角质层部分脱落（彩图 287）。患鸭流鼻液，呼吸困难。眼结膜发炎，两眼流泪，初期泪液透明，后期混浊，流出牛乳状分泌物，上下眼睑黏合或肿胀隆起，眼角膜混浊（彩图 288）。严重病例的眼内积有大块白色干酪样物质，病程较长的可以造成全眼球炎。眼角膜甚至发生软化或穿孔、眼球凹陷和失明。如不及时治疗，死亡率可达 30% ~ 50%。

（2）5 ~ 6 周龄鸭群出现症状时，饲料如没有及时调整，可发生大批死亡。

（3）种鸭缺乏维生素 A 时，大多数为慢性经过，主要表现为呼吸道、消化道黏膜抵抗力降低，易患呼吸道病，尤其支原体病，鼻流分泌物、黏膜脱落、坏死等症状。

（4）患鸭消瘦，衰弱，羽毛松乱，产蛋量下降，蛋黄颜色变淡，受精率和孵化率降低，死胚率增加，胚胎发育不良。脚蹼、喙部的黄色素变淡，甚至完全消失而呈苍白色。

（5）公鸭缺乏维生素 A 时，性机能衰退，精液质量下降，影响受精率。眼部的疾患与上述相同。

（二）病理变化

（1）消化管黏膜单层柱状上皮细胞被复层扁平上皮细胞所代替，并发生退行性变化。

（2）眼、口、咽、食管、食管膨大部及消化管等上皮角化，黏膜表面有白色的散在小疱状结节。小的结节肉眼仅可见，大的结节直径可达 2 mm，结节不易剥落，随着病情的发展，结节增大，融合成片，或者形成一层灰黄色的假膜覆盖在黏膜表面。患病幼鸭常见假膜呈索状与食管黏膜纵皱褶平行走向，轻轻刮去假膜，可见黏膜变薄、光滑、呈苍白色。严重病例可见食管黏膜形成小溃疡病灶，在其周围及表面有炎症渗出物。喉头常覆有一层灰白色易剥落的干酪样伪膜。气管黏膜被一层灰白色复层扁平上皮细胞所代替，严重病例可造成气管堵塞。

（3）肾呈灰白色，并有纤细白绒样网状物覆盖，肾小管充满白色尿酸盐。输尿管极度扩张，管内蓄积白色尿酸盐沉淀物。严重病例的血液中尿酸含量增高。

（4）心脏、肝、脾及胸膜等器官表面均有尿酸盐沉积。此种情况并非由于尿酸代谢紊乱，而是肾损伤引起尿酸的排泄受阻所致。眼结膜囊内有干酪样渗出物，眼睑肿胀、突出，眼球萎缩和凹陷。

（三）病因

（1）母鸭的日粮中缺乏维生素 A、胡萝卜素或两者含量都不足。鸭可以从动物性饲料中获取维生素 A，也可以从植物性饲料中获取胡萝卜素。倘若长期喂饲谷物、糠麸、粕类等胡萝卜素含量少的饲料，同时又缺乏动物性饲料的情况下，就容易引起维生素 A 缺乏。当母鸭日粮缺乏维生素 A 时，出壳后 7 ~ 14 日龄的雏鸭开始出现症状。若产蛋母鸭日料中含有充足的维生素 A，则出壳后的雏鸭极少出现维生素 A 缺乏症，即使雏鸭饲料中含维生素 A 不足，也不一定出现症状。这是由于母鸭获得了充足的维生素 A，并大量贮存于蛋内，出壳后的雏鸭体内贮存足够的维生素 A，因此，能满足雏鸭生长前期的需要。

（2）由于鸭患有其他疾病，影响了机体对维生素 A 的吸收。当鸭只患有球虫病、蛔虫病和毛细线虫病等疾病时，不仅直接破坏肠管维生素 A 的活性，而且还会破坏肠壁黏膜上的微绒毛，使鸭只对维生素 A 的吸收能力明显下降。维生素 A 是溶于脂肪中并以胆酸盐形式将脂肪乳化成微滴后，才能被机体所吸收。当胆囊发炎而导致胆汁排出障碍，或者肠管发生炎症时，也会影响脂肪的吸收，在这种情况下，即使饲料中维生素 A 充足，鸭群同样可能发生维生素 A 缺乏症。

（3）维生素 A 的活性受到破坏。不少因素均可以破坏饲料中的维生素 A，如紫外线的照射、湿热、阳光下暴晒、饲料中所含的硫酸锰和不饱和脂肪酸，以及混合料贮存时间过久等，均能使维生素 A 失去活性。

（4）胡萝卜素氧化酶破坏了维生素 A。饲料中的黄豆含有胡萝卜素氧化酶，当鸭只吃到生豆类（尤其是黄豆）时，这种酶可以破坏维生素 A 及胡萝卜素。

（5）饲料中缺乏维生素 E，对体内营养物质的氧化保护作用降低，从而使维生素 A 活性受到影响。

（6）饲料中蛋白质含量不足时，会抑制运输维生素 A 的载体蛋白质的形成，此时即使体内有丰富的维生素 A，也难被鸭只充分吸收和利用。

三、防治策略

（一）预防

（1）认真考虑引起维生素 A 缺乏的病因，尽量防止维生素 A 缺乏症的发生，一旦出现病症，应深入细致地查明原因，及时处理。

（2）由于维生素 A 不稳定，应尽量采用新鲜饲料喂鸭。饲料不宜贮存太久，必要时可以在饲料中加入抗氧化剂，如乙氧基喹啉及丁基羟基甲苯，常用量为饲料的 0.0125% ~ 0.025%。

（3）为了防止雏鸭的先天性维生素 A 缺乏症，产蛋母鸭的饲料中必须含有充足的维生素 A 或维生素 A 原，并做好饲料的保管和贮存工作，防止氧化、酸败，以免维生素 A 被破坏。日粮中应加入富含维生素 A 或维生素 A 原的饲料，如胡萝卜、三叶草、河草、鱼粉、小虾、黄玉米及南瓜等。若使用混合料填鸭时，粉料一经混合，不宜保存过久，尽量做到一两天用完。

（二）治疗

当鸭群出现维生素 A 缺乏症时，可选用下列措施治疗。

（1）鸭群发病初期，尽快在饲料中添加稳定的维生素 A 制剂，其剂量应是正常需要量的 3 ~ 5 倍。

（2）当鸭群出现严重维生素 A 缺乏症时，向每千克饲料中添加 2000 ~ 4000 IU 的维生素 A。也可以在每千克饲料中拌入鱼肝油 10 ~ 15 mL（先将鱼肝油加入拌料用的温水中，充分搅拌，使脂肪滴变细或乳化，再与饲料充分混合）立即喂饲，连用 15 天。

（3）个别病例治疗时，雏鸭可肌内注射 0.5 mL 鱼肝油（每毫升含维生素 A 50 000 IU）。成年鸭每天喂鱼肝油 1 ~ 1.5 mL，分 3 次喂服，5 天为一疗程。产蛋母鸭每只喂 1 ~ 2 mL 浓鱼肝油或鱼肝油丸 2 ~ 3 粒，每天 2 ~ 3 次，5 ~ 7 天为一疗程。

（4）患鸭眼部有肿胀时，先挤出眼内的"豆腐渣样"的物质，然后用 3% 硼酸液冲洗或滴眼药水，每只鸭喂服鱼肝油丸 1 ~ 2 粒，5 天为一疗程，只要眼球未被破坏，一般很快就会恢复。

注意：确切掌握好维生素 A 的剂量，倘若剂量超过最高需要量 50 倍，鸭只轻者出现食欲不振，体重减轻，皮肤发炎，骨骼畸形，严重者可以出现中毒现象。

第二节　维生素 D 缺乏症

一、概述

维生素 D 缺乏症是由于维生素 D 缺乏而引起的以鸭只生长发育迟缓，骨骼柔软、弯曲、变形，运动障碍，产蛋母鸭产出薄壳蛋、软壳蛋为特征的一种营养性代谢病。

（一）维生素 D 的生理功能

维生素 D（特别是维生素 D_3）能促进钙与磷的吸收及调节钙、磷的代谢过程，是鸭只维持骨骼正常硬度、嘴壳（喙）、爪及蛋壳钙、磷代谢所必需的物质。机体缺乏维生素 D_3 时，鸭只的肠管对钙的吸收减少，血钙下降，甲状旁腺的分泌增加，从而降低肾脏对磷的重吸收作用，结果血钙与血磷均下降。体内钙、磷缺乏时，骨组织中的钙和磷的沉积作用减慢，离解作用加强，从而影响骨骼的生长。雏鸭的钙、磷沉积不够，长骨的骨骼不能充分钙化，就容易发生佝偻病。成鸭的骨骼虽然已经定型，但由于钙、磷的缺乏，已经沉积在骨骼内的钙与磷会被动用，从而出现软骨病。

（二）维生素 D 的存在形式

（1）维生素 D 是若干脂溶性固醇衍化物的总称。最重要和最常用的是维生素 D_2 及维生素 D_3。维生素 D_2 又称为活性麦角固醇、骨化醇或沉钙固醇（植物性固醇），可以人工合成。维生素 D_3 又称活性 7- 脱氢胆固醇（动物性固醇），是鸭体内合成的 7- 脱氢胆固醇通过毛囊及脚上鳞片的基部运行到皮肤表面，经阳光中波长为 290 ~ 300 μm 的紫外线照射、转化而成维生素 D_3，然后再经皮肤被吸收入血液，并运行至全身。维生素 D 在体内储存的主要部位是肝脏、脂肪和肾。肠道内吸收维生素 D 需要胆汁酸盐的存在。维生素 D 的主要排泄途径是通过粪便，只有 3% 左右出现在尿液中。

（2）维生素 D_3 存在于鱼肝油、肝脏、奶油及蛋品中，所以鱼肝油可以作为维生素 D 的添加剂。维生素 D 比较稳定，不易被酸、碱和氧化剂所破坏。对家禽来说，维生素 D_3 的效能是维生素 D_2 的 50 ~ 100 倍。

（三）鸭对维生素 D 的需要量

维生素的含量用国际单位表示，1 IU 相当于 0.025 μg 的结晶维生素 D_3。根据有关资料可总结出各种日龄鸭每天所需维生素 D_3 的剂量，见表 7-2。

表 7-2 各种日龄鸭每天所需维生素 D_3 的剂量

日龄	每只所需维生素 D_3 的剂量 / IU
1 ~ 10	20
11 ~ 20	56
21 ~ 30	72
31 ~ 60	100 ~ 120
60 ~ 90	160 ~ 280
91 ~ 120	160 ~ 280
121 ~ 180	160 ~ 280
成鸭	160 ~ 280

注：雏鸭及青年鸭 200 IU，成鸭及种鸭 500 IU（以每千克体重计）。

二、诊断依据

（一）临诊症状

（1）幼鸭缺乏维生素 D_3，容易发生佝偻病。出壳后 1 周左右就出现症状，若饲料未能及时调整，防治措施未及时实施，病雏会逐日增加，一般在 1 个月前后常常出现死亡高峰。发病时间主要取决于幼禽饲料中维生素 D_3 与钙、磷的缺乏程度，以及种蛋内维生素 D_3 及钙、磷的贮存量。

（2）患病雏鸭最初出现的症状是生长停滞，精神不振，反应迟钝，羽毛松乱而且失去光泽。

两脚无力，以至左右摇摆，常以跗关节蹲伏休息或瘫痪，呈企鹅姿势，严重病例完全不能站立。当强行驱赶时，患雏吃力地移动几步，或者借助双翅的扑动移动身体。喙和爪变得柔软，长骨易折，但不易断，易变弯曲。脚趾、腿骨、胸骨变曲或变形。关节肿大，尤以跗关节和肋骨关节最为显著。

（3）产蛋母鸭缺乏维生素 D，一般经 2 ~ 3 个月之后才出现症状。最初产薄壳蛋、软壳蛋的数量日益增多，随着病的发展，还产无壳蛋或只有蛋黄和蛋清流出，严重病例产蛋量显著下降，孵化率降低，最后产蛋完全停止。喙及胸骨变软，两脚变软无力，呈蹲伏姿势。

（4）填鸭常发生本病，若刚由中鸭转入填鸭时已存在缺乏维生素 D_3 现象，虽然症状不甚明显或只有轻微的症状，由于在填鸭阶段喂料量大、消化不良，常出现下痢和肠炎等内因，如果再加上鸭舍潮湿、气温高、缺乏光照等外因，就容易诱发本病。患鸭腿软或瘫痪，伏卧。倘若强迫其行动时，腿不能站立，用两翅扑动拍打地面向前移动。发病率常可达 50% 以上。

（二）病理变化

（1）雏鸭特征性变化是肋骨与肋软骨接合处的内侧常有球状白色的结节突起。有些病例，几乎所有的肋骨在同一侧水平位置上都出现珠球状结节，故俗称"肋骨串珠"。而有些病例这种珠球状结节只出现在某一肋骨的某个位置上（彩图 289）。在这种局限性珠球状的结节处，常发生自然性骨折。肋骨向后和向下弯曲，长骨骨质（胫骨和股骨）钙化不良、变脆。严重病例的股骨变软、弯曲（彩图 290、彩图 291），但不易折断。

（2）成年鸭的喙部、胸骨变软，肋骨与胸骨和肋骨与椎骨接合处内陷，所有肋骨沿胸廓呈向内弧形的特征。其他病理变化与雏鸭基本相同。

（3）各种日龄的患鸭均可以见到龙骨呈不同程度的"S"形，这种变化多成永久性病变。

（三）病因

（1）最常见的病因是饲料中维生素 D 含量不

足或饲料配合不当。

（2）维生素 D 虽然比维生素 A 较为稳定，但混合饲料贮存时间过长，饲料酸败以至维生素 D 类物质逐渐分解破坏，也能造成维生素的损失。这是因为维生素 D 和微量元素等与饲料混合后（其中的硫酸锰、碳酸钙及饲料中的氯化钠和不饱和脂肪酸等物质），在无抗氧化剂存在的情况下，4 周后大部分维生素 D 会受到破坏。

（3）阳光照射不足也能造成鸭出现维生素 D 缺乏症。这是因为鸭的表皮内的 7- 脱氢胆固醇（又称维生素 D_3 原）、植物内的麦角固醇（又称维生素 D_2 原），均可以经日光或紫外线照射分别转化为维生素 D_3 和维生素 D_2。倘若阴雨天气时间较长，光照不足，则容易发生本病。

（4）磺胺类药物对维生素 D 也有破坏作用。虽然饲料中已加入足够量的维生素 D，但由于鸭只因患病而较长时间使用磺胺类药物，也可能引起维生素 D 缺乏。

（5）消化吸收功能障碍等因素会影响脂溶性维生素 D 的吸收。这是由于维生素 D 进入机体后，必须转化为 1，25- 二羟胆钙化醇才有生物学特性，维生素 D_3 进入肠道后，必须溶于脂肪中，并在胆汁酸盐等的作用下乳化成微粒才能被吸收。被吸收的维生素 D_3 与某些蛋白结合被转运到肝脏，在 25- 羟化酶的作用下转化为 25- 羟胆钙化醇。25- 羟胆钙化醇又被转运到肾脏，经 1-羟化酶作用后转化为 1，25- 二羟胆钙化醇。最后由 1，25- 二羟胆钙化醇在体内发挥其生物学活性作用。因此，饲料中的霉菌毒素、肠道寄生虫、消化管炎症或其他异常原因使胆汁分泌不足，日粮中脂肪含量过低，肾和肝脏实质受损害，均能影响维生素 D 的吸收，影响维生素 D 的合成及使机体内的维生素 D 受到不同程度的破坏。

（6）饲料中的钙、磷的比例不合适，其含量高低也会直接影响维生素 D 的需要量。饲料中钙、磷比例适宜，维生素 D 需要减少；饲料中磷不足或钙过量，则需要摄入大量的维生素 D 才能平衡钙、磷元素的代谢。若没有及时进行适当的调整，则可以造成维生素 D 缺乏症。

三、防治策略

（一）预防

（1）已加入维生素 D 的饲料，不宜贮存过久，特别是加入有硫酸锰、碳酸钙等矿物质添加剂的饲料，更不宜贮存太长时间，最好是几天内喂完。

（2）倘若阴雨天气时间较长，或者因消化道疾病需要用磺胺类药物时，应考虑增加维生素 D_3 的用量。

（3）为了预防本病的发生，可以在饲料中混入 0.5% 植物油。多喂新鲜的青绿饲料和谷类。

（二）治疗

（1）已出现症状的雏鸭，可 1 次饲喂 15 000 IU 维生素 D_3，也可以用维生素 A+ 维生素 D 粉剂拌料，或者每只鸭用浓鱼肝油 2 ~ 3 滴滴服，每天 1 ~ 2 次，2 天为一疗程。严重病例可增加一个疗程。

（2）成鸭出现症状时，除在饲料中添加足量的维生素 D_3（维生素 A+ 维生素 D 粉或鱼肝油）外，还应该注意钙和磷的比例。

注意：添加维生素 D 时应掌握好分量，过量的维生素 D 对鸭有损害，尤其是维生素 D_2 用每千克饲料含 400 万 IU 维生素 D_2 喂鸭时，可引起肾小管或主动脉或其他动脉的钙化，使机体受到严重的损害。

第三节　维生素 E 和硒缺乏症

一、概述

鸭维生素 E 缺乏症是由于维生素 E 和硒缺乏，使机体的抗氧化机能障碍，从而导致骨骼肌、心肌、肝脏、血液、脑、胰腺发生病变，以及生长发育、繁殖等机能障碍的一种综合征。并以脑软化症、渗出性素质和肌营养不良（白肌病）三种症候群为特征的营养代谢病。这几种症候群在临诊上并不是截然分开的，常互相联系，并往往交织在一起。一般来说，如果是鸭只单一缺乏维生素 E 时，以呈现脑软化症为主；如果同时缺乏维生素 E 与硒时，则以呈现渗出性素质为主；如果同时缺乏维生素 E 与含硫氨基酸时，则以呈现肌营养不良（白肌病）为主。

（一）维生素 E 的生理功能

（1）维生素 E 在鸭体内具有多种生物学特性，是一种生理抗氧化剂，具有保护细胞内生物膜的脂肪结构不受破坏的作用，从而保证了细胞内外物质交换，信息传递。

（2）维生素 E 是饲料中维生素 A、维生素 D_3、胡萝卜素等的保护剂。

（3）维生素 E 参与机体的生物氧化过程（包括抗坏血酸合成及含硫氨基酸的代谢），维持细胞正常的呼吸。

（4）维生素 E 具有维持机体正常生育功能，促进生长繁殖，维持肌肉、神经的正常结构和功能，以及改善血液循环等作用。

（5）维生素 E 可以加强疫苗接种后的免疫效应，增强免疫力，并降低对传染病的敏感性。

（二）维生素 E 的存在形式

维生素 E 又名生育酚，是几种（α、β、γ、σ）具有生物学活性作用的生育酚的总称，其中以 α - 生育酚的生物学活性最强。

（1）维生素 E 易溶于脂肪、乙醇等有机溶剂中，是淡黄色油状液体，对热与酸较稳定。但对碱不稳定，极易被氧化，特别是 α - 生育酚最容易被氧化破坏。

（2）动物性饲料中，肉类、蛋黄含有维生素 E，蚕蛹渣中维生素 E 的含量最丰富（1 kg 蚕蛹含 900 mg 维生素 E）。植物油中含有更丰富的维生素 E，例如，棉籽油、大豆油、花生油（1 kg 含 280 IU 维生素 E）。维生素 E 存在于植物的绿色部分及种子中。麦麸、大豆和米糠，每千克中含 420 IU 维生素 E。

（三）鸭对维生素 E 的需要量

维生素 E 的含量可用国际单位计量。

1 mg α - 醋酸生育酚 =1 IU

饲料中维生素 E 的推荐量（每千克饲料中的含量）：雏鸭 11 IU，种鸭 24 IU。

二、诊断依据

三种症候群的临诊症状及病理变化如下所述。

1 ~ 2 月龄鸭维生素 E 缺乏症主要表现为三种症候群。

（一）脑软化症

1. 临诊症状

最早发现的症状是运动障碍，共济失调，行走蹒跚或不愿走动，躺在地面，头向下、向后挛缩，或者向一侧扭转，腿麻痹无力（彩图 292）。两脚快速地收缩与伸张相交替，但翅膀和腿不完全麻痹。患鸭仍能采食和饮水。随着病的发展，患鸭头向后仰，呈望星状或盲目向前冲。最后因极度衰竭而告终。

2. 病理变化

小脑柔软肿胀，脑回平展，脑膜水肿，表面有点状出血。大脑出现局灶性黄绿色坏死区。由于水分被吸收，而呈现大小不等的凹陷。

（二）渗出性素质

1. 临诊症状

胸腹部、翅膀下、腿部皮下组织有水肿液积聚，这是由于机体同时缺乏维生素 E 和硒，引起毛细血管壁通透性异常而出现皮下组织渗出。因此，在皮肤可见到黄豆至拇指大的紫蓝色斑块，两腿向外叉开。其他症状不明显。严重病例全身皮下水肿，尤以股部为甚，皮下积满紫蓝色的液体，若皮肤破裂或穿刺、剪开水肿处皮肤，可见有蓝绿色液体流出，污染周围的皮肤或羽毛。这种蓝绿色的水肿液是血红蛋白脱铁后形成的胆绿素。由于葡萄球菌感染也会出现胸、腹部皮肤外观水肿，若患鸭没有明显的肝、脾病变，可初步诊断为渗出性素质。

2. 病理变化

可见广泛性皮下水肿，特别是胸腹部皮下积

聚较多的蓝绿色或紫红色黏性液体。

（三）肌营养不良（白肌病）

这是由于机体缺乏维生素 E 又伴随有含硫氨基酸的不足而引起的肌营养不良。

1. 临诊症状

精神沉郁，食欲减退，站立无力，生长发育受阻，羽毛松乱，腿和喙颜色发白。严重病例呈躺卧姿势，最后以衰竭告终。

2. 病理变化

以胸肌（彩图 293）、腿肌及心肌的病变最为明显。肌纤维束呈灰白色的条纹状、斑点状、块状、鱼肉样或蜡样的变性，并出现坏死区。肌肉这种苍白、贫血的特征称为白肌病。种鸭缺乏维生素 E 时，其所产的蛋孵化率明显下降，并有可能在孵化的前期出现死胚。公鸭较长时间缺乏维生素 E，可以引起睾丸退化，并逐渐失去生殖能力。病因如下。

（1）由于维生素 E 必须溶于脂肪酸及脂肪中，经胆汁酸盐乳化成微粒之后，机体才能吸收，因此，当肝、胆功能障碍，蛋白质严重缺乏时，就可以影响机体对维生素 E 的吸收。

（2）当饲料中同时缺乏维生素 E、硒和含硫氨基酸时，鸭群就有可能同时出现维生素 E 缺乏症的三种症候群。

（3）当饲料中存在不饱和脂肪酸时，由于在酸化过程中不饱和双键裂开生成过氧化物后，对维生素 E 有破坏作用。倘若鸭只食入尚未酸败的不饱和脂肪酸，则仅破坏饲料中的维生素 E；倘若鸭只食入正在酸败过程中的高度不饱和脂肪酸，则不但破坏食入饲料中的维生素 E，而且体内贮存的维生素 E 也会遭到破坏。

（4）当饲料中含有维生素 E 的拮抗物质（如四氯化碳、硫酸氢钠、硫酸铵制剂、饲料酵母及醋酸盐等）时，均会加速维生素 E 的损失。

（5）饲料贮存的时间过长，超过其保存期，饲料中的维生素 E 受损失。在一般条件下，籽实类饲料，保存 6 个月，可使维生素 E 损失

30%～50%。倘若加入丙酸钠、丙酸钙等作为饲料防霉剂，可使大部分维生素 E 受到破坏。青绿饲料自然干燥，维生素 E 损失 90%。

（6）饲料中添加的碱性物质、铁盐，对维生素 E 也有破坏作用。由于各种因素引起鸭只肠管炎症或采食量下降时，即使饲料中有足够的维生素 E，也能造成维生素 E 缺乏症。

三、防治策略

（一）预防

（1）在饲料的贮存过程中，应充分考虑有可能破坏维生素 E 的各种因素，尽可能采取措施加以防治，妥善贮存。一旦解封，最好在短时间内喂完。有条件和有必要时，在饲料中加入抗氧化剂，如乙氧喹等，其用量为饲料总量的 0.0125%～0.05%。已经酸败或正在酸败、霉变的饲料，坚决不能用于喂饲。

（2）饲料中应含有足够的硒和含硫氨基酸。同时，每只鸭每天添加 0.05～0.1 mg 维生素 E 混于饲料中，连用 15 天，具有良好的预防效果。在饲料中混入 0.5% 植物油，具有预防和治疗作用。同时多喂新鲜的青绿饲料和谷物类，可预防本病的发生。

（二）治疗

（1）当鸭只出现渗出性素质和肌营养不良时，除在饲料中加入维生素 E 之外，还应添加硒制剂。一般在每千克饲料中加入维生素 E 20 IU（或 0.5% 植物油），亚硒酸钠 0.2～0.3 mg、蛋氨酸 2～3 g，连用 2～4 周。或者每吨饲料添加 0.05～0.1 g 维生素 E– 硒粉，连用 2 周。

（2）当鸭只出现脑软化症时，每只鸭可喂服维生素 E 200 IU，或者皮下注射维生素 E 0.1 mL，每天 1 次，连用 1 周。

（3）在治疗过程中，应尽量多考虑在饲料中添加复合维生素和微生态制剂，加强管理，增强鸭只的消化和吸收能力及抗病力。要注意硒元素不能添加过量，否则会造成中毒。

第四节　维生素 K 缺乏症

一、概述

鸭维生素 K 缺乏症是由于机体缺乏维生素 K 造成肝脏的凝血因子合成受阻，使血液中的凝血酶原和凝血因子减少，致使鸭只血液凝固障碍。血液凝固时间延长或出血不止，是本病的显著特征。

（一）维生素 K 的生理功能

（1）维生素 K 是机体内（肝脏）合成凝血酶原所必需的物质，它能促使凝血酶原中某些谷氨酸残基羧化成 γ - 羧基谷氨酸残基，调节Ⅶ、Ⅸ及Ⅹ三种凝血因子的合成。

（2）禽只血液中存在着纤维蛋白原，以及多种血清蛋白、凝血酶原、钙离子、凝血因子Ⅸ和凝血因子Ⅹ等。当血管壁完整性受损伤而出血时，凝血酶原在凝血致活酶、钙离子及某些凝血因子的参与下转化为凝血酶。血液中的纤维蛋白原在凝血酶等因素的作用下，变成不溶解状态的丝线状纤维蛋白并相互交织成网，将大量血细胞和血小板网织在一起，形成阻塞血管裂口的血凝块，一般小血管的出血即可停止。

（3）机体缺乏维生素 K 或肝脏发生病变而致使肝功能发生障碍时，可降低合成凝血酶原和凝血因子的功能，从而延长了血液凝固的时间，甚至完全不凝血。常使鸭只的皮下、肌肉、胃、肠及其他脏器内出血。严重病例会由于出血不止而死亡。

（二）维生素 K 的存在形式

（1）维生素 K 是一类萘醌衍生物，天然存在的主要形式是维生素 K_1 及维生素 K_2，维生素 K_3、维生素 K_4 是人工合成的萘醌化合物，具有维生素 K 的生物学特性。

（2）维生素 K_1 是黄色油状物，它是在绿色植物中形成的，又称为叶绿醌。青绿饲料中，尤其是甘蓝叶、苜蓿等含量较丰富。

（3）维生素 K_2 是黄色结晶，动物肠道内的微生物可以合成，但不能满足鸭体需要。鱼粉中含有一定数量的维生素 K_2。

（4）维生素 K_3 是人工合成制剂，称为亚硫酸氢钠甲萘醌。

（5）维生素 K_4 是人工合成制剂，称为乙酰甲萘醌。动物医药常用的是维生素 K_3。

（6）维生素 K 的理化性质：维生素 K 易溶于脂肪溶剂中，有些人工合成的维生素 K 制剂也可以溶于水。对热较为稳定，易被光、碱、强酸所破坏。

（三）鸭对维生素 K 的需要量

鸭对维生素 K 的需要量与其日龄、饲养条件、饲料所含的成分等因素有密切的关系。

推荐的维生素 K_3 需要量如下。

（1）每千克饲料的含量为 0.5 mg。

（2）每吨饲料的含量为 1 ～ 20 日龄 2 g；21 ～ 60 日龄 1 g；61 ～ 180 日龄 1 g；成年鸭 2 g。

在放牧情况下饲养，鸭只较少发生维生素 K 缺乏症。在舍饲或不放牧的情况下饲养时，鸭只较易发生本病。

二、诊断依据

（一）临诊症状

（1）由于缺乏维生素 K_3 致使肝、肾、脾等内脏器官大量出血不止，可使鸭只因严重贫血而突然死亡，鸭只死前全身营养状态良好，肌肉丰满。

（2）慢性出血的鸭只呈现消瘦，精神沉郁，严重贫血，常常蜷缩，拥挤成堆。详细检查时可以发现其胸部、腹部、翅膀及腿部的皮下有紫蓝色的出血点或出血斑。

（3）种鸭缺乏维生素 K_3 时，由于其种蛋在孵化过程中出现较多的死胚，从而降低了孵化率。患有维生素 K 缺乏症的鸭，凝血时间延长或不凝血。患鸭严重缺乏维生素 K_3 时母鸭不但产蛋量大幅度下降，而且会出现大批死亡。

（二）病理变化

（1）特征性的病理变化是肌肉和肉髯、冠较为苍白，腿部、两羽、胸肌上有大小不等的出血点或出血斑。肠黏膜、心肌、心冠沟脂肪及脑膜上有出血点或出血斑。

（2）内脏严重出血的病例，可见腹腔积有稀薄的血水或少量凝血块，或者见肝脏表面覆盖一层厚薄不一的凝血块。长骨骨髓苍白或呈黄色。

（三）病因

（1）鸭只由于患某些细菌性疾病后，较长时间使用抗生素或磺胺类药物防治，抑制了肠内微生物合成维生素 K 的作用，可引起维生素 K 缺乏症。

（2）雏鸭发生维生素 K 缺乏症，是由于种蛋贮存的维生素 K 不足，而雏鸭饲料中的维生素 K 含量又缺乏，又没有及时补充所致。

（3）当鸭患有球虫病、胃肠炎引起腹泻及肝脏疾病等，致使鸭只采食量减少，肠壁吸收能力降低或胆汁减少，使脂类的吸收发生障碍，从而降低鸭只对维生素 K 的摄入量。

（4）鸭只肠道虽然可以由某些微生物合成维生素 K_2，但数量不多，不能满足它们的需要，特别是随着生长发育及生长性能提高，对维生素 K 的需要量也随之增加，而饲料中的维生素 K 的含量又缺乏，更容易引起本病的发生。

（5）饲料在日光下暴晒，垫草和饲料中的真菌毒素等能破坏或抑制维生素 K 的作用。

（6）某些杂草中含有结构与维生素 K 相似的双香豆素，通过竞争作用会抑制机体对维生素 K 的利用。

（7）由于防治鸭只一些细菌性疾病而用抗菌药物，时间过长，也会引起维生素 K 缺乏而使母鸭贫血。

三、防治策略

（一）预防

（1）种鸭饲料应含有足量的维生素 K，才能使雏鸭体内保持一定的维生素 K 水平，才有利于度过其体内合成维生素 K 尚差的幼雏阶段。

（2）当鸭群发生球虫病、鸭疫里默氏杆菌病、沙门菌病及支原体病时，机体对维生素 K 的需

量明显增加，或者为了治疗或预防上述疾病的发生，而在饲料中加入超剂量并较长时间使用抗生素或磺胺类药物时，应及时将饲料中的维生素 K 含量提高到每千克饲料 10 ~ 20 mg。

（3）加强饲养管理，搞好清洁卫生，做好疾病的防疫工作，加喂微生物制剂，减少应激因素的干扰。维生素 K 虽然比较稳定，但在日光照射下容易受到破坏，因此，配好的饲料应放在避光处。

（二）治疗

（1）当鸭群发病时，在每千克饲料中添加维生素 K_3 3 ~ 8 mg。连喂 1 周，有明显的治疗效果。

（2）大群发病或个别治疗时，应给每只患鸭肌内注射维生素 K_3，剂量为每千克体重用 2 mg（每毫升含 4 mg），每天 2 次，连用 2 ~ 7 天，大部分鸭只可以痊愈。

第五节　维生素 B_1 缺乏症

一、概述

鸭维生素 B_1（又称硫胺素）缺乏症是由于维生素 B_1 缺乏，引起以神经组织和心肌的代谢及功能障碍为主要特征的一种营养代谢病。

（一）维生素 B_1 的生理功能

（1）维生素 B_1 在组织中与酸结合被转化为活性焦磷酸硫胺素，是氧化脱羧反应及碳水化合物代谢中醛转化过程的一个重要辅助因子。当机体缺乏维生素 B_1 时，丙酮酸的氧化脱羧过程受阻，使大量丙酮酸、乳酸积聚，同时又使糖代谢障碍，造成能量的产生不足。神经组织由于得不到正常的能量供给，加上又有大量积聚的丙酮酸、乳酸对神经组织的刺激作用，从而发生代谢障碍及功能异常，其结果是出现多发性神经炎。

（2）维生素 B_1 不足与食欲下降有关。当维生素 B_1 缺乏时，抑制胆碱酯酶的作用减弱，乙酰胆碱的水解加快，致使胃肠蠕动减弱，腺体分泌减少，鸭只食欲下降，采食量明显减少。

（二）维生素 B_1 的存在形式

（1）维生素 B_1 是一种水溶性的维生素，纯净的硫胺素盐酸盐为白色针状结晶，易溶于水和乙醇，不溶于脂肪和脂肪溶剂中。维生素 B_1 在酸性环境中，对热、氧较稳定。而在碱性环境中则极不稳定，易被氧化而丧失活性。

（2）维生素 B_1 广泛存在于植物性饲料，尤其是谷物类植物及其加工的副产品，如玉米、高粱、小麦、稻谷、小米、糠麸、饲料酵母、麦麸和大豆等，其含量极为丰富。

（三）鸭对维生素 B_1 的需要量

禽类对维生素 B_1 的需要量与饲料成分及饲料中是否含有硫胺素的拮抗物质有关，推荐维生素 B_1 的需要量是：雏鸭、育成鸭每千克饲料 1.5 ~ 2.2 mg；种鸭每千克饲料 1.2 ~ 1.5 mg。

二、诊断依据

（一）临诊症状

（1）患鸭病初精神沉郁，羽毛松乱，食欲不振。随着病的发展，出现典型症状：脚软、乏力，不愿走动。若强迫其行走时，身体失去平衡，常跌撞几步后即蹲下或跌倒于地上，两脚朝天或侧卧，两脚同时作游泳状摆动、挣扎，但无力翻身站立。

（2）头偏向一侧或向后扭转（彩图294）或抬头呈望星状，或者突然跳起，团团打转（彩图295），奔跑乱跳，这种神经症状（彩图296）常为阵发性发作，但一次比一次严重，最后抽搐倒地，呈"角弓反张"而死亡。

（3）有些病雏在游泳时，常因突然颈肌麻痹，头颈向背后弯曲，不断在水中打转或突然翻转而死亡。每次发作一般历时几分钟，一天发作几次，病情一天比一天严重，最后衰竭死亡。

（4）母鸭缺乏维生素 B_1 时，虽然没有明显的症状。但产蛋量下降，死胚增加，孵化率也明显降低。出壳不久的雏鸭易出现本病。

（二）病理变化

维生素 B_1 缺乏症致死的雏鸭的皮肤常呈广泛性水肿，皮下脂肪呈胶样浸润。心脏轻度萎缩，右心室扩张。肾上腺肥大，母鸭比公鸭明显，肾上腺皮质部的肥大比髓质部显著。生殖器官萎缩，睾丸比卵巢的萎缩更明显。

（三）病因

（1）饲料的贮存不当，贮存时间过长，尤其饲料发生霉变时，维生素 B_1 损失较大。

（2）混合饲料中存在拮抗物质，或者添加了某些碱性物质、防腐剂等对维生素 B_1 均有破坏作用。当 pH 值为 7，100℃ 加热 7 h 后，90% 的维生素 B_1 可被破坏。pH 值为 9，100℃ 15 min 后，100% 维生素 B_1 失去活性。

（3）禽类发生消化管疾病时，患鸭的采食量受影响及消化、吸收功能发生障碍，也是造成维生素 B_1 缺乏的原因。

（4）豆类中存在的抗维生素 B_1 物质，在饲料中添加较多时，也可以引起鸭只发生维生素 B_1 缺乏症。

（5）雏鸭出壳后容易出现本病，往往是由于母鸭群喂饲大量蚬、螺、蜉蝣等富含蛋白质的饲料，这些饲料不但缺乏维生素 B_1，而且还含有硫胺酶，这种酶（存在于鲜鱼和其他鲜活的水生动物中）能破坏维生素 B_1，因此，母鸭所产的蛋在不同程度上缺乏维生素 B_1，这种蛋在孵化过程中，易出现死胚，导致孵化率降低，部分能出壳的雏鸭，在育雏期间又没有及时补足维生素 B_1，以至陆续出现本病。故本病在农村又有"白蚬瘟"之称。

（6）雏鸭日料中缺乏维生素 B_1，是发生本病的主要原因之一。特别是某些地区的养鸭户，习惯用单纯的白米饭喂饲 10 日龄之内的雏鸭，往往为了防止饭粒胶黏，将白米饭先用清水洗过才喂饲，结果常造成大批雏鸭在短期内陆续发病死亡。

三、防治策略

（一）预防

（1）注意在母鸭的日粮中搭配含维生素 B_1 丰富的饲料，如新鲜的青绿饲料、酵母粉及糠麸等，对防止本病的发生有明显的作用。

（2）由于在碱性条件下，维生素 B_1 遇热极不稳定，因此，在饲料中不应含有大量的碱性盐类，以防止产生碱性反应而破坏维生素 B_1。

（3）在雏鸭出壳干身后，逐只滴喂复合 B 族维生素溶液 1 ~ 2 mL。

（4）谷物饲料应妥善保存，防止因水浸、霉变等因素破坏维生素 B_1。

（二）治疗

（1）出现维生素 B_1 缺乏症的鸭群，可在每千克饲料中加入 10 ~ 20 mg 维生素 B_1 粉剂，连用 7 ~ 10 天，可以获得满意的效果。

（2）在饮水中加复合 B 族维生素溶液，或者每 1000 只雏鸭在 1 天的饲料中添加复合 B 族维生素溶液 250 mL，每天 2 次，连用 2 ~ 3 天。

（3）个别病鸭可选用下列方法治疗：一是肌内注射维生素 B_1 注射液，每只 0.5 ~ 1 mL，或者按每千克体重用 0.25 ~ 0.50 mg，每天 1 ~ 2 次。二是灌服复合 B 族维生素溶液，每只 0.5 ~ 1.0 mL，每天 2 次，1 ~ 3 天后症状可消失。三是用复合 B 族维生素片，用量是每只雏鸭每天 1 片，连喂 3 天。

第六节　维生素 B_2 缺乏症

一、概述

鸭维生素 B_2（核黄素）缺乏症是由于维生素 B_2 缺乏，引起机体物质代谢中的生物氧化机能障碍，临诊上以患病雏鸭趾爪向内蜷曲、两腿发生瘫痪为特征的营养代谢病。

（一）维生素 B_2 的生理功能

维生素 B_2 又称核黄素，是体内多种氧化还原酶活性部分的构成成分之一，含有核黄素的酶系统称为黄酶。黄酶有细胞色素还原酶、琥珀酸脱氢酶、心肌黄酶、D- 氨基酸氧化酶、组胺酶等。当维生素 B_2 缺乏时，这些黄酶的辅基部分的合成受到障碍，从而出现一系列与代谢障碍有关的症状。维生素 B_2 缺乏时，视觉功能也会受到影响。

（二）维生素 B_2 的存在形式

（1）维生素 B_2 是一种橙黄色的结晶，属水溶性维生素，微溶于水，不溶于有机溶剂。核黄素在常温下比较稳定，不受空气中氧的影响，但遇碱及受阳光中的紫外线照射后易受破坏。

（2）维生素 B_2 广泛存在于自然界，植物性饲料中的紫苜蓿粉、饲料酵母、花生饼、豆饼、向日葵籽饼、米糠、麦麸、小麦、谷物等均含有丰富的维生素 B_2，动物性饲料中的蚕蛹粉、鱼粉、血粉等的维生素 B_2 含量也相当丰富，鸭只消化道中许多细菌、酵母菌、真菌等微生物都可以合成维生素 B_2。

（三）鸭对维生素 B_2 的需要量

家禽对维生素 B_2 的需要量完全靠从饲料中摄入来满足。不同日龄、不同种类的家禽对维生素 B_2 的需要量有所不同，推荐鸭的维生素 B_2 的需要量是：雏鸭、中鸭、种鸭每千克饲料含 4 mg。

二、诊断依据

（一）临诊症状

（1）患病雏鸭生长发育缓慢，消瘦，羽毛卷曲、蓬乱无光泽，腹泻，食欲减退。行动缓慢，如强行驱赶，则行走吃力，步态不稳，常借助翅膀的展开以维持身体的平衡。

（2）严重病例特征性的病状是蹼爪、足趾向内蜷缩（彩图 297、彩图 298）弯曲，以跗关节移动身体，腿部肌肉萎缩或松弛。皮肤干燥、粗糙。病的后期，患鸭完全不能走动，两腿伸开，躺于地面，常因采食、饮水困难，衰竭而死。如将饲料放在喙附近，尽管伏卧或横卧在地，仍能采食。

（3）倘若母鸭缺乏维生素 B_2 时，仅表现产蛋量下降，受精率下降，对孵化率也有明显的影响。

（二）病理变化

雏鸭缺乏维生素 B_2 时，一般没有很典型的病变。尸体极度消瘦，整个消化道比较空虚，肠管内仅有泡沫状的内容物，胃、肠黏膜变薄，呈半透明状。严重缺乏维生素 B_2 的病例，其特征性病变是坐骨神经肿大和变软，直径比正常大4～5倍，质地柔软而失去弹性。

（三）病因

2～4周龄雏鸭多发生本病，且症状较为明显。导致维生素 B_2 缺乏的原因如下。

（1）鸭只由于体内不能贮存大量的维生素 B_2，机体所需要的维生素 B_2 主要靠饲料中的维生素 B_2 来补给。鸭只对维生素 B_2 的需要量大于维生素 B_1，而在谷类籽实和糠麸中的维生素 B_2 的含量又低于维生素 B_1，故必须靠添加剂补充。如由于某种原因，鸭只得不到足够的维生素 B_2 时，就容易发生维生素 B_2 缺乏症。

（2）有时虽然在饲料中添加了足量的维生素 B_2，但由于饲料中含有某些碱性的药物；饲料发霉、变质，维生素 B_2 就易受到破坏；饲料贮存时间较长，维生素 B_2 的损失就更严重，从而造成维生素 B_2 缺乏症。

（3）鸭只患有胃肠病或寄生虫病时，会影响鸭只的采食、消化、吸收，也可能引起维生素 B_2 的缺乏。幼鸭、种鸭需要较多的维生素 B_2，当喂给高脂肪、低蛋白饲料或环境温度较低时，鸭只所需的维生素 B_2 也较多，一旦补充不足即发病。

三、防治策略

（一）预防

（1）在配制饲料时应考虑不同日龄鸭只对维生素 B_2 的需要量，特别应保证雏鸭和种鸭对维生素 B_2 的需要。避免碱性物质及阳光对维生素 B_2 的破坏。

（2）当鸭只因患其他疾病而影响其食欲、消化和吸收时，应及时增加维生素 B_2。雏鸭开食时，每吨饲料添加 5～10 g 维生素 B_2，可预防本病的发生。

（二）治疗

（1）对于早期的病例，可以口服或肌内注射维生素 B_2，每只 0.1 mg 或 0.5 mL。同时在每千克饲料中加入维生素 B_2 20 mg，治疗 1～2 周，可收到良好的效果。

（2）倘若雏鸭已出现足爪向内蜷缩，坐骨神经损伤，瘫痪倒地的症状时，即使用维生素 B_2 治疗也难以治愈，因病理变化难以恢复。

第七节　烟酸缺乏症

一、概述

鸭的烟酸缺乏症是由烟酸缺乏而引起营养代谢不良的疾病。临诊上以口炎、皮炎、下痢、跗关节肿大及骨短粗症等为特征。

（一）烟酸的生理功能

（1）烟酸在鸭的体内极易转化为烟酰胺，两者统称为维生素 PP 或维生素 B_3。维生素 PP 是动物体内辅酶 I 和辅酶 II 的主要组成部分，是多种脱氢酶的辅酶。以上这两种辅酶结构中的烟酰胺部分在体内生物氧化过程中具有可逆的加氢和脱氢作用。

（2）上述这种辅酶参与糖代谢过程中的有氧分解、无氧分解和三羧酸循环过程，参与体内脂肪代谢过程中甘油的合成与分解，脂肪酸的氧化与分解，固醇的合成，以及蛋白质代谢过程中氨基酸的降解或合成。若鸭只缺乏烟酸，鸭只生长缓慢或停滞，羽毛发育不良。

（3）烟酸还具有维持皮肤和消化腺的分泌、提高中枢神经的兴奋性、扩张末梢血管、降低血清胆固醇的含量等方面的作用。

（二）烟酸的存在形式

（1）烟酸在鸭体内可以转化为烟酰胺。因此，烟酰胺是烟酸在体内的活性形式，是吡啶的衍生物，是一种白色针状的结晶，可溶于水、乙醇、碱及碳酸钙溶液中，烟酰胺也可以溶于乙醚，而烟酸却不溶于乙醚。烟酸和烟酰胺是维生素中结构最简单、性质最稳定的一种，对空气、酸、碱、热均不敏感。

（2）烟酸广泛存在于谷物及其副产品中，鱼粉、饲用酵母、肉骨粉、多汁的青绿饲料等含量丰富。但在玉米、大麦等谷物中的烟酸，有

50% ~ 90% 是以结合状态存在，利用率比较低。

（3）动物体内的烟酰胺可由色氨酸转化而来，亦可由胃肠道内的细菌合成一小部分。但内源性的这部分烟酰胺远远不能满足机体的需要。

（三）鸭对烟酸的需要量

雏鸭、中鸭、肉鸭每千克饲料 55 mg；产蛋鸭每千克饲料 40 mg。

二、诊断依据

（一）临诊症状

（1）本病多见于雏鸭，患鸭口腔黏膜发炎，常发生消化不良，下痢，生长停滞，体重减轻，羽毛稍少，皮肤发炎并有化脓性结节。骨短粗，跗关节肿大，腿骨弯曲，少见跟腱脱落，成年鸭的腿呈弓形弯曲。

（2）严重病例腿关节韧带和腱松弛，出现运动障碍、共济失调、站立困难、患鸭跛行、蹲伏地面等一系列神经症状，甚至能致残。产蛋母鸭产蛋量下降，且孵化率降低。

（二）病理变化

除跗关节肿大，长骨短粗、弯曲外，口腔及食管内常有干酪样渗出物，十二指肠溃疡。皮肤角化过度而增厚，胃和小肠黏膜萎缩，盲肠和结肠黏膜上有豆腐渣样物覆盖，肠壁增厚而易碎。肝脏萎缩并有脂肪变性。

（三）病因

（1）烟酸虽然广泛存在于多种饲料中，但其含量较低，而且有相当一部分以结合状态存在，因此，可消化和利用的不多。如果在配制饲料时，只计算饲料中烟酸的含量，而忽略了其中不可利用的部分，则配成的混合料，可利用的烟酸含量常常不足，从而使鸭只未能得到足够的供应而发生本病。

（2）体内若存有足量的吡哆醇时，则可将体内的色氨酸转化为烟酸，如果饲料中缺乏色氨酸或吡哆醇，则减少了由色氨酸转化为烟酸的含量，此时若不注意及时补充，也是烟酸缺乏症发生的

原因之一。

（3）鸭对烟酸的需要量比其他禽类大，尤以雏鸭为甚。倘若在饲养过程中，没有注意增加雏鸭饲料中烟酸的含量，或者把鸡的烟酸的添加量用于鸭，则容易引起烟酸缺乏症。

（4）鸭只肠管内的微生物具有合成烟酸的作用，当机体患有热性病、寄生虫病、腹泻时，一方面由于在病理状态下，营养消耗增加又影响吸收；另一方面因治疗疾病而较长时间投服各种抗生素，杀死或抑制或影响了肠道内的微生物区系平衡，从而减少或在一段时间内完全失去由微生物合成的烟酸，也会促使本病的发生，另外，由于玉米中含有一种烟酸的拮抗物质，会影响鸭只对烟酸的利用。

（5）本病可根据典型的骨短粗症和跗关节肿大、腿骨呈弓形弯曲等症状作出初诊。同时对饲料中烟酸含量进行检测和做烟酸治疗性诊断而确诊。

注意：在烟酸缺乏症诊断过程中，应注意与胆碱或锰缺乏症作鉴别。由胆碱或锰缺乏引起的骨短粗症髁部筋腱常常脱落，这是一个最具有鉴别的症状。

三、防治策略

（一）预防

（1）预防本病的发生，应注意在配制饲料时，必须考虑到植物性饲料中烟酸利用率较低的特点，适当加入含烟酸较高的添加剂。同时还应保证饲料有足够的色氨酸和吡哆醇，以利于体内色氨酸转化为烟酸。预防雏鸭发生缺乏症，每千克饲料中加烟酸 15 ~ 30 mg 混料饲喂。

（2）当鸭只发生其他疾病需要投服抗生素和磺胺类药物时，应补充烟酸，同时也可以喂服益生素，加大胆碱的添加量，以保持肠内微生物区系的平衡和促进对饲料的消化和吸收。也可以调整日粮中玉米的比例或添加啤酒酵母、米糠、鱼粉等。

（二）治疗

（1）当鸭群发生烟酸缺乏症时，每只鸭一

次口服烟酸 40～50 mg，或者按每吨饲料用 15～20 g，效果甚佳。对于患鸭跗关节肿大，腿骨已弯曲的病例，投药几天后症状可基本消失。对于患鸭体况过度衰弱，或者关节肿胀、腿骨弯曲过于严重的病例，则效果不够理想或完全无效。

（2）若患鸭有肝脏疾病，可配合用胆碱或蛋氨酸进行防治。必须注意的是：烟酸也不是越多越好，有报道称，过量的烟酸可使鸭发生腹部痉挛、脚趾潮红等异常，值得借鉴。

第八节　胆碱缺乏症

一、概述

鸭的胆碱缺乏症是由于胆碱缺乏而引起脂肪代谢障碍，使大量的脂肪在鸭的肝内沉积，从而出现脂肪肝或称脂肪肝综合征。

（一）胆碱的生理功能

体内蛋氨酸、肌酸和 N- 甲基烟酰胺等含甲基的化合物的合成过程中，胆碱起着甲基供体的作用，参与体内的甲基化反应。当胆碱缺乏时，乙酰胆碱的合成受到影响，从而出现了胃肠蠕动弛缓、消化腺分泌减少及食欲不振等一系列症状。

胆碱在禽类体内是卵磷脂及乙酰胆碱的组成成分，而卵磷脂是合成脂蛋白所必需的物质。鸭只肝细胞内合成的脂肪只有以脂蛋白的形式才能被转运到肝外，当胆碱缺乏时，卵磷脂、脂蛋白的合成均发生障碍，此时在肝中合成的脂肪由于缺乏卵磷脂，而不能合成脂蛋白，使肝内脂肪不能及时转运出肝外而积聚于肝细胞内，从而导致肝细胞受到破坏，呈现脂肪肝。

（二）胆碱的存在形式

胆碱是一种黏稠的强碱性液体，易吸湿，医药用的胆碱是氯化胆碱。动物肝脏、蛋黄、肉粉、小麦胚芽、麦麸、豆饼、酵母中含有丰富的胆碱，而谷实类及青绿饲料中含胆碱较少。

（三）鸭对胆碱的需要量

推荐胆碱需要量：雏鸭每千克饲料 1400 mg；中鸭每千克饲料 800 mg；种鸭每千克饲料 1200 mg。

二、诊断依据

（一）临诊症状

胆碱缺乏的病鸭，生长减缓，食欲减退，出现骨短粗症，腿关节肿大，小腿骨弯曲或呈弓形。患鸭常蹲伏地面，不能站立。死亡率增高。种鸭产蛋量下降，种蛋孵化率降低。

（二）病理变化

肝脏肿大，色泽变黄，表面有出血点，质脆。有的病例肝被膜破裂，甚至因肝破裂而发生急性内出血突然死亡。肝表面和体腔有凝血块。肝脏、肾及其他器官有明显的脂肪浸润和变性或出现脂肪肝。胫骨和跗骨变形，关节轻度肿大，呈现滑腱症。母鸭产蛋量下降，卵黄常常误入腹腔内。孵化率降低。

（三）病因

（1）鸭对胆碱的需要量比其他维生素大，尤以雏鸭对胆碱的不足更为敏感，如日粮中胆碱添加不足，就易发生本病。

（2）当维生素 B_{12}、维生素 C、叶酸和蛋氨酸缺乏时，就会影响胆碱的合成，在这种情况下，机体对胆碱的需求量增加，一旦补充不足，更易发生本病。

（3）当日粮中维生素 B_1 和胱氨酸比例增多时，由于它们能促进糖转变为脂肪，使脂肪代谢发生障碍，因此，更能增加胆碱缺乏症发生的概率。

（4）日粮中长期添加磺胺类药物或抗生素，能抑制胆碱在体内的合成。如果肝脏受到损害，慢性胃肠疾病等也会影响胆碱的吸收，从而导致本病的发生。

三、防治策略

（一）预防

（1）在日粮中应特别注意胆碱、蛋氨酸、胱氨酸、叶酸、维生素 B_1、维生素 B_{12} 的合理搭配。日粮中有高脂肪时，鸭只对胆碱的需要量增加；日粮中有足够的胆碱时，可节约蛋氨酸；当日粮中蛋氨酸不足时，应提高胆碱的添加量；当日粮中叶酸和维生素 B_{12} 不足时，需增加胆碱的含量。

（2）当需要较长时间使用抗生素和磺胺类药物或饲料中的能量水平较高，或者发现有损害肝功能的疾病存在时，应及时提高饲料中的胆碱含量。

（二）治疗

（1）鸭群一旦发病，可用如下方法进行治疗：每只鸭每次喂服胆碱 0.1 ~ 0.2 g，每天 1 次，连续 5 ~ 10 天。大群混喂胆碱，按每千克日粮中添加胆碱 0.6 g、维生素 E 10 IU、肌醇 1 g，连喂 10 天。

（2）按每吨饲料中添加胆碱 400 g，连用 1 周后改用维持量（200 g），一般情况下可以使胆碱缺乏症大大改善，但对于跟腱已脱落的病例难以奏效。

第九节　泛酸缺乏症

一、概述

鸭泛酸缺乏症是由于泛酸缺乏，引起糖、脂肪、蛋白质代谢障碍。临诊上以皮炎、羽毛发育不全和脱落为特征的营养代谢病。

（一）泛酸的生理功能

（1）泛酸（又称维生素 B_5、遍多酸）是禽体内合成辅酶 A 的原料。辅酶 A 参与丙酮酸等的氧化脱羧作用，参与脂肪酸的 β - 氧化作用和某些脂肪酸的合成。以乙酰辅酶 A 的形式参与碳水化合物、脂肪和蛋白质代谢，对维持正常的神经功能等起着重要的作用。

（2）当鸭只缺乏泛酸时，糖和能量的代谢、脂肪酸的降解、某些脂肪酸的合成及氨基酸的代谢均发生障碍。从而造成肾上腺皮质激素合成及造血机能障碍等一系列的病理变化。在肝脏中，

泛酸能使一些磺胺类药物乙酰化，有利于解除药物对肝脏的损害。

（二）泛酸的存在形式

（1）纯净的泛酸是一种黏稠的油状物，具有高度的吸湿性和不稳定性，易被酸和热所破坏。易溶于水，能溶于乙醚，但不溶于苯及氯仿。商品上多用泛酸钙，是一种白色针状晶体，比较稳定，能溶于水与甘油，微溶于乙醇，但不溶于乙醚。在 pH 值为 5 ~ 7 最稳定，高压、加热可使其完全破坏。

（2）泛酸广泛存在于自然界的一切活细胞内，遍布于一切植物性饲料中。动物肝脏、饲料酵母、蛋品、绿色植物，以及向日葵籽饼、花生饼、大豆饼、米糠、麦麸等含有较为丰富的泛酸。

（三）鸭对泛酸的需要量

雏鸭、中鸭每千克饲料 11 mg；种鸭每千克饲料 10 mg。

二、诊断依据

（一）临诊症状

（1）患鸭精神沉郁，食欲减退，生长缓慢，饲料利用率降低，羽毛生长迟滞，全身羽毛松乱，粗糙卷曲、脱落，而且容易折断，有时头部羽毛完全脱落。头部、趾间和脚底皮肤发炎，表层皮肤脱落或出现裂隙。有时可见脚底皮肤增生角化，有的形成疣状赘生物，从而影响行走。眼睑常被黏性渗出物黏着。眼睑周围皮肤呈颗粒状，视力障碍。常见到口角有局限性的痂皮，口腔有脓样物质。

（2）母鸭缺乏泛酸，无明显的临诊症状，虽然对产蛋量和受精率的影响不会太大，但种蛋的孵化率却明显降低。在孵化期的最后 2 ~ 3 天会出现较多的死胚，死亡胚体皮下出血和水肿。

（二）病理变化

口腔内常有脓样坏死性物质，腺胃中有灰白色渗出物，有些病例可见肝脏肿大，呈污黄色或暗红色。脾稍萎缩。脊髓变性。

（三）病因

（1）一般的全价料不易缺乏泛酸，但饲料在加工、贮存过程中由于各种理化因素的影响，会损失一部分泛酸。鸭只若长期喂饲玉米，则可引起泛酸的缺乏症。

（2）种鸭的饲料中维生素 B_{12} 不足时，机体对泛酸的需要量增加。倘若泛酸供应不足时，也可引起本病的发生。某些长期影响鸭只采食、消化、吸收的因素也会造成泛酸缺乏。

三、防治策略

（一）预防

应注意日料中泛酸的含量。雏鸭和种鸭的需要量最大，必须适当提高饲料中泛酸含量。倘若玉米在饲料中的比例大或有些养鸭户习惯单喂玉米时，就必须在每吨饲料中添加泛酸 10～13 mg 或泛酸钙 10～20 mg。另外，饲喂新鲜青绿饲料、苜蓿粉或酵母（100 g 酵母含泛酸高达 20 mg）等富含泛酸的饲料也可以预防本病的发生。

（二）治疗

鸭只发生本病时，可口服或肌内注射泛酸，每只鸭每天每次 10～20 mg，每天 1～2 次，连续 2～3 天，或者用泛酸钙，按每千克饲料用 7～10 mg 混饲，也可以按每千克体重用 1 次喂给 4～5 mg，每天 1 次，连喂 5～7 天。

第十节　锰缺乏症

一、概述

鸭的锰缺乏症是由于饲料中锰含量的缺乏而引起的一种矿物质缺乏症。本病以骨短粗症为主要特征。

（一）锰的生理功能

（1）锰是磷酸酶、磷酸葡萄糖变位酶、肠肽酶、胆碱酯酶、异柠檬酸脱氢酶、丙酮酸羧化酶、三磷酸腺苷酶的激活剂，并且通过这些酶参与糖、脂肪、蛋白质的代谢。锰是合成骨骼有机物质硫酸软骨素必不可少的物质，是合成骨髓的必需元素。当锰缺乏时，体内的糖、脂肪、蛋白质代谢发生障碍。硫酸软骨素不能生成，从而引起关节肿大、共济失调、运动障碍等一系列症状。

（2）性激素的合成原料是胆固醇，而锰离子是合成胆固醇必需的二羟甲戊酸激酶的激活剂。因此，锰缺乏时，就会影响性激素的合成，雄性就会出现性欲丧失，睾丸退化；雌性所产蛋的孵化率显著降低，以及出现胚胎营养不良的疾病。

（二）锰的存在形式

在植物性饲料中，米糠、麦粉、苜蓿等均含有比较丰富的锰。硫酸锰、氯化锰、碳酸锰、高锰酸钾、二氧化锰等都可以作为锰的添加剂，最常用的是硫酸锰。

（三）鸭对锰的需要量

推荐的锰需要量：幼鸭、中鸭每千克饲料 40 mg；种鸭每千克饲料 25 mg。

二、诊断依据

（一）临诊症状

（1）患病雏鸭出现骨短粗症，生长停滞，腿关节肿大，跗关节增大，胫骨下端和跖骨上端弯曲扭转，使腓肠肌腱从跗关节的骨槽中滑出而呈脱腱症状。病鸭腿部变弯曲而无法站立，行走难，因无法采食而饿死。

（2）母鸭产蛋量下降，孵化率明显降低。当鸭胚孵化到将近出壳时，死亡率增高，即使能孵出雏鸭，也表现神经机能障碍，运动失调，肢体短小，骨骼发育不良，翅短，腿短而粗，头呈球形，下颌短，呈鹦鹉嘴，腹部突出，胚体明显水肿。

（二）病理变化

患鸭肌肉组织和脂肪组织萎缩。跗、趾关节肿大，多见跖骨与趾骨向内侧弯曲。管状骨明显变形，骨骺肥厚，骨板变薄，剖面可见骨质疏松,在骨骺端尤其显著。小鸭皮肤及羽毛中的锰含量很低,平均仅为 1.2 mg/kg,比正常小鸭低 10.2 mg/kg。

(三)病因

(1)在缺锰的地区,土壤中含锰量较低,造成当地的青绿饲料中锰含量不足。玉米是鸭饲料的主粮,但其含锰量很低。

(2)鸭对锰的需要量比哺乳类动物高,而对锰的吸收和利用低。综合上述因素,若忽视了在饲料中添加锰,往往因缺锰而导致滑腱病。

(3)日粮中存在的钙、磷、铁含量过多,而维生素 B_2、维生素 B_{12}、胆碱、叶酸、生物素、烟酸及泛酸等缺乏时,可降低锰的利用率,使机体对锰的需要量增加,从而引起鸭的锰缺乏症。

(4)当患鸭表现出软骨营养不良、跗关节肥大、腓肠肌腱从跗骨滑出、骨短粗,小鸭表现出软骨形成缺陷、胫骨关节肥大、胫骨弯曲时,可疑为鸭锰缺乏症。测检饲料中总锰量小于 40 mg/kg,而加之钙、磷含量过高,则可作出确诊。

三、防治策略

(一)预防

(1)由于鸭对锰的需求量很大,如以玉米、大麦为主食时,要特别搭配麸皮、米糠等富含锰的饲料或添加锰制剂,使饲料中锰的总量不低于每千克饲料 40 mg,并及时调整钙、磷、铁的比例。

(2)对于缺锰地区,应在鸭饲料中添加硫酸锰,按每吨饲料用 200 g,也可以采用 0.05% 高锰酸钾溶液替代饮水,饮 2 天停 2 天后再饮,反复多次,也能预防本病。

(二)治疗

(1)当发现鸭只缺锰时,每千克饲料中应添加硫酸锰 0.1 ~ 0.2 g,连用 3 ~ 5 天,或者用 1∶10 000 的高锰酸钾溶液作饮用水(现配现用),连饮 3 天。每天更换 2 ~ 3 次,停 2 ~ 3 天,再喂 2 天。

(2)在 100 kg 饲料中添加 12 ~ 24 g 硫酸锰,同时添加青绿饲料和维生素 B_1,有利于锰在体

内的贮留,同时在每千克饲料中再添加氯化胆碱 0.6 g、维生素 E 10 IU。如以玉米为主食时,除以上措施外,应补充全价料。

第十一节　铁缺乏症

一、概述

鸭的铁缺乏症是由于饲料中铁元素缺乏而引起的一种矿物质缺乏症。本病主要的特征是贫血,生长缓慢。

(一)铁的生理功能

铁是构成载氧血红蛋白的必需成分。缺铁会引起鸭红细胞增殖能力下降,红细胞减少,外周血液的血红蛋白降低,使鸭的可视黏膜、喙、爪呈现苍白。铁也是细胞色素类、过氧化氢酶、黄嘌呤氧化酶、脂过氧化酶的组成部分,在物质代谢中起重要作用,并参与生物氧化过程中电子的传递。因此,铁对于鸭的物质代谢、能量的产生、羽毛色素的形成,以及生长发育是不可缺少的元素。

(二)铁的存在形式

禽类饲料中均含有一定量的铁,作为饲料添加剂的铁可选用硫酸铁、氯化铁、柠檬酸铁、葡萄糖酸铁等。

(三)鸭对铁的需要量

鸭体内铁的吸收、周转和排泄都是严格受控的。推荐量:幼鸭,每吨饲料 20 g;成年鸭,每吨饲料 25 g。

二、诊断依据

(一)临诊症状

患鸭精神沉郁,离群呆立,喜欢卧地,少活动,食欲减退,消瘦,生长缓慢,体重减轻,动则喘息不止。羽毛的色泽(除白羽外)变淡或失去正常的颜色,羽毛枯萎,缺乏光泽。喙爪及可视黏膜色淡,有些病例甚至呈微黄色。母鸭产

蛋量下降。

（二）病理变化

红细胞数量减少，血红蛋白降低，血清铁及铁蛋白浓度低于正常，从而使抗感染能力也随之下降。骨骼肌、心肌及膈肌中的肌红蛋白含量下降。心脏、肌肉、肝和肠黏膜中的细胞色素 C 浓度降低，腺胃出现炎症或萎缩。

（三）病因

（1）在一定时期之内，饲料中的铁含量不足，或者铁的缺失超过摄入，引起体内铁的贮存量明显降低，而可利用的铁不能正常合成血红蛋白。

（2）饲料中含有较多的无机磷酸盐、植酸盐或其他无机元素，都会影响鸭对铁的吸收而导致本病的发生。

（3）在雏鸭的生长发育期或成鸭的产蛋阶段，或者由于寄生虫病，肠管黏膜发生炎症，造成吸收功能障碍等因素，均可以导致铁的摄取减少，不能满足鸭体的正常生理需要，从而引发鸭的铁缺乏症。

三、防治策略

（一）预防

（1）鸭群当放牧于野外，多采食富含铁质的植物及多接触含铁量丰富的红色泥土。舍内饲养可以喂给植物叶、蔗糖浆、豆科植物的籽实。

（2）饲料中应含足够量的铁，可用右旋糖酐铁流汁加入水中饮服或拌料。

（3）把硫酸亚铁、硫酸铜、氯化钴等混合加入饮水中，让其自由饮用。注意日粮中各成分的合理搭配，增加饲料中吡哆醇的含量，可以预防鸭的铁缺乏症。

（二）治疗

用硫酸铜 12 g、硫酸亚铁 100 g、糖浆 500 mL 混合，每只鸭灌服 3 滴，大群治疗可加入水中任其自由饮用或用 0.3 g/ 片的硫酸亚铁，每只鸭每次 100 mg，1 天 1 次，连服 7 天，效果良好。

第十二节　硒缺乏症

一、概述

鸭的硒缺乏症是由于缺乏硒元素所引起的一种代谢病。本病是鸭最为常见的一种，由于缺硒和维生素 E 等综合因素所致的营养因子不足的疾病。本病在缺硒地区多呈地方性流行，农家散养多呈零星散发，规模化饲养较少发生。成年鸭发病率为 24.08%，死淘率为 30.96%；雏鸭发病率为 14.44%，致死率为 15.08%。舍饲鸭的发病率、死亡率均高于放养鸭。产蛋鸭多发生于产蛋末期，零星饲养的发病率仅为 5.76%。

（一）硒的生理功能

（1）硒具有抗氧化作用，与鸭体中的蛋白质结合可以组成谷胱甘肽过氧化物酶，此酶阻止机体中的过氧化物破坏组织细胞的膜性结构，以维持正常的细胞生理功能。

（2）硒对于脂肪的乳化、脂肪及维生素 E 的吸收等均起着重要的作用。

（3）硒还是细胞色素 C 的构成成分，参与辅酶 A 和辅酶 Q 的合成。因此，硒与糖代谢、生物氧化、能量的产生、蛋白质的合成及胰脂酶的形成均有密切的关系。硒与维生素 E 对细胞结构均具有保护作用。硒具有提高机体免疫力的作用，增强体内体液和细胞免疫作用。

（4）它能刺激免疫球蛋白的产生，将它加入疫苗中免疫鸭，其抗体效价明显有所提高。

（二）硒的存在形式

（1）硒是人和动物生命活动的必需微量元素。由于地壳中含量很少，故称其为稀有元素。

（2）植物性饲料中，硒的含量与土壤中的含硒量及其可利用性有很大的关系。在缺硒的土壤或酸性土壤中生长的植物，其含硒量均比正常低。在常用的饲料鱼粉中，含硒量虽然比较高，但利用率比较低。动物性饲料中的硒可利用率低于 25%，而植物性饲料中的硒利用率可高达 60% ～ 90%。禽类对于下列纯净的硒化合物的利用率从高至低的顺序是：亚硒酸盐、硒酸盐、硒化物、纯硒。

（3）目前，常用作饲料添加剂的硒是亚硒酸钠，可直接加入饲料或饮水内，也可作肌内注射。

（三）鸭对硒的需要量

推荐的硒需要量为每千克饲料含 0.1 ~ 0.2 mg。

二、诊断依据

（一）临诊症状

有实验证实，鸭硒缺乏症的临诊症状，没有像鸡的硒缺乏症所表现的渗出性素质症状。硒在鸭体内的吸收、代谢途径基本与鸡相同，但在病理反应上有所差异，这可能与鸭自身生理特性有关。

（1）本病主要发生于雏鸭，发病快，病程短。

（2）患鸭精神沉郁，缩颈，对外界的刺激反应迟钝，食欲减退或废绝，生长发育受阻，羽毛松乱，体重迅速减轻。排绿色或白色稀粪，脱水。

（3）肌肉松弛呈衰竭状，行走困难，喜卧懒动，强行驱赶，步态不稳，左右肢交叉行走，常常跌倒，用喙、翅支撑身体。严重病例瘫痪，卧地不起，有的倒向一侧，两肢作划水状摆动。有的病例腿部皮下出现水肿，腹部膨大，3 ~ 4 天死亡。

（二）病理变化

（1）皮下脂肪消失，翼下、腿部皮下呈淡红色或绿色或黄色胶样浸润。胸腹皮下呈胶冻状。胸肌、腿肌变薄，色苍白，有的呈黄白色条纹。

（2）胸腔及心包腔积液，呈淡黄色。

（3）心肌松弛，色淡，呈现灰白色条纹状，心室扩张，心壁变薄。肝轻度混浊、肿胀，胰腺表面有点状出血。脑神经细胞胞体皱缩，细胞结构丧失，核皱缩、裂解。

（三）病因

（1）在大型或较大型鸭场，都是用饲料厂家生产的饲料喂鸭，倘若鸭群发生硒缺乏症，主要是由于饲料中硒的含量不足而引起的。若饲料中含有过量与硒有拮抗作用的微量元素如银、锌、镉、铜、钴等，就会抵消硒的含量，长期大量采食上述一种或几种元素，就能诱发雏鸭硒缺乏症。

（2）在散养或自行配料的小型鸭群如发生硒缺乏症，往往呈地方性流行，这与该地区土壤含硒量少有关，而饮水含硒量又太低，从而造成该地区青草、植物及农作物副产品相对含硒量少，或者长期喂饲低硒的玉米、小麦、豆饼等饲料，又没有在饲料中及时补充硒和添加维生素 E，也可以造成鸭硒缺乏症。另外较长时间阴雨连绵，使牧草日粮腐败变质，导致草料含硒量减少，维生素 E 被分解破坏，蛋白质含量偏低，鸭群采食这种饲料，也可能发生硒缺乏症。

（3）当鸭群出现病鸭，运动异常，皮下水肿和剖检时见肌肉色淡并出现灰白条纹状，可疑诊硒缺乏症，采用补硒和维生素 E 做治疗诊断，如果有明显效果，则可确诊。对于规模化鸭场则很少发生此病。

三、防治策略

（一）预防

（1）缺硒地区应在鸭的日粮中添喂全价料。对于放养鸭，可在每千克饲料中添加 0.1 mg 亚硒酸钠和维生素 E 100 IU。

（2）对于舍饲鸭，可在每千克饲料中添加 0.2 mg 亚硒酸钠和维生素 E 200 IU，对预防硒缺乏症有显著效果。

（二）治疗

（1）对病鸭进行治疗的关键措施是及时补硒和补维生素 E。

（2）用 0.01% 亚硒酸钠溶液肌内注射，雏鸭每只 0.3 ~ 0.5 mL，成鸭每只 1 mL。也可以用 0.005% 亚硒酸钠溶液皮下或肌内注射，每只 1 mL，每天 1 次，连用 2 ~ 3 天。

（3）在每千克日粮中添加 0.1 mg 亚硒酸钠，在每升饮水中添加 1 mg 亚硒酸钠，连用 5 ~ 7 天，效果很好。

以上措施若同时添加维生素 E，适当提高饲料蛋白质的含量，效果更佳。

注意掌握好硒的剂量，过量的硒会引起毒性反应，重者数小时内死亡。若每千克饲料中含硒超过 5 mg，会引起鸭只生长受阻，羽毛松乱，种蛋的畸形胚胎增多或孵化率降低。

第十三节　蛋白质与氨基酸缺乏症

一、概述

鸭生命活动过程中的物质基础是蛋白质。由于各种因素，鸭只摄取的饲料所含的蛋白质不足，或者必需氨基酸比例不合适，导致鸭只生长发育受阻，代谢紊乱及产蛋量下降等一系列综合征，称为蛋白质与氨基酸缺乏症。

二、诊断依据

（一）临诊症状

（1）雏鸭蛋白质和氨基酸缺乏时，主要表现为生长发育缓慢，羽毛生长受阻，松乱而无光泽，且易脱落。食欲减退，畏寒，聚堆，精神不振，活力差，体重达不到预期指标，并常出现大批雏鸭因衰弱或感染其他疾病而死亡。

（2）肉用鸭及后备鸭，由于蛋白质和氨基酸缺乏，造成生长迟滞，羽毛松乱，消瘦，贫血，饲料报酬低。粪便中几乎见不到白色尿酸盐。抗病力显著降低，体质虚弱，部分病鸭表现站立困难，脚软，常继发多种其他疾病，甚至造成死亡。

（3）成年鸭蛋白质、氨基酸缺乏，表现为开产期延迟，产蛋量下降，甚至可以出现完全停蛋。蛋的重量减轻，品质低劣，孵化率低。鸭只体重减轻，出现渐进性消瘦。卵巢、睾丸逐渐萎缩，卵子和精子活力差，受精率偏低。

（4）蛋白质和氨基酸缺乏，还容易使患病鸭群发生异食癖：啄羽、啄蛋、啄肛或同类互残啄食。同时还会出现血液中白蛋白和球蛋白量下降，从而降低鸭体的抗病能力和免疫力，并容易继发多种疾病而造成大批死亡。倘若蛋白质过量，也会引起消化障碍，影响机体的消化机能，还会导致蛋白质的浪费，增加饲料的成本。

（二）病理变化

皮下脂肪、体腔及各脏器附近的脂肪不同程度消失或完全消失。皮下常有胶冻样水肿。心冠沟、肠系膜原有的脂肪消失。肌肉萎缩、苍白。肝、脾、肌胃和腺胃萎缩，肠壁菲薄。血液较稀薄，颜色变浅，凝血时间延长或不凝固。有些病例可见体腔及心包腔积液。当某种氨基酸缺乏时，可以出现某些相应症状。

（1）赖氨酸缺乏时，脑神经细胞、生殖细胞及血红蛋白的形成受阻，生长停滞，贫血，红细胞及白细胞数量减少，生殖功能也受影响。

（2）蛋氨酸缺乏时，出现贫血、消瘦，羽毛生长及胆汁形成障碍，肌营养不良。

（3）色氨酸缺乏时，生长停止，脂肪沉积减少，羽毛脱落，容易出现皮肤炎。

（4）甘氨酸缺乏时，肌肉中的肌酸含量下降，肌体虚弱无力，生长迟滞，羽毛生长受阻。

（5）缬氨酸缺乏时，食欲下降，生长发育减慢，神经过敏，运动失调，严重缺乏时可衰竭死亡。

（6）亮氨酸与异亮氨酸缺乏时，体重迅速下降。

（7）精氨酸缺乏时，生长停止，消瘦，虚弱无力，精子形成受阻，受精率下降，翅膀的羽毛卷曲，并明显松乱。

（8）组氨酸缺乏时，红细胞的数量及血红蛋白的含量下降，出现一系列与贫血有关的症状。

（三）病因

蛋白质是一种含有碳、氢、氧、氮和硫等元素的复杂有机化合物，由20多种理化性质及生物功能不同的氨基酸构成。

蛋白质（包括核酸）是生命的物质基础，蛋白质对生命的重要意义，不仅在于它是机体的重要组成成分，更重要的是它具有极为重要的生物学性质和在体内担负着各种各样的生物学功能。

（1）引起鸭蛋白质和氨基酸缺乏的原因是多方面的，首先是由于饲料中的蛋白质不足，或者是各类氨基酸不平衡，比例不合适，尤其是赖氨酸、蛋氨酸、色氨酸这3种限制性氨基酸缺乏时，就会影响或限制饲料所含有的蛋白质及其他多种氨基酸的不同程度的利用率，降低营养价值。还会造成体内蛋白质的分解多于合成，从而不能保障正常的生理功能运作。

（2）在日粮中倘若只有其中某一种限制性氨基酸缺乏时，即使饲料中其他各种氨基酸含量再高，其利用率也会受到限制，鸭群势必出现多种氨基酸不同程度的缺乏。如玉米中的赖氨酸、色氨酸含量甚少，倘若日粮中玉米所占比例较高，又没有添加其他含赖氨酸、色氨酸较高的饲料，这样鸭群就容易发生氨基酸缺乏症。因为某些氨基酸之间存在着拮抗作用，所以当某种氨基酸含量增多时，就会降低另一种氨基酸的效能，从而使机体增加了对另一种氨基酸的需要量。

（3）此外，由于影响鸭只采食的多种因素而造成鸭只采食量不足，长期处于半饥饿状态，或者饲料中虽含有充足的蛋白质和氨基酸，鸭只采食量也基本正常，但由于消化管黏膜发生炎症或其他消化功能的异常，也可以影响对蛋白质的消化和吸收。当饲料中的糖类或脂肪不足时，蛋白质的分解会随之增强，从而可能发生蛋白质或氨基酸的缺乏。

（4）当家禽缺乏蛋白质和氨基酸时，组织细胞的更新、激素的合成、酶的活性、抗体的形成等均受到严重的影响。脂肪、糖类的代谢也会发生障碍。

三、防治策略

（一）预防

预防本病的发生，必须根据鸭群不同日龄和各生长、生产阶段的特点，合理确定其蛋白质和氨基酸的需要量，保证供给必需氨基酸、维生素、矿物质和微量元素。

必须考虑各种氨基酸的平衡和拮抗作用。比如3种限制性氨基酸（赖氨酸、蛋氨酸、色氨酸）的不足或其中一种缺乏时，会影响其他氨基酸的利用。因此，在日粮中要注意补充含有这些氨基酸的饲料和添加剂。又比如精氨酸与赖氨酸之间，

缬氨酸与亮氨酸、异亮氨酸之间具有拮抗作用，在配制日粮时，增加某一个或两个氨基酸的量，也应相应提高同组其他氨基酸的含量，这样才能防止发生蛋白质和氨基酸缺乏症。

（二）治疗

（1）在鸭群中如发现有本病发生，应及时补给适量的蛋白质饲料或氨基酸添加剂（赖氨酸、蛋氨酸等）。

（2）若因其他疾病引起鸭只食欲不振，则应及时作出确诊，治疗原发病，消除病因，提高机体的抗病能力和修复能力。添加益生素类的微生态制剂，补充多种维生素，同时补充一定量的蛋白质饲料和氨基酸添加剂。人工合成的氨基酸在养鸭业中也已广泛应用。

第十四节　雏鸭缺水症

一、概述

从病理的角度看，缺水是指机体内水分的排出量超过了摄入量，包括缺水性缺水，缺盐性缺水和混合性缺水。这里所指雏鸭的缺水症是指因各种原因，雏鸭在育雏期间无法按机体的需要摄入足够的水分而出现的缺水症。

成年鸭由于放牧或游牧于水域，长期接触水源，可以自由饮水，因此，很少发生缺水症。而雏鸭在育雏期间、放牧前，由于管理上的疏忽或其他原因，因缺水而使雏鸭受到伤害，甚至会引起暴发性中毒，造成大批死亡的事例时有发生。至于短暂的、轻度的缺水而引起局部组织细胞缺氧的现象，却是经常发生。这种潜在的损失，往往被人们所忽视。

雏鸭由于饮水不足，造成脱水，一旦遇水而暴饮，使体内水分突然增加，导致组织细胞内大量积水（水肿），从而造成水中毒。

二、诊断依据

（一）临诊症状

雏鸭缺水的症状因其缺水的程度、持续时间

及健康状态等因素的不同而异。

（1）缺水的雏鸭，初期表现为神经的兴奋性增高，不断张口伸颈鸣叫，盲目地四处奔走，此时体温常升高 1 ~ 2℃。缺水较为严重时，雏鸭眼窝下陷，脚部皮肤干燥、皱缩，翅膀下垂，继而精神沉郁，对周围环境的反应逐趋淡漠，以至呈昏迷状态，或者突然出现阵发性全身痉挛，最后由于极度衰竭而死。

（2）由于出壳的雏鸭有先有后，一批雏鸭从第一只出壳至最后一只出壳有时相隔 1 天，然后才放入育雏室，往往由于未适应或因饮水器不够，雏鸭不能同时饮水，因此，就容易使部分雏鸭造成缺水。

（二）病理变化

其主要病变是尸体消瘦，皮肤皱缩，特别是脚部干瘪。头部皮肤呈蓝紫色。胸肌、腿肌干燥，颜色较深暗。食管膨大部空虚或过分干燥。肝萎缩，胆囊胀大，肾肿大呈油灰样，肾小管充满白色的尿酸盐。胸肌干而黏手。

（三）病因

引起雏鸭发生缺水的因素很多，其中较为常见的原因有下列 8 种。

（1）种蛋在孵化过程中，当温度偏高或湿度偏低时，则加速蛋内水分的蒸发，从而促使雏鸭出壳的时间可能会提前半天至 1 天。由于出壳的时间不一致，从第 1 只雏鸭出壳到全批基本出齐，需要 24 ~ 36 h，那些已出壳的雏鸭往往会因各种原因而不能及时运到育雏舍饮水，这就是导致雏鸭缺水的最常见的原因之一。

（2）若要到外地购买鸭苗，在长途运输之前，未能给鸭苗充分饮水，途中又未能补给水分，到达目的地之后，由于搬动过程中受惊、雏鸭对场地不熟悉或饮水器数量少，而且又不熟悉饮水器的位置等原因，往往在 1 ~ 2 天内没有摄入或少摄入水分。若是在炎热季节缺水状况更为严重。常常出现大鸭雏发病死亡时误认为发生某种传染病而失去救治的时机。

（3）在育雏室温度偏低的情况下，雏鸭因怕冷而拥挤聚堆，外围的雏鸭向里面挤，往往在 1 ~ 2 h 内，为了取暖而不愿走动，这样就会减少饮水量而出现缺水现象。

（4）饮水器数量少或在舍内分布不均匀，使雏鸭接触饮水器的机会大大减少。饮水器放置过高或饮水器漏水，致使部分雏鸭饮不到足够的水。在炎热季节，如饮水器内水温偏高，雏鸭不愿饮用等原因，都会造成雏鸭缺水。

（5）在夏季气温高的情况下，雏鸭的饮水量需增加 3 ~ 4 倍，若没有及时供水，就会发生缺水现象。

（6）当进行疫苗接种时，雏鸭在较长时间里受到强烈的骚扰之后，由于过分受惊，便挤压成堆，久久不敢离开大群，不敢走动去寻找饮水器饮水，这样也会使部分雏鸭在一段时间里无法摄入足够的水分。

（7）当雏鸭患有眼部及口腔的疾患、腺胃阻塞、腿部疾患等因素，致使行动受阻，均能妨碍雏鸭饮水。

（8）水是禽体内含量最多的物质，大约占禽体的 60%，幼禽可达 70%，它是最重要的营养素，是运输养料、排泄废物、调节体温和渗透压及平衡酸碱度的媒介。缺乏水比缺乏其他任何一种营养素对鸭生理的影响更大。缺水可以导致消化液的分泌减少或停止，食欲减退，消化吸收发生障碍，代谢产物不能及时排出体外，血容量不足，血液浓缩。呼吸功能发生障碍，大量含氮的代谢产物积聚，从而引起中毒，缺水也会造成局部细胞缺氧。当体内丧失正常含水量的 10% 时，即可致死。

三、防治策略

（1）种蛋在孵化过程中，应控制好温度和湿度，按雏鸭出壳的先后，安排在出壳后 24 h 左右必须分批供应饮水。也可以先调教少数雏鸭饮水，让其熟悉饮水器的位置，并将其嘴浸入水中尝到水的滋味，然后去带动其他雏鸭饮水。

（2）控制好育雏室的温度，防止鸭只聚堆，即使出现聚堆现象，可以轻轻将其驱散，使鸭只有更多的机会接触饮水器。

（3）饮水器数量应充足，防止鸭群为争夺饮水位置而互相拥挤或践踏致死。

（4）鸭苗若需要长途运输，必须在装运之前让其饮足水或喂饲湿料。若运输时间较长，应在途中选择一个避风的合适地点补给饮水或喂给切细的含水分较多的青菜。

（5）加强管理人员的责任心，经常巡视，保证不断供水。炎热季节应注意水的温度不能过高，可供给清凉的饮用水。

（6）一旦发现有缺水现象，立即增加饮水器，分多次有节制地少量供水，并可以在饮水中加入适量的维生素及少量食盐，然后任其自由饮用。防止雏鸭暴饮而造成水中毒。

第十五节　饥饿综合征

一、概述

在各个生长阶段的鸭群，经常会发生饥饿综合征。所谓饥饿，是指机体进行正常的物质代谢过程所必需的食物摄取量不足，营养成分不全，消化吸收发生障碍。饥饿包括完全饥饿和半饥饿，前者指鸭只完全没有食物进入机体内（雏鸭未能及时开食或由于各种因素造成鸭只食欲废绝），后者指一种或若干种机体所必需的营养物质进入体内不足（饲料营养成分不全或由于消化吸收发生障碍而造成营养物质缺乏）。

家禽体内物质代谢的完成，一般需经三个阶段（或过程）。

第一阶段为消化吸收过程。将进入消化管的饲料中的各种营养物质经机械的、物理的、微生物的、生理生化的加工分解成为小分子物质可被鸭机体吸收的过程。也就是取其精华，去其糟粕。

第二阶段为中间代谢过程。将肠管吸收的营养物质，经血液循环进入各组织器官后，与体内原有的各组成物质进行合成、分解和转化等过程。很多的代谢中间产物和最终产物在这一过程中生成。

第三阶段为排泄过程。通过粪便、尿液和呼吸将体内物质代谢的最终产物排出体外的过程。

在正常的饲养管理条件下，体内各种营养物质的代谢是有条不紊，非常协调地进行着。当鸭只在一段时间内因没有食物进入体内，或者日粮中各种营养物质的含量不够完全、比例不当而失调、发生消化吸收代谢障碍时，鸭只就会出现饥饿综合征。

二、诊断依据

（一）临诊症状

鸭发生饥饿综合征的临诊表现，因其病因及饥饿的程度不同略有差别。

（1）由于管理不当而引起的完全饥饿的鸭只，主要是刚出壳不久的雏鸭。最初表现神态不安，不断鸣叫，无目的地到处乱跑，随着饥饿感的加强，逐渐出现神经兴奋，经过一段时间之后，雏鸭呈现精神沉郁，羽毛松乱，拥挤成堆，全身无力，衰弱，最后倒地不起，嗜眠闭眼，严重者极度衰竭而死。

（2）由于管理不当或某些操作失误引起的不完全饥饿，主要发生于小鸭和后备母鸭，多为慢性经过，机体日渐消瘦，贫血，头部皮肤和可视黏膜苍白。羽毛松乱，无光泽。精神沉郁，常闭目站立或躺下。脚乏力，经常蹲伏，走动无力。这种鸭对疾病的抵抗力较低，容易感染其他疾病而造成大批死亡。

（二）病理变化

因饥饿致死的鸭，肉尸消瘦，血液稀薄，凝固不良。皮下常有胶冻样浸润（即脂肪胶样浸润），体内大部分脂肪消失。肌肉萎缩，色泽苍白。食管膨大部、腺胃、肌胃空虚，肌胃内只有少量沙石。

胃的体积缩小，肌胃的肌肉柔软。肠管空虚，肠壁菲薄，半透明。肠腔仅有泡沫状液体或少量灰白色黏浆样物。心肌柔软，萎缩，心冠沟脂肪消失。肾、肝、脾及腹腔中的各器官均有不同程度的萎缩。肋骨容易折断。

（三）病因

1.雏鸭出现饥饿综合征的原因

（1）雏鸭出壳之后，靠贮留在体内的卵黄来维持机体的营养需要，因此，出壳后24～36 h内即使不采食也能维持生命活动。如果孵化的种蛋太小，加上母鸭的营养不足，造成出壳后留在雏鸭体内的卵黄不足以维持其营养需要；如果孵化的温度偏高或孵化器内、育雏室内的湿度太低，空气过于干燥，造成体内的水分蒸发过大，体内贮留的卵黄吸收不良，这样就可能导致雏鸭在开食之前已经处于饥饿状态。

（2）一批种苗从第一只雏鸭出壳到全部出齐需要24～36 h。如果没有根据种苗出壳的先后而分批移至育雏室开食，而是等全部种苗出齐之后才送到育雏室开食，那么早期出壳的雏鸭，因未能及时开食而处于饥饿状态。如果从外地购买种苗，在长途运输中连续1～2天不给饮水和开食，也会造成雏鸭处于饥饿状态。饥饿时间越长，对雏鸭的生长发育障碍越大。

（3）雏鸭在育雏期间，如果温度过低，雏鸭畏寒聚堆，不愿采食，即使采食了，也不能很好地消化，这样不但得不到营养补充，反而消耗体内的能量，使雏鸭处于饥饿状态。如果温度过高（超过30℃时），也会影响食欲，如不及时采取措施，也会使雏鸭处于半饥饿状态。

（4）有些养鸭户习惯在雏鸭开食之前，在饮水或饲料中投放抗生素或高锰酸钾，结果把肠道中的大量有益微生物杀死或使肠内微生物区系失调，致使其食欲下降或造成消化不良，这样也会使雏鸭处于半饥饿或完全饥饿状态。

（5）饲养管理方面多种多样的失误也能使雏鸭处于半饥饿状态，如舍内光线太暗，食槽不足又放置不均匀；由于营养成分不全，严重缺乏维生素及矿物质等造成雏鸭啄食过多的垫料（木糠、甘蔗渣、稻草等）；突然更换饲料；雏鸭群生长不均，大小差异较大，致使弱小雏鸭经常吃不饱；鸭群接种疫苗、过度驱赶、搬迁、过于强烈的噪声等也会使雏鸭受惊而影响其采食。

2.中鸭和后备鸭出现饥饿综合征的原因

（1）除由于管理上的原因造成鸭吃不饱而导致不完全饥饿外，下述原因也是经常发生，又常被人们所忽略。

（2）由于鸭群发生慢性细菌性疾病，长期投喂抗生素，甚至在一段时间内（通常10～20天）天天喂抗菌药物，将肠内有益的微生物和致病的细菌一起杀光。这样就使肠道内的微生物失调，降低鸭的食欲，影响消化吸收。

（3）为了控制后备母鸭在产蛋之前的体重，人为地进行限食，一是减少每天食料的次数，二是以谷或玉米代替全价料，使鸭群处于半饥饿状态。

（4）禽只摄入的营养物质不足，这是一种逆境。在这种情况下，机体必须消耗体内的物质贮备，促使体内贮存的脂肪和蛋白质分解加速，造成体内含氮物质增多，酸碱平衡失调，从而降低机体的抗病力，容易激发多种疾病的发生。

三、防治策略

（一）预防

（1）做好种蛋的质量挑选工作，掌握好孵化的温度和湿度，在雏鸭出壳前相对湿度保持在70%。育雏室的空气防止过分干燥，相对湿度保持在60%～65%的范围内。加强育雏过程的保温工作。

（2）根据雏鸭出壳时间迟早，分批送到育雏室，大约在出壳后24 h开食。开食前先喂给复合B族维生素，然后在饲料中拌入益生素类的微生态制剂，一方面可以增加营养，另一方面可以增强食欲，帮助消化吸收。食槽和饮水器的数量不能太少，放置的地点要适中，且要相对固定。加强管理，不能因工作疏忽而断料、断水。

（3）需要长途运输的雏鸭，在装运前先喂饱或喂湿料，用5%葡萄糖液作饮水。倘若超过1天的长距离运输，应在中途安排喂料和饮水，以防饥饿和缺水。

（4）尤其在育雏阶段，应将强、弱，大、小雏鸭分群饲养。

（二）治疗

（1）对于轻度、短期饥饿的鸭只，在消除妨碍采食的因素之后，即可逐渐恢复正常。

（2）因患病在较长时间内喂抗生素所造成的半饥饿鸭只，可以在治疗疾病的同时，喂给全价料，并连续3天喂给多种维生素及微生态制剂，任其自由采食，则很快可以复原。

第十六节　痛风

一、概述

鸭的痛风是一种蛋白质代谢障碍性疾病，可以引起高尿酸血症。本病的特征是在体内产生大量尿酸盐和尿酸晶体，在鸭的关节囊、关节软骨、内脏、肾小管及输尿管中沉积。主要临诊症状为运动迟缓，腿、翅关节肿大，跛行，排白色稀粪。有时出现很高的死亡率。

二、诊断依据

（一）临诊症状

鸭的痛风多呈慢性经过。根据尿酸沉积部位的不同分为内脏型痛风和关节型痛风，有些病例可出现混合型痛风。

1. 内脏型痛风

此型比较多见，但在临诊上不易发现。在发病初期无明显症状，主要是呈现营养障碍，血液中尿酸水平增高。病鸭精神不振，食欲减退，经常排出白色半黏液状稀粪，内含有大量的灰白色尿酸盐，肛门附近常见有白色的粪污。患鸭不愿活动，也不愿下水或下水后不愿戏水。病鸭日渐消瘦，贫血，严重者可突然死亡。产蛋母鸭的产蛋量下降，甚至停产，蛋的孵化率降低或死胚增多。此型痛风的发病率较高，有时可波及全群。

2. 关节型痛风

在发病初期，患鸭健康状态良好，由于尿酸盐在指关节、腕关节、肘关节及趾关节、跗关节内沉积，使关节肿胀。开始界限多不明显，只出现跛行，以后则形成硬而轮廓明显的或可以移动的结节，结节破裂后，排出灰黄色干酪样尿酸盐结晶，局部出现出血性溃疡。有些病例翅、腿关节显著变形，活动困难，呈蹲坐或独肢站立姿势。

（二）病理变化

1. 内脏型痛风

（1）肾肿大，色淡，表面有尿酸盐沉积而形成的白色斑点（彩图299）。输尿管变粗，管壁增厚，管腔内充满石灰样沉积物，甚至出现肾结石和输尿管阻塞。有些病例输尿管内充塞着已经变硬的灰白色尿酸盐所形成的柱状物，将其取出易折断并发出声响。

（2）严重病例在胸腹膜、心、肝、脾、肠浆膜表面，肌肉表面及气囊壁、输卵管布满白色粉末状或疏松的白色尿酸盐斑块（彩图300、彩图301）。

2. 关节型痛风

此型痛风的病变在于关节（多见于趾关节）滑膜和腱鞘、软骨、关节周围组织、韧带等处有白色的尿酸盐晶状物。有些病例的关节面及关节周围组织出现坏死、溃疡。有的关节面发生糜烂，有的呈结石样的沉积垢，称为痛风石或痛风瘤。也有些病例出现混合型痛风。

（三）病因

鸭痛风的病因有多方面的综合因素，以原发性的尿酸生成占多数。

（1）主要是由于日粮中长期含核蛋白和嘌呤碱过高，以及在维生素缺乏的情况下造成氨基酸不平衡所致。

（2）肾功能不全或损害，在痛风的发生上具有重要作用。凡能引起肾功能不全等因素，皆可以使尿酸排泄障碍而导致痛风。如磺胺类药物中毒或长时间服用抗菌药物都可以发生本病。

（3）饲料含钙或镁过高。

（4）缺水、维生素A和B族维生素缺乏、

鸭群拥挤、阳光不足、球虫病及母鸭的衰老等因素，皆可以成为促进本病发生的诱因。

（5）富含核蛋白和嘌呤碱的蛋白质，在机体内最终皆分解为尿酸。由于禽类的肝脏缺乏精氨酸酶，体内代谢过程中产生的氨不能形成尿素，只能在肝内合成尿酸，健康禽类通过肾能把多余的尿酸排出。当机体内大量尿酸排泄不出时，尿酸即以钠盐的形式在关节、软组织、软骨甚至在内脏各器官沉积下来，也可以形成尿路结石。

三、防治策略

（一）预防

（1）预防痛风的关键在于根据鸭只不同的生长阶段的不同营养标准配合日粮，注意各种营养物质的含量和比例，特别是动物性蛋白（尤其是核蛋白）的含量不能过高。

（2）添加充足的多种维生素、微量元素及一定量的青绿饲料，供应充足的饮水，水中还可以隔一段时间加进肾解药，以促进尿酸盐的排出。

（3）鸭只应给予合适的光照；鸭舍应保持通风良好，饲养密度避免过大；抗生素和磺胺类药物的用量要准确，连续投喂的时间不能太长，在喂磺胺类药物时，应同时加喂小苏打，减少药物对肾脏的损害。以上方法可控制本病的发生和复发。

（二）治疗

对已发病的鸭群，目前尚无特效的疗法，建议采用如下方法。

（1）减少饲料中的蛋白质含量，避免用含核蛋白的物质。适当提高多种维生素尤其是维生素A的含量，多喂青绿饲料。

（2）为了增强尿酸的排泄，可以选用体内化解尿酸盐的肾解药，按照说明书使用。

（3）可试用阿托方（又名苯基喹啉羟酸），按每千克体重用0.2～0.5 g，口服，每天2次，3～5天为一疗程。如有肝、肾疾患的鸭群，禁止使用。此药的作用是增强尿酸的排出，减少体内尿酸的积蓄和减轻关节疼痛。而患痛风的病鸭多数伴有

肝、肾机能不全，因此，这种药物的使用只适于早期患病的鸭群。

（4）可试用丙磺舒，按每千克饲料用100～200 mg。本品可以抑制尿酸盐在肾小管的主动重吸收，增加尿酸盐的排泄而降低血中尿酸水平。可以缓解或防止尿酸盐在内脏或关节的沉积，并可促进已形成的尿酸溶解。

（5）别嘌呤醇（别嘌醇），按每千克饲料用10～50 mg。本品可抑制黄嘌呤氧化酶，减少尿酸合成，降低血中尿酸水平，减少尿酸在肾等内脏及关节的沉积。

第十七节　异食癖

一、概述

异食癖又称啄癖或恶食癖，是鸭群的一种异常的嗜好。是多种营养物质缺乏、代谢紊乱及饲养管理不善等引起的极为复杂的多种病因的综合征。主要临诊症状是自啄或相互啄头部、啄毛、啄翅、啄趾、啄蛋和食蛋等现象，造成鸭群相互伤害和相互残食。

二、诊断依据

（一）临诊症状

1. 啄头癖

鸭只常发生相互啄头、颈部，开始时啄头颈上的毛，毛啄光之后，头上的皮肤破损，继续啄至出血，最后群起而啄之。

2. 啄毛癖（啄羽癖）

在鸭只开始长出新羽毛或换小毛时易发生，产蛋鸭在盛产期或换新羽毛时也常发生。开始只有个别鸭只自食或相互啄食羽毛，致使背部、尾羽毛稀疏或残缺（彩图302、彩图303）。在没有采取措施的情况下，很快传播开，鸭群互啄的现象比较普遍，啄得羽毛不全，狼狈不堪，甚至发展到啄肉。严重病例可被群起而围着一只鸭啄或相互啄至重伤甚至死亡。

3. 啄蛋癖

在鸭群的产蛋旺季，母鸭刚产下的蛋，如果没有及时拾起，或者蛋已有破损、蛋壳薄、软壳蛋被鸭偶然啄食，也或许是患鸭自食自产的蛋或相互啄食后而形成异食癖，这就使蛋的破损率提高。

4. 啄肛癖

多见于产蛋后期的母鸭，由于腹部韧带和肛门括约肌松弛，以至泄殖腔黏膜在产蛋后不能及时回缩而露在肛门外面。也或许是蛋过大，产蛋时努责过度使泄殖腔出血，引起其他鸭只互啄或群起而攻之，往往出现互相追啄，造成肛门破损和出血。

还有啄趾、啄沙石、啄垫料、啄粪便、啄异物等异食癖。

（二）病因

1. 营养因素

饲料营养成分不全、不足或其比例失调。如蛋白质和含硫氨基酸缺乏，是造成啄羽癖的重要原因；B 族维生素或维生素 D 缺乏；矿物质或微量元素缺乏，如钙、磷不足或比例失调；钠、硫、铁、锰、锌、铜、碘、硒等无机元素缺乏；日料中粗纤维含量偏低，缺乏食盐、饮水不足均可引起异食癖。

2. 生理因素

雏鸭对外界环境产生好奇感，东啄啄，西啄啄，继而互啄或自啄身上的杂物及绒毛。到性成熟时，由于体内激素的逐渐增加，从而诱发异食癖。换羽过程中，由于皮肤有痒感，导致发生自啄，同群其他鸭只跟着模仿自啄或互啄，最后形成异食癖。

3. 管理因素

（1）鸭群饲养密度过大，温度过高，通风不良，闷热潮湿，清洁卫生较差，空气中氨气、硫化氢及二氧化碳等不良或有害气体浓度上升，破坏了机体的生理平衡。

（2）育雏室光源不足或光线太强均易诱发异食癖。

（3）不同品种、日龄和体质的鸭混群饲养，饲喂不及时，或者饲料突然变换、食槽放置失当，抢食不到饲料而饥饿或吃不饱，引起大欺小，强凌弱，导致发生异食癖。

（4）周围环境噪声太大，突然的惊吓等应激因素也易诱发异食癖。

（5）食槽、饮水器不足，拾蛋不勤，尤其是饲养人员不够细心，未及时捡出破损蛋等因素均可诱发。

4. 疾病因素

雏鸭易患沙门菌病、大肠杆菌病，患病雏鸭的肛门及其周围的羽毛常常黏附着白灰样粪便而引起其他雏鸭互相啄羽。体外寄生虫的侵袭，使皮肤受损或有创伤，易诱发异食癖。

三、防治策略

（一）预防

（1）加强饲养管理，根据雏鸭的年龄、生产用途、生产性能等各方面情况，应供给含有足够的蛋白质、维生素和无机元素的全价料，切实掌握好各种氨基酸的平衡。

（2）保持良好的饲养环境，消除各种不良因素和应激源的刺激。如适当的饲养密度，防止拥挤，产蛋槽避免强光照射，水槽放置合理，限饲时防止过于饥饿等。

（二）治疗

一旦发现鸭群发生异食癖，尽快找出原因采取相应的措施。如蛋白质和氨基酸不足，可补充豆饼和鱼粉；若缺乏铁和维生素 B_2 引起的啄羽癖，可添加硫酸亚铁和维生素 B_2；若缺矿物质引起的异食癖，可在日粮中添加 1% ～ 2% 食盐，并供应充足的饮水。总之，只要及时补给所缺的营养物质，皆可收到良好的效果。当一时找不到具体原因时，编者建议采取下列措施。

（1）若鸭群饲料单一（如单喂稻谷或玉米），应逐日增加全价料。也可以改用全价料与玉米、稻谷各 50%，经 1 ～ 2 天后改为全价料 70%，玉米 30%，并添加多种维生素、矿物质和益生素制剂，至异食癖消失为止。

（2）挑出被啄伤、缺毛的鸭只，隔离饲养治疗。伤口以0.1%高锰酸钾溶液洗涤消毒，吸干后涂上红霉素软膏。泄殖腔脱垂者，用温水将患处冲洗干净后，再用0.1%高锰酸钾溶液或2%硼酸水溶液冲洗，涂上消炎软膏还纳，并沿肛门括约肌作荷包式缝合。饲料中添加抗生素防止细菌继发感染。

（3）尽快在鸭舍或运动场撒上青绿饲料诱其抢食，一方面可以补充粗纤维，另一方面可吸引其注意力，同时也可以将青菜或牧草扎成若干小束，用一条绳吊在雏鸭舍或运动场离地面一定距离（雏鸭伸颈可以食到），诱其啄食。

（4）选用不同大小的砂粒（雏鸭用小米粒大小，成鸭用黄豆大）加入少许细碎食盐及多种维生素及微量元素等，分放于若干盆内任其自由采食。

第十八节 脂肪肝出血综合征

一、概述

脂肪肝出血综合征又称脂肪肝综合征，是由于饲料营养物质过剩，而某些微量营养成分不足或不平衡，造成鸭体内脂肪代谢障碍而引起的一种营养代谢病。以肝脏积聚大量脂肪，出现脂肪浸润和变性，使肝细胞与血窦壁变脆，肝被膜易发生撕裂，导致肝出血而急性死亡为特征。本病多发生于产蛋母鸭和肉用仔鸭，特别是产蛋量高或产蛋高峰期的鸭群，一旦发生本病其产蛋量明显下降，多数患鸭体况虽良好，但肝脏脂肪变性、出血而急性死亡。

二、诊断依据

（一）临诊症状

发病初期无特征性临诊症状，鸭群中发现本病的第一个指征为个别或少数鸭突然死亡，剖检后见到肝脏的特征性病理变化才引起注意。

（1）病鸭精神不振，采食量减少。腹泻，粪便中有完整的籽实粒。行动迟缓，不愿下水，卧地不起，强行驱赶时，常拍翅助其爬行，最后昏迷或痉挛而死。

（2）也有不显示任何明显的症状而突然死亡的病例。一般死亡鸭只体况良好或较肥胖。产蛋鸭发病之后，产蛋量下降。

（二）病理变化

尸体肥胖，皮下脂肪多，腹腔和肠系膜、肌胃、心脏、肾周围均有大量的脂肪沉积。有些病例出现卵黄性腹膜炎。

肝脏的病变最为显著且具特征性，肝脏肿大，边缘钝圆，呈黄色油腻状，质地柔软、易碎，甚至成糊状，肝被膜下有大小不等的出血点和白色坏死灶。切开肝脏时，刀上有脂肪滴附着。有的病例肝脏发生大出血，肝周围有较大的凝血块附着，有的凝血块覆盖在肝脏的表面，外观似黄（肝）褐（血凝块）相叠的"二重"肝。有的肝脏有陈旧的（褐色或绿色）和新发生的（深红色）血肿及坏死区。

（三）病因

本病的发生是由多方面的综合因素引起的，归纳起来有下列几种。

（1）高能量低蛋白日料及鸭只采食量过大，是本病发生的主要饲料因素。因为高能量的碳水化合物饲料易转化成脂肪，鸭的脂肪主要在肝脏合成，要从肝脏运出就必须与蛋白质结合成脂蛋白。倘若饲料中不能提供足够量的蛋白质与脂肪结合，大量的脂肪只能在肝内沉积。有的养鸭户，为了降低成本，单用谷或玉米喂鸭，这种低蛋白的饲料，加速了脂肪的合成和积聚，同时引起产蛋量下降，因此，输送到卵巢的脂肪也相应减少。但肝脏合成脂肪仍在继续，从而导致肝脏堆积较多的脂肪而形成脂肪肝。若采食量过大，过剩的能量会转化成脂肪，也可以导致脂肪肝的发生。

（2）胆碱、含硫氨基酸、B族维生素、维生素E缺乏。合成蛋白质必须有磷脂酰胆碱，而氨基酸和胆碱是合成磷脂酰胆碱的必要原料。胆碱可来自饲料或由甲硫氨基酸、丝氨酸等在体内合成，而这个合成过程必须有维生素 B_{12}、叶酸、生物素、维生素 C 和维生素 E 的参与，因此，当这些物质缺乏时，肝内脂蛋白的合成和输送发生障碍，大量的脂肪就会在肝脏内沉积。

（3）饲料中矿物质含量比例不当，尤其是含钙元素过低，导致母鸭产蛋量下降。而鸭只仍然保持正常的采食量，在这种情况下，大量的营养物质转化为脂肪贮存于肝脏，最终导致脂肪肝的发生。

（4）育雏温度偏低、鸭场或鸭舍潮湿、饮水不足，气温过高、应激因素、饲料有黄曲霉毒素、较长时间投喂抗生素、其他疾病的发生，以及遗传等因素均能形成脂肪肝。

三、防治策略

（一）预防

（1）虽然造成脂肪肝出血综合征的原因多种多样，而摄入过高能量的饲料，是导致脂肪过度沉积造成脂肪肝的主要因素。因此，应合理搭配饲料蛋白和能量比，加强饲料的保管，不喂发霉饲料。

（2）适当采取限制饲养，防止鸭只过肥，防止突发应激等因素的干扰。

（3）及时补给蛋氨酸和胆碱。当饲料中所含的鱼粉等动物性蛋白低于 5%，豆饼及其他油饼低于 20% 时，可在每千克饲料中添加蛋氨酸 10 g、氯化胆碱 10 ~ 30 g（指饲料用的氯化胆碱，含纯品 50%）、维生素 E 100 U 和维生素 B_{12} 0.012 mg，连用 2 ~ 4 周。

（4）添加多种维生素及矿物质。饲料中添加适量的维生素 B_{12}、维生素 E、亚硒酸钠、钙、锌等。在天气炎热时和产蛋期间，每千克饲料中添加维生素 E 100 U、维生素 B_{12} 0.012 mg，能有效地防止本病的发生。

（5）加强饲养管理，提供适宜的生活空间及环境温度，对防止本病的发生有一定的作用。

（二）治疗

一旦发现本病，应尽快查明原因，采取有针对性的防治措施。降低饲料能量水平，增加 1% ~ 2% 蛋白质，特别要增加含硫氨基酸和氯化胆碱（每吨饲料 1 ~ 2 kg）。增加粗纤维的含量，可考虑用小麦、麸皮、干酒糟等。在每吨饲料中添加维生素 E 10 000 IU、维生素 B_{12} 12 mg、肌醇 900 g、硒 1 g，连用 15 天，发病率可明显下降。症状较轻者 5 ~ 7 天有明显效果。病情较严重的鸭只，无治疗价值，建议及时淘汰。

第八章 中毒性疾病

第一节 黄曲霉毒素中毒

鸭的黄曲霉毒素中毒是由于鸭采食了含有黄曲霉毒素的饲料所引起的霉菌性中毒症。本病是以肝脏受损及神经症状为特征的中毒病，具体症状有全身性出血、出现腹水、消化机能发生障碍和出现神经症状等。本病一旦发生，在治疗上尚无特效的解毒办法，对我国养鸭业造成莫大损失。

一、诊断依据

（一）临诊症状

本病所呈现症状的轻重，在很大程度上取决于鸭只的年龄大小和食入毒素的含量多少。

（1）雏鸭患病后多呈现急性中毒，往往无明显的临诊症状而突然死亡。病程稍长的病例则表现为食欲减退或完全消失，步态不稳，共济失调，严重跛行，拱背，尾下垂（彩图304）或呈"企鹅"状行走。腿和脚皮下出血，呈紫红色。患鸭精神沉郁，体重减轻，脱毛，临死前头颈呈"角弓反张"，死亡率有时可高达100%。

（2）成年鸭对黄曲霉毒素的耐受性比雏鸭高。急性中毒的症状与雏鸭病例相似，表现为渴欲增加，腹泻，排出白色或绿色稀粪。亚急性、慢性中毒病例的症状不明显，仅见食欲减退、消瘦、衰弱、贫血，呈恶液质，从而降低机体对沙门氏杆菌等的抵抗力。母鸭出现脂肪肝出血综合征，降低产蛋量和孵化率。病程长的病例，可发展为肝癌，以死亡告终。

（二）病理变化

鸭只摄入黄曲霉毒素后，被肠胃吸收，经门静脉进入肝脏。因此，黄曲霉毒素中毒的特征性变化主要表现在肝脏。

（1）急性中毒病例的肝脏常呈现肿大，质地较硬，色淡，土黄色或苍白（彩图305），肝脏表面有出血点。胆囊扩张。肾肿大，色淡或呈淡黄色。胰腺有出血点。胸部皮下和肌肉常见出血。

（2）亚急性和慢性中毒病例，肝脏由于胆管明显增生而发生硬化，中毒时间越长肝硬化越明显。肝脏中有白色小点状或结节状的增生或出现坏死病灶。肝的颜色变黄，质地较硬且脆。病程较长者，心包腔和腹腔常有积液。有些病鸭小腿和蹼的皮下出现出血点。黄曲霉毒素中毒死亡的鸭只，其肉尸中有一种特殊气味。

（三）血液检验

患鸭的血液可出现下列情况。

（1）重度低蛋白血症。

（2）红细胞数量明显减少，白细胞总数增多，凝血时间延长。

（3）急性病例的谷草转氨酶、瓜氨酸转移酶和凝血酶原活性升高。

（4）亚急性和慢性型的病例，其异柠檬酸脱氢酸和碱性磷酸酶活性也明显升高。

（四）病因

（1）黄曲霉菌广泛存在于自然界中，其中只有一部分菌株能够产生毒素。在温暖潮湿的地区，可产生毒素的黄曲霉菌株容易在玉米、花生、稻谷、麦，以及棉籽饼、豆饼、麸皮、米糠中寄生繁殖和产生毒素，从而使农产品及农副产品发霉变质。鸭只吃了这些发霉的农产品和农副产品后即可发生中毒。

（2）黄曲霉毒素是黄曲霉菌一种有毒的代谢产物，是一组结构相似的化合物的混合物。可产生黄曲霉毒素的菌种，包括黄曲霉、寄生曲霉、溜曲霉、黑曲霉等20多种。但常见的只有黄曲霉和寄生曲霉产生的黄曲霉毒素。

（3）目前，已经确定结构的黄曲霉毒素有B_1、B_2、B_3、D_1、G_1、G_2、G_{2a}、M_1、M_2、P_1、Q_1、R_0等共20多种，并且可以用化学方法合成。其

中 B_1、B_2、G_1 和 G_2 是 4 种最基本的黄曲霉毒素，其他种类的毒素都是由这 4 种毒素衍生而来。其中毒力最强的是 B_1 毒素，其毒性是氰化物毒性的 10 倍，砒霜的 68 倍，这种毒素是目前最有害的致癌物质之一。结晶的黄曲霉毒素 B_1 是目前发现的各种毒素中最稳定的毒素，高温（200℃）、强酸、紫外线照射及高压锅中 120℃ 2 h，都不能将其破坏。只有加热到 268 ~ 269℃ 时，其毒素才开始分解。5% 次氯酸钠可以破坏黄曲霉毒素。在氯气、氨气、过氧化氢和二氧化硫中，黄曲霉毒素 B_1 也能被分解。

（4）食品和饲料是否被黄曲霉毒素所污染，不能单凭外表直观诊断，因为在饲料和食品中生长的霉菌种类很多，但不是都能产生毒素。在黄曲霉菌中也不是每一个菌株都能产生毒素，即使外观正常的饲料，也有可能含有黄曲霉毒素，特别是糠、豆饼类饲料。在收获作物时，有些胚芽已有可能产生黄曲霉毒素。因此，饲料中是否含有黄曲霉毒素，需要通过检查才能确定。其方法如下。

①雏鸭法：这是世界法定通用的方法。将待检的可疑饲料样品溶解于丙二醇或水中，用胃管喂给 1 日龄的雏鸭，连续喂 4 ~ 5 天。对照组的各雏鸭喂给黄曲霉毒素 B_1 的总量是 1 ~ 16 μg。在最后 1 次喂给黄曲霉毒素后，继续将雏鸭再饲养 2 天，然后，将全部雏鸭处死。根据其胆管上皮细胞异常增生的程度（一般分为 0 到 4 或 5 几个等级），来判断黄曲霉毒素含量的多少。

②可疑饲料直观法：取有代表性的可疑饲料样品 2 ~ 3 kg，分批置于盘内，分摊成薄层，直接放在 365 mm 波长的紫外线灯下观察荧光。如果样品存在黄曲霉毒素 G_1、G_2 时，则可见到饲料颗粒发出亮黄绿色荧光。倘若含有黄曲霉毒素 B 族毒素时，则可见到蓝紫色荧光。倘若看不到荧光，可将颗粒捣碎后再观察。

二、防治策略

鉴于目前尚无治疗本病的特效药物，因此，坚持不喂发霉的饲料是预防黄曲霉毒素中毒的根本措施。搞好预防的根本办法是防止黄曲霉菌污染饲料及产生毒素。而控制农产品的水分含量，则是防霉的关键。

（一）防霉的方法

（1）黄曲霉菌在相对湿度 85% 以上、温度 25 ~ 45℃ 的条件下繁殖最快，当温度低于 2℃ 或高于 50℃ 时则不能繁殖。当被黄曲霉菌污染的谷物饲料及其用于加工的副产品的含水量为 20% ~ 30% 时，黄曲霉菌繁殖最快，含水量低于 12% 时则停止繁殖。所以防霉的根本措施是控制农产品的含水量和贮存的温度。因此，在农作物收获时，应抓紧时间快收、快打，防遭雨淋，要及时运到场上散开通风、晾晒、晒干，使其尽快干燥，并做好饲料的保管贮藏工作，保持干燥、通风和低温，防止发霉或霉败，特别是温暖季节更应注意防霉。饲料仓库如已被产毒的黄曲霉菌株污染时可用福尔马林溶液熏蒸或用过氧乙酸喷雾，以消灭霉菌孢子。为了防止饲料发霉，可在每吨饲料中加入 75% 丙酸钙 1 kg。

（2）当农作物或饲料已被黄曲霉毒素污染时，再干燥虽然可以控制霉菌的生长，但不能降低其毒素的含量。这是因为黄曲霉毒素对热稳定（黄曲霉毒素 B_1 在 268 ~ 269℃ 时分解；黄曲霉毒素 B_2 在 286 ~ 289℃ 时分解；黄曲霉毒素 G_1 在 244 ~ 246℃ 时分解；黄曲霉毒素 G_2 在 230℃ 时分解），因此，一般加热煮熟不能分解破坏毒素。虽然国内外曾采用过多种去除黄曲霉毒素的方法，但只适用于被污染的农作物，而对目前广泛使用的颗粒料，却不容易操作。

（3）鸭棚、鸭舍要定期用福尔马林或过氧乙酸熏蒸或喷雾。如果饲料轻度发霉，可放入大容器用水浸泡并不断搅拌，清洗 5 ~ 8 次至水清为止，然后晒干或烘干，即可取出少量喂少数鸭，观察 4 ~ 5 天，若没发现出现病鸭，则尽快饲喂完。也可以把饲料放入 10% 鲜石灰水中浸淀 3 ~ 5 天后用清水清洗干净即可饲用。

（二）目前较常用的防霉剂

（1）富马酸二甲酯（简称 DMF）。其毒性小，适用范围广，pH 3 ~ 8 的条件下使用可抑制霉菌生长。

（2）苯甲酸钠。以 0.1%（1 g 苯甲酸钠相当于 0.847 g 苯甲酸）混料。

（3）水合硅铝酸钠钙。以 0.1% 剂量混料。

（三）公共卫生

中毒鸭只的脏器内都含有毒素，不能食用，应深埋，以免影响公共卫生。中毒鸭只的排泄物也含有毒素，粪便要彻底清除，集中用漂白粉处理，以免污染水源和地面。被毒素污染的用具可用 2% 次氯酸钠溶液消毒或在浓石灰乳中浸泡消毒。一旦发现鸭只发生黄曲霉毒素中毒，应立即更换饲料，妥善处理中毒鸭只。

第二节　肉毒梭菌毒素中毒

鸭肉毒梭菌毒素中毒是由于鸭只摄食了肉毒梭菌的毒素而引起的一种急性中毒症，又称为软颈病或肉毒中毒，是人、畜、禽共患病。其特征性症状是颈部肌肉麻痹，致使颈部瘫软无力，不能抬起，故本病又称为"软颈病"。患鸭共济失调，迅速死亡。

一、诊断依据

（一）临诊症状

本病潜伏期的长短，取决于鸭只食入毒素的量多少。在一般情况下，鸭只一经食入该毒素，经数小时至 1 ~ 2 天后出现症状。症状的出现一般经两个阶段。

第一阶段：患鸭精神萎靡，打瞌睡。两脚无力，脚趾向下屈，站立不稳，行动困难。然后逐步发展到不能站立，即使勉强站立或行动，也是摇摆不定，容易跌倒。如果强迫下水，则不能游动，只能漂浮。患鸭呼吸急促，张口伸颈呼吸。随着病的发展，患鸭颈部、翅膀或两脚神经麻痹，头、颈向前伸直，软弱无力地紧贴在地面上，故俗称"软颈病"（彩图 306、彩图 307）。

第二阶段：患鸭全身瘫痪，闭目深睡（彩图

308），失去听觉，宛如死亡一样，静伏在地面上。若将其头颈提起，患鸭则把眼睛微微张开，一放下，头颈立即平贴在地面。羽毛松乱，轻轻一抓，就会脱落。呼吸慢而深，下痢，排出绿色的稀粪。泄殖腔黏膜外翻。置病鸭于水中不能游动，一旦头颈垂下，便立即溺死。

轻微中毒的鸭只，头、颈可抬起，只见步态轻微共济失调，脚趾屈曲，容易跌倒，像喝醉酒一样，几天后能耐过而康复。人工发病的鸭只表现运动失调，翅膀下垂，颈及两脚神经麻痹，角膜反射迟缓以至完全消失。

（二）病理变化

肉毒梭菌毒素中毒病的死鸭尸体缺乏特征性的肉眼和组织学病理变化。有些由禽 C 型肉毒毒素引起的中毒的病例，只见十二指肠黏膜充血、出血及轻度卡他性肠炎。泄殖腔中有白色尿酸盐积聚。有些病例胃黏膜脱落。

（三）病因

（1）肉毒梭菌广泛存在于自然界，在健康动物的肠内容物和粪便中、在土壤和污泥中，以及鸟、鼠等动物尸体中均有存在。本菌属厌氧性的腐生菌，能形成芽孢的大梭菌。细菌本身不引起鸭只发病，在厌氧条件下能产生强烈的外毒素。鸭只摄食了这种含有毒素的腐败物而引起中毒。

（2）本病常发生于气温较高的季节，因温暖环境适宜于肉毒梭菌产生毒素。肉类、蔬菜、水生植物、牧草及动物尸体，容易腐败分解，鸭吃这些含有肉毒梭菌毒素的腐败物，如动物尸体、死鱼、死虾、水草等而引起中毒；一些死水池、浅塘和泥沼中，干塘捕鱼或稻田使用农药杀虫后，留下一些死亡的小鱼虾、青蛙等，肉毒梭菌在其中繁殖，产生毒素，鸭只食入后引起中毒；在碱性水域，由于有铜绿假单胞菌的存在，亦可以促进毒素的产生；在腐败的动物尸体中滋生的蝇蛆也可能含有大量毒素，亦可以污染水域，鸭只一旦食入含有毒素的植物或水，均可以发生肉毒梭菌毒素中毒。

（3）本病的病原是肉毒梭菌所产生的外毒素，这种毒素具有极强的毒力。对人、畜、家禽有高度的致死性。对豚鼠的最小致死量为每千克体重皮下注射 0.000 12 mg，是已知的细菌毒素中毒力最强的一种。这种毒素有较强的耐热性，80℃ 30 min 或 100℃ 10 min 才能将其毒性完全破坏。正常胃液于 24 h 内不能将毒力破坏，毒素可被胃肠吸收。根据中和试验中毒素抗原性的不同，可以分为 A、B、C_α、C_β、D、E、F 和 G 八个型。A 型和 C 型最常引起鸭发生肉毒中毒。C 型毒力最强，分布最广。产生 C 型毒素的条件需要厌氧，温度为 10 ～ 47℃，而产生毒素的最佳温度是 35 ～ 37℃，最适宜 pH 为 7.8 ～ 8.2。

（四）实验室诊断基本方法

鸭的肉毒梭菌毒素中毒的诊断不难，可根据患鸭步态不稳、翅膀垂地、两腿瘫痪、颈肌麻痹和头垂下无力、毛易拔落等特征性症状，结合无明显的病理变化，以及调查是否与腐败的植物、死亡动物及被污染的水源接触等有关情况做出诊断。

若有必要时，可进行毒素检验。具体做法如下：采取患鸭的肠内容物，用灭菌生理盐水作 1∶1 ～ 1∶2 稀释，搅拌 10 min，室温静置 60 min，以 3000 r/min，离心 30 min，取上清液作为接种动物材料。

第一组。取上述接种材料注射 4 ～ 8 只 18 ～ 22 g 的小鼠，每只鼠腹腔或皮下注射 0.5 mL。如果接种液中含有毒素，试验鼠于接种后 12 ～ 16 h（慢者 1 ～ 2 天）出现麻痹症状，四肢活动不灵，于接种后 18 ～ 22 h 死亡。

第二组。取上述接种材料，置 100℃ 加热 30 min，以同样的剂量和注射途径，注射 2 ～ 4 只小鼠，作为对照组，观察 1 周，健活。

第三组。有条件时可取上述接种材料（不加热），按上述相同的剂量、注射途径，注射 2 只小鼠，同时还注射多价肉毒毒素的抗毒素，以观察保护作用。观察 1 周，全部健活。

按上述 3 组的结果，就可作为本病确诊的依据。

二、防治策略

（一）预防

（1）本病的发生常常与夏秋季节的气候闷热和干旱，有利于肉毒梭菌的繁殖，以及在厌氧条件下产生毒素有关，应避免在不洁地方放牧。

（2）由于本病属于毒素中毒，因此，重点是清除环境中肉毒梭菌及其毒素的来源。搞好环境卫生，做好消毒工作。

（3）避免喂饲腐败的水生植物及可能被腐败动物尸体接触过的饲料（包括草料及蔬菜）。

（二）治疗

（1）本病尚无有效的药物治疗。只能用肉毒梭菌 C 型抗毒素，但不容易买到，而且价格贵，无实际意义。

（2）在鸭群中一旦发现了肉毒中毒病例，应尽快将鸭群驱离可疑场地，立即清除场内的一切污秽的东西，特别是动物尸体等。

（3）对症疗法：中毒较轻的患鸭内服 5% ～ 7% 硫酸镁溶液轻泻，或者饮用链霉素加糖水有一定作用。抗生素杆菌肽，每吨饲料中添加 100 g。链霉素（1 g/100 mL）也可以试用。

（4）倘若病鸭不能饮水时，可将 25 mL 的糖浆加入 1 L 水灌服，用一个漏斗或橡皮管插入鸭的食管，将糖浆（或泻药）投服。患软颈病的鸭必须将头颈部垫高，避免液体流入气管，造成窒息死亡。这种方法只对贵重的大种母鸭有治疗价值。

第三节　食盐中毒

食盐的成分是氯化钠，是鸭日粮中必需的营养成分。钠可以维持体内的酸碱平衡。鸭食盐中毒是由于食入含盐分配比过多的饲料，加上饮水不足而引起的中毒症。鸭比其他禽类较易发生食盐中毒，而雏鸭比成鸭更易中毒。在临诊上主要的症状是出现神经系统和消化系统紊乱。本病的病理变化以消化管黏膜炎症、脑组织呈现水肿和变性为特征。

一、诊断依据

（一）临诊症状

（1）鸭发生食盐中毒所表现的症状取决于食

入食盐的量和中毒时间的长短。鸭只一旦食入过量的食盐，由于对消化管黏膜的刺激，患鸭食欲不振或废绝，而饮水量则大大超过正常鸭，使患鸭的食管膨大部扩张膨大，鸭只稍低头，可见口、鼻流出淡黄色分泌物。渴感强烈，直到临死前还在饮水。

（2）患鸭腹泻，排出水样稀粪。有些病例出现显著的皮下水肿。病鸭精神沉郁，运动失调，两脚无力或完全麻痹瘫痪，脚蹼向后弯曲，行走困难，驱赶时见患鸭两羽扑打地面移行，蹲伏片刻之后又见其能行走几步，但很快又卧地不起。病的后期患鸭出现呼吸困难，嘴不停地张合，有时出现肌肉抽搐，头颈弯曲，胸腹朝天挣扎，最后昏迷，以虚脱而告终。

（3）雏鸭中毒后，不断鸣叫，神经兴奋性增强，无目的地冲撞或头后仰，以脚蹬地，突然身体向后翻转，胸腹朝天，两脚前后作游泳状摆动，头颈不断转动，很快死亡。

（4）慢性中毒时，血清中的含钠量显著增高；血液中嗜酸性粒细胞显著减少，每100 g肝和脑的钠含量超过150 mg。

（二）病理变化

（1）病变主要表现在消化道。食管膨大部充满黏液，黏膜脱落。腺胃黏膜充血，呈淡红色，表面有时形成假膜。

（2）肌胃呈轻度充血、出血。小肠发生急性卡他性或出血性肠炎，黏膜充血，并有出血点。肠系膜水肿（彩图309）。皮下结缔组织水肿，切开后流出黄色透明液体，皮下脂肪呈胶样浸润，如胶冻样。

（3）腹腔充满无臭、黄色、透明的腹水（彩图310）。肝脏肿大、淤血，表面覆盖淡黄色的纤维素性渗出物。

（4）心包腔积液，心脏有出血点。肺水肿，出血（彩图311）。全身血液浓稠。颅骨淤血。脑膜充血（彩图312），有时见有出血小点。大脑皮层软化、坏死。

（三）病因

食盐是氯化钠的俗称，是鸭日粮不可缺少的物质。适量的食盐可以增进食欲和消化机能，保证机体盐代谢的平衡。因此，在鸭的日粮中应含有一定量的食盐。如果饲料搭配不当，食盐过多，或者误食含食盐过多的饲料，就会引起中毒并造成死亡。引起鸭发生食盐中毒的常见原因还有下列几种。

（1）日粮中食盐的正常含量占饲料的0.2% ~ 0.4%。当饲料中食盐量达到3%或每千克体重食入3.5 ~ 4.5 g时，即可引起中毒，重者发生死亡。当幼鸭的饮水中含有0.9%的食盐时，连饮5天左右，死亡率可达95%以上。

（2）当饲料缺乏维生素E、含硫氨基酸、钙和镁时，增强鸭只对食盐的敏感性。

（3）放牧的成年鸭由于可以自由饮水，因此，较少发生食盐中毒。而幼鸭在育雏期间如果日粮中食盐超标，供水不足，也是多发生食盐中毒的重要原因之一。

（4）食盐可以改变血液的渗透压，由于摄入超量的食盐，血液内的氯化钠增多，则颅内压和眼内压降低，使脑和眼球萎缩。同时，钠离子还可以直接影响神经中枢，出现运动中枢障碍等神经症状。大量的食盐刺激消化管黏膜，可引起胃肠黏膜发炎，同时由于胃肠内容物渗透压增高，使大量体液向胃肠内渗透，引起下痢，使机体处于脱水状态，从而造成血液浓缩，导致血液循环障碍，组织缺氧，代谢停滞。

（四）实验室诊断基本方法

对食盐中毒的诊断，除根据上述资料作出综合分析外，若有必要时，还可以作毒物检验，检查食管膨大部或肌胃内容物的食盐含量。

1. 试剂

1/10 mol/L硝酸银溶液、0.1%刚果红（或溴酚蓝）溶液。

2. 检查方法

（1）取食管膨大部或肌胃内容物25 g，置于一烧杯内，加入蒸馏水200 mL，放置4 ~ 5 h，并经常振荡。

（2）然后再加入蒸馏水250 mL，搅匀后，先用4层纱布过滤，然后再用滤纸过滤。取25 mL滤液，加入0.1%刚果红（或溴酚蓝）溶液5滴，再用 1/10 mol/L 硝酸银溶液滴定，先出现沉淀，继续滴至液体呈轻微透明为止，记录硝酸银溶液的滴量。每毫升 1/10 mol/L 硝酸银溶液相当于 0.00585 g 食盐。将硝酸银溶液消耗的毫升数乘以 0.234，其积即为食盐含量的百分率。

二、防治策略

（一）预防

（1）调配饲料时，应严格控制饲料中食盐的含量，特别是饲喂雏鸭时，其含量不能超过 0.5%，以 0.3% 为宜。

（2）现在农村喂鸭已习惯喂混合料，可以不必加盐。

（二）治疗

若发现中毒，立即停喂原有的饲料或增加饮水。中毒鸭可采取下列措施。

（1）供给中毒鸭 5% 葡萄糖水或在饮水中加入 0.5% 的醋酸钾任其饮用，以利尿解毒。

（2）用 0.5% 醋酸钾溶液作饮水或灌服。大鸭每只腹腔注射 10% 葡萄糖 25 mL，同时肌内注射 20% 安钠咖 0.1 mL。

（3）为防止过量的食盐进一步损伤消化管黏膜，小鸭可将淀粉加入水中任其饮服、灌服植物油缓泻剂，以减轻中毒症状。

第四节　高锰酸钾中毒

鸭的高锰酸钾中毒是由于鸭只饮用了高浓度（超过 0.2%）的高锰酸钾溶液而引起的中毒症。

一、诊断依据

（一）临诊症状

（1）鸭饮用了高浓度的高锰酸钾会引起急性中毒。主要是由于高锰酸钾对组织细胞具有剧烈的腐蚀作用，特别是口腔、舌及咽部黏膜呈现紫红色，口流黏涎，同时还出现水肿。

（2）患鸭精神沉郁，食欲减退或废绝，不愿

运动，闭目呆立，形如昏睡，驱赶其走动时，摇晃不稳，共济失调。呼吸困难。有些病例出现拉稀。有些鸭的下颌部皮肤由于在饮高锰酸钾溶液时受到腐蚀，该处的皮肤充血，羽毛脱落。

（二）病理变化

其主要病变多限于与药物直接接触的器官，如口腔、食管、食管膨大部、胃及肠管的黏膜出现充血、出血、溃疡、糜烂和脱落。肝及肾等其他实质器官出现不同程度的变性。还有可能损伤肾、心脏及神经系统。

（三）病因

高锰酸钾又称过锰酸钾、灰锰氧、PP 粉，为紫色细长的结晶，无臭，易溶于水，它是一种消毒防腐剂，常作为家禽的饮水和种蛋入孵前的消毒剂或用具及伤口等的消毒。

高锰酸钾引起中毒的原因主要有以下几点。

（1）用的浓度过高。饮水用的高锰酸钾浓度达到 0.03% 以上时，对消化管黏膜就有一定的刺激性和腐蚀性，浓度达 0.1% 以上就会引起中毒。

（2）鸭用 0.04% ~ 0.05% 高锰酸钾溶液连续饮用 3 ~ 5 天后，所产的蛋的蛋壳颜色由白色变成灰色，但其受精率、孵化率不受影响。

（3）鸭群发生高锰酸钾中毒的实例，多数是由于养鸭户将高锰酸钾用于饮水消毒时，浓度往往偏高，或者误认为雏鸭饮用高锰酸钾溶液可以防病治病。其实加入高锰酸钾只能对饮用水本身起消毒作用，鸭只饮后，在其体内并没有防病和治病的作用。

二、防治策略

（一）预防

平时使用高锰酸钾时，配制的溶液浓度要准确。一般以 0.1% ~ 0.05% 用于器具的消毒；以 0.01% ~ 0.02% 的浓度用于饮水的消毒。高锰酸钾加入水之后，必须待其充分溶解才能供饮水用。有试验资料表明，当高锰酸钾的浓度不同时，其作用各异。

（1）0.08% ~ 0.1% 溶液具有杀菌作用。

（2）0.05 % ～ 0.1% 溶液可使黏膜形成一层薄膜，并能刺激肉芽组织的增生。

（3）0.35 %以上溶液能杀死除结核分枝杆菌以外的细菌繁殖体。

（4）2 % ～ 4% 溶液作用组织 1 min 以上时，可形成 0.05 ～ 0.1 mm 厚的痂皮。

（5）2% ～ 5% 溶液可杀灭细菌芽孢。

（6）3% 溶液可杀死厌氧菌。

（二）治疗

（1）在中毒初期可喂大量清水，必要时，用 3% 过氧化氢 10 mL，加水 100 mL 稀释后分多次灌服。

（2）内服淀粉水或植物油，以保护消化管黏膜。

第五节　链霉素毒性反应

雏鸭对链霉素较为敏感，倘若使用的剂量掌握得不准确，往往可以引起各种不良的毒性反应。

一、诊断依据

链霉素的毒性反应表现在以下三个方面。

1. 过敏性反应

本品过敏性反应的发生率比青霉素低，过敏症状有皮疹、体温升高、神经性水肿、嗜酸性粒细胞增多等。

2. 损害性反应（神经系统反应）

本品可损害第Ⅷ对脑神经，造成前庭功能和听觉受损害。患鸭表现步态不稳、共济失调、耳聋等症状，多见于连续用药时间较长的病例。

3. 阻滞性反应

当本品用量过大时，可阻滞神经肌肉接点的传递。本品对肾有轻度损伤。

雏鸭一旦出现链霉素毒性反应，则表现肌肉无力，肢体瘫痪，呼吸受抑制，严重时可造成死亡。有人曾对 10 日龄雏鸭用链霉素肌内注射，每只成鸭 9 万 U（常用量为每只 1 万 ～ 1.5 万 U）。结果鸭只出现行动迟缓，步态不稳，两翅展开，羽毛蓬乱，聚堆。鸭只日龄越小，对链霉素越敏感，体质差的反应较强烈。链霉素注射后吸收较快，不良反应可在注射后 10 ～ 20 min 开始出现。大多数雏鸭于发生瘫痪后约 12 h 可恢复（可逆性），也有个别出现死亡现象。然而，由于发生瘫痪的雏鸭倒地之后造成相互挤压，不能采食饲料和饮水，从而出现较高的死亡率。

剖检病死雏鸭，可见皮肤淤血，毛细血管扩张、充血。心肌淤血，肾肿大，胆囊充盈。

二、防治策略

（1）雏鸭对链霉素较为敏感，故应尽量选用纯度高的链霉素，控制好用药剂量，以减少发生不良反应。建议 10 日龄以内的雏鸭，每只注射量不超过 10 000 U，一般以 5000 ～ 8000 U 为宜。

（2）鸭只一旦发生链霉素反应，轻者不用特殊处理，注意不让其相互挤压，做好保温、通风等护理工作，可自然康复。反应严重者，可立即皮下注射 0.05% ～ 0.1% 甲基硫酸新斯的明注射液，按每千克体重用 0.5 ～ 0.6 mL 或静脉注射氯化钙可以缓解。

第六节　磺胺类药物中毒

大多数革兰氏阳性菌和革兰氏阴性菌对磺胺类药物敏感，也能抑制某些放线菌和螺旋体，抗球虫作用也很显著，其抗菌谱较广。

鸭的磺胺类药物中毒是由于用磺胺类药物防治鸭只的细菌性疾病过程中，应用不当或剂量过大而引起鸭只发生急性或慢性中毒症。其毒害作用主要是损害肾、肝、脾等器官，并导致鸭只发生黄疸、过敏、酸中毒及免疫抑制等。往往会造成大批鸭只死亡。

一、诊断依据

（一）临诊症状

（1）中毒鸭表现精神沉郁（彩图 313），羽毛松乱，食欲减退或废绝，渴欲增加。也有些急性中毒的病例表现流泪，脚软，兴奋，痉挛，扭头（彩图 314、彩图 315），共济失调和肌肉震颤，呼吸困难，张口喘气，在短时间内死亡。

（2）患鸭头部肿胀，皮肤苍白或呈蓝紫色，可视黏膜出现黄疸，便秘或下痢，排出酱油状或灰白色稀粪。

（3）产蛋母鸭除食欲减退、羽毛松乱、精神较差之外，产蛋量明显下降，且产软壳蛋、薄壳蛋，最后衰竭死亡。有些慢性中毒的母鸭产蛋量下降，软壳蛋数量增多。

（二）病理变化

（1）头部皮肤呈青紫色，可视黏膜黄染或苍白。翅下有皮疹。鼻窦黏膜出血。眼流出带血分泌物。

（2）皮下、肌肉（尤以胸肌及腿内侧肌肉）有点状或斑状出血（彩图 316）。胸壁出血。

（3）肝脏肿大呈紫红色或黄褐色，有点状出血和灰白色坏死病灶。脾肿大，有灰色结节区。肌胃角质膜下和腺胃、肠管黏膜出血。肾脏肿大，呈土黄色，有出血斑，输尿管变粗，并充满白色尿酸盐，在肾小管中可见有磺胺类药物的结晶。

（4）心包腔积液，心肌呈刷状出血，有的病例心肌出现灰白色坏死病灶。血液稀薄，凝血时间延长。骨髓由正常的暗红色变成淡红色或黄色。

除了以上变化之外，还会出现红细胞、白细胞总数减少，血色素降低或溶血性贫血，出现血尿、蛋白尿或结晶尿。组织中（肌肉、肾和肝）磺胺类药物含量超过 20 μg/g。

（三）病因

磺胺类药物是一类治疗家禽细菌性疾病的广谱抗菌药物，在养鸭业中较为常用。如果应用不当，就会引起鸭只中毒。

常用的磺胺类药物分为两大类。一类是肠道容易吸收的如磺胺嘧啶、磺胺二甲基嘧啶、磺胺间甲氧嘧啶和甲氧苄啶等；另一类是肠道不易吸收的如磺胺脒、酞磺胺噻唑、磺胺噻唑等。容易被吸收的磺胺类药物若所用剂量掌握不准，较易

引起鸭只中毒。

引起磺胺类药物中毒的原因一般有以下几种。

（1）对磺胺类药物的剂量不了解或计算错误，或者急于求成而 1 次用过大剂量或连续服药时间较长（超过 5 ~ 7 天）。

（2）用磺胺类药物拌料时搅拌不均匀。

（3）幼鸭饲料含磺胺嘧啶 0.25% ~ 1.5%，或者口服 0.5 g 磺胺类药物，即可出现中毒现象。

（4）饲料中缺乏维生素 K 或体弱的鸭只更易发生中毒。

（5）磺胺类药物口服后，经肾排出体外，一般在服后 3 ~ 6 h，血液中就达到最高浓度，以肝及肾的含量最高，因磺胺类药物的原形物或乙酰化产物的溶解度较小，所以，当尿液 pH 偏低时，常在肾小管内析出结晶，严重损伤肾小管及尿道的上皮细胞或造成尿道阻塞，从而出现酸碱平衡障碍、尿酸盐沉积及尿毒症等。除此，还会使机体产生溶血性贫血、再生障碍性贫血及过敏反应等。

（6）长期服用可引起维生素 K 缺乏而引起鸭只贫血，母鸭不但贫血、产蛋量大幅度下降，严重病例还会大量死亡。

二、防治策略

（一）预防

（1）使用磺胺类药物预防细菌性疾病时，要准确计算剂量。饲料加入药物后要搅拌均匀。连续服药不得超过 5 天。服药期间应供应充足的饮水。

（2）在投药期间应在日粮中补充维生素 K_3 和维生素 B_1，其剂量比正常量大 10 ~ 20 倍，以避免产生维生素缺乏症而引起母鸭产蛋量下降并出现由于贫血而引起的大批死亡。

（3）20 日龄以下的幼鸭和产蛋母鸭应尽量不使用磺胺类药物。如有必要使用磺胺类药物时，其剂量是按每千克体重口服 0.05 ~ 0.1 g。首次量加倍，每天 2 次，连用 3 ~ 5 天。同时在饮水中添加 0.5% 碳酸氢钠（小苏打），以减轻其对肾的损伤。

（二）治疗

（1）鸭群一旦发生中毒，应立即停止用药，给予充足的饮水。

（2）用 1%～5% 碳酸氢钠溶液代替饮水。同时添加或肌内注射维生素 K_3 及 5% 葡萄糖溶液，连用 5～7 天。

（3）在每千克日粮中补充维生素 K_3 5 mg 及适量复合 B 族维生素或多种维生素。严重病例可口服维生素 C 25～50 mg。

第七节　亚硝酸盐中毒

鸭亚硝酸盐中毒是由于鸭摄食了含大量亚硝酸盐的青绿饲料后引起的中毒症。其临诊症状主要是机体严重缺氧，可视黏膜发绀。主要病理变化以血液凝固不良，呈酱油色样为特征。

一、诊断依据

（一）临诊症状

鸭亚硝酸盐中毒，多呈急性发作，表现精神不安，不停跑动，但步态不稳，因呼吸困难窒息而死。病程稍长的病例，常表现张口、口渴、食欲减退，呼吸困难。眼结膜、胸、腹部及皮肤发绀。大多数病例体温下降，心跳减慢，双翅下垂，腿部肌肉无力，两脚发软，最后发生麻痹，昏睡而死。病情较轻的病例，仅表现轻度的消化机能紊乱和肌肉无力等症状，一般可以自愈。

（二）病理变化

体表皮肤、耳、肢端和可视黏膜呈蓝紫色（即发绀），体内各浆膜颜色发暗。血液呈巧克力色泽或酱油状，凝固不良。肝、脾、肾等脏器均呈黑紫色，切面明显淤血，并流出黑色不凝固血液。气管与支气管充满白色或淡红色泡沫样液体。肺膨胀，肺气肿明显，伴发肺淤血、水肿。胃、小肠黏膜出血，肠系膜血管充血。心外膜出血，心肌变性坏死。

（三）病因

（1）亚硝酸盐中毒，又称高铁血红蛋白血症。主要是由于富含硝酸盐的饲料，如萝卜、马铃薯等块茎类，大白菜、油菜、菠菜等叶菜类，各种牧草、野菜等在硝酸盐还原菌（具有硝化酶和供氢酶的反硝化菌类）的作用下，经还原作用而生成亚硝酸盐。一旦被吸收入血后，引起鸭只血液运输氧气的功能障碍。因此，亚硝酸盐的产生，取决于饲料中硝酸盐的含量和硝酸盐还原菌的活力。

（2）当菜类等青绿饲料堆放过久，特别是经过日晒雨淋，极易腐败发酵，在潮湿闷热的季节，极易使其中的硝酸盐还原为亚硝酸盐，鸭吃入后而导致中毒。这种情况多发生于散养户的鸭群。大型鸭场的鸭群长期喂多价混合料，很少会发生此种中毒症。

（3）饮用硝酸盐含量过高的水，也是引起鸭只亚硝酸盐中毒的原因之一。施过氮肥的农田，在田水、深井水或垃圾堆附近的水源，也常含有较高浓度的硝酸盐。

（4）亚硝酸盐属于一种强氧化剂毒物，被鸭只一旦吸收入血液后，就能使血红蛋白中的 2 价铁（Fe^{2+}）脱去电子后被氧化为 3 价铁（Fe^{3+}），使体内正常的低铁血红蛋白变为变性的高铁血红蛋白。3 价铁同羟基结合较牢固，流经肺泡时不能氧合，流经组织时不能氧离，致使血红蛋白丧失正常携氧功能，而引起全身性缺氧。这样就会造成全身各组织，特别是脑组织受到急性损害，同时还会引起鸭只呼吸困难，甚至呼吸麻痹，神经系统紊乱而死亡。

（5）必要时可送病料进行实验室检验，具体内容如下。

①血液高铁血红蛋白检验：取病鸭血液 5 mL，置于一小试管中，振荡 15 min，高铁血红蛋白液保持酱油色不变，表示有亚硝酸盐存在。而正常的血液的血红蛋白由于与空气中的氧结合呈现鲜红色。

②安替比林反应：取 5 g 安替比林溶于 100 mL 1 mol/L 硫酸中，然后取检验液 1 滴置白

瓷板上，加 1 滴安替比林，如有亚硝酸盐存在，则呈现绿色。

二、防治策略

（一）预防

（1）防治鸭只亚硝酸盐中毒的关键措施是不喂腐败、变质、发霉和堆放时间太长的青绿饲料。

（2）青绿饲料如需蒸煮时，应边煮边搅拌，煮透、煮熟后立即取出，并充分搅拌，让其快速冷却后喂饲。

（3）菜类饲料应置阴凉通风的地方，摊开敞放，经常翻动。特别要注意的是，切勿在气温高、湿度大时将菜类饲料切碎堆放后再喂鸭。

（二）治疗

美蓝是对本病很有效的解毒药物。一旦发现鸭群中毒，每只大鸭静脉注射 1% 美蓝注射液，按每千克体重用 0.1 mL。也可以腹腔注射，按每千克体重用 0.4 mL。同时配合每只大鸭腹腔注射 50% 葡萄糖溶液，或者每只鸭口服维生素 C_1 片（100 mg），每天 1 次，连用 2 ~ 3 天。喂饲新鲜饲料和清洁饮水。当鸭群中大多数鸭只发生中毒时，采用以上逐只注射药物的方法虽然不够实际，但美蓝是最佳的解毒药物，只要能注入静脉，立即可以解毒，注射一只，救活一只。

第八节　氨气中毒

鸭的氨气中毒是由于鸭吸入较大量氨气而引起的中毒症。在临诊上主要症状是眼睛肿胀、流泪，呼吸困难，中枢神经麻痹，窒息而死。病理变化主要以角膜溃疡坏死，肺淤血、水肿为特征。

一、诊断依据

（一）临诊症状

在临诊上见鸭群骚动不安，眼结膜红肿、流泪，严重者可引起眼睛肿胀，角膜混浊，两眼闭合，并有黏性分泌物，严重时甚至溃疡，穿孔而致视力逐渐失明。鼻流黏液，频频咳嗽，呼吸困难，伸颈张口呼吸。鼻腔内有分泌物。食欲减退或完全废绝，最后中枢神经麻痹，昏迷，最后窒息而死亡。

（二）病理变化

（1）眼结膜混浊，常与周围组织粘连，不易剥离。颜面青紫色，皮下组织充血呈深红色。喉头水肿。

（2）肺淤血、水肿，呈暗红色。气管和支气管黏膜充血，并有泡沫状黏性分泌物。

（3）肝淤血、肿大，质脆易碎。肌肉色泽暗淡。

（4）心肌变性，心冠沟脂肪有点状出血。脑膜有出血点。脾稍肿，质脆易碎，胸腺肿大、充血。

（三）病因

（1）鸭舍由于卫生不佳，特别是垫草（料）潮湿，再加上通风不良，就可以使垫料、粪便及混入其中的饲料等有机物在微生物的作用下发酵而放出氨气。当雏鸭舍内的氨气浓度超过 75 ~ 100 mg/L 并持续时间较长时，就会降低饲料的消化率及鸭只的生长率。

（2）有些地区在育雏阶段不放牧。鸭群的饲养密度大，管理不善，育雏舍通风不良，温度和湿度过高，加上未能做好清洁卫生和环境消毒就会导致氨气中毒。

（3）粪便未能及时清除，在舍温较高（25.8℃以上）、湿度过大（83.2%以上）时就使垫料发酵，从而产生大量氨气和其他气体，当氨气溶解在黏膜和眼内的液体中，就可以产生氢氧化铵，使角膜溃疡而失明。

二、防治策略

（一）预防

（1）要防止本病的发生，主要措施是及时清扫粪便，勤于更换垫料及清理舍内的其他污物。在冬季及早春季节特别注意定时做好鸭舍的通风换气工作，加速粪尿、垫料的干燥，防止氨气及其他有害气体的产生及聚积。

（2）定期进行消毒，特别是带鸭喷雾消毒，可杀死或减少鸭体表或舍内空气中的细菌和病毒，阻止粪便的分解，抑制氨气的产生，利于净化空气和环境。

（二）治疗

（1）一旦发现鸭只出现症状，应及时打开门窗、排气孔、天窗、地窗和排气扇等所有通风设施，同时清除粪便或及时转移病鸭至空气新鲜处，但在冬季应同时做好保温工作。

（2）当舍内氨气浓度较高又不能及时通风的情况下，建议向舍内的墙壁、棚壁上喷洒稀盐酸，可迅速降低氨气的浓度。

（3）对严重病例可灌服 1% 稀醋酸，每只 5 ~ 10 mL，或者用 1% 硼酸水溶液洗眼。以 5% 糖水供饮水。并在饲料中加入维生素 C（按每吨饲料用 100 ~ 300 g）。

（4）增加饲料中多种维生素的添加量。同时在饮水中加入硫酸卡那霉素（可溶性粉剂），每升水用 30 ~ 120 mg，连用 3 ~ 5 天，或者在饲料中用 60 ~ 250 mg/kg 体重，以防继发其他呼吸道病。对已失明的鸭只应及早淘汰。

第九节　一氧化碳中毒

鸭的一氧化碳中毒，是由于吸入了较多的一氧化碳，导致全身组织缺氧的一种中毒症。尤其是冬天育雏期间，由于通风不良，一夜之间可以出现大批雏鸭中毒死亡。这种中毒症的主要特征是血液中形成多量碳氧血红蛋白（CoHb）所造成的全身组织缺氧而窒息死亡。

一、诊断依据

（一）临诊症状

（1）急性重度中毒时，雏鸭先表现烦躁不安，继而出现昏迷、嗜眠，呼吸困难，运动失调，呆立，头向后仰，最后不能站立，痉挛，倒向一侧，若不及时救治，则导致呼吸和心脏麻痹而死。

（2）中毒较轻的病例，主要表现精神沉郁，不爱活动，羽毛松乱，食欲减退，流泪，咳嗽，呼吸困难。如能让其呼吸新鲜空气，无需治疗即

可康复。若环境的空气没有及时得到改善，则可以转入亚急性中毒，主要表现全身乏力，不爱活动，羽毛松乱，张口呼吸。

（二）病理变化

一氧化碳中毒的病理变化特征是血管和各脏器的血液呈鲜红色或樱桃红色，血液凝固不良，尤其是肺更为明显，在肺的表面有小出血点，出现肺气肿。雏鸭出现肺气肿、脑水肿。

（三）病因

（1）本病多见于深秋、冬春季节，有些养鸭户在育雏时，常用煤炉或木炭炉加温保暖，由于装置欠妥造成通风不良，致使室内空气中的一氧化碳浓度过高，当室内空气中的一氧化碳浓度达到 0.04% ~ 0.05% 以上时，就可以使雏鸭发生中毒。

（2）由于一氧化碳与血红蛋白的亲和力比氧气大 200 ~ 300 倍，而 CoHb 的解离力却是氧合血红蛋白的 1/3600。因此，当一氧化碳被吸入肺后，即与氧气争夺与血红蛋白结合，如果血液一旦积聚了大量的 CoHb，就会造成机体出现急性缺氧症。

（3）在育雏时，若使用地热法、室外排气或用电器地热加上电灯照射保温等方法，则不存在一氧化碳中毒。

（4）若有必要可进行实验诊断：取 10 mL 蒸馏水，加入鸭血 3 ~ 5 滴。若有 CoHb，煮沸后仍为红色。

二、防治策略

雏鸭的一氧化碳中毒多数发生于冬季育雏的晚上（尤其在深夜），饲养人员在加完当天最后 1 次煤（或木炭）之后休息去了，第 2 天早上发现大批雏鸭中毒或死亡。本病完全可以预防。

必须加强对一氧化碳中毒症的认识，克服麻痹思想，冬季育雏搞好室内的通风和换气，防止烟窗漏烟、倒烟。一旦发现中毒现象，立即打开所有门窗或将病鸭转移到通风的地方。为了确保育雏的安全，又要达到保温的目的，最好使用电

热保温或用地下暖管保温。

第十节　氟中毒

鸭氟中毒是由于摄食了含高氟的饲料而引起的中毒症。

一、诊断依据

（一）临诊症状

（1）鸭只一旦发生急性中毒，则表现精神沉郁，羽毛松乱，食欲减退以至完全废绝。很快出现两脚发软，跛行，站立不稳。严重病例以跗关节着地，行走困难，甚至卧地不起，人为驱赶也无力走动。这种病鸭即使暂时不死，最后因喝不到水，吃不到饲料，严重影响其生存，也会因衰竭而死。濒死时两脚划动，呈游泳姿势（彩图317）。

（2）慢性中毒则表现精神不振，羽毛松乱无光泽，患鸭出现双腿乏力，共济失调，呈典型软脚综合征，喙变软、变白，啄食困难，慢慢告终。产蛋母鸭产畸形蛋及沙壳蛋增多，产蛋量及受精率明显下降。

（二）病理变化

1. 大体剖检病变

（1）急性氟中毒。主要病变表现在胃肠黏膜和实质器官。胃肠黏膜潮红、肿胀，密布斑点状出血。心脏扩张，心肌实质变性，伴发轻重不同的出血。肝、肾肿大，出血。腹腔蓄积大量黄红色液体。

（2）慢性氟中毒。病例表现消瘦，贫血，血液稀薄，全身脂肪组织呈胶冻样浸润，皮下组织出现不同程度的水肿。其特征性病变在骨骼，上喙柔软似橡皮样（彩图318）。

2. 病理组织学变化

肝脏细胞肿胀，胞浆和胞核内出现大小不一的空胞。腺胃、腺小管结构模糊，上皮细胞严重脱落于腺泡腔中。严重病例肾近端小管上皮细胞肿胀、坏死。

（三）病因

氟是动物体内必需的微量元素，若使用过量会引起鸭发生中毒。含氟过高的饲料进入鸭体内生成氟乙酸，再转变为氟柠檬酸，抑制乌头酸酶，致使三羧酸循环中断，糖代谢终止，三磷酸腺苷（Adenosine Triphosphate，ATP）生成受阻而出现心力衰竭引起中毒。

我国规定饮水中氟的含量卫生标准为$0.5 \sim 1.0\ \mu g/mL$，动物长期饮用氟含量超过$2\mu g/mL$就可能引起中毒。

二、防治策略

（一）预防

鸭体内氟主要来源于饲料中的原料，如鱼粉、石粉、骨粉、矿物磷酸盐等。我国规定饲料中氟的含量标准：鱼粉500 mg/kg、石粉2000 mg/kg、磷酸盐2000 mg/kg，饲料中磷酸氢钙的氟含量每千克应低于1800 mg（即0.18%），饲料中氟的含量每千克应低于250 mg。因此，平时应掌握好饲料中氟的含量，防止日粮中氟含量的超标。在饲料中添加植酸酶可提高植酸磷的利用率，减少无机磷使用量，这是预防氟中毒的有效措施之一。除此之外，还可以在饲料中加入乳酸钙、磷酸二氢钙、氯化钙等，也可以减轻氟的毒性。

（二）治疗

目前对氟中毒尚未有特效的解毒药。发现鸭群出现中毒之后，立即转换符合标准的饲料，同时可以选用下列方法进行辅助疗法。

（1）补喂鱼肝油，每只$1 \sim 2$ mL。每吨日粮中增加多种维生素$50 \sim 100$ g，立即换用氟含量为每千克低于80 mg的饲料。

（2）在每千克饲料中加硫酸铝800 mg。

（3）在饮水中加入0.5% ~ 1%氯化钙，或者在饲料中加入1% ~ 2%乳酸钙。

（4）在饮水中加入维生素D_3，每天300 IU/只；维生素C，每天$5 \sim 10$ mg/只，连用$3 \sim 5$天。

（5）在饮水中加入补液盐。

第十一节　有机磷农药中毒

有机磷农药是一种毒性较强的杀虫剂，广泛用于农业生产和环境的杀虫。鸭的有机磷农药中毒是由于鸭只接触或误食入含有机磷的饲料、牧草及蔬菜而引起的中毒症。本病具有发病快、病情重、病程短、死亡率高等特点。

一、诊断依据

（一）临诊症状

鸭只中毒的程度不一，主要决定于鸭只食入有机磷的量而定。

（1）最急性中毒鸭只往往在未出现明显临诊症状之前突然倒地死亡，或者在死前瞳孔散大，口流出大量涎水（彩图319）。

（2）急性中毒的鸭只则表现烦躁不安，瞳孔缩小。流涎，精神沉郁（彩图320），食欲废绝，频频排粪，继而张口呼吸，不会鸣叫。后期体温下降，窒息倒地而死。

（3）中毒较严重的病例表现的典型症状主要是口流白沫，不断出现吞咽动作，流涎，流泪。张口呼吸，运动失调，两脚无力，站立不稳，行走摇晃不定或后肢麻痹（彩图321）。瞳孔缩小。不会鸣叫。频频摇头，并从口中甩出饲料。全身发抖，肌肉震颤。肛门括约肌急剧收缩，频频拉出稀粪，濒死前倒地抽搐，两脚伸直（彩图322）。最后体温下降，昏迷倒地窒息而死。

（二）病理变化

（1）外观尸僵明显，瞳孔缩小，胃内容物有特殊的气味，例如，马拉硫磷、甲基对硫磷、内吸磷（1059）具有蒜臭味；对硫磷（1605）呈韭菜味；八甲磷有椒味。胃肠和小肠黏膜充血、出血、肿胀、点状出血、脱落和出现不同程度的溃疡。

（2）肝、肾肿大，质地变脆，并有脂肪变性。肺充血、水肿，细支气管平滑肌增厚，管腔狭窄。

（3）心肌、心冠沟脂肪有出血点，血液呈现暗黑色。脾淤血，轻度肿胀。肾稍肿大，质柔软。脑充血、水肿。

（三）病因

有机磷农药是有机化合物合成的一类农药的总称，种类很多，有些属剧毒，如对硫磷、内吸磷、甲拌磷（3911）等；有些属强毒，如敌敌畏、乐果、甲基内吸磷等；有些属弱毒，如敌百虫、马拉硫磷等。禽类对这些农药特别敏感，容易引起中毒。常见病因如下。

（1）在农业上常用对硫磷、甲拌磷等杀灭害虫，用甲拌磷、乙拌磷和棉安磷溶液浸泡种子。如果鸭只不慎误食或偷吃了这些拌过或浸泡过农药的农作物、蔬菜、牧草和种子，则可引起中毒。

（2）水源被有机磷污染。如在池塘、水槽等饮水处配制农药，或者洗涤装过剧毒有机磷农药的器具等不慎污染了水源，引起鸭只中毒。

（3）农药的管理不善，如农药在运输过程中包装破损；农药与饲料未能严格分开贮藏，鸭只食入受到污染的饲料而引起中毒。

（4）农药使用不当，如使用敌百虫杀灭鸭体外寄生虫或用敌敌畏在鸭舍内灭蚊时，所用的药物浓度过大，而造成鸭只中毒。

（5）有机磷的毒性作用主要是通过皮肤、呼吸管和消化道吸收后与体内的胆碱酯酶结合，形成磷酰化胆碱酯酶，使胆碱酯酶失去活性，丧失催化乙酰胆碱水解的能力，导致体内乙酰胆碱蓄积过多而出现中毒症状。

二、防治策略

（一）预防

（1）对农药要严格管理，必须专人负责，专门管理，注意安全。用有机磷拌过的种子必须妥善保管，禁止堆放在鸭舍周围。

（2）放牧前必须充分了解周围田地和水域是否喷洒过农药，以免放牧时造成中毒。

（3）普及有机磷农药使用和防止造成鸭群中毒的知识，制定一整套农药保管和使用预防制度，确保人畜安全。

以上只对散养户而言。而规模化、集约化养鸭就不存在这种中毒。

（二）治疗

鸭只一旦误食了有机磷农药，多呈急性中毒，往往来不及治疗。倘若发现得早，中毒不深，可用下列药物进行治疗。

（1）解磷定注射液，每只成年鸭肌内或皮下注射 0.2 ~ 0.5 mL（每毫升含 40 mg）。

（2）硫酸阿托品注射液 1 mL（每毫升含 0.5 mg），或者每隔 30 min 内服阿托品片剂一片，连服 2 ~ 3 次，并给予充分饮水。小鸭（体重 0.5 ~ 1 kg）内服阿托品 1/3 ~ 1/2 片，以后按每只雏鸭 1/10 片的剂量溶于水灌服，隔 30 min 1 次，连用 2 ~ 3 次。凡发现及时，迅速采用解磷定和阿托品急救的，效果皆好。若在服阿托品前，先用手按压食管及食管膨大部，挤压出刚吃进去的饲料，效果更好。利用阿托品急救并不能使有机磷农药水解，阿托品也不易与对硫磷等有机磷农药起化合作用，而是阻断其在动物体内积蓄的乙酰胆碱所引起神经过度兴奋的作用。

（3）双复磷与硫酸阿托品联合使用。每只鸭肌内注射双复磷 13 mg 与硫酸阿托品 0.05 mg 混合液。

（4）氯磷定和硫酸阿托品联合使用。每只鸭每次肌内注射氯磷定 45 mg，同时配合皮下注射硫酸阿托品注射液 1 mL（0.5 mg）。

（5）如果是对硫磷中毒，可根据鸭只的大小灌服 1% ~ 2% 石灰水（上清液）3 ~ 5 mL。因对硫磷一遇到碱性物质能很快分解而失去毒性。如果是敌百虫中毒，则不能服用石灰水，因敌百虫遇碱能变成毒性更强的敌敌畏。待症状减轻后，在饮水中添加 5% 葡萄糖溶液和电解多维。

第九章　肿瘤

第一节　肿瘤的概念

动物机体在某些内外因素的协同作用下，一些组织细胞由于发生了质的改变，可演变为异常生长的新生细胞群。这种细胞群具有与机体不相协调的过度生长能力，在功能和结构上与正常的细胞截然不同，当致瘤因素停止作用之后，仍可以继续生长。医学上将这种异常生长的新生细胞群（或新生物）称为肿瘤。

肿瘤类型众多，表现各异，其外形多种多样，多数形成肿块，一般有结节状、菜花状、分叶状、息肉状和乳头状，也有不形成肿块的，如溃疡状和弥漫状等。

癌属于恶性肿瘤的一种，由上皮组织发生的恶性肿瘤统称为癌。

家禽肿瘤学是一门新的学科。国内对鸡的肿瘤报道较多，有关鸭肿瘤的资料目前还很缺乏，编者根据手边的资料介绍如下。

第二节　鸭常见的肿瘤

一、原发性肝癌

在我国不少地区如江苏、广东等省，鸭原发性肝癌是很常见的恶性肿瘤，1984年陈玉汉等人报道，1972年9月江苏省启东县收集鸭肝1321副，肝癌检出率为3.25%。1974年普查470只鸭，发现11例原发性肝癌，检出率为2.34%，其中4岁以上的老鸭，肝癌的检出率达15%。1984年张敬伦、陈业峤等人报道，1980—1982年共检查1153只种鸭，检出肝癌62例，检出率为5.4%，其中肝细胞癌47例，占75.8%；胆管上皮癌15例，占24.2%。47例肝细胞癌中属巨块型者12例，结节型32例，弥漫型3例，所检鸭的年龄为1年至2年9个月，其中公鸭85只，母鸭1068只，

检出肝癌的病例，全部为母鸭，年龄在2年以上，62例肝癌病例并发卵巢癌。

（一）临诊症状

早期症状不明显，精神较差，食欲减退，仅见消瘦、贫血和产卵减少，一些病例开始有腹水形成。病的中、晚期，可见腹部异常膨胀，内有大量腹水，患鸭行动缓慢，步态蹒跚，站立时呈企鹅姿势。患病母鸭产蛋停止或显著减少。鸭的原发性肝癌在大体解剖上可分为弥漫型、结节型和巨块型三种，前两种为多见。

1. 弥漫型

弥漫型原发性肝癌的特征是肝组织不形成明显的瘤结，由于癌细胞广泛地浸润于肝脏的各个肝叶，因此，在肝的表面和切面，肉眼可见到一些灰黄色或灰白色的特殊斑块或斑点，呈弥漫状分布。

2. 结节型

结节型原发性肝癌的特征是在肝组织内形成大小不一、形态不同的肿瘤结节。细的肿瘤结节呈粟粒般大，最大的肿瘤结节直径可达1～10 cm以上。癌结节通常以多个同时出现，不均匀地分布于各个肝叶（彩图323），肿瘤结节切面呈乳白色、灰白色、淡红色、灰红色或灰绿色等。这往往和其中有无出血、坏死或含有胆汁有关。肿瘤结节与周围肝组织分界明显，切面呈均质结构。

3. 巨块型

巨块型原发性肝癌的特征是在肝组织形成巨大癌块。癌块周围常有若干小的结节，宛如卫星状。最大体积可达一个肝叶的1/4以上，颜色呈灰白色，光泽度较差，无明显包膜，与周围健康组织分界明显，大结节或巨大癌块中常见出血灶（彩图324）。

4. 混合型

以上三型在同一器官中有时见到其中两型或三型同时存在的混合型。

（二）病理组织学变化

原发性肝癌的病理组织学变化可以区分为肝细胞性肝癌、胆管细胞性肝癌和混合性肝癌三种类型。

1. 肝细胞性肝癌

此型较为多见，肝细胞性肝癌中的癌细胞为多角形，核大，核仁粗而大，核膜粗糙，胞浆丰富，伊红红染，有时可见分泌胆汁。癌细胞呈条索状或团块状排列，或者构成实体性癌巢，其间可见血窦。有些病例，癌细胞以各式各样的腺管样排列。肝小叶的正常结构消失，癌结节周围的正常肝细胞索受压迫而发生萎缩（彩图325）。有些病例在肝细胞性肝癌中，常有瘤巨细胞出现。

2. 胆管细胞性肝癌

此型较为少见，癌细胞结节由大量增生的胆管上皮细胞组成（彩图326），癌细胞胞浆较少，

胞浆或管腔内常有黏液积聚。

3. 混合性肝癌

也是少见的一种类型。其特征为癌细胞中包含有肝细胞性肝癌与胆管细胞性肝癌两种组织相。

（三）血液生理及生化常数变化

根据1984年余哲等人报道，病鸭的血液生理及生化常数发生变化（表9-1）。

从表9-1可知病鸭的红、白细胞数目，血红蛋白含量减少；血小板数稍有增加；血清转氨酶显著升高。

（四）病因

关于鸭原发性肝癌的病因较为复杂，目前认为与下列因素有关。

1. 与霉菌有关

1984年张敬伦等人取27只患肝癌鸭的肝和肾组织进行细菌培养，从其中22只鸭的肝脏和19只鸭的肾中分离出杂色曲霉菌和桔青霉菌。

表9-1 病鸭、健康鸭的血液生理及生化常数发生变化

血液生理及生化指标	鸭健康状况	最高值	最低值	平均值
红细胞 /（万个 /mm³）	病鸭	250	183	94
	健康鸭	324	182	247.6
白细胞 /（个 /mm³）	病鸭	57 000	22 000	25 250
	健康鸭	81 000	36 000	56 200
血小板 /（个 /mm³）	病鸭	61 000	10 000	35 625
	健康鸭	64 000	29 000	34 500
血红蛋白含量 /（g/100 mL）	病鸭	9.5	3	6.9
	健康鸭	12.5	7.5	8.9
谷丙转氨酶 /（u/L）	病鸭	4876.62	435.54	2674.64
	健康鸭	699.72	71.4	395.56
谷草转氨酶 /（u/L）	病鸭	3641.4	742.56	1765.37
	健康鸭	485.52	149.94	290.60

2. 与黄曲霉毒素有关

许多霉菌毒素的致癌作用，特别是在原发性肝癌的发生愈来愈得到证实，尤其是黄曲霉毒素 B_1 更明显。根据原发性肝癌高发地区的流行病学调查资料和人工实验结果表明，主要是因鸭长期采食了含有黄曲霉毒素污染的发霉饲料所致。有的单位用黄曲霉毒素污染的发霉玉米喂鸭，10 个月就发现试验鸭发生原发性肝癌。成年鸭饲料中含黄曲霉毒素为 1.0 mg/kg 时，连续喂饲至第 4 周即出现死亡，剖检时发现肝脏肿瘤。资料还指出，黄曲霉毒素 B_1 对鸭的致瘤剂量为 30 μg/kg，对雏鸭的 ELD_{50} 为 0.4 mg/kg。除此之外，还有其他许多霉菌毒素也与鸭原发性肝癌的发生密切相关，如冰岛青霉、桔青霉、细皱青霉、杂色曲霉、构巢曲霉等产生的毒素。

3. 与鸭乙型肝炎病毒（Duck Hepatitis B Virus，DHBV）有关

1996 年王能进等人报道，从 44 例有肝癌的鸭血清中，DHBV-DNA 斑点杂交试验检出阳性的有 38 例。

（五）预防

只要对饲料的水分、湿度、温度等严加控制，就可以控制霉菌的生长。饲料的防霉是预防鸭肝癌的一项重要措施。

二、卵巢腺癌

这种癌是成年鸭发生最多的一种恶性肿瘤，是由卵巢生殖上皮所发生的，多见于 1 岁龄以上的成年母鸭。患禽外观见其营养状况尚好，除腹部膨大外，无其他明显变化。

（1）剖检可见腹水增加，淳清，呈红葡萄酒色，不混浊，不含纤维素性渗出物，也不凝固。严重的典型病例见腹腔内充满大小不一、圆形或不正圆形的大量灰白色、坚实、单个或融合在一起的肿瘤结节，单个结节的直径约 1 cm，融合的肿瘤结节可达数厘米（彩图 327），其外观如葡萄串状（彩图 328）。肿瘤原发于卵巢，可蔓延到整个腹腔的其他内脏器官，通常在十二指肠袢和

胰腺部分的肿瘤数量尤多。卵巢已失去原有结构，生成多量乳头状肿瘤结节，外观呈菜花状。有的卵巢腺癌由于腺腔中充满很多液体，腺泡显著扩张，形成许多大小不一的透明囊泡，大的囊泡可达鸽蛋大，突向腹腔，称为卵巢囊腺癌，腹部脏器被挤压到腹腔的一侧。

（2）病理组织学检查可见瘤组织由大小不等的囊泡组成网状结构，其囊壁由结缔组织构成，内面被覆一层立方形或低柱状上皮细胞，胞浆内含少量嗜酸性颗粒，胞核位于细胞中央，呈圆形或椭圆形。有的囊壁发生断裂，彼此互相融合成较大的囊腔。卵巢腺癌可以分为两种：一种以上皮性的腺状结构为主；另一种是纤维组织和平滑肌较多，而腺状结构较少。

三、淋巴肉瘤

鸭淋巴肉瘤较少见，大多数在患鸭死后剖检时发现。本病最初是在淋巴结或脾的淋巴小结中发生，以后逐渐增生肿大，并向周围组织扩散或转移的一种恶性淋巴组织肿瘤。如果发生在淋巴结，则淋巴结肿大；如果发生在肝脏、脾、肾等内脏，常呈多发性结节病灶（彩图 329）。少数病例在整个肠道发现有多发性结节病灶，切开似鱼肉样。

1991 年陈育槐等人报道了一起番鸭恶性淋巴肉瘤病例，患鸭病初精神沉郁，行动反常，食欲减退，消瘦，贫血。病的后期行走蹒跚，终日喜伏卧。在食管膨大部的左侧下方，有一核桃大的肿物，逐日增大，并向外突出。叫声嘶哑，呼吸高度困难。患鸭临死前完全废食，最后体力极度衰竭倒地死亡。

剖检尸体见机体消瘦，颈基部皮下肿物呈扁圆形，切面呈淡粉红色，如鱼肉样，湿润，有光泽。镜检见淋巴结结构被肿瘤细胞所代替。

四、恶性间皮细胞瘤

恶性间皮细胞瘤是鸭的一种常见的肿瘤，当鸭群发生黄曲霉毒素中毒时，除发生原发性肝癌之外，同时也发现不少鸭只发生恶性间皮细胞瘤。

恶性间皮细胞瘤呈弥漫型多发，在胸腔、腹腔的浆膜表面形成大小不一、数量不等的肿瘤结节，颈和胸腔入口部及两侧常可见到许多肿瘤结节，其大小从粟粒至豌豆大，往往连结成串，中间夹杂一些小的囊肿（囊腺瘤）。位于腹腔中的肿瘤结节可融合成巨大的瘤块，压迫周围的内脏器官。肿块的表面高低不平，呈灰白色，质地柔软，外观呈菜花状或脑髓状。切面可见肿块内部有灰黄色的坏死灶。

1985 张敬伦、陈业峤等人报道鸭自发性间皮瘤，从 1153 只种鸭中检出自发性间皮瘤 54 例（其中良性 25 例，恶性 29 例），检出率达 4.7%。在 54 例病鸭中，16 例的自发性间皮瘤发生于胸部体腔（其中 11 例位于胸腔入口处，1 例向前伸延到颈后的皮下，4 例发生于胸气囊壁）；27 例发生于腹部体腔（其中 8 例在腹壁，大肠系膜 2 例，小肠系膜 2 例，胰腺表面 3 例，肝脏表面 1 例，其余 11 例位于腹气囊壁）；11 例在胸、腹部体腔同时（混合）出现。病鸭的年龄均在 2 年以上。

病鸭在早期一般不消瘦，体重不减轻，食欲及活动无明显的异常，用手触摸腹部可触及肿物。晚期病例见食欲略减退，稍消瘦。

这 54 例自发性间皮瘤的肿瘤性状可分为实性型、囊泡型和混合型三个类型。

1. 实性型

属于这一型的有 22 例，肿瘤色灰白，个别灰红，质地硬实，略具弹性，有完整的包膜。切面呈灰白色，均质，结构致密，间或可见少量灰黄色小点。

2. 囊泡型

属于这一型的有 21 例，肿瘤呈半透明囊泡状。囊壁一般较薄，囊液澄清无色或淡灰红色，在空气中不凝固。

3. 混合型

属于这一型的有 11 例，在同一个部位兼有上述两种类型的肿物。

以上肿瘤的大小从针头大至拇指头大，个别达鸡蛋大。肿物的数量极不一致，从 1 个至 100

个以上不等。根据组织细胞成分及结构特点，54 例良性间皮瘤可以分为上皮型（9 例）、纤维型（9 例）、囊腺型（16 例）、混合型（20 例）。属良性的有 25 例，恶性的有 29 例。

五、原发性肺肿瘤

1985 年张敬伦、梁发朝、陈业峤等人报道北京鸭原发性肺肿瘤病例，从 1183 只种鸭中检出原发性肺肿瘤 16 例，检出率占 1.35%。除 2 例自然死亡外，其余病鸭均无明显的临诊症状出现，精神、食欲无异常，个别病例稍消瘦，行动缓慢，食欲减退。患病年龄为 2 年 9 个月至 3 年者占 81.25%。

（一）肿瘤的大体形态

肿瘤的大体形态可分三型如下。

（1）结节型。7 例，只有一个瘤灶，呈圆形或椭圆形，稍隆起，直径 0.2 ~ 1 cm，多呈灰白色，少数为暗红色，与周围肺组织境界面清楚，质实，切面致密。

（2）多结节型。5 例，在左肺叶或两侧肺中有两个或多个瘤灶，圆形、椭圆形或条索状，直径 0.4 ~ 1 cm。

（3）弥漫型。4 例，在两侧肺叶中散布多量灰白色或暗红色粟粒大的病灶。

（二）肿瘤组织学特点

根据肿瘤组织学结构，16 例原发性肺肿瘤中，属腺癌的有 11 例，支气管肺泡癌 1 例，鳞化腺癌 1 例，未分化癌 1 例，纤维肉瘤 1 例，错构瘤 1 例。发生转移的仅见腺癌和纤维肉瘤。在 11 例腺癌中有 6 例发生胸膜转移，转移灶为囊状或灰白色近圆形实性结节，大小为 0.1 ~ 2 cm。1 例纤维肉瘤在胸膜上也出现上述的转移灶。

六、胸腺瘤

2000 年姚金水等人报道一起番鸭胸腺瘤病例。

（一）临诊症状

一般表现食欲降低，精神不佳，贫血和消瘦，喜蹲伏，颈根部前侧位有明显外突和垂悬的肿物，形状很像饱食后的食管膨大部。肿物触感硬实，表面光滑，稍有滑动感。

（二）病理变化

主要见颈部的肿块大多位于右侧，呈淡黄色，结节状，最大的肿块达 15 cm×10 cm×6 cm，重达 365 g。肿块外面有完整、较厚的包膜和明显的血管分布。肿块与颈部皮下和气管不相连，但在胸腔入口处与食管外膜有部分粘连。肿物呈短条状止于胸腔内支气管分叉处，与心、肺、胸壁不相连。肿块切面呈灰白色、质较硬，似鱼肉状，无明显的纹理，无明显的血管，无中心出血、坏死或炎性物质。肿块较大的病鸭，可见不同程度的心包积液，心肌松软。肝体积变小，边缘变薄。气囊变浊。

病理组织学变化：肿块由大量的淋巴细胞和少量的纤维组织构成，内含有少数圆形环层状的结构，胸腺小叶界线不清，淋巴细胞积聚在皮质、髓质部呈弥散分布。淋巴细胞为中、小型，未见细胞核分裂相，为肿瘤的主要成分。在淋巴细胞的间隙，有少量淡染的上皮性网状细胞、巨噬细胞、纤维组织和血管分布。

七、母鸭巨大纤维瘤

1992 年刘秋春报道一起母鸭巨大纤维瘤。一年未产蛋的母鸭，体况非常虚弱，腹部膨大，患鸭只能用跗关节支撑身体。

剖开腹腔后发现肠系膜上长有小如蚕豆大至拳头的肿瘤共 13 个，充满整个腹腔。其中最大的一个重 500 g，13 个肿瘤的总重量为 745 g。所有瘤体中，有的属硬性纤维瘤，其特点是含胶原纤维成分多，细胞成分少，质地坚硬，多呈结节状，与周围健康组织分界明显。有的属软性纤维瘤，其特点是含细胞成分多，胶原纤维少，也多

呈结节状。由于肿瘤内纤维少，因此，质地比较柔软，状如息肉。

第三节　肿瘤的防治原则

由于肿瘤尤其是恶性肿瘤的治疗目前还比较困难，而且通常也无治疗的意义，因此，对肿瘤的防治工作，应贯彻防重于治的原则。

一、鸭肿瘤的预防要点

（1）实施科学的饲养管理，使鸭群获得丰富的营养物质（特别是蛋白质、各种维生素和矿物质），构建生物安全的生活环境，增强体质、抗病和修补能力，调动机体的内外屏障机能，抗御肿瘤的发生。

（2）尽最大可能消除已知的各种致癌因子，避免鸭群与之频繁接触。当前要特别注意饲料收集、贮藏、加工和调制过程中，避免受霉菌的污染，因霉菌中大约有 50 种是有致病性和致癌性的。霉菌的生长繁殖和毒素的形成取决于季节、温度、空气与饲料的湿度，当饲料的含水量高于 14%，空气的相对湿度高于 75% 时，最有利于霉菌的生长繁殖和毒素的产生。因此，如果饲料受到霉菌的轻微污染，在混合饲料时加入 0.5% 乙酸、丙酸或丙酸钠等防霉剂，是防霉的重要工作之一，而防湿是防霉的关键。严禁用发霉的饲料喂鸭。

（3）及时淘汰老龄种鸭群。因老龄种鸭群免疫功能衰退，生理机能减弱，并且经过长期的致癌物质的积累，发生癌瘤的概率增高，及时淘汰，经济合算。

二、鸭肿瘤的治疗

对于已发生肿瘤的鸭只，无治疗价值。

第十章　普通内科疾病

第一节　消化系统疾病

一、食管膨大部阻塞

鸭的食管膨大部阻塞，又称食管膨大部秘结、积食。其特征是发病急，食管膨大部增大、变硬。

（一）诊断依据

1. 临诊症状

（1）患鸭食管膨大部胀大、坚实，触诊时有硬实感，里面充满硬固食物，12 h 以至较长时间滞留不消化。

（2）病鸭食管膨大部存有气体，常张口呼吸、甩头，并由口腔内喷出酸败难闻的气味。

（3）精神沉郁或极为不安，呼吸困难。

（4）严重病例可导致腺胃、肌胃和十二指肠全部发生阻塞。患鸭神态极度沉郁，翅膀下垂，呆立不动，食欲废绝，如无及时治疗，往往以死亡为转归。

2. 病因

（1）幼鸭由于消化机能弱，成鸭由于某些原因引起消化机能减退，均容易发生本病。

（2）鸭只吃了过大的块根、过多的蚬壳类、粗纤维或发霉的饲料。

（3）误食了过多的羽毛、塑料、破布、麻绳、金属片、橡胶及玻璃等异物。

（4）食入大量易发胀的谷类、豆类等饲料，吸收水分之后引起过度膨胀而积聚于食管膨大部内。

（5）因日粮配合不当、突然更换、饥饱不均、过食、积食而引起阻塞；因矿物质、维生素及微量元素缺乏，引起异食癖或食入过多的沙砾而诱发本病。

（二）防治策略

1. 预防

大群鸭发生本病的例子极为少见，多数是少量或个别鸭只发病。常规的饲养管理，合理搭配饲料，坚持定时、定量饲喂，避免突然更换饲料，并经常清扫禽舍、运动场地，清除各种异物，这是预防本病的关键措施。

2. 治疗

（1）病情较轻者，可喂给植物油或用注射器将植物油直接注入食管膨大部，并用手在其外部轻轻揉捏，然后向食管下方进行揉压，目的是软化阻塞的物质，使其排入胃内。也可以将鸭只倒提，将积物从口中排出，一次排不尽，休息片刻再重复 1 次。症状较轻的病例，可以将温水注入食管膨大部，轻捏片刻，从口中塞入 5 ~ 10 粒酵母片，经以上处理之后，很快可以康复。

（2）冲洗疗法：将温和生理盐水或在每 1000 mL 的普通水中加入 15 g 碳酸氢钠作为冲洗液，用注射器直接注入食管膨大部内，轻轻按摩膨大部 1 ~ 2 min，然后将患鸭头部朝下，由上向下轻压患部，将里面积食和水一起从口腔挤出，一次不能排净，可重复几次，至排净为止，最后投予植物油，1 ~ 2 天内即可恢复。

（3）如果上述办法不能奏效，可采用手术疗法，先将患处的毛拔掉，将皮肤冲洗干净，涂上 2% 碘酊消毒，避开血管，轻轻在皮肤处作一切口（切记不要切到肌肉），然后与皮肤切口错开，再在食管膨大部管壁作 2 ~ 3 cm 大小的切口。把积物取出后，用 2% 硼砂溶液或 0.1% 高锰酸钾溶液冲洗干净，先缝合食管膨大部的肌肉层，然后再缝合皮肤。创口涂上碘酊，必要时可涂上四环素或鱼石脂软膏。术后禁食 12 h（可喂给葡萄糖水）后喂给一些容易消化的饲料，约经1周，切口愈合，即可与大群混饲。

（4）10日龄以内的雏鸭发生本病时，每只喂给少量复合B族维生素溶液，再喂5～10粒酵母片，疗效甚佳。

二、肠炎

鸭的肠炎是指由于某些理化因子的刺激而引起肠黏膜及其下层组织发生炎症的一种消化道疾病。主要临诊症状是腹泻、消化机能障碍。严重病例如不及时治疗，其死亡率很高。此外，当鸭群发生鸭流行性感冒、大肠杆菌病及球虫病等也会发生肠炎，而在此处本病所指的仅限于理化因子所致。本病的发生无明显的季节性，各种年龄的鸭群均可发生，尤以脱温前的雏鸭为甚，常可引起大批死亡。

（一）诊断依据

1. 临诊症状

（1）本病多发生于2～3周龄的雏鸭。特别多见于冬季低温及早春育雏阶段。其主要的临诊症状是患鸭精神不振，垂头闭目，无精打采。

（2）食欲不振或废绝，羽毛松乱、无光泽，怕冷，常挤在一起。

（3）患鸭腹泻，排出白、黄、绿及棕黄色或混合色泽的稀粪，肛门周围羽毛沾满粪便，常见患鸭的泄殖腔频频急剧收缩。频频饮水，并经常发出吱吱的尖叫声，最后因脱水衰竭而死。病程较长且能耐过的鸭，其生长发育受到一定影响。

（4）成年鸭患病与雏鸭症状基本相似，但症状较轻而缓慢，死亡率也较低。产蛋母鸭患病后产蛋量明显减少或停产。

2. 病理变化

主要是肠管的黏膜、黏膜下层、肌层、浆膜有不同程度的炎症变化。

3. 病因

本病是肠黏膜常见的炎症，有原发性和继发性两种。肠黏膜发炎，常常侵害黏膜下层、肌肉层和浆膜层。其主要病因主要有如下5点。

（1）饲养管理不善，喂饲发霉变质、酸败的饲料。

（2）饲喂过量的青嫩青菜、青草；饲料中的营养成分不全。

（3）饲料中含有芒刺及有毒物质；吃了不干净的饲料、饮水。

（4）食物中含有化学毒物；饲料中缺乏矿物质和沙砾。

（5）气候剧变，受寒或中暑，鸭舍过于潮湿，鸭群密度大等均可诱发本病。

（二）防治策略

1. 预防

（1）本病的发生多因消化不良和突然更换饲料所致，在这种情况下，下痢多为一过性，停饲或减饲数小时即可见症状减轻或消失。因此，必须根据病因改善饲养管理，合理搭配饲料，不喂腐败饲料，注意防寒，保持鸭舍的清洁卫生，供应清洁的饮水。

（2）一旦鸭群中发现病例，数量少时，将患鸭及时隔离治疗，病例多时，可考虑大群及时治疗。

（3）多喂些微生态饲料和酵母粉及多种维生素。

2. 治疗

可采取下列治疗方案。

（1）疾病一开始不喂抗生素，因抗生素在杀死病原菌的同时，也把肠内的有益菌"通杀"，破坏了肠内的正常微生物区系和平衡，如果用微生态制剂，通过生物竞争，让有益微生物占优势更有利于疾病康复。否则，下痢停止后，便秘接踵而来。

（2）因此，在饲料中多喂些微生态饲料和酵母粉及多种维生素，使肠内的益生菌占优势，通过生物竞争抑制有害微生物达到止痢的目的。用益生素微生态制剂拌料同时，加入鞣酸蛋白及微量元素，连服2～3天。

（3）脱水较为严重的病例，可补充盐水补液（葡萄糖20 g、氯化钠3.5 g、碳酸氢钠2.5 g、氯化钾1.5 g、凉开水1000 mL，溶解后让其自由饮用）。最后喂给微生态制剂及多种维生素。

（4）有必要时可选用下列组方。一是庆大霉素，混饮，每升水用 20 ~ 40 mg，混饲按每千克饲料用 50 ~ 200 mg，于第 1 天喂饲后立即加大量益生菌制剂。二是用微生态制剂拌料，加入鞣酸蛋白、多种维生素及微量元素，于第二三天喂服。

三、消化不良

鸭的消化不良是由于食入过多或食入难以消化的、易发酵的饲料而发生的疾病。其主要的临诊症状是排出极为稀臭的粪便。本病多发生于 30 ~ 50 日龄鸭，如不及时治疗，可转为慢性。

（一）诊断依据

1. 临诊症状

患鸭食欲降低，羽毛松乱，缩颈垂翅，不愿活动，排出稀臭的粪便，病鸭逐渐消瘦，生长迟滞，往往变成"僵鸭"。

2. 病因

饲养管理不当是造成本病的主要原因。30 ~ 50 日龄鸭生长发育迅速，食欲非常旺盛，此时若喂饲难以消化、易发酵的饲料，或者突然更换饲料或不能定时、定量喂饲，造成饥饱不均，当鸭只极为饥饿时，往往会抢食大量饲料而发生本病。

（二）防治策略

1. 预防

注意饲料配比，避免喂饲大量动物性饲料，尤其是蚬和蚯蚓等。防止突然更换饲料。一发现饲料有杂物，应及时拣出。阴雨天要防止饲料发霉。

2. 治疗

如发现个别或少数鸭吃得过饱而引起消化不良，应将其隔离停喂 1 ~ 2 次，多喂青绿多汁饲料。乳酶生，每只鸭每次口服 0.1 ~ 0.25 g，每天 2 次，连用 2 ~ 3 天。并供给充足的干净饮水，一般情况下，1 ~ 2 天后症状明显减轻。全群鸭发病可在饲料中加入干酵母粉、微生态制剂及复合维生素 2 ~ 3 天。一般情况下在饲料中添加微生态制

剂和饮用复合 B 族维生素溶液，2 ~ 3 天即可见效。

四、泄殖腔炎

（一）诊断依据

1. 临诊症状

严重时肛门周围的组织发生溃烂脱落，形成溃疡面。炎症可以蔓延到直肠黏膜。由于炎症的刺激，患鸭频频努责，随着病的发展，往往发生直肠脱垂。

2. 病因

鸭的泄殖腔炎是指泄殖腔黏膜发生溃疡性的炎症，大多是由于受损部位感染细菌或脱肛的时间较长被细菌感染所引起。

（二）防治策略

一旦发现病鸭，立即隔离饲养。先除去肛门炎症腐烂组织，用 2% 雷佛奴尔溶液或 0.1% 高锰酸钾溶液冲洗发炎的部位，然后再涂上鱼石脂软膏或三磺软膏或金霉素软膏，每天 2 ~ 3 次，3 ~ 4 天可痊愈。必要时可口服或肌内注射抗生素。同时应搞好场地卫生，以免重新感染。

五、泄殖腔脱垂

鸭的泄殖腔脱垂又称脱肛或泄殖腔外翻。本病多见于高产的母鸭。

（一）诊断依据

1. 临诊症状

患鸭初期肛门周围的羽毛湿润，随着病的发展，可见从肛门脱出 3 ~ 4 cm 长的肉红色物，经 2 ~ 3 天后脱出部分变成暗红色，并沾满沙泥及污物，病鸭肛门频频收缩，患鸭不安。若没有及时治疗，可引起发炎、溃疡或坏死，若被其他鸭群起而啄伤，可引起出血，若感染细菌则发生败血症而死亡。

2. 病因

本病的病因主要有以下三个方面。

（1）本病常发生于产蛋多的鸭只，因蛋过大或产双黄蛋，母鸭过度用力努责；母鸭由于各种

原因造成营养缺乏，致使肛门括约肌松弛。

（2）输卵管炎或产蛋过多造成输卵管黏膜分泌液不足。

（3）因应激因素（尤其在产蛋时受到惊吓或肛门受损伤等均可引起本病）。

（二）防治策略

1. 预防

平时加强饲养管理，喂给充足的青绿饲料。若鸭只有异食癖应及时采取措施，必要时将其隔离饲养治疗。

2. 治疗

一旦发现病鸭，应立即隔离单独饲养。首先将脱出部分用温水冲洗干净，再用 0.1% 高锰酸钾溶液或 2% 硼酸溶液洗涤、消毒。然后剪除肛门周围被血、粪及污物沾染的羽毛，再用高锰酸钾溶液冲洗患部内外。将脱出部分整复后，沿肛门括约肌周围进行荷包式缝合，留一小孔便于排粪，最后在术部涂上金霉素软膏。为了防止术部感染，可口服或肌内注射抗生素。一般在缝合后 8 ~ 12 h 即可拆去缝线。倘若肛门括约肌未恢复功能，可适当延长拆线时间。严重病例则淘汰。

第二节　呼吸系统疾病

一、喉气管炎

鸭的喉气管炎是非传染性因素引起的疾病，主要由各种理化因子刺激所致。

（一）诊断依据

1. 临诊症状

患鸭病初精神尚好，但食欲减退，喜饮水。随之而来是自鼻孔流出黏液，喉头黏有灰白色黏液，呼吸困难，常常伸颈张口，呼吸时发出"咯咯"声响，特别在驱赶之后，症状尤其明显。当病情恶化时，食欲废绝，几天后死亡。病轻者可自愈。

2. 病理变化

喉及气管黏膜轻度水肿、充血，有点状出血，并有大量带泡状黏液附着。心包腔积液，胆汁浓稠。

3. 病因

本病的发生是由于鸭只受寒、感冒、鸭舍潮湿、通风不良，以及各种气体（如二氧化碳、氨气等）的刺激而引起喉气管黏膜充血，渗出性增高，致使喉气管黏膜发炎。但不属传染性。

（二）防治策略

1. 预防

平时要加强饲养管理，搞好鸭舍的清洁卫生，通风良好，防贼风，防寒流袭击。

2. 治疗

可选用下列药物。

（1）庆大霉素。肌内注射，按每千克体重用 5 mg（5000 U），1 天 1 次，3 天一疗程。

（2）阿米卡星。肌内注射，按每千克体重用 2.5 万 ~ 3 万 IU，1 天 1 次，连用 2 ~ 3 天。

（3）阿莫西林。饮水 0.02% ~ 0.03%，肌内注射，按每千克体重用 20 ~ 50 mg。

（4）麻黄碱。呼吸困难时可以肌内注射麻黄碱注射液，按每千克体重用 1.5 mg。

（5）青霉素、链霉素。肌内注射，每千克体重各 5 万 IU，每天 1 次，3 天一疗程。

（6）用抗生素治愈后，饲料中添加维生素 C、维生素 A、微生态制剂。

二、异物性肺炎

由于异物被吸入肺引起的肺炎称为异物性肺炎。临诊上以呼吸困难、体温升高、叫声嘶哑为特征。

（一）诊断依据

1. 临诊症状

（1）鸭只在采食后，突然抬头，张口摇头，咳嗽，眼结膜潮红，流泪，呼吸困难，可以听到"咯咯"声响。随着病情的发展，病鸭出现精神极度沉郁，食欲废绝，严重病例不久窒息死亡。

（2）急性或严重的病鸭往往在大风雨中及雨后尚未出现明显的症状即死亡。病程稍长的病例，精神委顿，离群独处，呼吸困难，咳嗽，叫声嘶哑，体温升高,倒地挣扎,最后因呼吸、循环衰竭而死。

2. 病理变化

(1)喉头及鼻后孔处有较多的干糠饲料及黏液阻塞。气管壁黏膜充血,支气管的末端也附着糠麸饲料,并有少量浆液性或黏液性分泌物。

(2)支气管内充满泡沫状液体,肺水肿、淤血而膨大,局部质地较为硬实,肺炎病灶区色彩不一,严重者广泛分布两肺。肺的局部或边缘常有颜色较为苍白的气肿区域。

3. 病因

(1)常由于饲料拌合干湿不均,鸭群饲养密度过大,食槽不够,喂饲不定时,造成鸭只抢食过急,饲料误入气管及支气管中,导致异物性肺炎的发生。

(2)鸭群在放牧时遭受狂风暴雨的袭击,由于无处躲避,而鸭的鼻孔位于上喙的背面,雨水极易进入或羽毛随雨水流入鼻孔而被吸入肺而发生异物性肺炎。

(二)防治策略

1. 预防

防制本病的关键在于注意改善饲养管理,喂饲必须定时、定量,避免过于饥饿。拌料必须均匀,宁可湿些勿过于干燥。同时还应该注意设置足够的食槽及饮水器。避免在暴风雨时放牧,在放牧地设置避雨防风棚,使鸭群免受暴风雨的直接侵袭。

2. 治疗

本病极难治疗。轻症者可将患鸭单独饲喂,尽量减少活动与惊扰,并及时注射抗生素消炎,或许可以奏效。

三、感冒

鸭的感冒是由于受寒冷的刺激而发生的一种以上呼吸道症状为主的常见普通病。鸭感冒多发生于雏鸭,因雏鸭对外界环境变化的适应能力较低。雏鸭群中发生本病时,抵抗力较低的部分个体可继发肺炎,若没有得到适当的治疗,可造成死亡。

(一)诊断依据

1. 临诊症状

患鸭精神沉郁,食欲不振,羽毛松乱,若下水,羽毛易浸湿。鼻黏膜发炎,流出清水样分泌物。眼结膜充血,流泪,怕冷扎堆,有些病雏由于上呼吸道炎发展到支气管炎或肺炎时,则表现呼吸加快,咳嗽(夜间尤甚),打喷嚏,体温升高,如未得到及时治疗,可因过度衰竭而死亡。

2. 病理变化

鼻腔有黏液积聚,喉部有炎症病变,并附有多量的黏液,气管内有炎症渗出物积聚,肺肿大和充血,有些病例肺脏呈紫红或紫黑色。

3. 病因

(1)育雏室温度过低或闷热,室温不稳定、忽高忽低,垫料潮湿。

(2)放牧时受风雨侵袭;育雏室通风换气不良,室内氨气、二氧化碳浓度升高。

(3)缺乏维生素 A 等都可以降低机体鼻腔和气管黏膜的抵抗力,尤其上呼吸道黏膜上皮的防御能力下降,一些细菌或病毒乘虚而入,并容易繁殖使雏鸭感染。长途运输(尤其冷天)中保温不良和冷气流及贼风的袭击等,均可以发生上呼吸道炎症和感冒的一系列症状。

(二)防治策略

1. 预防

(1)预防感冒的关键是注意鸭只育雏阶段的保温工作。室温应保持在 30 ~ 32℃,防止贼风的侵袭。灵活掌握脱温时机,寒冷季节脱温不能过早。

(2)放牧时要注意天气变化,若遇风雨,特别是严冬遇恶劣天气,要及时将鸭群赶进舍内避风寒,夏天则要防暴风雨。

2. 治疗

(1)选用下列方案:资料介绍,患病鸭只可喂阿司匹林,按每天每 100 只雏鸭用 0.5 ~ 1 g 拌料,连用 2 ~ 3 天,同时应在饲料中拌入 0.2% 土霉素粉,以防继发感染,连用 3 ~ 4 天。最好是多观察鸭群,把病鸭集中治疗,避免少数鸭患病而大群鸭陪着吃药。

（2）在以上治疗方法的基础上，须在饲料中添加维生素 A，可用鱼肝油粉（按标签说明）。为增强食欲和消化，可加入微生态制剂。

（3）当出现明显肺炎时，喂服土霉素，每次按每千克体重用 100 mg，每天 2 次，连喂 3 ～ 4 天。也可以用林可霉素（洁霉素），混饲按每千克饲料用 15 ～ 30 mg，连用 3 ～ 5 天。

（4）每只雏鸭用青霉素 1 万 ～ 2 万 IU、链霉素 5000 ～ 10 000 IU 肌内注射，每天 2 次。也可以用庆大霉素，按每千克体重用 5000 IU 肌内注射，每天 2 次，2 天为一疗程。

（5）饲料中添加维生素 A 和益生素或微生态制剂。

四、气囊破裂

鸭的气囊破裂又称皮下气肿，俗称为气嗉或气脖子。由于各种原因（尤其是外力作用），致使气囊破裂，大量空气窜入颈部以至全身皮下疏松组织间隙，从而导致全身或局部（以颈部为常见）气肿而隆起。本病多见于雏鸭和中鸭，填鸭也有发生。

（一）诊断依据

1. 临诊症状

（1）患病鸭只精神沉郁，食欲减退，羽毛松乱，行动迟缓，呼吸困难，独处一隅。

（2）皮下气肿可发生于身体的各个部位：当颈部气囊破裂时，可见颈部羽毛逆立，轻者仅见于颈的基部，重症者可见延伸到整个前躯部；当胸、腹部气囊破裂时，皮下气肿则多发生于胸、腹一侧或两侧，胸、腹围膨大，按压有捻发音，叩诊呈膨音。或者只发生于腿部或翅膀处，严重者甚至波及全身。所有气肿部位的皮肤变薄呈半透明。放牧游水时，患鸭不能潜水。若不及时处理，气肿可继续增大，生长发育受阻，严重病例可导致死亡。

2. 病因

（1）种疫苗或注射药物时，抓鸭、放鸭及赶鸭时动作过猛、粗鲁，以致气囊受损。

（2）互相啄斗造成体表损伤和气囊破裂。

（3）某些含气骨（如肱骨、乌喙骨）发生骨折时，空气逸出蓄积于皮下。

（4）某些气管寄生虫（如气管吸虫、比翼线虫等）寄生于气管、支气管或气囊内，导致气囊破损以致空气窜入皮下，这种情况虽然是造成气囊破裂的原因之一，但较为少见。

（5）多种因素都可能造成气囊壁变薄、受损后难以愈合，使吸入的空气外逸，积聚于皮下结缔组织内而形成气肿。

（二）防治策略

1. 预防

本病一般较少发生，但要尽量避免，尤其在捕捉鸭只时应轻捉轻放，以免损伤气囊及骨骼。

2. 治疗

一般无理想的治疗方法，但可以采取对症疗法。

（1）注射器抽气或用注射针头穿刺放气。

（2）烧红的铁丝在膨胀部位烙一破口，将气放出一部分。采用以上方法，有时也可以治愈，但很多是放气后常常还会重新膨胀起来，必须坚持数日，每天放 2 ～ 3 次气，直到痊愈为止。倘若反复发生而时间过长的，可用剪刀把气肿部皮肤剪一小口，以便使积气随时排出，注意术部消毒，以防感染。

第三节 泌尿生殖系统疾病

一、输卵管炎

鸭的输卵管炎是指由于输卵管黏膜感染细菌或由于炎症所引起的输卵管分泌机能障碍。在临诊上以输卵管分泌多量白色或黄白色脓样物从泄殖腔排出为特征。

（一）诊断依据

1. 临诊症状

呆立不安，羽毛逆立，两翅下垂。从泄殖腔

排出一种白色、脓样的炎症分泌物。肛门周围（特别是肛门下方）的羽毛被沾污，产蛋发生困难，常出现努责现象。患鸭间歇性地产出软壳蛋、无蛋白蛋或产出的蛋在其表面带有血迹。严重病例的炎症可蔓延至腹腔而引起腹膜炎，或者输卵管破裂而引起卵黄性腹膜炎。

2. 病因

（1）鸭舍饲养环境不清洁，养鸭场地的大肠杆菌、沙门菌及各种化脓性球菌等由泄殖腔侵入输卵管。

（2）鸭所产的蛋体积过大或在输卵管内破裂，或者由于其他原因使输卵管黏膜受损伤而感染细菌。

（3）产蛋过多，饲料中缺乏维生素 A、维生素 D、维生素 E，而动物性饲料过多等，都可以引起和促使输卵管炎的发生。

（二）防治策略

（1）一旦发现病鸭，立即隔离饲养，进行详细检查。如发现泄殖腔内有卵滞留，可往泄殖腔灌入油类，帮助其将卵排出体外。然后用橡胶洗耳球吸取 2%～4% 硼酸溶液或 0.1%～0.3% 高锰酸钾溶液注入泄殖腔和输卵管下段进行冲洗，然后再注入抗生素或将抗生素胶囊塞入泄殖腔内。

（2）肌内注射青霉素和链霉素，其剂量是每只鸭按各 15 万～20 万 IU。也可以按每千克体重口服土霉素，第 1 次用 50～100 mg，第 2 次减半，或者混入饲料（配成 0.2%）喂给。

（3）本病是引起难产、输卵管脱垂及泄殖腔炎的一个相当主要的原因，所以将严重病例淘汰为宜。

二、输卵管脱垂

鸭的输卵管脱垂也称输卵管外翻，是指输卵管脱出于肛门之外。母鸭常发生本病，尤以新留种的高产母鸭多发。

（一）诊断依据

1. 临诊症状

患鸭精神沉郁，站立不安，食欲减退。在母鸭肛门的外面脱出一段充血发红的输卵管，其黏膜外翻，往往把直肠和泄殖腔黏膜一起带出，若脱出时间稍长，可见黏膜水肿，呈暗紫。本病多呈慢性经过，患病之初只见产蛋的母鸭突然停蛋，但每天仍有产蛋行为。若感染细菌，则可见发炎、溃烂或坏死，也常引起败血症而死。

2. 病因

（1）母鸭所产的蛋过大，常常由于过度努责而引起输卵管外翻。

（2）产蛋过多，使输卵管黏膜分泌的一种能起润滑作用的分泌物减少，或者饲料中维生素 A、维生素 D、维生素 E 不足，使输卵管黏膜上皮角质化，从而弹性降低。

（3）当母鸭发生输卵管炎、泄殖腔炎或啄肛时，局部黏膜受刺激而强行努责，企图把肛门内的刺激物排出去，从而导致输卵管脱出。

（二）防治策略

（1）发现患鸭首先必须将其单独关养，防止被其他鸭只啄伤。

（2）如果发现得早，及时治疗，可以痊愈。一般采用以下方法。

①将脱出的输卵管用 0.1% 高锰酸钾溶液或 2% 雷佛奴尔的冷溶液冲洗干净，涂上金霉素眼膏，然后把其轻轻地推进肛门里，用口袋缝合法暂时缝合肛门四周皮肤，并可以往输卵管内注入冷消毒液（或放入小冰块），以减轻组织充血和促进其收缩，每天 2～3 次，或者可塞入一粒抗生素胶囊，以减少细菌感染，也可以肌内注射庆大霉素或在饮水中加入抗菌药物。在 2～3 天内，只供应葡萄糖液，不喂饲料，减少排粪。经 2～3 天后拆线。倘若整复治疗后还会出现反复脱出，可考虑淘汰。

②麻醉法：用 1% 普鲁卡因溶液冲洗或浸渍脱出部分，并在肛门周围作局部麻醉，以减轻发炎和疼痛。把脱出部分冲洗后，涂以金霉素眼膏，将其整复后，在肛门周围皮肤缝几针（但要留一定通口让粪尿通过），防止继续脱垂。倘若在治疗期间母鸭继续产蛋，则上述方法的效果不好。如反复发作，则无治疗价值。

三、卵黄性腹膜炎

由卵巢排出的卵黄未落入输卵管伞而掉入腹腔引起的腹膜炎，称为卵黄性腹膜炎。在临诊上表现为母鸭产蛋突然停止，每天都有产蛋的行为而实际上无蛋产出。

（一）诊断依据

1.临诊症状

本病多呈慢性经过，患病之初只见产蛋的母鸭突然停蛋，但每天仍有产蛋行为。随后就出现食欲不振，采食量减少（有些病例减少不明显），精神逐渐沉郁，行动迟缓，不活泼。腹部逐渐增大而下垂，常呈"企鹅式"的步行姿态。触诊其腹部，有敏感反应，并感到有波动感。有些病例的腹部胀大而稍硬，宛如面粉团块。有些病例呈现贫血，腹泻，出现渐进性消瘦。有些病鸭虽一直保持其肥度，最后多半出现衰竭而死。

2.病理变化

（1）腹腔积有棕黄色或污绿色的混浊、浓稠的液体，并沾污了腹腔各内脏器官，味恶臭。

（2）患鸭间歇性地产出软壳蛋、无蛋白蛋或产出的蛋在其表面带有血迹。严重病例的炎症可蔓延至腹腔而引起腹膜炎或输卵管破裂而引起本病。

（3）腹腔中还可以见到凝固或半凝固、数量不等的卵黄，破裂的蛋壳或软壳蛋，有时见有完整的蛋，以及纤维素性渗出物，并与肠系膜、脏器互相粘连。

3.病因

（1）当成熟的卵黄向输卵管伞落入时母鸭突然受到惊吓等应激因素的刺激，使卵黄直接落入腹腔中。

（2）母鸭发生难产、输卵管破裂，卵黄从输卵管裂口掉入腹腔。

（3）由于其他疾病（尤其是大肠杆菌病、沙门菌病、某些腺病毒感染或禽流感等）致使输卵管发炎或卵巢受侵害，致使卵泡、卵黄变性，皱缩，破裂，使卵黄直接流入腹腔所致。

（4）日粮配合不合理，磷含量过高，磷、钙比例失调及维生素缺乏，使机体的代谢机能发生障碍。

（5）由于炎症和疾病的原因，造成输卵管机能障碍，输卵管伞的活跃与静止状态失去平衡，当排卵时不是处于活跃状态，则不能接获卵黄而使其落入腹腔；由于输卵管狭部破裂，使未形成壳膜的蛋跌入腹腔。

（二）防治策略

（1）一旦出现腹部增大而下垂，触诊有波动感，可怀疑为本病，尽管此时患鸭还有食欲，但无治疗价值，应及早淘汰。

（2）在预防上应注意日粮的组合要合理，注意调整饲料中的蛋白质、维生素，以及钙、磷的比例，减少应激因素，及时注射大肠杆菌油乳剂灭活疫苗，防治沙门菌病、维生素缺乏症、脂肪肝出血综合征及痛风等疾病。

（3）平时注意搞好清洁卫生，特别是饮水的消毒，池塘里的水也要结合鱼病防治倒入消毒液。为了改善环境及水源的卫生，可饲喂微生态制剂，利用生物竞争抑制大肠杆菌的繁殖。

四、难产

难产是指母鸭在产蛋过程中，超过正常的产蛋时间而不能将蛋产出，又称蛋滞留或产蛋困难。在临诊上主要表现为羽毛逆立，起卧不安，频频努责作产蛋状。

（一）诊断依据

1.临诊症状

（1）难产的母鸭较多时间就巢，并作产蛋的努责，但仍产不出蛋，接着则见其表现惊慌不安，频频起卧并作产蛋动作，羽毛竖立，两脚叉开站立，尾部下垂，躯体前部稍仰起，一边频频做努责产蛋动作，一边则发出"咯咯"的疼痛呻吟。

（2）倘若努责时间过长，没有给予及时助产，则常可引起死亡。当患脂肪肝出血综合征的母鸭发生难产时，因努责用力过猛，极易引起肝破裂而死亡。

2. 病因

（1）蛋过于大、蛋的位置不正、输卵管收缩无力。

（2）由于生殖器官发育不良，分泌功能障碍，使输卵管黏膜干涩，不够滑润，蛋不易通过。

（3）由于某些因素造成输卵管发炎或狭窄、扭曲，致使蛋难以在输卵管中正常移动。

（4）由于受到惊吓使神经调节机能障碍或饲养管理不当，特别是钙、磷比例不当致使蛋壳过于粗糙不平等。另外，老龄母鸭腹腔内沉积有大量脂肪，使输卵管受压迫，从而限制了蠕动收缩而发生难产。

（二）防治策略

1. 预防

本病一般少见群发性，多见于个别或少数母鸭发生。预防本病只能从加强饲养管理入手，保证日粮中有充足的蛋白质、钙及维生素 A、维生素 D，同时要注意保持饲养环境的安静，尽量避免经常受到惊扰等应激因素的影响。

2. 治疗

（1）本病的治疗主要靠人工助产。对一般性难产，可将石蜡油、凡士林、食用油注入肛门内，起润滑作用，然后再用一手指轻轻地、细心地伸入母鸭的泄殖腔内，用另一只手在腹部外面适度地压迫，以帮其将蛋产出。

（2）对于蛋形过大的蛋，上述方法无法奏效时，则先将蛋的位置拨正，使蛋的一端朝外，然后将蛋敲破，小心将破碎的蛋壳取出，使卵黄、卵白流出，再小心地用镊子取出残余蛋壳。最后用 0.1% 高锰酸钾溶液或生理盐水冲洗泄殖腔，然后注入抗菌药物或将抗菌药物胶囊塞入泄殖腔内。若输卵管收缩乏力，可肌内注射奎宁 0.5 mL，效果较好。对于因输卵管狭窄或扭转造成习惯性难产的母鸭，无法治疗，建议及早淘汰。

五、公鸭阴茎脱垂及阳痿

公鸭阴茎脱垂，俗称"掉鞭"，是公鸭常见的生殖器官疾病，常因交配后未缩回而垂在体外，

与地面或物体摩擦后引起破损，继而感染细菌（特别是大肠杆菌、葡萄球菌等）而发炎或溃疡，以致不能缩回泄殖腔。这种公鸭不能留作种用。

（一）诊断依据

1. 临诊症状

患鸭表现精神萎靡不振，行动缓慢，食欲减退，倘若体温升高至 43℃ 以上者，则食欲完全废绝，2 ~ 3 天后死亡。在发病初期，阴茎拖于体外，严重充血，比正常肿大 2 ~ 3 倍，看不清阴茎的螺旋状精沟，在其表面可见到芝麻至黄豆大的黄色干酪样结节。严重病例可见阴茎肿大 3 ~ 5 倍，呈黑色结痂状，表面有数量不等、大小不一的黄色脓性或干酪样结节，剥除结痂，可见鲜红的溃疡面。因交配频繁而造成垂露，阴茎呈苍白色。公鸭性欲减退，甚至阳痿，爬跨后不见阴茎伸出。

2. 病因

（1）鸭群中公、母鸭在陆地上交配时，其他公鸭"争风吃醋"，追逐并啄正在交配中的公鸭阴茎，或者公鸭交配后阴茎未缩回泄殖腔之前与地面发生摩擦，致使阴茎受损伤、出血，感染细菌后发炎、水肿，甚至溃疡而无法回缩。

（2）公鸭在严冬交配时，阴茎伸出后在外界环境停留时间过长而冻伤，机体对其失去控制，回缩困难，因而失去交配能力。

（3）公鸭在水上交配时，由于阴茎露出后被水蛭、鱼类咬伤，或者因鸭群中公、母鸭比例不当，公鸭交配频繁，致使阴茎受损，感染细菌而发炎。

（4）因营养成分不全，造成公鸭营养不良，降低了性欲，阴茎疲软、阳痿，或者因公鸭过老，性欲自然减退。

（二）防治策略

1. 预防

平时应注意饲料的配合要恰当，在母鸭产蛋期到来之前，公鸭要提早补料，公、母鸭的比例要合理，一般为 1 ∶（4 ~ 6）。公鸭过多，不仅浪费饲料，而且还会发生"争风吃醋"、互相追逐、互相啄咬阴茎的异食癖。鸭群应在产蛋前注射大肠杆菌油乳剂灭活疫苗，搞好场内的清洁卫生。

2.治疗

（1）当公鸭阴茎受伤不能回缩时，应及时将病鸭隔离饲养，用 0.1% 高锰酸钾溶液冲洗干净，涂以磺胺软膏，将其整复。

（2）当公鸭阴茎受冷不能回缩时，应及时用温水湿敷，然后用 0.1% 高锰酸钾溶液冲洗干净，涂上三磺软膏，矫正其位置。

若无治疗价值，应及时淘汰。

六、母鸭性欲减退症

母鸭性欲减退是指母鸭不愿接受交配。

（一）诊断依据

1.临诊症状

母鸭由于性欲减退，不愿接近公鸭，不愿接受交配，因此，受精率极低，所产的蛋几乎全是"光蛋"。

2.病因

母鸭营养不良，性机能减退；由于年龄过大，性欲自然减退；由于性器官疾患，尤其患有慢性输卵管炎、大肠杆菌、禽流感等疾病侵害了母鸭的卵巢，均能导致性欲减退。

（二）防治策略

根本的办法是认真探讨，搞清楚引起本病的原因，然后针对具体原因，采用有效的对症疗法。如果由于年龄偏大，应及早淘汰，以免浪费饲料。

七、异常蛋（畸形蛋）

鸭只所产蛋的外部形态和内部结构与正常蛋不同者，称为异常蛋或称畸形蛋。异常蛋可分为外观异常蛋和蛋内异常蛋。常见的有软壳蛋、无壳蛋、无黄蛋、双黄蛋、双壳蛋和不定型蛋等。

（一）临诊症状及病因

1.软壳蛋

只有蛋壳膜而无蛋壳的蛋称软壳蛋。其外观呈灰白色，触压富有弹性而柔软且易变形。主要是日粮中钙、磷等矿物质或维生素 D_3 缺乏；由于钙、磷比例失调；由于外界应激因素（如惊吓等）干扰，引起输卵管分泌和收缩机能亢进；由于传染病、寄生虫病等引起壳腺分泌障碍，在壳膜外尚未沉积钙质形成蛋壳之前，便排出体外，即"早产"。

2.蛋壳过硬蛋

即指蛋壳的厚度和硬度均超过正常者，又称响钢皮蛋（把两只这样的蛋互相碰撞时发音特别响亮而得名）。多数是由于饲料中含有过量的钙和维生素 D_3，这往往与母鸭的产蛋量不高有关。

3.无黄蛋

无黄蛋形成的原因是异物（如寄生虫、脱落的黏膜上皮、血块等）落入输卵管后，使输卵管的蛋白分泌部受到刺激而分泌出蛋白将异物包围，至蛋壳分泌部又将蛋白包被。无黄蛋一般都比正常蛋小，形状不定，有的过圆或过长。打开蛋壳之后，只有蛋白却不见蛋黄。

4.过大蛋

也称巨形蛋，一般比普通蛋重 30% ~ 70%，曾有人报道，有些鸭 1 次产下重 700 g 的过大蛋。此种异常过大蛋多为双黄或多黄蛋。主要是由于母鸭的生殖机能旺盛，促卵泡素和排卵诱导素超量分泌所致；由于输卵管蠕动机能减弱，使先排的卵黄在输卵管内停留时间过长，与后排出的卵黄相遇而形成双黄蛋；由于鸭只在产蛋时受到惊吓，致使已下行至输卵管子宫部的成形蛋，因输卵管的逆蠕动而将蛋推回起始部后再度下行，再次外包蛋白和蛋壳而形成蛋包蛋，甚至再重复 1 次而形成三重蛋包蛋。这样的蛋很难产出，多引起难产。

5.血斑蛋

即在卵黄上或系带附近有紫红色斑块或斑纹的蛋，多见于低产鸭所产的蛋。是由于卵巢在排卵时血管破裂或输卵管发炎出血及维生素 K、维生素 A 缺乏所引起的出血，使血块附在蛋黄上一起进入输卵管所形成血斑蛋。血斑大小不一，从芝麻大至豌豆大，形状也有所不同。

6. 寄生虫蛋

即蛋内有绦虫、吸虫或斯克里亚宾比翼线虫等寄生虫，以前殖吸虫最常见。输卵管内的寄生虫在蛋形成时被包入蛋内；肠道寄生虫移行到泄殖腔，再上行进入输卵管，随后与蛋黄一起下行被包进蛋内；寄生虫从体腔经输卵管漏斗部进入输卵管内。

7. 气味异常蛋

（1）腥味蛋。是由于饲料中的鱼粉比例过高所致。

（2）氨味蛋。是由于尿素中毒或蛋白质饲料掺尿素喂鸭所产的蛋，或者由于鸭舍氨气过浓所致。

（二）预防

（1）加强饲养管理，科学调配饲料，维持输卵管的正常生理功能。

（2）做好疫苗的免疫接种工作，预防疫病发生。

（3）在日粮中供应足量的含钙及维生素 D_3 的添加剂。

（4）在产蛋期间保持环境安静，尽量避免各种应激因素的影响。

（5）搞好鸭舍的清洁卫生和消毒工作。

第四节　其他疾病

一、中暑

鸭的中暑是日射病与热射病的总称，又称为热衰竭症。炎热的夏天，鸭群在强烈的阳光直接暴晒下，或者所处的环境气温相当高，又闷热，使鸭群产热多而散热障碍，从而导致神经系统紊乱，并引起急性死亡，这种因直接受高热所致的疾病，即为中暑。

（一）诊断依据

1. 临诊症状及病理变化

（1）日射病。以神经症状为主，患鸭烦躁不安，颤抖，有些病鸭乱蹦乱跳，甚至在地上打滚。体温升高，眼结膜发红。鸭只痉挛，最后昏迷倒地而死。病理变化以大脑和脑膜充血、出血及水肿为主。

（2）热射病。表现呼吸急促，张口伸颈呼吸。翅膀张开并垂下，口渴，体温升高，打颤，走路不稳，痉挛，昏迷倒地，蹬腿，常引起大批死亡。

病理变化以大脑和脑膜充血、出血，全身静脉淤滞，血液凝固不良，尸冷缓慢为特征。

2. 病因

（1）日射病。主要的原因是高温闷热和高温湿热。鸭只在烈日下暴晒，使头部血管高度扩张而引起脑膜急性充血，从而致使中枢神经系统机能障碍；鸭只缺乏汗腺，羽毛致密；长时间在灼热的地面上活动或停留，上晒下煎，以及周围的辐射热，鸭只就容易发生日射病。

（2）热射病。在高温季节若饲养密度大，环境潮湿，饮水不足，湿度大而闷热，通风不良，体内的热量难以散发而引起热射病。我国南方在夏季常出现晴雨变化无常，鸭群（尤其是雏鸭）放牧时在烈日直射下暴晒，突然被雨淋湿后，又立即赶回鸭舍，在高度湿热的环境中，也容易引起中暑。

（二）防治策略

1. 预防

高温季节，尽量避免在烈日下放牧，池塘边应搭盖凉棚遮阴。育雏时应降低饲养密度，育雏室要通风，尤其应注意打开地脚窗，应有充足的冷水供其自由饮用。夏天放牧应早出晚归，尽量走阴凉牧道，选择凉爽的牧地，并有充足水源为宜。栅养鸭遇到高温高湿天气时可采用大风扇向一个方向吹。

2. 治疗

一旦发生中暑，应立即进行急救。把全群鸭赶下水域降温，或者转移到阴凉通风处，先泼洒冷水降温（个别严重的病鸭可以放在冷水里浸一会），大棚、规模化养鸭应采用喷雾器向鸭棚内喷水，雾点先大后小以至雾状。也可以给予维生素 C 红糖水任其自由饮用，严重者可以喂服十滴水 8～10 滴。还可以大群喂服酸梅汤、冬瓜水及红糖水解暑。

二、鸭软脚综合征

鸭软脚综合征是多种病因所引起的疾病。由于其病因极为复杂，鸭只所表现出来的软脚症状属于一种症候群，而不是一种独立的病，在临诊上鸭只呈现两脚发软的都属软脚症候群。这里所介绍的是非传染病引起的软脚综合征。

（一）诊断依据

1.临诊症状

发病初期只见病鸭喜欢蹲伏，走几步就蹲下，跟不上大群，食欲不振，生长缓慢。接着就出现两脚发软，走动无力，走得过急或过快时容易摔倒。随着病情的发展，患鸭不能正常站立和自由行动，移动时跗关节触地爬行，甚至用两翼支撑着地，因而跗关节容易磨损发炎、肿大、增厚而形成关节畸形。

2.病因

（1）主要是由于饲养管理条件不良所致。育雏环境寒冷潮湿，舍内缺乏阳光照射，通风不良，饲养密度过大，雏鸭运动不足。

（2）饲料营养不全，尤其是缺乏维生素 D_3 和钙，或者钙、磷比例不恰当。

（3）较长时间的阴雨天气，鸭只光照不足，更容易引起维生素 D_3 的缺乏，此时即使饲料中有足够钙，也无法吸收。

（4）维生素 B_1 缺乏也可以引起多发性神经炎和外周神经麻痹，两脚无力，步伐不稳。

（5）维生素 B_2 缺乏也会引起脚趾弯曲，腿麻痹，走路困难。

（6）维生素 E 缺乏引起脑软化症，也能引起脚麻痹。

（7）红霉素、莫能霉素、盐霉素、甲基盐霉素等与任一种抗球虫药合用时，也会引起腿无力和麻痹。

（8）有害的气体如一氧化碳、氨气、福尔马林，也会引起脚软弱。

（二）防治策略

（1）保持鸭舍干燥，搞好卫生，增加放牧时间，尽量让鸭只多晒太阳（注意避开高温时段，以免引起中暑）。当阴天时间较长时，要注意在饲料中添加维生素 D_3。

（2）饲料的配合要全面，雏鸭要以全价颗粒料为主。

（3）当鸭出现软脚综合征时，将患鸭集中隔离饲养，肌内注射维丁胶性钙，每只注射 2 mL，每天 1 次，2～3 天为一疗程。其他鸭喂给益生素、多种维生素（特别是维生素 A+ 维生素 D_3），饲料中添加贝壳粉或碳酸钙，按每只鸭 0.5 mg，可减少本病的发生。

三、眼病

鸭的眼病是多种病因引起的一种常见病。

（一）诊断依据

1.临诊症状

病因不一，症状各异。一般表现为眼结膜充血、潮红，流出浆液性、黏液性或脓性分泌物；眼睑肿胀，严重时难张开至不能张开，眼内积有豆腐渣样物，甚至失明；眼角膜混浊，严重时也会丧失视力；也可以由某些传染病引起一侧或两侧眼流泪，使眼周围的羽毛沾湿，形似戴上眼镜一样。由鸭流行性感冒引起的流出血泪；由寄生虫引起的流泪、烦躁不安；由维生素 A 缺乏引起视力差甚至失明。

2.病因

眼病的种类繁多，致病的因素亦多种多样。如异物的刺激；维生素 A 缺乏；眼内寄生虫侵袭；细菌、病毒及真菌感染；氨气中毒等均可以引起眼病。

（二）防治策略

（1）因外伤或异物引起的，应及时将异物取出，用 2% 硼酸或 2% 雷佛奴尔溶液清洗干净，然后涂上金霉素眼膏。严重者用滴眼液滴洗之后，滴入 1～2 滴氢化可的松注射液或涂上氢化可的松软膏。

（2）由维生素 A 缺乏引起的，每只可注射维生素 A+ 维生素 D 油剂 0.5 ~ 1 mL，也可以喂维生素 A 丸（鱼肝油丸），每天 2 次，每次 1 ~ 3 粒，2 ~ 3 天为一疗程。

（3）若由传染病及寄生虫引起的，应先治疗传染病及驱虫，眼病常随着传染病的康复或寄生虫的驱出而自愈。严重病例（指眼球已受破坏而失明的），则无治疗价值。

（4）搞好清洁卫生。

四、脚趾脓肿（趾瘤）

鸭的趾瘤是指鸭的趾关节、趾间和趾的皮下组织因创伤而感染化脓性细菌所形成的脓肿，重型种鸭多发。

（一）诊断依据

1. 临诊症状

患鸭脚底皮肤损伤、发炎、化脓肿胀，大小如黄豆大到鸽蛋大。炎症若继续发展，可扩展到脚趾间的组织，或者沿着深部组织、关节和腱鞘发展。在肿胀部位的组织中，蓄积大量的炎症渗出物及坏死组织。经一段时间后，脓肿的内容物逐渐干燥，变成干酪样。也有在脓肿溃烂之后形成溃疡面，使患鸭行走困难。由于疼痛，影响食欲，造成母鸭产蛋量下降或停产。

2. 病因

（1）鸭脚趾肿胀又称趾瘤。表现为鸭的趾关节、趾间或趾的皮下（蹼）组织因创伤而局部感染化脓性细菌致使组织坏死、增生，更多是"机化"而形成的脓肿结节。一般多发生于体形大而重的鸭只。

（2）鸭舍或运动场地面粗糙、坚硬，或者放牧时经过不平整及存有大量瓦砾的牧道，也容易造成脚趾皮肤损伤，感染化脓性细菌（尤其是葡萄球菌）而导致发生本病。本病看似小事，但对于名贵的父母代种鸭，处理好就可以增加鸭场的经济效益。

（二）防治策略

（1）病的早期可以采取手术疗法，切开患部皮肤，排清脓液及坏死组织，用 1% ~ 2% 雷佛奴尔溶液或 3% 硼酸溶液清洗消毒患处，再涂上鱼石脂软膏，同时内服土霉素。

（2）病鸭停止放牧，病鸭单独饲养，每天护理 1 次，约 1 周可痊愈。经常发生本病的种鸭群，若鸭群中常有一定数量鸭只发生本病时，应考虑注射葡萄球菌氢氧化铝疫苗，可防止本病的发生，每年注射 2 ~ 3 次。编者曾给症状较轻的种鸭注射此苗，经 7 ~ 10 天，大部分患鸭症状停止发病。

五、垂翅和反翅病

鸭群中常发现有些鸭只出现翅膀下垂（垂翅）和单侧或双侧翅膀外翻（反翅）。

（一）诊断依据

临诊症状及病因：鸭群中常发现鸭只发生垂翅和反翅，这是由于前肢骨发育不正常所致。前肢骨分 3 段，正常时是 3 段折叠成"Z"形，紧贴于胸部肋骨外。而垂翅多由于 3 段前肢骨关节松弛，收不拢，从而下垂；而反翅常由于前肢骨下 2 段反翻于胸廓上或向外翻所致。

（二）防治策略

一发现垂翅或反翅，可及时按正常位置纠正后，用绷带将其固定 2 ~ 3 周后可恢复。处理越早、越及时，效果越明显。倘若由于全身性疾病引起的体弱而双翅下垂时，则要对症治疗，并适当在饲料中添加钙、磷等矿物质含量。

六、应激性综合征

应激性综合征是指机体在应激源的刺激下，通过垂体—肾上腺皮质系统引起的各种生理或病理过程的综合性症状。

（一）诊断依据

1. 临诊症状

（1）在临诊上可以表现为食欲减退，产蛋量下降。严重者可引起惊恐症，表现过敏，乱飞或无目的地乱跑，遇到障碍物或饲养人员时特别紧张，惊叫，呈现恐惧和烦躁不安的神经质状态。

病情更严重时，甚至可以发生猝死综合征，即急性发病，迅速死亡。

（2）多见于长势良好的青年鸭，突然平衡失调，强烈抽搐，翅膀猛烈扑动，1～3 min 后死亡。死前尖叫、挣扎，死后呈仰卧姿势。雏鸭死亡率往往高达 10% 以上。

（3）由应激所引起的死亡雏鸭颅骨出血，脑膜和脑组织充血，大脑与丘脑之间的间隙有大的凝血块。肝脏有出血斑，肾充血，喙呈紫蓝色，蹼苍白。

2. 病因

一般认为与饲养管理、环境应激源（因子）及神经传递异常有关。例如，鸭群过于拥挤，鸭舍卫生差和通风不良，致使氨气浓度过高，以及饲养环境灰尘飞扬、闷热、潮湿、噪声大、惊吓、恐惧（或空中有大鹰飞过）、突然强力驱赶和追捕、争斗、炎热季节长途运输、转群、多人参加的防疫接种、气候突变（雷雨交加），以及日粮中缺乏维生素 B_1 和烟酸等。

（二）防治策略

加强饲养管理，消除各种不良刺激因子，改善环境卫生，清除环境污染。特别在高温季节免疫接种时，避免激烈追捕。接种疫苗前，在饲料中添加维生素 C（按每吨饲料用 100～200 g）、3% 柠檬酸。也可以在饮水中加入维生素 C（按每千克水用 0.1～0.2 g）或 0.24%～0.3% 氯化钾等电解质水溶液，可以缓解症状，减少死亡。

七、光过敏症

鸭的光过敏症是由于鸭吃了含有光过敏性物质的饲料、野草及某些药物，经阳光照射一段时间后而发生的一种疾病。发病率可达 20%～60%，严重者高达 90%。

（一）诊断依据

1. 临诊症状

（1）本病特征症状是在鸭的上喙背侧出现水疱，水疱破溃后遗留下疤痕，随着疤痕的收缩，上喙逐渐变形，边缘卷缩，有些病例上喙前端和两侧向上扭转或翻卷，缩短，有些病例的上喙只剩下原来的 1/4，舌头外露或坏死（彩图 330）。

（2）有些病例的上喙病初失去原来的黄色，局部发红，形成红斑（彩图 331），经 1～2 天发展成黄豆乃至蚕豆大的水疱，有些水疱连成一片，水疱破溃后，流出黄色透明水疱液，并混有灰白色纤维素性样物，再经 1～2 天形成褐色瘢痕或结痂（彩图 332），覆盖在上喙的表面。不久又出现水疱，水疱扩大、破溃、结痂。如此反复几次，最后上喙表皮变厚，呈湿布样，并与上喙分离。只要鸭群拥挤互相碰撞，便大块脱离，呈斑驳状，发出一股腐臭味。

（3）鸭的脚蹼也可以出现同样的水疱，经 2～4 天，水疱破溃而形成棕黄色痂皮。有些病例初期一侧或两侧眼睛发生结膜炎，流泪，眼眶周围羽毛湿润或脱毛。病的后期眼睑黏合，失明。

（4）患鸭病初表现精神不振，食欲减退，体温正常，后期体温升高，羽毛发育不全，体重减轻。病鸭很少死亡，但出售时价格偏低，造成养鸭户的经济损失。

2. 病理变化

主要见上喙和脚蹼出现弥漫性炎症、水疱及水疱破溃后形成结痂、变色和变形。皮下血管断端血液凝固不良，呈紫红色，如酱油样，膝关节处皮下有紫红色条纹状出血斑及胶样浸润。舌尖部坏死，十二指肠卡他性炎症。有些病例还可见到肝脏有大小不等的坏死点。

3. 病因

（1）鸭的光过敏症，我国研究不多，1979 年李建时报道，1977 年 10 月至 1978 年 1 月北京市郊区曾有 7 个鸭场共有 5 万多只鸭发生过光过敏症，以后郭玉璞等人也作了报道。1991 年陈育濠等人在广东省首次发现 6 个鸭场有 6000 多只鸭发生光过敏症并作了报道。本病在夏天多见。

（2）1991 年陈育濠等人报道，本病的病因是鸭只吞食含有光过敏性物质，如大软骨草籽，将混有这些草籽的麦渣或麦麸加工成饲料，用以喂鸭，同时这些鸭在阳光持续照射后就会发病。以上两个条件缺一不会发病。陈育濠等还发现鸭吃了喹乙醇或痢特灵，经阳光照射后也能发病。鸭只吃了光过敏性物质，没有经阳光照射均不发病。分离不出病原，属于非传染性疾病。

（二）防治策略

本病一旦发生，目前尚无特效药物进行治疗。当早期发现少数鸭只上喙出现上述症状和变化时，立即停喂可疑含有光过敏性物质的饲料或药物，并应在一段时间内尽量少晒太阳，立即停止发病。病例较少的情况下，可采用对症疗法：如有眼结膜炎者，用2%雷佛奴尔溶液冲洗；上喙及蹼的病变可用甲紫或碘甘油涂擦患部，以促进其恢复。

八、龙骨黏液囊炎

鸭的龙骨黏液囊炎常发生于生长快、体重大的肉鸭或种鸭。鸭场的运动场地面粗硬不平，并有较多的沙石，从地面至水域的上落处偏斜、偏高，致使鸭只因龙骨承受着全身的压力，与地面摩擦而使皮肤受损，从而由于受细菌感染而引起炎症，继而在龙骨处形成肿胀或黏液囊炎，龙骨的皮肤表面有乳酪状渗出物覆盖。若不处理，母鸭产蛋量下降，严重病例由于细菌感染会引起败血症而死亡。对本病的防治应做好下列工作。

（1）搞好鸭舍、运动场的清洁卫生工作，清除运动场的石头及杂物，平整场地，修整好鸭只从地面下水域的上落处，以防止擦损皮肤。

（2）发现病鸭，可以采取局部外科处理，用碘酊消毒患处，涂上鱼石脂软膏。对已感染细菌的鸭只，在患处周围可注射青霉素。

（3）将患鸭隔离，暂不让其下水，保持鸭舍地面的清洁。

九、肉鸭腹水综合征

肉鸭腹水综合征是由多种因素引起的一种综合病征。本病是以浆液性液体过多地聚积在腹腔，右心肌肉松弛扩张，肺部淤血、水肿和肝脏病变为特征的非传染性疾病。

（一）诊断依据

1. 临诊症状

（1）患鸭病初精神、食欲没多大变化，种鸭产蛋无影响。本病呈慢性经过。病的中后期则见部分严重病例表现为精神沉郁，食欲正常或减少。

（2）腹部逐渐胀大，腹膜及腹部皮肤变薄，触压有波动感（彩图333、彩图334）。严重病例腹部拖地，行动迟缓，强迫行走或以腹部着地时，如企鹅样。呼吸困难，此时患鸭体温正常。有些患病种母鸭尽管有大量腹水，还保持食欲，当强迫其行走时，还可以跑动，且叫声响亮。

（3）严重病例，在驱赶或捕捉时，突然倒地或抽搐，不久则气绝身亡。

2. 病理变化

（1）最典型的病理变化是腹水储积数量不等、清亮、淡黄色和无臭味的液体，有时可见纤维蛋白凝块或胶冻样积液（彩图335、彩图336），40~50日龄肉鸭腹水100 mL至500~600 mL。编者曾从送检的4只体重约3 kg产蛋母鸭腹腔中分别抽出900 mL、1250 mL、1280 mL和1820 mL腹水。

（2）心脏体积增大，右心室高度扩张，心壁变薄，心肌柔软、松弛，右心房内充满血凝块，心包积液。

（3）肝脏充血、肿大，边缘钝圆，呈深红色，切面流出暗红色液体。有些病例肝脏显著肿大或皱缩，表面凹凸不平，质地坚实；有些病例肝脏变硬、变小，表面有一层灰白色或淡黄色纤维素性渗出物附着，质地较硬韧，不易剥离，并有数量不等的水疱（彩图337、彩图338）；有的病例肝脏呈绿色，偶见肝脏破裂，在肝脏周围有凝血块。肺严重淤血，呈黑色，水肿，用剪刀压之，有大量液体流出。肾肿大、充血。个别病例还可见脾高度肿大，质地变脆。

3. 病因

（1）鸭腹水综合征的研究资料很少，但实际上发现不少地区鸭群出现腹水综合征。在禽类最早报道的是我国于1986年开始有鸡发生本病的报道，且文章不少。发病的地区也很广。鹅、鸭早已发现本病，却极少见报道。根据目前所知，引起腹水综合征的原因较为复杂，说法有多种多样。已报道的原因有天气寒冷，慢性缺氧，氧分压低，缺乏维生素 E、硒或磷，饲料或饮水中钠、硒、磷含量过高，高能量饲喂，快速生长，霉菌中毒等。

（2）与环境有关。诱发腹水综合征的最重要和最常见的因素是环境，包括海拔、温度和舍内空气的状态等。高海拔地区的缺氧状态是发生腹水综合征的主要原因。由于空气稀薄，氧分压低，普通大气压中氧含量为 20.9%；海拔 610 m 时氧含量为 19.4%；海拔 999 m 时氧含量为 18.5%；海拔 3776 m 时氧含量为 13.6%。低海拔地区由于冬春季气温低需要保温，造成通风不良，一氧化碳、二氧化碳、氨、尘埃及有害气体浓度增高，致使氧气减少，造成慢性缺氧。由于天气寒冷，机体代谢增强，耗氧量大或环境管理措施不当（如人为因素）引起的应激等。

（3）与营养和饲料有关。为了满足雏鸭快速生长的需要，往往使用高能量、高蛋白的饲料，有的甚至在饲料中加入某些促生长剂。任何增加采食量、加快生长的因子，都能增加机体对氧的需要量，加快新陈代谢，增加能量的消耗，机体为了满足氧的需要，血液中的红细胞必须携带大量的氧气。从而导致右心衰竭、肝脏淤血、门静脉不通畅等，这都可以引起腹水症的发生。

（4）日粮或饮水中钠盐含量过高，致使组织细胞与血液之间的渗透压显著增大，从而造成较多的水分渗入血液中，使心的收缩力加强，右心室出现代偿性扩张，心肌松弛，心壁变软，心力衰竭。肝脏静脉压升高，血液中水分慢性渗出，形成腹水。饲料中的赖氨酸和蛋氨酸用量升高和豆粕用量降低，这样就会造成钾含量降低和增加硫、氯的浓度，从而增加腹水综合征的发病率。为了补充饲料中能量的不足，常加入油脂，若日粮中脂肪含量过高（超过 2% ~ 8%），机体在氧化所有食入的脂肪的过程中需要消耗大量的氧，从而也造成缺氧。

（5）饲料中的维生素 E、硒或磷缺乏，饲料

中含大量的生物碱如芥子酸、巴豆毒素等，也可以诱发腹水综合征。

（6）与某些药物和疾病有关。在预防和治疗疾病的过程中，如果连续投药时间过长，用药剂量过量（如磺胺类药物、呋喃类药物等），会对心脏、肝脏有一定的损害作用，从而降低血液渗透压，诱发腹水的产生。某些疾病，如大肠杆菌病、鸭疫里默氏杆菌病、慢性中毒病，传染性法氏囊病等，会影响肺的正常呼吸，从而产生肺源性的缺氧症，都可能在原发病的基础上继发性出现腹水。此外，遗传因素、某些细菌性的毒素所引起的肝淀粉样变或肝硬化，常导致腹水综合征的发生。

（二）防治策略

鸭只一旦出现临诊症状，单靠治疗难以获得预期效果。应该认真分析有可能引发本病的各种因素，采取预防措施，比治疗更现实。除严重病例应及早淘汰外，较轻的病例可以采取综合治疗。

（1）改善环境条件。在寒冷季节育雏，应注意做好保暖与通风换气，尽量降低舍内的湿度，及时清除粪便和垫料，消除舍内有害气体，加强消毒，减少尘埃。

（2）因为肉鸭早期的增长速度较快，饲养管理方法跟不上，是较容易发生本病的重要原因之一，所以通过对饲料或能量的限制，降低某个关键生长期的生长率，可以控制腹水综合征的发生和降低死亡率。用粉料代替颗粒性饲料。这种饲养程序的目的是保持肉鸭肌肉（需氧者）和心脏（供氧者）之间适当增长比例和协调。若在饲料中添加 125 mg/kg 浓度的脲酶抑制剂可降低氨含量 49.4%，亦能明显降低本病的死亡率和淘汰率。

（3）饲料中补充维生素 C，按每吨饲料用 500 g。以提高鸭的抗病能力和抗应激能力。饲料中的维生素 E 和硒的含量要符合营养标准或略高于营养标准。

（4）防止饲料中含有某些毒素（如黄曲霉毒素）而引起肝脏纤维化，导致血中液体渗出并积聚于体腔。毒素还可以通过干扰血液在肺中携带氧的过程，而使心脏功能受损害而产生腹水。可

用水合硅铝酸钙钠（hydrated sodiumalcium alunino-silicate，HSCAS）降低饲料中黄曲霉毒素的毒性。

（5）中草药疗法有一定的效果，组方如下：二丑、泽泻、木通、商陆根、苍术、猪苓、谷子、灯心草、竹叶各 500 g，研成细末。治疗量每只肉鸭 1 次 2 g，预防量每只 0.3 g，按采食量混入饲料中。由 3 日龄开始，吃 7 天停药 5 天，共 3 个疗程。

（6）已经发病的鸭只，可在饲料中添加利尿剂，通过增加肾小球的滤过率或减少肾小管的重吸收而排出大量水分，以对症治疗。

十、鸭淀粉样变病

鸭淀粉样变病又称"鸭大肝病"或"鸭水裆病"，是与多种因素（诸如年龄、性别、品种、饲养管理、恶劣的环境及慢性感染性疾病等）有关的一种慢性疾病。其临诊症状主要是患鸭喜卧，不愿活动，腹部增大、下坠。病理变化特征主要是见有大量腹水，肝明显肿大，质地较韧，如橡皮样。本病主要发生于成年鸭，在某些地区，对养鸭业常造成极大的威胁。1982 年国内学者凌育燊对本病作了系统深入的研究。

（一）诊断依据

1.临诊症状

（1）本病主要发生于成年鸭，多数见于产蛋母鸭，极少见于公鸭。本病属一种慢性疾病，在患病的早期不容易发现，只见患鸭有时精神较为沉郁、喜卧，不愿活动或出现行动迟缓，食欲减退或完全正常。当驱赶其行走时，患鸭行动活泼，看不到任何不正常的表现。随着病的发展，患鸭腿部发生不同程度的肿胀，严重者出现跛行。

（2）患鸭不愿下水，如强迫其下水，则不愿游动，只漂浮在水面上或很快就上岸，行走摇晃，站稳之后立即蹲伏。严重病鸭常见腹部因有腹水而膨胀，下坠（彩图 339），呈企鹅式站立。

（3）触诊腹部，有波动感，并可以摸到质地坚硬的肝脏。病鸭临死前见不到明显的挣扎，有些病例临死前还吃饲料。

2.病理变化

大部分病例一般发育正常。

（1）腹水。剖检活鸭或死鸭，均发现有腹水，一般 100 ~ 500 mL 不等。编者从送检的 3 只活的患病种鸭中抽取腹水分别多达 900 mL、1280 mL 和 1820 mL。腹水为浅黄色、透明，有些病例亦见血性腹水，无异味。

（2）肝脏。明显呈均匀肿大，比正常鸭的肝脏肿大 1 ~ 3 倍。其下缘突出于肋弓后缘外 3 ~ 8 cm。其中多以肝右叶肿胀显著，边缘多数钝圆（彩图 340）。有病变的肝脏由于淀粉样物质沉着、分布的位置不同，肝脏往往呈多色性，一般呈灰黄色（彩图 341）、黄棕色、橘黄色、黄绿色、草绿色甚至深绿色或红褐色。有些肝脏因数种色彩互相交错而呈地图样外观或呈斑驳状。肝质地呈橡皮样（彩图 342），肝包膜一般光滑。如有肝周炎的病例，则有厚薄不等的灰白色纤维素性渗出物被覆，严重者肝表面呈灰白色，包膜增厚，质坚韧，不易剥离。有些病例的肝包膜与其周围的组织器官发生不同程度的粘连。肝切面致密，其色彩与其表面的颜色相似。胆囊壁及胆管壁明显增厚，黏膜粗糙或溃疡。

（3）脾。通常无明显变化，但也见有肿大者，甚至比正常大 4 ~ 5 倍，质地脆，易破裂。

（4）心脏。偶见心外膜增厚、粗糙，有纤维素性渗出物被覆。若病例出现较多腹水时，则可以见心脏体积增大，右心室高度扩张，心壁变薄，心肌柔软、松弛。

（5）卵巢及输卵管的变化较为常见。大部分卵泡的卵泡膜充血、出血。卵子变形、变色和变性，或者表面被纤维素性渗出物或结缔组织包裹。有些病例死亡之后，腹腔中还存有较大而且完好的卵子。有些卵子破裂或脱落于腹腔，甚至形成卵黄性腹膜炎。输卵管呈萎缩状态。

（6）肺、肾上腺、肾、脑等未见明显变化。

病理组织学变化如下。

（1）主要见到淀粉样物质在内脏组织器官中广泛沉着，其中以肝和小肠黏膜的沉着最常见。肾上腺、脾、肺、肾和胰腺也常出现。淀粉样物质是一种纤维素性糖蛋白，其组成成分是淀粉样物质原纤维及其多糖基质。

（2）肝脏。病变较轻者，淀粉样物质仅见于小血管壁（包括中央静脉）及其周围的肝窦壁等部位。随着病情的发展，淀粉样物质沿着相邻小叶的界板之间和肝窦壁向周围及小叶内伸展。病变严重者，其肝脏完全失去原有结构，肝细胞大部分消失，肝的大部分以至全部被淀粉样物质所代替。这些淀粉样物质分割包围残留的肝细胞，并使之受压而萎缩。而残留的肝细胞可见变性或胞浆出现大小不等的空泡而呈蜂窝样外观。有些病例的肝被膜有不同程度的增生现象，这种增生是由于纤维组织和数量不等的淋巴细胞、单核细胞及少量异嗜性细胞浸润所形成的，表现为慢性或亚急性肝被膜炎。肝内的炎症反应一般不显著。

（3）小肠。在小肠黏膜内淀粉样物质的沉着频度很高，肠腺之间的距离有不同程度的增宽，严重者肠腺萎缩，数量明显减少，但充满淀粉样物质。

（4）脾、肾上腺、肾、胰腺等其他组织也有不同程度的淀粉样物质沉积。

3. 流行特点

（1）本病多发生于日龄较大的鸭群中，尤其是产蛋母鸭，日龄越大，发病率越高。

（2）母鸭发病率高，公鸭很少发病。

（3）根据调查资料，发病率约10%，有些可高达30%。虽然在没有并发症的情况下死亡率不高，但却严重影响种鸭群的产蛋量，对养鸭业存在着潜在威胁。

4. 病因

关于本病发生的原因还没有确切的了解。一般认为本病与饲养管理、恶劣的环境、有害因素、年龄、遗传特点、动物的适应性和沙门菌、大肠杆菌的内毒素有关。

由于淀粉样物质主要沉着于网状纤维、小血管壁及其周围，从形态学特点看，可以考虑本病的发生机理可能与网状内皮系统的功能异常和免疫紊乱有关。而鸭机体本身的物质代谢障碍和免疫系统的功能异常则可能是本病发生的内在因素。

（二）防治策略

迄今为止，尚未见对本病有特效疗法的报道。对原发病的治疗和对症疗法的实际意义尚未确定。因此，对患病严重鸭群的治疗在生产实际上的意义不大。可以参考如下建议。

（1）通过改善饲养管理，调整饲养密度，搞好卫生工作，有助于降低发病率。

（2）做好疫病的防疫接种工作，尤其重要的是接种大肠杆菌油乳剂灭活疫苗（7～10日龄雏鸭首免，产蛋前二免）。

（3）常发生本病的鸭群，经常饲喂微生态制剂。对环境和水塘的有害微生物引入生物竞争因素，有利于减少污染的程度。

（4）本病多发生于年龄较大的个体，造成患病母鸭的生产价值下降，产蛋量下降或停产，因此，适当控制产蛋鸭群的利用年限，以发挥其最大的经济效益。

第十一章　常见胚胎病

禽类胚胎病是一个新的科学领域。禽类卵细胞最大的特征是体积大，细胞膜的结构复杂，在受精卵发育的过程中，除了必须从卵内获得贮存的营养物质外，还必须有适宜的外界温度等各种条件。如果忽视了搞好母禽的饲养管理工作，致使种蛋缺乏必要的营养成分，就会造成各种营养性胚胎病。

如果忽视了实施防病灭病的卫生措施，致使种蛋存在着各种病原体，就会造成各种传染性（内源性）胚胎病。

如果忽视了做好种蛋的合理保管和完善的孵化工作，也会造成各式各样的胚胎病。威胁着雏禽正常生长发育的许多疾病，实际上在胚胎发育阶段就已经开始。胚胎病不但会降低胚胎的抗病力，使孵出的幼雏产生各种先天性的疾病，而且往往会造成胚胎的死亡或降低出雏率。

事实说明，在鸭只的饲养过程中，由于胚胎的各种疾病所引起的孵化率降低、死胚、雏鸭生长发育停滞和死亡，在经济上所造成的损失是巨大的。

因此，有必要提高对鸭只的胚胎病这一领域的认识，在鸭病防控工作中，除了研究鸭只本身疾病的防治方法之外，还必须对鸭体的前身——胚胎所发生的各种疾病，进行必要的研究。预防各种胚胎病的发生，是鸭病防控工作中不可缺少的一环。

关于禽类胚胎病的研究资料目前不够多，至于鸭胚胎病的材料就更为缺乏，因此，诊断和防治的难度较大。

鉴于目前尚无鸭胚胎病系统的诊断方法和防治措施，编者在这一章里所搜集的资料很不完善，只是作为一个问题提出来。相信在鸭病的防治中，将会得到应有的关注，并通过今后不断的实践来丰富这一领域的内容。

第一节　营养性胚胎病

母鸭对营养物质的需求量很大，一方面是为了维持自身的健康生长和正常的产蛋量；另一方面还必须为所产的蛋内贮存充足的营养物质。因此，母鸭是否用全价饲料饲养、代谢是否正常、蛋内是否全面地贮存营养物质，构成了鸭的胚胎能否正常生长发育的重要因素。任何一种因素出现问题，都有可能使胚胎出现营养性疾病，从而影响胚胎的发育，降低种蛋的出雏率，甚至导致雏鸭的各种先天性疾病的发生。

一、种鸭维生素A缺乏和过量引起的胚胎病

1. 维生素A缺乏

（1）当种禽日粮中维生素A和胡萝卜素缺乏时，公鸭的精子减少，活力下降，畸形精子增多，直接影响种蛋的受精率。母鸭产蛋的间歇期延长，产蛋量下降，蛋内常有血斑，维生素A减少。在孵化的第1周，胚胎头部和躯干已形成，但血管分化和骨骼的发育受阻，头和脊柱畸形，胚胎的错位发生率增加。

（2）死胚率之所以增加，有资料说明，母禽每千克日粮中含维生素A为450 μg时，胚胎死亡率为10%；含120 μg时，死亡率为15%；含60 μg时，死亡率为31.7%；含30 μg时，死亡率为100%。

（3）存活的胚胎发育缓慢，胚体软弱。眼干燥，呼吸道、消化道和泌尿道的上皮角化，肌肉和皮下水肿，贫血。经常出现痛风，即在肾、肠系膜、胸膜、心包膜、卵黄膜、卵黄囊及其他器官表面有白色尿酸盐沉积，尤其是肾肿大，肾小管充满白色尿酸盐。

当怀疑胚胎维生素A缺乏时，可对种蛋的蛋

黄、孵化中的胚胎或雏鸭的肝脏进行测定。若低于正常含量（2~5 IU/g），则为维生素 A 缺乏。

2. 维生素 A 过量

维生素 A 过量对胚胎可产生毒性作用，导致胚胎死亡和孵化率降低。

3. 预防方法

在母鸭饲料中补充维生素 A（请参考本书"维生素 A 缺乏症"）。但生产实践中，当发现维生素 A 缺乏症时，其添加量可增加 1 倍以上。同时要防止饲料放置过久或发霉，致使饲料中的维生素 A 被氧化破坏。平时在日粮中补充动物性饲料和青绿饲料，有预防维生素 A 缺乏性胚胎病的作用。

二、种鸭维生素 B_1 缺乏引起的胚胎病

维生素 B_1 缺乏性胚胎病在鸭尤为多见，常常由于日粮不全价，缺乏糠、麸及母鸭采食大量白蚬、虾和贝壳类水产品时，由于硫胺素酶破坏了维生素 B_1 而造成维生素 B_1 缺乏。一般情况下，对母鸭的产蛋量影响不大，但产出的种蛋在孵化过程中，胚胎就会出现不同程度的维生素 B_1 缺乏症。当孵化到第 4~5 天时，胚胎发育明显减慢，逐渐衰竭，死亡增多，有的胚胎虽然已到啄壳时间，却因无法出壳而死亡。

缺乏维生素 B_1 的种鸭群，应调整日粮的配方，增加含维生素 B_1 较丰富的饲料，如糠麸类及青绿饲料；每只母鸭注射盐酸硫胺素 0.5 mL（每毫升含盐酸硫胺素 50 μg）；每只鸭喂给复合 B 族维生素溶液 0.5 mL。倘若发现刚孵出的雏鸭群中出现大批雏鸭发生维生素 B_1 缺乏症时，可对同一来源或同一批的孵化蛋，在孵化前从气室内注入 0.05~0.1 mL 维生素 B_1 溶液有助于雏鸭顺利出壳，并可以减少出壳雏鸭的发病率。

三、种鸭维生素 B_2 缺乏引起的胚胎病

维生素 B_2 在蛋黄中的含量不得低于 4 μg/g，

低于此值就会发生维生素 B_2 缺乏性胚胎病。维生素 B_2 缺乏是影响禽胚孵化率的常见营养缺乏的原因之一。由于维生素 B_2 在机体里不能大量存在和长久贮留，因此，当种鸭日粮缺乏维生素 B_2 仅数天，母鸭群即有反应，尤其由于热应激、疾病或其他因素影响鸭的采食量时，更增加病的严重程度，此时母鸭所产的种蛋内的维生素 B_2 的含量迅速下降，在孵化时胚胎就发生缺乏病。

缺乏维生素 B_2 的胚胎主要表现为侏儒胚，发育不均匀，头大（头部皮下水肿），脚短小，关节变形，趾弯曲，下颌和腹部皮下水肿，羊水黏稠度增高，卵黄稠密，肾常沉积尿酸盐结晶。由于皮肤的生理机能障碍，导致皮肤角化，绒毛不能突出毛鞘，一堆堆卷曲成团而呈"结节状绒毛"或"结绳"状外观。由于胚胎的蛋白质代谢障碍，肝脏呈黄红色或暗绿色，并有出血斑。即使能孵出的雏鸭，绒毛卷曲，脚、颈麻痹，甚至瘫痪。

缺乏维生素 B_2 的种鸭群，在饲料中应提供维生素 B_2 正常需要量，在每千克饲料中加入维生素 B_2 3 g，或者在种蛋入孵前向气室内注入 0.05 mg 维生素 B_2。一般情况下，在日粮中加入足够的维生素 B_2 后，不超过 7 天，种蛋的维生素 B_2 便可以恢复到接近正常水平。

四、种鸭维生素 D 缺乏引起的胚胎病（胚胎黏液性水肿病）

对家禽来说，最重要的是维生素 D_3 和维生素 D_2，而植物性饲料不含维生素 D，但日光中的紫外线可以促使禽类（鸭主要是脚蹼）所含的 7-脱氢胆固醇转化为胆固化醇，即维生素 D_3。由于饲料添加维生素 D_3 不足或在阴雨季节和冬季，缺乏光照，常导致本病的发生。

种鸭缺乏维生素 D 时，母鸭产薄壳蛋和软壳蛋的数量增加，新鲜蛋内的蛋黄可动性增大。种蛋在开始孵化时胚胎发育缓慢，绒毛膜发育不良，出雏率降低。胚体皮肤出现极为明显的浆液性大囊泡状水肿，即称为胚胎黏液性水肿病，皮下结缔组织弥漫性增生。由于发生水肿，胚胎发育受

阻，出现明显的四肢骨弯曲，腿短，上颌骨和下颌骨也短，从而导致上、下喙闭合不正常。在孵化早期因维生素D缺乏而死亡的胚胎，心脏发育不全。幸存而出壳的雏鸭有的出现关节变形、脑积水等症状。

预防本病，需加强母鸭的饲养管理，日粮应补充丰富的维生素 D_3，调整好日粮中钙、磷的最合适比例为 2：1。

但过量的维生素D也会使孵化率降低，长期大量使用会引起中毒。

五、种鸭维生素E缺乏引起的胚胎病

在一般情况下，种鸭的日粮中维生素E（α-生育酚）有足够的含量，较少发生缺乏症。若在种鸭日粮中补充适量的维生素E，可使其后代提高免疫应答能力。

本病的特征是肢体出血、水肿、头肿大，单侧或两侧眼突出，晶状体混浊，玻璃体出血，眼角膜出现云雾状斑点，甚至失明。出雏率明显降低，常在 4～7 天或 25～28 天出现胚胎死亡。存活至出壳的雏鸭出现失明、呆滞、骨骼肌发育不良，胃肠弛缓，成活率极低。

缺乏维生素E的种鸭，除保证日粮中含有足量的维生素E外，可以同时添加抗氧化剂。添加适量蛋氨酸、亚硒酸钠，或者在日粮中加入0.3%～0.5% 豆油，也可以解决维生素E缺乏的问题。

第二节　传染性胚胎病

当胚胎感染各种病原体（细菌、病毒和真菌）之后，就有可能发生各种传染性胚胎病。这往往是造成死胎和降低出雏率相当重要的原因。按病原体的感染途径不同，可分为内源性感染和外源性感染两大类。

内源性感染

是指有些传染病能通过胚胎垂直传播，由母体直接传递的胚胎感染。由于母鸭患某种传染病或长期携带病原体，当这些病原体侵入卵巢和输卵管时，可以在卵形成过程中传给胚胎，导致胚胎产生各种病变，甚至引起死亡。也会因胚胎不死而带着病原体出壳，构成垂直传播，如沙门菌病、支原体、病毒性肝炎等。

外源性感染

是指病原体从外界环境污染蛋壳，并通过破损或不破损的蛋壳侵入蛋内。当蛋壳表面严重污染并具备了适宜病原体繁殖的温度和湿度时，病原体可以穿透蛋壳，抵抗蛋白内的抗微生物因素，在蛋内繁殖，短时间内造成胚胎的腐败或感染发病；由于卵黄不含有蛋白内抗微生物因素，贮藏日久的蛋，蛋内溶菌酶的活性下降，蛋白收缩，系带溶解，卵黄变稀下沉，促使卵黄膜与内壳膜直接接触，病原体更容易侵入卵黄内繁殖而使蛋发生腐败或感染。

种蛋的收集、储藏和运输过程中，在不卫生的孵化器内及被污染了而又有机会与蛋接触的一切用具中，各种病原体都有可能侵入蛋内。

发生传染性胚胎病而死亡的胚胎，常见有以下病变：胚液、卵黄及蛋白混浊，呈现黑色或绿色，并散发出硫化氢恶臭味或其他异味。胚体表面充血、出血、水肿。肝及其他内脏器官坏死等。

传染性胚胎病的确诊，若只靠临诊症状和病理变化就作出确诊，往往容易误诊。必要时应尽量采取综合分析、病原分离和鉴定等实验室检查方法，才能作出正确的诊断。

一、禽流感

本病是由 A 型禽流感病毒引起的传染病，在鸭中广泛流行。从 1992 年我国首次分离出致病性禽流感病毒以来，鸭群也广泛流行本病。能否引起鸭的胚胎病，尚未有较多详细的研究资料报道。

（1）多年的实践证实，受鸭流感病毒感染的母鸭的产蛋量明显下降，所产的蛋中带有鸭流感病毒，可引起胚胎感染和早期死亡。胚胎受鸭流感病毒感染后，生长发育受阻，到孵化后期，全胚重量比正常胚明显减轻。在感染后的第 5 天，死亡率达最高点。死胚可见其躯体和内脏器官有广泛性的出血点或出血区，发育异常。胚胎出现畸形，以头部和躯干部骨骼的发育不全为主要特征。

（2）鸭流感病毒能引起鸭的胚胎病，并出现大批死亡。母鸭感染禽流感病毒（即使是中等致病力禽流感病毒），也能引起产蛋母鸭大幅度减蛋，最近有资料报道，从被禽流感病毒感染的鸭群所产的蛋中分离到禽流感病毒。把禽流感病毒接入鸭胚中，能引起鸭胚死亡，胚体全身皮肤出血。这些事实说明，鸭流感病毒存在着垂直传播的可能性。

诊断：感染禽流感病毒的鸭胚，其尿囊液及卵黄囊膜中存在禽流感病毒，因此，可以从死胚中分离到禽流感病毒，用血凝及血凝抑制试验、ELISA 和 PCR 试验等确诊。

二、鸭传染性法氏囊病

传染性法氏囊病的病原属于双 RNA 病毒的传染性法氏囊病毒，以往主要发生于鸡，近年来，国内一些学者已有报道鸭自然感染法氏囊病病毒引起发病流行的例子，采取鸭的病料接种于鸭胚尿囊膜上，死亡胚的尿囊膜水肿，有痘斑样病变，胚体皮肤充血、出血等病变。

三、鸭瘟

本病的病原是鸭瘟病毒，引起鸭发生一种急性、败血性传染病。主要通过接触传染，尚未证实可经蛋垂直传播。

母鸭受鸭瘟病毒感染之后，其产蛋量出现突然性、持续性大幅度下降，种蛋的受精率和孵化率也比正常大大降低。鸭胚可以用于分离鸭瘟病毒，将病毒接种于 9 ~ 12 日龄的鸭胚，经 4 ~ 9 天内死亡，见胚胎的尿囊膜充血、水肿，有灰白色坏死斑点，胚体水肿、充血、出血。肝脏有出血和坏死灶。

四、鸭病毒性肝炎

本病的病原体属小 RNA 病毒科肠道病毒属

的鸭病毒性肝炎病毒。主要危害 4 周龄以下的雏鸭，早年的研究资料表明，母鸭感染鸭病毒性肝炎病毒之后，虽无临诊症状，但种蛋在孵化的不同阶段均有部分胚胎发生死亡。据报道，发生鸭病毒性肝炎的某养鸭场，种蛋在孵化过程中，有 80 多只胚胎在孵化至第 15 ~ 26 天时死亡，其中 7.5% 死胚分离出鸭病毒性肝炎病毒。死于 10 ~ 15 天的胚胎，卵黄囊血管充血、扩张，胚体有点状出血和水肿，肝脏稍肿，呈灰绿色，有坏死灶。鸭病毒性肝炎病毒能通过鸭胚垂直传播。

五、沙门菌病

引起本病的病原是沙门菌属中多种有鞭毛能运动的病原菌。鸭的胚胎常发生沙门菌病。患病和病愈鸭是本病的主要传染源，母鸭感染本病后可以经蛋垂直传播。

（1）病菌可以侵入母鸭的卵巢、输卵管及卵子中，造成内源性感染。鸭蛋表面受污染后，在湿度和温度均适宜的情况下，病菌也可能进入蛋内，造成外源性感染，感染沙门菌的鸭胚胎，在不同的时间内可发生死亡。即使能存活出壳的病雏也可以带菌，形成垂直传播，成为雏鸭的先天性传染病。

（2）这种带菌胚胎的死亡率有时可高达 80% 以上。死胚的病变主要是尿囊膜水肿、充血、出血和坏死。急性死亡时，以内脏器官出血为主。病程稍长的胚胎，肝脏色泽不均，边缘钝圆并有灰白色的坏死灶。脾肿大。心脏和肠黏膜偶有点状出血。

病原诊断：取胚胎的肝、脾、心、胆汁等病料，容易分离出沙门菌。

六、大肠杆菌病

本病的病原体是埃希氏大肠杆菌，广泛存在于鸭场环境及鸭的肠道中，本菌的血清型繁多，其中有不少血清型在一定条件下可以使鸭致病。

（1）患病母鸭常发生卵巢和输卵管炎，所产鸭蛋中含有大量的致病性大肠杆菌。也可以由于环境或孵化器被大肠杆菌所污染，通过蛋壳而侵入胚胎，当溶菌酶活性降低时，大肠杆菌迅速繁殖，造成胚胎发病和死亡。

（2）感染大肠杆菌的胚胎，可以在孵化的早期、后期或出壳前死亡。死亡胚胎的卵黄吸收不良，呈黄绿色黏稠状，胚体皮肤广泛出血。能存活出壳的雏鸭常出现心包炎、肝周炎，有些雏鸭还出现腹膜炎。

七、支原体感染

本病过去只侵害鸡，近年来已有报道鸭也可以感染支原体而引起支原体病。

本病可以经蛋垂直传播，雏鸭出壳即可带毒。种蛋感染本菌后，胚胎发育不良。关节肿大，肝脏和脾脏肿大，肝脏有坏死病灶；全身水肿，呼吸道有豆腐渣样渗出物并常因此造成气管阻塞，从而导致胚胎于啄壳时窒息死亡。

八、曲霉菌病

鸭胚易感染曲霉菌。由于产蛋巢、孵房和孵化器被曲霉菌污染，再加上室内通风不良，湿度较高，有利于曲霉菌的繁殖并形成菌丝。菌丝穿过蛋壳的微小孔侵入蛋内，并在蛋内进行繁殖，在蛋壳的内膜产生黑点（此为曲霉菌的菌落，仔细观察还可以见到菌丝和孢子）。死亡胚胎的胎膜水肿，有时见有出血，内脏器官有浅灰色小结节。曲霉菌还能引起蛋的腐败，致使蛋的内容物出现蓝色的斑点。这种蛋在孵化后期破裂时，容易沾污同孵的蛋并造成较大范围的污染。大量曲霉菌繁殖的结果，常使胚体的鼻孔和耳道被菌丝所堵塞。

九、铜绿假单胞菌

鸭胚常受铜绿假单胞菌污染，在孵化过程中，可出现死胚。其主要的病变是出血性败血症，胚体出血，皮下水肿。肝、肺及脾呈深褐色、柔软、松弛。尿囊血管淤血。

第三节　鸭种蛋保存不当与孵化技术不善引起的胚胎病

一、种蛋保存条件不善引起的胚胎病

新鲜种蛋孵化率高。种蛋保存时间越长，孵化率越低。母鸭产下的蛋，应尽快送到种蛋贮藏室保存。在没有低温设备的情况下，种蛋在夏季的保存时间不宜超过 3 ~ 5 天，如天气炎热，气温在 30℃以上时，尽管种蛋只保存 2 ~ 3 天，也会降低孵化率。一般来说，在春秋季节常温下，不宜超过 5 ~ 7 天，即使在冬季或低温条件下，也不宜超过 10 天。

种蛋在孵化前保存时间过长，胚胎在发育过程中常发生下列几种病理性变化。

（1）种蛋保存过久，使蛋失去大量水分，导致蛋白的 pH 改变，卵黄囊膜和卵黄系带变脆。

（2）胚盘处于休眠状态，并经历了衰老的过程，卵裂球丧失分裂的能力。

（3）保存时间过长的种蛋在孵化过程中，胚胎生长大大减慢，分化延缓。

具有以上状况的胚胎在孵化过程中容易发生死亡，或者是孵出的雏鸭体质变弱，绒毛短少，发育迟缓。

二、孵化温度过高引起的胚胎病

孵化过程中，温度过高，容易引起胚胎发生各种病变和死亡或出现明显的畸形。

（1）在孵化早期，当温度过高时，容易使胚胎的心脏和血管过劳而导致出血，发生所谓"血圈蛋"的死亡现象，或者胎膜的发育异常，呈现头部畸形，多数胚胎于出雏前几天死亡。若温度略高于正常，由于胚胎发育过快，造成胚胎异位和内脏器官（胃、肠、肝和心）向外，腹腔不能闭合，甚至引起死亡。

（2）孵化第 1 周内，胚胎在高温的影响下，

死亡率增高。倘若在孵化的整个过程中温度过高，容易使胚胎心脏缩小，卵黄吸收不良，出雏时间提前，幼禽小而弱，绒毛发育不良。倘若在孵化中短时间内温度突然升高，容易使胚胎的血管破裂，引起胚胎迅速死亡。其主要变化是尿囊血管充血，皮肤及肝脏有点状出血或弥漫性出血。倘若孵化后期温度过高，会降低酶系统的活性，容易使胚胎生长受到抑制，还会妨碍体热的散发，并聚积有害的代谢产物，导致胚胎死亡。

三、孵化温度过低引起的胚胎病

孵化温度过低，则胚胎发育迟缓。低温致死界限较宽，如果持续时间短，受影响较小。倘若温度过低的时间较长，容易使胚胎生长迟缓，心脏扩张，肠内充满卵黄物质和胎粪，啄壳和出壳受阻，出雏时间延迟，孵出的幼雏弱小，不能站立，腹部胀大，下痢。可见到胚体颈部呈现黏液性水肿，并有液状的蛋白残留，卵黄黏稠。

四、孵化湿度过高或过低引起的胚胎病

鸭胚胎具有水禽的生物学特性，孵化时要求稍大的湿度，然而胚胎在不同发育阶段，对湿度有不同的要求。

（1）在孵化初期，鸭胚需要维持65%～70%的相对湿度。维持一定的湿度是为了减少胚胎内水分的蒸发，有利于胚胎在发育中形成羊水和尿囊液。在孵化的中期，尿囊形成后，胚胎需经尿囊排出大量水分和代谢物，因此，需要适当降低湿度，以利于水分的散发，便于代谢产物的排出。在孵化后期，出雏前几天，当胚胎在散发大量体热时，为了避免胎膜因干燥而与蛋壳粘连，造成幼禽出壳困难，此时应适当升高湿度。

（2）在孵化全过程中，若湿度过大，由于胚胎吸收较多的辐射热，从而阻碍体热的散发，同时也阻碍蛋内水分的正常蒸发。这种情况对孵化中期的胚胎所造成的危害性更大。此时尿囊液蒸发缓慢或不充分，过多的水分占据了蛋内的空隙，影响了胚胎的正常发育，从而导致出雏缓慢，孵

出的幼雏肚脐大，生存力差，衰弱。有些胚胎的尿囊湿润，羊水黏稠，呈胶冻样，出壳的雏鸭体表常被黏性液体所黏附，或者由于胚液迅速凝固并在雏鸭表面形成薄膜，妨碍其呼吸，造成窒息死亡。湿度过大还有利于各种霉菌的繁殖，从而增加胚胎外源性感染的机会。

倘若湿度过低，则导致蛋内水分过分蒸发，加快胚胎的发育，从而影响胚胎呼吸，同时也容易使胚胎与胚膜粘连，这种情况不但出雏困难，而且孵出的幼禽弱小，绒毛枯而短。

（3）在孵化期间，必须保持合适的湿度，才能保证胚胎的正常发育。特别在出雏前，适当的湿度能与空气中的二氧化碳互相作用而产生碳酸，使蛋壳中的碳酸钙转变为碳酸氢钙，从而使蛋壳质地变脆，有利于破壳。

五、孵化时通气不良引起的胚胎病

（1）胚胎离开空气就不能生存。胚胎在发育过程中，不断进行气体代谢，尤其是在孵化的中期和后期，必须吸入大量氧气，排出二氧化碳。因为在孵化初期，物质代谢很低，需要氧气量甚少，胚胎只通过卵黄囊血液循环利用卵黄内的氧气。孵化中期，胚胎代谢逐渐加强，对氧气的需要量逐步增加，随着尿囊的形成，胚胎可以通过气室、蛋壳上的气孔而直接使用空气中的氧气，加强了气体代谢。

（2）孵化后期，胚胎从尿囊呼吸转为用肺呼吸，则需要更多氧气，才能保证胚胎的存活。供给新鲜空气，是维持胚胎生命和正常发育的先决条件。因此，要求孵化器内气体中的二氧化碳的含量不得超过0.2%～0.5%，倘若含量达到1%时，胚胎发育迟缓，容易导致胚位不正，即胚体的足肢朝向蛋的钝端，而头部位置则相反，造成雏鸭在蛋的锐端啄壳，如果氧气供应不足，就会使胚胎窒息死亡。当壳膜气体的通透性降低或由于蛋壳的细孔被破损蛋流出的内容物与尘埃所堵塞时，也可能造成胚胎的窒息死亡。

（3）如果孵化器中的气体交换不及时，使得二氧化碳的浓度上升，会对胚胎造成毒害。胚胎头部、大脑、脊髓等出现畸形，伴随胚胎的异位，

影响胚胎重量。尤其当二氧化碳浓度高于22%时，胚胎死亡。

六、孵化时翻蛋不当引起的胚胎病

人工孵化要在孵化期间效仿自然孵化进行翻蛋。翻蛋的目的在于使种蛋定时转动，变动位置，调节温度，使蛋内受热均匀，并获得新鲜空气，有利于胚胎发育。由于蛋黄的脂肪含量较高，密度小，易于上浮，而胚胎又位于蛋黄之上，如长期不翻蛋，胚胎容易与蛋壳膜粘连变干，可引起胚胎大批死亡。孵化中期以后，尿囊与卵黄囊也有与蛋壳膜粘连的现象，也可以引起大批胚胎死亡。

当蛋的斜度不够，垂直地进行孵化时，尿囊沿蛋壳内表面生长，蛋白不能连接覆盖其表面，也会引起胚胎死亡。

以上所述的温度、湿度、通气和翻蛋等因素，彼此之间不但有着密切的联系，而且互相影响。如通气良好，就促使孵化器内热量的散发及水分的蒸发，从而使温度和湿度降低。相反，如果通气不良，会导致温度和湿度升高。温度高，水分蒸发量多，湿度随之加大，通气也缓慢；温度低，水分蒸发量少，湿度则小，通气也加速。湿度大，水蒸气吸收大量热量，温度增高，通气也缓慢；湿度小，气流加速则温度降低。由此说明，其中任何一个因素发生变化，都会直接影响其他因素的改变。

第四节　鸭胚胎病的预防原则

鸭胚胎病的防治必须坚持"预防为主"的指导思想，制订科学的、严密的操作规程，认真调控孵化过程中内外环境的各种因素，这是防治胚胎病的关键。

（1）提高种鸭的饲养管理条件和卫生防疫水平，提高种蛋的质量。

（2）做好种鸭的疫病防控工作，及时制订科学的、切合实际的免疫程序，选择优质疫苗进行接种，提高机体的免疫力和对不良因素的抗病力，使胚胎具有良好的遗传素质和发育基础。

（3）禁止使用发生过急性疫病康复不久或慢性传染病的种鸭所产的蛋进行孵化。

（4）严格执行鸭蛋入孵前的正确操作，避免病原污染蛋壳。

（5）正确使用消毒剂，彻底做好消毒工作。

①福尔马林（甲醛）烟熏蒸法：可用于孵房、贮蛋室、洗涤室、出雏室、育雏室的消毒。用含40%福尔马林40 mL，加入30 g高锰酸钾，熏蒸温度25 ℃（不低于15 ℃），湿度60%～80%。可供1 m³空间烟熏种蛋，经20 min可杀死蛋壳外95%～99.5%的细菌。

②新洁尔灭溶液消毒法：用1∶1000溶液（即用5%新洁尔灭原液1份加水49份稀释而成），利用喷雾器喷洒种蛋表面（药液温度40～43 ℃），经数分钟后即有杀菌作用。

③碘液消毒法：将蛋浸入碘液（结晶碘10 g与碘化钾15 g溶于1 L水）内，0.5～2 min。

④严重污染的蛋，可以置于1∶1000的高锰酸钾溶液中浸泡消毒，溶液温度应比室温略高为宜。

⑤严格执行孵化制度。尤其注意按胎施温、按胎施湿度，掌握好通气、翻蛋等技术环节。

第十二章　多种病原并发或继发感染与治疗

第一节　概述

一、多种病原并发或继发感染的概念

在鸭体内存在的病原体，不是都会引起鸭发病，长期与机体进行着不懈的抗争，并在抗争中决定胜负。病原体为了延续其物种的进化，需寻找某些动物作为其生长繁殖继代的场所，过寄生生活，这就必须具有各种"武器"（指病原体的侵袭力）突破动物机体的各种防御屏障侵入机体与体内各种"军队"（指非特异性免疫力）进行抗争，两者相争勇者胜，或者在一定时间内在体内保持动态平衡，保证其物种能延续。

动物机体为了自卫而形成了各种先天性的免疫防御机制，即非特异性免疫力，以对抗病原体的侵害。机体内具有阵容强大的免疫系统和各种免疫细胞，当"敌人"入侵时，免疫系统立即启动战斗，经过淋巴细胞的识别，巨噬细胞立即抓住"敌人"，给予"致命的拥抱"和"死亡之吻"，与此同时，呼叫其他免疫细胞前来支援，T淋巴细胞召之即来，与巨噬细胞连成一体，释放细胞介素和干扰素等免疫因子参与战斗，自然杀伤细胞（NK细胞）对准"敌人"进行射击。

当鸭发生疫病时，在体内常可以存在两种以上的病原体。每一种病原体在动物体内的数量有多少之分，其毒力也有强弱之别，其中一种病原体引起鸭发病（主因），在疫病传染过程中，导致机体抵抗力减弱的情况下，又有新入侵或在鸭体内原来存在的或暂时呈隐性感染的另一种病原体（特别是条件性）趁机继发或合并使鸭致病，如鸭发生鸭疫里默氏杆菌病时常出现病原性大肠杆菌等引起的继发或并发感染。

我们在发病鸭只体内分离到两种以上的病原体时，其中必有一种是原发病，其他的应属于继发病或并发病，这不适合称混合感染，因为有些致病性强、数量多的病原体是致病的主因，有些是机体抵抗力降低之后乘虚入侵的；有些是原本就潜伏在体内的少数病原体，若有机会使其数量繁殖起来，毒力增强，协同原发病原体使动物致病。有些病原体原来就是存在于体内的非致病性的土著菌，其数量不可小觑。因此，当从发病鸭只体内分离出两种以上病原体（包括非致病性微生物）时，不能随便说是多种病原体混合感染，因为任何情况都有先来后到，主次之分。

二、并发与继发感染的类型

1. 两种或两种以上病毒并发或继发感染

如鸭流感病毒、副黏病毒、细小病毒和小鹅瘟病毒等。

2. 两种或两种以上细菌并发或继发感染

如禽巴氏杆菌、大肠杆菌、鸭疫里默氏杆菌、葡萄球菌和链球菌等。

3. 病毒与细菌并发或继发感染

如禽流感病毒与大肠杆菌；鸭瘟病毒与巴氏杆菌等。

4. 细菌与寄生虫（包括原虫）并发或继发感染

如鸭疫里默氏杆菌与球虫等。

5. 病毒与寄生虫（包括原虫）并发或继发感染

如细小病毒与球虫并发或继发感染等。

6. 细菌与真菌并发或继发感染

如曲霉菌与巴氏杆菌并发或继发感染等。

7. 病毒与真菌并发或继发感染

如鸭病毒性肝炎病毒与曲霉菌；鸭瘟病毒与曲霉菌等。

还有细菌、病毒和寄生虫的并发或继发感染，以及多种细菌与病毒或多种病毒与细菌的并发或继发感染等。

三、并发感染或继发感染的危害性

1. 给鸭病的确诊增加难度

多种病原体并发或继发感染的病例，在临诊症状和病理变化上往往比较复杂，在同一群感染鸭中，可能出现不同的病变类型，如当鸭群发生低致病性禽流感与大肠杆菌病并发或继发感染时，有的病例以大肠杆菌病的病变为主，有的病例则以低致病性禽流感为主，也有的病例这两种病的病理变化均不明显、不典型。这样就容易造成误诊和漏诊。

2. 提高了感染鸭群的发病率和死亡率

目前鸭群的发病率和死亡率比以往有不同程度的提高，凡有养鸭的地方都有疫病流行，几乎不存在未发生疾病的鸭群，尤其是中、小规模的养鸭场。在严重的疫区，一个鸭群的各个生长阶段、一个场的各个群、一个地区的各个场、一年四季，随时都受到各种疾病的威胁，疫情此起彼伏，绵延不断。倘若一个鸭群同时有两种以上的病原体继发感染时，就提高了鸭群的发病率和死亡率。如鸭群感染了鸭疫里默氏杆菌病，已有一定数量的鸭只发病和死亡，如果此时继发了大肠杆菌病，使患鸭的病情加重，心脏、肝、气囊的病变更为严重，除了呼吸道症状外，还出现消化管的损伤，从而造成鸭群的死亡率大大提高。又如当鸭群感染了低致病性的禽流感病毒，若此时又继发感染了大肠杆菌，更有利于禽流感病毒的复制，使鸭群的死亡率高达85%或以上，从而造成经济上更大的损失。

3. 降低治疗效果

当未能及时地、准确地确诊并发或继发感染的病种时，只针对其中某一种疾病进行投药治疗，往往效果不佳，特别是病毒与细菌并发或继发感染的病例，这是因为所投的药物若只对细菌有效，却对病毒无效，反之亦然。即使是对细菌与细菌的并发或继发感染，也有可能由于不同的细菌对同一种药物的敏感性不同而得不到理想的效果，从而也造成被动的局面和重大的经济损失。

4. 促进病原体发生变异和增强致病力

由于病毒与病毒、病毒与细菌、细菌与细菌的并发或继发感染，就有可能使病原体发生变异，如禽流感的某一血清亚型流行毒株发生不同程度的变异，使得原来同一血清亚型的疫苗株的免疫效果下降或无效；禽流感 H_9N_2 病毒原来并不引起鸭群发病和死亡，而今，已有报道称禽流感 H_9N_2 亚型可以引起鸭群发病并导致50%以上的死亡率；传染性法氏囊病原来对鸡致病，近年来已有不少报道对鸭的致病性表现非常明显，而且鸭群已有发生鸭疫里默氏杆菌病与传染性法氏囊病并发或继发感染的病例。

四、并发或继发感染的原因分析

目前不但鸭的疫病种类多，新病和重新出现的疫病也日益增加，而且并发或继发感染的病例有逐步增加的趋势。现将造成并发或继发感染的原因分析如下。

1. 防疫意识淡薄

有些养鸭户（尤其广大的小规模和一些中、小养鸭场），防疫意识较为薄弱，防疫措施不到位，鸭群尚未有科学的免疫程序，过去鸭群曾发生过什么病就注射什么疫苗，"头痛医头，脚痛医脚"，而且只免疫1次，认为只要鸭群免疫过就可以防病了，根本就不打算二免、三免，更谈不上免疫监测。一旦免疫失败，鸭群发病就进行治疗，结果每批鸭都有可能发病、死亡，对死亡鸭没有做无害化处理，随意乱扔，甚至作食用，造成病原进一步扩散，鸭场也受到严重污染。倘若鸭群经常发生不同的疫病，如此操作，在一个鸭场中就可能被多种病原体污染，再加上难以做到彻底消毒，这就给并发或继发感染创造了机会。

2.防疫操作难度大

由于不少鸭群实行放养，面广量大，很难对饲养环境进行有效的封闭隔离。即使有些地区养鸭有一定范围圈养，但养鸭场星罗棋布，道路错综复杂，没有一定防疫措施，人员及车辆来来往往，一个鸭场的鸭群发生疫情，就很容易传播病原，不同疫病的病原很快在各场之间"互相交流"。因此，要进行免疫的病种多，有的疫病还必须多次免疫，特别有一定规模、一定数量的饲养场，免疫接种工作量大，很难实施到位。有些疫苗免疫之后，由于各种因素致使鸭群照样发病死亡，养鸭户对免疫失去信心，不免疫又不放心，无所适从。有些疫病目前尚未有商品性疫苗供应，只能买"黑市苗"，免疫效果不稳定，养鸭户感到茫然。而多种病原就在这种茫然中大肆扩散，"自由组合"。

3.饲养方式滞后，饲养条件简陋

鸭群中、鸭群之间、鸭场之间密度大，环境恶劣，水域的水质复杂，污染严重，卫生条件令人担忧。同一水域中有多个不同来源、不同品种的鸭群存在；有些水塘岸边养猪，粪水直接流入水塘；有些鸭场附近有鸡场，甚至鸭场养鸡，这就为各种传染病的传播及病原的组合、变异创造了更有利的条件。一旦发生疫情，传播迅速，损失惨重，增加了扑灭疫情的难度。在现实的养鸭业中，一个鸭群、一个鸭场、一定区域内，大批鸭群发病，大量鸭只死亡的例子屡见不鲜，处理方法各施各术，这是并发或继发感染的又一大隐患。

4.检疫制度漏洞大，检疫技术不到位

目前对鸭的检疫制度与措施不够完善，检疫技术不到位。虽然在我国发生鸭流行性感冒之后，相关的防控措施得到加强，但日常的防疫工作能坚持执行的实在不容易。从总体而言，目前水禽疫病的检测方法、检疫疾病的对象及检疫标准等在一定时间内很难统一，加上人力、物力、技术和地方政策导向等方面的影响，很可能造成产地、市场、进出口检疫等方面的疏漏。特别是目前的家禽批发市场，尤其是农贸市场，存在着严重的检疫不到位现象，活禽交易就成为多种病原

体的集散地。导致一些疾病不能有效地封锁、扑灭在疫区内，而随着种苗、产品流通而扩散至四面八方。

5.孵化场所多隐患

目前相当一部分水禽的孵化条件较不完善，孵化设备简陋，孵化室、炕坊的卫生措施缺乏，消毒不到位，在某种程度上，孵房、炕坊成为各种病原体的又一个集散地，从而提高了雏鸭并发和继发感染疾病的概率。虽然目前已证实垂直传播的鸭病为数不多，但大多数传染病的病原体在一定程度上都可经卵壳、孵房、出雏室等环节由母鸭传递给后代幼禽，或者在孵房、出雏室等处进行重新组合之后广为传播。

五、并发和继发感染的治疗模式

预防为主，防重于治，防治结合，这是一切疫病防疫工作的总方针。当疫病发生之后，除烈性传染病按有关规定和措施操作外，其他疫病可以采取紧急补救的措施进行治疗，其目的是尽快控制疫情、减少死亡，把损失控制在最小范围，并采取相应措施，提高机体的修复能力和抗病力。

（一）治疗模式

1.两种或两种以上病毒并发和继发感染

（1）尽早采用产生免疫力快的弱毒活疫苗或灭活疫苗对已作出确诊的疫病，进行紧急预防接种，越早接种效果越好。

（2）针对已确诊的疫病，注射特异性的高免蛋黄抗体或高免血清。

（3）在高免蛋黄抗体或高免血清中加入抗病毒药物混合注射，也可以将抗病毒药物拌料或混饮。

（4）为防止继发感染，可以在蛋黄抗体或高免血清中加入病原菌对其敏感的抗菌药物混合注射，也可以将抗菌药物同时拌料或混饮，防止并发病。

（5）为提高机体的修复能力，同时进行辅助疗法。

（6）在没有现成疫苗及其他生物制品的情况下，为了尽早制止疫情，减少损失，有条件的可考虑采用"自家灭活疫苗"或"自家组织灭活苗"免疫。

2. 两种或两种以上细菌并发和继发感染

（1）可尽早采用相应的产生免疫力快的灭活疫苗（如禽巴氏杆菌病蜂胶苗）、弱毒疫苗进行紧急预防接种。

（2）注射特异性高免血清。

（3）选用有协同作用的两种抗生素注射，或者一种抗生素注射，另一种抗生素拌料或混饮。

（4）同时进行对症疗法及辅助疗法。

3. 细菌与病毒并发和继发感染

（1）采用相对应的特异性弱毒疫苗或灭活疫苗进行紧急预防接种。

（2）采用特异性高免蛋黄抗体或高免血清注射。

（3）抗病毒药物及抗生素注射，同时拌料和混饮。

（4）辅助疗法。

4. 细菌与寄生虫并发和继发感染

（1）采用抗细菌性疾病的特异性疫苗或高免血清注射。

（2）抗生素加抗寄生虫药拌料驱虫。

（3）辅助疗法。

5. 病毒与寄生虫并发和继发感染

（1）采用特异性弱毒疫苗或灭活苗作紧急预防接种。

（2）采用特异性高免蛋黄液或高免血清注射。

（3）抗病毒药物和抗生素注射拌料或混饮。

（4）抗寄生虫药实行驱虫。

（5）辅助疗法。

（二）具体措施和注意问题

1. 及早发现、尽快确诊、严格隔离、策略治疗

平时对鸭群勤观察，勤检查，一旦鸭群发生疫情就能及早发现，然后请有关专业人员尽快支持尽快作出确诊。在尚未得到确诊之前，可根据初步诊断将病鸭严格隔离，选择不常用的抗生素或抗病毒药物对病鸭进行初步治疗，对未发病的鸭群进行预防，立即采取措施进行清洁消毒，死鸭做无害化处理。疫病一旦作出确诊（属非高致病性），立即启动治疗方案，一方面使用特异性的生物制品，另一方面进行药敏试验，选用高敏药物有的放矢进行治疗。这样就可以争取到良好的效果。

2. 使用疫苗或高免抗体越早效果越好

当鸭群发生疫情之后，一旦确诊（属非高致病性），尽早肌内注射高免蛋黄抗体和高免血清，然后皮下注射疫苗，注射疫苗是紧急预防接种，接种越早效果越好。对于严重病例，注射疫苗后可能促使其提早死亡，对轻症状病例，保护率较高，对刚感染或刚发病的病例，效果较理想。倘若并发或继发感染时，应对两种病原同时投药治疗，若只针对一种病原而单注疫苗时，有可能不能制止疫情，往往还有可能引起相反效果，甚至会出现大批鸭只死亡。

3. 使用抗菌药物，注意配伍禁忌

当发生细菌的协同感染时，根据药敏试验结果挑选 2～3 种高敏药物联合使用，此时必须注意配伍禁忌，否则，会出现增强药物毒性或使药物失效的现象。

4. 掌握好药物的剂量

疗程剂量太大，不但造成浪费，而且会产生不良反应，甚至会引起药物中毒。用药必须有一定的疗程，一次用药之后，有些病原体只能暂时被抑制，药物浓度一降低，又会继续繁殖。一般 3～5 天为一疗程，在症状消失后再用 1～2 天，以防止疾病复发。

5. 加强辅助疗法

辅助疗法目的是提高机体修复能力和抗病力。如补充能量，饲料中适当增加蛋白质，加大维生素和微量元素的含量（如维生素 A、维生素 K_3、B 族维生素、维生素 E、维生素 C 及微生态制剂等）。

另外要加强饲养管理及清洁卫生和消毒工作。

第二节　细菌性疾病与细菌性疾病并发或继发感染症

一、番鸭鸭疫里默氏杆菌病与变形杆菌病并发感染症

黄瑜、彭春香和林世棠等人于 1997 年报道一起番鸭鸭疫里默氏杆菌病并发变形杆菌病的病例，发病率高达 83%，死亡率高达 60%。现简介如下。

（一）诊断依据

1.临诊症状

发病日龄为 12 ~ 18 天。40 日龄以上的番鸭很少见发病。患鸭主要症状是张口呼吸、咳嗽、摇头，少数病鸭头、颈部皮下气肿，死前有轻微神经症状。患鸭精神沉郁，食欲明显减退。流泪，眼、鼻有分泌液。下痢，排绿色或黄绿色稀粪。

2.病理变化

肺严重出血，气囊壁混浊，有大量黄色干酪样物。鼻窦内有多量黏液或干酪样物，喉头黏膜出血，气管黏膜出血或气管内见有血凝块或干酪样物。肝稍大、出血，被膜上覆盖一层薄灰白色纤维素性渗出物。心包腔积液，心包膜增厚与胸壁粘连。脾肿大、出血。肾轻度出血。

3.病原诊断

通过实验室检验，分离到奇异变形杆菌和Ⅰ型鸭疫里默氏杆菌，用雏番鸭做回归试验，证实具有致病性，因此，确诊为鸭疫里默氏杆菌病与变形杆菌病并发感染症。一般认为变形杆菌是环境污染菌，在一定的条件下可以成为条件致病菌而引起动物发病。

（二）防治策略

有条件时可注射"自家疫苗"，效果甚佳。隔离病鸭治疗，根据药敏试验结果，选用阿米卡星，每只 1 次，肌内注射 2 万 ~ 4 万 IU；新霉素按每千克体重用 0.3 ~ 0.5 g，拌料，连喂 3 ~ 4 天，

很快控制疫情。

二、鸭疫里默氏杆菌病与大肠杆菌病继发感染症

鸭疫里默氏杆菌病和大肠杆菌病是鸭的常见病和多发病，而这两种病继发感染的报道越来越多。养鸭地区的不少鸭群（特别是农户所养的鸭群）长期存在流行这两种病继发感染，常批批发生，这就给防疫工作带来一定的难度，给养鸭业带来莫大的经济损失。现简介如下。

（一）诊断依据

1.临诊症状及病理变化

（1）病鸭主要表现精神沉郁，羽毛松乱，食欲不振，拥挤扎堆，嗜眠，缩颈。两腿无力，站立不稳，共济失调，不愿走动，喜卧，如将鸭强行赶下水域时，病鸭极不愿下水，或者下水游动几步就立即回到岸上，有些虽不立即上岸，但也只漂浮在水面上。

（2）病鸭流泪，鼻流出浆液性或黏液性分泌物，病初排出白色水样。部分病例濒死前出现神经症状，如痉挛、摇头、点头、背脖和伸腿呈"角弓反张"，侧身倒地或仰天而卧。最后衰竭而死。这两种病病原感染后，死亡率明显提高，可达 60%。也有其他研究表明，患鸭发病率为 48.7%、死亡率为 24.7%。

（3）病理变化表现为肝脏肿大，表面覆盖一层纤维素性假膜，易剥离，肝质地变脆。心包膜增厚，粗糙并与胸壁粘连，心包腔积有大量混浊的白色絮状渗出物。气囊膜增厚混浊，严重病例的气囊腔有干酪样渗出物。气管环处的黏膜有环状出血。脾、肾肿大。肺淤血，病死鸭腹腔有积液。脑膜充血、出血。整个肠管黏膜、浆膜充血，出血，从腺胃到泄殖腔呈现卡他性炎症。

2.流行特点

（1）这两种病继发感染的现象非常普遍，凡是目前有这两种病流行的地区，大多数鸭群都存在两种病的感染。2 ~ 5 周龄幼鸭多发，自然感染发病率为 20% ~ 40%，有的鸭群感染率达

90%，死亡率为5%～80%，这取决于环境卫生和饲养管理及应激因素。

（2）据调查，新饲养的场地和在流动的水域饲养的鸭很少发病，然而，连续饲养几批之后，其发病率和死亡率就会有所提高，特别是旱地养鸭，每批均于2～3周发病，不少鸭群随着饲养批数的增多，每批最短间隔仅2～3天，受污染的场地来不及彻底清理和消毒，新一批鸭就放进被污染的场地饲养。有些鸭场在大鸭还未出售，小鸭就已饲养在靠近大鸭的场地，或者在养大鸭的场地划出一半饲养小鸭，从而造成幼鸭早期被感染，有的1周龄雏鸭就感染发病。日龄越小，感染死亡率越高。有些养鸭户为了减少鸭群发病和死亡，在饲料中添加药物或用多种药物进行预防和治疗，有时虽然可以收到一定的效果，减少死亡，但药吃太多太滥，造成鸭只生长受阻，残鸭增多，不仅增加了成本，而且还由于滥用药物使这两种病原体产生了抗药性，使一些原本有效的药物失去疗效。即使花钱投药，还会使鸭群因治疗无效而大批死亡，结果是"钱鸭两空"。

（3）2005年据黄淑坚等人调查，北京白鸭、番鸭、樱桃谷鸭、野水鸭等肉鸭发病居多。北京鸭、番鸭和樱桃谷鸭的雏鸭发病率和死亡率较高，随着日龄增大，发病率明显降低。一般多发生于冬春季。

3. 病原诊断

由于鸭疫里默氏杆菌病和大肠杆菌病的病理变化极为相似，当这两种病发生继发感染时，单靠肉眼很难鉴别，必须通过病原菌分离及鉴定进行确诊。特别是将分离出来的病原菌做本动物的回归试验以确定其致病性尤为重要。确诊为鸭疫里默氏杆菌病与大肠杆菌病继发感染症。

（二）防治策略

1. 预防

（1）防控这两种病最好的办法是接种这两种病的二联疫苗，但由于鸭疫里默氏杆菌的血清型众多，并日趋复杂，目前流行的血清型除1型外，还发现有2、6、10、14型等，且各血清型之间无交叉保护力，同时致病性大肠杆菌的血清型也很多，每个地区、甚至每个鸭场的不同鸭群发生这两种病时，其血清型的流行菌株均可能有差异。目前虽然已研制出单一种病的多价油乳剂灭活疫苗或两种病的二联多价疫苗，但因存在着不同疫区流行株的血清型的差异，致使现有疫苗的免疫效果不稳定，这一批鸭免疫效果还算可以，下一批鸭的效果就不理想了。因此，较为理想的办法是将从本地区、该场的鸭群分离到的鸭疫里默氏杆菌、大肠杆菌（尽可能多分离几株菌），经纯化、增菌培养、甲醛灭活，按一定比例混合后加入佐剂制成二联多价"自家"灭活苗，对鸭群进行免疫接种。这是目前控制这两种疫病的发生和蔓延最为有效的方法之一。

（2）切实做好环境清洁卫生和加强饲养管理。把鸭饲养在安全的无污染或少污染的环境里，就能避免鸭群发生或少发生这两种病。尽最大努力抓好消毒环节，一定做到鸭群全进全出，待一批鸭饲养结束后，将场地彻底清洁消毒才可以饲养新鸭。每批鸭最好间隔7～10天。倘若需要套养，雏鸭必须放在另一场地饲养，待大鸭全部出售后并经3次消毒，才可进鸭。

2. 治疗

（1）当鸭群发生这两种菌并发感染或继发感染时，科学、正确用药，是控制小鸭发病和死亡的一项重要措施。反之，如果用药不恰当，不科学，就容易使病原菌产生抗药性，因此，选择病原体对其高敏药物极为重要，有条件的场，应先从病死鸭尸体中分离出病原菌，做药敏试验，选用几种（2～3种）高敏药物，按疗程和足够剂量，进行交替使用，避免长期使用单一药物。根据2005年黄淑坚等人报道，下列药物有相当疗效，可供选择使用：红霉素、头孢菌素类、青霉素类、环丙沙星、阿米卡星、氟苯尼考、庆大霉素等。

（2）预防性用药，应根据当地鸭群发病日龄而定。如果该地鸭群饲养到15日龄时发病，就应该在11～12日龄开始投药3～5天，然后停药2～3天再投药3～5天。

（3）治疗性用药，应在发现少数鸭发病时就应该以治疗量进行投药 1 ~ 2 个疗程。

（4）在治疗时，要切记搞好兽医卫生工作。单依赖药物很难取得满意的疗效。

三、雏鸭曲霉菌病与鸭疫里默氏杆菌病并发感染症

赵夏华等于 2004 年报道一起雏鸭曲霉菌病并发鸭疫里默氏杆菌病的病例。现简介如下。

（一）诊断依据

1.临诊症状

患鸭 5 日龄开始发病，病初有少数雏鸭出现咳嗽，咳声尖厉，并伴有明显的啰音。患鸭精神沉郁，3 天左右波及全群，食欲减退，羽毛松乱，离群呆立，呼吸困难，头颈伸直，张口呼吸、肺及喉气管部有明显的水泡破裂音。有些病例腹泻，排出绿色恶臭的稀粪。流泪，鼻流浆液性或黏液性分泌物。部分病鸭死前出现"角弓反张"及扭颈。

注意：现场观察发现育雏室通风不良，有刺鼻的霉味，湿度大，饮水器直接放在垫草上，导致垫草发霉，布满白色、黑色菌丝和孢子。

2.病理变化

患鸭喉部有大量黏性分泌物，气管环处黏膜出血。肺部淤血，肺泡内有大小不等的干酪样黄白色的物质，肺部出现粟粒大小的黄白色结节，质地较硬，有些病例肺组织被成团的灰白色球状结节所代替，有些病例在气管和支气管可见到绿色霉斑，用镊子轻拨时如烟灰样飞扬。肝脏肿大，表面有灰白色纤维素性渗出物形成的薄膜覆盖。十二指肠有出血性卡他性炎症。

3.病原诊断

通过实验室检验，分离出曲霉菌和鸭疫里默氏杆菌，经一系列试验，确诊为雏鸭曲霉菌病与鸭疫里默氏杆菌病并发感染症。

（二）防治策略

（1）隔离病鸭，消毒鸭舍和用具。立即更换饲料和垫草。鸭舍保持干燥、通风。

（2）制霉菌素按 100 只鸭 50 万 U 拌料，每天 2 次，连用 3 天。

（3）磺胺二甲基嘧啶。按 0.3% 的比例拌料，连喂 3 天。加喂 B 族维生素，提高食欲。

（4）5% 氟苯尼考按 0.2% 的比例混料，连喂 5 天。严重者可用 5% 的注射液按每千克体重用 0.8 mL（即每千克体重用 40 mg），胸部皮下注射，每天 1 次，连用 2 天。

四、鸭巴氏杆菌病与鸭疫里默氏杆菌病并发感染症

（一）诊断依据

1.临诊症状

18 日龄幼鸭开始发病，最急性的见不到明显的症状即死亡。患鸭精神沉郁，体温升高至 43 ~ 44℃，食欲减退或废绝，翅膀下垂，蹲伏地面，将头插入翅膀内，闭目昏睡，不愿下水，即使强驱下水，很快就挣扎上岸，咳嗽，打喷嚏。鼻流出浆液性分泌物，干涸后堵塞鼻孔，因而表现呼吸困难、喘气。流泪，眼眶周围羽毛沾湿或脱落，形成眼圈，如同戴眼镜样。下痢，排出绿色或黄白色稀粪，混有血液。共济失调，行走不稳。病的后期呈现神经症状，歪头或头、颈向后仰，呈望星状，一般 3 ~ 4 天死亡。

2.病理变化

（1）肝脏肿大，表面有数量不等、针尖大、边缘整齐、灰白色坏死点和出血点，有些病例肝脏表面还覆盖一层很薄的纤维素性膜。

（2）心包膜混浊，心外膜表面覆盖纤维素性渗出物。腹部脂肪有出血点或出血斑。气管、支气管黏膜充血，出血。十二指肠和直肠黏膜严重出血。

3.病原诊断

经实验室检验确诊为鸭巴氏杆菌病与鸭疫里默氏杆菌病并发感染症。

（二）防治策略

（1）将病鸭隔离，立即对所有鸭群紧急注射禽巴氏杆菌病蜂胶疫苗。

（2）上午用盐酸环丙沙星，按每千克体重用 5 ~ 10 mg，下午用卡那霉素，按每千克体重用 10 ~ 30 mg，肌内注射，连用 3 天。

（3）清扫和消毒周围环境，清除污水，换上新鲜水，降低饲养密度。在饲料中添加多种维生素及微生态制剂，以增强鸭体的抗病力。

五、鸭曲霉菌病与大肠杆菌病并发感染症

李长梅等人报道一起 16 日龄樱桃谷鸭发生曲霉菌病并发大肠杆菌病的病例。现简介如下。

（一）诊断依据

1. 临诊症状

患鸭精神不佳，羽毛松乱，食欲减退，饮水增加。下痢，排出含有气泡的灰白色糊状稀粪，继而排出黄色或绿色糊状粪便，有的病例泄殖腔黏膜红肿、外翻。流泪，上下眼睑被黏性分泌物粘合在一起，有些病例还可以从眼里挤出绿豆大、灰黄色干酪样分泌物。病鸭打喷嚏，甩鼻，呼吸困难，张口伸颈。部分患鸭摇头或头颈扭曲、转圈，若受到刺激后更为明显，身体失去平衡，站立不稳或后退倒地，最后衰竭而死。

2. 病理变化

气囊和肺病变较为突出，在肺、胸腹部气囊，胸腔内器官的浆膜、心外膜等见有米粒大至黄豆大的黄白色结节，易剥离，质地呈橡皮样。胸腹部气囊膜增厚，呈云雾状混浊。有些病例肺水肿，整个肺成为黄白色干酪样物，切面可见大小不等的圆形黄色结节。肝脏肿大，表面有灰白色坏死灶。心包腔内有胶冻样渗出物。脑膜水肿，有针头大的出血点。肠管内充满气体，肠黏膜上有条状、片状出血。

3. 病原诊断

从气囊壁绿色斑块中和肺组织结节中见到大量菌丝体和分生孢子。从肝、脾、心血分离到大肠杆菌。通过一系列检验、鉴定，确诊为鸭曲霉菌病与大肠杆菌病并发感染症。

（二）防治策略

（1）及时更换垫草和饲料，加强鸭舍通风，饮水器、食槽、鸭舍内运动场用 0.5% 过氧乙酸进行消毒。

（2）肌内注射庆大霉素，按每千克体重用 1 万 IU，每天 2 次，连用 3 ~ 5 天。也可以按每千克体重用 5000 U 拌料，连用 4 天。

（3）每 100 只鸭用 50 万 U 制霉菌素，拌入少量饲料喂饲，每天 2 次，连喂 5 天，同时用 1∶3000 硫酸铜溶液饮水，连用 5 天，并在饮料中添加维生素 C 粉，每 100 kg 饲料加 100 g。

（4）及时隔离病鸭，无治疗价值的病鸭及时淘汰。

六、鸭大肠杆菌病与葡萄球菌病并发感染症

梁富源、杨永刚均报道一起育成蛋鸭突然发生以急性败血症死亡和全眼球炎为特征的疾病，经检验确诊为鸭大肠杆菌病并发葡萄球菌病。现简介如下。

（一）诊断依据

1. 临诊症状

病鸭精神萎靡，食欲减退甚至废绝。羽毛松乱，喜卧，不愿行动。多数患鸭出现单侧全眼球炎，眼睑肿胀，流泪，眼结膜充血、出血，角膜混浊呈灰白色，失明。有些病例跛行，行走时两翅拍地。腹泻，拉出灰白色或绿色稀粪。呼吸困难。发病率为 27.14%，死亡率为 12.17%。

2. 病理变化

腹腔有腐败臭味，气囊壁混浊、增厚，气囊腔有黄绿色纤维素性渗出物。肝脏肿大、淤血，表面有灰白色纤维素性假膜覆盖。心包膜增厚、粗糙，心包腔积液，心外膜有出血点。肺水肿，呈紫黑色。脾肿大、发黑。盲肠呈出血性卡他性炎症。食管、腺胃及泄殖腔未见异常。

3. 病原诊断

经实验室检验确诊为鸭大肠杆菌病与葡萄球

菌病并发感染症。

（二）防治策略

（1）鸭群立即用大肠杆菌蜂胶苗免疫。隔离病鸭并淘汰无治疗价值的病鸭。

（2）氟苯尼考。内服，一次量 20 ~ 30 mg/kg 体重，1 天 2 次，连用 3 ~ 5 天。

（3）氨苄西林。内服，一次量 10 ~ 25 mg/kg 体重，也可以肌内注射，一次量 10 mg/kg 体重，每天 1 ~ 2 次。

（4）妥布霉素注射液，对葡萄球菌病是首选药物，按每千克体重用 0.5 ~ 1 mL，肌内注射，每天 1 次，连用 3 天。

（5）清除鸭棚内的积粪，用 20% 生石灰乳进行消毒，同时对周围环境及饲养用具进行清洁并消毒。

（6）加强饲养管理，饲料中添加多种维生素。

七、樱桃谷肉鸭曲霉菌病与禽巴氏杆菌病并发感染症

李长梅等人报道一起鸭曲霉菌病并发禽巴氏杆菌病的病例，死亡率达 18%。现简介如下。

（一）诊断依据

1. 临诊症状

最急性病例在未出现明显的临诊症状之前迅速死亡。急性病例表现精神委顿，食欲减退或废绝，口渴。羽毛松乱，离群呆立，缩颈闭目，体温升高至 42.3 ~ 43℃。口、鼻流黏液，张口呼吸并不断摇头，伸颈，呼吸困难，喘气。腹泻，排出绿色、黄绿色、黄褐色或水样混有血样的稀粪，味恶臭。

2. 病理变化

（1）肝脏肿大，呈土黄色，质地较脆，表面有针尖大、灰白色、边缘整齐、数量不等的坏死灶，并有出血点。

（2）心外膜、心冠沟脂肪有大量出血点或出血斑，心包腔内心包液增多，呈淡黄色透明状，有些病例还有纤维素性絮状物，液体混浊。

（3）肠管黏膜充血、出血，特别是十二指肠出现卡他性出血性炎症，盲肠黏膜有溃疡病灶。

（4）胸腔、腹腔浆膜有出血点或出血斑。肺、气管、气囊壁有针尖至米粒大的霉菌性结节，呈灰白色或浅黄色，有时融合成团块，柔软而有弹性。

3. 病原诊断

取肺部与气囊壁上的结节压片，在显微镜下，可见霉菌菌丝和分生孢子，并分离到曲霉菌。取肝、脾分离到巴氏杆菌。通过回归试验，证实这两种菌能使鸭发病、死亡。确诊为曲霉菌病与巴氏杆菌病并发感染症。

（二）防治策略

（1）及时挑出病鸭隔离治疗，立即停喂发霉饲料，彻底清扫鸭舍，及时更换垫草，保持舍内清洁、通风、干燥。

（2）严格消毒，用具、饮水器及食槽等用 2% 氢氧化钠溶液刷洗后，再用清水冲洗晾干使用。鸭舍交替使用癸甲溴铵溶液和过氧乙酸，定期带鸭消毒。

（3）鸭群用禽巴氏杆菌病蜂胶疫苗作紧急预防接种。

（4）用青霉素+链霉素作肌内注射，1 天 1 次，连用 2 天。

（5）制霉菌素。按每千克饲料用 100 万 IU，每天 2 次，连用 5 ~ 7 天。

（6）1∶3000 的硫酸铜溶液饮水，连用 3 ~ 5 天。

八、野鸭魏氏梭菌病与禽巴氏杆菌病并发感染症

2000 年陈兴生报道一起自繁自养的野鸭发生魏氏梭菌与禽多杀性巴氏杆菌并发感染的病例。发病率为 4%，死亡率为 100%，种鸭和小鸭均有发病死亡。野鸭是以塑料网罩饲养，网罩部分伸入池塘，池塘旁边有一个小型养猪场，时常有排泄物流入。现简介如下。

（一）诊断依据

1. 临诊症状

患鸭突然发病，食欲不振，伏卧或倒地，翅膀下垂，两脚痉挛，头颈弯曲，鼻孔有浆液性分泌物流出，急性病例 1 ~ 2 h 死亡，病程稍长者见排出红褐色稀粪，常沾污泄殖腔周围羽毛。

2. 病理变化

（1）心包膜、心肌、心冠沟脂肪有点状出血。

（2）脾肿大，呈斑驳状。肝脏有针尖大、边缘整齐、灰白色、数量不等的坏死灶。

（3）食管黏膜出血。小肠充满混有血液和黏膜脱落物，宛如红褐色烂泥样的内容物，未脱落的黏膜呈片状出血，有溃疡面。

3. 病原诊断

通过实验室检验，分离出两种细菌，经分离培养、生化试验、回归试验，确诊为禽多杀性巴氏杆菌与 C 型魏氏梭菌并发感染症。

（二）防治策略

（1）立即隔离病鸭，采取措施杜绝猪场的粪水流入池塘，对鸭舍、孵房及一切工具进行清洗和消毒。

（2）鸭群紧急注射禽巴氏杆菌病蜂胶疫苗。

（3）硫酸新霉素或红霉素。按 0.02% 拌料（100 千克饲料中加入 20 g），连喂 2 ~ 3 周；混饮，每升水用 40 ~ 70 mg，连饮 2 ~ 3 天。

（4）庆大霉素、卡那霉素每只种鸭各 5 万 IU，每天 1 次，2 ~ 3 天为一疗程。

九、肉鸭大肠杆菌病和支原体病（鸭窦炎）继发感染症

谢三星、孙跃进等报道，某市某鸭场共养了6000 只肉鸭，于 1996 年 7 月 2 日，当鸭群在 3 周龄时，出现了 6% 的病鸭，10 天后其发病率达到 16%，死亡率虽然较低，且大多数可以自愈，然而病愈后的鸭只，出现生长迟缓，肉质下降，产蛋量下降。现简介如下。

（一）诊断依据

1. 临诊症状

患鸭精神沉郁，食欲不振，一侧或两侧眶下窦肿胀，成隆起鼓包，触之柔软。病鸭时时甩头，个别病例一侧眼睛发炎或失明。

2. 病理变化

病死鸭的实质器官无明显变化，只有少数病例出现腹膜炎，腹腔内有淡黄色干酪样物。病鸭主要病变表现在眼睛和鼻腔，以及气管内有黏性分泌物。眶下窦肿胀，内有浆液性渗出物，有时可见到块状淡黄色干酪样物。气囊壁混浊、水肿。

3. 病原诊断

通过实验室分离培养、生化试验等一系列检测，确诊为雏肉鸭大肠杆菌病与鸭窦炎继发感染症。

（二）防治策略

通过药敏试验，选用下列药物进行治疗。

（1）氟苯尼考。肌内注射，按每千克体重用 20 ~ 30 mg。

（2）卡那霉素。饮水，按 0.01% ~ 0.02%；肌内注射按每千克体重用 5 ~ 10 mg，进行交替使用，连用 6 天。

十、樱桃谷雏鸭沙门菌病和曲霉菌病继发感染症

谢三星、孙跃进等报道，某养鸭户于 1998 年 12 月从浙江购进 2500 只樱桃谷鸭苗，至 4 日龄时鸭群开始发病，当天死亡 50 余只，随着病程的发展，日死亡数达 300 只以上，直至 12 日龄时，共死亡 1450 只，死亡率高达 58%。现简介如下。

（一）诊断依据

1. 临诊症状

病鸭精神萎靡不振，离群呆立，嗜睡，羽毛松乱，食欲废绝，饮欲增加。呼吸困难，张口呼吸，喘气时可闻鸣叫声。排出白色稀粪，肛门周围羽毛被粪便沾污。部分病雏步态不稳，动作迟

缓，运动失调，随着病的发展，病雏出现跛行，最后不能站立而倒地。患病雏鸭，有些出现结膜炎，眼半开半闭，眼和鼻流出浆液性分泌物。

2. 病理变化

肺淤血，有数量不等、米粒至绿豆大、黄白色霉菌结节，有些结节呈黑色。肝脏肿大，边缘变钝，充血、出血，色泽红黄不均，呈斑驳状，其表面有数量不等、灰白色、针尖状坏死点。肠黏膜充血、出血，直肠扩张，内充满灰白色秘结粪便。心外膜被覆一层黄白色、纤维素性渗出物，常与胸壁粘连。肾肿大，呈苍白色。

3. 病原诊断

通过实验室检验，将结节压片镜检，发现分枝状的菌丝体和串珠状排列的圆形孢子。经分离培养和生化试验等，确诊为雏鸭沙门菌病和曲霉菌病继发感染症。

（二）防治策略

选用下列药物进行防治。

（1）制霉菌素。拌料按100只雏鸭每次50万IU，每天2次，连用3～6天。

（2）痢菌净。每100只雏鸭每次用量30g，每天2次，连喂3～6天。也可以按饲料2%拌料饲喂。

（3）选择病原菌对其敏感的药物进行治疗。此外，应考虑及时更换饲料，鸭舍及用具等进行严格消毒。

十一、鸭巴氏杆菌病和大肠杆菌病继发感染症

谢三星、孙跃进等报道，某市某养鸭户共养产蛋鸭3000只，于1998年9月，在产蛋高峰期突然发病，发病率达10%～20%，死亡率为5%～6%。现简介如下。

（一）诊断依据

1. 临诊症状

患鸭精神不振，食欲丧失，卧地不起或行动迟缓，呼吸困难，双眼和两鼻孔均流出浆液性分泌物。病鸭下痢，排出黄色、白色或绿色稀粪，

粪中常见有蛋清样物，间或混有血丝。

2. 病理变化

肺淤血，气管内有干酪样物。小肠明显充血。蛋鸭输卵管松弛、扩张。心包积液，心外膜覆盖纤维素性渗出物。肝脏肿大，呈土黄色，表面有数量不等、大小不一、灰白色的坏死点。

3. 病原诊断

通过实验室的一系列试验、检测和鉴定，最后确诊为蛋鸭巴氏杆菌病和大肠杆菌病继发感染症。

（二）防治策略

对被污染的鸭舍、用具及周围环境进行严格消毒。

十二、雏鸭黄曲霉毒素中毒、大肠杆菌病和鸭疫里默氏杆菌病并发感染症

2008年谢三星、孙跃进等人报道，某市某养鸭户用某饲料厂生产的饲料喂中、小鸭，经7～10天后鸭群陆续发病，多见于20～30日龄鸭群，发病率达30%～50%。现简介如下。

（一）诊断依据

1. 临诊症状

患鸭精神沉郁，食欲减退，饮欲增加。拉水样稀粪，后转为绿色稀粪。患病鸭群躁动不安，易惊，生长发育迟缓、停滞，羽毛松乱，贫血、消瘦。肛门周围有白色或绿色粪污。部分病鸭出现侧瘫、头颈震颤或扭曲等神经症状。

2. 病理变化

死鸭肝脏呈土黄色、肿大、质脆或萎缩硬化，表面呈网格状，散布数量不等的出血点，有些病例肝表面有数量不等、大小不一、灰白色、斑状坏死灶。部分病例有腹水，肝脏和心脏均覆盖灰白色纤维素性渗出物。心包腔积液，呈黄色。胰腺有数量不等、灰白色坏死点。肠管黏膜出血。肾肿大、苍白。

3. 病原诊断

通过实验室检验，检测饲料并作人工发病、

涂片染色镜检、分离培养、禽胚接种、雏鸭回归试验等，确诊为雏鸭黄曲霉毒素中毒、大肠杆菌病和鸭疫里默氏杆菌病并发感染症。

（二）防治策略

在鸭群发病后，立即更换饲料，然后在100 kg 饲料中加维生素 C 30 g、葡萄糖 500 g、氟苯尼考 20 g、阿莫西林 30 g。每天 1 次，连用 5 天，疫情得到控制。

十三、雏鸭大肠杆菌病、克雷伯杆菌肺炎和沙门菌病继发感染症

谢三星、孙跃进等报道，于 1988 年年底至 1989 年年初，某种鸭场孵出狄高鸭共 3852 只，出壳 1 天后，开始出现病鸭，至 5 ~ 20 日龄出现死亡高峰，40 日龄后停止发病和死亡。在本病的发生过程中，共死亡 1500 多只，死亡率约为 38.9%。现简介如下。

（一）诊断依据

1. 临诊症状

鸭群一般无前驱症状，常发现患鸭突然倒地，呈侧卧或仰卧、"角弓反张"姿态，双脚呈划水状态，最后两脚伸直而死。部分病雏发生眼炎，眼睑有黄色黏性分泌物。随着病的发展，患鸭出现一侧或两侧眼睛失明，最后由于觅食和饮水困难而衰竭死亡。

2. 病理变化

肝脏显著肿大，呈暗红色或土黄色，肝包膜表面散布数量不等、针尖大小的出血点。部分病例肝脏表面被覆一层胶冻样的纤维素性渗出物，剥开后见肝包膜表面有灰白色、粟粒大小的坏死灶。胆囊较正常者大 2 ~ 3 倍。心包积液混浊，心包膜增厚，常与胸壁粘连。心外膜有数量不等的出血点。气囊壁增厚，混浊，表面附着黄色干酪样物。

3. 病原诊断

通过实验室分离培养、生化试验、鸡胚接种及用麻鸭做回归试验，最后确诊为雏鸭大肠杆菌

病、克雷伯杆菌肺炎和鸭沙门菌病继发感染症。

（二）防治策略

经药敏试验后，选用庆大霉素和卡那霉素进行抢救性治疗，每只雏鸭用 5000 U/ 次，拌料，每天 2 次，连用 3 ~ 6 天。并对假定健康群在饲料中添加 0.15% 土霉素喂服，连用 3 ~ 6 天，效果明显，10 天后制止了疫情。

第三节 细菌性疾病与病毒病继发或并发感染症

一、番鸭鸭疫里默氏杆菌病与传染性法氏囊病并发或继发感染症

2004 年张耀成等人报道了一起 18 日龄番鸭鸭疫里默氏杆菌病并发传染性法氏囊病的病例。出现症状之后第 2 天开始死亡，每天死亡 15 ~ 25 只，第 4 ~ 5 天达到死亡高峰，每天死亡 60 ~ 70 只，6 天内共死亡 213 只，造成很大损失。现简介如下。

（一）诊断依据

1. 临诊症状

病鸭表现精神沉郁，食欲减退，羽毛松乱或逆立。两脚发软，离群呆立，不愿走动，常蹲伏地面，不愿下水，脚爪干枯。患鸭眼眶湿润，眼窝下陷。下痢，排出白色稀粪，常头颈向下啄腹部或自啄泄殖腔。严重脱水，极度虚弱，对外界刺激反应迟钝。有些病例在濒死前出现抽搐、歪头或后仰等神经症状。

2. 病理变化

患鸭法氏囊肿大、出血。肾苍白，肿大，有灰白色尿酸盐沉积。腺胃和肌胃交界处黏膜有出血斑，盲肠扁桃体出血。胸肌、腿肌条状出血。肝脏被覆一层厚薄不均、灰白色的纤维素性薄膜。心包液增多，心包膜增厚，有些病例的心包膜与心外膜粘连，心包腔内有白色或黄色纤维素性渗出物。

3.病原诊断

通过实验室检验，分离出鸭疫里默氏杆菌和传染性法氏囊病毒，经用琼脂扩散试验及回归试验，证实这两种病原体具有致病力，确诊为鸭疫里默氏杆菌病与传染性法氏囊病并发感染症。

近年来关于鸭发生传染性法氏囊病的报道逐渐增多，这可能是传染性法氏囊病毒通过多次在鸭体继代，毒力逐步增强，鸭体由于感染其他疾病致使抗病力降低，为并发或继发传染性法氏囊病创造了条件。

由于鸭发生传染性法氏囊病常常缺乏典型的临诊症状及病理变化，而且在与其他细菌性疾病并发或继发时，往往易被其他细菌性疾病的典型症状和病理变化所掩盖，这就有可能忽略或延误了传染性法氏囊病的治疗，应引起广大养鸭工作者的注意。

（二）防治策略

（1）立即隔离病鸭，对鸭舍及被污染的环境进行彻底的清扫，并用消毒剂喷洒消毒。

（2）降低饲养密度，保持鸭舍通风、干爽。

（3）每只鸭用法氏囊卵黄抗体 1.5 mL + 壮观霉素 10 mg + 林肯霉素 5 mg，1 次混合注射，每天 1 次，连用 2 天。

（4）多种维生素 50 g，混水 40 kg 饮服，连用 4 ~ 5 天。

二、雏番鸭细小病毒病与鸭疫里默氏杆菌病并发感染症

2004 年卢家平等人报道了一起雏番鸭发生细小病毒病并发感染鸭疫里默氏杆菌病的病例。现简介如下。

（一）诊断依据

1.临诊症状

约 15 日龄的雏番鸭开始发病，表现精神沉郁，两脚发软，不愿走动，厌食，张口伸颈，急促喘气。眼、鼻流出浆液性分泌物。下痢，排出青绿色或白色稀粪。共济失调，头颈震颤和昏迷。

2.病理变化

肝脏表面被覆一层质地均匀、薄而透明的纤维素伪膜。心包膜增厚，心包腔有黏稠的液体，并有灰白色絮状、片状的纤维素性渗出物。气囊壁增厚，鼻窦腔内有灰白色不透明的小块纤维素性渗出凝固物或豆腐渣样带脓血的积蓄物。小肠卵黄囊柄前后段外观膨胀，指触肠管硬实，切开膨胀部，见有白色栓子。胰腺充血，表面和实质有针头大小的白色坏死点。肺淤血、水肿。关节腔有混浊的黏液或干酪样渗出物。

3.病原诊断

通过病原分离、中和试验、人工发病和保护试验等，最后确诊为雏番鸭细小病毒病和鸭疫里默氏杆菌病并发感染症。

（二）防治策略

由于该鸭场没有制订合理和科学的免疫程序，对番鸭细小病毒病的危害性缺乏认识，当雏番鸭体内的母源抗体滴度降低时，不能抵抗番鸭细小病毒的感染，一旦感染病毒，就可以导致番鸭细小病毒病的发生。鸭疫里默氏杆菌的血清型较多，即使注射过疫苗，也可能造成免疫失败。因此，防治这两种疫病，可考虑采用如下策略。

（1）雏鸭出壳后 48 h 内，皮下接种雏番鸭细小病毒病弱毒疫苗（稀释后）0.2 mL，也可以于出壳后 4 天内皮下或肌内注射抗雏番鸭细小病毒病高免血清或高免蛋黄抗体，每只 1.0 mL，于 15 日龄时重复注射 1 次。加强种母鸭的免疫，使雏鸭获得坚强的天然被动免疫力。

（2）倘若多次注射鸭疫里默氏杆菌疫苗后效果仍不佳时，可考虑制备"自家疫苗"。

（3）做好饲养管理、环境卫生和消毒等工作，消除诱发本病的外部应激因素。

（4）分离到病原菌之后做药敏试验，选出病原对其高敏的药物进行有效的防治。

三、雏鸭病毒性肝炎与霉菌性肺炎继发感染症

2005 年董卫峰等人报道了一起雏鸭病毒性

肝炎和霉菌性肺炎继发感染的病例，发病率为85%，死亡率达45.7%。现简介如下。

（一）诊断依据

1. 临诊症状

患鸭精神不振，缩颈，垂翅，发呆，眼半开半闭，蹲伏，喙爪呈暗紫色。食欲减退或废绝，饮水量增加。下痢，排出白色或黄白色水样稀粪，粪便中还带有未消化的饲料颗粒。有些病例呼吸困难，张口伸颈喘气。流泪，眼睑水肿，眼结膜混浊，鼻流黏液。随着病程发展，患鸭出现瘫痪、抽搐、倒地侧卧、头后仰，两脚痉挛性划动或在地上旋转，最终衰竭而死。病程短的2天，长的可达1周以上。

2. 病理变化

肺和气囊表面有针尖至绿豆大小的灰白色或灰黄色结节，其形状不一，质地坚硬，有些病例气囊有干酪样渗出物，有些鸭肺和气囊壁形成灰白色或灰绿色、边缘隆起、中央凹陷的煎蛋状霉菌斑。肝脏肿胀，呈土黄色或暗红色，质脆易碎，表面有斑块状或条块状出血，胆囊膨大。眼结膜混浊，充血。口腔内有大量黏液。喙、脚多呈暗紫色。部分病鸭腺胃与食道交界处黏膜有轻度溃疡。

3. 病原诊断

通过实验室检验，分离到鸭病毒性肝炎病毒，进行回归试验、保护试验等，证实是有致病性的病毒性肝炎病毒。同时又分离到曲霉菌，对培养物用高倍显微镜可见到大量霉菌丝顶囊、分生孢子，确诊为鸭病毒性肝炎与曲霉菌性肺炎继发感染症。

（二）防治策略

（1）立即隔离病鸭，更换垫草和饲料，彻底清理鸭粪等污物及一切用具，并用1∶3000消毒王溶液喷洒消毒，每天1次，病死鸭做无害化处理，加强室内通风，保持室内干燥及空气新鲜，降低饲养密度。

（2）皮下或肌内注射抗鸭病毒性肝炎高免蛋黄液或高免血清1 mL/只，每天1次，连用2天。

（3）制霉菌素拌料，按每千克用100万U，

连用5天。

（4）用1∶2000硫酸铜溶液饮水，连用5天。

（5）恩诺沙星。按每千克饮水加50 mg，速补多维0.25 g，连用5天。

（6）配合中药治疗：茵陈100 g，香薷、大黄、龙胆草、黄芩、黄柏、板蓝根各40 g，煎水取汁，加白糖500 g（供500只鸭用）。给鸭饮水或拌料，每天1次，连用3天。

四、雏鸭病毒性肝炎与大肠杆菌病继发感染症

2001年郑立宽等人报道了一起雏鸭病毒性肝炎继发大肠杆菌病的病例，发病3天，死亡率为11.6%。现简介如下。

（一）诊断依据

1. 临诊症状

雏鸭突然发病，精神沉郁，离群呆立，食欲减退或废绝，行动迟缓，眼半闭，呈昏睡状。眼睑水肿，缩颈拱背，翅下垂。下痢，排出灰绿色稀粪，很快出现神经症状，运动失调，脖子后仰，头向后弯曲，腿后伸，呈"角弓反张"状态而死亡。病程从几分钟到数小时。

2. 病理变化

肝脏肿大，质地柔软，色暗淡，表面有大小不等的出血斑点，有些呈斑驳状，部分病例肝脏表面覆盖一层灰白色纤维素性薄膜。脾肿大、出血、呈斑驳状。肾肿大，肾小管有白色尿酸盐沉积。心包周围、腹腔有淡黄色积液。肠黏膜增厚，有卡他性炎症。

3. 病原诊断

通过实验室检验鉴定，确诊为雏鸭病毒性肝炎与大肠杆菌病继发感染症。

（二）防治策略

（1）立即隔离病鸭，用癸甲溴铵溶液进行全面消毒，在饮水中补添多维电解质，做好雏鸭的保温工作，保持鸭舍通风、干燥，加强饲养管理。情况允许时，鸭舍经消毒后隔1个月再使用。

（2）全群注射抗鸭病毒性肝炎高免蛋黄抗体或高免血清，同时在饮水中加入恩诺沙星。

（3）硫酸新霉素。按0.02%拌料（100千克饲料中加入20 g），连喂2～3周，混饮，每升水用40～70 mg，连饮2～3天。

五、鸭病毒性肝炎与沙门菌病并发感染症

程安春、刘德福、孙晓燕等人均报道过3～18日龄的雏鸭发生鸭病毒性肝炎并发沙门菌病的病例。现简介如下。

（一）诊断依据

1.临诊症状

少数病例突然发病，病程短，还未出现明显的症状就突然死亡。大部分患鸭病初精神不振，缩颈拱背，松毛垂翅，食欲减退甚至废绝，站立不稳或闭目呆立。下痢，排出腥臭、灰白色或淡黄绿色稀粪，肛门周围羽毛被白色稀粪沾污。随着病程的发展，部分病鸭昏睡而死。另有部分病鸭侧身倒卧，两脚呈划游状，就地旋转，死后头向背卷曲，两脚后伸呈"角弓反张"状。

2.病理变化

肝脏肿大，表面有点状或条状出血，部分病例肝脏有针尖大灰白色坏死灶。皮下、胸肌、腿肌、心内外膜、肾广泛出血。肠管黏膜充血、出血。

3.病原诊断

通过实验室检验，分离出沙门菌（程安春等分离出得克萨斯沙门菌）和鸭病毒性肝炎病毒，并分别做回归试验和分离菌和病毒同时感染试验，最后确诊为Ⅰ型鸭病毒性肝炎与沙门菌病并发感染症。

（二）防治策略

（1）隔离消毒，将发病雏鸭隔离饲养，彻底清除病鸭粪便及受污染的饮水、饲料及污物等，用3%～5%氢氧化钠喷洒消毒，每天1～2次，所用的器具用0.01%高锰酸钾溶液清洁消毒。

（2）用抗鸭病毒性肝炎高免蛋黄抗体（每毫升加入青霉素和链霉素各4000 IU），每只腹腔注射0.8～1.0 mL。

（3）新霉素。按每千克体重用20～30 mg拌料或按每千克体重用15～20 mg饮水，连用3～5天。

（4）盐酸沙拉沙星。10 g溶于100 kg水，连饮3～5天。

（5）氟苯尼考。含量5%，按0.2%的比例混料，连用5天。

六、鸭瘟与曲霉菌病并发感染症

2005年周正才等人报道一起江苏省张家港市于2004年某鸭场的成年蛋鸭发生鸭瘟病毒与曲霉菌并发感染的病例。现简介如下。

（一）诊断依据

1.临诊症状

患鸭精神沉郁，食欲减退，羽毛松乱，两脚发软，步态不稳，不愿行走，不愿下水，若强行将其赶下水，患鸭只是漂浮在水面上，然后挣扎上岸。咳嗽，流泪，眼睑水肿，鼻腔流出浆液性、黏性分泌物，呼吸困难。头部和颈部明显水肿。患鸭腹泻，拉出绿色或灰白色稀粪，泄殖腔周围的羽毛被稀粪沾污或结块，最后体温下降而死。

2.病理变化

头颈部位皮下水肿。食管黏膜覆盖一层灰白色坏死物形成的假膜，呈斑点或条索状。泄殖腔黏膜充血、出血、水肿和坏死。心冠沟脂肪有出血点。肝脏肿大，表面有大小不等、边缘不整齐、灰白色坏死灶，有些坏死灶中央有出血点。气囊壁有针尖大黑点或干酪样小块。肺表面有黄白色、突出于表面、大小不一的结节，切开结节见有干酪样物。

3.病原诊断

取病死鸭的肝脏等分离出鸭瘟病毒。取气囊壁和肺黄白色结节作镜检见到有短的分枝有隔菌丝。经过一系列实验诊断，确诊为鸭瘟与曲霉菌病并发感染症。

（二）防治策略

（1）立即对鸭群进行全面检查，隔离病鸭，将假定健康鸭进行鸭瘟疫苗紧急预防注射。每注射一只，更换一个针头。

（2）立即更换新鲜饲料。按每千克饲料用100万U的制霉菌素，连用1周。同时添加0.5%土霉素，防止并发感染。用5%石灰水和5%漂白粉水彻底消毒场地、鸭栅、饲料间，用具用福尔马林熏蒸消毒。

（3）平时做好生物安全工作，按免疫程序做好防疫免疫接种。

七、鸭瘟与禽巴氏杆菌病并发或继发感染症

鸭瘟与巴氏杆菌病是鸭的常见病。鸭发生鸭瘟后常并发或继发巴氏杆菌病，尤其在鸭瘟大流行的年代里，常见鸭群并发或继发这两种病，往往造成鸭只大量死亡。现简介如下。

（一）诊断依据

1. 临诊症状

患鸭精神沉郁，肿头流泪，羽毛松乱，闭目瞌睡，缩头弯颈。翅膀下垂，离群独处，食欲减退或废绝。不愿下水，行动缓慢。体温升高至42～43.5℃。体重显著下降。呼吸困难,张口呼吸，从鼻和口流出黏液，并发出啰音。剧烈下痢，排出绿色、灰白色或淡绿色的稀粪，有时混有血丝或血块，味恶臭。

当以上两种病原并发感染时，鸭群的死亡率较高，死亡快。

2. 病理变化

主要病理变化如下。

（1）肝脏有不同程度的肿大，边缘钝圆，肝实质变脆，肝表面有大小不等、边缘不整齐、灰白色坏死灶，有的病例在坏死灶的中央有一鲜红色的出血点；有的病例在坏死灶的周围有红色的出血环；有些病例则在坏死灶的表面呈淡红色（即坏死灶表面"红染"）。以上三种情况可在同一病例的坏死灶中同时出现，也有可能只出现其中一种或两种。然而，无论出现哪一种变化，均可以见到在肝脏表面散布数量不等、灰白色、针尖大小、稍为突出肝表面、边缘整齐的坏死点。

（2）心脏的变化也较明显，心冠沟脂肪、皮下组织、腹腔脂肪、胃肠黏膜和浆膜等有小出血

点或出血斑。有时这些出血斑较大。

以上这两种病并发时，除上述病变外，往往以鸭瘟的病变为主，如食管黏膜表面有假膜。泄殖腔黏膜覆盖一层绿色或褐色的块状隆起的硬性坏死痂等（其余病变请参考鸭瘟部分）。

3. 病原诊断

以上病例，经实验室诊断，能分离出鸭瘟病毒和禽多杀性巴氏杆菌，确诊为鸭瘟与禽巴氏杆菌病并发或继发感染症。

（二）防治策略

（1）当发现经常有这两种病并发时，就应该在接种鸭瘟疫苗的同时，加强禽巴氏杆菌病疫苗的免疫接种。种鸭每年各注射3次。

（2）当发病时，可以在注射鸭瘟高免血清、干扰素的同时，注射青霉素和链霉素。

（3）对发病鸭群进行鸭瘟紧急预防接种的同时，注射禽巴氏杆菌病荚膜亚单位疫苗或禽巴氏杆菌病蜂胶疫苗。

（4）发病鸭群与无症状鸭群隔离饲养，用1%苯酚消毒食槽及饮水器，加强消毒工作，用5%～10%石灰乳喷洒鸭舍。

（5）可采用紧急接种禽巴氏杆菌病荚膜亚单位疫苗及鸭瘟弱毒疫苗的同时，并配合药物治疗。

八、雏番鸭细小病毒病与沙门菌病并发感染症

雏番鸭的细小病毒病是一种常发病、多发病。2003年刘德福等人报道一起雏番鸭细小病毒病并发沙门菌病的病例。现简介如下。

（一）诊断依据

1. 临诊症状

发病初期有少部分病鸭无明显症状突然死亡，或者临死前头颈向一侧扭曲，两脚似游泳状不断划动。多数患鸭表现精神沉郁，缩颈，羽毛松乱，食欲不振或废绝，两脚无力，离群独处。腹泻，排白色或淡绿色稀粪，肛门周围的羽毛被粪便污染，粪便中常有黏液，干涸后封闭了泄殖腔，导致排粪困难。有部分病例鼻流浆液性或黏

液性分泌物，甩头，头部震颤或后仰。呼吸困难，张口喘气。眼有结膜炎，流泪，最后出现共济失调，两脚麻痹、抽搐、衰竭而死，病程 2 ~ 5 天不等，死亡率为 30%。

2. 病理变化

肝脏肿大、充血或呈条纹的砖红色，表面有灰黄色细小的坏死灶，少数病例肝脏表面覆盖一层灰白色纤维素性薄膜。脾肿大，呈暗红色。部分病例肠黏膜充血、出血，十二指肠前端有青绿色胆汁样内容物，后段及空肠前段黏膜有弥漫性充血及点状出血，空肠后段及回肠黏膜脱落，肠管肿大，切开肠管见内有灰白色柱状物，有些病例只见肠腔内充满黏稠酱油色内容物，有些病例盲肠有黄色干酪样肠芯。

3. 病原诊断

经实验室细菌、病毒分离、血清学等一系列试验，确诊为鸭细小病毒病并发沙门菌病。

（二）防治策略

（1）发现鸭群发病并出现死亡之后，立即将病鸭隔离饲养。彻底清除病鸭粪便及被污染的饮水、饲料及污物等。用 3% ~ 5% 氢氧化钠喷洒消毒，每天 1 ~ 2 次，所有器具用 0.1% 高锰酸钾溶液清洗消毒，用 3% 过氧乙酸溶液进行室内带鸭消毒。

（2）鸭群注射抗细小病毒高免血清，每只 1 mL，肌内注射。饮水中加入 5% 葡萄糖、0.02% 多西环素，同时每千克水加入 30 mg 维生素 C，饲料中加入多种维生素和病毒灵。

九、鸭低致病性禽流感与禽巴氏杆菌病并发感染症

在禽流感流行季节，鸭群常发生禽流感并发禽巴氏杆菌病，死亡率相当高。有些鸭群是感染了低致病性禽流感并发禽巴氏杆菌病；有些鸭群是发生高致病性禽流感并发禽巴氏杆菌病。现简介如下。

（一）诊断依据

1. 临诊症状及病理变化

（1）发生低致病性禽流感的鸭群，多数以呼吸道症状为主，精神沉郁，流眼泪，流鼻液，咳嗽，呼吸困难，张口伸颈，发病急，传播快，死亡率低，3 ~ 4 天后症状缓和。倘若并发或继发禽巴氏杆菌病，则死亡快，常见多数病例在短时间内突然死亡，死亡率增高。

病理变化主要表现为鸭只气管黏膜充血、出血。肺部出现不同程度的炎症，出血。肝脏表面出现典型的灰白色、针尖大、边缘整齐的坏死点。全身各器官的黏膜、浆膜充血，出血，尤其心冠沟脂肪有点状出血。

（2）发生高致病性禽流感的鸭群，主要表现突发性症状，精神高度沉郁，食欲废绝，不饮水。昏睡，两脚发软，不愿走动，部分病鸭出现神经症状，死亡率极高。高致病性禽流感很少出现呼吸道症状，如果并发或继发禽巴氏杆菌病时，患鸭可出现呼吸急促、咳嗽，死亡更快。

病理变化以心脏的变化为主，心肌变性和坏死，心外膜、心内膜出血。胰腺有出血点和灰白色坏死灶。脑膜出血和其他器官黏膜出血与禽巴氏杆菌病引起的出血相比，用肉眼观察很难区分。但并发禽巴氏杆菌病时，肝脏则出现特征性的针尖大、边缘整齐、灰白色坏死点。肺充血、水肿。

2. 病原诊断

经实验室检验可分离出有致病性禽流感病毒，也可以分离出禽巴氏杆菌，最后确诊为致病性禽流感与禽巴氏杆菌病并发感染症。

（二）防治策略

1. 预防

在有上述两种病流行的地区，鸭群在接种禽流感多价苗的同时，应同时接种禽巴氏杆菌病疫苗。由于鸭群接种禽流感疫苗后，抗体往往达不到合格要求，因此，应该争取加强免疫，并进行免疫监测，及时补针。若是肉鸭，可在 7 ~ 10 日龄注射 0.8 ~ 1.0 mL 禽流感疫苗，1 周后注射高免蛋黄抗体，提高抗体水平。在这期间及时注射禽巴氏杆菌病疫苗。以后按免疫程序执行 100% 免疫措施。

2. 治疗

低致病性禽流感并发巴氏杆菌病时，可以全

群鸭进行紧急接种禽流感疫苗和巴氏杆菌蜂胶疫苗。立即用禽流感多价蛋黄抗体加青霉素和链霉素（按 0.5～1.5 kg 体重各用 5 万～10 万 IU；1.5～3 kg 体重各用 10 万～15 万 IU；3 kg 体重以上各用 20 万～25 万 IU）混合肌内注射。饲料中添加多种维生素及微量元素。当鸭群感染高致病性禽流感时则无治疗价值，按当地有关规定处理。

十、鸭低致病性禽流感与大肠杆菌病继发感染症

当鸭群（尤其是雏鸭）发生低致病性禽流感（H_9）时，往往容易继发大肠杆菌病。

致病性大肠杆菌是鸭群最常见的病原菌之一，可以引起鸭群发生败血症、脐炎、胚胎病、肉芽肿、卵黄性腹膜炎和全眼球炎等一系列疾病。当鸭群感染了低致病性禽流感毒株后，致使鸭只出现呼吸道症状，损伤了呼吸道的黏膜，也损害了免疫器官，使鸭体增加对大肠杆菌和其他病原体的易感性。据编者多年的实践和观察，低致病性禽流感毒株（H_9）对我国部分地区的优势血清型的大肠杆菌流行菌株具有协同致病作用，也就是说，当鸭群发生低致病性禽流感时，极易诱发大肠杆菌病，此时由于大肠杆菌的协同作用，就会增加鸭群的发病率和死亡率。现简介如下。

（一）诊断依据

1. 临诊症状及病理变化

患鸭（多见于幼鸭）以呼吸道症状为主，呈现流泪，流鼻液，咳嗽，呼吸困难，张口伸颈。精神沉郁，羽毛松乱，食欲减退。有些病例下痢，排出灰白色、灰黄绿色稀粪。病鸭死前头向前冲，最后因衰竭死亡。

病理变化主要表现肝脏肿大、出血，表面有薄膜状纤维蛋白凝固物覆盖，易剥离。心包液混浊，心外膜附有大量呈绒毛样的纤维状物，心肌有条纹状出血。胸、腹气囊膜混浊，增厚，囊壁外有干酪样物附着，并与周围器官粘连。鼻腔有黏液，喉头和气管黏膜充血、出血。肺水肿、充血、出血。肠黏膜充血、出血。脾、肾脏充血、出血。

胰腺有灰白色坏死点和出血点。

2. 病原诊断

采取上述病鸭的气管分泌物或肝、脾可分离出禽流感病毒，从病鸭的脏器又可分离出大肠杆菌，确诊为鸭禽流感与大肠杆菌病继发感染症。

（二）防治策略

1. 预防

平时应做好鸭群的免疫接种工作，制订科学的免疫程序，实施高质量的免疫接种。由于鸭群用目前的禽流感灭活疫苗免疫后，往往抗体上不去，其原因是多方面的，因此，建议使用多价苗。肉鸭免疫日龄尽可能提前些，争取在 20 天之内免疫 2 次。大肠杆菌灭活菌苗的免疫也应使用多价苗。倘若采用上述措施后，效果不佳，每批鸭均有上述两种疫病发生时，就可以考虑使用组织灭活苗（即所谓"自家苗"），也可以使用当地的流行株制苗免疫。加强消毒和饲养管理。

2. 治疗

虽然低致病性禽流感的发病率高，但死亡率较低，倘若与大肠杆菌病并发或继发，死亡率就可以升高，此时采用适当的药物和方法进行治疗，可减少死亡，制止疫情的发展。及时注射高免的、多价的禽流感蛋黄抗体，并在抗体中加入抗菌药物和抗病毒药物。未发病的受威胁的假定健康群，立即进行免疫，也可以对全群鸭进行疫苗接种。及时补充维生素、矿物质及微生态制剂。提高机体的修复能力。具体方法请参考本书有关章节。

十一、雏鸭病毒性肝炎与鸭疫里默氏杆菌病并发感染症

谢三星、孙跃进等报道，某市某专业户 2000 年 5 月 18 日从外地购进 2500 只樱桃谷肉鸭苗，6 日龄开始发病，于 3 天内死亡 587 只，死亡率为 23.4%。现简介如下。

（一）诊断依据

1. 临诊症状

患病雏鸭精神沉郁，食欲减退或废绝，流泪，

从鼻孔流出黏性分泌液。下痢，排出黄绿色或灰绿色水样稀粪。两脚软弱无力，行动迟缓。有些病例出现全身抽搐，转圈、翻滚，头向后弯曲，腿向后伸，呈"角弓反张"等神经症状，不久即死亡。

2. 病理变化

肝脏肿大，表面有数量不等、针尖大小的出血点或出血斑，有些病例肝脏表面被覆一层质地均一、灰白色、半透明的纤维素性假膜。脾、肾肿大，充血。脑膜充血、出血。肠管黏膜增厚，呈卡他性炎症。鼻窦内有白色干酪样渗出物。病死雏鸭还常出现纤维性心包炎和气囊炎。

3. 病原诊断

通过实验室分离培养、生化反应及回归试验，确诊为樱桃谷肉鸭苗病毒性肝炎和鸭疫里默氏杆菌病并发感染症。

（二）防治策略

（1）对病鸭群及时选用病毒性肝炎高免蛋黄液 0.2 mL/ 只，"鸭疫消" 0.2 mL/ 只，肌内注射，每天 1 次，连用 2 天。

（2）用"鸭疫消"拌料，加适量病毒灵粉和华宝多维，连用 3 ～ 6 天。

（3）严密消毒，加强饲养管理。

第四节　细菌性疾病与寄生虫病并发感染症

一、鸭疫里默氏杆菌病与鸭球虫病并发感染症

刘理论和张冬福等人均报道雏鸭发生鸭疫里默氏杆菌病与球虫病并发感染的病例。现简介如下。

（一）诊断依据

1. 临诊症状

（1）患鸭精神委顿，羽毛松乱，嗜眠，喙抵地面，缩颈，食欲减退或废绝，饮水增加，两脚发软，步态蹒跚，经常卧地，行走困难或卧地不

起，共济失调。眼、鼻有浆液性或黏液性分泌物。下痢，排出绿色、黄绿色或黄褐色稀粪，有时可见黑色或灰白色的稀粪中带有血液，泄殖腔周围的羽毛污秽。

（2）濒死期出现神经症状，表现摇头、点头或背脖，头颈震颤，呈"角弓反张"状或出现全身痉挛性抽搐，很快死亡或在短时间内发作 2 ～ 3 次后死亡，病程一般为 1 ～ 3 天，有部分病例出现张口呼吸等呼吸困难症状，最后以衰竭而死。

2. 病理变化

肝脏肿大、质脆，表面覆盖一层灰白色或灰黄色的纤维素性薄膜，易剥离。脾肿大，表面附有纤维素性薄膜。心外膜有灰白色纤维素性渗出物，心包液增多。气囊壁混浊，有絮状或斑点状纤维素性渗出物。小肠肠管有胶冻状黏液，刮开肠内容物见黏膜有针尖大小的出血点，有的表面覆盖一层麸糠状或奶酪状黏液，粪便呈暗红色。

3. 病原诊断

通过实验室检验，分离出鸭疫里默氏杆菌，通过回归试验，证实具有致病性，同时取粪便通过饱和盐水漂浮法检查，发现大量球虫卵囊，确诊为鸭疫里默氏杆菌病和鸭球虫病并发感染症。

（二）防治策略

（1）立即隔离病鸭，死鸭进行无害化处理。

（2）有条件的对鸭群进行紧急免疫接种。

（3）头孢噻呋冻干粉肌内注射，按每千克体重用 1 mg，连用 3 天。在饮水中添加 0.5% 磺胺二甲基嘧啶和 0.05% 强力维他，连用 5 天。

（4）对症状较轻和假定健康鸭，在饲料中添加 0.02% 利福平和 0.5% 磺胺二甲基嘧啶，连用 5 天。在饮水中添加 0.05% 强力维他，连用 1 周。

（5）给雏鸭投喂适量微生态制剂，以调节肠道内的微生物环境，增强有益菌群的生长繁殖，抑制有害菌群的生长繁殖。

二、雏番鸭细小病毒病与鸭球虫病并发感染症

2003年王自然报道了一起雏番鸭细小病毒病并发感染鸭球虫病的病例。现简介如下。

（一）诊断依据

1. 临诊症状

患鸭精神沉郁，缩颈，离群独处，食欲减退或废绝。急性病例未见任何明显的症状即突然死亡。排出暗红色或深紫色混浊并带有气泡或假膜的稀粪，泄殖腔周围羽毛沾污黑色稀粪，临死前出现扭颈、全身抽搐等神经症状。

2. 病理变化

肝脏肿大，呈紫红色或黄褐色，质脆，个别雏鸭肝脏表面有大小不等的灰白色坏死灶。心肌色变淡，呈灰白色，心冠沟脂肪有针尖大出血点，十二指肠黏膜弥漫性出血，内容物呈淡红色。小肠黏膜出血、坏死脱落，并与纤维素性渗出物凝固成淡黄色栓子，俗称"腊肠粪"，肠管变粗，比正常肠段增大2～3倍。鼻、口腔积有黏液。

3. 病原诊断

经实验室检验结果，分离到具有致病性细小病毒，并找到鸭球虫，确诊为鸭细小病毒病与鸭球虫病并发感染症。

（二）防治策略

（1）立即将病鸭隔离饲养，每只鸭皮下或肌内注射抗细小病毒高免血清1 mL，每天1次，连用2天。

（2）12.5 g鸡球净拌料50 kg，连喂4天，同时用0.05%乳酸环丙沙星饮水，连饮5天。

（3）黄芪30 g、茯苓20 g、苦参20 g、黄柏20 g、大青叶30 g、穿心莲20 g、鱼腥草20 g、板蓝根20 g、地榆炭30 g、贯众30 g、甘草10 g，水煎，供1000只鸭饮用，每天1次，连用3天。

（4）加强饲养管理和环境卫生，加强消毒。

第五节　普通病与细菌性疾病并发感染症

肉鸭滑腱病（脱腱症）与大肠杆菌病并发感染症

2006年韩先桂等人报道一起肉鸭（7～15日龄）滑腱症并发大肠杆菌病。现简介如下。

（一）诊断依据

1. 临诊症状及病理变化

7日龄肉鸭开始出现零星瘫痪，腿弯曲呈"O"字形，跗关节增大，胫骨远端和跖骨近端弯曲扭转，无法支持体重，从而将身体压在跗关节上，严重病例不能行动，无法采食而出现发育迟缓，最后患鸭衰竭而死。病鸭还表现精神沉郁，食欲减退，有些病例还呈现腹泻。

剖检病死鸭见其骨骼短粗，剥开肌腱上的皮肤，见腓肠肌腱从跗关节的骨槽中向关节一侧滑出而呈脱腱症状。肝脏肿大，表面覆盖一层白色纤维素性渗出物。脾肿大，气囊壁混浊，肠管黏膜出血，炎症渗出物增多。

2. 病原诊断

患鸭由于缺锰而引起滑腱症，从病死鸭的肝、脾分离出革兰氏阴性菌，经实验室检验，确诊为滑腱症与大肠杆菌病并发感染症。

（二）防治策略

（1）饲料中添加多维，100 kg水中加50 g多维，连饮3～5天，或者100 kg饲料加入100 g多维，连喂5天。

（2）100 kg饲料中加入12～24 g硫酸锰，也可以用1∶3000高锰酸钾溶液作饮水，每天更换2～3次，连用2～3天。

（3）甲砜霉素50 g加入100 kg水中，连饮3～5天。

（4）加强饲养管理，保持鸭舍清洁、干燥，定期消毒。

第十三章　常用药物及疫苗

第一节　常用兽药联合用药与配伍禁忌

一、药代动力学、药效学相互作用与配伍禁忌的区别

兽医临诊上联合用药是兽医师常采用的一种用药方案，以对付并（继）发感染、症状复杂等病例。在联合用药时必须注意药代动力学、药效学相互作用和配伍禁忌。

药效间相互作用：主要指联合用药时药物在体内发生总效应的改变，可能出现三种情况：如协同作用、相加作用、拮抗作用（图13-1）。

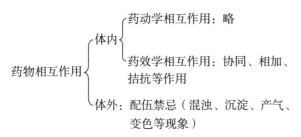

图 13-1　药物相互作用

配伍禁忌：是在体外发生的，两种以上药物混合后，出现中和、水解、破坏失效等理化反应，可能发生混浊、沉淀、产生气体及变色等外观异常的现象。配伍禁忌常发生于注射给药，因为把几种药混在一个小容器中（如注射器、输液瓶），药物浓度高，发生配伍禁忌的机会大大增加，所以一般注射给药时1次注射时尽量只用一种药，除非已明确不会发生配伍禁忌。

二、抗菌药物配伍参考原则

1. 按作用机理和特性，可把抗菌药物分 4 类

Ⅰ：繁殖期或速效杀菌药：青霉素类、头孢菌素类。

Ⅱ：静止期或慢效杀菌药：氨基糖苷类、喹诺酮类、多黏菌素类。

Ⅲ：快效抑菌药：四环素类、酰胺醇类、大环内酯类、林可胺类、截短侧耳类。

Ⅳ：慢效抑菌药：磺胺类。

2. 合并用药结果

Ⅰ＋Ⅱ：协同。

Ⅰ＋Ⅲ：拮抗。

Ⅰ＋Ⅳ：无关或相加，一般不会有重大影响，有明显指征时如磺胺嘧啶与青霉素治疗脑部细菌感染，明显提高疗效。

Ⅱ＋Ⅲ：相加或协同。

Ⅱ＋Ⅳ：无关或相加。

Ⅲ＋Ⅳ：相加。

注意：同类药物之间作用机理相同，不宜联用。一般两种药物配伍即可，混合注射给药，情况更为复杂，还要考虑配伍禁忌，兽药合理配伍与配伍禁忌见表13-1。

第二节　常用消毒剂

一、氢氧化钠

又叫苛性钠、烧碱、火碱。

1. 作用

对病毒、芽孢、细菌繁殖体有强大的杀灭力，且能溶解其蛋白质。对寄生虫卵也有杀灭作用。

2. 应用

属环境消毒剂。用于鸭舍、非金属器具、运输工具、门口的消毒池，仓库地面、墙壁、工作间地面及入口处等。

3. 用量与用法

配成 2% 溶液喷洒或洗刷。

表 13-1 兽药合理配伍与配伍禁忌

药物类别	代表药物	配伍药物	结果
青霉素类	青霉素、氨苄西林、阿莫西林	硫酸卡那霉素、庆大霉素、阿米卡星、土霉素、维生素C、碳酸氢钠、氢化可的松	理化失效（混合注射）
		磺胺类、氟苯尼考、泰乐菌素、替米考星、多西环素、四环素	降低疗效（与用药顺序有关）
		克拉维酸、舒巴坦、氨基糖苷类等、甲氧苄啶（TMP）、喹诺酮类，青霉素与链霉素可混合注射	协同，增强疗效
		丙磺舒	延长青霉素疗效
		葡萄糖注射液	降效，不宜混合静滴
头孢菌素类	头孢噻呋、头孢喹肟、宠物用的其他头孢类药物	氨茶碱、庆大霉素、阿米卡星、磺胺类、多西环素、氟苯尼考	分解失效（混合注射）
		新霉素、庆大霉素、阿米卡星、喹诺酮类、硫酸黏菌素	疗效增强（分开给药）
		葡萄糖注射液	降效，不宜混合静滴
氨基糖苷类	硫酸新霉素、安普霉素、大观霉素、庆大霉素、卡那霉素、阿米卡星、链霉素	同类药物、多黏菌素B、甘露醇、右旋糖酐	毒性增强
		青霉素类、头孢菌素类、甲氧苄啶	协同，疗效增强
四环素类	金霉素、土霉素、多西环素	泰乐菌素、甲氧苄啶、氟苯尼考、黏菌素	增强疗效
		含钙盐、铁盐及其他含重金属离子药物、碳酸氢钠、氨茶碱	降低疗效
酰胺醇类	氟苯尼考	多西环素、新霉素、甲氧苄啶、硫酸黏菌素、安普霉素	增强疗效
		青霉素、阿莫西林、氨苄西林、头孢类	疗效降低（与用药顺序有关）
		泰乐菌素、替米考星、林可霉素、泰妙菌素、喹诺酮类	拮抗，疗效降低
大环内酯类、截短侧耳类	红霉素、泰乐菌素、替米考星、泰妙菌素、沃尼妙林	新霉素、庆大霉素、四环素类	疗效增强
		维生素C、头孢、青霉素、氟苯尼考、林可霉素、泰妙菌素	拮抗，降低疗效
		泰妙菌素禁止与莫能菌素、盐霉素等聚醚类抗球虫合用	毒性增强
多肽类抗生素	黏菌素、杆菌肽	阿托品、新霉素、庆大霉素、林可霉素	毒性增强
		多西环素、氟苯尼考、替米考星、喹诺酮类、金霉素、阿莫西林	疗效增强
磺胺类	磺胺二甲氧嘧啶、磺胺嘧啶钠、磺胺五甲氧嘧啶等	甲氧苄啶、新霉素、庆大霉素、卡那霉素、青霉素类（细菌性脑炎）	疗效增强
		碳酸氢钠	减轻不良反应
		维生素类、普鲁卡因、四环素类、盐酸麻黄碱、氯化钙	降低疗效
		维生素C、酸性药物	肾毒性增强

药物类别	代表药物	配伍药物	结果
林可胺类	林可霉素	大观霉素、庆大霉素、新霉素、甲硝唑、喹诺酮类	疗效增强
		泰乐菌素、氟苯尼考、替米考星、泰妙菌素	拮抗，降低疗效
		维生素类、氨茶碱、磺胺类	混浊、毒性增强
喹诺酮类	恩诺沙星、达氟沙星、二氟沙星、沙拉沙星	氟苯尼考、利福平、氨茶碱	降低疗效
		含铝、钙、铁等多价阳离子制剂（氢氧化铝、乳酸钙）、林可霉素、磺胺类	络合物，难溶
		林可霉素、氨苄西林、阿莫西林、链霉素、新霉素、庆大霉素、磺胺类	疗效增强
茶碱类	氨茶碱	含铝、钙、铁等多价阳离子制剂（氢氧化铝、乳酸钙）	络合物，难溶
		维生素C、多西环素、盐酸肾上腺素等酸性药物	混浊失效
		喹诺酮类	疗效降低
铁制剂	硫酸亚铁、富马酸亚铁、枸橼酸铁铵、右旋糖酐铁	含钙、磷酸盐类、鞣酸的药物及抗酸剂	形成沉淀
		维生素C	吸收好
		磷酸盐类、四环素类、鞣酸	妨碍铁吸收
		喹诺酮类	减少喹诺酮类药物吸收
维生素注射剂	维生素C注射液、维生素B_1注射液、维生素B_{12}注射液、复合B族维生素注射液等	各类抗菌药物注射剂	可能灭活抗菌药物或配伍禁忌
益生菌	乳酶生、微生态制剂	抗菌药物、吸附药、收敛药、酊剂	益生菌失效
聚醚类抗球虫	莫能菌素、盐霉素、马杜霉素	泰妙菌素、竹桃霉素	毒性增强
局部麻醉药	普鲁卡因、利多卡因、丁卡因	磺胺类、洋地黄、氨茶碱、巴比妥类、碳酸氢钠、硫酸镁	疗效降低或毒性加大
		盐酸肾上腺素	延长局麻时间

4.注意事项

（1）粗制氢氧化钠含氢氧化钠94%左右，价格低廉，可代替精制氢氧化钠使用。

（2）本品对金属有较强的腐蚀性，不宜用于金属制品消毒。

（3）对皮肤、黏膜刺激性强并可引起灼伤，对羽毛也有腐蚀作用。在消毒禽舍时，应先将禽只移出，消毒后隔半天用水彻底冲洗并待干后方可将禽群赶入舍内。

二、生石灰

又叫氧化钙。

1.作用

与水混合后，生成氢氧化钙（称熟石灰），解离出氢氧根离子产生作用，属环境消毒剂，对大多数细菌繁殖体有一定杀灭作用，但对芽孢无效。

2.应用

多用于地面、粪池或粪堆及污水沟的消毒，也可以用于环境、器具消毒。

3. 用量与用法

生石灰加水配成 10% ～ 20% 石灰乳刷墙壁，也有用生石灰粉撒于潮湿的地面、粪堆周围和污水沟等。

4. 注意事项

（1）直接将生石灰撒在干燥地面上无效。

（2）熟石灰可吸收空气中的二氧化碳，变为无消毒作用的碳酸钙，故石灰乳应现用现配，配好后宜在当天用完。

三、漂白粉

又叫含氯石灰。是次氯酸钙、氯化钙与氢氧化钙的混合物，有氯臭。新制漂白粉应含有效氯 25% ～ 30%。

1. 作用

本品在水中分解产生次氯酸，释放出初生态氧和活性氯。对细菌繁殖体、芽孢、真菌和病毒均有杀灭作用。在酸性环境中杀菌作用强，但在碱性环境或有机物存在的情况下杀菌力减弱。

2. 应用

用于饮水、禽舍、地面、用具及排泄物的消毒。

3. 用量与用法

饮水消毒：每立方米水加入 6 ～ 10 g，30 min 后即可饮用。10% ～ 20% 的乳剂用于喷洒禽舍地面、运动场、墙壁和运输车辆的消毒。1% ～ 5% 澄清液用于食槽、饮水器及其他非金属用具的消毒。将本品干粉与粪便按 1 ∶ 5 比例混匀用于粪便消毒。

4. 注意事项

（1）忌与硼酸、盐酸配伍。

（2）不宜用于金属笼具及有色棉织物的消毒。

（3）消毒液应新鲜配制。

（4）本品久置空气中可逐渐吸收水分而分解失效，故应于阴凉干燥处密闭存放。当有效氯含量低于 16% 时不宜使用。

（5）对机体组织有一定刺激性。

四、高锰酸钾

又叫过锰酸钾。

1. 作用

为强氧化剂，有杀菌、除臭、氧化解毒作用。本品作用后还原为二氧化锰，可与蛋白质结合，低浓度时呈现收敛作用。本品 0.1% 溶液可杀灭多数细菌繁殖体，2% ～ 5% 溶液可于 24 h 内杀灭细菌芽孢。

2. 用量与用法

0.1% 溶液用于皮肤、黏膜创面冲洗及饮水、蔬菜消毒。0.2% ～ 0.5% 溶液用于种蛋消毒，浸泡 3 min。2% ～ 5% 溶液用于被病禽污染的饲具、饮水器及其他容器的消毒。本品与福尔马林合用，可用于禽舍、孵化器、孵化室等空气熏蒸消毒。

3. 注意事项

（1）高浓度有腐蚀作用，遇氨水、甘油、乙醇易失效。

（2）溶液宜现用现配，倘若久置，则因还原而失效。

（3）饮用浓度不宜过高，当其浓度达 0.4% 时，可引起中毒。特别应注意用于雏鸭混饮的浓度。用维生素 C 可消除高锰酸钾的颜色。

五、过氧乙酸

又叫过醋酸。

1. 作用

强氧化剂，其特点是广谱、高效、速效。对细菌、病毒、霉菌和芽孢均有杀灭作用。

2. 应用

主要用于禽舍、被污染的地面、物品、墙壁、通道、食槽、饮水器、仓库等的消毒，也可以用于耐酸塑料、玻璃、搪瓷和橡胶品的浸泡消毒。

3. 用量与用法

20% 溶液（市售品）稀释后不稳定，应现用现配。0.04% ～ 0.2% 溶液用于耐酸用具的浸泡消毒。3% ～ 5% 溶液（按每立方米用 20% 市售品 10 mL 换算并稀释成 3% ～ 5% 溶液）用于空间加热熏蒸消毒及环境、禽舍、食槽、车辆的喷洒消毒。0.3% 溶液按每立方米 30 mL 用于带鸭消毒。

4. 注意事项

（1）宜现配现用。

（2）本品热蒸气有刺激性，人员要加强防护。

（3）对多种金属有腐蚀性，不宜用于金属笼具及有色棉织物的消毒。

六、甲醛溶液

又叫福尔马林。通常把 40% 甲醛溶液称为福尔马林。兽医药典规定甲醛溶液含甲醛不得少于 36%，并规定其内含有 10% ~ 20% 甲醇，以防聚合生成多聚甲醛白色沉淀。

1. 作用

是广谱强效消毒剂，能与蛋白质中的氨基发生烷基化反应，使蛋白质变性，对细菌、芽孢、病毒和霉菌等均有强大的杀灭作用。

2. 应用

本品具有极强的还原性，遇氧化剂时可产生大量的热量，将未参加反应的甲醛蒸发，故常与高锰酸钾配合用于熏蒸消毒。适用于禽舍、孵化器、种蛋及器械的消毒。

3. 用量与用法

3% ~ 5% 福尔马林（1.2% ~ 2.0% 甲醛）可用于喷洒禽舍地面、墙壁和器具等。

（1）熏蒸消毒方法：每立方米空间用福尔马林 15 ~ 30 mL，加入等量水，然后用小火加热，使甲醛变成气体。如不加热，可用高锰酸钾 45 g 与福尔马林 75 mL，混合后使之氧化蒸发，密闭门窗 12 h。

（2）种蛋熏蒸消毒方法：每立方米空间，用福尔马林 28 mL，高锰酸钾 14 g，水 5 mL 密闭熏蒸 20 min。此法适用于入孵第 1 天的种蛋，消毒后 6 h 打开门窗通风换气。

4. 注意事项

（1）本品有较强刺激性。

（2）熏蒸消毒时，最好控制温度在 20℃以上，

相对湿度 60% ~ 80%。

（3）消毒时应关闭门窗和排气孔等，消毒结束后再打开，以便排出残余气体。

（4）甲醛溶液配制法。

甲醛溶液配制，应先检查甲醛溶液（市售的福尔马林）中的甲醛百分含量，然后用水将甲醛溶液稀释到所需的甲醛百分含量。假定现有的甲醛溶液含 40% 甲醛，而需要配成 4% 甲醛溶液 100 mL，则可根据比例：$100 : X = 40\% : 4\%$，$X=（100 \times 4\%）/40\%=10$，即取 10 mL 40% 甲醛溶液和 90 mL 水，就可以配成 4% 甲醛溶液。

七、苯酚

又叫石炭酸。

1. 作用

本品可使菌体蛋白质变性而产生抑菌或杀菌作用。能杀死细菌繁殖体和霉菌，对细菌芽孢和病毒无效。

2. 应用

用于墙壁、运动场及器具消毒。

3. 用量与用法

常配成 3% ~ 5% 的水溶液使用，若加入 10% 食盐可提高消毒效果。

4. 注意事项

（1）本品有特异臭味，不宜用于运输肉、蛋品的车辆及贮藏的仓库消毒。

（2）由于本品有较强的刺激性和腐蚀性，不宜用于皮肤、黏膜和创口的消毒。

（3）忌与碘、高锰酸钾配伍应用。

八、复合酚

又叫菌毒净、菌毒敌、农福等。本类制剂含苯酚 41% ~ 49% 和醋酸 22% ~ 26%。

1. 作用

为广谱、高效的新型消毒剂，除具有杀灭细菌、霉菌、病毒之外，还可以杀灭多种寄生虫卵，且具有驱虫作用。

2. 应用

适用于鸭群集散地、鸭舍、笼具、运输工具、饲养地及排泄物的消毒。

3. 用量与用法

配成 1∶300 溶液用于病毒和细菌的消毒。1∶200 溶液用于螨、虱、蚊、蝇等的驱除或杀灭。用水稀释本品，配成 0.4% ~ 1.0% 用于环境、器具消毒。

4. 注意事项

（1）用水稀释本品时，水温不宜低于 8℃。

（2）禁止与碱性药物或其他消毒剂混用，以免降低消毒效果。

九、新洁尔灭

又叫苯扎溴铵、溴苄烷胺。

1. 作用

新洁尔灭为季铵盐类阳离子表面活性剂，有杀菌和清洁去污的作用。对多数革兰氏阳性菌和阴性菌有较强的杀灭作用，对病毒作用较差。

2. 应用

0.05% ~ 0.1% 溶液用于饲养人员手部、小件器具的浸泡消毒，0.1% 溶液用于种蛋的浸涤消毒（水温应为 40 ~ 43℃，浸泡时间不超过 3 min），0.15% ~ 0.2% 溶液用于鸭舍的消毒。

3. 注意事项

（1）忌与碘、碘化钾、过氧化物等合用，亦不可与普通肥皂配伍。

（2）不适宜用于饮水、污水及粪便的消毒。

十、洗必泰

又叫氯苯胍亭、双氯苯双胍己烷或氯己啶。

1. 作用

为广谱抑菌、杀菌消毒剂。对革兰氏阳性菌、革兰氏阴性菌及霉菌都有较强的杀灭作用。其抗菌作用比新洁尔灭强，且毒性小，对局部无刺激性。

2. 应用

适用于鸭舍、饲养人员手部消毒及创伤和烧伤感染的冲洗消毒。

3. 用量与用法

0.02% ~ 0.05% 溶液用于饲养人员手部的浸泡消毒。0.05% 溶液用于鸭舍、运动场、孵化室等的喷雾或擦拭消毒。0.1% 溶液用于器械消毒。

4. 注意事项

不能与碘、碘化钾、过氧化物等合用，亦不可与普通肥皂配伍。不适用于粪便、污水消毒。

十一、癸甲溴铵溶液

又叫百毒杀。

1. 作用

本品是双链季铵盐类高效表面活性剂，对多种病毒、细菌、霉菌、真菌和寄生虫卵均有杀灭作用，还可以除臭。

2. 应用

适用于饮水、孵化室消毒，可以用于带鸭消毒。

3. 用量与用法

600 倍稀释后喷雾，用于平时鸭舍、环境、饲饮器具、笼具消毒、带鸭消毒及种蛋消毒。200 倍稀释后洗涤消毒，用于发生传染病时鸭舍、器具、笼具紧急消毒。500 倍稀释后浸泡种蛋消毒。1∶（10 000 ~ 20 000）稀释后用于饮水消毒。

十二、碘

碘是黑色或蓝黑色带有金属光泽的片状结晶或块状物，难溶于水，但可溶于乙醇和甘油，易溶于碘化钾的水溶液中。在常温下易挥发，应密闭避光存放。

1. 作用

碘能碘化和氧化微生物体的蛋白质，抑制其代谢酶的活性，具有很强的杀灭细菌、芽孢、真菌和病毒的作用。

2. 应用

用于皮肤及创面的消毒。

3. 用量与用法

（1）配制碘酊的方法。2% 碘酊：用碘片 2 g，溶于少许含碘化钾的溶液中，待碘片溶解后加入 75% 乙醇至 100 mL。用于创伤擦拭消毒，也可以用于饮水的消毒，即在 1 L 水中加入 2% 碘酊 5 ~ 6 滴。5% 碘酊：用碘片 5 g，碘化钾 5 g，水 2 mL，待碘片溶解后加入 75% 乙醇至 100 mL。用于手术部位或注射部位的消毒。

（2）配制碘甘油的方法。1% 碘甘油：取碘化钾 1 g 加少量蒸馏水溶解后，再加入 1 g 碘片搅拌溶解后，再加甘油至 100 mL。5% 碘甘油：取碘化钾 10 g，溶于少量蒸馏水中，加 5 g 碘片搅拌溶解后，加入甘油 20 mL，最后再加蒸馏水至 100 mL。其消毒作用较碘酊弱，但较持久，对组织的刺激性小。主要用于涂擦皮肤黏膜的各种炎症。

（3）配制复方碘溶液（鲁格氏溶液）的方法。将 10 g 碘化钾加入少量蒸馏水中溶解后，加 5 g 碘片搅拌至溶解，再加蒸馏水至 100 mL。其消毒作用较碘酊稍弱，对细菌、病毒和霉菌均有很强的杀灭作用。主要用于种蛋的浸泡消毒，可以将种蛋在略高于蛋温的复方碘溶液中浸泡 1 min。

4. 注意事项

忌与重金属、高锰酸钾配伍。

十三、碘伏

又叫聚乙烯吡咯烷酮碘、聚维酮碘、聚乙烯吡酮碘、吡咯烷酮碘。

1. 作用

本品是碘与表面活性剂的不定型结合物，具广谱杀菌作用，对细菌、芽孢、病毒、真菌和部分原虫等具有强力杀灭作用，且维持时间较长。

2. 应用

用于禽舍、鸭体、饲养用具、种蛋及皮肤的消毒。

3. 用量与用法

0.5% 溶液用于环境、笼具等的喷雾消毒。200 ~ 400 倍稀释用于饮水消毒。按 100 倍稀释用于孵化器消毒、种蛋消毒，浸泡 10 min。

4. 注意事项

（1）选择优质的碘伏（为棕红色、透明、无沉淀及不分层）。

（2）碘伏的 pH 值以 2 ~ 5 最佳。

（3）忌与重金属、高锰酸钾配伍。

十四、乙醇

又叫酒精。

1. 作用

本品是很常用的体表消毒剂。乙醇可以使细菌胞质脱水，并进入蛋白肽链的空隙，使菌体蛋白质变性。以 70% ~ 75% 乙醇的杀菌力最强，可杀死一般细菌的繁殖体，但对细菌芽孢无效。当其浓度超过 75% 时，由于菌体表层蛋白质迅速凝固而妨碍了其向菌体内渗透的作用，杀菌效果反而降低。

2. 应用

用于皮肤、手臂、注射部位、针头或其他小件医疗器械的消毒。

3. 用量与用法

常用 70% ~ 75% 溶液，配制不同浓度乙醇见表 13-2。

第三节　鸭常用疫苗及高免血清

一、疫苗

（一）小鹅瘟鸭胚化（GD）弱毒疫苗

1. 性状

湿苗为无色或淡红色透明液体；冻干苗为微黄色或微红色海绵状疏松团块。

表 13-2　配制不同浓度乙醇的查对表（15℃）

待稀释乙醇的浓度 /%	要稀释的浓度 /%												
	30	35	40	45	50	55	60	65	70	75	80	85	90
35	167												
40	335	144											
45	505	290	127										
50	675	436	256	114									
55	846	583	385	229	103								
60	1017	731	514	345	205	95							
65	1190	879	645	461	312	190	88						
70	1360	1028	776	578	418	286	176	81					
75	1536	1178	908	695	524	383	265	164	76				
80	1711	1329	1040	813	631	481	354	247	153	72			
85	1886	1480	1173	933	739	579	445	330	231	145	68		
90	2062	1633	1308	1053	848	678	537	415	311	219	138	66	
95	2241	1787	1444	1175	959	780	630	502	391	295	209	133	64

注：表的上边是要稀释的乙醇浓度，表的左边是现有的乙醇浓度，表内纵横交叉处的数字即标明为制取要稀释的乙醇浓度时，向待稀释的 1000 mL 乙醇中所应加入水的毫升数。举例：已有 95% 乙醇，需将它配制成 75% 乙醇时，则应在 1000 mL 95% 乙醇中，加入 295 mL 水，即为 75% 乙醇。

2. 用途

预防小鹅瘟，雏鹅一出壳立即注射。产蛋前母鸭注射，母鸭免疫后在 120 天内所产的蛋孵出的雏鸭具有天然被动免疫力。

3. 用量与用法

（1）在母鸭产蛋前 15 ～ 20 天，按瓶签说明的羽份，用疫苗原液，每只母鸭肌内注射 1 mL。若每只母鸭注射 2 羽份，效果更好。

（2）经免疫的种鸭群或种鸭群免疫后超过 4 个月以上所产的蛋孵出的雏鸭群，可在出壳后 24 h 内，用小鹅瘟鸭胚化（GD）弱毒疫苗作 1 ：（50 ～ 100）稀释进行免疫，每只雏鸭皮下注射 0.1 mL（或用冻干苗 1 羽份的 1/10 剂量），免疫后 7 天内，严格隔离饲养，严防感染强毒。

4. 免疫期

种母鸭在注射疫苗后 15 ～ 120 天内所产的蛋孵出的雏鸭，保护率可达 95% 以上，180 天内所产的蛋孵出的雏鸭，其保护率可达 80% 以上。

5. 贮存温度

湿苗在 4 ～ 8 ℃贮存，有效期为 14 天，在 −15℃以下可保存 1 年。

（二）小鹅瘟油乳剂灭活疫苗

1. 用途

预防小鹅瘟，供产蛋前母鸭注射。

2. 用量与用法

母鸭在产蛋前 15 天左右进行注射，剂量按瓶签说明。

3. 免疫期

免疫后约 15 天产生免疫力，每年在产蛋前注射 1 次。

4. 贮存温度

4 ~ 8℃保存，有效期为半年。

5. 注意事项

用前和在使用中应充分摇匀，疫苗有脱乳现象不能使用。疫苗不能冻结保存。

（三）鸭瘟鸡胚化弱毒冻干疫苗

1. 用途

预防鸭瘟病。

2. 用量与用法

15 ~ 20 日龄小鸭每只胸肌或胸部皮下注射 1 羽份，30 ~ 35 日龄再作加强免疫 1 次，每只注射 2 羽份，产蛋前后备鸭每只注射 5 羽份。

3. 免疫期

免疫后 3 ~ 4 天可产生免疫力，免疫期可达 4 ~ 6 个月。

4. 贮存温度

在 –15℃ 以下保存，有效期 1 年；4 ~ 8℃ 为 8 个月；11 ~ 25℃ 保存，有效期 14 天。

（四）禽巴氏杆菌病单价弱毒活疫苗

1. 用途

预防禽巴氏杆菌病。

2. 用量与用法

用 20% 氢氧化铝胶稀释为 0.5 mL 含 1 羽份，每只注射 0.5 mL。

3. 免疫期

正常情况下可达 2 ~ 3 个月。

4. 贮存温度

2 ~ 8℃保存，有效期 1 年。

5. 注意事项

（1）正在产蛋的鸭暂不使用，以免影响产蛋。

（2）在注射疫苗的前 1 周及免疫后 10 天内不得使用抗生素，以免造成免疫失败。

（3）疫苗只能用氢氧化铝胶稀释，以延长免疫期，切不可用生理盐水或其他水代替。

（4）稀释后的疫苗，必须在尽短时间内用完。

（五）禽巴氏杆菌病氢氧化铝灭活疫苗

1. 用途

预防禽巴氏杆菌病。

2. 用量与用法

将已灭活的疫苗用 20% 氢氧化铝胶稀释。每只鸭（2 个月以上）肌内注射 2 mL。

3. 免疫期

一般为 3 个月。

4. 贮存温度

在 2 ~ 8℃ 避光保存，有效期 1 年。

5. 注意事项

（1）只适用于健康鸭群免疫。

（2）本苗保护率较低。

（3）安全性比弱毒疫苗好。

（4）注射疫苗的同时可用抗生素治疗。

（六）禽巴氏杆菌病油乳剂灭活疫苗

1. 用途

预防禽巴氏杆菌病。

2. 用量与用法

每只鸭（15 ~ 20 日龄）于颈部下 1/3 背侧正中处皮下或肌内注射 0.5 mL；若是肉鸭可采取靠近腹壁大腿内侧皮下注射，以免影响肉质。

3. 免疫期

注苗 14 天产生免疫力，免疫期 6 个月。

4. 贮存温度

2 ~ 8℃避光保存，有效期 1 年。

5. 注意事项

（1）注苗后一般无较大反应，但也有在 1 ~ 2 天内可能有减食现象。对蛋鸭的产蛋量稍有影响，很快可恢复。

（2）疫苗若脱乳，不能使用。

（七）禽巴氏杆菌病蜂胶灭活疫苗

1. 用途

预防禽巴氏杆菌病。

2. 用量与用法

肌内注射，1 mL/ 只。

3. 免疫期

注苗后 5 ~ 7 天可产生免疫力，免疫期长达 6 个月，保护率高达 90% ~ 95%。

4. 贮存温度

–15℃保存，有效期 2 年；2 ~ 8℃保存，有效期 18 个月。

5. 注意事项

（1）本疫苗安全可靠，应激小，不影响产蛋，无毒副作用。

（2）在注苗同时可用抗生素治疗。

（3）注苗后，鸭只有 2 ~ 4 h 呈昏睡状，但不碍事，很快恢复。

（八）禽巴氏杆菌病—大肠杆菌多价蜂胶灭活疫苗

1. 用途

预防禽巴氏杆菌病和大肠杆菌病。

2. 用量与用法

商品鸭在 20 日龄内，于颈部下 1/3 背侧正中处皮下注射 0.3 mL，免疫 1 次即可。蛋鸭、种鸭于 20 日龄内首免，0.3 mL；30 ~ 60 日龄二免，皮下或肌内注 0.5 mL；开产前三免，肌内注射 1 mL。

3. 免疫期

注苗后 5 ~ 7 天产生坚强的免疫力，三免后免疫期可达 1 年。

4. 贮存温度

–10℃保存，有效期为 24 个月；4 ~ 8℃保存，有效期 18 个月；20℃保存，有效期 6 个月。

5. 注意事项

同禽巴氏杆菌病蜂胶灭活疫苗。

（九）大肠杆菌病油乳剂灭活疫苗

1. 用途

预防鸭大肠杆菌病。

2. 用量与用法

7 ~ 10 日龄雏鸭每只颈部皮下（颈部背侧下 1/3 正中处）注射 0.25 mL，产蛋前 15 天的后备种鸭每只胸部皮下或胸肌注射 0.5 mL。

3. 免疫期

注射疫苗后 15 天产生免疫力，免疫期可达半年。

4. 贮存温度

4 ~ 8℃可保存 6 ~ 9 个月。

5. 注意事项

本疫苗不能冻结；脱乳不能使用；不能注射腿部肌肉。

（十）鸭疫里默氏杆菌病油乳剂灭活疫苗

1. 用途

预防鸭的鸭疫里默氏杆菌病。

2. 用量与用法

7 ~ 10 日龄雏鸭颈部皮下注射 0.5 mL 或按瓶签说明使用。

3. 免疫期

注射疫苗后 15 天产生免疫力，免疫期可达 3 个月。

4. 贮存温度

4 ~ 8℃保存 6 ~ 9 个月。

（十一）禽大肠杆菌—鸭疫里默氏杆菌二联油乳剂灭活疫苗

1. 用途

预防鸭大肠杆菌病和鸭疫里默氏杆菌病。

2. 用量与用法

7 ~ 10 日龄雏鸭每只颈部皮下注射 0.5 mL 或按瓶签说明使用。

3. 免疫期

注射疫苗后 15 天产生免疫力，免疫期可达 4 个月。

4. 贮存温度

4 ~ 8℃保存半年以上。

（十二）鸭副黏病毒病油乳剂灭活疫苗

1. 用途

预防鸭副黏病毒病。

2. 用量与用法

2 ~ 7 日龄或 10 ~ 15 日龄雏鸭进行首免，每只颈部皮下注射 0.5 mL。在首免之后 2 个月进行二免，每只注射 0.5 ~ 1 mL，种鸭在产蛋前 15 天，进行三免，每只 1 ~ 1.5 mL，再经 2 ~ 3 个月进行四免。

3. 免疫期

注射疫苗后 15 天产生免疫力，免疫期可达半年。

4. 贮存温度

4 ~ 8℃可保存半年。

（十三）禽流感油乳剂灭活疫苗（H_5、H_9单价苗或 H_5 + H_9 双价苗）

1. 用途

预防鸭流行性感冒。

2. 用量与用法

5 ~ 7 日龄雏鸭进行首免，经 2 个月进行二免，产蛋前的种鸭进行三免。商品鸭只进行首免即可，在严重流行区可进行二免（5 ~ 7 天首免，21 天二免）。

3. 免疫期

注射疫苗后 15 天产生免疫力，免疫期可达 4 ~ 6 个月。

4. 贮存温度

4 ~ 8℃可保存 1 年。

5. 注意事项

由于注射本苗后 15 天才能产生免疫力，因此，在禽流感的流行地区，常在疫苗还未产生免疫力之前，有些鸭群已感染发生禽流感。因此，在雏鸭注射本疫苗之后，应加强清洁卫生工作，防止禽流感病毒的传入。雏鸭群一旦发病就应积极治疗。倘若是高致病性禽流感，则无治疗作用。

（十四）雏鸭病毒性肝炎弱毒疫苗

1. 用途

预防雏鸭病毒性肝炎。

2. 用量与用法

按瓶签注明的羽份，用灭菌生理盐水稀释混合均匀后，颈部皮下或肌内注射，每只注射 0.5 mL。1 日龄雏鸭皮下注射 0.2 mL/只，对有母源抗体的雏鸭，在 7 ~ 10 日龄免疫较为合适。种鸭应在产蛋前，间隔 6 周以上连续免疫 2 次，每次皮下或肌内注射 1.0 ~ 2.0 mL/只。

3. 免疫期

注射疫苗后 3 ~ 4 天即可产生免疫力，免疫期为 1 个月。种鸭免疫后，其母源抗体可持续 6 个月，其中所产种蛋孵出的雏鸭，在 14 天内可有效抵抗病毒感染。

4. 贮存温度

–15℃保存 1 年；4 ~ 10℃保存不超过 8 个月。

（十五）雏番鸭细小病毒病弱毒疫苗

1. 用途

预防雏番鸭细小病毒病。

2. 用量与用法

按瓶签注明的羽份，冻干苗用生理盐水或 Hank's 液稀释，给 2 日龄内的雏番鸭每只皮下注射 0.2 mL。

3. 免疫期

注射疫苗后 7 天产生免疫力，免疫期为 6 个月。

4. 贮存温度

冻干苗 –20℃保存，有效期为 3 年；2 ~ 8℃保存，有效期为 2 年。液体苗 –20℃保存，有效期为 18 个月。

5. 注意事项

（1）冻干苗随用随稀释。

（2）液体苗融化后，如发现沉淀废弃。

（3）冻干苗稀释后，液体苗融化时，必须当天用完。

（4）雏番鸭发生本病流行或发生巴氏杆菌病

和病毒性肝炎时，均不宜注射本疫苗。

二、高免血清和高免蛋黄抗体

（一）抗小鹅瘟高免血清

1. 用途

预防和治疗小鹅瘟。

2. 用量与用法

雏鸭出壳之后 24 h 内，每只胸部皮下注射 1 ~ 1.5 mL，有必要时在 20 ~ 25 日龄时再注射 1 次。

3. 贮存温度

–10℃左右可以保存 1 年以上，–20℃保存 3 年不失效。

4. 注意事项

（1）为防止在注射过程中被细菌污染，可在血清中加入阿米卡星或庆大霉素等。

（2）为防止小鹅瘟的发生，雏鸭出壳之后越早注射效果越好。

（3）一般情况，注射 1 次，但在小鹅瘟严重流行的情况下，可注射 2 次。

（4）不主张注射腿部肌肉。

（二）抗小鹅瘟高免蛋黄液

1. 用途

预防和治疗小鹅瘟。

2. 用量与用法

抗小鹅瘟高免蛋黄液的效价比高免血清低。雏鸭出壳之后24 h内于颈部皮下注射1.5 ~ 2 mL。10 日龄再注射第 2 次，每只 2 mL。

3. 贮存温度

–10℃可保存 6 ~ 9 个月。

4. 注意事项

（1）高免蛋黄液在制造过程中，很难做到绝对无菌，因此，在使用时应加入抗生素。

（2）不能把磺胺类药物加到高免蛋黄液中一起注射。

（3）当雏鸭群发生小鹅瘟时，高免蛋黄液的

治愈率可达 80% 左右。若并发大肠杆菌病和鸭疫里默氏杆菌病，治愈率较低。

（三）抗雏鸭病毒性肝炎高免血清

1. 用途

预防和治疗雏鸭病毒性肝炎。

2. 用量与用法

肌内或皮下注射。预防量为 0.3 ~ 0.5 mL/ 只；治疗量为 1 ~ 5 mL/ 只。

3. 免疫期

免疫期为 14 天。

4. 贮存温度

冻结保存，有效期 2 年。

（四）抗鸭瘟高免血清

1. 用途

专供预防和治疗鸭瘟病。

2. 用量与用法

胸部皮下或肌内注射。1 ~ 10 日龄鸭 1 mL/ 只，10 日龄以上按每千克体重用 2 mL。

3. 贮存温度

–10℃可保存 1 年。

第四节　正确用药的几点建议

一、注意鸭的生物学特性与用药的关系

（1）靠喙采食饲料，口腔内既没有牙齿，舌黏膜上也没有发达的味觉乳头，食物进入口腔之后，停留时间短，依靠舌的帮助进行吞咽，咽下的食物通过宽大的食管而进入食管膨大部。所以当鸭只消化不良时，不应使用苦味健胃药，苦味不能起到健胃作用，只能服用助消化的药物和微生态制剂。即使需要服用带有苦味或其他异味药物时，也不会影响采食和饮水。鸭只对咸味也无鉴别能力，故在使用食盐时要严格掌握用量，否则容易引起食盐中毒。鸭只也没有逆呕作用，不

可能出现呕吐动作。当鸭只误食了毒物或出现药物中毒时，在治疗时没有必要使用催吐剂排出胃内的毒物。

（2）鸭的食管膨大部是饲料暂时停留的场所，故进行个体给药时，有必要将药物注入食管膨大部。鸭的胃分为腺胃和肌胃两部分。腺胃分泌含有蛋白分解酶和酸性的分泌液，随饲料进入肌胃以帮助消化。胃内容物的 pH 值为 3.5 左右。因此，小肠内容物碱性较低，有利于药物的吸收。虽然小肠是吸收营养物质的主要场所，但由于鸭的肠管较短，蠕动快速，药物在肠管内停留时间为 2 ~ 5 h，故药物经肠壁吸收多数不完全。

（3）鸭只的呼吸系统有特殊的气囊结构，这些气囊可以扩大药物的吸收面积（有效交换面积约为人的 10 倍），促进药物扩散、吸收作用，增加药物的吸收量。因此，对鸭的呼吸道病，采用气雾给药时，药物既可以在呼吸道发挥局部作用，也可以由呼吸道黏膜快速吸收产生全身作用。气雾给药还可以用于禽巴氏杆菌病、大肠杆菌病及沙门菌病的治疗。肾小球结构较为简单，有效滤过面积小，对以原形经肾排泄的药物较敏感。禽只尿液 pH 值一般为 5.3 ~ 6.4，故鸭只应慎用磺胺类药物，在非用不可的情况下，一定要配合碳酸氢钠，以减轻对肾的损害。鸭只缺乏形成尿素的酶，故以尿酸盐的形式排出氮。因尿酸盐不易溶解，倘若过多时，便沉积于肾小管而引起肾炎、肾肿大及呈现花斑肾。尿酸盐还可以随着血液循环沉积于关节、皮下、内脏器官的表面，引起痛风。另外，由于缺水和维生素 A 不足，饲料中核蛋白含量过高及高钙低磷等，都会引起尿酸盐在肾小管内及各内脏器官表面沉积。在这种情况下，使用肾解药、丙磺舒等可以促进尿酸盐的排泄，缓解痛风症状。禽类对有机磷较为敏感，这是由于血浆胆碱酯酶贮量很少的缘故，因此，不宜使用有机磷驱虫或用于杀虫时要注意剂量和投药方法，以防鸭只中毒。

二、育雏阶段尽量少用抗菌药物

（1）雏鸭在育雏期间，有可能出现沙门菌病和大肠杆菌病，多数是通过胚胎垂直传播，也可以在出壳之后在饲养过程中由环境中的病原体引起。倘若病情较为严重，发病鸭只数较多，选用合适的抗菌药物进行治疗是必要的，但用药时间不能太长，还要及时使用微生态制剂调整肠内微生物的平衡。

（2）鸭只在正常情况下，肠内寄居很多对机体有益的微生物，鸭的盲肠很发达，栖居的微生物可帮助发酵分解纤维素，还有许多细菌可以帮助消化或产生维生素 K 等。不少养鸭户在用药方面走入误区，误认为从育雏的第 1 天开始就喂给雏鸭各种抗生素，殊不知，抗菌药物在杀死致病细菌的同时，大多数对机体有益的细菌也被消灭了。由于雏鸭肠内的微生物群尚未完善，消化机能也较弱，所以就容易造成肠内微生物区系的失调，雏鸭就会出现食欲不振、消化不良和营养缺乏症及便秘、各种代谢障碍消化系统疾病。

（3）因此，在育雏期间尽量少用抗菌药物，建议多用微生态制剂，让其在生物竞争的过程中抑制病原菌的繁殖，改善肠管环境，调节菌群平衡，促进饲料的消化吸收，提高饲料利用率，增强机体免疫力，提高成活率和抗病能力。

（4）倘若沙门菌、大肠杆菌、支原体等垂直传播的病原菌相当严重时，则可以在雏鸭出壳 1 ~ 2 天内，用敏感的抗菌药物饮水，每天 1 次，连续 2 天。然后喂给微生态制剂，拌料喂 7 ~ 10 天，并添加多种维生素。

三、鸭群一旦发病时的用药策略

（一）用药必须对症，切勿盲目滥用抗生素

鸭群一旦发生疾病而出现死亡时，切勿急急忙忙盲目地乱投药，应首先对病鸭进行确诊，可以请有经验的或专业的动物医学人员协助诊断，然后选用效果好、无不良反应的药物进行投药，否则就会无的放矢，盲目投药，既浪费钱财，又延误病情，"药照喂，鸭照死"。

（二）确定首选药物，掌握使用剂量及疗程

（1）在条件允许的情况下，最好先做药敏试

验，筛选敏感药物，确定治疗疾病的首选药物。如铜绿假单胞菌感染，应首选妥布霉素，或者使用一些不是经常使用的药物，以避免病原存在耐药性。也可以选两种有协同作用的药物联合使用或交替使用，以提高药效。

（2）药物的剂量可以影响药物在体内的浓度，药物在体内要达到一定的剂量才能发挥作用，剂量太小达不到治疗疾病的效果，剂量太大（主观地认为剂量大些效果会好些），一方面造成浪费，另一方面会引起不良反应，或者会发生中毒以至大批死亡。因此，剂量的决定，要依据说明书，要请教有经验的兽医，要不断总结经验。

（3）药物使用的疗程必须根据具体情况而定，因为病原体在体内的生长、繁殖都有一定的过程，任何一种药物在防治疾病的过程中都必须有一定的疗程。一次用药之后，有些细菌只能暂时被抑制，药物浓度一降低，又会继续繁殖。因此，抗菌药物一般应连续用 3 ~ 5 天，在症状消失后再用 1 ~ 2 天，切忌停药过早而导致疾病复发。例如，对禽巴氏杆菌病的治疗，在注射青霉素和链霉素之后，第 2 天患鸭的死亡数大大减少，甚至停止死亡，若在此时停药，隔 2 ~ 3 天之后又继续出现死亡。如此停停打打，既浪费了药物，又不能控制死亡，而且还可能增加产生耐药菌株的机会，使治疗工作永远处于被动的局面。倘若每天注射 1 次，连续注射 2 ~ 3 天，隔 2 ~ 3 天后再注射 1 次，同时用药物拌料喂服 2 天，效果会更好。为了调整肠管内微生物的平衡，在停药之后，喂 1 ~ 2 天微生态制剂，可以促进食欲，增强消化和吸收。

四、合理用药的策略

合理的用药要讲究策略，其关键在于把抗菌药物配伍联合使用。合理的药物配伍可引起药物的协同作用，不合理的药物配伍就会导致降低疗效，或者产生沉淀、分解失效，甚至毒性增强，出现不良反应。

1. 药效的协同作用

青霉素与链霉素、新霉素、多黏菌素合用可增强疗效。若青霉素与罗红霉素、氟苯尼考合用就会降低疗效。

2. 药效的拮抗作用

多黏菌素类（如硫酸黏菌素）与氟苯尼考、喹诺酮类合用增强疗效；若与新霉素、庆大霉素合用，就会增强毒性。

3. 药物的配伍禁忌

盐酸林可霉素与罗红霉素合用疗效降低，若与磺胺类药物合用（碱性的磺胺类药物与酸性的药物接触）则产生混浊而失效。如饲料中加有防治球虫病的莫能菌素或盐霉素后，又混饮或混饲泰牧霉素来防治鸭支原体病，就会引起机体中毒。

总之，使用药物要搞清楚药物之间的合理配伍和配伍禁忌，不能盲目配合使用。

五、正确选择给药的途径和方法

为了保证药物的疗效，针对不同的疾病、不同的药物通过不同的给药途径和在体内的分布浓度而采取不同的给药方法，这是在使用药物之前必须详细了解和细心考虑的重要问题。

（一）防治肠管感染的疾病

为了防治肠管感染的疾病，可采用饮水或拌料方法给药，应选择肠管吸收率较低或不吸收的药物，若只是饮水给药，就应选易溶于水的药物。

（二）防治全身性感染的疾病

为了防治全身性感染的疾病，应选用注射制剂进行注射。若采用拌料和饮水给药时，就应选用口服给药生物利用度高的药物。如果选用口服较难吸收的庆大霉素、卡那霉素和新霉素等，即使在药物试验时极为敏感，实际治疗效果也不明显。

（三）防治呼吸道感染的疾病

为了防治呼吸道感染的疾病，应选用不但对呼吸器官有很强亲和力，而且能在气囊、肺和气管中达到有效杀菌浓度的药物，如氟喹诺酮类等。

（四）正确的给药方法

有了正确的给药途径，还应掌握正确的给药方法。大群鸭只发病时，除了及时注射有效的药物之外，还必须喂服 2 ~ 3 天或 3 ~ 5 天药。而有些鸭只食欲减退或废绝，采用拌料喂服达不到应有的效果，此时采用饮水给药，往往可以获得有效药量。有些药物虽然可以溶于水，但不耐酸、不耐酶，因此，也不能以饮水方式给药。如青霉素粉剂属不耐酸、不耐酶药物，以饮水给药，易分解降效，达不到有效血药浓度，治疗全身性感染的作用甚微。作为治疗性饮水或拌料给药时，应在给药前停水或停料一段时间，在饮完药液或吃完药料之后，再给予清水或无拌药的饲料。为了让大多数患鸭都能饮到药液和吃到药料，应增加 2 ~ 3 倍的饮水器及料槽。

（五）根据鸭只机体的具体情况用药

（1）鸭只的盲肠较为发达，土著栖居的微生物可以分解纤维素，肠管内的微生物可以制造维生素 K，还有助于肠管中饲料的消化和吸收。在使用抗菌药物时，用药时间不宜太长，3 ~ 5 天后应立即喂微生态制剂，及时补充有益的微生物，以调整肠内微生物的平衡。否则，用药之后，虽然把肠管内的病原体杀灭，同时也杀灭了有益的微生物，从而影响了鸭只的食欲和消化。

（2）鸭的肝脏和肾脏对药物在体内的代谢和排泄起着非常重要的作用。当肝脏的病变严重和肿大时，其解毒功能也随之减弱，倘若此时用药时间较长，药物在体内不断积蓄，容易发生中毒。因此，在用药的同时，应考虑到配合使用护肝的解毒药物。当肾脏发生严重病变或肿大时，其排泄功能不全，排毒作用受阻，容易贮留尿酸盐，肾小管积满尿酸盐，尿排不出，容易引起中毒。因此，在用药时应选择对肾脏无损害的药物，并配合使用肾解毒药。

（六）加强辅助疗法

鸭只患病之后，在疾病的发生和发展过程中，往往会出现食欲减退或废绝，甚至渴感下降，维持生命和抵抗疾病所需要的蛋白质、糖类、各种维生素及微量元素的摄入量大大减少，机体的代谢水平很低。在使用各种药物进行治疗的过程中，必须重视辅助疗法，目的在于辅助机体提高抗病能力和修复能力。

1. 补充能量

鸭只在疾病过程中，能量需要增加，但此时的摄入量减少，可在饲料中额外加入玉米，或者在饮水中加入葡萄糖或蔗糖，提高能量。

2. 增加蛋白质

可在日粮中增加 2% ~ 3% 的鱼粉。

3. 加大维生素及微量元素的含量

（1）维生素 A。比正常水平的维生素 A 加大 2 ~ 3 倍。

（2）维生素 K_3。各种败血症和球虫病都会引起肠管黏膜及其他器官的出血，维生素 K_3 可以起止血作用。肠管中有些细菌可以产生维生素 K_3，但在给患鸭治病喂服抗菌药物时，也把肠管中大多数的细菌杀死（包括致病菌和非致病菌），因此，维生素 K_3 的需要量大大增加，可在日粮中比正常量加大 10 ~ 20 倍维生素 K_3。

（3）B 族维生素。大多数 B 族维生素是酶的辅助因子，有助于碳水化合物和蛋白质的消化和利用。在疾病期间，维生素 B_2 的需要量比正常时多 10 倍。烟酸、泛酸的需要量多 2 ~ 3 倍。

（4）维生素 C 和维生素 E。能增强机体对疾病的抵抗能力，添加这两种维生素对患病鸭的康复很有帮助。每吨饲料中可加入维生素 C 60 g、维生素 E 30 g。

（5）矿物质。鸭只在发病期间，尤其是氯化钠可增加 1 倍，连用 3 ~ 5 天。但要严防过量引起食盐中毒。

以上营养物质可加入饲料中喂服，也可以用多种维生素如速补 –14 加入水中饮服。

（七）添加微生态制剂

鸭只在发病时服用抗菌药物，肠道中的正常菌群发生失调，从而影响食欲。因此，在服药之后就应及时添加微生态制剂，促进食欲，改善肠道环境，调节菌群平衡，增强消化和吸收功能，同时也适用于菌群失调引起的肠炎和腹泻。微生态制剂除含有多种有益的活菌外，同时还富含活性蛋白、多种氨基酸、消化酶、维生素、促生长因子等成分和功能，可以增加营养，增强免疫功能和机体的抗病能力，有助于降低发病率和死亡率。

六、防止细菌产生耐药性

倘若大剂量长期单独使用同一种药物，或者剂量不足，病原菌对这些药物容易产生不同程度的耐药性，耐药菌株的形成就意味着用同类药物治疗鸭病时，会降低或失去其治疗效果。因此，建议选用多种有效的抗菌药物联合使用或交替使用，这样可以避免耐药性菌株的产生，但要注意配伍禁忌。

七、使用药物必须遵守停药期规定，严防药物残留

由于鸭病种类繁多并广泛流行，在鸭病防治实践中，经常会出现长期使用甚至滥用抗菌药物的情况，造成药物残留在鸭体内，在加工烹调后仍不失去活性，人们吃了含有残留药物的鸭肉，会严重影响消费者健康及外贸出口的信誉。所谓停药期，系指屠宰禽只及禽蛋在上市前必须遵守的休药时间。如马杜霉素停药期为5天，海南霉素的停药期为7天。大家必须遵守停药期规定，才能保证消费者的健康。

参考文献

布坎南，吉本斯，1984. 伯杰细菌鉴定手册[M]. 中国科学院微生物研究所，译. 北京：科学出版社.

蔡畅，张大丙，曲丰发，2008. 鸭疫里默氏菌一个可能新型的鉴定[J]. 中国兽医杂志（1）：5-7.

蔡锐，张小飞，潘玲，等，2010. 鸭圆环病毒套式PCR检测方法的建立[J]. 中国畜牧兽医，37（7）：149-152.

曹华斌，李浩棠，郭小权，等，2007. 脂肪肝出血综合征的发病原因、机理及其防制[J]. 中国家禽（24）：33-36.

曹永萍，张敬峰，2006. 番鸭里氏杆菌和大肠杆菌混合感染的诊治[J]. 中国家禽，28（22）：33-35.

曹贞贞，张存，黄瑜，等，2010. 鸭出血性卵巢炎的初步研究[J]. 中国兽医杂志，46（12）：3-6.

常柏林，曲登坤，侯秀英，2000. 禽巴通体病的诊断[J]. 中国兽医杂志（2）：28-29.

常志顺，王传禹，谭红，等，2014. 商品肉鸭沙门菌分离鉴定及药敏试验[J]. 云南畜牧兽医（4）：10-12.

陈伯伦，1983. 防止鸭食盐中毒[J]. 养禽与禽病防治（3）：33-34.

陈伯伦，1987. 关于禽霍乱的诊断问题[J]. 养禽与禽病防治（6）：29-30+47.

陈伯伦，张泽纪，1994. 禽流感[J]. 中国家禽（3）：38-40.

陈伯伦，2008. 鸭病[M]. 北京：中国农业出版社.

陈伯伦，2010. 直面活禽经营市场防疫工作存在的种种漏洞[J]. 中国禽业导刊（16）：2-4.

陈伯伦，陈建红，叶本衡，1987. 北京鸭鸭疫巴氏杆菌感染并发禽霍乱的诊断报告[J]. 养禽与禽病防治（2）：45-46.

陈伯伦，冯建雄，叶本衡，等，1998. 鸭球虫病的诊断报告[J]. 养禽与禽病防治（3）：30.

陈伯伦，叶本衡，黎杰红，1985. 小鹅瘟鸭胚化（GD）弱毒疫苗的研究[J]. 畜牧兽医学报（4）：55-61.

陈伯伦，张泽纪，1983. 鹅、鸭病防治[M]. 广州：广东科技出版社.

陈伯伦，张泽纪，2005. 免疫漏洞不可不察[J]. 财经杂志（25）：119.

陈伯伦，张泽纪，2006. 用动态的观点看待禽流感高密度免疫问题[J]. 中国家禽（20）：1-4.

陈伯伦，张泽纪，2008. 禽流感免疫的家禽群体中有部分禽只可能存在带毒现象[J]. 禽病（2）：7-8.

陈伯伦，张泽纪，2008. 禽流感疫苗免疫的家禽群体中部分禽只存在持续性感染[J]. 中国家禽，30（19）：5-6.

陈伯伦，张泽纪，2015. "多种病原混合感染越来越普遍"的提法既不科学也是误导[J]. 中国动物保健，17（11）：6-9.

陈福勇，2007. 禽流感流行病学与新型疫苗的研发[J]. 中国家禽（24）：1-4.

陈海水，郭建明，林云琴，等，2005. 鸭无公害饲养的疫病综合防制[J]. 上海畜牧与兽医（1）：35-38.

陈宏智，1986. 鸭卵巢浆液性囊腺瘤一例[J]. 养禽与禽病防治（4）：41.

陈虹，程安春，汪铭书，2008. 鸭疫里默氏杆菌分子生物学研究进展[J]. 中国预防兽医学报（2）：157-159.

陈建红，2000. 水禽常见病诊断[M]. 北京：中国农业出版社.

陈建红，2001. 禽病诊治彩色图谱[M]. 北京：中国农业出版社.

陈俊，蒋文灿，程平，等，2015. 四川和重庆地区鸭源沙门菌分离鉴定及血清型分析[J]. 中国预防兽医学报，37（4）：262-265.

陈理，1997. 预防种鸭大肠杆菌病的有效措施[J]. 养禽与禽病防治（5）：42.

陈龙飞，陈红梅，李宋钰，等，2011. 鸭大肠杆菌强毒株的血清型及生物学特性分析[J]. 中国生物制品学杂志（12）：62-66.

陈少莺，2012. 新型鸭呼肠孤病毒的分离与鉴定[J]. 病毒学报，3：224-230.

陈少莺，胡奇林，陈仕龙，等，2004. 鸭副黏病毒的分离与初步鉴定[J]. 中国预防兽医学报，26（2）：118-120.

陈少莺，胡奇林，程晓霞，等，2000. 雏番鸭细小病毒病病理组织学研究[A] //中国畜牧兽医学会禽病学分会第十次研讨会论文集：341.

陈仕龙，陈少莺，程晓霞，等，2010. 新型鸭呼肠孤病毒分离株的致病性研究[J]. 西北农林科技大学学报（自然科学版），38（4）：14-18.

陈仕龙，李兆龙，林锋强，等，2012. 新型鸭呼肠孤病毒病灭活疫苗的制备及免疫原性分析[J]. 福建农业学报，27（5）：461-464.

陈小云，何后军，2000. 鸭疫里默氏杆菌病的防治研究进展[J]. 养禽与禽病防治（7）：20-21.

陈兴生，2000. 野鸭魏氏梭菌与禽巴氏杆菌混合感染[J]. 中国兽医杂志，26（2）：32-33.

陈一资，蒋文灿，2002. 鸭场暴发罕见的粪链球菌病的紧急诊治[J]. 中国家禽，24（18）：22-23.

陈永林，黎羽兴，刘腾升，等，2000. 鸭大肠杆菌灭活菌苗的制备和应用[J]. 中国家禽，22（3）：32.

陈玉汉，陈灼怀，肖振德，1985. 家畜家禽肿瘤学[M]. 广东：广东科技出版社.

陈玉汉，许家强，陈灼怀，等，1984. 家禽肿瘤的调查研究[J]. 兽医科技杂志（9）：28-36+67.

陈育槐，李炳建，1991. 番鸭恶性淋巴瘤病例[J]. 中国兽医杂志（4）：40.

陈志华，2004. 防治禽大肠杆菌病常用药物[J]. 中国家禽（12）：30-32.

陈自峰，2006. 肉鸭防疫的关键环节[J]. 养禽与禽病防治（6）：41-42.

陈宗艳，朱英奇，王世传，等，2012. 一株新型鸭源呼肠孤病毒（TH11株）的分离与鉴定[J]. 中国动物传染病学报，20（1）：10-15.

程安春，廖德惠，1993. 鸭病原性肝炎的研究：病毒分离鉴定及弱毒株培育[J]. 中国兽医杂志（1）：3-4.

程安春，林国松，巫勇，等，1992. 鸭肝炎病毒与得克萨沙门菌混合感染[J]. 中国兽医科技（8）：30-31.

程安春，刘兆宇，2002. 雏鸭病毒性肝炎的研究进展[J]. 中国家禽（10）：9-12.

程安春，汪铭书，钟妮娜，等，1996. 鸭腺病毒感染的研究：病毒分离鉴定及病原特性[J]. 中国兽医科技（10）：3-5.

程安春，汪铭书，陈孝跃，等，2002. 发现于我国的Ⅲ型雏鸭肝炎病毒的分离、鉴定及其特性研究[A] //中国畜牧兽医学会禽病学分会第十一次研讨会论文集：632.

程安春，汪铭书，陈孝跃，等，2002. 我国鸭疫里默氏杆菌血清型调查及新血清型的发现[A] //中国畜牧兽医学会禽病学分会第十一次学术研讨会论文集：453-457.

程安春，汪铭书，陈孝跃，等，2003. 一种新发现的鸭病毒性肿头出血症的研究[J]. 中国兽医科技，33（10）：15-23.

程安春，汪铭书，郭宇飞，等，2004. 鸭疫里默氏菌1，2，4和5型铝胶复合佐剂四价灭活疫苗的研究[A] //中国畜牧兽医学会禽病学分会第十二次学术研讨会论文集：252-262.

程冰花，钟洪义，郝东敏，等，2019. 安徽地区鸭疫里默氏杆菌的分离鉴定及药物筛选[J]. 当代畜牧（9）：15-18.

程龙飞，黄瑜，李文杨，等，2003. 鸭出血症血凝及血凝抑制试验的建立和应用[J]. 中国预防兽医学报，25（5）：393-394.

程由铨，胡奇林，1997. 雏番鸭细小病毒病诊断技术和试剂的研究[J] 中国兽医学报，17（5）：434-436.

崔治中，2003. 动物疾病诊治彩色图谱经典[M]. 北京：中国农业出版社.

邓绍基，黄平，2001. 一起鸭嗜水气单胞菌病的诊疗[J]. 中国家禽（13）：26-27.

刁有祥，丁家波，2006. 低致病性禽流感病毒对养禽业的危害[J]. 中国家禽（6）：5-7.

丁伯良，1996. 动物中毒病理学[M]. 北京：中国农业出版社.

丁正金，王永鹏，2007. 一起肉鸭链球菌病的诊治[J]. 上海畜牧兽医通讯（3）：100.

董常生，2001. 家畜解剖学[M]. 北京：中国农业出版社.

范国雄，1995. 动物疾病诊断图谱[M]. 北京：中国农业大学出版社.

冯炳文，2003. 鸭流感临床病变图例诊断[J]. 中国家禽，25（11）：24-27.

傅光华，程龙飞，彭春香，等，2005. 雏半番鸭窦炎病原分离及初步鉴定[J]. 中国家禽（19）：32-33.

傅光华，程龙飞，施少华，等，2008. 鸭圆环病毒全基因组克隆与序列分析[J]. 病毒学报，24（2）：138-143.

傅光华，黄瑜，陈红梅，等，2012. 樱桃谷肉鸭坦布苏病毒感染的诊断[J]. 中国家禽，34（20）：43-44.

傅光华，黄瑜，施少华，等，2011. 鸡黄病毒的分离与初步鉴定[J]. 福建畜牧兽医，33（3）：1-2.

傅光华，危斌勇，陈翠腾，等，2015. 入孵种鸭胚病毒性感染的检测及禽坦布苏病毒的分离鉴定[J]. 中国兽医杂志（12）：89-92.

傅秋玲，施少华，陈珍，等，2014. 鸭感染禽坦布苏病毒血清学检测与分析[J]. 中国农学通报，30（20）：21-25.

傅心亮，嵇辛勤，文明，等，2013. 贵州鸭疫里默氏杆菌的分离鉴定及耐药性分析[J]. 中国畜牧兽医（8）：163-166.

甘孟侯，1999. 中国禽病学[M]. 北京：中国农业出版社.

甘孟侯，2004. 禽流感（第二版）[M]. 北京：中国农业出版社.

顾节清，吴孔兴，蒋延虎，等，2007. 商品肉鸭禽流感母源抗体消长规律及最佳首免日龄的确定[J]. 养禽与禽病防治（2）：6-7.

郭玉璞，1988. 鸭病[M]. 北京：中国农业出版社.

郭玉璞，2003. 鸭病防治[M]. 北京：金盾出版社.

郭玉璞，2003. 鸭病诊治彩色图说（第二版）[M]. 北京：中国农业出版社.

郭玉璞，高福，田克恭，1987. 鸭链球菌感染[J]. 中国兽医杂志，13（7）：14-15.

郭玉璞，蒋金书，1988. 鸭病[M]. 北京：农业大学出版社.

贺普霄，1993. 家禽内科学[M]. 陕西：天则出版社.

侯凤香，李培德，金俊杰，等，2018. 温州市鸭肠道大肠杆菌血清型鉴定及耐药性分析[J]. 黑龙江畜牧兽医（12）：115-117.

胡功政，2000. 家禽用药指南[M]. 北京：中国农业出版社.

胡龙之，林淑贞，陈茂发，等，2001. 一起鸭瘟流行的诊断[J]. 中国预防兽医学报，3（2）：74-75.

胡奇林，陈少莺，林峰强，2004. 番鸭呼肠孤病毒的鉴定[J]. 病毒学报，20（3）：242-247.

胡新岗，方希修，黄银云，等，2001. 雏番鸭鼠伤寒沙门氏菌病的预防和控制[J]. 中国家禽（8）：12-13.

胡新岗，黄银云，2006. 生物安全在养鸭生产中的应用[J]. 畜牧与兽医（9）：37-38.

黄安国，蒋玉雯，陈西宁，等，2003. 番鸭"花肝病"的病原研究[J]. 广西畜牧兽医（2）：9-10.

黄淑坚，王政富，陈艳萍，等，2006. 不同首免时间对禽流感疫苗HI抗体消长影响的研究[J]. 养禽与禽病防治（2）：20.

黄淑坚，雷清福，曾小娜，等，2005. 广东地区鸭疫里默氏菌与大肠杆菌混合感染病例病原药敏试验[J]. 养禽与禽病防治（4）：8-11.

黄显明，张小飞，尹秀凤，等，2012. 鸭脾坏死症的病原学初步观察[J]. 中国兽医杂志，48（8）：39-41.

黄引，贤欧守，杍邝禄，1980. 鸭瘟病毒的研究[J]. 华南农学院学报（1）：21-36.

黄瑜，苏敬良，王春凤，等，2003. 鸭2型疱疹病毒的分子生物学依据[J]. 畜牧兽医学报，34（6）：577-580.

黄瑜，2003. 鸭新型疱疹病毒的致病性研究[J]. 中国预防兽医学报，25（2）：136-139.

黄瑜，2006. 我国如何防控水禽流感[J]. 中国家禽（20）：41-43.

黄瑜，2014. 鸭坦布苏病毒病的危害与防治[J]. 北方牧业（10）：15.

黄瑜，程龙飞，李文杨，等，2004. 雏半番鸭呼肠孤病毒的分离与鉴定[J]. 中国兽医杂志（1）：14-15.

黄瑜，傅光华，施少华，等，2009. 新致病型鸭呼肠孤病毒的分离鉴定[J]. 中国兽医杂志，45

（12）：29-31.

黄瑜，李文杨，程龙飞，等，2001. 鸭"白点病"（暂定名）病原学研究[J]. 中国兽医学报，5：434-
437.

黄瑜，李文杨，程龙飞，等，2001. 鸭Ⅱ型疱疹病毒的分离与鉴定[J]. 中国预防兽医学报，23（2）：
95-98.

黄瑜，彭春香，1997. 番鸭伪结核病的诊断与控制[J]. 中国家禽（12）：18-19.

黄瑜，祁保民，彭春香，等，2010. 鸭的免疫抑制病[J]. 中国兽医杂志，46（7）：48-50.

黄瑜，苏敬良，2001. 鸭病诊治彩色图谱[M]. 北京：中国农业大学出版社.

黄瑜，苏敬良，施少华，等，2009. 我国鸭呼肠孤病毒感染相关的疫病[J]. 中国兽医杂志，7：57-58.

黄瑜，苏荣茂，傅光华，等，2014. 禽坦布苏病毒感染的宿主及临床表现[J]. 中国兽医杂志（11）：
50-53.

黄瑜，万春和，彭春香，等，2013. 鸭圆环病毒感染的临床表现[J]. 中国家禽，35（5）：47-48.

吉凤涛，吕雪峰，任锐，等，2010. 吉林省鸭疫里默氏杆菌血清型鉴定及防制[J]. 吉林畜牧兽医
（3）：28-30.

焦凤超，李迎晓，陈宏志，等，2014. 河南省信阳市鸭疫里默氏杆菌的分离鉴定和血清型分析[J].江苏
农业科学，42（1）：166-167.

焦库华，2005. 水禽常见病防治图谱[M]. 上海：上海科学技术出版社.

金尔光，周木清，王春芳，等，2006. 鸭传染性浆膜炎[J]. 上海畜牧兽医通讯（3）：57-58.

兰美益，黄春梅，杜坚，等，2001. 鸭感染鸡传染性法氏囊病病毒的调查和人工感染试验[J]. 中国兽
医杂志（9）：9-10.

李传峰，程安春，汪铭书，2008. 鸭病毒性肿头出血症病毒人工感染鸭的病理学观察[J]. 畜牧兽医学
报（6）：264-770.

李春莲，许安枢，滕振文，等，2003. 雏鸭副伤寒的诊断与防治[J]. 中国兽医科技（5）：77.

李红炳，2011. 宜良县鸭疫里默氏杆菌分离株的血清型鉴定及药物敏感性试验[J]. 云南畜牧兽医
（5）：15-17.

李长梅，程红利，2005. 樱桃谷肉鸭曲霉菌与巴氏杆菌混合感染的诊治[J]. 养禽与禽病防治（8）：6.

李康然，磨美兰，陶锦华，等，2000. 番鸭传染性脱毛症的初步研究[J]. 广西畜牧兽医（4）：6-8.

李玲，程安春，汪铭书，等，2007. 雏鸭致病性大肠杆菌的分离鉴定、药敏试验及耐药分析[J]. 中国
兽医杂志（12）：34-36.

李文扬，程龙飞，施少华，等，2003. 雏野鸭大肠埃希氏菌性窦炎的诊断与治疗[J]. 中国兽医科技，
33（12）：72-74.

李文扬，彭春香，黄瑜，等，2001. 13型鸭疫里默氏杆菌的分离与鉴定[J]. 中国家禽（13）：9-10.

李长梅，2006. 种鸭坏死性肠炎的诊治[J]. 养禽与禽病防治（9）：37-38.

李长梅，程红利，2005. 鸭曲霉菌和大肠杆菌混合感染[J]. 中国兽医杂志（9）：54.

李志源，胡丹，谭垂强，2000. 种鸭禽霍乱的诊断和防治[J]. 中国家禽（8）：22-23.

梁明珍，靳兴军，沈光年，2010. 鸭禽流感免疫抗体血凝检测及其应用[J]. 中国兽医杂志，46（3）：24-25.

林大诚，1994. 北京鸭解剖[M]. 北京：中国农业大学出版社.

林世棠，黄纪铨，1996. 一种新的鸭传染病研究[J]. 中国畜禽传染病（4）：14-17.

林毅，2001. 幼肉鸭混合感染鸭疫里默氏菌和大肠杆菌的诊断和防治[J]. 中国兽医杂志，37（1）：23-24.

林永祯，张国红，雷春林，2004. 种鸭生殖器官大肠杆菌病的诊治[J]. 养禽与禽病防治（2）：14+22.

凌育燊，1991. 鸭淀粉样变的病理研究[J]. 中国兽医杂志，17（9）：3-5.

刘晨，许日龙，1992. 实用禽病图谱[M]. 北京：中国农业科技出版社.

刘德福，唐凌田，2003. 雏番鸭细小病毒病与沙门菌病并发的诊治报告[J]. 畜牧与兽医（7）：27.

刘富来，冯翠兰，王林川，2004. 番鸭感染肠炎沙门菌病的分离鉴定[J]. 畜牧与兽医，36（8）：37-38.

刘建，苏敬良，张克新，等，2006. 新型鸭肝炎病毒流行病学调查及免疫防治试验[J]. 中国兽医杂志（2）：5-8.

刘礼湖，2000. 蛋鸭丹毒病的诊治[J]. 中国兽医杂志（2）：36-37.

刘理论，徐刚，王庆轩，2006. 鸭传染性浆膜炎和球虫病混合感染的诊治[J]. 上海畜牧兽医通讯（3）：80.

刘美荣，2012. 一例雏半番鸭疑似新型鸭呼肠孤病毒病的诊治[J]. 畜禽业（6）：76-77.

刘敏芳，李荣旭，张溢珊，等，2018. 30株水禽沙门菌的分离鉴定与血清型分析[J]. 中国人兽共患病学报（6）：58-61.

刘栓江，赵来兵，李巧芬，2002. 鸭大肠杆菌油佐剂灭活苗的研制[J]. 中国家禽（8）：27-28.

刘思伽，郭予强，凌育燊，等，2002. 番鸭"花肝病"流行病学调查和病原的初步研究[J]. 养禽与禽病防治（12）：13.

刘秀梵，2004. 家养水禽在我国高致病性禽流感流行中的作用[J]. 中国家禽（12）：4-8.

卢家平，朱丽娴，2004. 雏番鸭细小病毒和鸭疫里氏杆菌混合感染的诊治[J]. 中国家禽（21）：32-33.

卢受昇，孔令辰，郭晶璐，等，2013. 鸭链球菌的分离鉴定及其16SrRNA基因序列分析[J]. 中国兽医杂志，49（2）：30-34.

陆文俊，胡杰，黄胜斌，等，2010. 广西部分地区鸭大肠杆菌病流行性调查报告[J]. 当代畜牧（5）：16-18.

罗克，1983. 家禽解剖学与组织学[M]. 福建：福建科学技术出版社.

吕殿红，张毓金，黄忠，等，2000. 番鸭"花肝病"的研究简报[J]. 畜牧与兽医（3）：30-31.

吕荣修，郭玉璞，2004. 禽病诊断彩色图谱[M]. 北京：中国农业大学出版社.

马春全，卢玉葵，邓桦，等，2004. 鸭H_5N_1型高致病性禽流感的病理组织学观察[J]. 中国兽医杂志（11）：13-15+82.

马德明，杨志隆，解关增，2012. 河北故城地区鸭疫里默氏杆菌的分离鉴定和血清型分析[J]. 水禽世界（4）：43-45.

马文奎，2004．肉鸭疏螺旋体病的中西药结合诊治[J]．上海畜牧兽医通讯（5）：49．

潘秀文，桂剑峰，张琼，2001．野鸭温和气单胞菌及产碱假单胞菌的分离与鉴定[J]．中国家禽（11）：11-12．

祁保民，黄瑜，李文杨，等，2002．鸭"白点病"的病理观察[J]．中国兽医杂志（10）：17．

钱忠明，宋红芹，钱晨，等，2005．鸭源新城疫病毒的生物学特性[J]．中国家禽，27（6）：15-17．

乔忠，詹丽娥，贺东昌，等，2004．禽流感的流行特点及发展趋势[A]//中国畜牧兽医学会禽病学分会第十二次学术研讨会论文集：480-482．

邱立新，刘道新，谈志祥．等，2004．受威胁区禽流感免疫血清抗体的检测[A]//中国畜牧兽医学会禽病学分会第十二次学术研讨会论文集：482-483．

任曙光，高存福，康桂英，2006．鸭棘口吸虫病诊治[J]．养禽与禽病防治（3）：12．

塞义夫Y.M.，2005．禽病学（第十一版）[M]．苏敬良，高福，索勋，译．北京：中国农业出版社．

施少华，陈珍，杨维星，等，2009．鸭圆环病毒基因组序列分析及其C1截短基因的原核表达[J]．中国兽医学报（10）：1269-1273．

施少华，傅光华，程龙飞，等，2010．鸭圆环病毒PT07基因组序列测定与分析[J]．中国预防兽医学报，32（3）：235-237．

施少华，傅光华，万春和，等，2012．鹅坦布苏病毒的分离与初步鉴定[J]．中国兽医杂志，48（12）：37-39．

施少华，傅光华，万春和，等，2012．检测鸭坦布苏病毒卵黄抗体间接ELISA方法的建立[J]．养禽与禽病防治，2：2-4．

施少华，李文杨，程龙飞，等，2005．番鸭大肠杆菌和鸭疫里默氏菌混合感染的诊治[J]．中国兽医杂志（1）：61-62．

施少华，万春和，陈珍，等，2010．鸭圆环病毒感染的检测[J]．中国家禽，32（1）：31-33．

司惠芳，2005．家禽鹦鹉热[J]．中国家禽，27（5）：54-55．

司兴奎，张济培，朱燕秋，等，2008．水禽禽流感H_5N_1亚型改良HI抗体检测方法的研究[J]．中国家禽，30（21）：16-23．

宋运飞，孙齐田，刘海霞，等，2006．鸭变形杆菌病的诊断及药敏实验[J]．上海畜牧兽医通讯（3）：30．

苏敬良，黄瑜，2016．鸭病学[M]．北京：中国农业大学出版社．

苏敬良，黄瑜，贺荣莲，等，2002．新型鸭肝炎病毒的分离及初步鉴定[J]．中国兽医科技，32（1）：15-16．

苏敬良，黄瑜，胡薛英，等，2016．鸭病学[M]．北京：中国农业大学出版社．

苏敬良，张国中，黄瑜，等，2004．商品鸭流感疫苗免疫抗体产生规律的监测[A]//中国畜牧兽医学会禽病学分会第十二次学术研讨会论文集：16-19．

苏文良，郭玉璞，2006．鸭疫里默氏杆菌9型的分离与鉴定[J]．中国兽医杂志（7）：34．

苏小东，曹瑞兵，张羽，等，2011．鸭圆环病毒抗体的间接ELISA检测方法的建立[J]．南京农业大学学报，34（5）：117-121.

孙建宏，曹殿军，2003. 常用畜禽疫苗使用指南[M]. 北京：金盾出版社.

孙晓燕，房宝志，马景星，等，2002. 鸭病毒性肝炎并发沙门氏杆菌病的诊治[J]. 养禽与禽病防治
　　（2）：33.

桃金水，祁保民，2000. 番鸭胸腺的病理观察[J]. 中国兽医杂志（6）：19-20.

滕巧泱，颜丕熙，张旭，等，2010. 一种新的黄病毒导致蛋鸭产蛋下降及死亡[J]. 中国动物传染病学
　　报，18（6）：1-4.

万春和，程龙飞，傅光华，等，2016. 鸭圆环病毒基因Ⅰ型和Ⅱ型PCR-RFLP鉴别诊断方法的建立[J].
　　中国家禽，38（17）：53-55.

万春和，施少华，程龙飞，等，2010. 一种引起种（蛋）鸭产蛋骤降新病毒的分离与初步鉴定[J].福建
　　农业学报，25（6）：663-666.

汪铭书，2002. 血清4型鸭疫里默氏杆菌在我国的发现及其病原特性研究[J]. 中国兽医杂志（12）：
　　3-7.

汪铭书，程安春，陈孝跃，等，2001. 血清3型鸭疫里默氏杆菌在我国的发现及其病原特性研究[J]. 中
　　国家禽，23（22）：9-12.

王传禹，常志顺，刘艳丽，等，2012. 鸭致病性大肠杆菌的分离及血清型鉴定[J]. 中国畜牧兽医文摘
　　（2）：49-50.

王道坤，2007. 夏秋季育雏慎防曲霉菌病[J]. 养禽与禽病防治（1）：40.

王贵华，金梅林，陈焕春，等，2004. 鸭源禽流感病毒的分离鉴定及特性研究[J]. 中国预防兽医学报
　　（4）：34-38.

王恒安，王士强，严亚贤，等，1999. 鸭源禽流感病毒的分离与鉴定[J]. 中国预防兽医学报，21
　　（1）：1-3.

王红宁，2002. 禽呼吸系统疾病[M]. 北京：中国农业出版社.

王明俊，1997. 兽医生物制品学[M]. 北京：中国农业出版社.

王永坤，2002. 禽流感流行新特点及防制对策[J]. 中国家禽（12）：9-11.

王永坤，2002. 水禽病诊断与防治手册[M]. 上海：上海科技出版社.

王永坤，2003. 鸭流感防制研究进展[J]. 中国禽业导刊（17）：33-34+2.

王永坤，高松，2015. 禽病诊断彩色图谱[M]. 北京：中国农业出版社，2.

王永坤，高巍，张建，等，2015. 禽病诊断彩色图谱[M]. 北京：中国农业大学出版社.

王永坤，钱钟，田慧芳，等，2004. 鸭大肠杆菌性脑炎的研究[A]//人畜共患传染病防治研究新成果
　　汇编.

王永坤，田慧芳，2004. 用动态观点防制禽流感[J]. 中国家禽，26（4）：7-12.

王自然，2003. 雏番鸭混合感染球虫病与小鹅瘟的诊制[J]. 中国家禽（22）：32.

温立斌，张福军，王玉然，等，2001. 鸭病毒性脑炎（暂定）病原分离与鉴定的初步研究[J]. 中国兽
　　医杂志，37（2）：3-4.

吴宝成，陈家祥，姚金水，等，2001．番鸭呼肠孤病毒的分离与鉴定[J]．福建农林大学学报（自然版），30（2）：227-230．

吴锦松，余幸福，2003．鸭霍乱与鸭疫里默氏菌病并发的诊疗[J]．畜牧与兽医，25（4）：26-27．

吴峻华，邱艳红，叶玮林，等，2008．用鸭红细胞悬液消除非特异性凝集因子对鸭禽流感HI试验的影响[J]．福建畜牧兽医，28（5）：30-31．

吴信明，苗立中，李峰，等，2003．商品肉鸭链球菌病的诊治[J]．中国家禽，25（20）：14．

伍传红，2004．鸭巴氏杆菌病的诊治[J]．养禽与禽病防治（6）：34-35．

谢三星，孙跃进，2008．家禽多种病原混合感染症[M]．合肥：安徽科学出版社．

辛朝安，2003．禽病学（第二版）[M]．北京：中国农业出版社．

辛朝安，王民桢，2000．禽类胚胎病[M]．北京：中国农业出版社．

邢钊，2000．兽医生物制品实用技术[M]．北京：中国农业大学出版社．

徐镔蕊，林健，孙艳争，等，2004．鸭瘟的病理学诊断[J]．中国家禽，26（21）：21-22．

徐克勤，吴连根，1990．鸭肝炎弱毒疫苗研究[J]．中国兽医杂志（1）：47-49．

央珍，聂奎，2011．重庆市部分地区鸭源大肠杆菌的O抗原血清型及耐药性[J]．西南大学学报（自然科学版），33（8）：52-56．

羊建平，王健，2002．雏鸭鼠伤寒沙门菌病的诊治[J]．中国兽医科技，32（5）：37．

杨永刚，张鹏，2006．鸭变形杆菌病的诊断及药敏试验[J]．养禽与禽病防治（7）：9-10．

杨永刚，张鹏，2006．鸭大肠杆菌与葡萄球菌混合感染的诊治[J]．畜牧与兽医，38（5）：63．

殷震，刘景华，1997．动物病毒学（第二版）[M]．北京：科学出版社．

袁明龙，杨永纪，诸奎龙，等，2001．鸭瘟抗体检测方法研究[J]．中国预防兽医学报，23（2）：140-143．

袁小远，王友令，王晓丽，等，2017．2015—2016年山东-河北地区鸭疫里默氏杆菌流行病学调查[J]．中国家禽，39（4）：70-72．

袁远华，王俊峰，吴志新，等，2013．1株番鸭源新型鸭呼肠孤病毒（QY株）生物学鉴定[J]．中国兽医学报，8：1174-1178．

袁宗辉，2003．家禽无公害用药技术[M]．北京：中国农业出版社．

岳华，刘群，汤承，等，2002．"鸭传染性肿头症"病毒的分离及部分特性研究[J]．西南民族学院学报（自然科学版），28（3）：314-316．

岳华，汤承，刘群，等，2006．鸭嗜水气单胞菌病的诊断与防治[J]．养禽与禽病防治（1）：28-29．

张宝来，2009．鸭源呼肠孤病毒的分离与鉴定[D]．武汉：华中农业大学．

张大丙，2004．血清10型鸭疫里默氏杆菌4个亚型的分析[A]//中国畜牧兽医学会禽病学分会第十二次学术研讨会论文集：247-252．

张大丙，郑献进，曲丰发，2006．鸭疫里默氏杆菌1个可能新型的鉴定[J]．中国预防兽医学报，28（1）：98-100．

张大丙，郭玉璞，2002．15型鸭疫里默氏杆菌分离株的鉴定[J]．中国兽医杂志，38（3）：23．

张大丙，郭玉璞，2003．7型鸭疫里默氏杆菌分离株的鉴定[J]．中国兽医杂志，39（5）：18-19．

张大丙，郑献进，曲丰发，2005．鸭传染性浆膜炎的诊断与防治技术[J]．中国家禽，27（6）：46-49．

张冬福，2007．鸭疫里默氏杆菌与球虫病混合感染的诊治[J]．中国家禽，29（12）：34-36．

张福英，罗立新，刘佑明，等，2007．雏鸭母源抗体消长规律对免疫效果的影响[J]．中国兽医杂志
（10）：85-86．

张国中，赵继勋，2005．禽流感免疫程序的建立[J]．畜牧与兽医，37（8）：8-10．

张济培，韦庆兰，谭华龙，等，2015．广东地区水禽大肠杆菌血清型鉴定[J]．中国兽医杂志，51
（8）：41-43．

张济培，张小锋，陈建红，等，2012．珠三角及邻地鸭疫里默氏杆菌主要生物学特性的研究[J]．中国
预防兽医学报，34（2）：100-103．

张加力，温伟，2017．三黄加白散配合西药治疗肉鸭嗜水气单胞菌病[J]．养禽与禽病防治（10）：
35-36．

张家峥，牛桂玲，刘小燕，等，2002．禽霍乱的防制对策[J]．中国家禽，24（16）：19-20．

张敬峰，李银，孙江河．等，2005．鸭源H₉亚型禽流感病毒的分离及其生物学特性研究[J]．畜牧与兽
医，37（9）：23-25．

张舍郁，朱德康，程安春，等，2007．鸭肿头症病毒强毒的致病性及感染组织细胞的超微病理变化[J]．
中国兽医科学，37（2）：1017-1023．

张喜武，2005．中国水禽业发展现状及对策[J]．中国家禽（10）：1-3．

张兴晓，2009．鸭圆环病毒的分子流行病学调查及诊断方法的建立[D]．泰安：山东农业大学．

张耀成，李泽辉，2004．番鸭鸭疫里默氏杆菌病并发传染性法氏囊病[J]．中国家禽，26（16）：25-26．

张耀成，朱汉华，2001．鸭法氏囊病的诊疗[J]．中国兽医杂志，37（3）：55．

张泽纪，陈伯伦，1989．鸡、鹅、鸭常见病简易诊断及防治[M]．广州：广东科技出版社．

张招莲，2003．禽李氏杆菌病的诊断[J]．中国兽医杂志，39（7）：48-49．

赵光远，谢芝勋，谢丽基，等，2012．鸭圆环病毒LAMP可视化检测方法的建立[J]．中国动物检疫，29
（3）：24-26．

郑立宽，段颖华，程忠涛，等，2001．雏鸭病毒性肝炎继发大肠杆菌病的诊治[J]．养禽与禽病防治
（3）：31．

郑明球，2004．应重视水禽的禽流感的防制[J]．畜牧与兽医，36（10）：1．

郑腾，曹治云，张志灯，2005．我国番鸭呼肠孤病毒的研究现状[J]．畜牧与兽医，37（8）：52-54．

郑献进，张大丙，曲丰发，等，2006．Ⅰ型鸭肝炎病毒变异株的鉴定[J]．中国兽医杂志，42（5）：
15-16．

郑献进，张大丙，曲丰发，等，2007．Ⅳ型鸭肝类病毒鸡胚化弱毒疫苗的研究[J]．中国兽医杂志
（12）：6-8．

钟建钢，2001．鸭霍乱的防治[J]．养禽与禽病防治（9）：31-32．

周江山，陈丽阶，2006．鸭场卫生防疫的综合措施[J]．中国家禽（21）：36-37．

周正才，沈阳，丁法祥，2005. 鸭瘟和曲霉菌病混合感染的诊治[J]. 上海畜牧兽医通讯（3）：66.

朱模忠，2002. 兽药手册[M]. 北京：化学工业出版社.

朱燕秋，张济培，谢海燕，等，2008. 水禽禽流感HI抗体检测方法的探讨[J]. 广东畜牧兽医科技，33（4）：18-19.

朱英奇，2013. 新型鸭呼肠孤病毒的鉴定及其全基因组序列解析[D]. 合肥：安徽农业大学.

邹金峰，刘少宁，雷战，等，2011. 鸭圆环病毒核酸探针的制备与应用[J]. 中国兽医学报，31（11）：1578-1581.

附录

附表 1　兽药停药期

兽药名称	执行标准	停药期
二氢吡啶	部颁标准	肉鸡 7 天
二硝托胺预混剂	兽药典 2000 版	鸡 3 天，产蛋期禁用
土霉素片	兽药典 2000 版	禽 5 天，弃蛋期 2 天
马杜霉素预混剂	部颁标准	鸡 5 天，产蛋期禁用
四环素片	兽药典 90 版	鸡 4 天，产蛋期禁用
甲磺酸达氟沙星粉、溶液	部颁标准	鸡 5 天，产蛋鸡禁用
吉他霉素片	兽药典 2000 版	鸡 7 天，产蛋期禁用
吉他霉素预混剂	部颁标准	鸡 7 天，产蛋期禁用
地克珠利预混剂、溶液	部颁标准	鸡 5 天，产蛋期禁用
地美硝唑预混剂	兽药典 2000 版	鸡 28 天，产蛋期禁用
那西肽预混剂	部颁标准	鸡 7 天，产蛋期禁用
阿苯达唑片	兽药典 2000 版	禽 4 天
阿莫西林可溶性粉	部颁标准	鸡 7 天，产蛋鸡禁用
乳酸环丙沙星可溶性粉	部颁标准	禽 8 天，产蛋鸡禁用
乳酸环丙沙星注射液	部颁标准	禽 28 天
注射用硫酸卡那霉素	兽药典 2000 版	禽 28 天
环丙氨嗪预混剂（1%）	部颁标准	鸡 3 天
复方阿莫西林粉	部颁标准	鸡 7 天，产蛋期禁用
复方氨苄西林片、粉	部颁标准	鸡 7 天，产蛋期禁用
复方氨基比林注射液	兽药典 2000 版	禽 28 天
复方磺胺对甲氧嘧啶片	兽药典 2000 版	禽 28 天
复方磺胺对甲氧嘧啶钠注射液	兽药典 2000 版	禽 28 天
复方磺胺甲噁唑片	兽药典 2000 版	禽 28 天
复方磺胺氯哒嗪钠粉	部颁标准	鸡 2 天，产蛋期禁用
枸橼酸乙胺嗪片	兽药典 2000 版	禽 28 天
枸橼酸哌嗪片	兽药典 2000 版	禽 14 天
氟苯尼考注射液	部颁标准	鸡 28 天
氟苯尼考溶液、粉	部颁标准	鸡 5 天，产蛋期禁用
洛克沙肿预混剂	部颁标准	禽 5 天，产蛋期禁用
恩诺沙星片、溶液	兽药典 2000 版	鸡 8 天，产蛋鸡禁用
恩诺沙星可溶性粉	部颁标准	鸡 8 天，产蛋鸡禁用
氨苯胂酸预混剂	部颁标准	禽 5 天，产蛋鸡禁用
海南霉素钠预混剂	部颁标准	鸡 7 天，产蛋期禁用
盐酸二氟沙星片、粉、溶液	部颁标准	鸡 1 天
盐酸大观霉素可溶性粉	兽药典 2000 版	鸡 5 天，产蛋期禁用
盐酸左旋咪唑	兽药典 2000 版	禽 28 天

兽药名称	执行标准	停药期
盐酸多西环素片	兽药典 2000 版	禽 28 天
盐酸异丙嗪片	兽药典 2000 版	禽 28 天
盐酸环丙沙星可溶性粉、注射液	部颁标准	禽 28 天，产蛋鸡禁用
盐酸氨丙啉、乙氧酰胺苯甲酯、磺胺喹噁啉预混剂	兽药典 2000 版	鸡 10 天，产蛋鸡禁用
盐酸氨丙啉、乙氧酰胺苯甲酯预混剂	兽药典 2000 版	鸡 3 天，产蛋期禁用
盐酸氯丙嗪片	兽药典 2000 版	禽 28 天
盐酸氯丙嗪注射液	兽药典 2000 版	禽 28 天
盐酸氯苯胍片	兽药典 2000 版	鸡 5 天，产蛋期禁用
盐酸氯苯胍预混剂	兽药典 2000 版	鸡 5 天，产蛋期禁用
盐霉素钠预混剂	兽药典 2000 版	鸡 5 天，产蛋期禁用
酒石酸吉他霉素可溶性粉	兽药典 2000 版	鸡 7 天，产蛋期禁用
酒石酸泰乐菌素可溶性粉	兽药典 2000 版	鸡 1 天，产蛋期禁用
氯羟吡啶预混剂	兽药典 2000 版	鸡 5 天，产蛋期禁用
氰戊菊酯溶液	部颁标准	禽 28 天
硝氯酚片	兽药典 2000 版	禽 28 天
硫氰酸红霉素可溶性粉	兽药典 2000 版	鸡 3 天，产蛋期禁用
硫酸卡那霉素注射液（单硫酸盐）	兽药典 2000 版	禽 28 天
硫酸安普霉素可溶性粉	部颁标准	鸡 7 天，产蛋期禁用
硫酸新霉素可溶性粉	兽药典 2000 版	鸡 5 天，火鸡 14 天，产蛋期禁用
越霉素 A 预混剂	部颁标准	鸡 3 天，产蛋期禁用
精制马拉硫磷溶液	部颁标准	禽 28 天
精制敌百虫片	兽药规范 92 版	禽 28 天
蝇毒磷溶液	部颁标准	禽 28 天
磺胺二甲嘧啶片	兽药典 2000 版	禽 10 天
磺胺二甲嘧啶钠注射液	兽药典 2000 版	禽 28 天
磺胺对甲氧嘧啶，二甲氧苄氨嘧啶片	兽药规范 92 版	禽 28 天
磺胺对甲氧嘧啶、二甲氧苄氨嘧啶预混剂	兽药典 90 版	禽 28 天，产蛋期禁用
磺胺对甲氧嘧啶片	兽药典 2000 版	禽 28 天
磺胺甲噁唑片	兽药典 2000 版	禽 28 天
磺胺间甲氧嘧啶片	兽药典 2000 版	禽 28 天
磺胺间甲氧嘧啶钠注射液	兽药典 2000 版	禽 28 天
磺胺喹噁啉、二甲氧苄氨嘧啶预混剂	兽药典 2000 版	鸡 10 天，产蛋期禁用
磺胺喹噁啉钠可溶性粉	兽药典 2000 版	鸡 10 天，产蛋期禁用
磺胺氯吡嗪钠可溶性粉	部颁标准	火鸡 4 天、肉鸡 1 天，产蛋期禁用
磺胺噻唑片	兽药典 2000 版	禽 28 天
磺胺噻唑钠注射液	兽药典 2000 版	禽 28 天
磷酸左旋咪唑片	兽药典 90 版	禽 28 天
磷酸哌嗪片（驱蛔灵片）	兽药典 2000 版	禽 14 天
磷酸泰乐菌素预混剂	部颁标准	鸡 5 天

附表 2 食品动物中禁止使用的药品及其他化合物清单

序号	药品及其他化合物名称
1	酒石酸锑钾（Antimony potassium tartrate）
2	β-兴奋剂（β-agonists)类及其盐、酯
3	汞制剂：氯化亚汞（甘汞）（Calomel）、醋酸汞（Mercurous acetate）、硝酸亚汞（Mercurous nitrate）、吡啶基醋酸汞（Pyridyl mercurous acetate）
4	毒杀芬（氯化烯）（Camahechlor）
5	卡巴氧（Carbadox）及其盐、酯
6	呋喃丹（克百威）（Carbofuran）
7	氯霉素（Chloramphenicol）及其盐、酯
8	杀虫脒（克死螨）（Chlordimeform）
9	氨苯砜（Dapsone）
10	硝基呋喃类：呋喃西林（Furacilinum）、呋喃妥因（Furadantin）、呋喃它酮（Furaltadone）、呋喃唑酮（Furazolidone）、呋喃苯烯酸钠（Nifurstyrenate sodium）
11	林丹（Lindane）
12	孔雀石绿（Malachite green）
13	类固醇激素：醋酸美仑孕酮（Melengestrol Acetate）、甲基睾丸酮（Methyltestosterone）、群勃龙（去甲雄三烯醇酮）（Trenbolone）、玉米赤霉醇（Zeranal）
14	安眠酮（Methaqualone）
15	硝呋烯腙（Nitrovin）
16	五氯酚酸钠（Pentachlorophenol sodium）
17	硝基咪唑类：洛硝达唑（Ronidazole）、替硝唑（Tinidazole）
18	硝基酚钠（Sodium nitrophenolate）
19	己二烯雌酚（Dienoestrol）、己烯雌酚（Diethylstilbestrol）、己烷雌酚（Hexoestrol）及其盐、酯
20	锥虫砷胺（Tryparsamile）
21	万古霉素（Vancomycin）及其盐、酯